VDI-Buch

T0206433

Timm Gudehus

Logistik 1

Grundlagen, Verfahren und Strategien

Studienausgabe der 4. Auflage

 Springer Vieweg

Timm Gudehus
Hamburg
Deutschland

ISBN 978-3-642-29358-0   ISBN 978-3-642-29359-7 (eBook)
DOI 10.1007/978-3-642-29359-7

Bibliografische Information der Deutschen Nationalbibliothek
Die Deutsche Nationalbibliothek verzeichnet diese Publikation in der Deutschen Nationalbibliografie;
detaillierte bibliografische Daten sind im Internet über http://dnb.d-nb.de abrufbar.

Springer Vieweg
© Springer-Verlag Berlin Heidelberg 1999, 2004, 2005, 2010, 2012
Das Werk einschließlich aller seiner Teile ist urheberrechtlich geschützt. Jede Verwertung, die nicht ausdrücklich vom Urheberrechtsgesetz zugelassen ist, bedarf der vorherigen Zustimmung des Verlags. Das
gilt insbesondere für Vervielfältigungen, Bearbeitungen, Übersetzungen, Mikroverfilmungen und die Ein-
speicherung und Verarbeitung in elektronischen Systemen.
Die Wiedergabe von Gebrauchsnamen, Handelsnamen, Warenbezeichnungen usw. in diesem Werk be-
rechtigt auch ohne besondere Kennzeichnung nicht zu der Annahme, dass solche Namen im Sinne der
Warenzeichen- und Markenschutz-Gesetzgebung als frei zu betrachten wären und daher von jedermann
benutzt werden dürften.

Einbandentwurf: WMXDesign GmbH, Heidelberg

Gedruckt auf säurefreiem und chlorfrei gebleichtem Papier

Springer Vieweg ist eine Marke von Springer DE.
Springer DE ist Teil der Fachverlagsgruppe Springer Science+Business Media
www.springer-vieweg.de

Vorwort zur Studienausgabe der 4. Auflage

Die zweite Hälfte des letzten Jahrhunderts war die Pionierzeit der modernen Logistik. Seither hat sich die Logistik in Forschung und Lehre als neue Fachdisziplin etabliert, in den Unternehmen als wichtiger Managementbereich durchgesetzt und immer weitere Anwendungsgebiete erschlossen. Die Erkenntnisse und Ideen der modernen Logistik wurden in diesem Standardwerk erstmals 1999 umfassend dargestellt. Mehrere Neuauflagen berücksichtigen auch die neueste Entwicklung der Logistik. Diese *Studienausgabe* enthält den vollständigen Text der aktualisierten 4. Auflage von 2010.

Der vorliegende erste Band behandelt die *Grundlagen, Verfahren* und *Strategien* der Logistik unter organisatorischen, informatorischen und ökonomischen Aspekten. Ziel ist die *Gestaltung, Dimensionierung* und *Optimierung* von Logistiksystemen und Leistungsnetzen. Schwerpunkte sind die *Logistikkosten* und *Leistungspreise*, das *Zeitmanagement*, die *Bedarfsprognose*, die *dynamische Disposition von Aufträgen, Beständen und Ressourcen* sowie die *Grenzleistungen und Staugesetze*.

Gegenstand des zweiten Bandes sind die *Netzwerke, Systeme und Lieferketten*. Hier werden die Verfahren und Strategien aus Band 1 angewandt zur *Gestaltung und Realisierung* optimaler *Lager-, Kommissionier-, Umschlag-* und *Transportsysteme*. Dabei werden die technischen, humanitären und unternehmerischen Aspekte besonders berücksichtigt. Weitere Schwerpunkte sind das *Supply Chain Management*, die Optimierung von *Versorgungsnetzen*, der *Einsatz von Logistikdienstleistern* und Fragen des *Logistikrechts*. Neu sind die *Masterformeln der maritimen Logistik* und das Kapitel *Logik des Marktes*.

In vielen Unternehmensberatungen und Logistikabteilungen ist dieses Buch Pflichtlektüre für Anfänger und Nachschlagewerk für Erfahrene. An Universitäten und Fachhochschulen wird es den Studierenden als Lehrbuch empfohlen und in der Forschung als Referenz für Standardverfahren und Fachbegriffe der Logistik genutzt. Zum Start noch ein Tipp: Lesen Sie nach der Einführung zunächst nur die Einleitungen und die mit Pfeilen (▶) gekennzeichneten Ergebnisse der einzelnen Kapitel. Damit verschaffen Sie sich rasch einen Überblick und erleichtern sich das Verständnis beim Lesen des gesamten Werkes.

Timm Gudehus, Hamburg, im Juni 2012

Vorwort der 1. Auflage

Seit Beginn meiner Industrietätigkeit haben mich die *Probleme* und *Aufgaben* der Logistik mit ihren Dimensionen *Raum* und *Zeit*, *Material* und *Daten*, *Organisation* und *Technik* sowie *Leistung* und *Kosten* fasziniert. Diese Monographie über *Logistik* ist eine Zusammenfassung von Erkenntnissen und Erfahrungen aus meiner Tätigkeit als Planer und Projektmanager, als Privatdozent für Lager-, Transport- und Kommissioniertechnik, als Geschäftsführer von Unternehmen der Fördertechnik, des Anlagenbaus, der Zulieferindustrie und der Textilindustrie sowie als Berater für Strategie und Logistik.

Eingeflossen sind Anregungen, Ideen, Lösungen und Kenntnisse aus Büchern und Veröffentlichungen, aus Diskussionen mit Fachkollegen und Kunden sowie aus der Bearbeitung von Projekten für Industrie, Handel und Dienstleistung. Lösungen und Beiträge anderer habe ich im Verlauf der Jahre weiterentwickelt. Aus eigener Arbeit sind neue Erkenntnisse hinzugekommen. Einige neu entwickelte Problemlösungen und Strategien, die sich in der Beratungspraxis bewährt haben, werden hier erstmals veröffentlicht.

Erarbeitet und verfasst habe ich das Buch neben meiner beruflichen Arbeit an Wochenenden und Feiertagen sowie in den Wartezeiten auf Geschäftsreisen. Mein größter Dank gilt meiner Frau, *Dr. phil. Heilwig Gudehus*. Sie hat meine häufige Geistesabwesenheit mit Verständnis ertragen, mich in Phasen des Zweifels zur Weiterarbeit ermutigt und mir durch geduldiges Zuhören und kritische Fragen beim allmählichen Verfertigen der Gedanken geholfen [1].

Meinem Vater *Herbert Gudehus*, der sich schon zu Zeiten mit Fragen der Logistik beschäftigt hat, als der Begriff noch weithin unbekannt war, verdanke ich das kritische Denken, den Spaß an der Lösung mathematischer Probleme und viele Anregungen [65, 145, 152, 238, 239].

Einen besonderen Dank schulde ich *Prof. Dr. Helmut Baumgarten*. Er hat mich 1991 in die Logistik zurückgeholt und mir die Zusammenarbeit mit dem *Zentrum für Logistik und Unternehmensplanung GmbH* (ZLU) in Berlin ermöglicht, dessen Gründer und geistiger Vater er ist. Mein weiterer Dank richtet sich an die Kollegen und Mitarbeiter des ZLU. Allen voran und zugleich stellvertretend für das gesamte ZLU-Team danke ich *Prof. Dr. Frank Straube* und *Dr. Michael Mehldau*. In der kreativen Atmosphäre des ZLU haben viele Fachdiskussionen im Rahmen der Beratungsprojekte und die Realisierung hieraus entwickelter Konzepte zum Entstehen des Buches beigetragen.

Für hilfreiche Unterstützung, nützliche Informationen, kritische Diskussionen und konstruktiven Widerspruch danke ich *Prof. Dr. Dieter Arnold, Astrid Boecken, Dr. Rudolf von Borries, Dr. Wolfgang Fürwentsches, Oliver Gatzka, Franz Gremm, Richard Kunder, Karsten Lange, Prof. Dr. Heiner Müller-Merbach, Dr. Jochen Miebach, Martin Reinhardt, Prof. Dr. E. O. Schneidersmann, Prof. Dr. Dieter Thormann, Wilhelm Vallbracht, Ole Wagner* und vielen anderen. Danken möchte ich auch dem *Springer-Verlag*, insbesondere *Thomas Lehnert*, für sein Interesse am Gelingen des Werks und die rasche Drucklegung sowie *Claudia Hill* für die sorgfältige Gestaltung.

Diese Monographie über die Logistik mit Teil 1 *Grundlagen, Verfahren und Strategien* und Teil 2 *Netzwerke, Systeme und Lieferketten* richtet sich an Volks- und Betriebswirte, an Ingenieure, Techniker und Informatiker, an Praktiker und Theoretiker, an Planer und Berater, an Anwender und Betreiber, an Anfänger und Fortgeschrittene. Ich hoffe, dass das Werk in Forschung und Lehre, in Theorie und Praxis, in Wirtschaft und Technik sowie für die Beratung und die Unternehmenslogistik von Nutzen ist und breite Verwendung findet.

Timm Gudehus, Hamburg, im 1999

Inhalt Band 1:
Grundlagen, Verfahren und Strategien

Inhaltsübersicht Band 2

Netzwerke, Systeme und Lieferketten

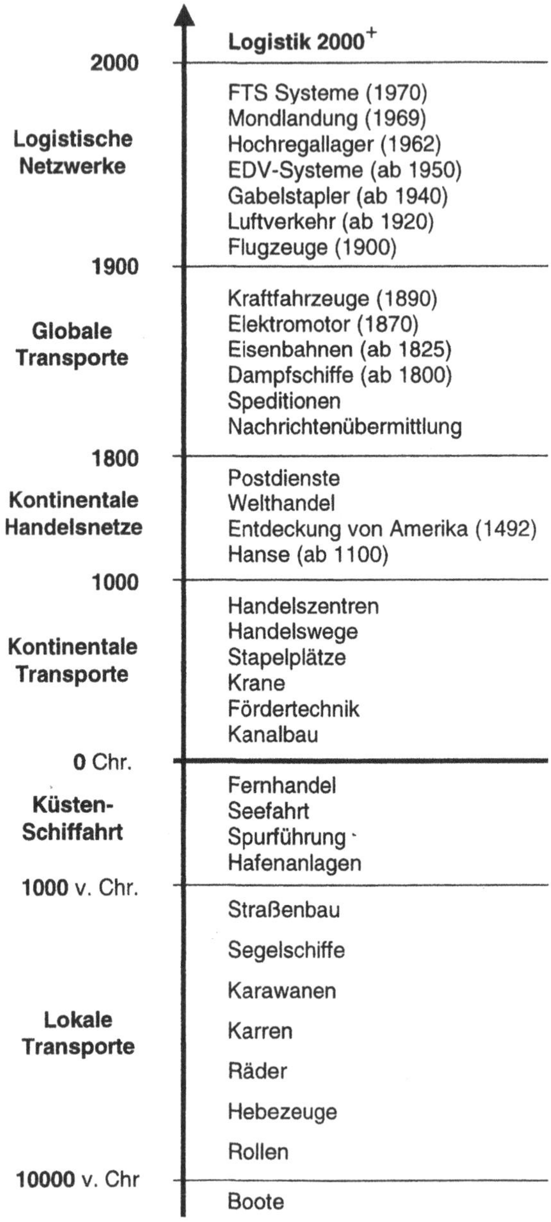

2000	**Logistik 2000** [+]
Logistische	FTS Systeme (1970)
Netzwerke	Mondlandung (1969)
	Hochregallager (1962)
	EDV-Systeme (ab 1950)
	Gabelstapler (ab 1940)
	Luftverkehr (ab 1920)
1900	Flugzeuge (1900)
Globale	Kraftfahrzeuge (1890)
Transporte	Elektromotor (1870)
	Eisenbahnen (ab 1825)
	Dampfschiffe (ab 1800)
	Speditionen
	Nachrichtenübermittlung
1800	
Kontinentale	Postdienste
Handelsnetze	Welthandel
	Entdeckung von Amerika (1492)
	Hanse (ab 1100)
1000	
	Handelszentren
Kontinentale	Handelswege
Transporte	Stapelplätze
	Krane
	Fördertechnik
	Kanalbau
0 Chr.	
Küsten-	Fernhandel
Schiffahrt	Seefahrt
	Spurführung ·
	Hafenanlagen
1000 v. Chr.	
	Straßenbau
	Segelschiffe
	Karawanen
Lokale	Karren
Transporte	Räder
	Hebezeuge
	Rollen
10000 v. Chr	
	Boote

Abb. 0.1 Historische Entwicklung der Logistik

Einleitung

Die Geschichte der *Logistik* als praktisches Handeln und Geschehen in den Bereichen *Transport, Verkehr, Umschlag* und *Lagern* reicht weit zurück (s. *Abb. 0.1*). *Operative Logistik* wurde unter anderen Namen schon immer betrieben: Handel, Spedition, Schifffahrt und Eisenbahn; Stapelplätze, Silos, Lagerhäuser und Stauereien; Fördern und Heben; Kanal-, Straßen- und Hafenbau. Die *Logistikdienstleister* der Vergangenheit waren Postgesellschaften, wie *Thurn & Taxis*, Fuhrunternehmen, wie *Wells Fargo*, sowie die Kaufleute von Venedig, Florenz und der Hansestädte, die *Medici*, die *Fugger* und die *Welser*, die *Godeffroys* und die *Stinnes*. Die Leistungsfähigkeit der Logistikunternehmer, die schon vor mehr als 200 Jahren große Warenmengen um den gesamten Globus transportierten, Güter aus aller Welt beschafften und Briefe über große Entfernungen bereits am nächsten Tag zustellten, ist heute weitgehend in Vergessenheit geraten [2–5, 17, 140, 175, 212, 217].

Neu an der Logistik von heute sind – abgesehen von dem Begriff – die Vielzahl der technischen Lösungsmöglichkeiten, die höheren Geschwindigkeiten, die geringeren Energiekosten, die größeren Kapazitäten sowie die zunehmende *Vernetzung*. Hinzu kommen die vielfältigen Handlungsmöglichkeiten, die sich aus der Steuerungstechnik, der Telekommunikation und der Informatik ergeben [80, 218]. Neu an der *modernen Logistik* ist vor allem die *Erkenntnis*, dass die Verkehrsverbindungen, Lager und Umschlagzentren ein Geflecht von *Netzwerken* bilden, die Unternehmen, Haushalte und Konsumenten in aller Welt permanent mit den benötigten Gütern und Waren versorgen [226]. Diese Erkenntnis hat sich rasch verbreitet und ist heute unter dem modernen Begriff *Logistik* in aller Munde [8, 17, 140, 198, 215].

Die *theoretische Logistik* oder *analytische Logistik* ist aus der Planung für die *operative Logistik* sowie aus der Kriegswissenschaft [5, 215], den Ingenieurwissenschaften [86, 94, 145] und den Wirtschaftswissenschaften [14, 18] hervorgegangen. Sie wurde lange Zeit und wird auch weiterhin unter anderen Namen betrieben, wie *Materialflusstechnik* [20, 27, 55, 84, 120, 180, 181], *Transporttheorie* [7, 140], *Verkehrswirtschaft* [121–124, 140, 219], *Materialwirtschaft* [183, 184, 211], *Supply-Chain-Management* (SCM) [89, 163, 190, 229, 230, 233, 234] und *Operations Research* [11–13, 70, 73, 74, 125]. Die *Theoretiker der Logistik* haben zunächst die historisch gewachsenen Fertigkeiten und Geschäftspraktiken studiert, Techniken und Handlungsmöglichkeiten analysiert und Lösungen für aktuelle Probleme entwickelt [8, 198, 238–240].

Um jedoch die Veränderungen der Praxis beherrschen und die neuen Handlungsmöglichkeiten effizient nutzen zu können, muss die theoretische Logistik von einer bis heute noch weitgehend deskriptiven *Erfahrungswissenschaft* zu einer rational begründeten *Erkenntniswissenschaft* werden [6–10, 153, 160, 171, 179, 215].

Dieses Buch will zu dem erforderlichen Wandel der Logistik beitragen. Es enthält eine umfassende Darstellung der *Grundlagen* und *Strategien* der *modernen Logistik* sowie der organisatorischen, technischen und wirtschaftlichen *Handlungsmöglichkeiten* zur systematischen und zielführenden Lösung der logistischen Aufgaben der Praxis.

Ausgangspunkte der *analytischen Logistik* sind die *Aufgaben, Ziele* und *Aktionsfelder* der *operativen Logistik* sowie die *Elemente, Strukturen* und *Prozesse* der *Logistiknetzwerke*. Unter Verwendung konsistenter Begriffe entwickelt die analytische Logistik hieraus *Regeln* und *Verfahren* zur Planung und Disposition, *Berechnungsformeln* für die Dimensionierung und *Lösungsverfahren* für konkrete Aufgaben. Sie schafft die *Grundlagen* und *Algorithmen* zur mathematischen Modellierung und Optimierung logistischer Prozesse und Systeme. Ergebnisse der analytischen Logistik sind *Strategien* und *Entscheidungshilfen* für die Planung und den Betrieb von Logistiksystemen.

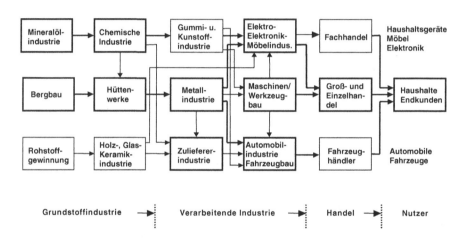

Abb. 0.2 Versorgungsnetze und Lieferketten für Gebrauchsgüter

Viele Unternehmen halten ihre eigenen Logistikprobleme für einzigartig. Dieser Eindruck wird verstärkt durch unternehmens- oder branchenspezifische Begriffe. Wer die Logistik der Unternehmen verschiedener Branchen analysiert, erkennt jedoch, dass die meisten Logistikprobleme trotz mancher Besonderheit vergleichbar sind, überall die gleichen Grundsätze gelten und ähnliche Lösungsverfahren zum Ziel führen. Die Ausführungen des Buches abstrahieren daher weitgehend von Branchen, Regionen und spezieller Technik.

Eine rein technische oder allein ökonomische Sicht der Logistik verstellt den Blick für das Ganze und verbaut viele Handlungsmöglichkeiten. Die an den Hochschulen übliche Trennung in *technische Logistik* und *betriebswirtschaftliche Logistik* ist daher unzweckmäßig. Betriebswirtschaft, Technik, Informatik und andere Fachbereiche tragen gleichermaßen zur *interdisziplinären Logistik* bei. Die organisatorischen, technischen und ökonomischen Aspekte der Logistik werden daher in diesem Buch gleichrangig dargestellt.

Die mathematischen Grundlagen der analytischen Logistik ebenso wie des *Operations Research* (OR) finden sich in der *Arithmetik, Algebra* und *Analysis* sowie in der *Wahrscheinlichkeitstheorie* und *Statistik* [11–13, 77, 81, 138, 170]. Die speziellen OR-Verfahren zur Lösung von Verschnitt-, Transport-, Zuteilungs-, Standort- und Reihenfolgeproblemen werden hier soweit behandelt, wie es im Kontext erforderlich ist. Das gilt auch für die Beiträge der *Betriebswirtschaft*, der *Volkswirtschaft* und der *Technik* zur Logistik [14, 208].

Die Grundsätze, Strategien und Berechnungsformeln wurden für den Bedarf der Praxis entwickelt. Sie haben sich bei der Lösung konkreter Probleme bewährt. Auch wenn die Anregungen aus der Praxis kommen, wird in diesem Buch zunächst die Theorie entwickelt [6, 10, 160]. Anschließend werden praktische Anwendungsmöglichkeiten dargestellt.

Das Werk zeigt *Handlungsspielräume* und *Optimierungsmöglichkeiten* auf und bietet *Lösungsansätze* und *Entscheidungshilfen*. Es enthält *Verfahren* und *Tools* aus der Planungs- und Beratungspraxis, gibt Hinweise auf häufig vorkommende *Fehler* und weist auf *Gefahren* von Standardprogrammen und gebräuchlichen Verfahren hin. Ergebnisse sind vielseitig anwendbare *Planungs- und Gestaltungsregeln, Verfahren* zur Problemlösung, *Betriebsstrategien* und *Dispositionsregeln* sowie allgemeingültige *Berechnungsformeln* zur Dimensionierung und Optimierung von Versorgungsnetzen, Logistiksystemen und Lieferketten.

Der *erste Band* behandelt die *Grundlagen, Verfahren und Strategien der Logistik*. Er beginnt mit einer Abgrenzung der *Aufgaben und Ziele*. Danach werden *Aufbau, Strukturen* und *Organisation* von Logistikprozessen und Leistungssystemen beschrieben. Gegenstand der weiteren Kapitel sind die *Planung* und *Realisierung*, die *Potentialanalyse* und die *Strategien der Logistik*. Die betriebswirtschaftlichen Grundlagen der Logistik werden in den zwei Kapiteln über *Logistikkosten* und *Leistungspreise* entwickelt.

Im Kapitel *Zeitmanagement* wird die Rolle der *Zeit in der Logistik* behandelt, aus der sich die Strategien der *Zeitdisposition* ableiten. Anschließend werden die *Zufallsprozesse in der Logistik* analysiert und die Möglichkeiten und Grenzen der *Bedarfsprognose* dargestellt. Die *Bedarfsprognose* ist Ausgangspunkt für die dynamische *Disposition* von Aufträgen, Beständen und Lagernachschub. Die Verfahren und Strategien der *Auftragsdisposition und Produktionsplanung* sowie der *Bestands- und Nachschubdisposition* in den Logistiknetzen werden in den folgenden Kapiteln behandelt.

Durchlaufende Elemente der *Logistikketten* sind die *Logistikeinheiten*. Deren Funktionen und Bestimmungsfaktoren werden in einem gesonderten Kapitel behandelt, das mit einer Darstellung der zur *Auftragsübermittlung* und *Prozessoptimierung* benötigten *Logistikstammdaten* abschließt. Grundlegend für die Leistungsberechnung und Systemdimensionierung sind die *Grenzleistungsgesetze* und *Staueffekte*. Sie sind Gegenstand des folgenden Kapitels. Das letzte Kapitel des ersten Teils befasst sich mit den Beziehungen und der Aufgabenteilung zwischen *Vertrieb, Einkauf und Logistik.*

Der *zweite Band* behandelt die *Netzwerke, Systeme und Lieferketten* und beginnt mit einem Überblick über *Logistiknetzwerke* und innerbetriebliche *Logistiksysteme.* Danach werden die *Lagersysteme,* die *Kommissioniersysteme* und die *Transportsysteme* behandelt, aus denen sich die Intralogistik und die übergeordneten Logistiknetzwerke zusammensetzen. Die betreffenden Kapitel beginnen jeweils mit der Festlegung und Abgrenzung der *Funktionen* und *Leistungsanforderungen,* die das System zu erfüllen hat. Dann werden die *Teilfunktionen, Systemelemente, Strukturen* und *Prozesse* der Systeme analysiert. Aus der Analyse und Klassifizierung der Systeme resultieren *Auswahlregeln* und *Gestaltungsmöglichkeiten* zur Erfüllung der systemspezifischen Anforderungen.

Im anschließenden Kapitel *Optimale Auslegung von Logistikhallen* werden die Systeme und Funktionsbereiche der innerbetrieblichen Logistik zu Umschlaghallen und Logistikzentren zusammengefügt. Die hier dargestellten *Auslegungsverfahren* und *Anordnungsstrategien* sind allgemein nutzbar zur *Layoutplanung* sowie für die Auslegung von Fabrikhallen, die Gestaltung von Umschlagterminals und die Gebäudeanordnung auf einem Werksgelände. Die resultierenden Fabriken und Logistikzentren sind die Quellen, Knotenpunkte und Senken der Logistiknetze von Industrie und Handel.

Die unternehmensübergreifenden Logistiknetzwerke sind Gegenstand des zentralen Kapitels *Optimale Lieferketten und Versorgungsnetze.* Hier werden *Verfahren zur Auswahl optimaler Lieferketten* und die Grundlagen des *Supply-Chain-Management* entwickelt. Danach werden die Konsequenzen für das Vorgehen beim *Einsatz von Logistikdienstleistern* dargestellt. Das Kapitel *Logik des Marktes* behandelt die Mengen- und Preisbildung am Markt, die die Güter- und Leistungsströme zwischen den Unternehmen und Haushalten auslöst und viele Kosten bestimmt. Das folgende Kapitel enthält Gedanken und Anregungen zur Entwicklung eines *Logistikrechts,* das alle rechtlichen Fragen der Logistik für die Praxis nutzbringend regelt. Das Logistikrecht soll *Verkehrsrecht, Frachtrecht, Speditionsrecht* und andere Rechtsbereiche integrieren, die Einfluss auf die Logistik haben. Das letzte Kapitel behandelt die Rolle und die Wirkungsmöglichkeiten der *Menschen in der Logistik.*

Das vorliegende Werk gibt eine umfassende Darstellung der modernen Logistik. Die beiden Teile und die Kapitel des Buchs sind aufeinander abgestimmt und durch Querverweise miteinander verknüpft. Die einzelnen Kapitel sind jedoch so abgefasst, dass sie auch in sich verständlich sind.

Zur leichteren Auffindbarkeit werden neu eingeführte *Begriffe* und *Sachworte* kursiv geschrieben. Wichtige *Definitionen* sind mit einem Spiegelpunkt (•) eingerückt, allgemeine Grundsätze und Regeln durch einen Hinweispfeil (▶) gekennzeichnet und dadurch rasch zu finden. Zahlreiche *Abbildungen* und *Tabellen* erleichtern das Verständnis des Textes.

Zur Vereinfachung der Programmierung sind die *Formeln,* soweit es die Verständlichkeit zulässt, einzeilig und mit schrägen Bruchstrichen geschrieben. Besonders nützliche *Masterformeln* sind durch **Fettsatz** hervorgehoben und dadurch leichter auffindbar. Das umfangreiche *Sachwortverzeichnis* und die *Tabellen* mit *Kennzahlen* und *Richtwerten* machen das Buch zum praktisch nutzbaren *Nachschlagewerk*.

Elegante und doch tragfähige Brücken und Bauwerke sind das Ergebnis der konsequenten Nutzung der Gesetze von Statik und Mechanik. Entsprechend gilt für die moderne Logistik:

▶ Wirtschaftliche und leistungsfähige Versorgungsnetze und Logistiksysteme sind nur erreichbar, wenn die *Gesetze der Logistik* bekannt sind und bei der Gestaltung und Dimensionierung richtig genutzt werden.

Dieses Buch hat das Ziel, hierfür die Grundlagen zu schaffen und das erforderliche Wissen zu vermitteln. Darüber hinaus soll es das allgemeine Verständnis für die Logistik fördern, zum Weiterdenken anregen und Anstöße geben für die Forschung und Entwicklung.

1 Aufgaben und Aspekte der Logistik

Die von den Konsumenten, Haushalten und Unternehmen benötigten Waren, Güter, Teile und Einsatzstoffe werden in der Regel nicht an dem Ort und zu dem Zeitpunkt erzeugt, in dem sie gebraucht werden. Sie entstehen meist auch nicht in der benötigten Menge und Zusammensetzung. Hieraus resultiert die *Grundaufgabe der operativen Logistik* [7, 8, 17, 140, 230]:

▶ *Effizientes Bereitstellen* der geforderten *Mengen* benötigter *Objekte* in der richtigen *Zusammensetzung* zur rechten *Zeit* am richtigen *Ort*.

Für die rationelle Durchführung der Grundaufgabe der operativen Logistik werden von der *analytischen Logistik* optimale Prozesse, Strukturen und Systeme entwickelt und organisiert [215, 230]. Beide Bereiche der Logistik, *Theorie* und *Praxis*, müssen bei ihren Überlegungen und Entscheidungen stets den Bedarf der *Auftraggeber*, *Verbraucher* und *Leistungsempfänger* im Auge behalten.

Logistikobjekte sind Handelswaren, Lebensmittel, Rohstoffe oder Material, Vorprodukte, Halbfertigfabrikate und Fertigwaren, Investitionsgüter oder Konsumgüter ebenso wie Produktions- und Betriebsmittel. Auch Abfallstoffe und ausgebrauchte Produkte können Gegenstand der Logistik sein. Logistikobjekte, die besondere Sicherheit und einen speziellen Service erfordern, sind Personen und Lebewesen.

Quellen, *Lieferanten* oder *Auslieferstellen* der Logistikobjekte sind Rohstofflager, Produktionsanlagen, Halbfertigwarenlager, Werkstätten, Fabriken und Fertigwarenlager von *Industrieunternehmen* sowie Vorratslager, Importlager und Logistikzentren von *Handelsunternehmen* oder *Logistikdienstleistern*. *Senken* oder *Anlieferstellen* am Ende der *Logistikketten* sind die Geschäfte, Märkte und Filialen des *Handels* und die Verbrauchsorte der *Konsumenten*. Die Warenquellen, aus denen die *Verbrauchsstellen* beliefert werden, sind selbst *Empfänger* von Gütern und Waren, die aus anderen Quellen kommen. Produzenten, Handel und Konsumenten sind wiederum Quellen von Leergut, Verpackungsabfall, Reststoffen und ausgebrauchten Produkten, die zu entsorgen sind.

Für die *Logistik im engeren Sinn* sind die Standorte der Quellen und Senken, die Produktions- und Versandmengen sowie die Bedarfs- und Verbrauchsmengen vorgegeben. Sie befasst sich ausschließlich mit den in *Abb. 1.1* dargestellten *Grundfunktionen* und den operativen *Logistikleistungen*:

$$
\begin{aligned}
&\text{Transport zur Raumüberbrückung} \\
&\text{Umschlagen zur Mengenanpassung} \\
&\text{Lagern zur Zeitüberbrückung} \\
&\text{Kommissionieren zur Auftragszusammenstellung.}
\end{aligned}
\tag{1.1}
$$

T. Gudehus, *Logistik 1*, VDI-Buch,
DOI 10.1007/978-3-642-29359-7_1, © Springer-Verlag Berlin Heidelberg 2012

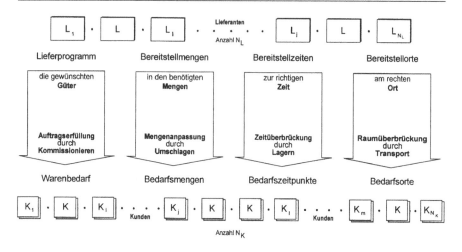

Abb. 1.1 Grundfunktionen und operative Leistungen der Logistik

Die verfahrenstechnischen Prozesse zur Gewinnung, Erzeugung, Herstellung, Abfüllung und Verpackung sind nicht Gegenstand der Logistik. Aufgabe der Logistik ist die *Versorgung* dieser Prozesse mit den benötigten Einsatzstoffen und Teilen, die *Distribution* der resultierenden Erzeugnisse und die *Entsorgung* anfallender Abfälle und Reststoffe.

Logistiksysteme sind spezielle *Leistungssysteme*. Leistungssysteme, die außer den operativen Logistikfunktionen (1.1) weitere Leistungen erbringen, wie Entwicklungs-, Beschaffungs-, Produktions- und Serviceleistungen, sind Gegenstand der *Logistik im weiteren Sinne*. Diese hat die Aufgabe, Systeme zur Erzeugung materieller und immaterieller *Leistungen* aufzubauen, zu betreiben und zu optimieren. Hieraus resultieren Aufgabenüberschneidungen mit der Unternehmensplanung, der Produktionsplanung, dem Maschinenbau, der Fertigungstechnik, dem Anlagenbau, der Verfahrenstechnik, der Informatik und anderen Bereichen der *Technik* und *Betriebswirtschaft*.

Im *weitesten Sinn* umfasst die Logistik auch den *Einkauf* und den *Verkauf*. Einkauf und Verkauf bahnen die *Logistikketten* zwischen den Unternehmen und zu den Konsumenten an. Sie vereinbaren die *Lieferbedingungen*, *Mengen* und *Preise* [18, 227].

Die Logistik ist *interdisziplinär*. Sie nutzt und verbindet das Wissen anderer Fachbereiche, für die wiederum die Logistik eine *Hilfswissenschaft* ist. Das gilt analog für die *Informatik*, deren Aufgabe die Bereitstellung und Verarbeitung von *Informationen* in der benötigten Form zur richtigen Zeit am rechten Ort ist.

Auch wenn die Informatik heute für die Logistik – ebenso wie für die gesamte Wirtschaft – eine zentrale Bedeutung hat, ist es unsinnig, neben einer sogenannten *physischen Logistik* eine *Informationslogistik* oder *e-Logistik* etablieren zu wollen [218]. Für die Logistik ist die Informatik Mittel zum Zweck. Sie darf niemals zum Selbstzweck werden.[1]

Zur Einführung in die Grundlagen der Logistik werden in diesem Kapitel die *Aufgabenbereiche* und *Ziele* der Logistik analysiert, die *Strukturen* und *Prozesse* von *Leistungssystemen* untersucht und die Funktionen von *Leistungsbereichen* und *Leistungsstellen* definiert. Danach werden Aufbau und Strukturen von *Logistiksystemen* und die qualitativen *Effekte von Logistikzentren* beschrieben, deren Quantifizierung Gegenstand der nachfolgenden Kapitel ist. Abschließend werden das *Netzwerkmanagement* von Logistiksystemen und die Aufgabenteilung in der Logistik behandelt.

1.1 Leistungssysteme und Maschinensysteme

Der Begriff *Leistungssystem* ist eine Erweiterung des Begriffs *Maschinensystem*. Viele Definitionen, Grundlagen und Methoden der *Theorie der Maschinensysteme* und der *Systemanalyse* lassen sich daher auf allgemeine Leistungssysteme und damit auf die Logistik übertragen [9, 156, 160].

Ein *Maschinensystem* erfüllt *Fertigungsaufträge* und führt nach einem gleichbleibenden *technischen Verfahren* an physischen Objekten materielle Transformationen durch. Maschinensysteme arbeiten *deterministisch*, haben konstante Durchlaufzeiten und sind meist zentral gesteuert. Beispiele für Maschinensysteme sind Druckmaschinen, Werkzeugmaschinen, Chemieanlagen, Abfüllanlagen und Montagelinien. Ein Maschinensystem ist weitgehend unabhängig vom Menschen und hat nur *wenige Freiheitsgrade*.

Neben vielen Analogien gibt es jedoch zwischen Maschinensystemen und Leistungssystemen gravierende Unterschiede:

- *Leistungssysteme* sind von Menschen abhängig. Sie erfüllen *Leistungsaufträge* und führen nach wechselnden *Strategien* an physischen und informatorischen Objekten materielle und immaterielle *Transformationen* aus.

Beispiele für *technische Leistungssysteme*, die von physischen Objekten durchlaufen werden, sind Fabriken, Krankenhäuser, Montagebetriebe, Verkehrssysteme und Logistiksysteme. *Informatorische Leistungssysteme* sind die EDV-Systeme, die Informations- und Kommunikationssysteme (I+K-Systeme) oder Nachrichtendienste. Verwaltungsbetriebe, Banken und Versicherungen sind Beispiele für *administrative Leistungssysteme*.

Leistungssysteme werden in der Regel *stochastisch* in Anspruch genommen. Sie haben schwankende Durchlaufzeiten, sind weitgehend dezentral organisiert und bieten daher *viele Handlungsmöglichkeiten*.

---

[1] Logistik und Informatik sind selbständige Fachbereiche, die sich zwar gegenseitig befruchten aber nicht ersetzen können. Aufgrund der Unterschiedlichkeit ihres Gegenstands, physische Objekte einerseits und immaterielle Informationen andererseits, unterscheiden sich Logistik und Informatik in der Technik der Systeme [160]. Die speziell für die Logistik benötigte Informatik könnte analog zur *Wirtschaftsinformatik* als *Logistikinformatik* bezeichnet werden. Die Bezeichnung *Informationslogistik* ist irreführend, denn es handelt sich hier nicht nur um die Logistik der Informationen.

Die *kinematischen Ketten* und Prozesse eines Maschinensystems sind allein durch die Struktur bestimmt. Die *Logistikketten* und *Prozesse* in einem Leistungssystem sind von der *Struktur* und von den *Strategien* abhängig. Sie verändern sich unter dem Einfluss der *Menschen* (s. *Kap. 24*).

Außer den *Strukturen*, die für alle Systeme gleichermaßen von Bedeutung sind, spielen die *Prozesse* für die Logistiksysteme eine ganz besondere Rolle. Die Entwicklung und Analyse von Strategien zur Gestaltung und Durchführung der Prozesse sind daher zentrale Aufgaben der *theoretischen Logistik* [7].

Die Funktionen eines Leistungssystems werden von den *Leistungsanforderungen* bestimmt. Für die Gestaltung, Dimensionierung und Optimierung eines Systems sind daher vom *Auftraggeber* die *Aufgaben* und *Ziele* vorzugeben, die gewünschten *Leistungsergebnisse* zu spezifizieren, die *Schnittstellen* und *Rahmenbedingungen* zu definieren, die *Leistungsqualität* festzulegen und die benötigten *Leistungsmengen* zu quantifizieren.

Dabei muss sich der Auftraggeber entscheiden zwischen einer *Ergebnisspezifikation*, einer *Verfahrensspezifikation* und einer *Einzelspezifikation*:

- Die reine *Ergebnisspezifikation* legt nur die Leistungsergebnisse fest. Sie lässt Verfahren, Technik, Strukturen und Prozesse offen und erlaubt eine Vielzahl von Lösungen.
- In einer funktionalen *Verfahrensspezifikation* werden die technischen Verfahren und die Leistungsprozesse so vorgegeben, dass nur ein begrenzter Gestaltungsspielraum besteht.
- In einer technischen *Einzelspezifikation* werden außer den Verfahren und Prozessen auch das Material, die Konstruktion und die Verknüpfungen der Systemelemente vorgeschrieben.

Welche dieser *Spezifikationsarten* zweckmäßig ist, hängt ab von den Zielen und der Kompetenz des Auftraggebers sowie von der Art des Systems. In vielen Fällen wird die Ergebnisspezifikation ergänzt um eine Verfahrensspezifikation der wichtigsten Prozesse und die Verfahrenspezifikation um eine Einzelspezifikation der funktionskritischen Elemente.

1.2 Aufgabenbereiche und Ziele

Jede Logistikaufgabe hat bestimmte *Zielvorgaben* und betrifft einen *Aktionsbereich*, der durch die Standorte und Funktionen der Quellen, Senken und Leistungsstellen sowie durch die vorgegebenen Material- und Datenströme definiert ist.

Die *Makrologistik* hat das Ziel, die *effiziente Güterversorgung* von Haushalten, Unternehmen und Staat zu sichern und *rationelle Verkehrs-, Güter- und Personenströme* zwischen den Quellen und Senken einer Region, eines Landes und rundum den Globus zu ermöglichen, unabhängig davon, wem die Güter, die Quellen und die Senken gehören [140, 171]. Eine leistungsfähige *Infrastruktur*, bestehend aus *Verkehrsnetzen* und *Logistikzentren*, geeignete *Institutionen* und wirksame *Gesetze* er-

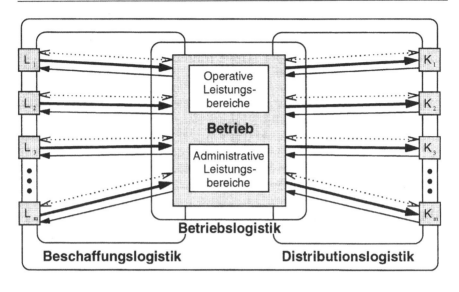

Abb. 1.2 Bereiche der Unternehmenslogistik

L_i: Lieferanten,
K_j: Kunden

möglichen rationelle *Güterströme und Verkehrsflüsse*, die Voraussetzung sind für eine optimale Entwicklung von Wirtschaft und Gesellschaft (s. *Abschn. 23.2*).

Die *Mikrologistik* hat zum Ziel, auf der Grundlage privater Vereinbarungen und Verträge die einzelnen Verbraucher und Unternehmen *mit den benötigten Gütern zu versorgen* und den *individuellen Mobilitätsbedarf* kostenoptimal zu decken [140, 171]. Ihre Aufgabe ist, Logistikleistungen anzubieten und auszuführen. Dafür sind Logistiksysteme aufzubauen und zu betreiben sowie die benötigten *Beförderungsketten* und *Versorgungsnetze* zu organisieren. Eine leistungsfähige Unternehmenslogistik ist Voraussetzung für eine optimale Geschäftsentwicklung.

Die *Unternehmenslogistik* umfasst, wie in *Abb. 1.2* dargestellt, die innerbetriebliche und die außerbetriebliche Logistik. Die *innerbetriebliche Logistik* oder *Intralogistik*, auch *Betriebs-*, *Werks-* oder *Standortlogistik* genannt, verbindet an einem Logistikstandort, in einem Werk oder in einem Betrieb den Wareneingang, die internen Senken und Quellen und den Warenausgang. Die *außerbetriebliche Logistik* oder *Extralogistik*, die in Zulaufrichtung als *Beschaffungslogistik*, in Auslaufrichtung als *Distributionslogistik* und in Rücklaufrichtung als *Entsorgungslogistik* bezeichnet wird, verbindet die Warenausgänge mit den Wareneingängen unterschiedlicher Logistikstandorte, Werke und Betriebe.

Die *Beschaffungslogistik* befasst sich also mit dem *Zulauf* der Waren von den Lieferanten bis zu den Betrieben und die *Distributionslogistik* mit der *Verteilung* der Waren von den Betrieben an die Empfänger. Beschaffungslogistik und Distributionslogistik sind zwei Aspekte der gleichen Logistikaufgabe, deren *Ziele* entweder von den Interessen des Empfängers oder von den Interessen des Versenders vorgegeben sind: aus Sicht der Empfänger sind Teile der Distributionslogistik der Lieferanten Bestandteil der eigenen Beschaffungslogistik; aus Sicht der Versender sind Teile der Beschaffungslogistik der Kunden Teil ihrer Distributionslogistik (s. *Abschn. 20.18*).

Die *Entsorgungslogistik* hat die Aufgabe, Produktionsrückstände, Konsumabfälle, Verpackungsmaterial, Leergut, ausgebrauchte Güter und Reststoffe abzutransportieren, zu lagern, aufzubereiten, einer erneuten Verwendung zuzuführen oder auf Dauer in einem *Endlager* zu deponieren. Sie hieß in der Praxis früher einfach *Müllabfuhr* und in der Theorie *Abfallwirtschaft*. Da das Entsorgen die zeitliche Umkehr des Versorgens ist, wird die Entsorgungslogistik heute auch als *inverse Logistik (reverse logistics)* bezeichnet [187, 188].

Die *Verkehrslogistik* und die *Transportlogistik* befassen sich mit den Systemen zur *Beförderung* von Waren, Gütern, Personen und anderen Objekten [146, 149]. In den Stationen und *Knotenpunkten* der Verkehrs- und Transportnetze werden keine Warenbestände gelagert, sondern Durchsatz- und Umschlagleistungen erbracht (s. *Kap. 18*).

Die übergeordneten *Ziele* der Planung, der Realisierung und des Betriebs von Leistungssystemen sind:

Leistungserfüllung
Qualitätssicherung   (1.2)
Kostensenkung.

Das sind auch die *Hauptziele der Unternehmenslogistik*. Inhalte, Priorisierung und Gewichtung der Ziele sind abhängig von der konkreten Aufgabenstellung (s. *Abschn. 3.4*).

1.3 Strukturen und Prozesse

Leistungssysteme sind – wie in *Abb. 1.3* dargestellt – *Netzwerke* von einzelnen Leistungsstellen, die von *Material* und *Daten* durchlaufen werden und bestimmte Leistungen erzeugen. Abgesehen von den verfahrenstechnischen und administrativen Prozessen in den Stationen ist jedes Leistungssystem ein *Logistiksystem*.

Ähnlich wie die Strömungssysteme in der Hydrodynamik lassen sich Leistungs- und Logistiksysteme aus *stationärer Sicht* unter dem *Strukturaspekt* oder aus *dynamischer Sicht* unter dem *Prozessaspekt* betrachten. Für die Lösung der vielfältigen Aufgaben der Logistik sind beide Aspekte erforderlich. Einige Probleme, wie die Optimierung der Prozesse in *vorhandenen Systemen*, lassen sich besser aus prozessorientierter Sicht lösen. Andere Aufgaben, wie die Gestaltung *neuer Systeme*, erfordern primär eine strukturorientierte Betrachtung. Logistisch Denken heißt daher, zielgerichtet in Prozessen, Strukturen und Systemen denken.

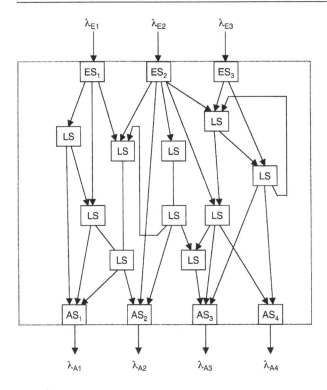

Abb. 1.3 Allgemeine Struktur eines Leistungs- und Logistiksystems

LS: Leistungs- oder Logistikstationen
ES_i: Eingangsstationen
AS_j: Ausgangsstationen
λ_{Ei}: Einlaufströme
λ_{Ai}: Auslaufströme
→: Auftrags-, Material- und Datenströme (s. *Abschn. 9.1*)
- - - -: Systemgrenze

1.3.1 Strukturaspekt

Unter dem Strukturaspekt werden *Aufbau, Netzwerk, Funktionen, Kapazitäten* und *Leistungsvermögen* des Systems und der Leistungsstellen aus der Sicht eines ruhenden Betrachters analysiert und geplant.

Aus *stationärer Sicht* ist die Aufgabe der Logistik eine *Systemoptimierung* [7, 160]:

- Das *Logistiksystem* ist so zu gestalten, zu dimensionieren, zu organisieren und zu betreiben, dass die *Leistungsanforderungen* bei vorgegebenen *Restriktionen* kostenoptimal erfüllt werden.

Der erste Schritt der Systemoptimierung ist eine *Strukturanalyse*, in der untersucht wird, aus welchen Leistungsstellen sich ein System zusammensetzt und welche Material- und Datenströme zwischen den Leistungsstellen fließen. Die sich anschließende *Potentialanalyse* zeigt auf, ob und in welchem Umfang das System zur Bewältigung vorgegebener Leistungsanforderungen geeignet ist (s. *Kap. 4*). Für die Gestaltung der Strukturen gilt der *Grundsatz:*

▶ Die Prozesse bestimmen die Strukturen, nicht die Strukturen die Prozesse.

Bei rein stationärer Sichtweise besteht die Gefahr, den Zweck der Systeme und das *Ziel* der in ihnen ablaufenden Prozesse aus dem Auge zu verlieren.

1.3.2 Prozessaspekt

Unter dem Prozessaspekt werden die *Abläufe* im Logistiksystem und die *Vorgänge* in den Leistungsstellen aus der Sicht eines Betrachters, der den Waren und Daten auf ihrem Weg durch das System folgt, in ihrer *Abfolge* und ihrem *Zeitbedarf* analysiert und gestaltet. Aus *dynamischer Sicht* ist die Aufgabe der Logistik eine *Prozessoptimierung:*

• Aus der Vielzahl der Möglichkeiten sind die *Prozesse* und *Leistungsketten* so auszuwählen, zu gestalten, zu kombinieren und zu disponieren, dass die *Leistungsanforderungen* bei Einhaltung der *Restriktionen* kostenoptimal erfüllt werden.

Der erste Schritt der Prozessoptimierung ist die *Prozessanalyse* (s. *Abschn. 4.3*). Die *Prozessanalyse* ist darauf gerichtet, zu erkennen, wie effektiv die einzelnen Vorgänge in den *Leistungsketten* ablaufen und ob die Leistungsstellen so miteinander verknüpft sind, dass die *Ziele* der Auftraggeber, die *Aufträge* der Kunden und die *Erwartungen* der Empfänger erfüllt werden.

Für die Gestaltung und Optimierung der Prozesse gilt der *Grundsatz:*

▶ Nur wenn alle relevanten Leistungsprozesse in einem System bekannt sind, lassen sich die Leistungsstellen dimensionieren, die Leistungskosten errechnen und das Gesamtoptimum erreichen.

Bei rein prozessorientierter Betrachtung werden häufig die *konkurrierenden* oder *parallel ablaufenden Prozesse* nicht ausreichend berücksichtigt und die *Synergiepotentiale* übersehen.

1.3.3 Dynamischer Netzwerkaspekt

Unter dem anhaltenden Einfluss des *Operations Research* war die theoretische Logistik lange Zeit auf die Optimierung der *Funktionen* und *Strukturen* bei stationärer Belastung fixiert [12, 81, 88, 138, 141, 148, 176]. Die dynamischen Prozesse in den Auftrags- und Lieferketten wurden dabei weitgehend außer acht gelassen.

Das *Supply Chain Management* ist auf die *Lieferprozesse* von den Lieferanten der Lieferanten durch das eigene Unternehmen bis zu den Kunden der Kunden ausgerichtet [49, 67, 89–92, 142, 153, 167, 190, 229, 231, 234]. Der reine Prozessaspekt des SCM verliert jedoch die Strukturen, die Wechselwirkungen zwischen den konkurrierenden Lieferketten und die möglichen Synergien aus der Mehrfachnutzung der

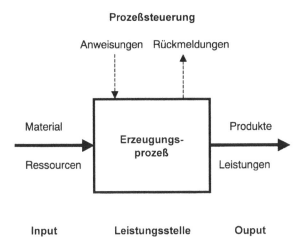

Abb. 1.4 Input und Output einer Leistungsstelle

Netze und Ressourcen aus dem Blick. Das *Netzwerkmanagement* fordert dagegen, die Ziele der Logistik oder eines Unternehmens durch Optimierung der Prozesse *und* der Strukturen zu erreichen [24, 139, 171]. Das aber ist die zentrale Aufgabe der Unternehmenslogistik (s. *Abschnitte 1.9* und *2.9*).

Die Leistungsanforderungen und Belastungen der Leistungs- und Logistiksysteme sind in der Regel *instationär*, also zeitlich veränderlich, und *stochastisch*, das heißt zufallsabhängig. Daher ist eine rein statische Betrachtung nicht ausreichend. Ein zukünftiger Schwerpunkt der analytisch-normativen Logistik ist die Entwicklung von Strategien und Algorithmen für die Planung und Disposition *dynamisch belasteter Systeme* [20, 178, 193, 226, 231, 232].

1.4 Leistungsstellen und Leistungsbereiche

Leistungssysteme, also auch die Logistiksysteme, setzen sich aus einzelnen *Leistungsstellen* zusammen, die in der Regel zu *Leistungsbereichen* und *Organisationseinheiten* zusammengefasst sind. Eine Leistungsstelle mit den in *Abb. 1.4* dargestellten *Input-Output-Beziehungen* ist wie folgt definiert:

- In einer *Leistungsstelle* [LS] werden nach *Aufträgen* oder *Anweisungen* unter Einsatz von *Material* und *Ressourcen*, wie Personen, Flächen, Gebäude, Einrichtungen, Maschinen und andere Betriebsmittel, *materielle Produkte* erzeugt oder *immaterielle Leistungen* erbracht.

Aufgabe der Leistungsstellen ist es, bei möglichst geringen Kosten anforderungsgerechte Leistungen zu erbringen, die zur *Wertschöpfung* beitragen. Leistungsstellen oder *Funktionsmodule* sind *Kostenstellen*. Nicht alle Kostenstellen der Betriebsabrechnung aber sind auch Leistungsstellen [14].

Mehrere Leistungsstellen, die sich in einem abgegrenzten Betriebsteil oder in gesonderten Räumlichkeiten befinden, lassen sich, wie in *Abb. 1.5* dargestellt, zu einem *Leistungsbereich* oder *Funktionsbereich* zusammenfassen. Leistungsbereiche, in denen *gleichartige Leistungen* erbracht werden oder die einen bestimmten *Abschnitt der Leistungskette* umfassen, bilden eine *Organisationseinheit*.

Organisationseinheiten sind *Werke*, *Betriebe* oder *Leistungsbereiche*, für deren *Leistungen*, *Qualität* und *Kosten* eine Betriebsleitung oder ein *Dienstleister* verantwortlich ist (s. *Kap. 21*). Zur *Ausschreibung* und *Vergabe* an einen *Dienstleister* sind geeignete Leistungsstellen zu einer *Organisationseinheit* zusammenzufassen und so klar voneinander abzugrenzen, dass sich eindeutige *Leistungsumfänge* definieren lassen. Nur dann ist eine selbstregelnde und zielführende *Leistungs- und Qualitätsvergütung* möglich (s. *Kap. 7* und *21*).

Die *Art der Leistungen* wird durch *Spezifikation* des Leistungsergebnisses und durch Angabe der *Leistungsmerkmale* definiert, wie die Beschaffenheit der Waren oder Produkte, die Transportentfernungen und die Lagerzeiten. Weitere Leistungsmerkmale sind Lieferzeiten, Lagervorschriften, Sicherheitsauflagen und Qualitätsanforderungen.

Für die Systemanalyse und die Systemgestaltung ist es zweckmäßig, die Leistungsstellen nach ihrer Funktion und anderen Merkmalen in Klassen einzuteilen und diese Klassen gesondert zu betrachten (s. *Abschn. 20.7*) [160].

1.4.1 Leistungsergebnisse

Das Ergebnis eines Leistungsprozesses kann materiell oder immateriell sein:

- *Materielle Leistungsergebnisse* sind physische Objekte, wie Rohstoffe, Material, Bauten, Industrieerzeugnisse, Konsumgüter oder allgemein *Produkte*, die aus einem Gewinnungs-, Erzeugungs-, Herstellungs-, Veredelungs-, Bearbeitungs- oder Montageprozess resultieren.
- *Immaterielle Leistungsergebnisse* sind Resultate informatorischer, mengenmäßiger, räumlicher oder zeitlicher *Veränderungen* von oder an Objekten, Personen, Daten oder Informationen, wie ein Abfüllen, Umordnen, Stapeln, Verpacken, Kodieren, Handhaben, Befördern oder Lagern.

Ist das Leistungsergebnis ein materielles Produkt, wird der Prozess als *Produktions-* oder *Fertigungsprozess* bezeichnet. Bei einem immateriellen Leistungsergebnis spricht man von einem *Leistungsprozess*.

In vielen Fällen ist die Unterscheidung zwischen Fertigungsprozess und Leistungsprozess jedoch nur eine Frage des Standpunkts und des Eigentums an den behandelten Objekten. So werden Veredelung, Montage, Abfüllen und Verpacken als Teil des Fertigungsprozesses betrachtet, solange sie in einem Unternehmen mit *eigenem Material* stattfinden. Sie werden zu Leistungsprozessen, wenn sie von Dritten außerhalb des Unternehmens mit *fremdem Material* durchgeführt werden.

Beispielsweise ist die Konfektion von Kleidung in einem Textilunternehmen aus gekauften oder selbst hergestellten Stoffen nach eigenen Schnitten ein *Herstellungs-*

prozess. Die gleiche Leistung, ausgeführt nach fremden Schnitten mit bereitgestellten Stoffen, ist eine *Dienstleistung*, die als *passive Lohnveredelung* bezeichnet wird.

Eine Unterscheidung zwischen Fertigungsprozess und Leistungsprozess hat daher aus prozessorientierter Sicht wenig Sinn. Es gibt nur eine *Leistungsproduktion* mit materiellen oder immateriellen Ergebnissen. Das materielle Produkt ist ein *Leistungsträger*, in dem das Ergebnis der einzelnen Leistungsschritte quasi gespeichert ist.

Das Ergebnis und der Durchsatz einer Leistungsstelle werden in *Leistungseinheiten* [LE] gemessen. Messgrößen für *materielle Leistungsergebnisse* sind *Mengeneinheiten* [ME], wie *Gewicht* [kg; t], *Volumen* [l; m³], *Stück* [ST] oder *Ladeeinheiten* [LE]. Messgrößen für *immaterielle Leistungsergebnisse* sind *Vorgangseinheiten* [VE], wie *Aufträge* [Auf], *Positionen* [Pos], *Bearbeitungseinheiten* [BE] oder definierte *Leistungsumfänge* [LU].

Vorgangseinheiten zur Messung von spezifischen *Logistikleistungen* sind:

- *Transportleistungseinheiten*: *Transportgut-Entfernung* [Transportgut-km], *Laderaum-Kilometer* [m³-km], *Tonnen-Kilometer* [t-km], *Ladeeinheiten-Kilometer* [LE-km] oder *Personen-Kilometer* [Pers-km].

- *Lagerleistungseinheiten*: *Lagergut-Aufbewahrungszeit* [Lagergut-Tage], *Lagerraum-Tage* [m³-Tage] und *Ladeeinheiten-Tage* [LE-Tage], wie Paletten-Tage oder PKW-Abstelltage.

1.4.2 Typen von Leistungsstellen

Maßgebend für das *Leistungsvermögen* ist die *Funktionsvielfalt* einer Leistungsstelle. Danach lassen sich monofunktionale und multifunktionale Leistungsstellen unterscheiden:

- In einer *monofunktionalen Leistungsstelle* findet nur ein *gleichartiger Leistungsprozess* statt.
- In einer *multifunktionalen Leistungsstelle* laufen *gleichzeitig* oder *nacheinander* mehrere unterschiedliche Leistungsprozesse ab.

Leistungsstellen können *direkte Leistungen* erbringen, die *unmittelbar* für einen Geschäftsprozess benötigt werden, oder *indirekte Leistungen*, die für den Geschäftsprozess nur *mittelbar* von Nutzen sind, wie die Leistungen von Reparaturbetrieben, der Instandhaltung oder der Personalverwaltung.

Interne Leistungsbereiche befinden sich innerhalb der Gebäude oder der Werke in der Verantwortung des eigenen Unternehmens. *Externe Leistungsbereiche* liegen außerhalb einer Betriebsstätte oder in der Verantwortung anderer Unternehmen.

Abhängig von der *Zielsetzung* und dem erforderlichen *Detaillierungsgrad* ist es notwendig, *elementare Leistungsstellen*, oder zweckmäßiger, *zusammengesetzte Leistungsstellen* zu betrachten (s. *Abb. 1.5*):

- *Elementare* oder *irreduzible Leistungsstellen* lassen sich ohne Funktionsverlust nicht weiter zerlegen und können zu einer Zeit jeweils nur eine *Leistungsart* erzeugen.

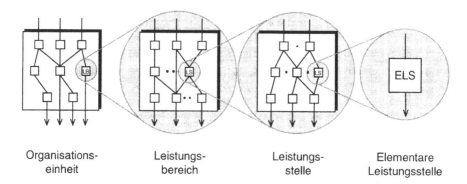

| Organisations-
einheit | Leistungs-
bereich | Leistungs-
stelle | Elementare
Leistungsstelle |

Abb. 1.5 Aufbau von Leistungsstellen, Leistungsbereichen und Organisationseinheiten aus elementaren Leistungsstellen

- *Zusammengesetzte Leistungsstellen* bestehen aus *parallel* oder *seriell* angeordneten elementaren Leistungsstellen und können gleichzeitig mehrere Leistungsarten erzeugen.

Abhängig vom *Leistungsgegenstand* sind zu unterscheiden:

- *Operative Leistungsstellen*: In diesen werden an oder mit *materiellen Objekten*, wie *Material, Ware, Güter* oder *Ladeeinheiten*, Veränderungen, Bearbeitungsvorgänge, Umwandlungen, Produktionsprozesse oder andere *operative Leistungen* durchgeführt.
- *Administrative Leistungsstellen*: In diesen werden an oder mit *Aufträgen, Daten* oder anderen *Informationen* Bearbeitungsvorgänge, Umwandlungen, Übertragungen, Verarbeitungsprozesse, Verwaltungstätigkeiten oder andere *administrative Leistungen* erbracht.

In einer operativen Leistungsstelle können neben den operativen Funktionen auch administrative Arbeiten an den warenbegleitenden Auftragspapieren, Informationen und Belegen geleistet werden.

In den *operativen Leistungsstellen der Fertigung* werden Rohstoffe, Güter und Teile durch die Leistungsprozesse in Produkte umgewandelt. *Operative Leistungsstellen der Fertigung* sind beispielsweise:

- *Produktionsstellen*, in denen aus *Eingangsmaterial* durch Verfahrens- oder Herstellprozesse *materielle Produkte* erzeugt werden,
- *Montagestellen*, in denen aus zugeführten *Teilen, Baugruppen* und *Modulen* Geräte, Fahrzeuge, Maschinen, Anlagen oder andere Produkte erzeugt werden,
- *Abfüllstellen*, in denen Güter in *Flaschen, Dosen, Säcke* oder andere *Verkaufseinheiten* abgefüllt werden,
- *Verpackungsstellen*, die Produkte oder Verkaufseinheiten in *Kartons, Trays, Paketen, Gebinden* oder anderen *Ladungsträgern* zu *Verpackungs-, Versand- oder Ladeeinheiten* verpacken,

- *Demontagestellen*, die ausgediente Produkte demontieren und für das Recycling sortieren.

Operative Leistungsstellen, in denen der einlaufende Gegenstand seine Identität bewahrt, sind *Abfertigungs- oder Servicestellen*. Hierzu gehören:

- *Reparaturstellen*, in denen beschädigte oder defekte Produkte, Transportmittel oder Ladungsträger repariert werden,
- *Bearbeitungsstellen*, in denen an einem zugeführten Gegenstand ohne inhaltliche Veränderung ein Bearbeitungsvorgang, wie das Kodieren oder Erfassen, durchgeführt wird.

In den *Leistungsstellen der Logistiksysteme* finden an den Waren, Gütern und Ladeeinheiten *räumliche, zeitliche* und *informatorische Veränderungen*, aber keine inhaltlichen Umwandlungen statt. *Logistikstationen* sind Leistungsstellen, in denen nur Logistikleistungen erbracht werden. *Transportknoten* oder *Knotenpunkte* sind bestandslose Logistikstationen, die allein dem Durchsatz, dem Umschlag und dem Sortieren dienen.

1.4.3 Kenndaten von Leistungsstellen

Die einzelnen Leistungsstellen lassen sich allgemein durch folgende *Kenndaten* charakterisieren:

Leistungen	Auftragsarten
	Leistungsmerkmale LM_i
	Funktionen F_α
	Leistungsprozesse (Transformationen)
Objekte	Beschaffenheit der ein- und auslaufenden physischen Objekte
	Art der ein- und auslaufenden Daten und Informationen
Zeiten	Betriebszeiten, Laufzeiten und Arbeitszeiten
	Bearbeitungszeiten und Durchlaufzeiten
Kapazitäten	Puffer- und Lagerkapazitäten für materielle Objekte
	Speicherkapazität für Daten und Informationen
Grenzleistungen	Produktionsgrenzleistungen μ_P [PE/ZE]
	Durchsatzgrenzleistungen μ_{ij} [LE/ZE]
Ressourcen	Flächen und Räume
	Betriebsmittel, Maschinen und Einrichtungen
	Förderanlagen und Transportmittel
	Personalbesetzung
Relationen	Standorte
	betriebliche und organisatorische Zuordnung
	Schnittstellen zu anderen Leistungsstellen.

$$(1.3)$$

Die aktuelle *Nutzung* der Leistungsstelle, also die *Leistungsbeanspruchung*, ist – wie in *Abb. 1.6* dargestellt – gegeben durch die *Durchsatzraten* λ_i [LE/ZE], die *Taktzeitver-*

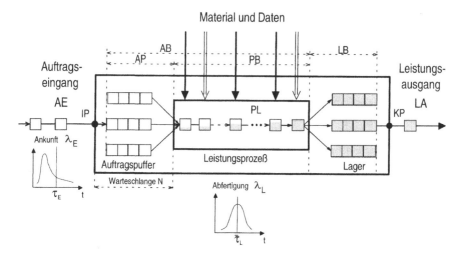

Abb. 1.6 Leistungsprozess und Kenndaten einer Leistungsstelle

IP Identifikationspunkt, KP Kontrollpunkt
$\lambda_E = 1/\tau_E$ = Ankunftsrate = 1 : mittlere Ankunftstaktzeit
$\mu_L = 1/\tau_L$ = Abfertigungsrate = 1 : mittlere Leistungstaktzeit
$\lambda_A = 1/\tau_A$ = Auslaufrate = 1 : mittlere Auslauftaktzeit
AE: Auftragseingang, PL: Produktionsleistung, LA: Leistungsausgang
AB = AP + PB = Auftragsbestand, AP = AB − PB = Auftragspuffer
PB = Produktionsbestand, LB = Lagerbestand
GB = LB − AB = frei verfügbarer Gesamtbestand
DZ_{min} = minimale Durchlaufzeit; DZ = aktuelle Durchlaufzeit

teilung und die *Durchlaufzeiten* der eingehenden Aufträge sowie der verarbeiteten, durchlaufenden und erzeugten Güter und Informationen.

Aus der Leistungsbeanspruchung ergeben sich in Verbindung mit den *Dispositions- und Betriebsstrategien* bei vorgegebenen oder geeignet festgelegten *Betriebszeiten, Maschinenlaufzeiten* und *Arbeitszeiten* der *Personalbedarf* und die Anzahl *benötigter Betriebs- und Transportmittel*.

1.5 Strukturen von Logistiknetzwerken

Logistiknetzwerke sind großflächige *Logistiksysteme* mit zahlreichen Stationen, deren Abstände wesentlich größer sind als deren Ausdehnung (s. *Abb. 1.3*). Sie bestehen aus Lieferstellen, Produktionsstellen, Logistikstationen und Empfangsstellen, die durch Transportverbindungen miteinander verknüpft sind und von Material- und Warenströmen durchflossen werden. In den *operativen Logistikstationen* werden die *einlaufenden Warenströme* bearbeitet, zwischengelagert, kommissioniert oder umgeschlagen zu *auslaufenden Warenströmen*. In den *administrativen Logistikstationen* werden

Informationen und *Daten* erzeugt und bearbeitet, die den *Warenfluss* in den Transportnetzen und operativen Leistungsstellen auslösen und begleiten.

Umschlag-, Lager- und *Kommissioniersysteme* sind spezielle Logistiksysteme, die nur eine oder zwei der logistischen Grundfunktionen (1.1) erfüllen (s. *Kap. 16* und *17*). *Transportsysteme* dienen der reinen Raumüberbrückung. Sie setzen sich zusammen aus *Transportverbindungen* oder *Verkehrswegen*, auf denen die zur Warenbeförderung benötigten Transportströme fließen, und aus *Transportknoten*, in denen die einlaufenden Transportströme zu auslaufenden Transportströmen zusammengeführt und verzweigt werden (s. *Kap. 18*).

Die Logistiknetzwerke lassen sich unterscheiden nach der Stufigkeit der Lieferketten zwischen den Quellen und Senken. Die *Stufigkeit* einer Lieferkette wird bestimmt von der Anzahl der Zwischenstationen, die von den logistischen Objekten durchlaufen werden. Sie ist wie folgt definiert:

- Eine *N-stufige Lieferkette* besteht aus *N Transportabschnitten*, die über $N - 1$ *Zwischenstationen* miteinander verbunden sind.

Die Struktur eines Logistiknetzwerkes wird durch folgende *Strukturparameter* definiert:

- *Anzahl, Standorte* und *Funktionen* der *Quellen* und *Lieferstellen*
- *Anzahl, Standorte, Funktionen* und *Zuordnung* der *Logistikstationen* zwischen den Quellen und Senken
- *Anzahl, Standorte* und *Funktionen* der *Senken* und *Empfangsstellen*.

Die *Zwischenstationen* können reine *Transportknoten*, bestandsführende oder bestandslose *Umschlagpunkte, Lagerstationen* mit oder ohne Kommissionierung oder größere *Logistikzentren* mit vielfacher Funktion sein.

Ein Teil der Strukturparameter, wie die Standorte der Lieferanten und Kunden, sind in der Regel *Fixpunkte*, die sich kurzfristig nicht verändern lassen. Die übrigen Strukturparameter, insbesondere die Anzahl, Standorte und Funktionen der Zwischenstationen, sind freie *Gestaltungsparameter*. Bei bekannten Leistungsanforderungen und vorgegebenen Rahmenbedingungen ist es möglich, ein Logistiknetzwerk durch Variation der freien Gestaltungsparameter zu optimieren. Zusätzlich besteht die Möglichkeit, die stärksten Warenströme direkt, die schwächeren Sammel- oder Verteilströme zweistufig und die schwächsten Ströme zwischen den Quellen und Senken drei- oder mehrstufig laufen zu lassen. Hierdurch entstehen *hybride Logistiknetzwerke* mit gemischter Struktur. *Strukturgemischte Netzwerke* sind Überlagerungen von Netzen mit unterschiedlicher Stufigkeit.

Zur Darstellung der strukturellen Möglichkeiten und ihrer Eigenschaften ist es zweckmäßig, zunächst die *strukturreinen Logistiknetze* gesondert zu betrachten. Zur Gestaltung eines *vollständigen Logistiknetzwerks* ist die Auswahl und Optimierung der Lieferketten primär unter dem *Prozessaspekt* erforderlich (s. *Kap. 20*).

1.5.1 Einstufige Netzwerke

In einem einstufigen Transportnetz, wie es in *Abb. 1.7* dargestellt ist, bestehen zwischen den Quellen und Senken nur ungebrochene *Direktverbindungen*. Solange die

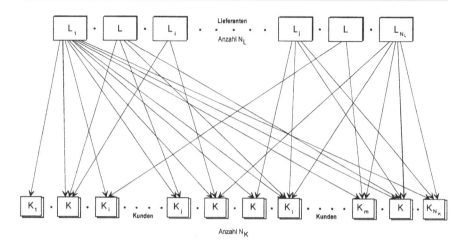

Abb. 1.7 Einstufiges Transportnetz zur Direktbelieferung

L_i: Lieferanten, K_i: Kunden

verfügbaren Transportmittel durch die Warenmengen, die zwischen den Quellen und Senken zu befördern sind, wirtschaftlich ausgelastet sind, ist eine Direktbelieferung mit *zielreinen Transporten* von den Quellen zu den Senken sinnvoll.

Wenn von einer Quelle mehrere Senken, die nicht zu weit von der Quelle entfernt sind, mit kleineren Mengen zu versorgen sind, werden die Zustellorte in *zielgemischten Transporten* auf *Verteiltouren* beliefert. Umgekehrt werden kleinere Warenmengen, die für einen naheliegenden Zielort bestimmt sind, von mehreren Quellen in einer *Sammeltour*, auch *milk run* genannt, abgeholt und als *quellengemischter Transport* zugestellt (s. *Abb. 20.5*).

1.5.2 Zweistufige Netzwerke

In einem zweistufigen Netzwerk sind die Verbindungen zwischen den Quellen und Senken durch <u>eine</u> *Zwischenstation* unterbrochen.

Sind *wenige Empfangsstellen* von vielen, weit verteilten Quellen über *große Entfernungen* mit Mengen zu beliefern, die in der Direktrelation keine größeren Transporteinheiten füllen, kann ein *zweistufiges Transportnetz* mit einem Warenfluss über *Umschlagpunkte* vorteilhaft sein, die sich als *Sammelstationen* in der Nähe der Versandorte befinden.

Wenn von *wenigen Quellen* über große Entfernungen eine Vielzahl flächenverteilter Empfänger mit Mengen zu versorgen ist, die in der Direktrelation keine größeren Transportmittel füllen, laufen die Waren günstiger über Umschlagpunkte, die als *Verteilstationen* an geeigneten Standorten in der Region der Empfangsorte liegen.

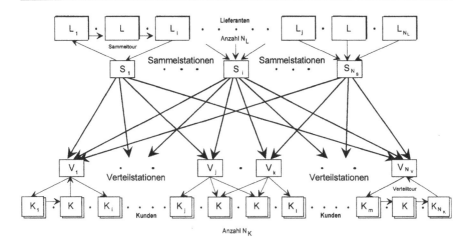

Abb. 1.8 Dreistufiges Frachtnetz mit Sammel- und Verteilstationen

    L: Lieferanten,   K: Kunden
    S_i: Sammelstationen, V_j: Verteilstationen

1.5.3 Dreistufige Netzwerke

Bei einer Belieferung vieler Empfänger von einer größeren Anzahl weit entfernter Versender mit Warenmengen, die in den Direktrelationen keine ausreichend großen Transportmittel füllen, kann eine dreistufige Netzstruktur optimal sein. In einem dreistufigen Netzwerk sind die Verbindungen zwischen den Quellen und Senken entweder, wie in *Abb. 1.8* für ein Frachtnetz dargestellt, durch *Sammelstationen* und *Verteilstationen*, oder, wie in *Abb. 1.9* gezeigt, durch *Logistikzentren* und nachgeschaltete *Verteilstationen* zweimal unterbrochen.

    Die Sammelstationen befinden sich in der Nähe der Versender, die Verteilstationen in der Nähe der Empfänger. In den *bestandslosen Umschlagstationen* können Warenumschlag und Transportbündelung nach dem *Crossdocking-Verfahren* ohne Sortierung oder nach dem *Transshipment-Verfahren* mit Sortierung durchgeführt werden (s. *Abb. 20.1*). Zwischen den Sammelpunkten und den Verteilpunkten verkehren *Ferntransporte*, die sogenannten *Hauptläufe*, in denen die Waren mehrerer Versender für viele Empfänger zusammengefasst sind.

    In einem dreistufigen *Frachtnetz* ist eine erhebliche Senkung der Transportkosten erreichbar durch *Bündeln* der Transporte in den Sammel- und Verteilstationen, durch Einsatz der jeweils rationellsten Transportmittel, durch *paarige Hin- und Rücktransporte* im *Hauptlauf*, durch kombinierte Sammel- und Verteilstationen und durch *optimale Touren*.

    Eine weitergehende Senkung der Logistikkosten und eine Verbesserung des Lieferservice lassen sich durch Bündeln zusätzlicher Funktionen der logistischen Prozesskette in *bestandsführenden Umschlagstationen* oder in *Logistikzentren* erreichen. Bei *dezentraler Organisation* wird die Umschlagfunktion einer Gruppe von Sammel-

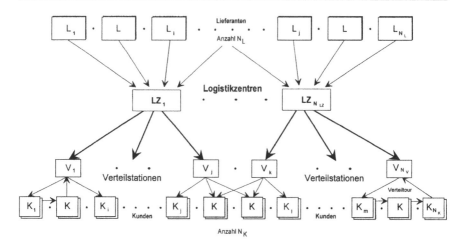

Abb. 1.9 Dreistufiges Logistiknetzwerk mit Logistikzentren und Verteilstationen

LZ_n: Logistikzentren

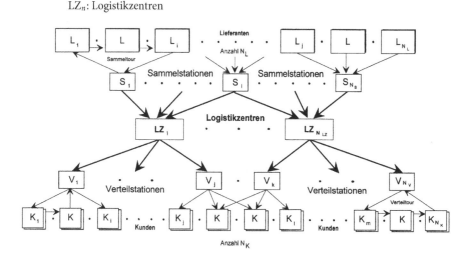

Abb. 1.10 Vierstufiges Logistiknetzwerk mit Sammel- und Verteilstationen und mehreren Logistikzentren

oder Verteilstationen mit der Lagerhaltung, dem Kommissionieren und anderen Funktionen, wie in *Abb. 1.9* gezeigt, in einem oder wenigen Logistikzentren zusammengefasst, ohne die Stufigkeit des Systems zu erhöhen.

1.5.4 Mehrstufige Netzwerke

Mehrstufige Logistiknetzwerke haben mehr als zwei Unterbrechungen der Verbindung zwischen den Quellen und den Senken. So entstehen vierstufige Netzwerke, wenn zur weiteren Zentralisierung der Bestände und Funktionen, wie in *Abb. 1.10* dargestellt, ein oder mehrere multifunktionale Logistikzentren an geeigneten Standorten zwischen die Sammelstationen und die Verteilstationen geschaltet werden. Mehrstufige *Transportnetze* ergeben sich im *multimodalen Transport* über große Entfernungen, zum Beispiel in der Luft- und Seefracht mit Vor- und Nachlauf (s. *Abb. 20.4* und *20.21*).

Die unternehmensübergreifenden Logistiknetze, in die ein Unternehmen eingebettet ist, sind in der Regel *Überlagerungen* von ein-, zwei-, drei- und mehrstufigen Strukturen. Die Quellen und Senken sind durch Logistikketten mit *unterschiedlicher Stufigkeit* verbunden, die sich in Weglänge, Laufzeit und Leistungskosten voneinander unterscheiden. Aus den gegebenen Möglichkeiten sind von der *Disposition* die jeweils zeit- und kostenoptimalen Logistikketten auszuwählen (s. *Kap. 20*).

1.6 Funktionen von Logistikzentren

Um die innerbetrieblichen Logistikleistungen besonders rationell auszuführen und einen besseren Service zu bieten, werden in einem *Logistikzentrum* die in *Abb. 1.11* dargestellten Funktionen zentralisiert. Außerdem können über ein Logistikzentrum Beschaffungs- und Distributionsströme gebündelt werden. Dadurch lassen sich die Transportkosten optimieren.

Ein *offenes Logistikzentrum* besteht aus mehreren Gebäudekomplexen mit umgebenden Verkehrsflächen, Verbindungsstraßen und Verkehrsanschluss an Straße, Bahn, Wasser oder Frachtflughäfen. Offene Logistikzentren umfassen die Logistikbetriebe mehrerer Unternehmen, Stauereien, Speditionen und anderer Logistikdienstleister. Typische Beispiele für offene Logistikzentren sind Bahnhöfe, Flughäfen, Binnenschiffhäfen und Seehäfen. Andere offene Logistikzentren, die zunehmend an Bedeutung gewinnen, sind die *Güterverkehrszentren* (GVZ). Güterverkehrszentren an der Peripherie von Ballungsgebieten und Großstädten sind Ausgangspunkt der *City-Logistik* zur Bündelung der Transporte in und aus den Ballungszentren [19].

In einem *geschlossenen Logistikzentrum* befinden sich die Leistungsstellen in einem zusammenhängenden Gebäudekomplex, der von einer nach außen abgegrenzten Verkehrsfläche umgeben ist. Geschlossene Logistikzentren haben Straßenanschluss, in besonderen Fällen auch Bahnanschluss oder eine unmittelbare Verbindung zu Wasserstraßen oder Flughäfen. Ein geschlossenes Logistikzentrum ist die *Betriebsstätte* eines Industrie-, Handels- oder Dienstleistungsunternehmens oder einer selbständigen Betreibergesellschaft.

Beispiele für geschlossene Logistikzentren sind *Distributionszentren DZ, Versandzentren VZ, Lagerzentren LZ, Zentrallager ZL, Warenverteilzentren WVZ, Regionalverteilzentren RVZ, Warendienstleistungszentren WDZ, Versorgungszentren VSZ* und *Umschlagzentren UZ.*[2] Sie sind entweder für nur einen Auftraggeber im Einsatz

---

[2] Die Vielfalt der Bezeichnungen für Logistikzentren ist nicht allein aus den unterschiedlichen Leistungsschwerpunkten oder aus dem Bemühen um werbewirksame Namen zu erklären, sondern hat auch steuerliche Gründe. Für ein „komplexes" Logistikzentrum, das viele Arbeitsplätze verspricht, sind leichter Fördermittel und Steuererleichterungen zu erhalten als für ein einfaches Lager.

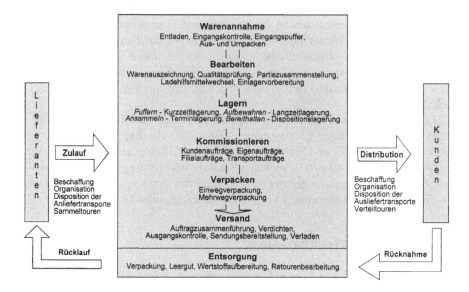

Abb. 1.11 Funktionen eines Logistikzentrums

und speziell für dessen Bedarf eingerichtet (*dedicated warehouse*) oder arbeiten mit entsprechend flexiblen Einrichtungen für mehrere Nutzer (*multi-user warehouse*).

Die meisten Logistikzentren bieten die *operativen Standardleistungen* der Logistik:

> *Lagern* der Waren eines oder mehrerer Lieferanten
> *Kommissionieren* der Aufträge für viele Kunden   (1.4)
> *Umschlagen* von *Transferware* vieler Lieferanten für viele Kunden.

Außerdem werden in vielen Logistikzentren *Zusatzleistungen* erbracht, die aus einem Logistikzentrum ein *Kompetenzzentrum* machen, wie:

> Qualitätssicherung
> Warenbearbeitung
> Abfüllen und Verpacken
> Ein- und Auspacken
> Montagearbeiten
> Reparaturdienste   (1.5)
> Retourenbearbeitung
> Reklamationsdienst
> Leergutbearbeitung
> Entsorgen.

Die logistischen Standardleistungen werden in den *operativen Leistungsbereichen* eines Logistikzentrums erbracht:

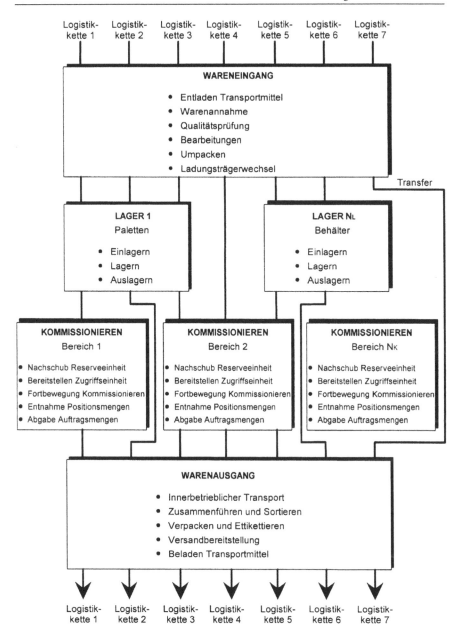

Abb. 1.12 Operative Leistungsbereiche und innerbetriebliche Logistikketten eines Logistikzentrums

Wareneingang
Lagerbereiche
Kommissioniersysteme
Transportsysteme   (1.6)
Sortiersysteme
Warenausgang.

Für weitere Leistungen gibt es zusätzliche operative Leistungsbereiche, wie die *Qualitätssicherung*, die *Retourenaufarbeitung*, die *Reklamationsbearbeitung* oder *Reparaturbetriebe*.

Neben den operativen Leistungsbereichen haben große Logistikzentren *administrative Leistungsbereiche*, wie

Auftragsdisposition
Arbeitsvorbereitung
Datenverarbeitung   (1.7)
Transport- und Frachtdisposition
Betriebsleitung.

Die operativen Leistungsbereiche und die innerbetrieblichen Logistikketten eines Logistikzentrums zeigt *Abb. 1.12*.

1.7 Prozessketten und Logistikketten

Eine Folge zeitlich nacheinander ablaufender *Vorgänge*, die in einer räumlichen Kette von *Leistungsstellen* und *Stationen* stattfinden und zu einem *Leistungsergebnis* oder einer *Wertschöpfung* führen, wird als *Prozesskette, Leistungskette* oder *Wertschöpfungskette* bezeichnet.

Abhängig davon, ob die Vorgänge in operativen oder administrativen Leistungsstellen stattfinden und ob sie materielle oder immaterielle Objekte betreffen, sind die Leistungsketten *Logistikketten, Informationsketten* oder *Auftragsketten* (s. *Abb. 1.13*):

- Eine *Logistikkette* ist eine Reihe operativer Leistungsstellen, die von materiellen Objekten durchlaufen wird. Ein- und auslaufende Objekte der Logistikkette sind Material, Waren oder Sendungen, die sich im Verlauf des Prozesses räumlich, zeitlich oder physisch verändern. Der Durchfluss durch eine Logistikkette wird als *Material-* oder *Warenfluss* bezeichnet.
- Eine *Informationskette* ist eine Reihe von Leistungsstellen, die von Informationen oder Daten durchlaufen wird. Die ein- und auslaufenden Objekte einer Informationskette sind immateriell. Der Durchsatz einer Informationskette ist der *Informations-* oder *Datenfluss*.
- Eine *Auftragskette* ist eine Reihe administrativer *und* operativer Leistungsstellen, die von Aufträgen und Auftragsergebnissen durchlaufen wird. In den administrativen Leistungsstellen werden die Aufträge angenommen und bearbeitet. In den operativen Leistungsstellen lösen die Aufträge die Erzeugung von Produkten und Leistungen aus. In eine Auftragskette laufen *Aufträge*, also immaterielle

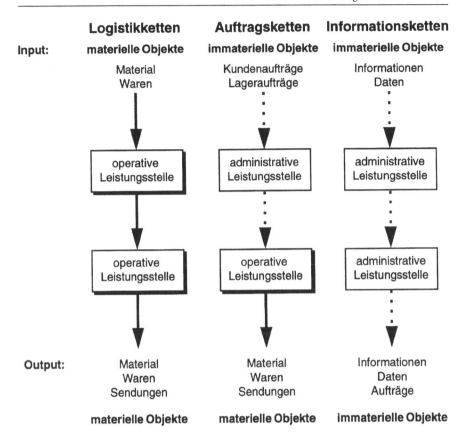

Abb. 1.13 Logistikketten, Auftragsketten und Informationsketten

    ━━━▶ Materialfluss,

    · · · ·▶ Datenfluss

Objekte hinein. Heraus kommen Produkte, Waren oder Sendungen, also materielle Objekte (s. z. B. *Abb. 3.7*).

Eine Logistikkette beschreibt den *Lieferprozess* vom Lieferanten bis zum Kunden, eine Auftragskette den *Auftragsprozess* vom Kunden bis zum Kunden. Eine Logistikkette wird in der Regel von einer Auftragskette ausgelöst und von einer Informationskette begleitet. In den sogenannten *I- und K-Punkten* treffen Informationsketten und Logistikketten zusammen (s. *Abschn. 2.6*).

Zur Ausführung ein und desselben Auftrags gibt es in der Regel mehrere mögliche Auftragsketten. Es ist eine zentrale Aufgabe der Logistik, abhängig von Art und Inhalt der Aufträge die jeweils optimale Kombination der möglichen Prozessketten herauszufinden und diese anforderungsgerecht zu gestalten (s. *Kap. 20*). Eine *vollständige Leistungskette* umfasst alle Leistungsstationen von der Quelle bis zur Senke. Sie lässt sich aufteilen in externe und interne Logistikketten:

- *Externe* oder *außerbetriebliche Logistikketten* sind die Abschnitte der Prozesskette *zwischen* den Versandorten, den Umschlagpunkten, den Logistikzentren und den Empfangsorten.

- *Interne* oder *innerbetriebliche Logistikketten* sind die Leistungsketten *innerhalb* einer Station, eines Betriebs, eines Umschlagpunktes, eines Logistikzentrums oder einer Filiale.

Der Aufbau, die Gestaltung und die Optimierung *externer Logistikketten* werden in *Kap. 20* ausführlich behandelt.

Abb. 1.12 zeigt die *internen Logistikketten* eines Logistikzentrums. Jeder mögliche Weg einer Ware durch die operativen Leistungsbereiche (1.6) eines Logistikzentrums, also jede zulässige Aneinanderreihung der verschiedenen Lager-, Kommissionier- und Umschlagprozesse, ist eine *interne Logistikkette*. Eine *interne* Logistikkette durch ein Logistikzentrum beginnt im *Wareneingang* mit den *Umschlag- und Bearbeitungsvorgängen*:

$$
\begin{array}{l}
\text{Entladen der Anlieferfahrzeuge} \\
\text{Warenannahme} \\
\text{Qualitätsprüfung} \\
\text{Bearbeitungen} \\
\text{Umpacken} \\
\text{Ladungsträgerwechsel.}
\end{array} \tag{1.8}
$$

Für *Transfer-*, *Verteiler-* oder *Transitware*, die im Logistikzentrum nicht gelagert sondern nur umgeschlagen wird, schließen sich an diese Wareneingangsvorgänge direkt die Umschlag- und Bearbeitungsvorgänge (1.11) im Warenausgang an. Das direkte Durchlaufen der angelieferten Ware von Wareneingang bis Warenausgang wird auch als *Crossdocking* bezeichnet (s. *Abschn. 20.1*).

Wenn die angelieferte Ware gelagert werden soll, folgt auf die Vorgänge im Wareneingang der *Lagerprozess* mit den *Teilvorgängen*:

$$
\begin{array}{l}
\text{Transport zum Lager} \\
\text{Einlagern} \\
\text{Lagern} \\
\text{Auslagern.}
\end{array} \tag{1.9}
$$

Werden im Warenausgang nicht nur *ganze* und *artikelreine Ladeeinheiten* benötigt, sondern *Teilmengen* und *artikelgemischte Versandeinheiten*, schließt sich an das Lagern der *Kommissionierprozess* an. *Teilvorgänge* des Kommissionierens, also der Zusammenstellung von Ware nach vorgegebenen Aufträgen, sind [20]:

$$
\begin{array}{l}
\text{Nachschub der Reserveeinheiten} \\
\text{Bereitstellen der Zugriffseinheit} \\
\text{Fortbewegung des Kommissionierers} \\
\text{Entnahme der Positionsmengen} \\
\text{Abgabe der Auftragsmengen.}
\end{array} \tag{1.10}
$$

Die innerbetrieblichen Logistikketten schließen ab mit den *Umschlag- und Bearbeitungsvorgängen* im *Warenausgang*:

Transport zum Versand
Zusammenführen und Sortieren
Packen und Etikettieren
Verdichten und Verschließen   (1.11)
Versandbereitstellung
Beladen der Transportfahrzeuge.

Die Leistungsbereiche eines Logistikzentrums bestehen in der Regel aus einzelnen Leistungsstellen, in denen parallel oder nacheinander definierte Einzelleistungen erbracht werden. Die Inhalte der einzelnen Teilvorgänge, die Zuordnung zu den Leistungsstellen, die Zusammenfassung von Leistungsstellen zu Leistungsbereichen und die Verbindung der Leistungsstellen zu innerbetrieblichen Logistikketten sind für jedes Projekt anders und fallspezifisch festzulegen.

Grundsätzlich finden in allen Logistikzentren die Vorgänge (1.8) bis (1.11) in ähnlicher Folge statt. In Logistikzentren mit *mehrstufigen Lager- und Kommissioniersystemen* laufen die Vorgänge des Lagerns (1.9) und des Kommissionierens (1.10) in aufeinander folgenden Leistungsbereichen nacheinander ab [20].

Setzt sich ein Lager- und Kommissioniersystem aus *parallelen Leistungsbereichen* zusammen, die auf bestimmte Artikelgruppen oder Auftragscluster spezialisiert sind und in denen ein paralleles oder serielles Arbeiten möglich ist, gibt es, wie in *Abb. 1.12* dargestellt, mehrere *interne Logistikketten*. Für die Auswahl der jeweils kostenoptimalen internen Logistikkette werden geeignete *Zuweisungsstrategien* benötigt (s. *Kap. 10* und *20*).

1.8 Effekte von Logistikzentren

Die Logistikkosten für die Warenbelieferung über ein Logistikzentrum setzen sich aus folgenden *Kostenanteilen* zusammen:

- *Zulaufkosten* für die Anlieferung von den Lieferstellen zum Logistikzentrum
- *Zinskosten* für das in den Lagerbeständen gebundene Kapital
- *Leistungskosten* für die Funktionen im Logistikzentrum
- *Distributionskosten* für die Auslieferung zu den Empfangsstellen.

Jeder dieser Kostenanteile hängt ab vom Ausmaß der Bündelung der Beschaffung, der Bestände, der Funktionen und der Distribution, also von der *Anzahl* und von den *Funktionen* der Logistikzentren zwischen den Liefer- und Empfangsstellen. Die einzelnen Effekte von Logistikzentren, wie Beschaffungsbündelung, Zulaufbündelung, Bestandsbündelung und Funktionsbündelung, werden nachfolgend näher erläutert.

Die Auswirkungen der Anzahl und Funktionen der Logistikzentren auf die Logistikkosten sind unterschiedlich und teilweise gegenläufig. Hieraus folgt:

- Bei vorgegebenen Leistungsanforderungen und Randbedingungen gibt es in der Regel eine *optimale Anzahl von Logistikzentren*.

Als Beispiel zeigt *Abb. 1.14* das Ergebnis einer Optimierung der Beschaffungslogistik eines deutschen Kaufhauskonzerns mit der in *Abb. 1.9* dargestellten Logistikstruktur. In diesem Beispiel aus der *Handelslogistik* summieren sich die einzelnen

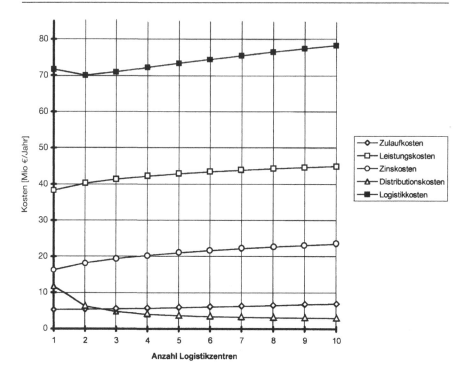

Abb. 1.14 Abhängigkeit der Logistikkosten von der Anzahl der Logistikzentren

Beschaffungssystem eines deutschen Handelskonzerns mit 250 Filialen
Beschaffungsstruktur s. *Abb. 1.9*, Lieferketten s. *Abb. 20.23*

Kostenanteile derart, dass die Gesamtkosten zunächst mit Verringerung der Anzahl
Logistikzentren kontinuierlich abnehmen bis für zwei Logistikzentren ein flaches *Minimum* erreicht ist.

Für nur ein Logistikzentrum steigen die Gesamtkosten infolge der überproportionalen Zunahme der Distributionskosten wieder an. Die Gesamtlogistikkosten ließen sich in diesem Fall durch Bündelung aller Funktionen, Bestände und Warenströme aus bisher 10 Regionallagern in zwei Logistikzentren um ca. 12 % reduzieren [21, 22].

Außer einer Kostenreduzierung ermöglichen Logistikzentren Verbesserungen des *Servicegrades* und der *Logistikqualität*, die in dezentralen Strukturen ohne Kompetenzzentren kaum erreichbar sind.

1.8.1 Beschaffungsbündelung

Durch Bündelung vieler kleiner Einzelbestellungen der Empfangsstellen zu *Sammelbestellungen*, die zu bestimmten Terminen in größeren Sendungen an das Logistikzentrum ausgeliefert werden, lassen sich bereits bei den Lieferanten Kosten einsparen.

Größere Lieferaufträge in geringerer Frequenz erleichtern die Disposition und erhöhen die Auslastung der Produktionsanlagen. In Auftragsabwicklung, Fertigung, Lager und Versand sinken die anteiligen Rüstkosten.

Je nach Art der Güter und Fertigungstiefe der Lieferanten sind durch eine Beschaffungsbündelung Kosteneinsparungen möglich, die eine Größenordnung von 2 bis 5 % des Beschaffungswertes und darüber erreichen können. Zusätzlich lassen sich günstigere Lieferbedingungen, wie *Mengenrabatte, Just-In-Time-Anlieferung* oder Verwendung von *Standardladungsträgern* vereinbaren, die zur Kostensenkung und Verbesserung der Wettbewerbsposition beitragen.

Die Beschaffungskosten sind für nur ein Logistikzentrum minimal und nehmen mit Anzahl der Logistikzentren zu.

1.8.2 Zulaufbündelung

Durch Zusammenfassen der Warensendungen eines Lieferanten für viele Kunden zu wenigen größeren Sendungen an ein Logistikzentrum reduziert sich die Anzahl der Zulauftransporte bei gleicher *Zulauffrequenz*. Zugleich erhöht sich die Liefermenge pro Sendung.

Dadurch lassen sich im Zulauf *genormte Ladeeinheiten, wie* Behälter, Paletten oder Container, mit hohem Füllungsgrad einsetzen. Die Auslastung der Transportmittel verbessert sich. Transportfahrzeuge mit größerer Kapazität – Sattelauflieger, Lastzüge, Wechselbrücken, Container, Waggons – und mit geringeren spezifischen Transportkosten, wie die Bahn, können genutzt werden. Rationellere Verladetechniken ergeben weitere Kosteneinsparungen.

Durch *optimale Standorte* der Logistikzentren im jeweiligen *Transportschwerpunkt* lässt sich der *durchschnittliche Fahrweg* der Zulauftransporte minimieren und im Vergleich zur Direktbelieferung meist reduzieren, zumindest aber konstant halten (s. *Abschn. 18.10*). Hieraus folgt generell:

▶ Durch Belieferung über ein Logistikzentrum lassen sich im Vergleich zur Direktbelieferung die *Zulaufkosten* reduzieren.

Die mögliche Reduzierung der Zulaufkosten durch Senkung der Anzahl Logistikzentren, die sich zwischen den Lieferanten und den Filialen befinden, zeigt für das Beispiel der Handelslogistik *Abb. 1.14*.

In diesem Fall lassen sich die Zulaufkosten, die zu den Logistikkosten zwischen 5 und 10 % beitragen, um ca. 25 % senken, wenn die Filialen statt über 10 Regionallager über nur ein Logistikzentrum beliefert werden.

1.8.3 Bestandsbündelung

Bei *optimaler Bestands- und Nachschubdisposition* lässt sich durch das Zentralisieren der Bestände gleicher Artikel mit kontinuierlichem Absatz aus vielen dezentralen Lagern in einem Logistikzentrum der Gesamtbestand bei gleichem Servicegrad erheblich reduzieren oder bei gleichem Gesamtbestand der Servicegrad deutlich verbessern.

Durch optimale Nachschubdisposition werden die im Logistikzentrum zusammengefassten Bestände von nachdisponierbarer Ware auf eine Höhe gesenkt, die gleich der Wurzel aus der Quadratsumme der zentralisierten Einzelbestände ist. So lässt sich durch Zusammenfassen von zwei dezentralen Lagerbeständen mit gleichem Durchsatz und gleichem Sortiment in einem Zentrallager bei unverändertem Servicegrad ein Gesamtbestand erreichen, der nur noch $1/\sqrt{2} \approx 71\%$ der Summe der Einzelbestände beträgt (s. *Kap. 11*).

Um den gleichen Faktor, um den sich der Gesamtlagerbestand durch Zusammenfassen mehrerer Lager in einem Zentrallager senken lässt, erhöht sich der *Lagerumschlag* des Zentrallagers im Vergleich zum Umschlag der Summe der dezentralen Lager. So erhöht sich durch das Zusammenfassen zweier gleich großer Lagerbestände des gleichen Sortiments der Lagerumschlag um den Faktor $\sqrt{2} \approx 1,41$.

Hieraus folgt:

▶ Der *Warenbestand* und damit *Kapitalbindung* und *Zinskosten* nehmen mit der Anzahl der Lagerorte ab.

▶ Der *Lagerplatzbedarf* und damit die *Lagerkosten* lassen sich durch Herabsetzung der Anzahl Lagerorte reduzieren.

▶ Der *Lager umschlag* erhöht sich durch das Zusammenfassen vieler dezentraler Lagerbestände in einem oder wenigen Logistikzentren. Damit sinken die *Umschlagkosten*.

Diese Effekte sind jedoch nur bei *nachdisponierbarer Ware* erreichbar, die zur Deckung eines regelmäßigen Bedarfs gelagert und bereitgehalten wird. Pufferbestände, Bestände von Aktions- und Terminwaren oder Langzeitbestände, die sich durch die Nachschubdisposition nicht beeinflussen lassen, mindern den Effekt der Bestandsbündelung in dem Maße, wie sie Anteil am Gesamtbestand haben (s. *Kap. 11*).

Für das betrachtete Beispiel einer Zentralisierung der Lagerhaltung eines Kaufhauskonzerns ergibt sich bei einem Anteil der nachdisponierbaren Ware am Gesamtbestand der dezentralen Lager von ca. 45 % die in *Abb. 1.14* dargestellte Abhängigkeit der Zinskosten von der Anzahl Logistikzentren.

Die Zinskosten für das im Lagerbestand gebundene Kapital, die zwischen 25 % und 35 % der Gesamtlogistikkosten ausmachen können, lassen sich in diesem Fall durch Errichtung nur eines Zentrallagers anstelle von 10 dezentralen Lagern um ca. 20 % senken.

Der reduzierte Lagerplatzbedarf und der erhöhte Lagerumschlag bewirken zusammen mit anderen Zentralisierungseffekten, wie die Degression der Lagerplatzkosten mit zunehmender Lagergröße, außer der Verminderung der Zinskosten eine Senkung der Betriebskosten der Logistikzentren (s. *Abschn. 16.3*).

1.8.4 Funktionsbündelung

Die Bündelung der *Logistikfunktionen* (1.4) und (1.5) in einem oder wenigen Logistikzentren hat bei richtiger Gestaltung, Dimensionierung und Organisation des Logistikzentrums mehrere positive Effekte:

- Erhöhte Effizienz von Betrieb und Verwaltung
- Einsetzbarkeit rationeller Lager-, Kommissionier-, Transport- und Steuerungstechnik
- Reduzierter Anteil angebrochener Ladeeinheiten
- Bessere Volumennutzung optimaler Ladungsträger
- Abnehmende Lagerplatz- und Umschlagkosten
- Ausgleich und bessere Bewältigung von Belastungsspitzen
- Möglichkeit zur effizienten Anlagennutzung im Mehrschichtbetrieb
- Senkung der Verwaltungskosten durch Einsatz moderner Datentechnik
- Reduzierung des anteiligen Führungsaufwands.

Ein entscheidender Beitrag zur Kosteneinsparung durch Zentralisierung der Lagerbestände ergibt sich aus der mit zunehmender Lagerkapazität abnehmenden *Lagerplatzinvestition* und den sinkenden *Umschlagkosten* pro Lagereinheit.

Bei größerer Lagerkapazität, hohem Durchsatz und Mehrschichtbetrieb sind automatisierte Hochregallager wesentlich wirtschaftlicher als konventionelle Lager. Hochregallager sind nur ein Beispiel für eine *rationellere Technik*, deren Einsatz erst nach Schaffung großer Logistikzentren erhebliche Kosteneinsparungen bringt (s. *Kap. 16*).

Eine weitere Möglichkeit der *Funktionsbündelung* und *Rationalisierung* ist das Verlagern der Kommissionierung der Kundenaufträge aus den Regionallagern oder von den Auslieferfahrzeugen in ein Logistikzentrum. Auch hierdurch lassen sich bei Betrachtung der gesamten Logistikkette erhebliche Kosten einsparen und Qualitätsverbesserungen erreichen.

Aus den Effekten der Funktionsbündelung ergibt sich:

▶ Mit abnehmender Anzahl Logistikzentren sinken die Kosten für die internen Logistikleistungen.

Das Ausmaß der durch eine Funktionsbündelung in Logistikzentren erreichbaren Kosteneinsparungen ist von Fall zu Fall sehr unterschiedlich. In dem betrachteten Beispiel aus der Kaufhausbranche lassen sich die Betriebskosten der Logistikzentren, die mit einem Anteil von 50 bis 60 % am stärksten zu den Gesamtlogistikkosten beitragen, durch eine Zentralisierung von 10 Regionallagern auf 1 Logistikzentrum um ca. 15 % reduzieren. In anderen Fällen waren durch *optimale Gestaltung Dimensionierung* und *Organisation* der Logistikzentren wesentlich größere Effekte erreichbar (s. *Kap. 19*).

1.8.5 Distributionsbündelung

Durch Bündelung vieler Einzelauslieferungen über ein oder wenige Logistikzentren zu wenigen größeren Sendungen, die direkt oder über Verteilstationen an die Kunden ausgeliefert werden, lässt sich die Anzahl der Ausliefertransporte erheblich senken. Zugleich erhöhen sich die Ausliefermengen pro Sendung.

Für den *Ferntransport* vom Logistikzentrum zu den Verteilstationen oder zu Großkunden können – ähnlich wie beim Zulauf – genormte Ladeeinheiten verwendet und Transportfahrzeuge mit größerer Kapazität und geringeren spezifischen Transportkosten eingesetzt werden. Der Frachtraum wird besser genutzt und gleichmäßiger ausgelastet. Der Anteil von Teilladungen und Stückgut reduziert sich.

Für die Auslieferung von den Verteilstationen an die einzelnen Kunden, also für die *Flächenverteilung*, lassen sich die Kapazitäten eingeführter *Gebietsspediteure* nutzen. Bei Logistikzentren, die sich in stadtnahen *Güterverkehrszentren* befinden, ist die *City-Logistik* einsetzbar. Durch Zusammenfassung von Auslieferungstouren für mehrere Unternehmen sind weitere Bündelungs- und Wegoptimierungseffekte möglich, die zu Entlastungen im *Nahverkehrsbereich* führen [143].

Diesen Bündelungseffekten der Distribution und Flächenverteilung steht jedoch eine mit abnehmender Anzahl und größerer Entfernung der Logistikzentren von den Zustellorten *zunehmende Weglänge der Transporte* gegenüber. Dieser gegenläufige Effekt führt zu einer *größeren Verkehrsbelastung der Straßen*, wenn es nicht gelingt, die Ferntransporte weitgehend über die Bahn abzuwickeln. Volkswirtschaftlich sind daher Logistikzentren erst dann ein Gewinn, wenn die Verkehrsinfrastruktur dem veränderten Bedarf angepasst wird.

Generell gilt:

▶ Mit abnehmender Anzahl Logistikzentren lassen sich die Auslieferfrequenzen reduzieren und rationellere Transportmöglichkeiten nutzen.

▶ Die Zunahme der Auslieferungsentfernung kann bei ausgedehntem Servicegebiet dazu führen, dass trotz abnehmender Transportfrequenz die Distributionskosten mit abnehmender Zahl der Logistikzentren ansteigen.

Die Abhängigkeit der Distributionskosten von der Anzahl der Logistikzentren ist für das untersuchte Beispiel der Kaufhauslogistik in *Abb. 1.14* dargestellt. In diesem Fall nehmen die Distributionskosten zu den Kaufhausfilialen bei Belieferung über nur ein Logistikzentrum statt über 10 dezentrale Filiallager um mehr als einen Faktor 3 zu. Ihr Anteil an den Gesamtlogistikkosten steigt damit von ca. 4 auf ca. 14 % an.

Wie der Verlauf der Gesamtkostenkurve zeigt, wird durch den Anstieg der Distributionskosten ein wesentlicher Teil der Einsparungen, die sich durch die Errichtung von einem oder zwei Logistikzentren erzielen lassen, wieder aufgezehrt. Dabei sind allerdings noch keine Kostenreduzierungen durch Vergabe des Betriebs an einen *Systemdienstleister* oder durch Teilverlagerung der Ferntransporte auf andere Verkehrsträger, wie die Bahn, berücksichtigt.

1.8.6 Weitere Skaleneffekte und Potentiale

Logistikzentren bringen im Vergleich zu dezentralen Logistikbetrieben bei großen Durchsatzmengen und hohen Beständen erhebliche Einsparungen. Die erreichbaren Kostensenkungen durch Transport-, Bestands- und Funktionsbündelung in Logistikzentren sind in der Praxis oftmals deutlich größer als in dem vorangehend dargestellten Beispiel der Handelslogistik.

Die Größe der Einsparungen hängt ab von der richtigen Gestaltung und Auswahl der Lieferketten, von der optimalen Auslegung und Organisation der Logistikzentren und von der Gesamtstruktur des Logistiksystems. Zur Gestaltung, Dimensionierung und Optimierung des Logistiksystems sowie zur Quantifizierung der Effekte von Logistikzentren und anderer Handlungsmöglichkeiten werden Verfahren, Strategien und Berechnungsformeln benötigt, die nachfolgend entwickelt werden.

Zur Kosteneinsparung und Serviceverbesserung kann auch die Einschaltung eines qualifizierten *Logistikdienstleisters* als Betreiber des Logistikzentrums und für die Ausführung der Zulauf- und Distributionstransporte beitragen. Der Logistikdienstleister bietet zusätzlich zu seiner Kompetenz die Möglichkeit, ein Logistikzentrum *gleichzeitig* für mehrere Unternehmen zu betreiben und dadurch weitere *Synergieeffekte* zu erzielen (s. *Kap. 21*).

1.9 Netzwerkmanagement

Das Logistiknetz eines Konsumenten, eines Unternehmens oder eines anderen Wirtschaftsteilnehmers ist stets Teil eines größeren Netzwerks, das über seine direkten Einflussmöglichkeiten hinausreicht. Jedes Unternehmen muss sich daher entscheiden, wo es die Grenzen seines Logistiknetzwerks zieht, und für das abgegrenzte Logistiknetzwerk ein geeignetes Netzwerkmanagement aufbauen [24].

Die Aufgaben des *Netzwerkmanagements*, das abhängig vom Aufgabenschwerpunkt auch als *Supply Chain Management* (SCM) bezeichnet wird, ergeben sich aus der *Art des Logistiknetzwerks*, in dem das Unternehmen arbeitet [24, 153, 166, 226]. Hierfür ist zu unterscheiden zwischen *temporären* und *permanenten Logistiknetzen* sowie zwischen *festen, flexiblen* und *kombinierten Netzwerken* (s. *Abschnitte 15.5* und *20.18*).

1.9.1 Temporäre und begrenzte Netzwerke

Temporäre Netzwerke werden für einen befristeten Bedarf aufgebaut und nur für begrenzte Zeit betrieben. Beispiele sind die zeitlich und räumlich begrenzten Logistiknetzwerke von Baustellen, Ausstellungen, Jahrmärkten, Veranstaltungen, Umzügen und von Projekten der *humanitären Logistik*:

- Das Management temporärer Logistiknetzwerke ist Aufgabe der *Projektlogistik*.

Für Unternehmen, deren Geschäftszweck die regelmäßige Durchführung von Großprojekten an wechselnden Standorten ist, zählt die Projektlogistik zu den *Kernkompetenzen*. Beispiele sind die *Baustellenlogistik* der Baukonzerne [174], die *Anlagenlogistik* der Unternehmen des Anlagenbaus, die *Objektlogistik* von Großveranstaltern und die *Entsorgungslogistik* von *Bergungs-* und *Abbruchunternehmen*. Zentrale Aufgaben der Projektlogistik sind der Aufbau des temporären Logistiknetzwerks, der

Einsatz von geeigneten *Spezialdienstleistern*, wie Möbel-, Schwerlast- und Massengutspeditionen, und die *Systemführung*.

Wenn ein Projekt für ein Unternehmen ein einmaliges Ereignis ist, wie ein Firmenumzug, eine Messeteilnahme oder ein einzelnes Bauvorhaben, lohnt es sich in der Regel nicht, eine eigene Projektlogistik aufzubauen. Hierfür gibt es spezialisierte *Projektdienstleister*, wie *Umzugsunternehmen* oder *Bauspeditionen*.

1.9.2 Permanente und flexible Netzwerke

Permanente Netzwerke werden für einen lange Zeit anhaltenden Bedarf aufgebaut und für unbefristete Zeit betrieben. Die Regelmäßigkeit und Größe der Logistikaufträge bestimmt die Ausführung des Netzwerks:

- *Feste* oder *starre Logistiknetzwerke* bestehen aus Logistikstationen mit gleichbleibendem Standort, wie Empfangsstellen, Umschlagpunkte, Logistikzentren und Versandstellen, die durch ein festes Transportnetz miteinander verbunden sind.

Beispiele für starre Logistiknetzwerke sind die Netzwerke der *Verbunddienstleister*, wie Bahn, Post, Paketdienstleister, Linienfluggesellschaften und Linienschifffahrtsunternehmen. Andere Beispiele sind die festen *Beschaffungsnetzwerke* der *Handelsunternehmen* mit eigenen Logistikzentren und Regionallagern (s. *Abschn. 20.11*).

Ähnlich wie in der Elektrizitätswirtschaft ist das feste Logistiknetz eines Unternehmens in der Regel nur für den kontinuierlichen *Grundbedarf* ausgelegt. Bei hoher Auslastung sind die Leistungskosten eines Festnetzes minimal. Die Flexibilität ist jedoch gering.

Für einen saisonalen oder vorübergehend auftretenden *Spitzenbedarf*, der weit über den Grundbedarf hinausgeht, wird ein flexibles Netzwerk benötigt, das in der Regel teurer arbeitet als ein Festnetz:

- *Flexible* oder *virtuelle Logistiknetze* sind Netzwerke mit permanent wechselnden Beteiligten, Stationen und Transportverbindungen.

Spezielle Betreiber von flexiblen Netzwerken sind die sogenannten *4PL-Dienstleister* ohne eigene Transportmittel und Betriebsstandorte (s. *Abschn. 21.3.3*).

Feste regionale oder nationale Netzwerke lassen sich bedarfsabhängig mit flexiblen lokalen oder globalen Netzwerken zu kombinierten Netzwerken verbinden:

- *Kombinierte Logistiknetzwerke* bestehen aus einer Anzahl fester Stationen, zwischen denen im *Hauptlauf* regelmäßige Transporte stattfinden, in Verbindung mit flexiblen lokalen Netzwerken und spontanen *Relationstransporten* über größere Entfernungen.

Beispiele für kombinierte und mehrstufige Netzwerke sind die globalen Beschaffungs- und Distributionsnetze großer Automobilwerke, Chemieunternehmen und Konsumgüterhersteller mit Werken in vielen Ländern und mehreren Kontinenten (s. *Kap. 20*).

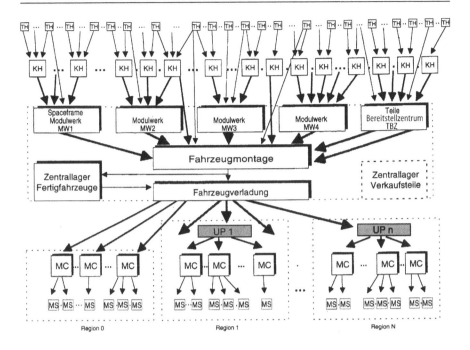

Abb. 1.15 Logistiknetzwerk eines Automobilwerks (Smart-Fertigung)

TH Teilehersteller (3. tier)   KH Komponentenhersteller (2. tier)
MW Modulwerke (1. tier)   FM Fahrzeugmontage
UP Umschlagpunkte   ZL Zentrallager
MC Marketcenter   MS Verkaufsstellen
Prinzipdarstellung ZLU [169]

So zeigt *Abb. 1.15* das Logistiknetzwerk eines Automobilwerks, dessen *Modullieferanten* sich in unmittelbarer Nachbarschaft des Montagewerks befinden. Das Netzwerk der Automobilfabrik erstreckt sich von den vorgelagerten Stufen (2. und 3. *tier*) der Teile- und Komponentenhersteller über die erste Vorstufe (1. *tier*) der Modullieferanten zum Montagewerk und von dort über Zentrallager und Umschlagpunkte bis zu den Verkaufsstellen in aller Welt. Das Distributionsnetz und die Belieferungsketten für die Fertigfahrzeuge sind in den *Abb. 20.20* und *20.21* dargestellt.

Auch mittelständische Industrieunternehmen mit Werken in europäischen Ländern und Niederlassungen in aller Welt benötigen ein festes *Euro-Logistiknetzwerk* in Verbindung mit einem flexiblen außereuropäischen Netzwerk.

Weltweit tätige *Logistikdienstleister*, wie internationale Speditionen, Fluggesellschaften und Reedereien, verfügen ebenfalls über ein kombiniertes Logistiknetzwerk. Sie verbinden ein firmeneigenes globales *Festnetz* mit flexibel nutzbaren lokalen Netzwerken von Vertragspartnern und Subunternehmern und können so weltweit ein *flächendeckendes Gesamtnetz* anbieten [24].

1.9.3 Aufgaben des Netzwerkmanagements

Die Logistik ist grenzenlos. Um sie zu beherrschen, ist es notwendig, Grenzen zu setzen, die Anschluss- oder Nahtstellen abzustimmen, innerhalb der Grenzen Ziele festzulegen, die Aufgaben zu bestimmen sowie deren Ausführung richtig zu verteilen und zu kontrollieren. Das sind die wesentlichen Aufgaben des *Netzwerkmanagements*.

Wer Logistikaufgaben bearbeitet, muss über die Grenzen seines eigenen Logistiknetzwerks hinaus sehen. Er muss zumindest die Eingangsstufen der Beschaffungsketten seiner Kunden und die Ausgangsstufen der Belieferungsketten seiner Lieferanten kennen. Nur dann lassen sich *Schnittstellen* vermeiden und in *Verbindungsstellen* für einen ungehinderten Material- und Informationsfluss verwandeln.

Abhängig vom Logistiknetzwerk und von den Unternehmenszielen umfasst die *Unternehmenslogistik*, zu der das *Supply Chain Management* oder *Netzwerkmanagement* gehören, folgende *Aufgabenbereiche*:

Bedarfsanalyse, Bedarfsprognose und Bedarfsplanung
Gestaltung der Auftrags- und Lieferketten
Strategieentwicklung und Netzwerkkonzeption
Logistikplanung und Netzwerkaufbau
Anschluss- und Nahtstellenabstimmung   (1.12)
Auftrags- und Bestandsdisposition
Netzbetrieb und Betriebssteuerung
Logistikcontrolling und Logistikberatung.

Die Aufgabenbereiche der Unternehmenslogistik haben in den Unternehmen unterschiedliche Inhalte und Schwerpunkte und sind entsprechend zu organisieren. In Unternehmen, für die Logistik eine *Kernkompetenz* ist, sollte die Unternehmenslogistik eine eigenständige Organisationseinheit sein, die gleichrangig neben Finanzen, Verwaltung, Einkauf, Technik, Produktion und Vertrieb in der Unternehmensleitung verankert ist (s. *Abschn. 2.9*).

Einige Aufgaben, wie die Strategieentwicklung, die Netzwerkkonzeption und die Logistikplanung fallen meist nur temporär oder projektabhängig an. Hierfür bietet sich daher der Einsatz eines kompetenten *Unternehmensberaters* an.

1.9.4 Zukunftsaufgaben

Nach der Industrialisierung der Produktions- und Fertigungsprozesse, die Anfang des 19. Jahrhunderts begonnen hat und heute weitgehend abgeschlossen ist, ist die Herausforderung des 21. Jahrhunderts die *Industrialisierung der Leistungsprozesse*. Hierzu kann die Logistik durch die Industrialisierung der Logistikprozesse einen wesentlichen Beitrag leisten.

Die Phase des Aufbaus fester Transport- und Logistiknetzwerke ist weitgehend abgeschlossen. In den dicht besiedelten Industrieländern ist kaum noch Platz für den Bau neuer Straßen, Eisenbahntrassen, Flughäfen und Logistikbetriebe. Die Zukunft gehört daher dem Aufbau und dem Management flexibler Netzwerke mit dem Ziel einer optimalen Nutzung der vorhandenen Ressourcen .

Die hierfür benötigten gesetzlichen Rahmenbedingungen und zielführenden Strategien sind noch wenig erforscht und daher ein wichtiges Betätigungsfeld für die analytisch-normative Logistik wie auch für internationale Gremien, wie die *Europäische Union* und die *OECD* [23, 33] (s. *Kap. 23*).

1.10 Aufgabenteilung in der Logistik

Ohne dass es allen Beteiligten bewusst ist, wird der Begriff *Logistik* in dreifachem Sinn verwendet:

1. Für den *Praktiker* ist Logistik das Handeln und Geschehen in den Bereichen des Transports, Verkehrs, Umschlags und Lagerns.
2. Für den *Planer* ist Logistik das Gestalten, Dimensionieren und Optimieren der logistischen Prozesse und Systeme.
3. Der *Theoretiker* versteht unter Logistik das Analysieren des praktischen Geschehens, das Erkunden von Handlungsmöglichkeiten und Gesetzmäßigkeiten und die Entwicklung von Verfahren, Strategien und Algorithmen zur Planung, Disposition und Steuerung logistischer Systeme.

Ohne eine klare Trennung der Begriffsebenen besteht die Gefahr von Widersprüchen und sinnlosen Aussagen [10]. Daraus erklären sich viele Missverständnisse und Widersprüche in der Logistik.

Mit zunehmender Ausweitung und Spezialisierung haben sich in der Logistik – ebenso wie in anderen Fachdisziplinen – *Theorie, Umsetzung* und *Praxis* voneinander entfernt. Die Aufgabenbereiche dieser drei Arbeitsfelder der Logistik und ihre Wechselwirkungen sind in *Abb. 1.16* dargestellt.

Entsprechend dieser Aufgabenteilung gibt es *strategische, realisierende* und *operative Logistiker*, die schwerpunktmäßig in der Theorie, in der Umsetzung oder in der Praxis tätig sind.

Aus den Fähigsten und Erfolgreichsten der drei Gruppen rekrutieren sich die *Logistikmanager* und *Supply Chain Manager*. Die Manager geben die Ziele vor, treffen Entscheidungen über Lösungsvorschläge und stellen die Weichen für neue Entwicklungen und Konzepte.

Voraussetzungen für den Erfolg der theoretischen, der realisierenden und der operativen Logistiker sind gegenseitiger Respekt, ausreichende Kenntnis der Aufgaben und Leistungen der anderen Bereiche und die gemeinsame Ausrichtung aller Arbeit auf den *praktischen Nutzen* für das Unternehmen, die Kunden und die Gesellschaft.

1.10.1 Strategische Logistiker und Theoretiker

Strategische und *theoretische Logistiker* haben die *Aufgabe*, durch Erforschung der Grundlagen und durch Entwicklung neuer Konzepte und Strategien der Logistik

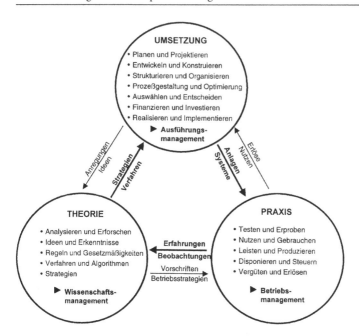

Abb. 1.16 Aufgaben und Wechselwirkungen von Theorie, Praxis und Umsetzung

praktischen Nutzen zu stiften. Zu ihnen gehören die Professoren und Forscher an den Hochschulen, die Strategen, Organisatoren und Systemanalytiker in den Unternehmen und die auf Logistik spezialisierten Unternehmensberater.

Voraussetzungen für das erfolgreiche Wirken eines strategischen Logistikers sind, abgesehen von der Kenntnis der Grundlagen, Strategien und Methoden der Logistik und des *Operations Research*, analytisches Denken, Offenheit für neue Ideen, Kreativität und Urteilsvermögen. Die analytisch-normative Logistik erfordert ein solides betriebswirtschaftliches Wissen sowie die Beherrschung von Arithmetik, Algebra, Analysis, Wahrscheinlichkeitsrechnung und Statistik [14,70,77,177,215]. Ein weiterer Erfolgsfaktor des Theoretikers ist eine gute Kenntnis der Gegebenheiten und des Bedarfs der Praxis.

Viele Theoretiker sind *Generalisten* und neigen dazu, tautologische Begriffssysteme aufzubauen, realitätsfremde Modelle zu erfinden und abstrakte Überlegungen anzustellen, die wenig Bezug zur Praxis haben. Da die Logistik ihre Existenzberechtigung aus der Anwendbarkeit bezieht, ist jedoch allein der praktische Nutzen Maßstab für den Wert der Leistung eines theoretischen Logistikers.

Wer fragt „*Was* ist Logistik?" oder „*Was* verstehen wir unter *Supply Chain Management*?", kann endlos neue Begriffe definieren oder alte Begriffe neu interpretieren ohne Nutzen zu stiften. Nur wer fragt „Welche *Aufgaben* hat die Logistik?" und „*Wie* ist die Aufgabe lösbar?" gelangt zu nützlichen Antworten und schafft sich hierfür die erforderlichen Begriffe [10, 160].

Manche Theoretiker haben die Neigung, mit Kanonen auf Spatzen zu schießen, und arbeiten nach dem Prinzip, warum einfach wenn's auch kompliziert geht. Sie möchten gern einen raffinierten Algorithmus einsetzen, ein neues *OR-Verfahren* testen, *Chaosforschung* betreiben oder die *Komplexitätstheorie* anwenden, auch wenn damit keine praktisch relevanten Verbesserungen erzielbar sind.

Eine hohe *Komplexität* zu konstatieren, ist keine große Leistung. Bei näherem Hinsehen erweisen sich die meisten realen Systeme als komplex. Die Herausforderung für den Theoretiker besteht darin, die *Funktionsweise* eines komplexen Systems zu verstehen, seine *Gesetzmäßigkeiten* zu erforschen und dadurch die Komplexität beherrschbar zu machen (s. *Abschn. 10.5.5*) [10, 235].

1.10.2 Realisierende Logistiker und Planer

Die *realisierenden* oder *ausführenden Logistiker* haben die *Aufgabe*, durch Entwicklung, Konstruktion, Planung, Organisation, Programmieren und Aufbau neuer Maschinen, Anlagen und Systeme *praktischen Nutzen zu bewirken*.

Zu ihnen gehören die Entwickler, Konstrukteure, Systemtechniker und Programmierer der Lieferfirmen von Maschinen, Betriebsmitteln, Fahrzeugen, Software und Steuerungstechnik sowie die *Planer*, *Projektleiter* und *Generalunternehmer* für lagertechnische, fördertechnische, transporttechnische und logistische Gesamtanlagen.

Voraussetzungen für den Erfolg eines realisierenden Logistikers sind, abgesehen von der Kenntnis der Lösungsmöglichkeiten seines Fachgebiets, konstruktives Denken, Organisationsvermögen und Durchsetzungsfähigkeit sowie ein gesichertes Wissen über die Umstände und den Bedarf des praktischen Betriebs.

Die realisierenden Logistiker neigen zu *Spezialistentum* und übertechnisierten Lösungen. Sie haben häufig den undankbarsten Part: Im Erfolgsfall war der Stratege oder der Auftraggeber der Ideengeber. Bei einem Misserfolg wird der Planer oder das ausführende Unternehmen verantwortlich gemacht.

1.10.3 Operative Logistiker und Praktiker

Operativ tätige praktische Logistiker haben die *Aufgabe*, durch den leistungs- und kostenoptimalen Betrieb eines Logistiksystems *permanenten Nutzen zu schaffen*. Zu ihnen gehören die Disponenten, die Betriebsleiter, die Betreiber und die Nutzer von Anlagen und Systemen der Logistik. Die meisten praktischen Logistiker sind bei den Logistikdienstleistern beschäftigt.

Auch die operativ tätigen *Supply Chain Manager*, *Logistikmanager* und *Netzwerkmanager* sind in vieler Hinsicht praktische Logistiker. Sie führen einen Logistikbetrieb oder sind verantwortlich für ein Logistiknetzwerk und müssen permanent die logistische Wettbewerbsfähigkeit ihres Unternehmens sicherstellen.

Ein operativer Logistiker benötigt die Fähigkeit zum praktischen Denken, Improvisationsvermögen und die genaue Kenntnis der Technik und Leistungsfähigkeit der Betriebsmittel, Anlagen und Systeme seines Tätigkeitsbereichs. In leitender Position muss er darüber hinaus Menschen führen und Betriebsabläufe organisieren können.

Praktiker, die lange Zeit nur in einem Bereich oder einer Branche tätig sind, unterliegen der Gefahr der *Betriebsblindheit*. Hieraus resultiert häufig ein Überlegenheitsdünkel der Praktiker gegenüber den Theoretikern, die ihrerseits zur Herablassung gegenüber den Praktikern neigen.

1.10.4 Spezialisten und Generalisten

Die Erkenntnisse, Handlungsmöglichkeiten und Lösungen der Logistik sind meist relativ einfach, aber so zahlreich und vielfältig, dass rasch der Überblick verloren geht. Daher wird in der Logistik recht oft das Rad noch einmal erfunden und ein alter Hut unter einem modischen Namen verkauft. Das passiert besonders leicht dem noch unerfahrenen Anfänger, wenn er beginnt, selbst über die Zusammenhänge und Möglichkeiten der Logistik nachzudenken. Aber auch erfahrene Spezialisten und Generalisten sind nicht frei von dieser Neigung.

Spezialisten kennen sich in einem begrenzten Fachgebiet sehr gut aus. Sie wissen auf ihrem Gebiet nahezu alles und kennen die Lösungsmöglichkeiten. Sie sehen aber auch die Hindernisse und Probleme. Der Spezialist denkt in Konstruktion und Technik, in Erfahrungen und Beispielen, in Programmen und Rechnerkonfigurationen oder in Geldeinheiten und Kapitalrückfluss.

Vor lauter Bedenken und Detailfreudigkeit sind manche Spezialisten entschlussunfähig. Sie verlieren leicht den Überblick und neigen zur Überbewertung von Teilaspekten. Wer jedoch im Dickicht der Zahlen und in der Fülle der technischen Details stecken bleibt, sieht den Wald vor lauter Bäumen nicht und verfehlt die optimale Gesamtlösung.

Generalisten kennen viele Fachgebiete der Technik und Betriebswirtschaft. Sie überschauen ein sehr breites Feld, sehen Zusammenhänge und denken in Systemen. Sie sind in der Regel entscheidungsfreudiger und risikobereiter als die Spezialisten. Wegen mangelnden Tiefgangs und begrenzter Fachkenntnis läuft der Generalist jedoch Gefahr, die Probleme zu unterschätzen, Realisierungshindernisse zu übersehen und innovative Lösungsmöglichkeiten unberücksichtigt zu lassen.

Wer die Grundlagen und die Lösungsmöglichkeiten nicht kennt, nicht rechnen kann und die Details nicht beachtet, wird rasch zum Phantasten. Er neigt zu „intergalaktischen Lösungen" ohne praktischen Wert. Derart abgehobene Generalisten bezeichnen eine größere Anzahl relativ einfacher Zusammenhänge als „hochkomplex", propagieren das Beziehungsgeflecht zwischen Zulieferfirmen und Hersteller, Generalunternehmer oder Systemdienstleister als „virtuelles Unternehmen" oder die Rückbesinnung auf das Werkstattprinzip als „fraktale Fabrik" [46, 47]. Andere Theoretiker und Strategen betrachten nur einen Aspekt der Logistik: *Just In Time, Kanban, Geschäftsprozesse, Outsourcing, Benchmarking, I+K, PPS/MRP/ ERP/APS, Supply Chain Management* (SCM), *Netzwerkmanagement, RFID* oder *e-Logistik*. Der jeweils modische Aspekt soll fast alle Aufgaben und Probleme lösen.[3] Die Logistik aber hat viele Facetten und erschließt sich erst bei Betrachtung aller Aspekte.

---

[3] Zu jedem dieser Schlagworte, unter denen jeder etwas anderes versteht, gibt es Hunderte von Publikationen. Nur wenige davon sind von bleibendem Erkenntniswert [155].

Ein guter Logistiker ist sowohl Spezialist auf einem Gebiet der Technik oder Betriebswirtschaft als auch Generalist auf allen Feldern, von denen die Logistik abhängt. Er arbeitet nach dem *Habicht-Prinzip*:

▶ Der Logistiker erhebt sich über das aktuelle Geschehen in Theorie und Praxis. Mit scharfen Augen sieht er die Strukturen, Prozesse und Zusammenhänge. Wenn sich auf einem Gebiet eine Lösung abzeichnet, fokussiert er seinen Blick. Erscheint die Lösung interessant, schießt er in die Niederungen von Theorie und Praxis hinab, analysiert die Details und macht Ideenbeute für seine weiteren Überlegungen.

Auf diesem Weg des permanenten Wechsels von *Top-Down* zu *Bottom-Up* und wieder zurück erweitert der Logistiker seine Kompetenz und gewinnt die Fähigkeit zur Problemlösung.

Wer keinen Abstand hat, sieht das Ganze nicht. Nur wer die Details analysiert, versteht auch die Zusammenhänge. Denn ein System ist mehr als die Summe seiner Teile, aber die Funktion des gesamten Systems kann von einem einzigen Teil abhängen [160]. Das gilt speziell für die *Engpässe*. Sie begegnen einem in der Praxis überall, auch wenn sie nicht jedem unmittelbar auffallen [136, 210]. Das Erkennen und die Bewältigung von Engpässen sind entscheidend für das Leistungsvermögen und für die Wirtschaftlichkeit von Leistungs-, Produktions- und Logistiksystemen. Sie sind daher auch ein zentrales Thema dieses Buches (s. *Abschnitte 4.2, 8.5, 8.11, 10.6, 13.7* und *13.9*).

1.10.5 Theorie und Praxis

Abgesehen von den Beiträgen des *Operations Research* ist die Logistik in weiten Bereichen noch immer eine *Fertigkeit*, die auf Erfahrungen und Experimenten beruht. Das wird von vielen *Praktikern* der Logistik besonders oft betont. Wer zu einem praktischen Problem einen theoretisch begründeten Lösungsvorschlag macht, bekommt daher nicht selten zu hören, das mag in der Theorie richtig sein, gilt aber nicht für die Praxis.

Über das Verhältnis von Theorie und Praxis schrieb bereits vor 200 Jahren *Immanuel Kant* in seiner Abhandlung „Das mag in der Theorie richtig sein, gilt aber nicht für die Praxis" [6] an die Theoretiker gerichtet:[4] „Daß zwischen der Theorie und Praxis noch ein Mittelglied der Verknüpfung und des Übergangs von der einen zur anderen erfordert werde, die Theorie mag auch so vollständig sein, wie sie wolle, fällt in die Augen; denn zu dem Verstandesbegriffe, welcher die Regel enthält, muß ein Aktus der Urteilskraft hinzukommen, wodurch der Praktiker unterscheidet, ob etwas der Fall der Regel sei oder nicht; und da für die Urteilskraft nicht immer wiederum Regeln gegeben werden können, wonach sie sich in der Subsumption zu richten habe (weil das ins Unendliche gehen würde), so kann es Theoretiker geben, die in ihrem Leben nie praktisch werden können, weil es ihnen an Urteilskraft fehlt."

---

[4] Der Verfasser dankt *Prof. Dr. Heiner Müller-Merbach*, der als OR-Fachmann diesen Einwand ebenfalls von Praktikern häufiger gehört hat, für den Hinweis auf die Abhandlung von Kant.

Den Praktikern erwidert Kant auf ihren Ausspruch „Das mag in der Theorie richtig sein, gilt aber nicht für die Praxis": „Es kann niemand sich für praktisch bewandert in einer Wissenschaft ausgeben und doch die Theorie verachten, ohne bloß zu geben, daß er in seinem Fache ein Ignorant sei: indem er glaubt, durch herumtappen in Versuchen und Erfahrungen, ohne gewisse Prinzipien (die eigentlich das ausmachen, was man Theorie nennt) zu sammeln, und ohne sich ein Ganzes (welches, wenn dabei methodisch verfahren wird, System heißt) über sein Geschäft gedacht zu haben, weiter kommen zu können, als ihn die Theorie zu bringen vermag."

Zwischen Theorie und Praxis gab es also zu allen Zeiten ein Spannungsverhältnis, das ewig weiter bestehen wird. Ohne dieses Spannungsverhältnis, dessen Beziehungsgeflecht aus *Abb. 1.16* ersichtlich ist, gibt es in der Praxis keinen Fortschritt und in der Theorie keine neuen Erkenntnisse [10, 160].

Ein Ziel dieses Buches ist, ohne unnötige Komplizierung eine *praxisorientierte Theorie der Logistik* zu entwickeln, die zu einem besseren Verständnis der Zusammenhänge führt. Daraus lassen sich Regeln zur Lösung der Probleme und Verfahren zum Erreichen der Ziele der Logistik entwickeln, also *Strategien* für den Aufbau und den Betrieb der Logistiksysteme. Aus dem bekannten Ausspruch von Kant, *nichts ist praktischer als eine gute Theorie,*[5] folgt:

▶ Nichts ist nützlicher als eine gute Strategie.

Die Entwicklung praktisch brauchbarer Strategien ist daher ein Schwerpunkt dieses Buches (s. *Kap. 5*).

---

[5] Diese Erkenntnis von *Immanuel Kant* (1724–1804) wird heute mehr als zehn verschiedenen Wissenschaftlern zugesprochen, von *Ludwig Bolzmann* über *David Hilbert* und *Albert Einstein* bis zu *Kurt Lewin* (Google-Recherche 2005).

2 Organisation, Disposition und Prozesssteuerung

Die *Organisation* der Leistungsbereiche, Betriebe und Netzwerke, die *Disposition* der Aufträge, Bestände und Ressourcen sowie die *Steuerung* der Prozesse bestimmen die *Leistungsfähigkeit* und die *Wirtschaftlichkeit* der Unternehmen und der Logistiksysteme.

Trotz der häufigen Verwendung haben die Begriffe *Organisation, Planung, Disposition* und *Steuerung* in Betriebswirtschaft und Technik, in Informatik, Logistik und Produktion sowie in Theorie und Praxis unterschiedliche Bedeutungen. Besonders verwirrend ist der unscharfe Begriff *Management*, der das Planen, Disponieren und Steuern umfasst, im Anspruch aber weit darüber hinaus geht [159, 190, 218]. Ebenso vielfältig und unklar sind die Bezeichnungen der Software und DV-Systeme für die Planung, Disposition und Steuerung [92, 161, 163].

Um die aus der Bedeutungsvielfalt resultierenden Missverständnisse zu vermeiden und die weiteren Ausführungen abzugrenzen, werden die zentralen Begriffe hier wie folgt definiert:

- *Planung (planning)* ist die Auswahl, Gestaltung, Organisation, Dimensionierung und Optimierung der Prozesse, Netzwerke und Ressourcen zur Erfüllung *zukünftiger Leistungsanforderungen.*

Die Planung arbeitet in der Regel mit unscharfen Informationen, Durchschnittswerten und unsicheren Erwartungen. Eine *Projektplanung* wird für ein bestimmtes Projekt, die *Unternehmensplanung* rollierend in größeren Zeitabständen von einem Monat, einem Quartal oder einem Jahr und eine *Strategieplanung* für Zeiträume von 5 bis 10 Jahren durchgeführt.

- *Disposition (scheduling)* ist die mengenmäßige Einteilung der Aufträge mit *aktuellen Leistungsanforderungen* und die terminierte Zuweisung der resultierenden internen Aufträge zu den verfügbaren Ressourcen.

Die Aufträge sind entweder verbindliche Kundenaufträge, Vorgaben einer vorausgegangenen Planung oder aus einer *kurzfristigen Bedarfsprognose* abgeleitet. Anders als die Planung benötigt die Disposition sichere oder relativ gesicherte Informationen. Sie findet unverzüglich nach Auftragseingang oder regelmäßig in kurzen Zeitabständen von wenigen Stunden bis zu mehreren Tagen statt.

Die *Disposition* wird auch als *Feinplanung, Kurzfristplanung, Auftragsplanung, Auftragsabwicklung* oder *Supply Chain Event Management* bezeichnet. Diese Bezeichnungen sind jedoch irreführend, da eine klare Abgrenzung zur mittel- und langfristigen Planung einerseits und zur Steuerung andererseits fehlt.

T. Gudehus, *Logistik 1*, VDI-Buch,
DOI 10.1007/978-3-642-29359-7_2, © Springer-Verlag Berlin Heidelberg 2012

- *Steuerung* (*control*) ist die Lenkung des operativen Betriebs und die Regelung der Ausführung der internen Aufträge, deren Menge, Inhalt und Termin fest vorgegebenen sind.

Eine *Prozesssteuerung* lenkt und regelt die automatischen Funktionsabläufe von Anlagen, Transportmitteln und Maschinen, die *Betriebssteuerung* die Arbeitsabläufe in einem Organisations- oder Betriebsbereich, in dem Menschen tätig sind.

- *Organisation* ist das planmäßige Gestalten und der funktionsgemäße Ausbau von Systemen, in denen Menschen und Objekte in einem Strukturzusammenhang stehen [150].

Die Organisation ist ein Teil der Planung, deren weiteres Vorgehen Gegenstand des nachfolgenden Kapitels ist.

In diesem Kapitel werden die *organisatorischen Handlungsmöglichkeiten* behandelt:

Gestaltung der Prozesse und Strukturen
Anzahl und Funktion der Organisationsebenen
Zentralisieren oder Dezentralisieren
Aufbauorganisation und Ablauforganisation   (2.1)
Konfiguration von Hardware und Software
Standard-Software oder Individual-Software
Organisation der Disposition.

Hieraus leiten sich Empfehlungen für die *Organisation der Unternehmenslogistik* ab sowie die *Grundsätze und Prinzipien der dynamischen Disposition*.

2.1 Aufträge

Die Vorgänge und Prozesse in den Unternehmen und den Logistiksystemen werden von Aufträgen ausgelöst. Jeder Auftrag enthält *Lieferanforderungen, Operationsanweisungen* und *Logistikanforderungen*:

- Die *Lieferanforderungen* geben in Form von *Auftragspositionen* an, welche Menge von welchem Artikel, Produkt oder Leistungspaket zu liefern ist.
- Die *Operationsanweisungen* spezifizieren, was wie zu produzieren, zu liefern oder zu leisten ist. Sie sind Vorgaben für die Fertigung, Bearbeitung und Montage oder Vorschriften für die Leistungserstellung.
- Die *Logistikanforderungen* geben vor, wann und wo die Liefermengen in welcher Form abzuholen, abzuliefern oder bereitzustellen sind.

Damit eine fehlerfreie und termingerechte Ausführung möglich ist, müssen die Lieferanforderungen und die Logistikanforderungen folgende Angaben enthalten:

- *Auftragspositionen* mit Angabe der Artikel- oder Produktbezeichnung;
- *Positionsmenge*, die angibt, welche Menge von einer Position zu liefern ist;
- *Adressen* der Lieferstelle und der Empfangsstelle;
- *Zeitangaben* über Abholtermin, Lieferzeit oder Zustelltermin.

Maßgebend für das gesamte Geschehen in einem Leistungs- oder Logistiksystem sind die *externen Aufträge*, die von Versendern, Empfängern, Kunden oder anderen *externen Auftraggebern* erteilt werden. *Externe Aufträge* sind:

Lieferaufträge
Fertigungsaufträge
Bearbeitungsaufträge
Versandaufträge   (2.2)
Abholaufträge
Transportaufträge
Lageraufträge.

Für die *Auftragsdisposition* sind zu unterscheiden:

- *Einpositionsaufträge*, die die Liefermenge nur eines Artikels anfordern
- *Mehrpositionsaufträge*, die mehrere Artikel betreffen
- *Einzelstückaufträge*, deren Positionen nur eine Artikeleinheit anfordern
- *Mehrstückaufträge*, die pro Position mehr als eine Artikeleinheit enthalten.

Aus den externen Aufträgen leiten sich die internen Aufträge ab. *Interne Aufträge* regeln, wann und wie in welchen Leistungsbereichen und von welchen Leistungsstellen welcher Aufgabenumfang der externen Aufträge durchzuführen ist. Die internen Aufträge lösen die Prozesse in den und die Transporte zwischen den einzelnen Leistungsstellen aus (s. *Kap. 10*).

2.2 Auftragsbearbeitung und Auftragsdisposition

Jeder operative Leistungsbereich benötigt eine vorbereitende Auftragsbearbeitung, von der die laufend eingehenden Aufträge in terminierte Aufträge für die einzelnen Leistungsstellen umgewandelt werden.

Bei *zentraler Organisation* eines Unternehmens ist die Auftragsbearbeitung für alle Leistungsbereiche in einer gesonderten administrativen Leistungsstelle, der *Auftragszentrale* oder *Auftragsabwicklung*, zusammengefasst, die auch ein Zentralrechner mit entsprechender Dispositionssoftware sein kann. Bei *dezentraler Organisation* der einzelnen Betriebe, Werkstätten oder Leistungsbereiche findet die Auftragsbearbeitung in einer zugeordneten *Arbeitsvorbereitung* oder *Fertigungsdisposition* statt. Bei vollständig dezentraler Organisation des Unternehmens ist die Auftragsbearbeitung den einzelnen operativen Leistungsstellen weitgehend selbst überlassen.

Die Auftragsbearbeitung umfasst *vertriebliche, kommerzielle, technische* und *logistische Aufgaben* [25]. Diese Aufgaben sind in den Unternehmen meist aufgeteilt zwischen kaufmännischer und technischer Auftragsbearbeitung:

- Die *kaufmännische Auftragsbearbeitung*, auch *Auftragsabwicklung* (AAW) genannt, ist in der Regel dem *Vertriebsinnendienst* zugeordnet und für die Auftragsannahme und kaufmännische Bearbeitung verantwortlich.
- Die *technische Auftragsbearbeitung*, auch *Arbeitsvorbereitung* oder *Produktionssteuerung* genannt, ist meist der Produktion zugeordnet und für die technische

Bearbeitung, die Einlastung und die Durchführung der Produktionsaufträge zuständig.

Die Verantwortung für die *logistische Auftragsbearbeitung* ist nicht immer klar geregelt und unterschiedlich verteilt. In Unternehmen mit einer gut organisierten Unternehmenslogistik gibt es neben der technischen und kaufmännischen Auftragsbearbeitung eine eigenständige logistische Auftragsbearbeitung (s. *Kap. 10*):

• Die *logistische Auftragsbearbeitung*, auch *Auftragsdisposition*, *Logistikdisposition* oder *Order Management* genannt, hat die Aufgabe, die kaufmännisch akzeptierten externen Aufträge zu erfassen, nach *Prioritäten* zu ordnen, nach geeigneten *Dispositionsstrategien* in interne Aufträge aufzulösen und diese an die betreffenden Betriebe, Leistungsbereiche und Lieferstellen zur Ausführung weiterzuleiten.

Als Ergebnis der Auftragsdisposition entstehen durch *Auflösung* der kaufmännisch geprüften externen Aufträge *interne Aufträge* und *Teilaufträge*, die nach geeigneten *Dispositionsstrategien* auf die beteiligten Leistungsstellen verteilt werden. Nach dem Verteilen der Aufträge verfolgt und kontrolliert die Auftragsdisposition die termingerechte, vollständige und fehlerfreie Ausführung der internen Aufträge durch die operativen Leistungsbereiche.

Interne Aufträge, die nur einen bestimmten *Leistungsbereich* oder eine *Leistungsstelle* betreffen, sind beispielsweise:

Nachschubaufträge
Produktionsaufträge
Beförderungsaufträge
Einlager- oder Auslageraufträge
Bereitstellungsaufträge
Kommissionieraufträge   (2.3)
Sortieraufträge
Pack-, Abfüll- oder Stauaufträge
Ver- und Entladeaufträge
Bearbeitungsaufträge
Prüf- und Kontrollaufträge.

Nach erfolgreichem Abschluss eines Auftrags werden die ausgelieferten Waren und erbrachten Leistungen dem Auftraggeber in Rechnung gestellt und die an der Leistungserstellung beteiligten *Organisationseinheiten* und *Dienstleister* vergütet (s. *Kap. 7*).

Zusätzlich zur Disposition der externen Aufträge kann die logistische Auftragsbearbeitung weitere *administrative Leistungen* erbringen, wie:

Auskünfte über Lieferfähigkeit, Termine und Lieferstatus
Verfolgung von *Verbleib* und *Herkunft* von Sendungen
Bestandsführung und *Nachschubdisposition*   (2.4)
Finanzdienstleistungen, wie Rechnungsstellung, Inkasso und Mahnwesen
Abrechnung von Logistikleistungen.

Systemdienstleister übernehmen für ihre Kunden zunehmend auch die Durchführung derartiger administrativer Leistungen (s. *Abschn. 21.3*).

Für die Aufteilung der Aufgaben der logistischen Auftragsbearbeitung zwischen zentralen und dezentralen Stellen und für die Zuordnung der Auftragsdisposition zu Vertrieb, Produktion oder einer eigenständigen *Unternehmenslogistik* gibt es keine allgemeingültigen Lösungen. Die Organisation der Unternehmenslogistik ist abhängig von der Größe, der Standortverteilung, dem Liefer- und Leistungsprogramm und den Vertriebskanälen des Unternehmens. Unabhängig vom einzelnen Unternehmen aber gelten bestimmte *Grundsätze der Organisation* und allgemeine *Strategien für die Auftragsdisposition* (s. *Kap. 10*).

Ziel der Auftragsdisposition ist die Ausführung der vorliegenden Aufträge innerhalb der zugesagten Lieferzeiten oder zu den geforderten Lieferterminen mit einer bestimmten Lieferfähigkeit durch kostenoptimalen Einsatz der verfügbaren Leistungsstellen und Ressourcen. *Strategien* zum Erreichen dieses Ziels sind:

1. *Beschaffungsstrategien* zur Entscheidung über *Eigen- oder Fremdleistung (make or buy)*, über *Auftrags- oder Lagerbeschaffung* und über *auftragsspezifische Fertigung* oder *Lagerfertigung*.

2. *Zeitstrategien* zur Einhaltung von *Lieferterminen* oder *Lieferzeiten* mit einer definierten *Termintreue* bei maximalem Handlungsspielraum für Betriebsstrategien.

3. *Betriebsstrategien* zur kostenoptimalen Belegung der Leistungsstellen mit den vorliegenden Aufträgen bei Einhaltung der geforderten Liefertermine mit einer vorgegebenen Termintreue.

4. *Bestands- und Nachschubstrategien* für lagerhaltige Ware zur Minimierung der Logistikkosten bei vorgegebener *Lieferfähigkeit*.

Die *Make-Or-Buy-Strategien* der Beschaffung hängen von der *Unternehmenspolitik* ab, werden aber sehr wesentlich von der Logistik beeinflusst [26]. Die Möglichkeiten der Fremdbeschaffung von Logistikleistungen und die Probleme, die mit dem *Einsatz von Logistikdienstleistern* verbunden sind, werden in *Kap. 21* behandelt.

Die Auswirkungen und Strategien der *Zeitdisposition* werden im *Kap. 8* ausführlich dargestellt. Im Zusammenhang mit den Zeitstrategien werden auch Kriterien für die Entscheidung über *Auftragsfertigung* oder *Lagerfertigung* entwickelt.

Gegenstand von *Kap. 10* sind die Möglichkeiten der Auftragsdisposition nach unterschiedlichen *Betriebsstrategien*. Hierauf aufbauend werden in den *Kapiteln 13 bis 19* spezielle Betriebsstrategien für Lager-, Kommissionier-, Transport-, Belieferungs- und Beschaffungssysteme entwickelt.

Die Strategien zur optimalen *Bestands- und Nachschubdisposition* sind Schwerpunkt von *Kap. 11*. In *Abschn. 11.2* dieses Kapitels werden die Entscheidungskriterien über Kunden- oder Lagerfertigung ergänzt durch Auswahlkriterien für lagerhaltige Artikel.

2.3 Aufbauorganisation und Ablauforganisation

Aufbauorganisation und Ablauforganisation schaffen die Voraussetzungen dafür, dass die externen und internen Aufträge fehlerfrei, vollständig und termingerecht ausgeführt werden:

- Die *Aufbauorganisation* legt die Funktionen, Aufgaben und Weisungsabhängigkeit der Leistungsstellen fest. Sie bestimmt die *Organisationsstruktur* des Systems.
- Die *Ablauforganisation* regelt den Durchlauf von Daten und Informationen und den Ablauf der Auftragsbearbeitung. Sie bestimmt den *Prozessablauf* im System.

Um sie beherrschbar zu machen, ist die Organisation größerer Leistungssysteme und komplexer Logistiksysteme *hierarchisch* aufgebaut. Sie kann in drei *Organisationsebenen* unterteilt werden, deren *Aufgaben* und *Merkmale* in *Tab. 2.1* dargestellt sind. Für die Aufgabenteilung zwischen und in den Organisationsebenen gelten bestimmte *Organisationsgrundsätze*.

2.3.1 Administrative Ebene

Auf der administrativen oder strategischen Ebene werden Lieferprogramme und Artikelsortimente festgelegt, Absatzmengen geplant, Unternehmenspläne erarbeitet, Strategien entwickelt, Leistungen organisiert, Rahmenverträge für die Beschaffung ausgehandelt und Maßnahmen vorbereitet, die auf *zukünftige Leistungsanforderungen* ausgerichtet sind.

Die administrative Ebene arbeitet nach bestimmten *Planungs- und Nutzungsstrategien* auf der Grundlage von *unsicheren Informationen*, Erwartungen, mittel- und langfristigen Prognosen und Unternehmenszielen.

2.3.2 Dispositive Ebene

Auf der dispositiven oder taktischen Ebene werden nach den Vorgaben der administrativen Ebene aus den *externen Aufträgen* der Kunden *interne Aufträge* für den Betrieb erzeugt und *Abrufaufträge* bei den Lieferanten ausgelöst. Die Disposition *verwaltet*, *disponiert* und *kontrolliert* Aufträge, Bestände und Betriebsmittel.

Die dispositive Ebene bearbeitet aktuelle Aufträge und *Leistungsanforderungen* nach vorgegebenen *Dispositionsstrategien* auf der Grundlage relativ gesicherter Informationen und von Kurzfristprognosen. Die Disposition ist verantwortlich für die effiziente Nutzung der verfügbaren Ressourcen.

2.3.3 Operative Ebene

Die operative Ebene umfasst die *Betriebssteuerung* und die *Prozesssteuerungen* für den operativen Betrieb der Leistungsbereiche. Sie steuert und regelt die Ausführung der von der dispositiven Ebene erteilten internen Aufträge und koordiniert die reibungslose Zusammenarbeit zwischen den einzelnen Leistungsstellen. Die Betriebs- und Prozesssteuerungen sorgen nach geeigneten *Betriebsstrategien* dafür, dass die Prozesse korrekt und mit hoher Verfügbarkeit ablaufen.

Die Betriebssteuerung arbeitet mit *gesicherten Informationen* und ist verantwortlich für einen funktionierenden, effizienten und sicheren Betrieb.

Administrative Ebene

Aufgaben
- Unternehmensplanung
- Strategieentwicklung
- Programmplanung
- Marketing
- Verkauf
- Einkauf
- Finanz- und Rechnungswesen
- Personalverwaltung
- Controlling der Gesamtprozesse

Merkmale
Aufträge der Unternehmensleitung
Vorgaben des Marktes
Arbeiten nach Planungs- und Nutzungsstrategien
unsichere Informationen
lange Entscheidungszeiten (Stunden bis Wochen)

Dispositive Ebene

Aufgaben
- Auftragsdisposition
- Auftragsverwaltung
- Produktionsplanung
- Arbeitsvorbereitung
- Bestandsführung
- Nachschubdisposition
- Betriebsmitteldisposition
- Auftragsverfolgung
- Kontrolle der operativen Prozesse

Merkmale
Externe Aufträge
Vorgaben der administrativen Ebene
Arbeiten nach Dispositionsstrategien
relativ gesicherte Informationen
mittlere Bearbeitungszeiten (Minuten bis Stunden)

Operative Ebene

Aufgaben
- Auslösen der Prozesse
- Steuern der Einzelvorgänge
- Regeln der Prozesse
- Überwachung der Prozesse
- Sicherung der Durchführung

Merkmale
Interne Aufträge
Vorgaben der dispositiven Ebene
Ausführung nach Betriebsstrategien
gesicherte Informationen
kurze Reaktionszeiten (Sekunden bis Minuten)

Tab. 2.1 Aufgaben und Merkmale der Organisationsebenen

2.4 Organisationsgrundsätze

Aus den *Zielvorgaben* und den *Anweisungen* von oben nach unten und den *Vollzugs-* und *Störungsmeldungen* von unten nach oben ergeben sich enge Wechselwirkungen zwischen den Organisationsebenen. Um bei sich verändernden Umständen eine schnelle *Rückkopplung* und *Zielanpassung* zu erreichen, ist es notwendig, die *Entscheidungskompetenz* an die jeweils unterste der möglichen Organisationsebenen zu delegieren [219]. Das besagt der

▶ *Delegationsgrundsatz*: Entscheidungen sind so dezentral wie möglich und nur so zentral wie nutzbringend und notwendig zu fällen.

Wird dieser Grundsatz nicht beachtet, entstehen lange Entscheidungswege und ablaufhemmende *Reaktionszeiten*. Die Organisation wird träge und ineffektiv. Aus dem Delegationsgrundsatz folgt für die Disposition das

▶ *Subsidiaritätsprinzip*: Die Disposition muss so dezentral wie möglich und darf nur so zentral wie sinnvoll und nützlich sein.

Nach diesem Grundsatz darf auch eine unternehmensübergreifende *Zentraldisposition* nur Aufgaben übernehmen, die für die beteiligten Unternehmen von Vorteil sind und nicht von den dezentralen Dispositionsstellen ausgeführt werden können (s. *Abschn. 23.6*).

In einer *flexiblen Organisation* sind die Organisationsebenen nicht streng hierarchisch getrennt sondern in unterschiedlicher Ausprägung realisiert. Innerhalb einzelner Organisationseinheiten können sich die drei Organisationsebenen wiederholen. Unter Umständen ist es auch zweckmäßig, die Organisationsebenen weiter zu unterteilen.

Ein flexibles, leistungsfähiges und kundenorientiertes Unternehmen arbeitet nach folgenden *Organisationsgrundsätzen*:

▶ *Selbstregelungsprinzip*: Anweisungen, Entscheidungsspielräume, Qualitätsbewertung und Leistungsvergütung müssen für die Leistungsstellen und Leistungsbereiche so geregelt sein, dass sie im eigenen Interesse weitgehend *selbstregelnd* die erteilten Aufträge effizient, korrekt und termingerecht ausführen.

▶ *Erfolgsorientierung*: Jede Leistungsstelle muss die Gesamtprozesse des Unternehmens kennen und eigenverantwortlich dazu beitragen, dass ihre Leistungen optimal zum Gesamterfolg beitragen.

▶ *Anweisungsklarheit*: Keine Stelle darf zur gleichen Aufgabe von mehr als einer anderen Stelle Aufträge oder Anweisungen erhalten.

▶ *Informationsdisziplin*: Jede Stelle muss die Informationen, die sie zur Ausübung ihrer Funktionen benötigt, rechtzeitig, vollständig und korrekt erhalten und alle Informationen, die andere Stellen über ihre Leistungen benötigen, an diese rechtzeitig, vollständig und korrekt abgeben.

▶ *Check- and Balance*: Durch wechselseitige Kontrolle der Informationen und Entscheidungen wird eine hohe *Prozessqualität* gesichert.

▶ *Beherrschbarkeit* (Begrenzung der *Leitungsspanne (span of control)*): In einer Stelle dürfen nicht mehr Funktionen und Entscheidungen konzentriert sein, als eine qualifizierte Führungsperson beherrschen kann.

Bei der Gestaltung einer neuen Organisation werden zunächst für alle *regulären Geschäftsprozesse optimale Standardabläufe* entwickelt und die Bearbeitung der Prozessschritte den einzelnen Leistungsstellen zugewiesen. Dabei werden die *irregulären Geschäftsprozesse* häufig übersehen oder vernachlässigt, die durch falsche Daten, Fehler, Qualitätsmängel und Ausfall der Auftraggeber, der Leistungsstellen und der Mitarbeiter ausgelöst werden können. Die Organisation von *Notabläufen* und *Ausfallstrategien* ist jedoch in der Regel mindestens so aufwendig und in vielen Fällen weitaus schwieriger als die Organisation der regulären Geschäftsprozesse. Daher gilt der

▶ *Sicherheitsgrundsatz:* Eine Organisation ist erst dann vollständig und sicher, wenn sie auch auf Fehler und Ausfälle vorbereitet ist und für die irregulären ebenso wie für die regulären Geschäftsprozesse über *optimale Standardabläufe* verfügt.

Komplexe Systeme mit allzu eng verkoppelten Teilsystemen und Leistungsstellen sind nicht mehr beherrschbar, schwerfällig und störanfällig. Sie lassen sich auch mit Hilfe noch so genauer Simulationsverfahren nicht entscheidend verbessern (s. *Abschn. 13.5.4, Abschn. 13.6.3* und *Abschn. 15.4*). Hieraus resultiert der

▶ *Entkopplungsgrundsatz:* Durch das Zwischenschalten von *Auftragspuffern* oder von *Lagerbeständen* ist ein Logistiknetzwerk so in *Teilbereiche* und *Subsysteme* aufzutrennen, dass sich Rückstaus, Rückkopplungen und Störungen eines Teilsystems nur mit ausreichend geringer Wahrscheinlichkeit auf andere Teilsysteme auswirken.

Die entkoppelten Teilbereiche und Subsysteme können dann weitgehend unabhängig voneinander die Aufträge disponieren, die ihnen entweder direkt von den angrenzenden Systemen oder von einem Auftragszentrum erteilt werden.

Der Dispositionsbereich eines Auftragszentrums wird nach dem Entkopplungsgrundsatz auf bestimmte Leistungsbereiche beschränkt und gegenüber der dezentralen Disposition in den Teilbereichen abgegrenzt. So disponiert die *Fertigungssteuerung* den Einsatz der Ressourcen eines Fertigungsbereichs zur Ausführung der Produktionsaufträge selbständig.

Der Einsatz von IT-Systemen für den Informationsaustausch und für die Datenverarbeitung sowie der Zugriff auf zentrale Stammdaten eröffnen heute neue Handlungsmöglichkeiten und Potentiale für die Disposition. Sie setzen aber nicht die bewährten Organisationsgrundsätze außer Kraft. Erst der Delegationsgrundsatz, das Subsidiaritätsprinzip und der Entkopplungsgrundsatz machen die Komplexität großer Netzwerke beherrschbar.

Im Verlauf einer *Potentialanalyse* wird rasch erkennbar, ob die Organisationsgrundsätze in einem Unternehmen durchgängig eingehalten werden. Wo das nicht der Fall ist, ist eine *organisatorische Schwachstelle* zu vermuten, die sich unter Umständen kurzfristig ohne großen Aufwand beheben lässt (s. *Kap. 4*).

2.5 Programmebenen und Rechnerkonfiguration

Die Verwaltung der Auftrags- und Artikeldaten, die Auftragsdisposition sowie die Steuerung und Kontrolle der Leistungsprozesse können heute von *Rechnern* und *Programmen* ausgeführt oder unterstützt werden. Die Mitarbeiter geben die *Artikelstammdaten*, die *Auftragsdaten* und die *Prozessparameter* ein, erteilen *Auskünfte* und fällen *Entscheidungen*, die nicht dem Rechner überlassen werden. Den Organisationsebenen entsprechen die *Programmebenen*:

1. *Planungs- und Verwaltungsprogramme* arbeiten für Vertrieb, Einkauf, Finanz- und Rechnungswesen, Personalwesen und Unternehmensplanung. Die Planungsprogramme, wie die *Advanced Planning and Scheduling* (APS)-, die *Enterprise Resource Planning* (ERP)- und die *Supply Chain Managament* (SCM)-*Programme*, ermitteln den Ressourcenbedarf und die Ressourcenbelegung für einen geplanten Bedarf [161]. Die Verwaltungsprogramme führen die *Logistikkostenrechnung* durch, erstellen Rechnungen und übernehmen die *Leistungs- und Qualitätsvergütung* für externe Dienstleister (s. *Kap. 7*).

2. *Dispositionsprogramme*, wie das *Network-Resource Planning* (NRP), das *Material-Resource Planning* (MRP), und die *Produktions-Planungs- und Steuerungsprogramme* (PPS), generieren aus externen Aufträgen nach *Dispositionsstrategien* interne Aufträge, führen Bestände, vergeben und verwalten Lagerplätze, generieren Nachschubvorschläge, lösen Bestellungen aus, registrieren die Auslastung von Transportmitteln, Anlagen und Betriebsmitteln, führen Tourenplanungen durch und erfassen die Leistungsergebnisse der operativen Ebene.

3. *Steuerungsprogramme* steuern, regeln und kontrollieren entsprechend den internen Aufträgen nach vorgegebenen *Betriebsstrategien* den Ablauf in den einzelnen Leistungsstellen, Anlagen und Teilsystemen. Sie erfassen mit Hilfe entsprechender *Zähleinrichtungen* und *Betriebsdatenerfassungssysteme* (BDE) die von den einzelnen Leistungsstellen erbrachten Leistungseinheiten.

Nach dem Delegationsgrundsatz und dem Subsidiaritätsprinzip sind die Programme in einer *Rechnerhierarchie* auf *Verwaltungsrechner*, *Dispositionsrechner* und *Steuerungsrechner* verteilt. Sie werden den Benutzern als dezentrales *Client-Server-System* angeboten:

• Ein *Host-Rechner* oder zentraler *Server* übernimmt die administrativen und planerischen Aufgaben sowie die Stammdatenverwaltung.

• Die *Client-Stationen*, die dezentral in den Auftragsbearbeitungsstellen und in den Betrieben aufgestellt sind, stehen den weitgehend autonomen Arbeitsplätzen für dispositive Aufgaben und Steuerungsfunktionen zur Verfügung.

Für die administrativen und dispositiven Logistikaufgaben gibt es *Spezialprogramme*, wie die *Warenwirtschaftssysteme* (WWS) des Handels oder die *Tourenplanungssysteme* (TPS) für Speditionen, und *Standardsoftware*, wie die SAP-Softwaremodule *SD Sales and Distribution*, *MM Materialmanagement* und *PP Produktionsplanung* [28]. Qualität und Leistungsfähigkeit der Standard- und Spezialprogramme sind sehr unterschiedlich. Die in den Programmen enthaltenen *Algorithmen* und *Strategien* der

Logistik sind daher vor der Benutzung kritisch zu prüfen, da sie nicht für alle Anwendungsfälle geeignet sind und bei Eingabe unzutreffender Parameterwerte zu falschen Ergebnissen führen [178, 195].

Die Rechner und Peripheriegeräte eines Unternehmens sind heute meist über ein *internes Datennetz*, das sogenannte *Intranet*, miteinander verbunden. Um doppelte Datenbestände und mehrfache Datenpflege zu vermeiden, sollten möglichst alle Programme eines Unternehmens auf nur *eine Datenbank* zurückgreifen. Für die Speicherung und Verwaltung der umfangreichen Unternehmens- und Logistikdaten steht heute leistungsfähige *Datenbank-Standardsoftware* zur Verfügung.

Ein grundsätzliches Problem, das bei der Auslegung der DV-Systeme häufig nicht ausreichend beachtet wird, sind die *Antwortzeiten* oder *Bearbeitungszeiten*. Die *Antwortzeiten* auf die Anfrage oder den Befehl eines Benutzers steigen mit der Anzahl der Teilnehmer und der Inanspruchnahme nach dem Gesetz der *Warteschlangen* an (s. *Abschn. 13.5*). Antwortzeiten, die zu Zeiten durchschnittlicher Belastung im Bereich von wenigen Sekunden liegen, können bei unzureichender Systemauslegung in Spitzenzeiten auf Werte ansteigen, die für den Benutzer nicht mehr akzeptabel sind. Die Reaktionszeiten sind dann für viele logistische Prozesse, deren Prozesszeiten im Bereich weniger Minuten liegen, zu lang und führen zu einer Ineffizienz, die oft erst nach der Realisierung eines Systems erkannt wird.

Die *zeitkritischen Prozesse* der Leistungskette sollten daher im DV-System von den administrativen Vorgängen entkoppelt werden. Das ist möglich durch unterlagerte *Leitrechner* oder *Prozessrechner* mit spezieller Software, wie die *Produktions-Planungs- und Steuerungssysteme* PPS, die *Lager-Verwaltungs-Systeme* LVS und die *Transport-Leit-Systeme* TLS, die abgegrenzte zeitkritische Aufgabenumfänge übernehmen. Wenn eine Anlage im *Echtzeitbetrieb* arbeitet, sind dem Prozessrechner in automatischen Systemen *Gruppen-* und *Einzelsteuerungen* für Teilsysteme, Systemkomponenten und Transportmittel unterlagert (s. *Abb. 18.6*). Die *Abb. 2.1* zeigt die Rechnerhierarchie und Organisationsstruktur eines Servicezentrums, die nach diesen Grundsätzen aufgebaut sind.

2.6 Informations- und Datenfluss

Die laufend eintreffenden Aufträge lösen die Prozesse der Leistungserstellung aus und führen zu einem permanenten *Informationsfluss*. Die Warenströme durch die Logistikketten erfordern weitgehend *synchrone Datenflüsse*. Zwischen den Organisationsebenen, den Programmen und den Rechnern findet ein dauernder Informationsaustausch von Anweisungen und Rückmeldungen statt.

Vor oder mit dem Eintritt der Ware in einen Leistungsbereich oder eine Leistungsstelle wird ein Auftrag mit der Information benötigt, was mit der Ware geschehen soll. Beim Eintritt in einen Leistungsbereich werden die Waren an Identifikationspunkten, den *I-Punkten*, identifiziert, erfasst und kontrolliert. Beim Verlassen des Leistungsbereichs wird an Kontrollpunkten, den *K-Punkten*, geprüft, ob der Auftrag korrekt ausgeführt wurde. Zusätzlich werden am K-Punkt die Kenndaten der auslaufenden Ware erfasst.

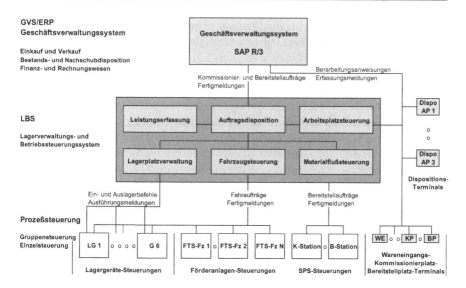

Abb. 2.1 Rechnerhierarchie und Organisationsstruktur der Lagerverwaltung, Betriebs-steuerung und Prozesssteuerungen eines Bereitstellungs- und Kommissionssystems

Um eine doppelte Datenerfassung zu vermeiden, sollten innerhalb des gleichen Betriebs die K-Punkte der abgebenden Leistungsstellen und die I-Punkte der sich unmittelbar anschließenden Leistungsstellen identisch sein. Das ist durchaus nicht überall der Fall. Daher bestehen in der Abstimmung der Datenerfassung und in der Zusammenlegung von I- und K-Punkten in den innerbetrieblichen Leistungsket-ten Rationalisierungsmöglichkeiten. Das gilt auch für *überbetriebliche Logistikketten*, wenn zwischen Lieferstellen und Empfangsstellen ein elektronischer Datenaustausch möglich ist.

Zur Identifikation, Prozesssteuerung und Kontrolle, zur Sicherung eines unstrit-tigen *Gefahrenübergangs* und zur *Sendungsverfolgung* der Waren, Ladeeinheiten und Sendungen beim Durchlaufen der Logistikkette sind *Begleitinformationen* erforder-lich. Die Begleitinformation umfasst:

- eine *Identinformation* zur Identifikation des Artikels, des Packstücks oder der La-deeinheit
- die *Absenderinformation* zur Kennzeichnung von Herkunftsort und Versender
- die *Zielinformation* zur Erkennung des Bestimmungsortes und des Empfängers
- *Steuerungsinformationen* mit Angaben über Lieferweg, Zwischenstationen und Lagerorte.

Zur Dokumentation und Bereitstellung der jeweils benötigten Begleitinformationen gibt es verschiedene Möglichkeiten [27, 223, 224]:

- Die Begleitinformation wird in *Klarschrift* oder als *Barcode* direkt auf die Arti-keleinheiten, Packstücke oder Ladeeinheiten von Hand aufgeschrieben oder aufgedruckt und an den I- und K-Punkten von einer Person, einem Scanner oder einem anderen Gerät gelesen.

- Die Begleitinformation ist in Klarschrift oder als Barcode auf ein *Etikett* aufgedruckt oder in einer *Kodierung*, z. B. einem *Transponder*, enthalten, die an den Artikeleinheiten, Packstücken oder Ladeeinheiten angebracht ist. Sie wird an den I- und K-Punkten z. B. mittels RFID (radio *f* requency *identification*) gelesen.
- Die Artikeleinheiten, Packstücke und Ladeeinheiten tragen nur die *Identinformation*, die als Identnummer oder Barcode direkt oder auf ein Etikett aufgedruckt ist. Die übrige Information befindet sich auf einem *Begleitdokument*, das der Ware oder Sendung beigefügt ist.
- Die Artikeleinheiten, Packstücke und Ladeeinheiten tragen nur die *Identinformation*, nach deren Lesung die zusätzlich benötigte Begleitinformation an den I- und K-Punkten über den Rechner angezeigt oder ausgedruckt wird.

Das *Kodieren* und *Etikettieren* sowie das *Lesen* und *Scannen* erfordern Zeit und verursachen Kosten. Die Zeiten und Kosten können sich über die gesamte Logistikkette zu Werten summieren, die nicht vernachlässigbar sind.

Der Empfänger, der seine Ware oder eine Sendung wie bestellt erhalten hat, benötigt außer der Identinformation und der Absenderinformation in der Regel keine weiteren Angaben über die Stationen und Wege, die die Sendung bis zu ihm durchlaufen hat. Hieraus folgt der *Kodierungsgrundsatz*:

▶ Artikeleinheiten, Packstücke und Ladeeinheiten dürfen nur mit *einem* Etikett, *einer* Beschriftung oder *einer* Kodierung versehen sein, die sichtbar nur die Identinformation, die Absenderinformation und die Zielinformation enthält.

Zusätzlich benötigte Steuerungsinformationen sollten in einem Begleitdokument enthalten sein oder am Bedarfsort über den Rechner angezeigt werden. Abweichend von diesem Grundsatz befinden sich heute am Ende der Logistikkette auf einer Artikeleinheit, einem Packstück oder einer Ladeeinheit oft zwei, drei oder mehr Beschriftungen, Etiketten und andere Aufkleber. Besonders krasse Beispiele sind die vielen Aufkleber und Aufschriften auf Gepäckstücken und auf manchen Paketsendungen.

Viele *Kodierungen* und *Identifikationssysteme* sind branchenabhängig standardisiert [27]. Die am weitesten verbreitete Kodierung ist der *EAN-Code*, der auf einem standardisierten *Strichcode* und einem normierten *Nummernsystem* beruht [29].

Zur beleglosen Übertragung von Aufträgen und anderen Logistikdaten mit Hilfe der *Datenfernübertragung* DFÜ (*Electronic Data Interchange* EDI) werden standardisierte *Informationssätze* benötigt. Hierfür gibt es *EDI-Standards*, wie EDIFACT, ODETTE, SEDAS oder CEFIC. Die branchenübergreifende Durchsetzung dieser Standards wird jedoch durch den Siegeszug des *Internet* erschwert, das für die Auftrags- und Datenübertragung neue Möglichkeiten eröffnet hat [29–32, 34, 35].

2.7 Möglichkeiten der Information und Kommunikation

Mit den heutigen *Informations- und Kommunikationstechnologien*, den *I+K-Systemen*, haben sich für die Logistik bisher ungeahnte *Möglichkeiten* zur Rationalisierung eröffnet [80, 194, 218]. Damit hat sich aber auch die *Gefahr* von Fehleinschätzungen, Übertreibungen und Missbrauch erhöht.

Der Einsatz der modernen Informationstechnologien in der Logistik, die sogenannte *e-Logistik* [218], bietet folgende *Handlungsmöglichkeiten:*

▶ Reduzierung der *Transaktionskosten* für die Auftragserteilung und den Informationsaustausch über *EDI* oder *Internet.*

▶ Austausch vollständiger *Stammdaten* von Artikeln und Aufträgen zwischen Lieferanten und Empfängern, mit deren Hilfe sich rasch Entscheidungen fällen und optimale Dispositionsstrategien realisieren lassen.

▶ *Avisieren* von Anlieferungen und Lieferdaten per EDI durch den Lieferanten an den Empfänger vor Ankunft der Ware.

▶ Vereinfachung und Beschleunigung der Auftragsabwicklung zwischen Industrie und Handel durch *elektronische Bestellung, Auftragsbestätigung* und *Rechnungsstellung.*

▶ Abstimmung der *Datenerfassung* an K-Punkten und I-Punkten inner- und überbetrieblicher Leistungsketten zur Vermeidung von Mehrfacherfassungen, von Fehlern und von Zeitverlusten.

▶ Automatische *Nachschubauslösung* beim Lieferanten auf der Grundlage vereinbarter Lieferfähigkeiten, Nachschubzeiten und Nachschubmengen (*Efficient Consumer Response* ECR und *Continuous Replenishment* CRP).

▶ Verbesserte *Bedarfsprognose* und *Reaktionsmöglichkeit* der Disposition von Nachschub und Produktion durch Nutzung der am *Point of Sale* (POS) von Scannerkassen verzeichneten Abverkäufe oder der von Auftragsterminals erfassten Kundenaufträge.

▶ Verwendung der über Satellitenfunk oder Datenfernübertragung permanent verfügbaren Standorte und Ladungsdaten von Transportmitteln und der eingehenden Transportaufträge zur *dynamischen Transportdisposition.*

▶ Nutzung gespeicherter Daten der Vergangenheit in Verbindung mit prozesssynchron erfassten Daten zur Realisierung von *Nutzungs-, Belegungs-* und *Betriebsstrategien,* die auf mathematischen *Prognoseverfahren* und *Dispositionsalgorithmen* beruhen (s. *Kap. 9*).

▶ Austausch von Informationen über den Standort von Ladeeinheiten und Transportmitteln in der Logistikkette, die sich zur *Kontrolle* und zur *Steuerung* nach optimalen Betriebsstrategien nutzen lassen.

▶ Nutzung der an den I- und K-Punkten der Leistungsstellen erfassten Informationen über Aufträge und Ladeeinheiten zum *Logistikcontrolling* von Eigenleistungen und zur nutzungsgemäßen *Vergütung* der Logistikleistungen von Dienstleistern (s. *Kap. 7*).

▶ Aufbau von Systemen zur *Sendungsverfolgung* (tracking) und Dokumentation der *Sendungsherkunft* (tracing), z. B. mittels *RFID* [221].

▶ Aufbau einer effizienten *Qualitätssicherung* auf der Basis der systematischen Erfassung von *Qualitätsmängeln* und der *Pönalisierung* der Abweichungen von vereinbarten Qualitätsstandards (s. *Kap. 7*).

Die konsequente Nutzung dieser und weiterer Möglichkeiten der modernen Informationstechnologie hat in der Logistik erst begonnen und wird die zukünftige Entwicklung maßgebend beeinflussen [80, 190, 218, 221, 222].

2.8 Gefahren und Fehlerquellen von Telematik und e-Logistik

Bei der unbedenklichen Nutzung der modernen Informationstechnologie in der Logistik werden die damit verbunden Gefahren häufig übersehen [202]. Fast alle denkbaren Fehler, die aus diesen Gefahren resultieren können, sind in der Praxis zu beobachten. Besondere *Gefahren* und *Fehlerquellen* des kritiklosen Einsatzes der technischen Mittel und Möglichkeiten von *Telekommunikation, Informatik und Internet*, also kurz von *Telematik* und *e-Logistik*, sind:

- Trotz allen Fortschritts halten viele *Standardprogramme zur Planung, zur Disposition und zur Abwicklung* der Geschäftsprozesse, wie PPS, MRP, ERP, APS, SCM, LVS und TLS, in der Praxis nicht alles, was ihre Hersteller versprechen. Viele Standardprogramme sind stark von der Informatik geprägt und berücksichtigen zu wenig die Möglichkeiten, Strategien und praktischen Gegebenheiten der Logistik. Sie enthalten teilweise *falsche Algorithmen*, machen *unzulässige Annahmen* und *bieten nicht alle erforderlichen Funktionalitäten* [161–163, 166, 178, 191].
- Der *Aufwand für die Anpassung* und der *Zeitbedarf für die Implementierung* der Standardprogramme werden in der Regel unterschätzt. Infolgedessen ziehen sich die Implementierung und die Anpassung an die speziellen Geschäftsgegebenheiten, das sogenannte *Customizing*, endlos hin und belasten das Tagesgeschäft [191].
- Um endlich zu einem Abschluss zu kommen, werden häufig Kompromisse gemacht, *unzulässige Vereinfachungen* durchgeführt und eigentlich erforderliche Funktionen nicht realisiert. Infolgedessen beschränkt und belastet die Software das Geschäft stärker als erwartet, statt es zu entlasten und zu optimieren.
- *Stammdatensätze* sind *unvollständig* oder *unvorteilhaft strukturiert*. So fehlen in vielen Standardprogrammen wichtige *Logistikstammdaten, wie* die Abmessungen und Gewichte der Verkaufs-, Verpackungs- und Ladeeinheiten (s. *Abschn. 12.7*).
- Ein zu großes Angebot von Dispositionsmöglichkeiten und freien Parametern führt leicht dazu, dass die Programme falsch oder überhaupt nicht eingesetzt werden, da der Anwender schon mit der Auswahl und Einstellung überfordert ist [178, 191].
- *Mangelhafte Daten- und Programmpflege* führen zu verfälschten Ergebnissen.
- *Lange Antwortzeiten, Datenverarbeitungszeiten, Totzeiten* und *Druckerzeiten* verzögern die Abläufe und mindern die Effizienz.
- *Batch-Läufe* des Rechners verursachen lange Wartezeiten, verzögern die Arbeit in den Leistungsstellen und bewirken *Totzeiten* für andere Nutzer.

- Die *Mehrfacherfassung* der gleichen Daten an I- und K-Punkten verursacht unnötigen Zusatzaufwand.

- Das *Fehlen von Logistikstammdaten*, wie Artikelabmessungen, Gewichte und Ladungsträgerzuordnung, und fehlende Leistungskostensätze verhindern den Einsatz vieler Optimierungsverfahren (s. *Abschn. 12.7*).

- Anwendungsprogramme führen wegen Eingabe falscher Parameter zu *falschen Ergebnissen* oder werden wegen nicht erfüllter Vorraussetzungen oder Unkenntnis der programmierten Algorithmen falsch genutzt.

- *Falsche oder zu stark vereinfachende Algorithmen* der Dispositionsprogramme generieren unbrauchbare Bestellvorschläge [178].

- Rechner, Internet und Programme werden für betriebsfremde Tätigkeiten missbraucht, z. B. für Computer-Spiele oder für private Zwecke.

- Die Möglichkeiten der Rechner verleiten zu *überzogenen Kontrollen*, zum *übermäßigen Informationsangebot* oder zu *übertriebener Schönheit der Darstellung* von Ausdrucken und Anzeigen. Farbige Grafiken, dreidimensionale Diagramme und bewegte Bilder ohne Berücksichtigung des Nutzens verursachen unnötigen Aufwand.

- Die Ergebnisse und Daten werden oft *mangelhaft aufgearbeitet* und *schlecht visualisiert*. Überfüllte Tabellen, endlose Listenausdrucke, Zahlenfriedhöfe und unübersichtliche Bildschirmmasken verhindern eine sinnvolle Nutzung.

- Es werden *zu viele* oder *veraltete Daten* erfasst, gespeichert und ausgetauscht.

- Auf den Artikel- und Logistikeinheiten sind unnötige *Etiketten, Aufschriften* und *Kodierungen* angebracht.

Generell gilt für den Einsatz der Telematik in der Logistik der alte DV-Grundsatz: *Unsinn rein, Unsinn raus* (*garbage in, garbage out*) [210]. Zur Vermeidung der zuletzt genannten Probleme sind folgende *Grundsätze* geeignet:

▶ So wenig Daten und Kontrollen wie möglich, nur soviel wie unbedingt nötig.

▶ Statt vieler Daten nur wenige gezielte und übersichtliche Informationen.

▶ Der Detaillierungsgrad der Informationen wird vom Nutzer bestimmt.

Im Umgang mit den Möglichkeiten der Informationstechnologie sind *Erfahrung, Urteilsvermögen* und *Augenmaß* erforderlich. Vor allem aber müssen die Ziele des Unternehmens und die Interessen des Kunden gesehen werden.

So interessiert es einen Empfänger, der seine Ware rechtzeitig, vollständig und fehlerfrei erhält, nicht, auf welchem Weg und in welchen Etappen das geschehen ist. Ein enttäuschter Kunde will nur selten wissen, wo sich die vermisste Ware noch befindet, warum sie zu spät kommt oder wo sie zuletzt erfasst wurde, sondern seine Lieferung so schnell wie möglich erhalten. Daher gilt:

▶ Identifikations-, Kommunikations- und Informationssysteme sind Mittel zum Zweck und kein Selbstzweck.

Sie sind wichtige Instrumente zur effizienten Erzeugung von Logistikleistungen. Anders als vielfach propagiert aber sind Kommunikations-, Informations- und Identifikationssysteme an sich kein Mehrwert für den Kunden, solange dieser davon keinen Nutzen hat. Das gilt auch für die elektronische Kodierung und Erfassung von *Transpondern* (= Transmitter + Responder) mittels *RFID* (Radio Frequency Identifikation) [223, 224]. Aussichtsreiche Einsatzmöglichkeiten für *RFID* sind die *Leergutlogistik*, die *Objektkennzeichnung* zur Identifikation in den Lieferketten und das *elektronische Kanban* (s. *Abschn. 12.8*).

2.9 Organisation der Unternehmenslogistik

Um durchgängige Auftrags- und Logistikprozesse zu sichern, ist es wegen der hierfür erforderlichen Fachkompetenz und der Querschnittsfunktion der Logistik sinnvoll, die Unternehmenslogistik neben Marketing und Vertrieb, Produktion und Entwicklung, Einkauf, DV, Finanzen und Verwaltung als eigenständigen *Servicebereich* zu organisieren. Primäres Ziel der Unternehmenslogistik ist die Sicherung der Wettbewerbsfähigkeit durch Aufbau und Betrieb optimaler Beschaffungs-, Auftrags- und Belieferungsketten.

Die zuvor beschriebenen Aufgaben der Unternehmenslogistik, auch *Systemmanagement* oder *Netzwerkmanagement* genannt, lassen sich unterteilen in Aufgaben der strategischen Logistik und Aufgaben der operativen Logistik. Die mittel- und langfristig ausgerichtete *strategische Logistik*, umfasst das *Logistikcontrolling* und die *Logistikplanung*. Zur kurzfristig ausgerichteten *operativen Logistik*, auch *Systembetrieb* oder *Netzwerkbetrieb* genannt, gehören die *Logistikdisposition* und der *Logistikbetrieb* [24].

Diese Aufgabenbereiche, deren Arbeitsinhalte nachfolgend näher beschrieben werden, lassen sich, wie in dem *Organigramm Abb. 2.2* dargestellt, in entsprechenden Organisationseinheiten zusammenfassen. In kleineren und mittleren Unternehmen können die Aufgabenbereiche enger zusammengefasst werden und Hierarchieebenen entfallen. In Unternehmen mit mehreren Standorten und in größeren Konzernen ist eine Differenzierung, Spezialisierung und Dezentralisierung der operativen Logistikbereiche notwendig.

Alle Logistikbereiche sind Servicestellen und müssen ihre Aktivitäten auf den Nutzen der Kunden, des gesamten Unternehmens und der anderen Unternehmensbereiche ausrichten.

2.9.1 Logistikcontrolling

Das Logistikcontrolling soll die kostenoptimale Erbringung aller benötigten Logistikleistungen kontrollieren und hierauf aufbauend die Logistikplanung, die Auftragsdisposition, den Logistikbetrieb und andere Unternehmensbereiche über die logistisch bedingten Kosten informieren [53, 62, 189, 192].

Arbeitsinstrumente für das Controlling sind die in *Kap. 6* dargestellte *Logistikkostenrechnung* und ein *Berichtswesen* über die Kosten-, Leistungs- und Qualitätskennzahlen der Logistikbetriebe. Diese Instrumente sind laufend dem aktuellen Bedarf anzupassen und fortzuschreiben [189, 192].

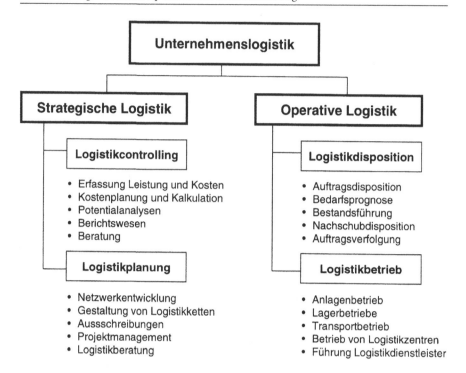

Abb. 2.2 Organisation und Aufgaben der Unternehmenslogistik

Strategische Logistik = Systemmanagement = Netzwerkmanagement
Operative Logistik = Systembetrieb = Netzwerkbetrieb

Für alle Leistungen, die von Logistikdienstleistern durchgeführt werden, muss das Logistikcontrolling die Leistungs- und Qualitätsvergütung konzipieren, den Dienstleistungsmarkt und die aktuellen Leistungspreise verfolgen sowie die laufenden Abrechnungen überprüfen (s. *Kap. 7 und 21*).

2.9.2 Logistikplanung

Die Logistikplanung muss die *zukünftige Wettbewerbsfähigkeit* der Unternehmenslogistik vorbereiten und sicherstellen. Zu den Aufgaben der Logistikplanung gehören:

- Konzeption, Aufbau und Weiterentwicklung der Unternehmenslogistik
- Abgrenzung und Gestaltung des Logistiknetzwerks
- Gestaltung und Optimierung der Beschaffungs- und Belieferungsketten
- Auswahl und Einsatz von Logistikdienstleistern
- Planung und Aufbau von Logistikzentren und Logistiksystemen
- Organisation der Disposition
- Vereinbarung von Servicegrad und Logistikqualität
- Gestaltung und Optimierung der innerbetrieblichen Logistikprozesse

• Auswahl und Implementierung von Verfahren zur Bedarfsprognose.

Diese Aufgaben erfordern eine enge Mitwirkung der Logistikplanung bei der Konzeption der Informations-, Kommunikations- und Datenverarbeitungssysteme.

Das Logistikcontrolling und die Logistikplanung haben gemeinsam die Aufgabe, die übrigen Unternehmensbereiche, insbesondere den Vertrieb, in allen Fragen der Logistik zu beraten. Die wichtigsten *Beratungsaufgaben* der Unternehmenslogistik sind in *Abschn. 14.8.4* aufgeführt.

2.9.3 Logistikdisposition

Wie bereits zuvor dargestellt und in *Kap. 10* genauer ausgeführt, hat die *Logistikdisposition* oder *Auftragsdisposition* die Aufgabe, die kaufmännisch akzeptierten externen Aufträge zu erfassen, nach Prioritäten zu ordnen, nach geeigneten Strategien in interne Aufträge aufzulösen und diese an die betreffenden Betriebe und Leistungsbereiche zur Ausführung weiterzuleiten.

Weitere Aufgaben der Auftragsdisposition sind die *Zeitdisposition* sowie die *Nachschub- und Bestandsdisposition* in den Lagern, die der Unternehmenslogistik direkt unterstellt sind. Hierzu gehören die dynamische Bedarfsprognose, die Überprüfung der Bestände und die Aktualisierung von Meldebeständen, Sicherheitsbeständen und Nachschubmengen (s. *Kap. 11*).

Außerdem verfolgt und kontrolliert die Auftragsdisposition die termingerechte, vollständige und fehlerfreie Ausführung der internen Aufträge durch die beauftragten operativen Leistungsbereiche. Sie muss dafür einerseits sehr eng mit dem Vertrieb und andererseits mit der Produktion, dem Einkauf und den Lieferanten zusammenarbeiten (s. *Kap. 14*).

Abhängig von Zuordnung und Weisungsgebundenheit sind viele *Disponenten* Knechte des Vertriebs oder Vollzugsgehilfen der Produktion. Aus Mangel an Kompetenz, Zivilcourage oder Durchsetzungsvermögen versuchen Disponenten allzu häufig, es allen Seiten Recht zu machen. Sie werden dadurch zwischen den Fronten aufgerieben und leisten nicht das, was von ihnen erwartet wird. Tiefere Ursache hierfür ist meist das Desinteresse der Unternehmensleitung an der Arbeit, dem Können und der Wirkung der Disponenten.

Disponenten sind die *Strategen des Geschäftsalltags*. Sie entscheiden über den effizienten Einsatz der Ressourcen und können sehr wesentlich zum Erfolg eines Unternehmens beitragen. Sie können aber auch unnötige Kosten und Verluste verursachen. Die Unternehmensleitung muss daher eine unabhängige, durchsetzungsstarke und kompetente Disposition aufbauen und sicherstellen, dass deren Arbeit auf das Interesse des Gesamtunternehmens ausgerichtet ist [178].

2.9.4 Logistikbetrieb

Der operative Logistikbetrieb ist für die *aktuelle Wettbewerbsfähigkeit* der Unternehmenslogistik verantwortlich. Er umfasst die Führung der Mitarbeiter und die

Einsatzdisposition der Betriebsmittel in den eigenen *Logistikbetrieben*, wie der innerbetriebliche Transport, die Lagerbereiche für Roh-, Hilfs- und Betriebsstoffe, die Halbfertig- und Fertigwarenlager, die Logistikzentren der Distribution und der Fuhrpark.

Wenn die operativen Leistungsbereiche der Unternehmenslogistik, wie Fertigwarenlager, Logistikzentren, Displayfertigung, Umschlagpunkte und Transporte, an *Logistikdienstleister* vergeben sind, beschränkt sich der Logistikbetrieb auf die Systemführung, die Koordination und die Leistungsüberwachung der Dienstleister (s. *Kap. 21*).

2.10 Organisation der Disposition

Die Lieferketten von den Rohstoffquellen bis zum Endverbraucher stehen miteinander in einem permanenten Wettbewerb (s. *Abb. 15.4*). Gewinner in diesem *Wettbewerb der Lieferketten* sind die Unternehmen, die die Aufträge der Abnehmer ihrer Produkte und Leistungen zu minimalen Kosten zuverlässig ausführen. Das erfordert eine *leistungsfähige Disposition*.

Infolge des Wettbewerbs, wegen des wechselnden Bedarfs und durch die Einführung neuer Produkte verschieben und verändern sich die Warenströme in den Lieferketten. Um die Kunden nicht an die Konkurrenz zu verlieren, sind die eingehenden Anfragen und Aufträge umgehend zu bearbeiten. Ein schnelles Reagieren auf die Anforderungen der Kunden und die Veränderungen des Marktes ist nur mit einer *dynamischen Disposition* möglich (s. *Abschn. 10.6* und [178]).

Die dynamische Disposition der Aufträge und Bestände in den Beschaffungs- und Versorgungsnetzen ist der Schlussstein des Netzwerkmanagement. Erst sie ermöglicht es, die *Hauptziele der Unternehmenslogistik* zu erreichen: marktgerechte *Lieferzeiten* und hohe *Termintreue* bei *minimalen Kosten*.

Ausgehend von einer mittel- und langfristigen Bedarfsprognose wird im Zuge der Planung nach den Kriterien *Service*, *Lieferzeit* und *Kostenopportunität* entschieden, welche Artikel grundsätzlich ab Lager geliefert werden sollen. Nach den gleichen Kriterien entscheidet die *Auftragsdisposition* im laufenden Betrieb, ob ein aktueller Auftrag vollständig oder teilweise aus dem anonymen Lagerbestand bedient, auftragsspezifisch beschafft oder direkt produziert wird.

Für die Lagerartikel werden die *Bestellpunkte* und die *Nachschubmengen* dynamisch so berechnet, dass sich selbstregelnd *minimale Kosten* ergeben. Damit sichert die dynamische Disposition marktgerechte *Lieferzeiten* und eine kostenoptimale *Lieferfähigkeit*. Sie verhindert überhöhte ebenso wie unzureichende Bestände.

Die *Grundregeln und Prinzipien der dynamischen Disposition* sind [178]:

1. *Klare Aufgabenteilung zwischen Disposition und Planung*
   - Disposition kurzzeitig
   - Planung mittel- bis langfristig
   - Disposition des aktuellen Bedarfs
   - Planung von zukünftigem Bedarf und Großprojekten

2. *Richtige Organisation der Disposition*
   - dezentrale Disposition von Leistungsstellen und Leistungsbereichen
   - zentrale Disposition von Lieferketten und Netzwerken
   - Abstimmung von interner und unternehmensübergreifender Disposition
   - Subsidiariätsprinzip und Entkopplungsprinzip

3. *Dynamische Kurzzeitprognose und rollierende Mittelfristprognose*
   - Dynamische Prognose des kurzfristigen Bedarfs zur Disposition
   - Rollierende Prognose des Mittel- und Langfristbedarfs für die Planung

4. *Serviceabhängige Sortimentseinteilung in Lagerartikel und Auftragsartikel*
   - Lieferzeitopportunität der Lagerung
   - Kostenopportunität der Lagerung (s. *Abschn. 11.12*)
   - Lagerhaltung von Fertigwaren und Vorprodukten (s. *Abschn. 10.6.3*)
   - rollierende Aktualisierung der Sortimentseinteilung

5. *Permanente Auftragsdisposition* (s. *Abschn. 10.6*)
   - aktuelle Entscheidung von Direktbeschaffung und Lagerlieferung
   - abgestimmte Fertigungsdisposition
   - optimale Beschaffungs- und Versandbündelung

6. *Dynamische Lagerdisposition* (s. *Abschn. 11.15*)
   - zielabhängige Auswahl der Bestellpunktstrategie
   - aktuelle Berechnung der kostenoptimalen Nachschubmenge
   - selbstregelnde Sicherung der Lieferfähigkeit
   - richtiger Ablauf der Lagerdisposition

7. *Richtige und vollständige Stammdaten und Kostensätze* (s. *Abschn. 12.7*)
   - Regelung der Stammdatenbeschaffung
   - Kalkulation nutzungsgemäßer Kostensätze
   - Beschaffung nutzungsgemäßer Leistungspreise
   - Verantwortung für Dateneingabe und Pflege

8. *Aufgabenteilung zwischen Disponenten und Dispositionsprogramm*
   - Standardbedarf durch Dispositionsprogramm
   - Sonderbedarf, Freigaben, Änderungen durch Disponenten.

Bei einem breiten Sortiment und einem hohen Auftragseingang ist es unerlässlich, die Disponenten durch ein *Dispositionsprogramm* zu unterstützen und zu entlasten. Wenn die Disposition der Standardaufträge und des regulären Nachschubs der Lagerartikel vom Programm durchgeführt wird, können sich die Disponenten konzentrieren auf die Sonder- und Eilaufträge, die Neuanlage und Aktualisierung der Artikel- und Logistikstammdaten sowie auf die Kontrolle von Lieferzeiten, Termintreue und Auftragserfüllung.

Für die selbstregelnde *Unterstützung* der Auftrags- und Lagerdisposition durch ein *Dispositionsprogramm* werden geeignete *Dispositionsstrategien*, *Prognoseverfahren* und *Algorithmen* zur dynamischen Berechnung der Dispositionsparameter benötigt. Die dynamischen Dispositionsparameter, wie der Glättungsfaktor, der aktuelle Bedarf, der Meldebestand, der Sicherheitsbestand und die Nachschubmenge, müssen vom Dispositionsprogramm jeweils aus den aktuellen Absatzdaten errechnet werden. Die Prognostizierbarkeit der Artikel ist laufend zu überprüfen. Die Beschaffungsstrategien, die Bestellpunktstrategie, die Lagerhaltigkeit und die Ladungsträgerzuordnung sind dynamisch dem aktuellen Artikelabsatz anzupassen [178].

Je mehr Standardabläufe der Disposition zuverlässig, selbstregelnd und zielführend ein Rechner durchführen kann, desto größer ist die *Entlastung* der Disponenten. In Unternehmensbereichen, in denen heute viele Mitarbeiter mit der Disposition beschäftigt sind, liegen daher erhebliche *Rationalisierungspotentiale*. Die Disposition in den *dezentralen Bereichen*, in den Fertigungsstellen, im Einkauf, in den Verkaufsbereichen und in den Filialen des Handels, kann soweit vom Rechner ausgeführt und unterstützt werden, dass hier keine hauptamtlichen Disponenten mehr erforderlich sind. Die verbleibenden Dispositionsaufgaben können von den Fach- und Führungskräften der dezentralen Bereiche neben ihrer übrigen Tätigkeit eigenverantwortlich ausgeführt werden.

Zusätzlich zur dezentralen Disposition benötigen größere Unternehmen eine *zentrale Auftragsdisposition*, die mit wenigen hochqualifizierten Disponenten besetzt ist. Zu ihren Aufgaben gehören die Unterstützung der Disposition in den dezentralen Bereichen, die Kontrolle und Anpassung der Dispositionsprogramme sowie die laufende Abstimmung der Disposition mit der Unternehmensplanung, den Kunden und den Lieferanten.

Auch für das unternehmensübergreifende *Supply Chain Management* ist eine *Zentraldisposition* erforderlich. In vielen Fällen sind die hierfür benötigten Informationen jedoch nicht verfügbar, denn nur wenige Unternehmen geben Informationen über ihre Absatzdaten, Auftrags- und Lagerbestände und Ressourcen uneingeschränkt an Lieferanten und Kunden weiter. Wer etwas anderes erwartet oder fordert, kennt die Gesetze des freien Marktes nicht. Maßgebend für die Bereitschaft zur Beschaffung und Weitergabe der für eine unternehmensübergreifende Lieferkettendisposition benötigten Informationen ist der Zusatznutzen, der aus einer Zentraldisposition für das gesamte Netzwerk im Vergleich zur dezentralen Disposition zu erwarten ist. Eine *Zentralstrategie* ist nur durchsetzbar, wenn sich dadurch die Kosten möglichst aller beteiligten Unternehmen senken lassen und für kein Unternehmen erhöhen.

Unstrittig sind die Vorteile einer Zentraldisposition zur kostenoptimalen und termingerechten Deckung eines *Planbedarfs*, wie die Beschaffung und Erzeugung von *Aktionsware*. Auch in *Engpasssituationen* und für die *Belieferung aus einem Zentrallager* kann die Zentraldisposition vorteilhaft sein. Abgesehen von diesen Fällen aber sind die allgemeingültigen Auswahl- und Einsatzkriterien für die bekannten Zentralstrategien und die Potentiale anderer denkbarer Teil- und Gesamtstrategien bisher noch wenig erforscht.

3 Planung und Realisierung

Die Aufgabe der *Planung von Logistiksystemen und Logistiknetzwerken* besteht darin, aus einer Vielzahl von Möglichkeiten geeignete Anlagen und Betriebsmittel so auszuwählen, in Leistungsstellen anzuordnen, zu Leistungsketten und Logistiknetzen zu verknüpfen, zu organisieren und zu dimensionieren, dass die vorgegebenen *Leistungsanforderungen* unter Berücksichtigung aller *Rahmenbedingungen kostenoptimal* erfüllt werden.

Aufgaben der Realisierung sind die *Ausführungsplanung*, die *Konstruktion*, der *Aufbau*, die *Inbetriebnahme* und die *Abnahme* des geplanten Systems. Planung und Realisierung erfordern ein qualifiziertes *Projektmanagement*.

Nach den *Handlungsmöglichkeiten* werden in diesem Kapitel die *Ziele* und das *Vorgehen* der *Planung* und *Realisierung* logistischer Systeme dargestellt. Für ein Planungs- und Realisierungsvorhaben müssen die *Rahmenbedingungen* und *Leistungsanforderungen* bekannt sein, deren Inhalte und Ermittlung in den folgenden Abschnitten erläutert werden.

Danach werden Verfahren zur *Darstellung von Systemen und Prozessen* beschrieben, die zur *Systemanalyse* und *Systemplanung* benötigt werden, sowie *Programme* und *Rechnertools*, die zur Planung und Optimierung einsetzbar sind. Die letzten beiden Abschnitte behandeln die Möglichkeiten der *Technik in der Logistik* und das *Vorgehen bei der Lösungsauswahl*.

3.1 Handlungsmöglichkeiten

Entscheidend für den Erfolg der Planung und Realisierung ist die Kenntnis der *Ziele*, *Leistungsanforderungen* und *Rahmenbedingungen* sowie der *Handlungsmöglichkeiten*. Wie in *Abb. 3.1* dargestellt, gibt es in der Logistik folgende Handlungsmöglichkeiten:

- *Organisatorische Handlungsmöglichkeiten*: *Gestaltung* der Prozesse und Strukturen; Entwicklung, Auswahl und Kombination von *Strategien*; Variation der *Strategievariablen*; *Verkopplung* und *Vernetzung* der Systeme.
- *Technische Handlungsmöglichkeiten*: Auswahl der technischen Elemente; Verbesserung und Neukonstruktion von Maschinen, Anlagen und Transportmitteln; Layoutgestaltung; Dimensionierung; Spezialisierung, Mechanisierung und Automatisierung; Einsatz von Steuerungs- und Datentechnik.
- *Wirtschaftliche Handlungsmöglichkeiten*: Eigen- oder Fremdleistung; Kooperationen und Allianzen zur Mehrfachnutzung von Einrichtungen und Kapazitäten;

T. Gudehus, *Logistik 1*, VDI-Buch,
DOI 10.1007/978-3-642-29359-7_3, © Springer-Verlag Berlin Heidelberg 2012

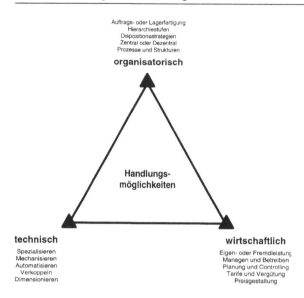

Abb. 3.1 Handlungsmöglichkeiten der Logistik

Controlling zur Kostenoptimierung; Gestaltung von Preisen und Tarifen; nutzungsgemäße Vergütung.

Der Gebrauch dieser Handlungsmöglichkeiten hängt von den speziellen Umständen des Unternehmens und von der konkreten Aufgabe ab. In der Praxis wird meist versucht, zunächst ein *vorhandenes System* besser zu nutzen, anzupassen und auszubauen. *Neue Systeme* werden erst dann geplant und realisiert, wenn erkennbar ist, dass sich die benötigten *Leistungsprozesse* nicht mehr innerhalb der alten Strukturen zu wettbewerbsfähigen Kosten realisieren lassen.

Um alle *Handlungsspielräume* auszuschöpfen, ist es ratsam, die bestehenden Strukturen und Prozesse nicht nur in kleinen Schritten zu verbessern, sondern immer wieder neue *Konzepte* zu entwickeln. Das Vorhandene muss an den *Möglichkeiten*, weniger an *Vergleichskennzahlen* oder *Benchmarks* anderer Unternehmen gemessen werden. Nur durch ein Aufbrechen der gewachsenen Strukturen und eine grundlegende Umgestaltung der Prozesse, durch das sogenannte *Reengeneering*, lassen sich *Leistung*, *Qualität* und *Kosten* entscheidend verbessern [153].

Dafür ist zunächst eine *Potentialanalyse* durchzuführen, die den Geschäftszweck definiert, die Kundenanforderungen ermittelt und in einem *Schwachstellenkatalog* alle Mängel in den Leistungsketten aufzeigt (s. *Kap. 4*). Aus der Potentialanalyse ergibt sich, ob es ausreicht, die Leistungsprozesse innerhalb der vorhanden Strukturen zu optimieren, oder ob es erforderlich ist, auch die Strukturen zu verändern und neue Systeme zu planen und aufzubauen.

Da sich die Anforderungen und Rahmenbedingungen für ein Unternehmen laufend ändern und immer wieder neue technische oder organisatorische Möglichkeiten bestehen, sind Rationalisierung, Verbesserungen und Umgestaltung ein permanenter Prozess. Der Erfolg dieses *kontinuierlichen Verbesserungsprozesses* (KVP) hängt von der Beteiligung und Motivation der Mitarbeiter und von der Bereitschaft der Unternehmensleitung zu Veränderungen ab (s. *Kaizen* [171]).

Motivation und Veränderungsbereitschaft aber sind allein nicht ausreichend. Weitere Voraussetzung für den Erfolg von Projekten zur Optimierung der Geschäftsprozesse und zur Neugestaltung von Leistungs- und Logistiksystemen sind *Kompetenz* zur Beurteilung der technischen und organisatorischen Lösungsmöglichkeiten und *Erfahrung* in der Nutzung der Handlungsspielräume, Optimierungsparameter und Gestaltungsmöglichkeiten (s. *Abschn. 24.2*).

Der kontinuierliche Verbesserungsprozess kann von einem wirksamen *Controlling* unterstützt werden. Das Controlling verfolgt laufend die Effizienz und die Qualität der Leistungserfüllung, weist rechtzeitig auf Planabweichungen, unwirtschaftliche Prozesse und veränderte Anforderungen hin und gibt Anregungen zu neuen Lösungen (s. *Kap. 6*).

In *Abb. 3.2* sind die *Phasen* der Planung und Realisierung von Logistiksystemen dargestellt. Die angegebenen Zeiten für die einzelnen Phasen sind Erfahrungswerte aus einer Vielzahl unterschiedlicher Projekte. Ausschlaggebend für die *Dauer der Planung* sind die *Kompetenz des Planungsteams* und die *Entscheidungsbereitschaft* des Auftraggebers. Für die *Dauer* und den *Erfolg der Ausführung* sind – abgesehen von der Konjunktur – die *Qualifikation*, die *Leistungsbereitschaft* und die *Erfahrung* der Projektleitung, der Lieferanten und des zukünftigen Betreibers entscheidend [37, 38].

3.2 Planungsphasen

Damit auf dem Weg zum Ziel keine Zeit verloren geht und keine aussichtsreichen Lösungsmöglichkeiten ausgelassen werden, ist ein *systematisches Vorgehen* nach *erprobten Methoden* unerlässlich. Wie in den *Abb. 3.2* und *5.5* dargestellt, werden zur Planung und Optimierung in einem *iterativen Prozess* mehrere *Phasen* und *Arbeitsschritte* durchlaufen, bis die vorgegebenen *Ziele* erreicht sind und alle *Leistungsanforderungen* erfüllt werden.

Die aufeinander folgenden Phasen der Planung eines Leistungs- oder Logistiksystems bis zur Vergabeentscheidung sind die *Zielplanung*, die *Systemplanung*, die *Detailplanung* und die *Ausschreibung*. Die *Arbeitsschritte* und *Arbeitsinhalte* dieser Planungsphasen werden nachfolgend beschrieben [15, 36–38].

3.2.1 Zielplanung

Die Arbeitsschritte der Zielplanung – auch *Vorplanung* oder *Grundlagenplanung* genannt – sind:

Aufgabenformulierung
Zielvereinbarung
Prozessaufnahme

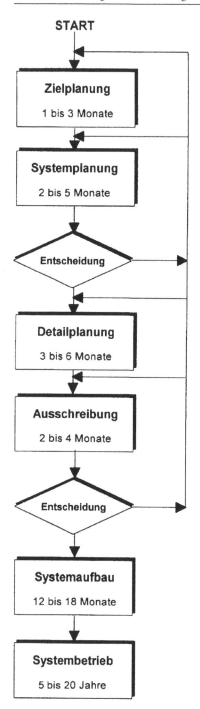

Abb. 3.2 Phasen der Planung und Realisierung von Logistiksystemen

Erfassung der Ladungsträger und Ladeeinheiten
Datenerfassung
Datenanalyse
Festlegung der Funktionen   (3.1)
Ermittlung der Rahmenbedingungen
Festlegung der Leistungsanforderungen
Verabschiedung der Planungsgrundlagen.

Das Ergebnis der Zielplanung ist eine Dokumentation der *Zielvorgaben* und der wichtigsten *Planungsgrundlagen* für die weiteren Arbeitsphasen. Dieser Bericht muss dem Auftraggeber, der in der Regel die Unternehmensleitung ist, vorgelegt und von diesem verabschiedet werden.

3.2.2 Systemplanung

Je nach Gegenstand der Planung, ob Unternehmensnetzwerk, Logistiksystem, Logistikzentrum, Transport-, Lager- oder Kommissioniersystem, DV-System oder Teilsystem, wird die Systemplanung auch als *Konzeptentwicklung, Entwurfsplanung, Materialflussplanung* oder *Layoutplanung* bezeichnet [37,38]. Schritte der Systemplanung sind (s. *Abschn. 15.4*):

Segmentierung (s. *Abschn. 5.5*)
Strategieentwicklung (s. *Abschn. 5.2*)
Prozessgestaltung
Strukturplanung
Festlegung der Ladungsträger und Ladeeinheiten (s. *Kap. 12*)
Konzeption von Lösungsvarianten
Dimensionieren und Optimieren
Layoutentwicklung (s. *Kap. 19*)   (3.2)
Organisationsentwicklung
Entwurfsplanung Bau
Kostenplanung
Lösungsauswahl
Baustufenplanung
Realisierungszeitplan
Realisierungsentscheidung.

Ergebnis der Systemplanung ist ein *Planungsbericht* mit Darstellung der ausgewählten Lösung in Form von Zeichnungen, Diagrammen, Tabellen und Beschreibungen. Der Planungsbericht enthält darüber hinaus die Berechnung des *Personal- und Gerätebedarfs*, eine Budgetierung der *Investition*, eine *Betriebskostenrechnung*, den *Wirtschaftlichkeitsnachweis* und einen *Realisierungszeitplan*.

Der Abschlussbericht der Systemplanung ist Grundlage für die Entscheidung, in welchen Baustufen, zu welchen Kosten und in welchem Zeitrahmen das geplante System – wenn überhaupt – realisiert werden kann.

3.2.3 Detailplanung

Nach der Grundsatzentscheidung zur Realisierung ist eine *Detailplanung* erforderlich, um die geplante Lösung ausschreibungsreif auszuarbeiten und genehmigungsfähig zu machen. An der Detailplanung sind außer den Logistikern die Fachleute anderer Disziplinen, wie Verkehrsplaner, Informatiker, Architekten und Ingenieure, beteiligt.

Die Arbeitsschritte der Detailplanung sind:

Aktualisierung der Planungsgrundlagen
Fachplanung Logistikgewerke
Architektur des Gesamtbauwerks
Fachplanung Baugewerke und Einrichtungstechnik
Spezifikation von Logistikeinheiten und Stammdaten (s. *Abschn. 12.7*)
Organisations- und Steuerungsplanung   (3.3)
Anforderungsspezifikation der DV- und I+K-Systeme
Prüfung der Genehmigungsfähigkeit
Fortschreibung von Investitionen und Betriebskosten
Terminplanung der Realisierung.

Ergebnisse der Detailplanung sind *Lastenhefte* mit Plänen und Funktionsbeschreibungen sowie technische *Spezifikationen* der Gewerke, Anlagenteile und Leistungsumfänge. Die Lastenhefte sind zentraler Bestandteil der Ausschreibungsunterlagen.

3.2.4 Ausschreibung

Ziel der Ausschreibung ist es, die richtigen Partner für den Aufbau und/oder für den Betrieb des geplanten Systems auszuwählen. Arbeitsschritte der Ausschreibung sind (s. *Abb. 21.2*):

Festlegung des Vorgehens
Auswahl qualifizierter Anbieter
Ausarbeitung der Ausschreibungsunterlagen
Verabschiedung und Versand der Ausschreibungsblanketten
Angebotsausarbeitung durch die Bieter und Angebotsabgabe
Auswertung, Vergleich und Bewertung der Angebote   (3.4)
Auftragsverhandlungen mit ausgewählten Anbietern
Konzeption der Leistungs- und Qualitätsvergütung
Vertragsentwurf und Vertragsverhandlungen
Vergabeentscheidung und Vertragsabschluss.

Zu Beginn der Ausschreibungsphase ist zu entscheiden, ob eine *Leistungsausschreibung* für ein *Dienstleisterangebot*, eine funktionale *Systemausschreibung* für ein *Generalunternehmerangebot* oder spezifizierte *Einzelausschreibungen* von Teilgewerken und Leistungspaketen für *Einzelangebote* durchgeführt werden sollen. Von dieser Grundsatzentscheidung sind Aufbau, Inhalt und Detaillierungsgrad der Ausschreibungsunterlagen abhängig.

Entsprechend dem gewählten Vorgehen schließt die Ausschreibungsphase ab mit der *Vergabe* von Ausführung und Betrieb an einen *Generalunternehmer* bzw. *Systemdienstleister* oder an mehrere *Lieferanten* bzw. *Einzeldienstleister* (s. *Kap. 21*).

3.3 Realisierungsschritte

Der Aufbau eines Logistiksystems wie auch die Realisierung von Teilanlagen oder Subsystemen finden in folgenden *Arbeitsschritten* statt, die teilweise parallel ablaufen:

Projektmanagement mit
Termin-, Leistungs- und Kostenkontrolle $\qquad$ (3.5)

Umsetzungs- und Ausführungsplanung
Bauantrag und Genehmigungsverfahren $\qquad$ (3.6)

Grundstückserschließung
Bau der Verkehrsflächen und Außenanlagen
Grundbau und Hochbau
Installation der Haus- und Einrichtungstechnik $\qquad$ (3.7)

Konstruktion der Teilgewerke
Fertigung, Lieferung und Montage der Logistikgewerke $\qquad$ (3.8)

Pflichtenhefterstellung für Hard- und Software
Beschaffung und Installation der Hardware
Programmierung und Implementierung der Software $\qquad$ (3.9)

Probebetrieb
Abnahme von Teilleistungen und Gesamtsystem
Inbetriebnahme des Gesamtsystems $\qquad$ (3.10)

Mitarbeitereinstellung
Schulung und Einweisung. $\qquad$ (3.11)

Nach einem Test der Funktionen, Leistungen und Verfügbarkeit schließt die Ausführung ab mit der Übergabe des betriebsfähigen Systems an den Auftraggeber (s. *Abschn. 13.8*).

3.4 Ziele der Logistik

Die Ziele der Logistik leiten sich ab aus den Unternehmenszielen, aus den übergeordneten Zielen der Volkswirtschaft sowie aus den Forderungen der Gesellschaft und des Staates. Für die Logistik gibt es *wirtschaftliche Ziele* der einzelnen Unternehmen, *humanitäre Ziele* und *ökologische Ziele* der Gesellschaft [196, 197, 246], die meist durch Gesetze oder staatliche Auflagen durchgesetzt werden, und *militärische Ziele*, die in Kriegszeiten vorrangig sind [5]. Die humanitären und ökologischen Ziele sind in der Regel als externe *Rahmenbedingungen* vorgegeben (s. *Abschn. 23.2*).

Aus dem obersten Unternehmensziel der Sicherung eines anhaltend hohen Gewinns leiten sich die *Hauptziele der Unternehmenslogistik* ab (s. *Abb. 3.3*):

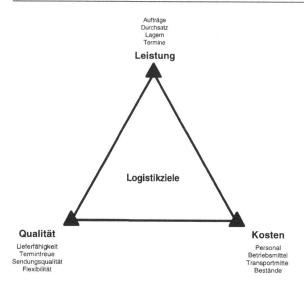

Abb. 3.3 Ziele der Unternehmenslogistik

Leistungserfüllung
Qualitätssicherung   (3.12)
Kostensenkung.

Anforderungsgemäße Leistungen und marktgerechte Qualität sind Voraussetzungen für gute *Erlöse* zu gewinnbringenden *Preisen*. In Verbindung mit geringen *Kosten* ergibt sich damit auch im Wettbewerb ein dauerhaft hoher Unternehmensgewinn.

3.4.1 Humanitäre Ziele

Humanitäre Ziele der Logistik wie auch der Technik sind [9]:

- Maximale Sicherheit für den Menschen
- Verlässliche Versorgung mit lebenswichtigen Gütern
- Entlastung des Menschen von körperlicher Arbeit, wie das Heben schwerer Lasten
- Arbeitserleichterung durch ergonomische Arbeitsplatzgestaltung und Bereitstellung
- Eliminieren von Primitiv- und Routinearbeiten
- Prognose von Fahrzeiten, Staus und Umleitungen für Verkehrsteilnehmer
- Preisgünstige, häufig fahrende und flächendeckende Verkehrsmittel
- Optimaler Einsatz von Fahrzeugen der Polizei, der Feuerwehr und von Notdiensten
- Schnellstmögliche Versorgung von Kranken und Verwundeten.
- Rasche Hilfe bei Unfällen, Naturkatastrophen und Hungersnöten
- Schnelle, wirksame und effiziente Ver- und Entsorgung in Katastrophengebieten

Das letzte Ziel ist Gegenstand der *humanitären Logistik*, die Verfahren und Strategien der modernen Logistik auf die besonderen Anforderungen und Umstände einer Katastrophensituation überträgt und anpasst [248]. Das Ausmaß, in dem die humanitären Ziele der Logistik erreicht werden müssen, wird durch gesetzliche Vorschriften, internationale Vereinbarungen, Auflagen der Gewerbeaufsichtsämter und durch betriebliche Bestimmungen geregelt.

3.4.2 Ökologische Ziele

Die ökologischen Ziele sind für die gesamte Logistik von Bedeutung; für die *Entsorgungslogistik* aber sind sie entscheidend. Sie umfassen:

- Vermeidung und Verminderung von Abfall
- Senkung der Schadstoffemission
- Reduzierung von Lärm und Geräuschen
- Schonung der Ressourcen
- minimaler Materialeinsatz
- Senkung des Energieverbrauchs
- Schutz und Schonung der Natur
- Verminderung des Flächenverbrauchs.

Die ökologischen Ziele werden heute unter den Schlagworten *Ökologistik*, *nachhaltige Logistik* und *Green Logistics* verfolgt [196, 197, 246].

Ein gutes Beispiel für die interdisziplinären Handlungsmöglichkeiten der Ökologistik ist das in *Abschn. 18.13* beschriebene *Slow-Steaming*, mit dem sich zugleich erhebliche Kostensenkungen, Brennstoffeinsparungen und Emissionsreduzierungen erreichen lassen [238–245]. Dieses Beispiel zeigt, dass viele ökologische Ziele, wie die Senkung des Energieverbrauchs, minimaler Resourceneinsatz und Verminderung des Flächenverbrauchs, mit den ökonomischen Zielen verträglich sind. Andere Ziele, die nur mit Mehraufwand erreichbar sind, werden vom Staat oder vom Unternehmen als *Rahmenbedingungen* vorgegeben (s. *Kap. 23*).

3.4.3 Leistungsziele

Die Leistungserfüllung umfasst in der Logistik die *Einzelziele:*

- Ausführung der *Aufträge*
- Erfüllung der *Terminforderungen*
- Erbringung des *Leistungsdurchsatzes*
- Bewältigung des *Warendurchsatzes*
- Lagern der *Warenbestände*
- Erfüllung zusätzlicher *Serviceleistungen*.

(3.13)

Maßstab für die Leistungserfüllung sind die spezifischen *Leistungsanforderungen*. Die Leistungsanforderungen müssen vor der Planung und Realisierung eines Logistiksystems für jedes Einzelziel (3.13) quantifiziert und während des laufenden Betriebs regelmäßig aktualisiert werden (s. *Abschn. 3.6*).

3.4.4 Qualitätsziele

Die Qualität eines Leistungssystems ist Maßstab für die Einhaltung der geforderten Leistungsergebnisse. Dabei ist zu unterscheiden zwischen der *Produktqualität*, die in der Fertigung mit Einsatz von Maschinensystemen angestrebt wird, und der *Leistungsqualität*, die für Logistiksysteme maßgebend ist [9, 48].

Die drei wichtigsten *Teilziele* der logistischen *Leistungsqualität* und ihre *Messgrößen* sind:

- *Leistungsbereitschaft* η_{LBer}

$$\begin{array}{l} \text{Lieferfähigkeit von lagerhaltiger Ware} \\ \text{Fertigungsbereitschaft für auftragsspezifisch gefertigte Ware} \end{array} \qquad (3.14)$$

- *Sendungsqualität* η_{SQual}

$$\begin{array}{l} \text{Vollständigkeit} \\ \text{Unversehrtheit} \\ \text{Mängelfreiheit} \end{array} \qquad (3.15)$$

- *Termintreue* η_{Ttreu}

$$\begin{array}{l} \text{Einhaltung zugesagter Lieferzeiten} \\ \text{Einhaltung vereinbarter } \textit{Abhol- und Zustelltermine.} \end{array} \qquad (3.16)$$

Zur Messung eines *Qualitätsmerkmals* X wird für einen statistisch ausreichenden *Betriebszeitraum* die Anzahl n_{Xricht} der richtig erfüllten und die Anzahl n_{Xfalsch} der nicht erfüllten Anforderungen erfasst (s. *Abschn. 9.15*). Die Anzahl der erfüllten Anforderungen n_{Xricht} in Relation zur Gesamtzahl der Anforderungen $n_{\text{Xges}} = n_{\text{Xricht}} + n_{\text{Xfalsch}}$ ist der *Erfüllungsgrad* des betrachteten *Qualitätsmerkmals:* $\eta_X = n_{\text{Xricht}}/(n_{\text{Xricht}} + n_{\text{Xfalsch}})$.

Die drei Qualitätsmerkmale *Leistungsbereitschaft, Sendungsqualität* und *Termintreue* bestimmen zusammen den *Servicegrad:*

- Der *Servicegrad* η_{Serv} ist die Wahrscheinlichkeit, dass ein Kunde die bestellte Ware vollständig, korrekt und termingerecht erhält.

Der Servicegrad, der auch als *Logistikqualität* bezeichnet wird, ist das Produkt von Leistungsbereitschaft, Sendungsqualität und Termintreue:

$$\eta_{\text{Serv}} = \eta_{\text{LBer}} \cdot \eta_{\text{SQual}} \cdot \eta_{\text{Ttreu}} \cdot \qquad (3.17)$$

Beträgt beispielsweise die Lieferfähigkeit 98 %, die Sendungsqualität 99 % und die Termintreue 95 %, so ist der Servicegrad $\eta_{\text{Serv}} = 0,98 \cdot 0,99 \cdot 0,95 = 92,2\,\%$.

Weitere *Qualitätsziele* der Logistik, die sich nicht unmittelbar am Leistungsergebnis messen lassen, sind:

- *Flexibilität* der Leistungsbereitschaft gegenüber Anforderungsänderungen, Saisonschwankungen und Sortimentsveränderungen
- *Informationsbereitschaft* über Lieferfähigkeit, Liefertermine, Lieferstatus, Sendungsverbleib und Sendungsherkunft

• *Zuverlässigkeit* und *Verfügbarkeit* der Transportmittel, Betriebseinrichtungen, Anlagen und Systeme (s. *Abschn. 13.6*).

Maßstab für die Erfüllung der Qualitätsziele sind *Qualitätsstandards*, die von der Unternehmensleitung, von Kunden, vom Gesetzgeber oder vom Markt vorgegeben werden. Qualitätsstandards sind Zahlenwerte, die die zulässige Größe der Einzelziele (3.14), (3.15) und (3.16) festlegen. *Qualitätsmängel* sind unzulässige Abweichungen von den Qualitätsstandards. Sie werden in *Mängelstatistiken* erfasst und in Relation gesetzt zu den vereinbarten Standards (s. *Abschn. 7.5.8*).

3.4.5 Ökonomische Ziele

Hauptziel aller Unternehmen wie auch der gesamten Volkswirtschaft ist eine Senkung der Kosten möglichst ohne Beeinträchtigung von Leistung und Qualität. *Einzelziele* und *Maßnahmen* zur Kostensenkung in der Logistik sind:

• Vermeidung, Reduzierung oder Verkürzung von Handling
  und Transport
• Vermeidung oder Reduzierung von Beständen
• optimale Nutzung der Infrastruktur, wie Flächen, Gebäude,
  Transportwege und Lagerkapazitäten
• maximale Auslastung von Ladungsträgern, Transportmitteln und
  Transportnetzen   (3.18)
• Leistungssteigerung von Transportmitteln, Betriebsmitteln
  und Anlagen
• verbesserter Informations- und Datenfluss
• effizienter Personaleinsatz
• optimale Nutzung der Zeit
• Einsatz von Logistikdienstleistern.

Maßgebend für die Beurteilung der verschiedenen Möglichkeiten und Maßnahmen zur Kostensenkung sind die Auswirkungen auf die *Betriebskosten* in Relation zu den *Investitionen*, die zur Realisierung erforderlich sind (s. *Abschn. 5.1*). *Maßstab* für die Erfüllung der *Kostenziele* sind die *Plan-Leistungskosten* für Eigenleistungen und die *Ist-Leistungspreise* für Fremdleistungen (s. *Kap. 6*).

3.4.6 Zielkonflikte

Viele Ziele der Logistik sind untereinander unverträglich. Dieser Zielkonflikt kann nicht allein von der Logistik gelöst werden [11, 160]. Er ist für jedes Projekt von der Unternehmensleitung durch Priorisierung der Einzelziele zu entscheiden.

Die Logistik muss hierfür der Unternehmensleitung die Zielkonflikte aufzeigen sowie Prioritäten und Gewichte für die angestrebten Teilziele vorschlagen. Aus den allgemeinen Zielen der Logistik lassen sich unternehmensspezifische oder projektabhängige *Zielgrößen* und *Zielfunktionen* ableiten (s. *Abschn. 5.1*).

Hinter der Zielgewichtung verbergen sich oft ungelöste, hin und wieder auch nur scheinbare Zielkonflikte. Zur Vermeidung scheinbarer und zur Aufdeckung echter Zielkonflikte, die von der Unternehmensleitung zu entscheiden sind, ist es ratsam, zunächst die benötigten *Funktionen* festzulegen und die *Rahmenbedingungen* zu erfassen. Danach sind die *Leistungsanforderungen* zu quantifizieren und die gewünschten *Qualitätsstandards* zu vereinbaren.

Die Ziele der Kostensenkung sind dann im Rahmen dieser Vorgaben zu formulieren und auf Verträglichkeit mit den Leistungs- und Qualitätszielen zu überprüfen. Wenn dabei Unvereinbarkeiten der Kostenziele mit den Leistungs- und Qualitätszielen erkennbar werden, müssen die Leistungs- und Qualitätsanforderungen sowie unter Umständen auch die Rahmenbedingungen infrage gestellt und auf die Kostenvorgaben abgestimmt werden.

3.5 Rahmenbedingungen

Die *Rahmenbedingungen*, auch *Randbedingungen* oder *Restriktionen* genannt, sind *Fixpunkte* für die Planung und den Betrieb von Leistungs- und Logistiksystemen. Sie begrenzen den Handlungsspielraum. Die Rahmenbedingungen für Logistiksysteme lassen sich einteilen in:

- *Räumliche Rahmenbedingungen*
  Die Lage der Quellen und Senken ist fest vorgegeben oder auf bestimmte räumliche Bereiche beschränkt. Die für das Lagern und den Transport verfügbaren Flächen, Höhen und Verkehrswege sind fixiert oder in ihrer Auswahl eingeschränkt.
- *Zeitliche Rahmenbedingungen*
  Betriebszeiten und *Schichtpläne* sind bereits festgelegt. *Fahrpläne* sind vorgegeben. Bearbeitungsschritte und Produktionsprozesse erfordern bestimmte *Prozesszeiten*. Bei der Personaldisposition sind tarifliche und gesetzliche *Arbeitszeiten* zu beachten.
- *Technische Rahmenbedingungen*
  Die Beschaffenheit der Ware, wie Haltbarkeit und Verderblichkeit, die verfügbaren Lagerkapazitäten, die Geschwindigkeit, das Fassungsvermögen und die Belastbarkeit der Transportmittel, das Durchsatzvermögen der Transportstrecken und Transportknoten oder Schnittstellen zu angrenzenden Systemen beschränken die verwendbaren Ladungsträger, Lagertechniken, Transportmittel und Verkehrswege.
- *Strukturelle Restriktionen*
  Eine vorhandene interne und externe Infrastruktur begrenzt und beeinflusst die Lösungsmöglichkeiten. Zur logistischen Infrastruktur gehören Transportnetze, Verkehrswege und Verkehrsanschlüsse sowie die Lage von Umschlagpunkten und Güterverkehrszentren. Vor allem die Auswahl geeigneter Standorte und optimaler Transportwege hängt von der Infrastruktur im Umfeld des Unternehmens ab.

- *Organisatorische Rahmenbedingungen*
  Vorhandene Abläufe, verfügbare Daten, beschränkte Informationen, eingeführte Kodiersysteme, bestehende Rechner, Standardsoftware, vorrangige Strategien oder die Unternehmensorganisation sind zu berücksichtigen.
- *Betriebswirtschaftliche Restriktionen*
  Bei Eigenleistungen ist mit bestimmten Sätzen für Abschreibungen, Zinsen, Personal und andere Kostenfaktoren zu kalkulieren. Für Fremdleistungen sind Leistungs- und Beschaffungspreise vorgegeben. Die Investitionsmittel sind begrenzt. Die maximal zulässige Kapitalrückflussdauer ist von der Unternehmensleitung festgelegt.
- *Sicherheitsauflagen*
  Für Mensch und Gut sind bestimmte Sicherheitsvorschriften zu beachten. Der Zugriff auf die Ware und die Lieferfähigkeit lieferkritischer Artikel müssen gewährleistet sein. Verluste wertvoller, gefährdeter oder gefährlicher Güter durch Schwund, Diebstahl, Alterung, Unfälle oder Feuer müssen verhindert werden oder durch Versicherungen ausreichend abgedeckt sein. Längere Betriebsunterbrechungen und unzulässige Folgewirkungen sind auszuschließen.
- *Wettbewerbsbedingungen*
  Maßgebend für die Leistungs- und Qualitätsanforderungen sind in vielen Fällen die vom Wettbewerb gebotenen Serviceleistungen, wie die Lieferzeiten, die Lieferfähigkeit und die Termintreue. Ebenso können die günstigeren Kosten und Preise des Wettbewerbs Vorgaben für die Unternehmenslogistik sein.
- *Gesetzliche und ökologische Rahmenbedingungen*
  Gesetze, Vorschriften, Tarife, Regeln und Normen begrenzen die Handlungsmöglichkeiten des einzelnen Unternehmens und sind zwingend zu berücksichtigen.

Die Rahmenbedingungen beschränken die Vielzahl möglicher Lösungen auf eine geringere, meist immer noch große Anzahl *zulässiger Lösungen,* unter denen nach geeigneten Verfahren die anforderungsgerechte und kostenoptimale Lösung zu finden ist.

Aus den Rahmenbedingungen ergeben sich *Ausschlusskriterien,* kurz *K.O.-Kriterien* genannt, bei deren Nichterfüllung eine denkbare Lösung aus dem weiteren Optimierungsprozess ausscheidet. Um zu vermeiden, dass eine ungeeignete Lösung ausgearbeitet wird, ist es ratsam, alle erkennbaren K.O.-Kriterien vor Planungsbeginn aufzulisten.

Nicht alle Rahmenbedingungen sind unverrückbar. In vielen Fällen ist es möglich, durch Aufhebung hinderlicher Rahmenbedingungen eine Lösung zu ermöglichen, die wesentlich mehr Geld einspart als für die Beseitigung oder Veränderung der betreffenden Rahmenbedingungen aufzuwenden ist.

3.6 Leistungsanforderungen

Bei der Ermittlung der Leistungsanforderungen, deren Quantifizierung als *Mengengerüst* bezeichnet wird, ist zu unterscheiden zwischen *primären Leistungsanforderun-*

gen, die durch die Anforderungen der Auftraggeber oder die Vorgaben der Unternehmensleitung festgelegt sind, und *sekundären Leistungsanforderungen*, die sich aus den primären Leistungsanforderungen ableiten lassen. Primäre Leistungsanforderungen der Logistik sind:

3.6.1 Artikelkenndaten

Beschaffenheit der Artikel, Waren und Güter
Artikelanzahl und Sortimentsbreite
Stückkosten, Preise und Rabatte   (3.19)
Maße und Gewichte der Warenstücke
Maße, Gewichte und Inhalte der Verkaufseinheiten

3.6.2 Auftragsanforderungen

Art der Aufträge
Anzahl Aufträge pro Periode
Anzahl Positionen pro Auftrag   (3.20)
Anzahl Warenstücke oder Gebinde pro Position
Anzahl Leistungseinheiten pro Position

3.6.3 Terminforderungen

Abholtermine
Liefertermine
Lieferzeiten   (3.21)
Zustelltermine.

Wenn die in den Logistikketten eingesetzten *Logistikeinheiten* [LE] und die *Verpackungshierarchie* bekannt sind, lassen sich aus den Artikelkenndaten, Auftragsanforderungen und Terminforderungen die *Auftragsmengen*, der *Leistungsdurchsatz* und die *Warenströme* errechnen. Damit ergeben sich die

3.6.4 Durchsatzanforderungen

Leistungsdurchsatz [LM/PE]
Wertströme [€/PE]
Mengenströme [LE/PE]   (3.22)
Volumenströme [m³/PE]
Gewichtsströme [kg/PE]

Die Wertströme, also die *Umsätze*, werden für die Bestandsoptimierung und die Festlegung der Sicherheitsstandards benötigt. Die Mengen- und Volumenströme bestimmen das Leistungsvermögen und sind maßgebend für die Gestaltung des gesamten Logistiksystems und die Dimensionierung der Leistungsstellen.

3.6.5 Bestandsanforderungen

Das Lagern von Artikeln und das Puffern von Warenmengen sind kein Selbstzweck sondern ein Mittel zur Erfüllung bestimmter Ziele. Die Höhe der Lagerbestände und der Puffermengen sind daher wichtige *Handlungsparameter* für die Planung und Optimierung von Logistiksystemen und Leistungsketten.

Die Bestände resultieren aus den Durchsatzanforderungen (3.22), den *Beschaffungs-* und *Nachschubstrategien* und dem *Lieferprogramm*. Die *Programmplanung*, die Festlegung des Anteils der *Eigen-* und der *Fremdfertigung* und die Abgrenzung des *lagerhaltigen Sortiments* sind strategische Entscheidungen, die vor der Planung zu fällen und im Verlauf des Betriebs immer wieder kritisch zu überprüfen sind. Für lagerhaltige Artikel sind die Bestandswerte das Ergebnis einer *Lagerprozesskostenoptimierung* bei vorgegebenen Auftrags-, Durchsatz- und Qualitätsanforderungen. Für nicht lagerhaltige Artikel ergeben sich die Lager- und Pufferbestände aus der *zeitlichen Abstimmung* der Einzelschritte der Leistungserstellung (s. *Kap. 8* und *10*).

Der *optimale Lagerbestand* eines Artikels ist in der Regel nicht der für den geforderten Ablauf und Lieferservice minimal mögliche Bestand, sondern das Ergebnis einer Optimierung der *Lagerprozesse* und der *Leistungskosten*. Daher ist die bestandslose *Just-In-Time-Belieferung* ohne Zwischenlager, weder beim Lieferanten noch beim Empfänger oder an einem anderen Ort, und ohne Zwischenpuffer vor der Verbrauchsstelle selten die optimale Lösung (s. *Kap. 11*).

Aus den Durchsatzanforderungen und den Logistikstrategien resultieren also die sekundären *Bestandsanforderungen*:

> Anzahl der lagerhaltigen Artikel
> Bestandswerte pro Artikel [€]   (3.23)
> Bestandsmengen pro Artikel [LE].

Charakteristisch für die Leistungsanforderungen der Logistik sind die kurzzeitigen *stochastischen Schwankungen*, die Folge eines zufallsabhängigen Auftragseingangs oder Verbrauchs sind, und die *mittel- und langfristigen Veränderungen*, die sich im Tages-, Wochen- und Jahresverlauf aus *Produktionsschwankungen* oder *Nachfrageänderungen* ergeben. Als Beispiel für derartige Veränderungen zeigt *Abb. 3.4* den *Saisonverlauf* des monatlichen Periodenverbrauchs und der Lagerbestände der Dispositionsware eines Kaufhaussortiments (s. *Kap. 10*).

Aufgrund der prinzipiellen Unsicherheit von Prognosen und Hochrechnungen sind die Leistungsanforderungen mit *Fehlern* behaftet, die erfahrungsgemäß eine Größenordnung von mindestens ±5 % haben. Daher ist es nicht sinnvoll, mit Berechnungsverfahren zu arbeiten oder Simulationen durchzuführen, deren Genauigkeit wesentlich größer ist als die Fehler der Eingabedaten.

3.7 Ermittlung der Planungsgrundlagen

Die *Planungsgrundlagen* umfassen die *Funktionen*, die *Leistungsanforderungen* und die *Rahmenbedingungen*, die für einen zukünftigen Zeitraum bis zum *Planungshorizont* zu erwarten sind oder von der Unternehmensleitung festgelegt werden.

Da Planung, Aufbau und grundlegende Veränderungen von Logistiksystemen mindestens ein bis zwei Jahre dauern, ist es nicht sinnvoll, neue Systeme für einen Planungshorizont von weniger als 5 Jahren zu planen. Wenn möglich, sollte für einen Horizont von 10 Jahren geplant und ein flexibles *Stufenkonzept* für den schrittweisen Aufbau des *Zielsystems* entwickelt werden.

Wenn für ein neu zu errichtendes oder anzumietendes Lager der zukünftige Kapazitätsbedarf geplant wird, beispielsweise weil mehrere Lager zu einem Zentrallager zusammengefasst werden sollen, werden oft die IST-Bestände mit den *Umsatzzuwachsfaktoren* auf den Planungshorizont hochgerechnet. Dieses Vorgehen führt jedoch in der Regel zu überhöhten Beständen. Damit aber bleiben die *Optimierungsmöglichkeiten* ungenutzt, die sich im Rahmen einer Neuplanung und Umstrukturierung bieten.

Vielfach wird auch der Lagerbestand aus dem geplanten Umsatz oder Verbrauch mit Hilfe von *Umschlagfaktoren* errechnet, die aus *Vergleichskennzahlen* abgeleitet sind oder als *Zielvorgabe* von der Unternehmensleitung festgelegt werden. Derartige *Benchmarks* aus anderen Unternehmen, Vergleichszahlen der Vergangenheit oder Kennwerte aus anderen Bereichen des gleichen Unternehmens sind in der Logistik nur bedingt nutzbar. Sie bergen die Gefahr, dass die speziellen Vorraussetzungen der Kennzahlen nicht angemessen berücksichtigt sind und nur die Unzulänglichkeiten der Vergleichsunternehmen fortgeschrieben werden (s. *Abschn. 4.5*).

Die Bedarfsplanung für die zu gestaltenden Lieferprozesse und Logistiksysteme muss vielmehr aufsetzen auf einer *Absatzanalyse* der Artikel und einer *Strukturanalyse* der Sortimente und Aufträge (s. *Abschn. 5.8*). Die aus der *Programmplanung* und der *Absatzanalyse* abgeleiteten *IST-Absatzmengen* der Artikel sind hochzurechnen mit dem geplanten realen Umsatzwachstum [36]. Die benötigte *Lieferfähigkeit* und die gewünschten *Lieferzeiten* sind mit den Bedarfsträgern abzustimmen, vom Vertrieb festzulegen oder von den Kunden zu erfragen.

Die Durchsatzmengen und Bestandswerte in Ladeeinheiten, wie Behälter oder Paletten, müssen aus den entsprechenden Werten in Stück und aus dem *Fassungsvermögen* der Ladeeinheiten unter Berücksichtigung der *Pack- und Füllstrategien* berechnet werden (s. *Kap. 12*). Es kann zu großen Fehlern führen, wenn die Warenströme und Bestände nur in Ladeeinheiten erfasst und mit Hilfe von Umsatzzuwachsfaktoren auf den Planungshorizont hochgerechnet werden.

Die sicherste Ausgangsbasis für die Ermittlung der zukünftigen Leistungsanforderungen sind die *Auftrags- und Artikeldaten* einer *Vergangenheitsperiode*, die möglichst ein ganzes Geschäftsjahr umfasst. Die benötigten Auftrags- und Artikeldaten sollten von der Datenverarbeitung eines Unternehmens zur Verfügung gestellt werden können. Allerdings fehlen vielfach wichtige *Logistikstammdaten*, wie die Maße und Gewichte der Warenstücke und Gebinde. Die fehlenden logistischen Artikeldaten müssen für eine Planung mit einigem Aufwand, zum Beispiel durch *Auslitern*, direkt in den Lagern oder Filialen erfasst werden (s. *Abschn. 12.7*).

Die kurz- und mittelfristigen Veränderungen der Leistungsanforderungen oder des Verbrauchs, die vor allem für die *Disposition* benötigt werden, lassen sich für *Standardleistungen* oder *Standardartikel* mit *hinreichend gleichmäßigem Bedarf* nach den in *Kap. 9* dargestellten Verfahren aus den *Zeitreihen* der Auftragseingänge oder

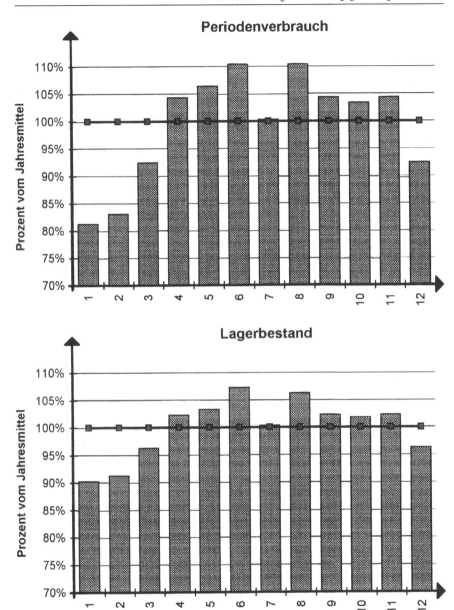

Abb. 3.4 Saisonverlauf von Absatz und Lagerbestand für Dispositionsware in einem Logistikzentrum des Handels

Monats- Spitzenfaktor Absatz $f_{sp}(A) = 1{,}15$
Monats- Spitzenfaktor Bestand $f_{sp}(B) = 1{,}07$

Verbräuche der Vergangenheit prognostizieren [71, 72]. Die langfristigen Veränderungen bis zum Planungshorizont können für Standardartikel und Standardleistungen mit Hilfe von *Hochrechnungsfaktoren* aus den IST-Absatzmengen der Artikel und Sortimente abgeleitet werden. Generell gilt:

- Die Prognosegenauigkeit für den Bedarf von *Standardartikeln* und *Standardleistungen* ist relativ hoch. Dadurch reduziert sich das Absatzrisiko.

Dementsprechend gering sind jedoch die Gewinnaussichten, da viele Unternehmen bevorzugt risikolose Standardartikel und Standardleistungen anbieten.

Die meisten Unternehmen müssen auch *Sonderartikel* in ihrem Angebot haben, wie Aktionsware, Modeware oder neue Produkte, und *Sonderleistungen* erbringen können, wie kundenspezifische Leistungen oder neuartige Leistungsangebote. Deren Bedarf lässt sich grundsätzlich nicht aus Vergangenheitswerten ableiten. Der zukünftige Bedarf von *Sonderprodukten* und *Sonderleistungen* muss nach einer *Marktanalyse*, aufgrund genereller *Erfahrungen* oder durch Vergleich mit den *Lebenszyklen* ähnlicher Produkte und Leistungen abgeschätzt werden. Damit ist ein nicht unerhebliches unternehmerisches Risiko verbunden. Grundsätzlich gilt daher:

- Der zukünftige Absatz von *Sonderartikeln* und *Sonderleistungen* ist nicht aus Vergangenheitswerten extrapolierbar und nur ungenau planbar. Das Absatzrisiko ist hoch.

Dafür aber sind auch die Gewinnaussichten hoch, da nur wenige Unternehmen das Risiko eingehen, Sonderleistungen oder Sonderartikel zu entwickeln und anzubieten.

Jede Ermittlung von Planungsgrundlagen birgt die Gefahr, dass zu viele Daten erfasst und zu detaillierte Auswertungen durchgeführt werden, die für die Planung nicht erforderlich sind. Andere, für die Planung und Optimierung wichtigere Daten fehlen dagegen später. Es ist daher notwendig, vor der Ermittlung der Planungsgrundlagen genau zu überlegen, welche Daten wofür benötigt werden und wie sich diese mit ausreichender Genauigkeit beschaffen lassen. Hier gilt der *Grundsatz*:

▶ So wenig Planungsdaten wie möglich, nur soviele wie unbedingt nötig.

Bei Daten, die nur mit großem Aufwand und Zeitbedarf genauer zu beschaffen sind, genügt in vielen Fällen eine Abschätzung oder eine Ableitung aus verfügbaren Daten mit Hilfe geeigneter *Umrechnungsfaktoren*.

3.8 Darstellung von Systemen und Prozessen

Um die Strukturen und Prozesse eines Leistungs- oder Logistiksystems darzustellen und transparent zu machen, ist es notwendig, zunächst die operativen und administrativen Leistungsstellen festzulegen und voneinander abzugrenzen, die an den betrachteten Prozessen beteiligt sind.

Für jede Leistungsstelle ist die Beschaffenheit der ein- und auslaufenden Material- und Datenflüsse zu spezifizieren und der Durchsatz anzugeben. Die Kenndaten (1.3) der Leistungsstellen sind zu erfassen, in einem *Blockdiagramm* wie *Abb. 1.6* darzustellen oder als *Tabelle* zu dokumentieren. Das Ergebnis ist eine *Input-Output-Analyse* aller beteiligten Leistungsstellen [156, 160].

Die räumlichen, zeitlichen und logischen Beziehungen zwischen den Leistungsstellen und die Prozessabläufe in den Systemen lassen sich in Form von *Strukturdiagrammen*, *Ablaufdiagrammen* und *Prozessketten* darstellen. Jede dieser drei *Darstellungsformen* zeigt jedoch nur einen *Aspekt*. Erst zusammen geben sie ein vollständiges Bild des Systems.

Die unterschiedlichen Aspekte müssen getrennt dargestellt und dürfen nicht in einer Darstellung vermischt werden. Die *Input-Output-Analyse* der Leistungsstellen und das Erstellen der Systemdarstellungen sind effiziente Verfahren, um die Zusammenhänge verständlich zu machen und die *Schwachstellen* eines bestehenden Logistiksystems zu erkennen. So gilt die *Erfahrungsregel*:

▶ Unübersichtliche Material- und Datenflüsse, Mehrfachzuläufe von Aufträgen gleicher Art auf eine Leistungsstelle, weit verzweigte, übermäßig vernetzte Ablaufdiagramme und eine große Anzahl von Prozessketten, die zum gleichen Leistungsergebnis führen, sind Indizien für *Verbesserungspotentiale* und *Handlungsbedarf*.

Mit den nachfolgend dargestellten Verfahren ist es möglich, die Ursachen vieler Schwachstellen zu erkennen und zu beheben sowie optimale Prozessketten und Logistiksysteme zu gestalten.

3.8.1 Strukturdiagramme

Ein logistisches *Strukturdiagramm* ist eine abstrakte Darstellung der *räumlichen Struktur* des Logistiksystems. Hierfür verwendete *Symbole* sind:

- *Fett umrandete Rechtecke* sind abstrakte Darstellungen der *operativen Leistungsstellen* und *Leistungsbereiche*.
- *Dünn umrandete Rechtecke* bilden die *administrativen Leistungsstellen* und *Leistungsbereiche* ab.
- *Durchlaufende gerichtete Linien* stellen *Materialflüsse* und *Ströme physischer Objekte* dar.
- *Punktierte gerichtete Linien* bilden *Datenflüsse* und *Ströme informatorischer Objekte* ab.

Materialströme fließen nur zwischen operativen Leistungsstellen. Datenflüsse können administrative Leistungsstellen untereinander verbinden, aber auch administrative mit operativen Leistungsstellen und operative Leistungsstellen untereinander. Als Beispiel zeigt *Abb. 3.5* die Logistikstruktur eines Abfüllbetriebs der chemischen Industrie oder der Getränkeindustrie.

Ein *quantifiziertes Strukturdiagramm* enthält die Durchsatzmengen der Material- und Datenströme und die Lager- und Pufferbestände in den Leistungsstellen. In einem *Sankey-Diagramm* sind die Breiten der Linien für die Materialflüsse zur besseren Anschaulichkeit proportional zur Stromstärke dargestellt.

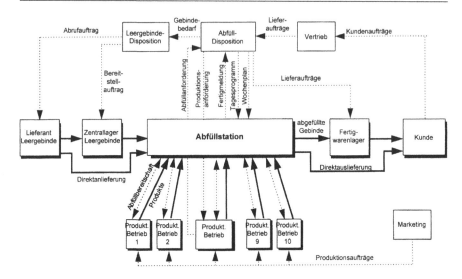

Abb. 3.5 Strukturdiagramm eines Abfüllbetriebs

dicke Rechtecke: operative Leistungsbereiche
dünne Rechtecke: administrative Leistungsstellen

durchlaufende Pfeile: Material- und Warenfluss
gestrichelte Pfeile: Informations- und Datenfluss

3.8.2 Ablaufdiagramme

Ablaufdiagramme stellen die *zeitliche Folge* und die logische Verknüpfung der Einzelvorgänge von Prozessen dar. Für die Systemanalyse und die Prozessgestaltung sind die in *Abb. 3.6* gezeigten Standardsymbole [39] geeignet, die auch in der Datentechnik für die Darstellung von Programmabläufen verwendet werden. Die wichtigsten Symbole sind:

* *Rechtecke* für *Einzelvorgänge*, die durch einlaufende Informationen oder Objekte ausgelöst werden und nach Beendigung des Vorgangs Objekte oder Informationen abgeben.
* *Rhomben* für bedingte *Verzweigungen* des Ablaufs, die sich aus einer Entscheidung oder einem Informationsvergleich ableiten.

Die Rechtecke sind mit den Vorgängen, die Rhomben mit den Verzweigungsbedingungen beschriftet. Die Vorgangs- und Entscheidungssymbole werden gemäß dem zeitlichen Ablauf der Vorgänge und Entscheidungen durch gerichtete *Pfeile* miteinander verbunden.

Vorgangsfolgen, die aus einer größeren Anzahl von Einzelvorgängen und internen Entscheidungen bestehen, werden durch *Rechtecke mit doppelten oder fetten Seitenkanten* symbolisiert, deren innere Struktur in einem gesonderten Ablaufdiagramm dargestellt ist.

Gesondert dargestellte Teilprozesse beginnen mit einer *Eingangsschnittstelle* und enden mit einer *Ausgangsschnittstelle*, die durch *Kreise* mit einem E bzw. mit einem A symbolisiert sind. Durch Verknüpfung der einzelnen Teilprozesse können auf diese Weise alle Prozesse eines größeren Leistungs- oder Logistiksystems übersichtlich dokumentiert werden.

3.8.3 Prozesskettendarstellung

Die Prozesskettendarstellung zeigt die *räumlich und zeitlich* aufeinander folgenden Leistungsstellen eines Geschäftsprozesses. Die Prozesskettendarstellung folgt dem Weg eines ausgewählten *Prozessgegenstands* durch ein System. Jede Durchlaufmöglichkeit eines Prozessgegenstands ergibt eine eigene Prozesskette.

Für *Auftragsketten* ist der Prozessgegenstand ein *Auftrag*, der zunächst in administrativen und dann in operativen Leistungsstellen bearbeitet wird und am Ende zu einem Produkt oder einem Leistungsergebnis führt. Bei einer *Logistikkette* ist der Prozessgegenstand ein *physisches Objekt*, wie eine Sendung, die zu befördern ist, ein Leergebinde, das abgefüllt wird, Tabak, aus dem Zigaretten hergestellt werden, oder eine beladene Palette, die ein Logistikzentrum durchläuft. Welche der möglichen Prozessketten dargestellt und analysiert werden, hängt von der Aufgabenstellung ab. Für den Geschäftsprozess *Kundenbelieferung* ist der *Kundenauftrag* der Prozessgegenstand. Maßgebend für diesen Prozess ist die *Auftragsprozesskette*. Die Auftragsketten eines Abfüllbetriebs mit der in *Abb. 3.5* gezeigten Struktur sind in *Abb. 3.7* dargestellt.

3.9 Programme zur Planung und Optimierung

Bei der Planung, Optimierung und Disposition von Leistungsnetzen, Logistiksystemen und Lieferketten haben sich *mathematische Modelle*, *Programme* und *Rechnertools* vielfach bewährt. *Ziele* des Einsatzes von *Programmen* und *Rechnertools* sind die Nutzung von Berechnungsformeln und Algorithmen, die Untersuchung der Wechselwirkungen einer Vielzahl von Einflussparametern, die Durchführung von Optimierungen und Sensitivitätsrechnungen, die Simulation der Funktionsabläufe in Systemen sowie die Unterstützung, Vereinfachung und Beschleunigung der Planung und Disposition.

Gefahren der Rechnertools sind *praktische Unbrauchbarkeit* oder *falsche Ergebnisse*, die daraus resultieren, dass die Programme zu speziell, zu universell, zu stark vereinfacht, zu komplex, undurchschaubar, unverständlich, zu starr, unnötig genau oder einfach falsch sind.

Zur Vereinfachung der Programmierung oder aus programmtechnischen Gründen ändern manche Programmierer vorgegebene Algorithmen, Strategien oder Strukturen eigenmächtig und unabgestimmt, ohne die Folgen zu bedenken.

Daraus resultieren dann falsche oder unsinnige Rechenergebnisse. Wenn die unplausiblen Ergebnisse von erfahrenen Praktikern und Analytikern verworfen werden, war nur der Programmieraufwand vergebens. Werden sie aber aus blindem Ver-

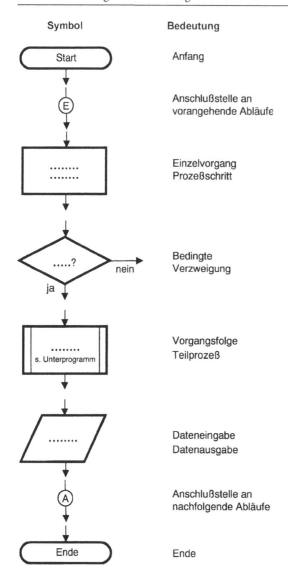

Symbol	Bedeutung
Start	Anfang
E	Anschlußstelle an vorangehende Abläufe
....	Einzelvorgang Prozeßschritt
.....? nein ja	Bedingte Verzweigung
.... s. Unterprogramm	Vorgangsfolge Teilprozeß
....	Dateneingabe Datenausgabe
A	Anschlußstelle an nachfolgende Abläufe
Ende	Ende

Abb. 3.6 Standardsymbole zur Darstellung von Programm-, Prozess- und Funktionsabläufen nach DIN 66001

trauen in den Rechner zur Entscheidungsgrundlage gemacht und in der Praxis genutzt, kann das zu erheblichen Schäden führen (s. *Abschn. 2.8*).

Um diese Gefahren zu vermeiden, sind bei der Entwicklung und Programmierung von Rechnertools folgende *Grundsätze* zu beachten:

▶ so einfach und doch so realistisch wie möglich

▶ so speziell wie nötig, so universell wie möglich

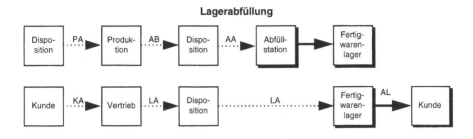

Lagerabfüllung

Auftragsabfüllung

Abb. 3.7 Auftragsketten eines Abfüllbetriebs

KA Kundenauftrag   AB Abfüllanforderung
LA Lieferauftrag   AA Abfüllauftrag
PA Produktionsauftrag AL Auslieferung

▶ Ergebnisse nicht wesentlich genauer als Eingabewerte

▶ benutzerverständlicher und nachvollziehbarer Programmaufbau

▶ verständliche Dokumentation von Programmaufbau und Algorithmen

▶ Plausibilitätsprüfung der Ergebnisse durch Kontrollrechnungen.

Mit Hilfe der in diesem Buch entwickelten Grundlagen und Berechnungsformeln wurde eine Reihe von Programmen und Rechnertools erstellt. Hierzu gehören Programme zur:

Erfassung und Berechnung der Planungsgrundlagen [236]
Bedarfsprognose und Szenarienrechnung (s. *Kap. 9*)
Auftragsdisposition und Produktionsplanung (s. *Kap. 10*)
Auswahl und Zuordnung von Ladungsträgern und Transportmitteln
Gerätebedarfs-, Personalbedarfs- und Kommissionierleistungsberechnung
Dimensionierung und Optimierung von Lager- und Kommissioniersystemen
Berechnung von Grenzleistungen (s. *Tabellen 13.1* bis *13.4*)

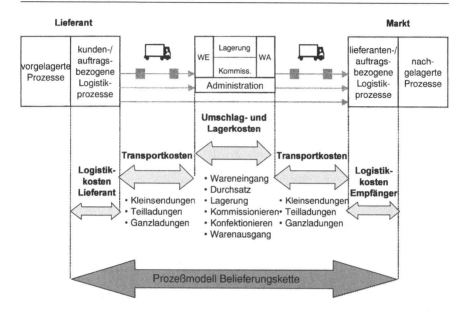

Abb. 3.8 Prozessmodell für Belieferungskosten zwischen Industrie und Handel

Berechnung von Staueffekten (s. *Tab. 13.5*)
Dimensionierung und Optimierung von Fahrzeugsystemen
Investitions- und Betriebskostenrechnung
Bestands- und Nachschubdisposition (s. *Tab. 11.7*)
Leistungs- und Qualitätsvergütung
Berechnung von Leistungspreisen und Artikellogistikkosten
Dimensionierung und Optimierung von Logistikzentren
Auswahl optimaler Transportketten (s. *Tab. 20.2*)   (3.24)
Struktur- und Standortoptimierung (s. *Abschn. 18.10*)
Tourenplanung und Fahrwegoptimierung (s. *Abschn. 20.11*)
Simulation der dynamischen Disposition in Lieferketten und
    Versorgungsnetzen [178,237]
Auswahl und Optimierung von Logistikketten (s. *Abschn. 20.8*)
Optimierung von Logistiksystemen und Logistiknetzen.

Die Rechnertools können in MS-EXCEL, MS-ACCESS, in speziellen Simulations-
sprachen oder anderen Programmiersprachen erstellt werden. Sie sind *modular* aufgebaut und lassen sich bedarfsgerecht zu neuen Programmen zusammenfügen. Die
Tools wurden in zahlreichen Projekten und Beratungen erfolgreich eingesetzt und
haben sich als Planungshilfsmittel bestens bewährt [178,237].

Als Beispiel aus der Beratungspraxis zeigt *Abb. 3.8* den Aufbau und die Einflussfaktoren eines Prozessmodells zur Kalkulation der Kosten für die verschiedenen Lieferketten zwischen den Lieferstellen und Empfangsstellen von Industrie und Handel
(s. *Kap. 20*).

3.10 Technik und Logistik

Die Technik hat für die Logistik grundsätzlich nur soweit Bedeutung, wie mit ihrer Hilfe die *Logistikaufgaben* lösbar und die *Logistikziele* erreichbar sind. Die Entwicklung und der Einsatz der Technik in der Logistik haben in der Vergangenheit teils nacheinander, teils überlappend mehrere *Phasen* durchlaufen (s. *Abb. 0.1*). Diese Phasen entsprechen den *technischen Handlungsmöglichkeiten* [40, 41]:

1. *Mechanisierung*: Eine bestimmte Funktion, wie das Befördern oder Heben einer Last, die bisher vom Menschen ausgeführt wurde oder technisch nicht möglich war, wird durch *Erfindung, Neukonstruktion* oder *Weiterentwicklung* einer mechanischen Einrichtung, einer Maschine, eines Transportmittels oder eines Gerätes realisiert.

2. *Leistungssteigerung*: Das Leistungsvermögen der Maschine, des Geräts oder des Transportmittels wird durch Vergrößerung der *Kapazität*, Erhöhung von *Geschwindigkeit* und *Beschleunigung* oder *Vereinfachung* der mechanischen Bewegungsabläufe gesteigert.

3. *Kostensenkung*: Die *Herstellkosten* der Maschine, des Geräts oder des Transportmittels werden durch vereinfachte *Konstruktion, modularen Aufbau, günstigeren Materialeinsatz* und Fertigung in *größeren Stückzahlen* vermindert. Durch *geringeren Verschleiß, bessere Wartung* und *längere technische Nutzungszeit* lassen sich *Betriebskosten* und *Kosten pro Leistungseinheit* senken.

4. *Qualitätsverbesserung*: *Leistungsqualität, Nutzungskomfort, Betriebssicherheit, Platzbedarf, Zuverlässigkeit* und *Verfügbarkeit* werden verbessert.

5. *Automatisierung*: Die Bedienung der Geräte, Maschinen und Transportmittel wird durch *Elektronik* und *Steuerungstechnik* unterstützt, vereinfacht und vom Menschen unabhängig.

6. *Verkettung*: Transportelemente, Geräte und Maschinen werden zu *Transport-, Produktions-* und *Logistikketten* verkoppelt. So entstehen aus der Verbindung von Förderstrecken, Ein- und Ausschleusern, Regalbediengeräten und Handhabungsgeräten mit Maschinen, Anlagen und zwischengeschalteten Pufferplätzen *Produktionslinien, Verpackungslinien, Abfüllanlagen* oder *Lagermaschinen*, die von einem *Prozessrechner* gesteuert und aus einem *Leitstand* überwacht werden.

7. *Vernetzung*: Mehrere Transportketten, parallele Produktionslinien, inner- oder außerbetriebliche Transportmittel und Lagermaschinen werden zu einem *Netzwerk* integrierter *Produktions-, Transport-, Logistik-* und *Leistungssysteme* zusammengefügt, das unter Nutzung der *Prozessleittechnik* und der *Informations- und Kommunikationstechnik* optimal auf die jeweiligen Leistungsanforderungen ausgerichtet ist und zu minimalen Kosten arbeitet.

Die wichtigsten Entscheidungskriterien für den Technikeinsatz sind die *Betriebskosten* und die *Leistungskosten* (s. *Kap. 6*). Kostensenkungen sind in der Logistik durch *Senkung des Investitionsaufwands*, durch *Leistungssteigerung* bei gleichem Personaleinsatz, durch *Personaleinsparungen* bei gleicher Leistung, am wirkungsvollsten aber durch Leistungssteigerung bei gleichzeitiger Personaleinsparung möglich.

Darüber hinaus können Kostensenkungen aus der *Verminderung des Grundflächenbedarfs* resultieren, beispielsweise durch den Bau von *Hochregallagern* anstelle von *Hallenlagern*, durch *erhöhte Auslastung der Ressourcen* oder aus einer *besseren Nutzung vorhandener Räume*, etwa durch den Einbau von Durchlauflagern oder von Hängebahnanlagen. *Qualitätsverbesserungen* sind wirtschaftlich nur von Interesse, wenn sie zu Kosteneinsparungen oder zu einem Nutzenzuwachs führen, der vom Markt honoriert wird.

Der Einsatz von Technik zur Lösung logistischer Aufgaben ist in der Regel mit einem Anstieg der Fixkosten infolge der erhöhten Zinsen und Abschreibungen auf das investierte Kapital verbunden. Aus diesem *Fixkostendilemma* resultieren folgende *Voraussetzungen für den wirtschaftlichen Einsatz der Technik* in der Logistik (s. Abschn. 6.8):

- Je höher die Mechanisierung und die Automatisierung, umso notwendiger ist eine *intensive, dauerhafte und möglichst gleichmäßige Nutzung* der Anlagen und Systeme.
- *Außerbetriebliche Transportmittel*, die mit hohen Investitionen verbunden sind, wie Containerschiffe, Frachtflugzeuge und Eisenbahnen, aber auch Fahrzeugflotten mit zentralem Transportleitsystem, erfordern einen Betrieb möglichst rund um die Uhr.
- *Innerbetriebliche Hochleistungssysteme*, wie *Sortiersysteme*, *FTS-Anlagen* und *Kommissioniersysteme mit dynamischer Bereitstellung*, sind in der Regel nur wirtschaftlich, wenn sie an mindestens 250 Tagen im Jahr mehrschichtig genutzt werden.
- *Hochinvestive Lagersysteme*, wie Hochregallager, Durchlauflager und Kompaktlager, erfordern über das ganze Jahr eine hohe Belegung der Platzkapazität.

Aus diesen Voraussetzungen ergeben sich folgende *Nutzungskriterien* für die Technik in der Logistik:

▶ Bei geringen Leistungs- und Kapazitätsanforderungen oder bei ungleichmäßiger Nutzung über das Jahr sind konventionelle Transport- und Lagereinrichtungen mit geringer Technisierung und Automatisierung kostengünstiger und flexibler.

▶ Bei hohen Leistungs- und Kapazitätsanforderungen und gleichmäßiger Nutzung über das gesamte Jahr sind die Leistungskosten von hochtechnisierten und automatisierten Systemen meist deutlich – in vielen Fällen um mehr als einen Faktor 2 – niedriger als bei konventionellen Systemen mit geringem Technikeinsatz.

▶ Mit zunehmender *Zentralisierung* der Funktionen und *Bündelung* von Transporten und Beständen sind die Voraussetzungen für den wirtschaftlichen Einsatz der Technik in der Logistik immer besser erfüllt.

Hieraus erklärt sich, dass zunächst die Großunternehmen der Industrie, wie die Automobilindustrie und die chemische Industrie, die Technisierung und Automatisierung von Logistiksystemen vorangetrieben haben. Auch *Verbunddienstleister*, wie Paketdienste, Fluggesellschaften, die Bahn und internationale Schifffahrtsgesellschaften, haben seit Jahrzehnten erhebliche Summen in die Technik investiert.

Mit einem Zeitversatz von etwa 20 Jahren sind die großen Handelskonzerne der Industrie gefolgt, nachdem sie ihre Beschaffungslogistik zunehmend selbst übernommen, zentralisiert und in den dafür errichteten Logistikzentren die Voraussetzungen für den Technikeinsatz geschaffen haben. Heute sind auch kleinere Logistikdienstleister und mittelständische Industriebetriebe gezwungen, zunehmend die Technik zur Rationalisierung ihrer Logistik zu nutzen.

Aus den Voraussetzungen und Kriterien für den Technikeinsatz in der Logistik leiten sich folgende *Forderungen* an *Maschinenbau, Anlagenbau und Fahrzeugbau* ab:

- Verbesserung der *Zuverlässigkeit* und *Verfügbarkeit* von Maschinen, Anlagen und Systemen
- Verlängerung und Garantie von *Standzeiten* und *Laufleistungen* der Maschinen, Geräte, Anlagen, Transportmittel, Flurförderzeuge, Handhabungsgeräte und Sorter
- Verbesserung der *Leistungsfähigkeit* bei unterproportionaler Steigerung der Kosten
- Senkung der *Kosten* bei unverminderter oder verbesserter Leistungsfähigkeit und Qualität
- Beachtung der wirtschaftlichen *Einsetzbarkeit von* Neuentwicklungen und des *betriebswirtschaftlichen Nutzens* von Verbesserungen und Leistungssteigerungen für den Anwender
- *Standardisierung* der Elemente und *Modularisierung* der Systeme zur Vereinfachung und Beschleunigung von Wartung und Reparaturen
- Entwicklung flexibel einsetzbarer *Handhabungsgeräte, Roboter* und *Systeme* für das Sortieren und Kommissionieren.

An die *Steuerungstechnik* und an die *Informations- und Kommunikationstechnik* richten sich die *Forderungen*:

- Ermöglichung *belegloser Prozesse* in der inner- und außerbetrieblichen Logistik
- Verbilligung und Vereinfachung von *Kodierungen*
- Lösung der automatischen Anbringung von Etiketten und Kodierungen an Warenstücke, Verpackungen, Ladungsträgern und Ladeeinheiten
- leistungsfähige und kostengünstige *Lesegeräte* für Kodierungen und *Erfassungseinrichtungen* für Maße und Gewichte
- kostengünstige und herstellerunabhängige Verfahren der *Informationsübertragung*
- Entwicklung wirtschaftlicher *Verfahren zur Erkennung* und *Lagebestimmung* von Warenstücken mit nichtquaderförmiger Gestalt und in schiefer Position als Voraussetzung für den „Griff in die Kiste" durch Handhabungsroboter statt durch die Hand des Menschen.

Gemeinsame Aufgaben von Technik, Informatik *und* Logistik sind die abgestimmte *Normierung von Lade- und Transporteinheiten* und die *Standardisierung von Logistikstammdaten, Kodierungen und Datenaustausch*. Durch Normierung und Standardisierung lassen sich die Prozesse in den unternehmensübergreifenden Logistikketten der Beschaffung und Belieferung optimal aufeinander abstimmen und die Ziele eines

Efficient Consumer Response (ECR) erreichen [32, 42, 43]. Dabei ist jedoch zu beachten, dass eine verfrühte Standardisierung und Normierung ebenso wie zu weitgehende Regelungen zu Erstarrung und Unflexibilität führen, die Handlungsmöglichkeiten begrenzen und die freie Entwicklung hemmen [212].

Wer im Verlauf der Planung zu früh auf die Technik sieht, verliert den freien Blick für die Prozesse, Strukturen und Strategien. Daraus folgt der *Grundsatz*:

▶ Der Weg einer erfolgreichen Planung führt über die Prozesse, Strukturen und Strategien zur geeigneten Technik und nicht umgekehrt.

Wer jedoch die Möglichkeiten der Technik nicht ausreichend kennt, läuft Gefahr, bewährte und kostengünstige Lösungen zu verpassen oder nicht realisierbare Systeme zu konzipieren.

Brauchbare Ideen und gute technische Lösungen sind selten. Abgesehen von Pioniergebieten, auf denen in wenigen Jahren neue Lösungen wie Pilze aus dem Boden schießen, ist die Innovationsrate in Technik und Logistik wesentlich geringer als allgemein angenommen und vielfach behauptet wird. Zwischen einer guten Idee und der ersten erfolgreichen Realisierung vergehen immer noch Jahre. Das liegt auch daran, dass viele Unternehmen das Risiko des Ersteinsatzes einer neuen Technik oder Systemlösung scheuen.

3.11 Vorgehen zur Lösungsauswahl

Zur Auswahl einer optimalen Lösung und zur begründeten Entscheidungsempfehlung für die Unternehmensleitung müssen die technisch möglichen Lösungen auf ihre Machbarkeit überprüft, bewertet und miteinander verglichen werden.

Verfahren zur Bewertung, zum Vergleich und zur Auswahl möglicher Lösungsvarianten für Teilsysteme wie auch für das Gesamtsystem sind die *Machbarkeitsanalyse*, der *Leistungsvergleich*, der *Wirtschaftlichkeitsvergleich* und die *Nutzwertanalyse*. Diese Verfahren werden nacheinander zur Reduzierung der Lösungsvielfalt auf die gesuchte *optimale Lösung* angewandt.

3.11.1 Machbarkeitsanalyse

In der Machbarkeitsanalyse, auch *Feasibility-Studie* genannt, wird die grundsätzliche Realisierbarkeit der zur Diskussion stehenden Lösungen geprüft.

Die Machbarkeitsanalyse umfasst die Prüfung von:

- *technischer Realisierbarkeit*
- *Erfüllung der Leistungsanforderungen*
- *Einhaltung der Rahmenbedingungen, Restriktionen* und *Auflagen*
- *Durchführbarkeit im vorgegebenen Zeitrahmen*.

Ziel der Machbarkeitsanalyse ist das Ausscheiden ungeeigneter Lösungen aufgrund von *K.O.-Kriterien* und die Selektion von Lösungen, deren weitere Bearbeitung sinnvoll ist.

3.11.2 Leistungsvergleich

Die grundsätzlich geeigneten Lösungen erfüllen die gestellten Leistungsanforderungen, haben in der Regel aber unterschiedliche Leistungsreserven.

Nach der Machbarkeitsanalyse werden die *Grenzleistungen*, die *Leistungsreserven* und die *Flexibilität* der ausgewählten Lösungen ermittelt und miteinander verglichen. Ziel des Leistungsvergleichs ist die Auswahl der leistungsfähigsten Lösungsvarianten, soweit sie nicht überdimensioniert sind (s. *Abschn. 13.7*).

3.11.3 Wirtschaftlichkeitsvergleich

Der Wirtschaftlichkeitsvergleich umfasst den Vergleich der *Investitionen* und der *Betriebskosten* für alle machbaren, hinreichend leistungsfähigen und ausreichend flexiblen Lösungsvarianten. Außer der Investition und den Betriebskosten können auch die *Leistungskosten* und die *Kapitalrückflusszeit*, der sogenannte ROI, miteinander verglichen werden (s. *Abschn. 5.1*).

Ziel des Wirtschaftlichkeitsvergleichs ist die Auswahl von Lösungen mit minimalen Betriebskosten bei maximalem Leistungsvermögen, die sich im vorgegebenen Investitionsrahmen realisieren lassen. Wenn der Investitionsrahmen nicht eingehalten oder ein vorgegebener ROI-Wert von keiner Lösung erfüllt wird, kann die Wirtschaftlichkeitsrechnung dazu führen, dass ein Vorhaben oder ein Projekt nicht realisiert wird (s. *Kap. 6.10*).

3.11.4 Nutzwertanalyse

In vielen Fällen gibt es mehrere Lösungen mit unterschiedlichem Mechanisierungs- und Automatisierungsgrad, die bei annähernd gleichen Betriebskosten alle Leistungsanforderungen und Randbedingungen erfüllen. Für den Vergleich von Lösungsvarianten, die im Rahmen der Planungsgenauigkeit technisch und wirtschaftlich gleichwertig sind, ist eine *Nutzwertanalyse* sinnvoll [11, 44, 45].

Arbeitsschritte der Nutzwertanalyse sind:

1. *Erstellen eines Katalogs von Bewertungskriterien*, die voneinander unabhängig sein müssen, mit *Bestimmungsmerkmalen*, nach denen die Erfüllung der verschiedenen Kriterien beurteilt wird (s. *Tab. 3.1*).
2. *Vereinbarung einer Benotungsskala* zur Bewertung des Erfüllungsgrads der Bewertungskriterien. Einige in der Beratungspraxis übliche Benotungsskalen zeigt *Tab. 3.2*.
3. *Ableitung der relativen Gewichte* der einzelnen Bewertungskriterien aus ihrer Bedeutung für das Unternehmen (s. *Tab. 3.3*).
4. *Benotung der Bewertungskriterien* für die zur Auswahl stehenden Lösungen entsprechend dem Erfüllungsgrad der Bestimmungsmerkmale (s. *Tab. 3.3*).
5. *Berechnung des Gesamtnutzwertes* durch Summation der mit den Gewichten multiplizierten Bewertungsnoten (s. *Tab. 3.3*).
6. *Sensitivitätsanalyse des Gesamtnutzwertes* gegenüber Veränderungen der Benotung und der Gewichtung der wichtigsten Bewertungskriterien.

Bewertungskriterium	Bestimmungsmerkmale
Servicequalität	Fehlerarten und Fehlerhäufigkeit Lieferfähigkeit, Warenverfügbarkeit Durchlaufzeiten und Termintreue Fehlerfolgekosten
Verfügbarkeit	Zuverlässigkeit, Funktionssicherheit Störanfälligkeit, Robustheit, Bewährtheit, Zugänglichkeit Unterbrechungszeiten zur Störungsbeseitigung Redundanz und Ausweichmöglichkeiten Betriebsunterbrechungskosten
Flexibilität	bei Durchsatz- und Bestandsschwankungen bei Sortimentsänderungen (Artikelanzahl, Verteilung) bei Änderungen der Logistikeinheiten (Gebinde, Pakete, Paletten) bei Änderungen der Auftragstruktur (Menge, Positionen) bei Veränderung von Quellen oder Senken (Anzahl, Standorte) Leistungs- und Kapazitätsreserven Anpassungsfähigkeit, Erweiterbarkeit, Modularität Spezialisierungsgrad, Universalität, anderweitige Verwendbarkeit
Kompatibilität	Kombinierbarkeit mit anderen Systemen Erfüllbarkeit der Schnittstellenanforderungen Verträglichkeit mit bestehenden Rahmenbedingungen
Personalintensität	Anzahl des benötigten Betriebspersonal Qualifikation des Personals Abhängigkeit von Spezialisten und Know-How der Mitarbeiter
Schadensrisiko	Bruch, Beschädigung, Verderb, Ausschuß Schwund, Diebstahl, Einbruch Verluste durch Feuer, Wasser, Unfall Unfallgefahr, Arbeitssicherheit Schadensfolgekosten
Kostenrisiko	Überschreitung des Investitionsbudgets Planungsfehler (Dimensionierung, Personalbedarf, Kostenkalkulation) Progoseverläßlichkeit und Auslastungsrisiko Kostenvariabilität und Fixkostenanteil

Tab. 3.1 Bewertungskriterien zum Vergleich von Logistiksystemen

Die *Tab. 3.3* zeigt das Ergebnis eines Systemvergleichs von 3 verschiedenen Lösungen für das Lagern und Kommissionieren von kartonierter Ware auf Paletten. Das automatische *Hochregallager* mit dynamischer Bereitstellung hat in diesem Fall mit

Positivkriterien	Negativkriterien	Punktwerte der Beurteilung		
Beurteilung	Beurteilung	Note	Punkte	Punkte
sehr gut optimal erfüllt	minimal verschwindend gering	1	8 bis 10	2 ++
gut anforderungsgerecht	gering akzeptabel	2	6 bis 8	1 +
befriedigend bedingt anforderungsgerecht	durchschnittlich bedingt akzeptabel	3	4 bis 6	0
ausreichend nicht ganz anforderungsgerecht	relativ hoch grade noch vertretbar	4	2 bis 4	-1 -
mangelhaft kaum noch akzeptabel	sehr hoch kaum noch akzeptabel	5	1 bis 2	-2 - -
ungenügend nicht anforderungsgerecht	unvertretbar hoch nicht akzeptabel	6	0 KO-Kriterium	- x

Tab. 3.2 Benotungsskalen zur Kriterienbewertung für Systemvergleiche

2,90 die schlechteste Gesamtnote im Vergleich zu einer Gesamtnote von 2,80 für ein *Stollenkommissionierlager* mit statischer Bereitstellung und von 2,55 für ein konventionelles *Staplerlager*, dem hiernach der Vorzug zu geben wäre.

Das Verfahren der Nutzwertanalyse ist mit Vorsicht anzuwenden. Wie das Beispiel in *Tab. 3.3* zeigt, liegen die ermittelten Nutzwerte von zwei oder auch drei Lösungen in vielen Fällen relativ nahe beieinander, da sich die unterschiedlichen Bewertungen der einzelnen Kriterien in der Summe ausgleichen. Eine Sensitivitätsanalyse ergibt häufig, dass geringe Veränderungen in der Gewichtung und Bewertung zu einer Verschiebung in der Rangfolge der Lösungen führen. Allgemein gilt der *Grundsatz:*

▶ Die Nutzwertanalyse ist geeignet zur Beurteilung, zum Vergleich und zur Objektivierung der Entscheidung über unterschiedliche Lösungsmöglichkeiten, die wirtschaftlich nahezu gleichwertig sind.

Das Verfahren der Nutzwertanalyse ist auch für den Vergleich von Angeboten oder von unterschiedlichen Organisationsmöglichkeiten einsetzbar. Die Nutzwertanalyse kann jedoch eine mit Risiko behaftete Entscheidung nicht ersetzen. Diese Entscheidung muss die Unternehmensleitung treffen [147].

Bewertungskriterium	Gewicht	Lösung 1 STL mit stat. Bereitstel.	Lösung 2 SGL mit Komm.Stollen	Lösung 3 HRL mit dyn.Bereitstel.
Servicequalität	15%	3	2	2
Verfügbarkeit	15%	2	2	3
Flexibilität	25%	2	3	4
Kompatibilität	10%	2	4	3
Personalintensität	15%	4	3	2
Schadensrisiko	5%	4	3	2
Kostenrisiko	15%	2	3	3
Gesamtbewertung	100%	**2,55**	**2,80**	**2,90**

Tab. 3.3 Systemvergleich von 3 verschiedenen Lösungen zum Lagern und Kommissionieren von Paletten auf Paletten

Lösung 1:   Staplerlager mit konventioneller Kommissionierung im Lagerbereich
Lösung 2:   Stollenkommissionierlager mit statischer Bereitstellung durch Schmalgangstapler
Lösung 3:   Automatisches Hochregallager mit dynamischer Bereitstellung
Bewertung: Schulnoten gemäß 3. Spalte s. *Tab. 3.2*

4 Potentialanalyse

In einer Potentialanalyse – in der Logistik auch *Logistikaudit* genannt – werden die Leistungen der Unternehmenslogistik mit den Anforderungen verglichen und die Leistungsfähigkeit der Prozesse und Strukturen überprüft [21, 49].

Ziele der Potentialanalyse sind:

- Abgrenzung der *Potentialfelder*, deren Optimierung die größten Effekte erwarten lässt;
- Aufzeigen der *Schwachpunkte* und *Handlungsspielräume* in den Potentialfeldern;
- Abschätzung der *Potentiale* zur Leistungsverbesserung und Kostensenkung.

Aus den Ergebnissen der Potentialanalyse lassen sich *Optimierungsmöglichkeiten* und *Maßnahmen* zur *kurzfristigen* Verbesserung der Prozesse und zur Beseitigung von Schwachstellen sowie *mittel-* und *langfristig* ausgerichtete *Vorschläge* zur *Zielplanung*, zur *Neukonzeption* und für konkrete *Projekte* ableiten. Als Beispiel zeigt die *Abb. 4.1* die *Potentialfelder* im Logistiknetzwerk zwischen Konsumgüterindustrie und Handelsunternehmen.

Je nach Ausgangslage liegen die Kostensenkungspotentiale zwischen 10 und 20 % der Gesamtlogistikkosten. Unter besonderen Umständen und in einzelnen Bereichen sind auch deutlich höhere Einsparungen möglich. Bei einer Umsatzrendite zwischen 1 und 3 % und einem Logistikkostenanteil in Höhe von 10 % vom Umsatz bedeutet eine Reduzierung der Logistikkosten um 10 % eine *Gewinnsteigerung* um 25 bis 100 %.

Der *Aufwand* für die Durchführung einer Potentialanalyse der Unternehmenslogistik durch ein kompetentes Beratungsunternehmen ist vergleichsweise gering. Der *Zeitbedarf* ist abhängig von der Größe des Unternehmens und liegt in den meisten Fällen zwischen 4 Wochen und 3 Monaten. Die Potentialanalyse macht sich durch die erzielten Kosteneinsparungen und Leistungsverbesserungen meist in weniger als einem Jahr bezahlt.

Eine Potentialanalyse soll nicht nur die Kostensenkungspotentiale abschätzen sondern auch die Möglichkeiten zur Verbesserung von Leistung, Qualität und Wettbewerbsfähigkeit ausweisen. Sie kann jedoch nicht die Planung und Optimierung der Systeme und Prozesse ersetzen. Eine Potentialanalyse bietet der Unternehmensleitung vielmehr eine *Entscheidungsgrundlage* dafür, welche *Projekte* mit den größten Potentialen und den besten Aussichten auf Erfolg vorrangig in Angriff genommen werden sollten.

In diesem Kapitel werden die Inhalte der *Arbeitsschritte einer Potentialanalyse* beschrieben:

T. Gudehus, *Logistik 1*, VDI-Buch,
DOI 10.1007/978-3-642-29359-7_4, © Springer-Verlag Berlin Heidelberg 2012

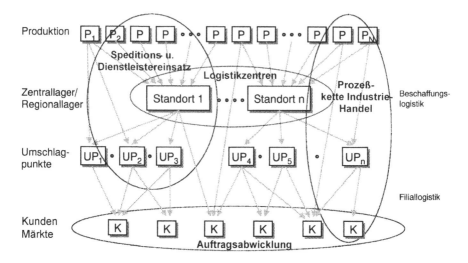

Abb. 4.1 Potentialfelder im Logistiknetzwerk zwischen Konsumgüterindustrie und Handelsunternehmen

Anforderungsanalyse
Leistungsanalyse
Prozessanalyse   (4.1)
Strukturanalyse
Benchmarking.

Jeder dieser Arbeitsschritte umfasst eine *Checkliste* zur Überprüfung der verschiedenen Potentialfelder und Hinweise auf mögliche *Schwachstellen*.

4.1 Anforderungsanalyse

Maßgebend für die Unternehmenslogistik sind die *Anforderungen* und *Ziele*. Als Grundlage für die Potentialanalyse müssen daher zunächst die Leistungs- und Serviceanforderungen der Kunden, des Marktes, des Vertriebs und der übrigen Geschäftsbereiche an die Unternehmenslogistik erfasst und kritisch analysiert werden.

In der Anforderungsanalyse werden folgende Fragen untersucht und bewertet:

- Ob und wie weit entsprechen die Anforderungen an die Logistik den *Unternehmenszielen*?
- Ist das *Kosten-Nutzen-Verhältnis* zur Erfüllung der Anforderungen angemessen?
- Sind die *Prioritäten* richtig gesetzt? Werden die wichtigsten Marktsegmente angemessen und ertragbringende Kundengruppen vorrangig bedient?
- Ist das *Liefer- und Leistungsprogramm* nicht zu breit gefächert? Umfasst das Programm erlösschwache Artikel oder Leistungen, die ohne Schaden für die Wettbewerbsfähigkeit aus dem Programm genommen werden können (s. *Abschn. 5.8*)?

- Wieweit und mit welchen Auswirkungen lassen sich *Leistungs- und Serviceanforderungen* reduzieren?

Der Vertrieb neigt dazu, überzogene Anforderungen an die Logistik zu stellen, solange er die Kosten zu deren Erfüllung nicht kennt. So wird vielfach eine hohe *permanente Lieferfähigkeit* gefordert, wo eine *mittlere Lieferfähigkeit* durchaus ausreichend wäre (s. *Abschn. 11.8*). Auch wenn nur wenige Kunden extrem kurze Lieferzeiten oder einen 24-Stunden-Service erwarten, werden diese Lieferzeitanforderungen generell gestellt. Statt auf eine hohe Termintreue zu achten, die oft ohne Zusatzkosten durch gute Organisation erreichbar ist, wird auf kurze Durchlaufzeiten und Expresszustellung gesetzt.

Für alle Anforderungen an die Unternehmenslogistik gilt der *Angemessenheitsgrundsatz*:

▶ Die Kosten einer Serviceverbesserung müssen stets an der damit erreichbaren Umsatzsteigerung oder Erlösverbesserung gemessen werden.

Wenn die Mehrkosten für einen zusätzlichen Service, etwa in Form eines *Expresszuschlags* oder einer *Verpackungsgebühr*, explizit in Rechnung gestellt werden, verzichten viele Kunden auf den Extraservice.

Das Ergebnis der *Anforderungsanalyse* sind Empfehlungen für ein ausgewogenes Liefer- und Leistungsprogramm, einen angemessenen Lieferservice und differenzierte Qualitätsstandards.

4.2 Leistungsanalyse

In der Leistungsanalyse wird untersucht, zu welchen Kosten und mit welcher Qualität die operativen und administrativen Leistungsstellen der Beschaffungslogistik, der Produktionslogistik, der Distributionslogistik und der Filiallogistik die an sie gestellten Anforderungen erfüllen und welchen Wertschöpfungsbeitrag sie leisten.

Hierzu werden die Kenndaten (1.3) der einzelnen Leistungsstellen und der Auftrags-, Material- und Informationsfluss zwischen den Stellen erfasst. Aus der *Input-Output-Analyse* geht hervor, mit welchem Ressourceneinsatz und zu welchen Kosten der Leistungsdurchsatz erbracht wird.

Die Leistungsanalyse zeigt die *Schwachstellen* der Unternehmenslogistik auf. Hieraus resultieren erste Vorschläge zur Behebung der Ursachen. Zahlreiche Potentialanalysen haben gezeigt, dass vor allem folgende *Schwachstellen* den reibungslosen Prozessablauf behindern und die Leistungskosten nach oben treiben:

4.2.1 Engpassstellen

Engpassstellen sind Leistungsstellen, die in Spitzenzeiten zu über 95 % ausgelastet sind, vor denen es häufig zu *Warteschlangen* und *Wartezeiten* kommt und die als *Leistungsdrossel* der gesamten Logistikkette in Zeiten hoher Auslastung ansteigende Durchlaufzeiten verursachen.

Auslastungsbedingt lange Lieferzeiten lassen sich in vielen Fällen nachhaltig durch eine Kapazitätserhöhung einer oder weniger Engpassstellen verkürzen (s. *Abschn. 13.7*).

4.2.2 Weitpassstellen

Weitpassstellen sind Leistungsstellen, die auch zu Spitzenzeiten nicht voll und im Jahresdurchschnitt zu weniger als 70 % ausgelastet sind. Weitpassstellen sind häufig personell überbesetzt, arbeiten zu überhöhten Kosten, leisten keinen ausreichenden Beitrag zur Wertschöpfung und sind typische *Verschwendungsstellen*. Abgesehen von der Kostenersparnis hat die Beseitigung einer Verschwendungsstelle durch Anpassung der Personalbesetzung und Kapazität, durch eine Reorganisation oder auch durch Auflösung und Integration in andere Stellen motivierende Auswirkung auf andere Leistungsstellen.

4.2.3 Ausfallstellen

Ausfallstellen sind Leistungsstellen mit einer *Verfügbarkeit* unter 90 %. Sie blockieren vorangehende Leistungsstellen durch häufige oder länger anhaltende *Unterbrechungen*, führen zur Unterauslastung nachfolgender Leistungsstellen und verursachen Lieferzeitverzögerungen oder Terminüberschreitungen (s. *Abschn. 13.6*).

Die Verfügbarkeit einer Ausfallstelle lässt sich in vielen Fällen mit vergleichsweise geringem Aufwand durch Schulung und Qualifizierung der Mitarbeiter, Verbesserung der Betriebsmittelausstattung, Beseitigung der häufigsten Ausfallursachen und Organisation eines guten Reparaturservice deutlich verbessern. Die positiven Auswirkungen der Beseitigung einer Ausfallstelle auf den gesamten Leistungsprozess sind oft beträchtlich.

4.2.4 Redundanzstellen

Redundanzstellen sind Leistungsstellen, die nacheinander oder parallel zu anderen Leistungsstellen am selben Gegenstand oder Auftrag die gleichen Leistungen erbringen oder die gleichen Funktionen haben wie eine andere Leistungsstelle.

Im operativen Bereich wird meist zur *Sicherung der Leistungserbringung* eine Redundanz in Form von Parallelstellen gefordert, auf die bei Ausfall einer Stelle ausgewichen werden kann. Hier ist zu prüfen, ob die Sicherheitsforderung begründet und die gebotene Redundanz angemessen ist. In vielen Fällen genügt statt einer *Vollredundanz* eine *Teilredundanz* (s. *Abschn. 13.6.3*).

Vor allem in den administrativen Leistungsstellen, aber auch bei der Datenbearbeitung und bei Kontrolltätigkeiten in den operativen Stellen, gibt es häufig unnötige *Doppelarbeiten*, die sich durch bessere Abstimmung beseitigen oder erheblich reduzieren lassen (s. *Abschnitte 2.6 und 2.7*).

4.2.5 Verzögerungsstellen

Verzögerungsstellen sind Leistungsstellen, die vorgegebene Durchlaufzeiten und Fertigstellungstermine häufig oder erheblich überschreiten, die Lieferzeit gefährden oder in nachfolgenden Stellen Mehrkosten zum Aufholen des *Zeitverlustes* verursachen.

Verzögerungsstellen sind in vielen Fällen zugleich Engpassstellen oder Ausfallstellen. Oft aber ist die Verzögerung auch die Folge unplanmäßiger Arbeit, falscher Disposition, fehlender Teile, mangelnder Roh-, Hilfs- und Betriebsstoffe oder schlechter Führung. Verzögerungsstellen können daher durch eine effektivere Disposition und Leistungsplanung, rechtzeitige Materialbereitstellung, angemessene Materialpuffer und bessere Führung beseitigt werden.

4.2.6 Fehlerstellen

Fehlerstellen sind Leistungsstellen, die besonders häufig, in störender Anzahl oder in gravierendem Ausmaß *Fehler* machen. Fehler und Qualitätsmängel wirken sich nicht nur auf das Leistungsvermögen und die Leistungskosten der Fehlerstelle selbst nachteilig aus, sondern verursachen in der weiteren Leistungskette Störungen, Ineffizienz, Nacharbeit, Aufwand, Kosten und Terminverzug bis hin zur Verärgerung und zum Verlust eines Kunden.

Mögliche Maßnahmen zur Behebung von Fehlerstellen sind die Beseitigung der unmittelbaren Fehlerquellen, die Schulung und Qualifizierung des Personals, die Verbesserung der Führung, die Vorgabe von *Qualitätsstandards* und die Einführung eines *Prämiensystems* zur Belohnung der Unterschreitung vorgegebener Fehlergrenzen. Darüber hinaus kann ein umfassendes *Qualitätsmanagement* zur Einhaltung marktgerechter *Qualitätsstandards* beitragen [48].

4.2.7 Hauptkostenstellen

Hauptkostenstellen sind die Leistungsstellen mit den höchsten Betriebskosten. Sie sind in den Bereichen der Unternehmenslogistik zu finden, die den höchsten Anteil an den Logistikkosten haben.

Im stationären Handel ist beispielsweise der Hauptkostenbereich der Logistik die *Filiallogistik* mit einem Kostenanteil zwischen 45 bis 60 %, vor den *Fracht-* und *Transportkosten*, deren Anteil abhängig von den Lieferkonditionen zwischen 25 und 35 % liegt, und der *Lagerlogistik* mit einem Anteil zwischen 10 und 25 % der gesamten Logistikkosten.

Die Hauptkostenstellen bieten naturgemäß die größten Kostensenkungspotentiale. Durch eine verbesserte Organisation sowie durch Rationalisierung, Mechanisierung, Automatisierung und IT-Einsatz lassen sich hier die höchsten Einsparungen erreichen.

4.3 Prozessanalyse

Die Prozessanalyse hat zum Ziel, die *Auftragsprozesse vom Kunden bis zum Kunden* und die *Logistikprozesse von den Lieferanten bis zu den Empfängern* der Waren zu bewerten [49]. Hierzu werden die maßgebenden *Auftragsketten* und *Logistikketten* der Unternehmenslogistik erfasst und dokumentiert (s. *Abschn. 3.8*).

Die Logistik beginnt stets beim Kunden. Die Auftragsketten müssen daher *entlang dem Datenfluss*, beginnend bei der Auftragsannahme über die Auftragsabwicklung, die Beschaffung, die Produktion und die Distribution bis hin zur Übergabe an den *Kunden* analysiert werden. Die Logistikketten werden *entgegen dem Warenfluss* vom Empfänger bis zu den Lieferanten untersucht. Auf diese Weise wird die *Kundenferne* mancher Leistungsstellen besonders deutlich.

In der Prozessanalyse werden folgende *Potentialfelder* und *Fragen* untersucht:

4.3.1 Logistikeinheiten (s. Kap. 12)

- Welche *Ladungsträger* und *Logistikeinheiten* werden in den Logistikketten eingesetzt?
- Sind *Maße* und *Kapazitäten* der Ladeeinheiten richtig aufeinander abgestimmt?
- Wird die *Kapazität* der Ladeeinheiten optimal genutzt?
- Ist das Spektrum der *Ladungsträger* und *Ladeeinheiten* angemessen?
- Wer ist für die *Verpackungshierarchie* verantwortlich und entscheidet über Einführung und Ausmusterung von Ladungsträgern?
- Wer entscheidet nach welchen *Kriterien* über den *Einsatz* der Ladungsträger und Ladeeinheiten?
- Gibt es eine geregelte *Leergutlogistik*?

4.3.2 Logistikstammdaten (s. Abschn. 12.7)

- Gibt es eine sinnvoll aufgebaute *Logistikdatenbank*?
- Sind die *Logistikstammdaten* vollständig, aktuell und korrekt?
- Wer ist für die *Erfassung, Aktualisierung, Korrektheit* und *Vollständigkeit* der Logistikstammdaten verantwortlich?
- Wer definiert und normiert die Logistikstammdaten des Unternehmens und sichert die *Kompatibilität* mit den Daten der Lieferanten und Kunden?
- Werden die *Möglichkeiten* der Logistikstammdaten vollständig genutzt?
- Ist der Austausch der Logistikdaten zwischen den internen Leistungsstellen, mit den Lieferanten und mit den Kunden richtig geregelt und technisch optimal gelöst?

4.3.3 Zeiten (s. Kap. 8)

- Sind *Lieferzeiten* und *Termintreue* marktgerecht?
- Wie gut werden die zulässigen *Durchlaufzeiten* in den *Hauptleistungsketten* eingehalten?

- Werden die zeitlichen *Handlungsspielräume* genutzt?
- Sind die *Betriebszeiten* der Leistungsstellen richtig aufeinander abgestimmt?
- Ist die Länge der *Planungs-* und der *Dispositionsperioden* richtig?
- Sind *Auftragsdurchlaufzeiten* und *Materialdurchlaufzeiten* zu lang?
- Werden die Möglichkeiten zur *Just-In-Time-Anlieferung* richtig genutzt?
- Gibt es ein wirksames *Zeitmanagement*?
- Wo liegen zeitraubende *Engpassstellen, Ausfallstellen* und *Verzögerungsstellen*?

4.3.4 Kosten (s. Kap. 6 und 7)

- Sind die *Leistungskosten* in den einzelnen Abschnitten der Leistungskette angemessen?
- Existiert ein wirksames *Logistikcontrolling*?
- Wer prüft die Angemessenheit der *Leistungskosten* und *Leistungspreise*?
- Wie hoch sind die *spezifischen Logistikkosten* pro Artikel oder Warengruppe?
- Wo und wie lassen sich die Kosten senken, ohne Leistung und Service zu reduzieren?
- Wo befinden sich *Verschwendungsstellen, Redundanzstellen* und *Hauptkostenverursacher*?

4.3.5 Bestände (s. Kap. 11)

- Wer entscheidet nach welchen Kriterien über die *Lagerhaltigkeit* und die *Lieferfähigkeit* des Sortiments?
- Sind die *Puffer-* und *Lagerbestände* vor und hinter den Leistungsstellen in den verschiedenen Stufen des Leistungsprozesses notwendig und in ihrer Höhe angemessen?
- Genügen die *Sicherheitsbestände* zur produktiven Auslastung, unterbrechungsfreien Leistungserstellung und marktgerechten Kundenbelieferung oder sind sie infolge überzogener Anforderungen an die Lieferfähigkeit überhöht?
- Werden die Bestände auf der richtigen Wertschöpfungsstufe vorgehalten?

4.3.6 Qualität (s. Abschn. 3.4)

- Werden die benötigten Leistungen mit angemessener Qualität erbracht?
- Gibt es ein *Qualitätsmanagement*, eine *Qualitätssicherung* und eine Erfassung und *Pönalisierung* der internen und externen Qualitätsmängel?
- Sind die Prozesse und Leistungsstellen so *flexibel*, dass sie Anforderungsänderungen verkraften und besondere Kundenwünsche erfüllen können?
- Wo befinden sich *Fehlerstellen, Verzögerungsstellen* und *Ausfallstellen*?

4.3.7 Schnittstellen und Anschlussstellen

- Ist die *Zusammenarbeit* zwischen den internen und externen Leistungsstellen richtig geregelt?
- Werden standardisierte und maßlich aufeinander abgestimmte *Ladeeinheiten* eingesetzt?
- Fließen Material- und Datenströme reibungslos und verzögerungsfrei von einer Leistungsstelle zur nächsten?
- Wie gut und rationell sind *Information* und *Kommunikation* entlang der Leistungskette?

4.3.8 Disposition und Prozesssteuerung (s. Kap. 2, 10 und 11)

- Werden die verfügbaren Kapazitäten und Ressourcen richtig genutzt?
- Sind die *Strategien* der Auftragsdisposition, der Bestands- und Nachschubdisposition und der Fertigungsdisposition optimal?
- Werden zur Prozesssteuerung, zur Informationsübermittlung und im Controlling die richtigen Mittel, Verfahren und Programme eingesetzt?

4.3.9 Lieferketten (s. Kap. 20)

- Welche Lieferketten gibt es in der heutigen Beschaffungs- und Distributionslogistik?
- Werden die vorhandenen *Lieferketten*, *Handlungsspielräume* und *Bündelungsmöglichkeiten* optimal genutzt?
- Gibt es bisher ungenutzte Lieferketten?
- Nach welchen *Verfahren* und *Kriterien* werden die Lieferketten ausgewählt?

4.3.10 Eigen- oder Fremdleistung (s. Kap. 21)

- Welche Teile der Logistikketten gehören zu den *Kernkompetenzen* des Unternehmens?
- Welche Leistungsbereiche und Leistungsstellen können kostengünstiger und kompetenter an Lieferanten, Systemdienstleister oder Logistikdienstleister vergeben werden?
- Wer entscheidet nach welchen Kriterien über Eigen- oder Fremdleistung?

Ergebnisse der Prozessanalyse sind Empfehlungen zur Optimierung der Prozessabläufe, zum effizienten Einsatz der eigenen Ressourcen und zum Outsourcing sowie eine Abschätzung der hieraus zu erwartenden Kosteneinsparungen [210]. Außerdem ergeben sich aus der Prozessanalyse Erkenntnisse für die Stellenbesetzung und zu Verbesserungen in den Leistungsstellen.

4.4 Strukturanalyse

Nach der Analyse der Anforderungen, Leistungsstellen und Prozesse wird in der *Strukturanalyse* geprüft, ob die vorhandenen Systemstrukturen den gegenwärtigen und zukünftigen Anforderungen genügen und welche Verbesserungen von Leistungen, Service, Qualität und Kosten durch eine Veränderung der Strukturen oder den Aufbau neuer Systeme erreichbar sind.

Hierzu werden *Strukturdiagramme* der gesamten Unternehmenslogistik und von besonders interessierenden Teilbereichen erstellt. Bereits aus dem Grad der *Verflechtung* und der *Stufigkeit* lassen sich Erkenntnisse über mögliche Schwachstellen gewinnen. So sind Leistungsstellen, die von mehreren Stellen zur gleichen Aufgabe unterschiedliche Anweisungen erhalten, ein Indiz für ungeregelte Abläufe und Konflikte. Ähnliche Materialströme, die auf unterschiedlichen Wegen von der gleichen Quelle zum gleichen Ziel laufen, weisen auf Handlungsmöglichkeiten hin (s. *Abschn. 3.8*).

Durch die Strukturanalyse lassen sich folgende *Potentialfelder* erschließen und *Fragen* beantworten:

4.4.1 Standorte

- Befinden sich Werke, Lager, Logistikzentren, Umschlagpunkte, Auslieferstellen und Filialen an den richtigen Standorten?

4.4.2 Funktionszuordnung

- Sind die Aufgaben, Funktionen und Bestände richtig auf die Werke, Lager, Logistikzentren und Umschlagpunkte verteilt?

4.4.3 Zentralisierungsgrad

- Welche Funktionen sollten zentral, welche besser dezentral ausgeführt werden?
- Wie viele Werke, Lager, Logistikzentren, Auslieferstellen und Filialen sind optimal?
- Wie sollen diese einander zugeordnet werden?
- Welche Kosteneinsparungen und Leistungsverbesserungen sind durch *Bündelung* dezentraler Bestände und Funktionen in einem oder mehreren *Logistikzentren* erreichbar?

4.4.4 Stufigkeit

- Ist die Anzahl der Stufen in der Beschaffungs- und Distributionslogistik optimal?
- Gibt es vermeidbare Umschlag- oder Handlingvorgänge?
- Wie sind die Laufzeiten in den verschiedenen Lieferketten?

- Wird nach den richtigen Kriterien zwischen *Direktbelieferung* und *Lieferung* über Umschlagpunkte oder Logistikzentren ausgewählt?

Aus der Strukturanalyse resultieren *Empfehlungen* zur Strukturverbesserung, zur Neukonzeption von Teilbereichen oder der gesamten Unternehmenslogistik, zur Zentralisierung oder Dezentralisierung von Funktionen und Beständen sowie eine *Abschätzung* der hierdurch erreichbaren Verbesserungen von Kosten, Leistungen, Service und Wettbewerbsfähigkeit.

4.5 Benchmarking

Benchmarking (*benchmark* = Vergleichswert) ist ein *Vergleich* der Kosten-, Leistungs- und Qualitätskennzahlen sowie der Arbeitsweise, Organisation und Strategien mehrerer Unternehmen, Leistungsbereiche oder Leistungsstellen mit analogen Aufgaben und Funktionen. Dabei ist zu unterscheiden zwischen einem *externen*, einem *internen* und einem *analytischen Benchmarking* [50, 51].

Notwendige Voraussetzung für ein sinnvolles Benchmarking ist, dass die Aufgaben, Funktionen, Leistungsanforderungen und Rahmenbedingungen der Leistungsbereiche, deren Kennzahlen miteinander verglichen werden, hinreichend übereinstimmen. Relativ gering erscheinende Unterschiede der Unternehmen, Betriebe oder Leistungsbereiche können zu anderen Kennzahlen führen, ohne dass diese unbedingt besser oder schlechter sind. Daher werden aus dem Benchmarking, insbesondere zwischen Unternehmen aus verschiedenen Branchen, häufig falsche Schlüsse gezogen.

4.5.1 Externes Benchmarking

Das externe Benchmarking vergleicht die Kennzahlen von Betrieben oder Leistungsbereichen eines Unternehmens mit den Kennzahlen von Betrieben oder Leistungsbereichen *anderer Unternehmen*, die gleiche Aufgaben und Funktionen haben [51].

Beim externen Benchmarking wird häufig der Fehler gemacht, dass nur einzelne Kennzahlen, wie die Höhe der Bestände oder die Lieferfähigkeit, isoliert miteinander verglichen werden, ohne zugleich die übrigen Kennzahlen zu betrachten. Das kann dazu führen, dass die Unternehmensleitung eine Bestandssenkung auf das Niveau des angeblich besten Wettbewerbers vorgibt und dadurch, ohne es zu wollen, die Lieferfähigkeit verschlechtert oder die Gesamtkosten erhöht. Umgekehrt kann die Forderung, die höhere Lieferfähigkeit eines Wettbewerbers zu erreichen, die Bestände nach oben treiben.

Ein anderes Beispiel ist der weit verbreitete Vergleich der Logistikkosten in Relation zum Umsatz. Die Logistikkosten werden in den Unternehmen sehr unterschiedlich definiert, abgegrenzt und erfasst (s. *Kap. 6*). Außerdem kann der Durchschnittswert einer vollen Ladeeinheit erheblich voneinander abweichen. Daher können sich die auf den Wert der Ware bezogenen relativen Logistikkosten um mehr als einen Faktor 10 voneinander unterscheiden, auch wenn die Logistikkosten pro Palette gleich sind.

Wegen der Unbekanntheit der näheren Umstände und Ziele der anderen Unternehmen sind die Ergebnisse allgemeiner *Umfragen* und *Trendanalysen* für das Benchmarking kaum geeignet sondern eher irreführend. Hinzu kommt, dass Trendumfragen weniger das tatsächliche Geschehen in den Unternehmen wiedergeben als vielmehr die Meinungen der Befragten, die zu einer Antwort bereit sind [34, 35]. Selbst wenn die Unternehmen alle Fragen kompetent, objektiv und korrekt beantworten würden, bliebe offen, ob ihre Strategien richtig sind oder ob die Benchmarkwerte nur aus dem Nachahmen modischer Trends resultieren.

Diese Einwände gelten auch für Befragungen, die von einer externen Beratung exklusiv für führende Unternehmen einer Branche durchgeführt werden. Die Besten einer Branche sind selten bereit, ehrlich Auskunft über ihre Betriebskennzahlen und Erfolgsstrategien zu geben. Auch sie wissen nicht, ob es nicht einen noch besseren Weg gibt.

Wer nur dem Trend folgt, kann nicht besser sein als der Durchschnitt und macht die gleichen Fehler wie die anderen. Aus einem allgemeinen Trend lassen sich keine innovativen Strategien ablesen. Nur wer eigene Strategien entwickelt und danach handelt, kann einen Vorsprung erringen und zum Besten seiner Branche werden.

4.5.2 Internes Benchmarking

Das interne Benchmarking vergleicht die Kennzahlen von Betrieben, Organisationseinheiten und Leistungsbereichen mit einander entsprechenden Aufgaben und Funktionen innerhalb des *gleichen Unternehmens* [51].

Bei einem internen Benchmarking zwischen mehreren Werken, Lagern, Logistikzentren oder Filialen eines Unternehmens lässt sich recht gut überprüfen, wieweit die Aufgaben und Funktionen tatsächlich vergleichbar sind.

Ist die Vergleichbarkeit gesichert, geben die Kosten- oder Leistungsunterschiede Hinweise auf die *Verbesserungspotentiale*. Die Potentiale lassen sich relativ rasch durch Übertragung der Praxis der jeweils besten Leistungsstelle auf die übrigen Leistungsbereiche realisieren.

Das interne Benchmarking ist jedoch nur in größeren Unternehmen mit mehreren gleichartigen Leistungsbereichen durchführbar.

4.5.3 Analytisches Benchmarking

Das analytische Benchmarking vergleicht die Kennzahlen eines bestehenden Leistungsbereichs mit den Kennzahlen eines optimal geplanten und organisierten Leistungsbereichs, der dieselben Funktionen hat und den gleichen Leistungsdurchsatz erbringt.

Das analytische Benchmarking ist meist aufwendiger als das externe oder interne Benchmarking. Es erfordert die Entwicklung eigener Strategien und Lösungen und ist mit Kosten für die Planung und Neukonzeption des betreffenden Betriebsbereichs verbunden. Nur durch ein analytisches Benchmarking ist es jedoch möglich, eigene

Handlungsmöglichkeiten zu erkennen, die Verbesserungspotentiale verlässlich abzuschätzen und konkrete Maßnahmen zum Erreichen der erkannten Möglichkeiten zu planen und zu realisieren.

Das analytische Benchmarking ist mittelfristig der einzige zielführende Weg für Unternehmen, die besser werden wollen als der Wettbewerb und auch besser als der gegenwärtig beste eigene Leistungsbereich. Das reine Nachmachen, *Me Too* und *Best Practice* sind für Unternehmen, die auf Dauer am Markt bestehen wollen, keine Erfolgsstrategien.

4.5.4 Handlungsspielräume und Strategien

Wer kein Ziel vor Augen hat, läuft in die Irre. Wer auf Spatzen zielt, wird auch nur Spatzen treffen. Vor dem Start irgendwelcher Einzelvorhaben ist statt blindem Aktionismus eine Potentialanalyse ratsam, denn

▶ Erst eine Potentialanalyse macht die lohnendsten Ziele erkennbar.

Die Potentialanalyse und das Benchmarking weisen Ziele, *Handlungsspielräume*, Bereiche und Möglichkeiten zur Verbesserung und Optimierung der Unternehmenslogistik aus. Sie bieten jedoch in der Regel noch keine konkreten Lösungen. Lösungen weisen erst die *Strategien*. Sie sind Vorgehensweisen und Verfahren zum Erreichen eines bestimmten Ziels.

5 Strategien

Eine Strategie ist ein systematisches Vorgehen oder Verfahren zum Erreichen eines *Ziels* [150,214]. Strategien ziehen sich wie ein roter Faden durch die Logistik. Sie sind oft die einfachste Möglichkeit zur Leistungssteigerung oder Kostensenkung und eine entscheidende Voraussetzung für den effizienten Einsatz der Technik. Die Konzeption von Strategien und die Untersuchung ihrer Wirksamkeit sind daher ebenso wichtig wie die Entwicklung neuer Techniken und Systeme [52,231,234].

Ziele und Strategien werden häufig gleichgesetzt oder verwechselt. *Ein Ziel ist keine Strategie*. Wer ein Ziel hat, aber nicht weiß, wie es zu erreichen ist, hat noch keine Strategie und weiß auch nicht, ob das Ziel überhaupt erreichbar ist. Ein richtiges Ziel ist jedoch Voraussetzung für eine gute Strategie. Ein falsches Ziel, wie etwa das Ziel, die Bestände zu senken, kann zu einer verfehlten Strategie mit unerwünschten Ergebnissen führen, wie höhere Gesamtkosten oder eine schlechtere Lieferfähigkeit [178]. Die Richtigkeit, Widerspruchsfreiheit und Erreichbarkeit der Ziele müssen daher vor und während der Strategieentwicklung immer wieder überprüft werden.

Strategien werden in der Logistik zur Planung, bei der Realisierung und für den laufenden Betrieb benötigt. Dementsprechend gibt es:

- *Lösungs- und Optimierungsstrategien* zur Planung neuer Systeme und zur Optimierung bestehender Systeme und Anlagen
- *Nutzungs- und Belegungsstrategien* für den Einsatz geplanter oder vorhandener Systeme
- *Dispositions- und Betriebsstrategien* für den laufenden Betrieb existierender Systeme.

Ein bestimmtes Ziel lässt sich in der Regel durch unterschiedliche Strategien erreichen. Wenn das Ziel rein qualitativ beschrieben ist, kann nur die relative *Wirksamkeit* der Strategien miteinander verglichen werden. Wenn eine *Zielfunktion* oder *Zielgröße* vorgegeben ist, lässt sich die Strategiewirksamkeit durch den Strategieeffekt *quantifizieren*:

- Der *Strategieeffekt* ist gleich dem Ausmaß, in dem ein Ziel durch die Strategie erreicht wird.

Der *Strategieeffekt* hängt von den *Leistungsanforderungen*, von den *Restriktionen* und von den *Strategievariablen* ab:

- *Strategievariable* sind freie Parameter, die bei vorgegebenen Leistungsanforderungen innerhalb der Restriktionen variiert und zur Optimierung des Strategieeffekts genutzt werden können.

T. Gudehus, *Logistik 1*, VDI-Buch,
DOI 10.1007/978-3-642-29359-7_5, © Springer-Verlag Berlin Heidelberg 2012

Bei vielen Strategien erreicht der Strategieeffekt bei einem bestimmten *Optimalwert* der Strategievariablen ein Maximum. Wird die Strategievariable über den Optimalwert hinaus verändert, verschlechtert sich der Strategieeffekt. Die Strategie ist dann *überzogen* und führt vom angestrebten Ziel weg. Wenn eine Strategie überzogen wurde, können die hieraus resultierenden Nachteile oder Abweichungen vom Optimum durch eine *Gegenstrategie* vermindert oder aufgehoben werden.

In der Logistik gibt es in allen Organisationsebenen eine Vielzahl von Strategien. Diese können sich in ihrer Wirksamkeit gegenseitig beeinträchtigen. Über die *Wirksamkeit* der Strategien der Logistik und ihre wechselseitige *Verträglichkeit* ist immer noch zu wenig bekannt.

Die *Ziele*, *Rahmenbedingungen* und *Anforderungen* bestimmen die Strategien. Erst wenn die Strategien klar definiert sind, können die Prozesse optimal gestaltet und die Systeme richtig dimensioniert werden. Ändern sich Ziele, Rahmenbedingungen oder Leistungsanforderungen, sind die bisher verfolgten Strategien zu überprüfen, anzupassen und unter Umständen neue Strategien zu entwickeln.

In diesem Kapitel werden die *Zielgrößen*, die *Grundstrategien* der Logistik sowie die *Lösungs- und Optimierungsstrategien* behandelt. Die Entwicklung von Nutzungs- und Belegungsstrategien sowie von Dispositions- und Betriebsstrategien ist Gegenstand der nachfolgenden Kapitel.

5.1 Zielfunktionen und Zielgrößen

Die meisten Ziele der Logistik sind durch eine *Zielfunktion* oder eine *Zielgröße* quantifizierbar (s. *Abschn. 3.4*). Die Zielgröße soll durch eine Strategie oder einen Optimierungsprozess entweder minimiert oder maximiert werden.

Primäre *Zielfunktionen* der Logistik sind die *monetären Zielgrößen*. Hierzu gehören *Betriebskosten*, *Investitionen*, *Leistungskosten* und *Kapitalrückflussdauer*. Die monetären Zielgrößen werden beeinflusst oder beschränkt durch *nichtmonetäre Zielgrößen*, wie *Leistungssteigerung*, *Serviceverbesserung* und *Qualitätssicherung*.

5.1.1 Betriebskosten

Das Hauptziel der Planung und Optimierung eines *Logistiksystems* ist die Senkung der *Betriebskosten* in den betreffenden Leistungsbereichen. Die Betriebskosten sind eine Funktion des *Leistungsdurchsatzes* λ_i, der *Restriktionen* r_j und der *Strategievariablen* x_k:

$$K_{\text{betr}} = K_{\text{betr}}(\lambda_i; r_j; x_k) \quad [\text{€/PE}] . \tag{5.1}$$

Bei der Optimierung der Betriebskosten ist als *Restriktion* zu berücksichtigen, dass in der Regel nur *begrenzte Investitionsmittel* zur Verfügung stehen. Daher sind nur Lösungen zulässig, deren Investition I geringer ist als die maximal zulässige Investition I_{max}.

Alle Lösungen müssen also die *Investitionsbedingung* erfüllen:

$$I < I_{\text{max}} \quad [\text{€}] . \tag{5.2}$$

Die funktionale Abhängigkeit der Investitionen und Betriebskosten vom Leistungs-durchsatz und von den Strategievariablen ist in der Logistik häufig unstetig. Auf-grund von *Ganzzahligkeitseffekten* können sich die Logistikkosten mit der Variation eines Parameters sprunghaft ändern (s. *Kap. 6* und *12*).

5.1.2 Leistungskosten

Zielfunktion der Optimierung einer *Auftrags-* oder *Logistikkette* sind die *Leistungs-kosten*

$$k = K_{\mathrm{betr}}/\lambda \quad [\text{€/LE}] . \tag{5.3}$$

Die Leistungskosten sind die anteiligen Betriebskosten $K_{\mathrm{betr}}(\lambda)$ der Leistungsstellen, die an dem betrachteten Prozess beteiligt sind, bezogen auf den *Durchsatz* λ [LE/PE] der maßgebenden *Leistungseinheit* LE (s. *Kap. 6*).

Ein Unternehmen kann in der Regel nur einen Teil seiner Beschaffungs- und Belieferungskosten beeinflussen. Die Abgrenzung der beeinflussbaren von den nicht beeinflussbaren Kosten ist in vielen Fällen ein Problem und von der Marktmacht des Unternehmens abhängig.

Für die Optimierung der Beschaffungslogistik ist z. B. entscheidend, wieweit die in den Einkaufspreisen enthaltenen Logistikkosten der Lieferanten berücksichtigt werden. Das hängt davon ab, ob sich die Logistikkostenanteile der Einkaufspreise durch Verhandlungen verändern lassen.

5.1.3 Kapitalrückflussdauer

Da die Einsparungen und Erträge aus einer Investition mit zunehmendem Abstand von der Gegenwart unsicherer werden, fordern viele Unternehmen zur Begrenzung des *unternehmerischen Risikos* und zur Priorisierung alternativer Investitionsvorha-ben eine *maximale Kapitalrückflussdauer* (s. *Abschn. 6.10*). Die Kapitalrückflussdau-er einer Zusatzinvestition ohne Einnahmeänderung ist die Zeit, nach der die Meh-rinvestition durch die dadurch erzielten Einsparungen zurückgeflossen ist. Die *Ka-pitalrückflussdauer* oder ROI einer Lösung L_1 mit der Investition I_1 [€] und den Betriebskosten K_1 [€/Jahr] im Vergleich zu einer Anfangslösung L_0 mit einer Inves-tition I_0 und den Betriebskosten K_0 ist

$$\mathrm{ROI} = (I_1 - I_0)/(K_0 - K_1) \quad [\text{Jahre}] . \tag{5.4}$$

Wenn das Ziel einer Investition die Einsparung von Personal ist, folgt aus der be-grenzten Kapitalrückflussdauer das *Entscheidungskriterium*:

- Die maximal zulässige *Investition pro eingesparte Vollzeitkraft* I_{VZK} [€/VZK] ist bei einer geforderten Kapitalrückflussdauer n_{ROI} [Jahre], einem Zinssatz z [%/Jahr] und Personalkosten K_{VZK} [€/VZK-Jahr]

$$I_{\mathrm{VZK}} < K_{\mathrm{VZK}}/(z/2 + 1/n_{\mathrm{ROI}}) \quad [\text{€/VZK}] . \tag{5.5}$$

Für unterschiedliche Personalkosten, Kapitalrückflusszeiten und Zinssätze sind in *Tab. 5.1* die mit Hilfe von Beziehung (5.5) errechneten Investitionsgrenzwerte ange-geben. Hieraus ist ablesbar:

| Personalkosten | ROI und Zinsen | | | | | | Jahre |
| | 3 | | 5 | | 8 | | |
€/Jahr	8,0%	5,0%	8,0%	5,0%	8,0%	5,0%	pro Jahr
50.000	130.000	140.000	210.000	220.000	300.000	330.000	€
60.000	160.000	170.000	250.000	270.000	360.000	400.000	€
70.000	190.000	200.000	290.000	310.000	420.000	470.000	€
80.000	210.000	220.000	330.000	360.000	480.000	530.000	€
100.000	270.000	280.000	420.000	440.000	610.000	670.000	€

Tab. 5.1 Maximal zulässige Investition pro eingesparte Vollzeitkraft in Abhängigkeit von Personalkosten, Kapitalverzinsung und ROI

ROI: geforderte Kapitalrückflussdauer (return on investment)

▶ Hohe Personalkosten und niedrige Zinsen stimulieren Rationalisierungsinvestitionen und den Abbau von Arbeitsplätzen.

Die geforderte Kapitalrückflussdauer hängt von der Geschäftspolitik, der Ertragslage und der Situation am Kapitalmarkt ab. Sie liegt bei den meisten Unternehmen zwischen 3 und 8 Jahren.

In kurzfristig agierenden Unternehmen ist eine *Minimierung der Kapitalrückflussdauer* gegenüber einer nachhaltigen Betriebskostensenkung vorrangig. Eine solche Investitionspolitik birgt jedoch die Gefahr in sich, dass stets investitionsarme Lösungen bevorzugt werden, die schnell zu kleineren Ertragsverbesserungen führen. Langfristig kostenoptimale Lösungen, die mit höheren Investitionen verbunden sind, kommen in diesen Unternehmen kaum zur Ausführung.

5.1.4 Nichtmonetäre Zielgrößen

Nichtmonetäre Zielgrößen der Logistik ergeben sich aus den Zielen der Leistungssteigerung und der Qualitätssicherung. Zu *minimierende Zielgrößen* der *Leistungssteigerung* sind:

Personalbedarf
Transportmittelbedarf
Lagerplatzbedarf
Weglängen und Wegzeiten   (5.6)
Transportnetzlänge
Transportzeiten und Durchlaufzeiten.

Zu *maximierende Zielgrößen* der *Leistungssteigerung* und *Nutzungsverbesserung* sind:

Leistung und Auslastung vorhandenen Personals
Transportleistung vorhandener Transportmittel
Leistungsvermögen eines gegebenen Transportnetzes
Nutzungsgrad von Transportstrecken, Trassen und Netzen   (5.7)
Füllungsgrad von Ladeeinheiten und Transportmitteln
Nutzung vorhandener Lagerkapazitäten
Auslastung von Maschinen und Anlagen.

Eine Leistungssteigerung ist meist mit einem zusätzlichen Ressourceneinsatz verbunden, während eine Nutzungsverbesserung oder Auslastungserhöhung in vielen Fällen auch ohne weitere Ressourcen möglich sind. Die Ziele der Leistungssteigerung und der Nutzungsverbesserung weisen also Wege zur Kostensenkung. Zielgrößen der *Qualitätssicherung* sind (s. *Abschn. 3.4.4*):

Lieferbereitschaft
Vollständigkeit
Termintreue
Schadensfreiheit   (5.8)
Sendungsqualität
Zuverlässigkeit
Unfallfreiheit.

Die Zielwerte der Qualitätssicherung dürfen nur bis zu den geforderten *Qualitätsstandards* verbessert werden. Eine über die Standards hinausgehende Verbesserung ist meist mit unvertretbaren Zusatzkosten verbunden. Die Zielgrößen der Qualitätssicherung sind in der Regel *Restriktionen* für die Optimierung von Kosten und Leistungen.

5.1.5 Restriktionen

Neben den Restriktionen, die aus der Qualitätssicherung resultieren, sind bei der Minimierung oder Maximierung der Zielfunktionen und Zielgrößen die in *Abschn. 3.5* aufgeführten *Rahmenbedingungen* einzuhalten. Einige dieser Rahmenbedingungen sind durch *Mindestgrößen* und *Maximalgrößen* gegeben, wie:

minimale Lagerdauer
maximale Lagerdauer
maximale Lieferzeiten   (5.9)
maximale Laufzeiten
maximale Störquote.

Um zu vermeiden, dass sich *suboptimale Lösungen* ergeben, ist bei der Auswahl und Festlegung der Zielgrößen einer Planung oder Optimierung zu prüfen, wie weit mit einer Zielgröße das unternehmerische *Gesamtziel* erreicht wird [11].

5.2 Bündeln, Ordnen, Sichern

Die meisten Strategien lassen sich zurückführen auf die Grundstrategien *Bündeln*, *Ordnen* und *Sichern* und die Gegenstrategien *Aufteilen*, *Umordnen* und *Entsichern* [52]. Das sind auch die wichtigsten Strategien zur Beherrschung von Komplexität [235]. Diese vielseitig nutzbaren Grundstrategien stehen zueinander, wie in *Abb. 5.1* angedeutet, in einem Spannungsverhältnis, da sie nur begrenzt verträglich sind und sich teilweise gegenseitig ausschließen.

5.2.1 Bündeln

Aufträge, Sendungen, Bestellungen, Warenmengen, Transportströme, Bestände, Funktionen oder Prozesse werden nach zielabhängigen Kriterien *organisatorisch*, *räumlich* oder *zeitlich* zusammengefasst. Die Bündelungsstrategien zielen meist auf eine *Kostensenkung* ab. Typische *Bündelungsstrategien* der Logistik sind:

- Segmentieren von Sortiment, Aufträgen und Leistungsarten (s. *Abschn. 5.5*)
- Zusammenfassen von Warenmengen durch Ladungsträger (s. *Kap. 12*)
- Zusammenführen dezentraler Funktionen und Bestände in einem Logistikzentrum zur Nutzung von Skaleneffekten [211] (s. *Abschnitte 1.8, 3.10, 6.9, 11.10, 16.6* und *18.11*)
- Konzentration von Dienstleistungen in Logistik- oder Kompetenzzentren (s. *Abschnitte 1.5* und *1.7*) A Bildung von Sammel-, Serien- oder Batch-Aufträgen (s. *Kap. 10* und *11*)
- Nachschub oder Fertigung in optimalen Losgrößen (s. *Kap. 11*)
- Zusammenfassen von kleinen *Einzelsendungen* zu großen *Sammelsendungen*, um eine kostengünstigere Versandart nutzen zu können (s. *Abschn. 20.2*).

$$(5.10)$$

In allen Fällen stellt sich die Frage, welche Artikel, Aufträge, Sendungen oder anderen Elemente zu welchem Zweck wie gebündelt werden sollen.

Die Anzahl $N_{part}(n)$ der *Bündelungsmöglichkeiten* von n Elementen ist gleich der Zahl der *Partitionen* der Zahl n in unterschiedliche Summanden. So lassen sich 4 Aufträge auf 5 unterschiedliche Arten bündeln, die den 5 Zerlegungen der Zahl 4 in $1+1+1+1, 1+1+2, 2+2, 3+1$ und 4 entsprechen. Die Abhängigkeit der Anzahl Partitionen von der Anzahl der Elemente zeigt das Diagramm *Abb. 5.2*. Bei Beachtung der logarithmischen Skala ist hieraus ablesbar, dass die Anzahl der Bündelungsmöglichkeiten mit zunehmender Anzahl der Elemente überproportional ansteigt [177]. Sie beträgt bei 40 Elementen bereits 37.338.

Wegen der großen Anzahl der Möglichkeiten ist es bei mehr als 10 Elementen meist praktisch unmöglich, ein optimales Bündeln durch reines Probieren und Simulieren zu erreichen. Das optimale Bündeln von Elementen erfordert vielmehr eine *Bündelungsstrategie*, die auf ein klares Ziel ausgerichtet ist und die Auswahl der zu *Clustern* gebündelten Elemente durch einen *programmierbaren Algorithmus* regelt. Die möglichen Bündelungsstrategien sind meist relativ einfach und mit geringem Organisationsaufwand verbunden. Ihre Realisierung erfordert aber in der Regel eine

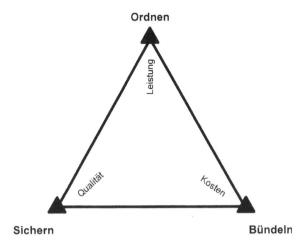

Abb. 5.1 Grundstrategien und Primärziele der Logistik

längere Vorausplanung und einen größeren Technikeinsatz als die Ordnungsstrategien.

5.2.2 Ordnen

Aufträge, Sendungen, Prozessketten, Abläufe, Bestände, Ladungsträger, Leistungsstellen, Flächen, Kapazitäten oder Betriebsmittel werden nach zielabhängigen Kriterien einander *zugeordnet*, in bestimmter *räumlicher Reihenfolge* angeordnet oder in eine *zeitliche Prioritätenfolge* gebracht.

Ordnungsstrategien sind meist auf das Ziel der *Leistungssteigerung* ausgerichtet. Sie können aber auch eine Kostensenkung bewirken. *Ordnungsstrategien* der Logistik sind:

- *ABC-Klassifizierung* (s. Abschn. 5.7)
- *Pack- und Fülloptimierung* (s. Kap. 12)
- *Fahrwegoptimierung* (s. Abschn. 18.11)
- *Reihenfolgeoptimierung* [13]
- *Teileanlieferung in Montagereihenfolge* (*Just-In-Sequence*)
- *Prioritätenregelungen* (s. Abschn. 10.4).

$$(5.11)$$

Die Ordnungsstrategien zielen wie die Bündelungsstrategien darauf ab, anteilige Rüstzeiten zu senken, Volumenverluste und Platzbedarf zu reduzieren, Transportwege, Transportzeiten und Durchlaufzeiten zu verkürzen, Kapazitäten von Lagern, Transportmitteln und Betriebseinrichtungen besser auszulasten, Lagerbestände zu senken oder durch Spezialisierung die Effizienz zu verbessern.

Ähnlich wie bei den Bündelungsstrategien stellt sich für das Ordnen die Frage, welche Elemente zu welchem Zweck wie geordnet werden sollen. Die Anzahl $N_{\mathrm{perm}}(n)$ der *Ordnungsmöglichkeiten* ist gleich der Zahl der *Permutationen* der n

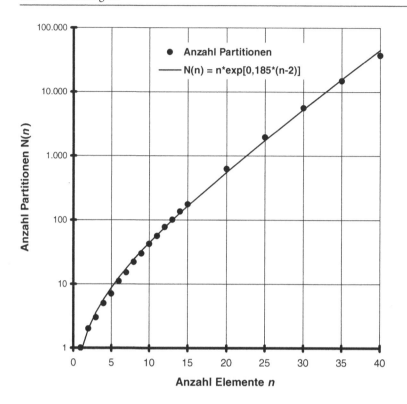

Abb. 5.2 Bündelungsmöglichkeiten von *n* Elementen (Partitionen)

Punkte: Exakte Lösung mit der Rekursionsformel von *Biggs* [177]
Kurve: Näherungslösung des Verfassers mit der angegebenen Funktion

Elemente und durch die Fakultät $N_{\mathrm{perm}}(n) = 1 \cdot 2 \cdot 3 \cdots n = n!$ explizit berechenbar. So lassen sich 4 Objekte auf 24 unterschiedliche Arten ordnen.

Die Abhängigkeit der Anzahl Permutationen von der Anzahl der Elemente zeigt das Diagramm *Abb. 5.3*. Die Anzahl der Permutationen wächst mit zunehmender Anzahl der Elemente mehr als exponentiell und damit weitaus stärker als die Anzahl der Partitionen. Sie erreicht bereits bei 8 Elementen den Wert 40.320, während die Anzahl der Partitionen von 8 Elementen nur 22 ist.

Das optimale Ordnen auch einer relativ kleinen Anzahl von Elementen ist daher nur mit Hilfe einer *Ordnungsstrategie* möglich, die auf ein bestimmtes Ziel ausgerichtet ist und die Anordnung oder Reihenfolge der Elemente durch einen programmierbaren Algorithmus regelt. Die Algorithmen der Ordnungsstrategien sind in der Regel komplizierter als die der Bündelungsstrategien [11–13]. Sie lassen sich aber wegen der großen Leistungsfähigkeit moderner Rechner mit vertretbarem Aufwand realisieren. Der Technikeinsatz der Ordnungsstrategien ist dagegen meist geringer als für die Bündelungsstrategien.

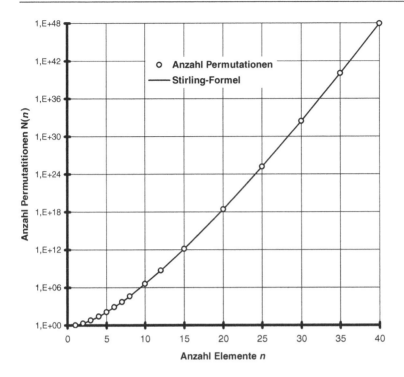

Abb. 5.3 Ordnungsmöglichkeiten von n **Elementen (Permutationen)**

Punkte: Exakte Lösung $N_{perm}(n) = n!$
Kurve: Näherungslösung *Stirling-Formel* [77]

5.2.3 Sichern

Sicherheitsstrategien sind erforderlich, um die unterschiedlichsten Sicherheitsanforderungen an die Systeme und Prozesse zu erfüllen. Sie bewirken, dass auch bei Ausfall, Fehlern oder unplanmäßigen Anforderungsänderungen die Leistungen mit ausreichender Sicherheit uneingeschränkt oder zumindest teilweise weiter erbracht werden können. Systeme, Prozessketten, Funktionsabläufe, Organisation und Steuerung sowie Informations- und Kommunikationssysteme dürfen daher nicht nur nach Kosten- und Leistungsgesichtspunkten gestaltet sein. Sie müssen auch nach *Sicherheitskriterien* strukturiert und konzipiert werden.

Sicherheitsstrategien sind primär auf das Ziel der *Qualität* ausgerichtet. Sie beeinflussen jedoch in vielen Fällen auch das Leistungsvermögen und die Kosten. Sicherheitsstrategien der Logistik sind:

- Sicherung von Zuverlässigkeit und Verfügbarkeit (s. *Abschn. 13.6*)
- Vorbeugungsstrategien und Sicherheitsbestimmungen
- Notfall- und Ausfallstrategien
- Sendungsverfolgung und Artikelrückverfolgung (*tracking and tracing*)
- Sicherheitsketten für Gefahrgut oder Wertsendungen
- Kontrolle und Gegenkontrolle (*check and balance*)
- Qualitätssicherung und Controlling   (5.12)
- Redundanz und Universalität
- Unterbrechungsreserven und Sicherheitsbestände [178]
- Kapazitätsreserven zur Überlaufsicherung (s. *Abschn. 16.1.2*)
- Vorausfertigung und Zeitpuffer [178]
- Brandschutz und Fluchtwege.

Die Kosten einer Sicherheitsstrategie steigen überproportional mit dem Grad der Sicherheit. Extreme Sicherheit ist nur zu einem hohen Preis zu haben.

Den Zusammenhang zwischen dem Sicherheitsgrad und dem dafür erforderlichen *Sicherheitsaufwand* spiegelt der in *Abb. 5.4* gezeigte *Sicherheitsfaktor* wider. Der Sicherheitsfaktor $f_{\text{sich}}(\eta)$ gibt an, um wie viele Standardabweichungen eine normalverteilte Zufallsgröße mit der Sicherheitswahrscheinlichkeit η über den Mittelwert ansteigt (s. *Abschn. 9.5*). Er ist maßgebend für die *Atmungsreserve* eines Lagers, das eine bestimmte *Überlaufsicherheit* haben soll (s. *Abschn. 16.1.3*), für den *Sicherheitsbestand* eines Artikels, um eine geforderte *Lieferfähigkeit* einzuhalten (s. *Abschn. 16.1.3*), und für den *Zeitpuffer* zur Sicherung einer geforderten *Termintreue* [178]. Aus dem Verlauf des Sicherheitsfaktors ist ablesbar, dass der Sicherheitsaufwand über alle Grenzen steigt, wenn sich die geforderte Sicherheit der 100 %-Grenze nähert. Absolute Sicherheit, wie hundertprozentige *Lieferfähigkeit* oder absolute *Termintreue*, ist unbezahlbar, wenn Leistungsanforderungen und Durchlaufzeiten von Zufallseinflüssen abhängen.

5.2.4 Kombinationsstrategien und Gegenstrategien

Zur Verbesserung der Wirksamkeit oder zum Erreichen mehrerer Ziele lassen sich die Grundstrategien *Bündeln*, *Ordnen* und *Sichern* miteinander verbinden zu *Kombinationsstrategien*. Dabei ist jedoch zu berücksichtigen, dass nicht alle Strategien kompatibel sind. Durch die Kombination mehrerer Einzelstrategien oder durch das *Überziehen* einer Strategie kann es zu einer Minderung der Strategieeffekte kommen.

Wenn das Bündeln, Ordnen oder Sichern überzogen wird, kann das angestrebte Ziel verfehlt werden. In dieser Situation sind entsprechende Gegenstrategien zielführend. *Gegenstrategien* der logistischen Grundstrategien sind:

- *Teilen*, *Auflösen* oder *Vereinzeln* von Sendungen, Aufträgen, Beständen oder Funktionen: Einzelbearbeitung statt Serienbearbeitung, Kleinserien statt Großserien, Einzeltransporte statt Sammeltransporte, Kleinmengen- oder Einzelbestellungen statt Großmengen- oder Sammelbestellungen, Spezialisierung statt Standardisierung, Dezentralisieren statt Zentralisieren, Delegieren statt Konzentrieren, Zerschlagen großer Organisationseinheiten.

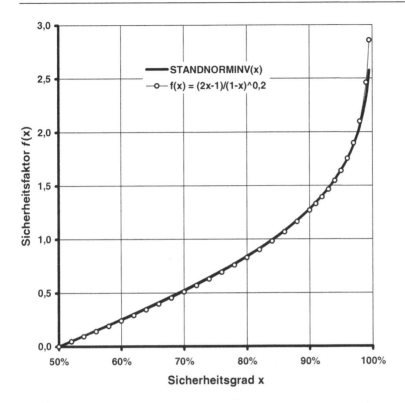

Abb. 5.4 Abhängigkeit des Sicherheitsfaktors vom geforderten Sicherheitsgrad

Punkte: Exakte Lösung = Inverse Standardnormalverteilung [77]
Kurve: Näherungslösung des Verfassers mit der angegebenen Funktion [178]

- *Umordnen* und *Verteilen* von Aufträgen, Beständen, Standorten und Funktionen oder Verändern von Bearbeitungsfolgen.
- *Entsichern* durch Abbau übertriebener Kontrollen, Sicherheitsmaßnahmen, Sicherheitsbestände und Redundanz.

Wie in *Abb. 5.1* dargestellt, richtet sich jede der drei Grundstrategien *Bündeln, Ordnen* und *Sichern* primär auf eines der drei Hauptziele *Kosten, Leistung* und *Qualität*. In Verbindung mit den entsprechenden Gegenstrategien ist es daher theoretisch möglich, wenn auch praktisch oft schwierig, eine *Strategiekombination* zur optimalen Lösung einer vorgegebenen Logistikaufgabe zu entwickeln.

5.3 Gesamtstrategien

Für die Planung und Disposition eines Unternehmensnetzwerks mit mehrstufigen Lieferketten bestehen über die logistischen Grundstrategien des Bündelns, Ordnens und Sicherns hinaus *zusätzliche Handlungsmöglichkeiten* durch *Gesamtstrategien*. Bewährte Gesamtstrategien sind:

- *Festlegung der Lagerhaltigkeit* des Zukaufmaterials, der Vorerzeugnisse sowie von Fertig- und Handelswaren in den verschiedenen Stufen und Stationen des Logistiknetzwerks und der Lieferketten
- *Zusammenfassung des Gesamtbestands* geeigneter Artikel in einem *Zentrallager*, aus dem alle Bedarfsträger beliefert werden,
- *Geregelter*, entzerrter, getakteter oder gedrosselter *Durchlauf* der Aufträge und Sendungen durch die mehrstufigen Liefer- und Leistungsketten
- *Zuteilung* knapper Ressourcen und *Engpassstrategien* bei absehbarer Kapazitätsüberlastung [178]
- *Verteilung* oder *Aufteilung der Aufträge* auf parallele Leistungsstellen oder Leistungsketten
- *Vorausschauende Disposition* der vorangehenden Leistungsstellen bei aktueller Kenntnis des Auftragseingangs der Endverbrauchsstellen
- *Beschaffungsbündelung* und *Zentraldisposition* des Gesamtbedarfs mehrerer Bedarfsstellen aus einer Lieferstelle (s. Abschn. 20.18)
- *Ladungs- und Transportbündelung* der zulaufenden Sendungen aus einer Lieferstelle oder aus einer Beschaffungsregion
- *Versandbündelung* durch Zusammenfassen der Lieferungen aus mehreren Leistungsstellen zu größeren Sendungen
- *Frachtbündelung* mehrerer Sendungen, die für unterschiedliche Empfänger in der gleichen Zielregion bestimmt sind
- *Auswahl der kostenoptimalen Versandart*, wie *Paketversand*, *Stückgutspedition* und *Ladungstransport* oder *Landfracht*, *Seefracht* und *Luftfracht*.

Die Realisierung der meisten Gesamtstrategien erfordert eine *Zentralplanung* und ein *Auftragszentrum* für das Logistiknetzwerk [97, 178]. Mit einer zentralen Planung und Disposition sind jedoch nicht nur zusätzliche Vorteile erreichbar sondern auch Gefahren und Nachteile verbunden. Fremd geregelte Abläufe beeinträchtigen die Motivation der Menschen. Eine zu weit gehende Zentralisierung vermindert die Verantwortungsbereitschaft, die Eigeninitiative, die Flexibilität und die Effizienz in den dezentralen Leistungsstellen. Sie erhöht außerdem die Störanfälligkeit.

Die Einspareffekte und Verbesserungen von Teilnetzstrategien, die sich auf überschaubare Teilnetze beschränken, lassen sich in vielen Fällen noch quantifizieren oder zumindest abschätzen. Eine Berechnung aller Auswirkungen einer Gesamtstrategie, die auf die Optimierung eines größeren Gesamtsystems, wie das in *Abb. 1.15* gezeigte Unternehmensnetzwerk abzielt, ist hingegen bisher nicht möglich.

Die positiven Effekte einer Gesamtstrategie werden oft maßlos überschätzt, z. B. die Kosteneinsparungen aus der Nutzung der unverzögerten Information der Endverbrauchsstellen in allen vorangehenden Lieferstellen. In anderen Fällen wird eine Zentraldisposition aus spekulativen oder bilanziellen Gründen zu Fertigungs- oder Beschaffungsaufträgen veranlasst, die weit über den aktuellen Bedarf hinausgehen. Das kann später große Bestandsabschriften und Verluste zur Folge haben. Die Gefahr einer zentralen Planung und Disposition besteht also darin, dass eine Gesamtstrategie zur Anwendung kommt, deren positive Effekte nicht ausreichend gesichert sind oder deren negative Nebenwirkungen ignoriert werden. Um das zu verhindern, ist eine Quantifizierung oder objektive Abschätzung der Auswirkungen aller Strategien der Planung und Disposition unerlässlich.

5.4 Lösungs- und Optimierungsverfahren

Zur effizienten Planung und Optimierung von Systemen und Prozessen werden geeignete *Lösungs- und Optimierungsverfahren* benötigt. In der Logistik haben sich vor allem die nachfolgend beschriebenen *Verfahren* bewährt.

Auch die besten Planungsverfahren, Methoden und Instrumentarien können jedoch *Kreativität, Intuition* und *Erfahrung* nicht ersetzen. Nur wer die Probleme der Praxis und die Vielfalt der technischen und organisatorischen Lösungsmöglichkeiten kennt, wer gute und schlechte Lösungen im Betrieb gesehen und die Folgen von Fehlern erfahren hat, kann erfolgreich planen und Lösungen beurteilen, wie auch immer sie gewonnen wurden (s. *Abschn. 20.9*) [153].

5.4.1 Analytische Lösungskonstruktion und Modellrechnungen

Nach einer *Analyse* und *Segmentierung* der Leistungsanforderungen werden in einem *iterativen Gestaltungs- und Optimierungsprozess* unter Berücksichtigung der Rahmenbedingungen geeignete *Teillösungen* entwickelt, ausgewählt, dimensioniert und zu einer *Gesamtlösung* kombiniert. Dabei wird nach bewährten *Auswahlregeln*, *Gestaltungsregeln* und *Planungsregeln* gearbeitet. Zur Dimensionierung und Optimierung werden *analytische Zusammenhänge* und allgemeingültige *Berechnungsformeln* genutzt.

Wenn das Leistungsvermögen oder die Kosten einer Teil- oder Gesamtlösung von mehreren *Gestaltungsparametern* und *Strategievariablen* abhängen, wird die Lösung zur Optimierung als *mathematisches Modell* in einem Programm abgebildet. Ein solches Programm zur *Modellrechnung* und *analytischen Simulation* erfasst den strukturellen Aufbau eines betrachteten Systems oder einer Leistungskette und enthält die funktionalen Zusammenhänge zwischen den *Leistungsanforderungen*, den *Strategievariablen* und den *Zielgrößen* in Form von Berechnungsformeln und Algorithmen. Die *analytische Simulation* durch mathematische Modelle beruht also auf theoretisch hergeleiteten funktionalen Zusammenhängen und Berechnungsformeln (s. *Abschn. 3.9*).

5.4.2 Lösungsfindung und Optimierung mit OR-Verfahren

Nach den bekannten *Auswahlverfahren* des *Operations Research* (OR), wie *Branch and Bound* (B&B), *Lineares Programmieren* (LP) und *Simplex-Verfahren*, wird aus den möglichen Lösungen eines definierten Problems mit einer vorgegebenen *Zielfunktion* systematisch die optimale Lösung gesucht. Nach *heuristischen Verfahren*,

z. B. nach dem *Eröffnungsverfahren* mit *Add-and-Drop-Algorithmus* oder nach dem *Gradienten-Suchverfahren* wird eine annähernd optimale Lösung ermittelt [11–13].

Die Zusammenhänge zwischen Leistungsanforderungen, Parametern und Zielgrößen sind jedoch in der Logistik häufig *nichtlinear* oder *ganzzahlig*, die Anforderungen *zeitlich veränderlich* und die Probleme *dynamisch*. Die bekannten OR-Standardverfahren zur Lösung linearer und statischer Probleme sind daher zur Bearbeitung logistischer Aufgaben nur begrenzt geeignet. Viele Lösungsverfahren des *Operations Research* haben außerdem den Nachteil, dass der Zusammenhang zwischen der Struktur der Leistungsanforderungen und Rahmenbedingungen einerseits und den Eigenschaften der nach aufwendigen Rechnungen resultierenden Lösungen andererseits nur schwer durchschaubar ist.

OR-Arbeiten konzentrieren sich meist auf die *Modellbildung*, für die oft vereinfachende und manchmal auch realitätsfremde Annahmen gemacht werden, auf die *Klassifizierung der Problemtypen* und auf die ausführliche Darstellung der *mathematischen Verfahren* zur Lösung der Modellprobleme. Eine Diskussion der Eigenschaften und praktischen Konsequenzen der Lösungen, die zum Verständnis und zur Plausibilisierung notwendig wäre, ist nur selten zu finden [144, 160].

Für viele *statische Probleme* gibt es sehr effiziente Algorithmen, wie die Verfahren zur *Reihenfolgeoptimierung*, zur *Tourenplanung*, zur *Packoptimierung* und zur Lösung von *Zuordnungsproblemen*. Für dynamische Probleme geben die OR-Verfahren wertvolle Anregungen zur analytischen Lösungskonstruktion und zur Optimierung [11–13].

5.4.3 Digitale Simulation

Bei der *digitalen* oder *stochastischen Simulation* werden die Eigenschaften der Systemelemente und die Struktur eines vorgegebenen Systems in einem *Simulationsmodell* auf dem Rechner abgebildet [54–56, 236]. Ein *Zufallsgenerator* erzeugt mit angenommenen *Zeitfolgen* und *Häufigkeitsverteilungen* Aufträge und Ladeeinheiten, die in das Modellsystem einlaufen. Durch Zählungen an den Ein- und Ausgängen der einzelnen Leistungsstellen, der Teilsysteme und des Gesamtsystems wird vom Rechner ermittelt, in welchen Zeiten die einlaufenden Mengenströme durchsetzbar sind, wo Staus auftreten, wieweit Rückstaus zu Blockierungen führen und wie sich die Bestände verändern.

Die digitale Simulation ist ein *Experiment* mit einem Modell, das bereits vorhanden ist. Wie das Realexperiment ist das Modellexperiment geeignet zum Test theoretischer Vorhersagen. Nicht geeignet ist das Experiment jedoch zur Lösungskonstruktion und zur Herleitung allgemein gültiger Gesetzmäßigkeiten und funktionaler Zusammenhänge. Das gilt auch für die digitale Simulation.

Die digitale Simulation ist auch ein nützliches Hilfsmittel zur *Überprüfung* der *Funktions-* und *Leistungsfähigkeit* sowie des *Zeitverhaltens* komplexer Systeme, die mit Hilfe analytischer Verfahren entwickelt und optimiert wurden. Durch eine digitale Simulation wird geprüft, ob das im Rechner abgebildete System die eingegebenen Leistungsanforderungen mit den angenommenen Zeitverteilungen und Schwankungen erfüllt. Daher gilt:

▶ Die digitale Simulation einer analytisch konstruierten und optimierten Lösung auf dem Rechner erhöht die *Planungssicherheit* und erlaubt eine Untersuchung des dynamischen *Betriebsverhaltens* bei zeitlich rasch veränderlicher Belastung und verschiedenen *Betriebsstrategien*.

Offen bleibt bei der digitalen Simulation jedoch, warum das System funktioniert, ob sich die geforderten Leistungen nicht auch durch ein einfacheres System erfüllen lassen und durch welche Strategien das System optimiert werden kann [158].

5.5 Lösungs- und Optimierungsprozess

Zur Konstruktion, Gestaltung und Optimierung von Teilsystemen, Gesamtsystemen und Leistungsketten ist innerhalb der einzelnen Planungsphasen, die in *Abschn. 3.2* beschrieben wurden, ein iterativer Lösungs- und Optimierungsprozess mit zunehmendem Detaillierungsrad zu durchlaufen.

Dieser Prozess mit seinen 10 *Schritten* ist in *Abb. 5.5* dargestellt. Die *Arbeitsinhalte* der 10 Lösungs- und Optimierungsschritte für Logistiksysteme und Logistikprozesse sind:

5.5.1 *Ermittlung der Anforderungen*

Festlegung der Funktionen
Ermittlung der Leistungsanforderungen $\qquad$ (5.13)
Erfassen der Rahmenbedingungen

5.5.2 *Analyse der Handlungsspielräume*

Systemelemente und Gestaltungsparameter
Strategien und Strategievariable $\qquad$ (5.14)

5.5.3 *Ableitung der Zielgrößen*

zu maximierende Zielgrößen
zu minimierende Zielgrößen $\qquad$ (5.15)
Mindest- und Maximalgrößen

5.5.4 *Segmentieren*

Bündeln und Ordnen der Artikel
Bündeln und Ordnen der Aufträge
Bündeln und Ordnen der Sendungen $\qquad$ (5.16)
Zuordnung von Ladungsträgern und Transportmitteln

5.5.5 Gestalten

Auswahl von Systemelementen
Zusammenfügen zu Teilsystemen und Teilnetzen
Kombination der Teilsysteme zu Gesamtsystemen und Netzwerken   (5.17)
Auswahl und Gestaltung der Prozesse und Leistungsketten
Verknüpfen der Teilprozesse zu Gesamtprozessen

5.5.6 Organisieren

Aufbau- und Ablauforganisation,
Organisation von Disposition und Steuerung,
Entwicklung von Nutzungs-, Dispositions- und Betriebsstrategien   (5.18)
Konzeption der Hard- und Softwarekonfiguration

5.5.7 Dimensionieren

Berechnen und Festlegen von Abmessungen, Kapazität und Anzahl
    der Ladeeinheiten
Dimensionieren der Lagermodule, Kommissionierbereiche,
    Transportelemente, Flächen und Räume
Festlegung der Kapazitäten und Geschwindigkeiten von
    Fördersystemen und Transportmitteln   (5.19)
Berechnung des Bedarfs an Transportmitteln, Umschlaggeräten,
    Fördermitteln, Flurförderzeugen, Kommissionier- und Lagergeräten
    und anderer Betriebseinrichtungen
Ermittlung des Personalbedarfs

5.5.8 Zeitplanung

Festlegung von Betriebszeiten, Arbeitszeiten und Schichtplänen
Erarbeitung von Fahrplänen
Berechnung von Durchlaufzeiten und Lieferzeiten   (5.20)
Planung von Versand- und Zustellzeiten

5.5.9 Investitions- und Kostenplanung

Ermittlung der Investitionen
Kalkulation der Betriebs- und Leistungskosten für *Eigenleistungen*
Anfrage der Leistungspreise für *Fremdleistungen*   (5.21)
Berechnung der *Logistikleistungskosten*

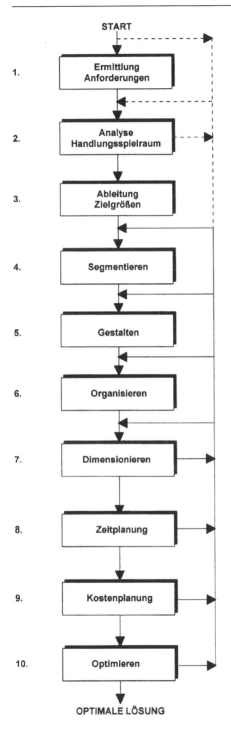

Abb. 5.5 Schritte des Lösungs- und Optimierungsprozesses

5.5.10 Optimieren

Zielwertoptimierung durch Variation der freien Parameter
Vergleich und Bewertung der Lösungsmöglichkeiten
Vorschlag der optimalen Lösung   (5.22)
Entscheidung.

Zum Vergleich *konkurrierender Lösungen*, mit denen bei Erfüllung der Mindestanforderungen und annähernd gleichen Betriebskosten weitere Ziele unterschiedlich
gut erreichbar sind, ist die *Nutzwertanalyse* geeignet (s. *Abschn. 3.11*). Dabei werden
nur Lösungen miteinander verglichen, die nicht bereits aufgrund von K.O.-Kriterien
ausscheiden, wie die Nichterfüllung von Mindestanforderungen, von unverrückba-
ren Rahmenbedingungen oder von unabdingbaren Zielen. Monetäre Zielgrößen, wie
die Investitionen und die Betriebskosten, dürfen nicht in die zu bewertenden Ziele
einbezogen werden, da sich monetäre Werte nicht durch Punkte quantifizieren und
auch nicht in Punkte umrechnen lassen.

5.6 Segmentieren und Klassifizieren

Der erste wichtige Schritt der Planung von Logistiksystemen und der Gestaltung
von Prozessketten ist das Segmentieren und Klassifizieren von Aufträgen, Sortiment,
Sendungen und Leistungen in *Klassen* oder *Cluster* mit logistisch ähnlichen Eigenschaften.[1] Das Segmentieren ist eine *Bündelungsstrategie*, deren *Strategievariablen* die
Zuordnungskriterien sind.

5.6.1 Sortimentseinteilung

Die Sortimentseinteilung nach vertrieblichen und logistischen Kriterien ist der erste
Schritt der Sortimentsanalyse und Sortimentsgestaltung (s. *Abschn. 5.8*). Logistische
Sortimentseinteilungen sind beispielsweise:

- *Lagerhaltige Artikel*, die ab Lager geliefert werden, und *nichtlagerhaltige Artikel*,
  die kundenspezifisch beschafft oder erzeugt werden [178]
- *Eigenprodukte* und *Fremdprodukte*
- Artikel mit *anhaltendem Bedarf* und Artikel mit *kurzzeitigem Bedarf*, wie die *Aktionsware*
- Warengruppen mit logistisch ähnlicher *Beschaffenheit*, wie gleiche Handhabbar-
  keit, gleiche Größen- und Gewichtsklassen oder gleiche Wertigkeit.

5.6.2 Auftragssegmentierung

- Klassifizierung der Aufträge nach *Auftragswert* oder nach *Auftragsvolumen* in
  Kleinaufträge, *Normalaufträge* und *Großaufträge*

---

[1] Die sogenannte „Klassenlogik" ist als Lehre von den Klassen, Mengen und ihren Beziehungen ein
Bestandteil der *formalen Logik*, die früher als „Logistik" bezeichnet wurde [150].

- Einteilung der Aufträge in *Einpositionsaufträge* und *Mehrpositionsaufträge* sowie in *Einzelstückaufträge* und *Mehrstückaufträge*
- Segmentierung nach *Dringlichkeit* in *Eilaufträge, Aufträge mit Standardlieferzeit* und *Aufträge mit festem Liefertermin*
- Einteilung der Aufträge nach *Schwierigkeitsgrad, Bearbeitungsumfang* und erforderlicher *Kompetenz* in *Standardaufträge, Spezialaufträge, Fachaufträge* und *Sonderaufträge.*

5.6.3 Bestandssegmentierung

- Einteilung der Artikel nach *Bestandswert, Bestandsmenge* oder *Lagervolumen* in A-, B- und C-Artikel (s. *Abschn. 5.8*),
- Bildung von Warengruppen mit ähnlichen *Lageranforderungen*, wie Sicherheitsware, Kühlware, Kleinteile oder Sperrigwaren,
- *Segmentierung nach Ladungsträgern*, z. B. in *Behälterware* und in *Palettenware,*
- Aufteilung der Artikel nach Bestand oder Anliefermengen in *Paletten oder Behälter pro Artikel,* um daraus die optimale Lagerart und die optimale Platzzuweisung abzuleiten,
- *Zuordnung zu Lagersystemen*, wie *Blocklager, Fachbodenlager, Einplatzlager, Mehrplatzlager* oder *Durchlauflager.*

Das Segmentieren der Bestände nach Ladungsträgern und die Zuordnung zu Lagersystemen sind bereits entscheidende Schritte der Lagerplanung, für die geeignete *Zuordnungskriterien* und *Lagerbelegungsstrategien* benötigt werden.

5.6.4 Sendungssegmentierung

- Einteilung nach Dringlichkeit in *Express-, Termin-* und *Normalsendungen*
- Unterscheidung nach Sendungsinhalt in *Einzelstücksendungen* und *Mehrstücksendungen* oder in *Gefahrgut-, Schwergut-* und *Wertsendungen*
- Aufteilung nach Sendungsgröße in *Kleinsendungen* und *Großsendungen*
- Klassifizierung nach Versandarten in *Paket-, Stückgut-, Teilladungs-* und *Ganzladungssendungen* oder in *Landfracht, Seefracht* und *Luftfracht* (s. *Abschn. 20.2*)
- Differenzierung nach Sendungszusammensetzung in *homogene Sendungen*, die nur aus gleichartigen Packstücken bestehen, und in *heterogene Sendungen* oder *Kombifrachtsendungen*, die unterschiedliche Packstücke, wie Pakete und Paletten, enthalten.

5.6.5 Transportklassifizierung

- Einteilung der Fracht nach *Ladungsträgern*, wie Versandbehälter, Paletten, Container oder Wechselbrücken,

- Aufteilung der Transportaufträge in *Spontantransporte*, die zu jedem beliebigen Zeitpunkt anfallen und ausgeführt werden müssen, und in *Regeltransporte*, die zu absehbaren Zeiten in voraussehbaren Mengen anfallen und nach *Fahrplan* durchführbar sind,
- Klassifizierung nach *Beschaffenheit des Transportgutes*, wie Schüttgut, Gase, Flüssigkeiten, Stückgut, Briefe, Pakete, Gefahrgut, Wertgut, Frisch- und Kühlwaren, Möbel oder Schwerlasten,
- Einteilung nach *Verkehrsträgern*, wie *Straßen-, Schienen-, Wasser-* und *Lufttransport*,
- Unterscheidung nach eingesetzten *Transportmitteln*, wie PKW, LKW, Kleintransporter, Sattelauflieger und Lastzug, Frachtflugzeuge und Passagierflugzeuge oder Seeschiffe, Küstenschiffe und Binnenschiffe,
- Unterteilung in *intramodale Transporte*, die mit nur einem Transportmittel durchgeführt werden, und *kombinierte* oder *intermodale Transporte*, für deren Durchführung nacheinander unterschiedliche Transportmittel eingesetzt werden,
- Differenzierung nach *Herkunfts- und Zielgebieten*, wie Länder, Umschlaggebiete, Sammel- und Zustelltouren, oder nach *Relationen*,
- Unterscheidung nach *Transportzeiten, Laufzeiten* und *Terminierung* in Eil- oder Expresstransporte, in Normal-, Linien- oder Plantransporte und in terminierte Abholung oder Zustellung.

Die Zuordnung der Transportaufträge zu bestimmten Ladungsträgern und Transportmitteln, die Auswahl der Transportart und die Aufteilung nach Zielgebieten sind entscheidende Handlungsmöglichkeiten für die Planung und Optimierung von Logistiksystemen und Leistungsketten. Die hierfür benötigten *Zuordnungskriterien* und *Berechnungsformeln* zur Quantifizierung der Strategieeffekte werden in *Kap. 20* entwickelt.

5.7 Spezialisieren und Diversifizieren

Die Einteilung in Auftragsgruppen, Artikelklassen und Leistungsarten sowie die damit verbundene Auswahl und Zuweisung von Ladungsträgern, Lagersystemen und Transportmitteln führen auf das *Problem der Spezialisierung* und die damit verbundenen *Grundsatzfragen*:

- Wieweit ist es zweckmäßig, für die Artikelklassen unterschiedliche Umschlag-, Lager- und Kommissioniersysteme zu schaffen und für die Auftragsgruppen verschiedene Transportmittel und Transporttechniken einzusetzen, die auf den *speziellen* Bedarf ausgelegt sind?
- Wieweit lassen sich möglichst wenige, *universell* nutzbare Ladungsträger, Lagersysteme, Transportmittel und Leistungsstellen einsetzen?

Spezialisierte Umschlag-, Lager- und Kommissioniersysteme sind erfahrungsgemäß nur in großen Logistikzentren sinnvoll. Spezialisierte Ladungsträger, Transportmittel und Transportsysteme sind nur bei anhaltend großem Transportaufkommen und gleichbleibendem Transportgut wirtschaftlicher als universelle Systeme.

Wenn zu erwarten ist, dass sich die Leistungsanforderungen und die Sortiments-strukturen im Verlauf der Nutzungsdauer verändern, sollte bei der Gestaltung von Logistiksystemen der *Grundsatz maximaler Flexibilität* beachtet werden [57]:

▶ Nur so viele unterschiedliche Ladungsträger, Transportmittel, Lagersysteme, Kommissionierbereiche, Leistungsstellen und Transportsysteme wie technisch unbedingt nötig, so wenige und so universell nutzbare Einheiten und Systeme wie möglich.

Mit dem Problem der Spezialisierung von Technik und Systemen eng verbunden ist das Problem der *Sortimentsbreite*, der *Variantenvielfalt* und des *Leistungsspektrums*:

• Wie breit *muss* das *Artikelspektrum* eines Handelssortiments, wie groß die *Variantenvielfalt* eines Produktionsprogramms sein, um die Anforderungen des Marktes zu erfüllen, und wie groß *dürfen* Sortiment und Vielfalt maximal sein, um ausreichende Erträge zu erwirtschaften?

• Wie groß darf das *Leistungsspektrum* eines *Logistikdienstleisters* sein, um bei günstigen Kosten wettbewerbsfähig und attraktiv zu sein?

Das zentrale Problem der Sortimentsbreite, der Variantenvielfalt und des Leistungs-spektrums ist permanent, besonders kritisch aber im Vorfeld jeder Planung, zu un-tersuchen und zu entscheiden. Die Logistik muss hierfür die *Leistungskosten* trans-parent machen, die mit der Beschaffung, der Herstellung und der Distribution eines Artikels, einer Variante oder einer Leistungsart verbunden sind.

5.8 ABC-Analyse

Die ABC-Analyse ist ein Verfahren der Strukturanalyse, das von Logistikern und Unternehmensberatern gern genutzt aber auch häufig missbraucht wird [75, 157]. Der praktische Nutzen ist in vielen Fällen begrenzt und die Gefahr groß, zu falschen Schlüssen zu gelangen. Nur eine richtig durchgeführte ABC-Analyse kann bei kriti-schem Umgang mit den Ergebnissen Anregungen zur Lösung eines konkreten Pro-blems geben.

5.8.1 Pareto-Klassifizierung und Lorenzkurve

Die Pareto-Klassifizierung ist eine Anordnung einer Anzahl von Objekten nach ab-nehmender Größe einer messbaren Eigenschaft. Die Menge der *Objekte* mit einer *Gesamtanzahl N* kann bestehen aus:

$$\text{Aufträgen} \atop \text{Artikeln} \atop \text{Sendungen} \atop \text{Kunden} \atop \text{Konsumenten.}$$ (5.23)

Zu untersuchende *Eigenschaften* mit einer definierten *Maßeinheit* und einer *Gesamt-eigenschaftsmenge M* sind beispielsweise:

Umsatz [€/Jahr]
Absatzmenge [Stück/Jahr]
Bestandswert [€/Artikel]
Bestandsmenge [Stück/Artikel]
Deckungsbeitrag [€/Artikel]
Positionsanzahl [Pos/Auftrag]   (5.24)
Auftragsmenge [ME/Auftrag]
Kaufkraft [€/Jahr]
Lieferzeit [Tage/Auftrag]
Zustellzeit [Tage/Sendung].

Das Ergebnis der Pareto-Klassifizierung ist die *Lorenzkurve*.[2] Auf der Abzisse eines Lorenzdiagramms ist der prozentuale Anteil p_N der Gesamtzahl N aller Objekte und auf der Ordinate der prozentuale Anteil $p_M(p_N)$ der Eigenschaftsmenge der Objekte an der betrachteten Gesamteigenschaftsmenge M als Funktion von p_N aufgetragen. Als Beispiel zeigt *Abb. 5.6* die Lorenzkurven für die Verteilung von Absatz- und Bestandsmengen der Artikel eines lagerhaltigen Handelssortiments.

5.8.2 ABC-Klassifizierung

Zur ABC-Analyse kann entweder die Objektmenge nach der Eigenschaftsverteilung oder die Eigenschaftsmenge nach der Objektverteilung klassifiziert werden. Den beiden Analysemöglichkeiten entsprechen die *reguläre ABC-Klassifizierung* und die *inverse ABC-Klassifizierung*:

- Eine *reguläre ABC-Klassifizierung* ist die Aufteilung der Gesamtzahl N der Objekte in A-, B- und C-Objekte mit den Anzahlen N_A, N_B und N_C in einem festen Verhältnis

$$N_A : N_B : N_C = p_{NA} : p_{NB} : p_{NC} \qquad (5.25)$$

und die Angabe der auf diese Anzahlen entfallenden *Anteile* M_A, M_B, M_C, ... an der *Gesamteigenschaftsmenge*

$$M_A : M_B : M_C = p_{MA} : p_{MB} : p_{MC} . \qquad (5.26)$$

Üblich ist eine Einteilung im Verhältnis $N_A : N_B : N_C = 5\% : 15\% : 80\%$ [14]. Das Ergebnis einer ABC-Analyse der Artikel eines Handelssortiments mit der in *Abb. 5.6* dargestellten Lorenzkurve ist in *Tab. 5.2* wiedergegeben. Hiernach entfallen zum Beispiel auf die 5 % A-Artikel 39 % der Absatzmenge.

- Eine *inverse ABC-Klassifizierung* ist die Aufteilung der Gesamteigenschaftsmenge M in einem festen Verhältnis (5.26) und die Angabe der auf diese Mengenanteile entfallenden Anteile (5.25) der Objektanzahlen.

---

[2] Die *Lorenzkurve* hat ihren Namen nach *M.O. Lorenz*, der diese Form der Darstellung 1905 zur Veranschaulichung der bereits von *V. Pareto* untersuchten Einkommensverteilung in einer Volkswirtschaft vorgeschlagen hat. In der Volkswirtschaft werden die Objekte in der Regel nach *aufsteigendem* Eigenschaftswert geordnet. Dadurch verlaufen die volkswirtschaftlichen Lorenzkurven unterhalb der Diagonalen [58,150].

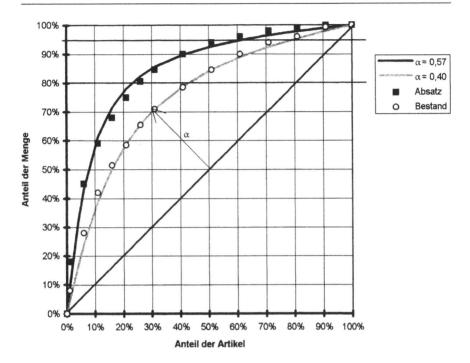

Abb. 5.6 Lorenzkurven von Absatz und Bestand eines Kaufhaussortiments

Punkte: Ergebnisse der Absatz- und Bestandsanalyse
Kurven: Parametrisierte Lorenzkurven
Parameter: Absatz-Lorenzasymmetrie α_A = 0,57 Bestands-Lorenzasymmetrie α_B = 0,40

Vielfach üblich, aber nicht zwingend ist eine Einteilung in drei Klassen mit dem Mengenanteil [14]:

$$p_{MA} : p_{MB} : p_{MC} = 80\% : 15\% : 5\% \,. \tag{5.27}$$

Für das in *Abb. 5.6* dargestellte Beispiel des Handelssortiments ist das Ergebnis der inversen ABC-Klassifizierung bezüglich der *Absatzmenge* in *Tab. 5.3* wiedergegeben.

Hiernach ist das Anteilsverhältnis der Artikel mit den *Absatzanteilen* 80 % : 15 % : 5 % gleich 23 % : 39 % : 38 %. Das Anteilsverhältnis der Artikel mit den *Bestandsanteilen* 80 % : 15 % : 5 % ist davon abweichend gleich 43 % : 39 % : 18 %. Die häufig behauptete *80:20-Regel*, nach der 80 % der Menge auf 20 % der Merkmalsträger entfällt, gilt in diesem Fall nur annähernd für den Absatz und nicht für die Bestände. Allgemein gilt:

▶ Die sogenannte 80:20-Regel ist in den meisten Fällen unzutreffend.

Da sehr unterschiedliche Eigenschaftsmengen, wie Umsätze, Absatzmengen, Auftragspositionen, Bestandswerte, Bestandsmengen oder Bestandsvolumina, betrachtet werden können, gibt es eine Vielzahl von Lorenzkurven und entsprechend viele

Klasse	Objekte Artikel		Eigenschaft Absatzmenge		
	Anteil	Anzahl	Anteil	Menge	Einheit
A-Objekte	5%	1.500	39%	24,6	Mio.WST/a
B-Objekte	15%	4.500	38%	23,9	Mio.WST/a
C-Objekte	80%	24.000	23%	14,5	Mio.WST/a
Gesamt	100%	30.000	100%	63,0	Mio.WST/a

Tab. 5.2 ABC-Analyse der Eigenschaftsverteilung von Objekten

Objekte   Artikel eines Handelssortiments
Eigenschaft Jahresabsatzmenge

mögliche ABC-Klassifizierungen, die sich in der Regel deutlich voneinander unterscheiden. So sind die 20 % aller Artikel, die den größten Wertumsatz haben, nicht gleich den 20 % Artikel mit dem größten Volumendurchsatz. Die 20 % aller Artikel, die den größten Bestand haben, sind in der Regel nicht gleich den 20 % Artikel mit dem größten Verbrauch, auch wenn zwischen Beständen und Verbrauch bei optimaler Nachschubdisposition eine Korrelation besteht.

Weiterhin ist bei der Analyse von ABC-Verteilungen vergangener Perioden zu beachten:

▶ Die Renner von heute sind nicht die Renner von morgen. Das wird oftmals nicht beachtet und führt zu falschen Schlüssen.

5.8.3 Parametrisierung der Lorenzkurve

Die ABC-Analyse ist der erste Schritt vieler *Bündelungs- und Ordnungsstrategien*. Bevor eine ABC-Analyse durchgeführt wird, die in der Regel mit Aufwand verbunden ist und Zeit erfordert, sollten in jedem Fall die Verwendung und das verfolgte Ziel bekannt sein. Der Einsatz und die Strategie bestimmen die Abgrenzung der Objekte, die zu analysierenden Eigenschaften und die Art der ABC-Aufteilung.

Weder das übliche Anteilsverhältnis (5.27) noch die Begrenzung auf drei Klassen sind zwingend und für viele Anwendungszwecke auch nicht sinnvoll. Durch eine Dreiklasseneinteilung mit einem festen Anteilsverhältnis wird vielmehr eine Optimierungsmöglichkeit verschenkt. Generell gilt für die ABC-Analyse der *Grundsatz:*

▶ Die Anzahl der Objektklassen und die Anteile der Objektanzahlen oder Eigenschaftsmengen sind frei wählbar und zur Optimierung nutzbare *Strategievariable.*

Für differenzierte Analysen und Optimierungsrechnungen wird daher eine *Parametrisierung* der Lorenzkurve benötigt. Die Analyse vieler Sortimente von Handels-

| Klasse | Eigenschaft Absatzmenge | | | Objekte Artikel | |
	Anteil	Menge	Einheit	Anteil	Anzahl
A-Objekte	80%	50,4	Mio.WST/a	23%	6.900
B-Objekte	15%	9,5	Mio.WST/a	39%	11.700
C-Objekte	5%	3,2	Mio.WST/a	38%	11.400
Gesamt	100%	63,0	Mio.WST/a	100%	30.000

Tab. 5.3 Inverse ABC-Analyse der Objektverteilung einer Eigenschaft

Eigenschaft Jahresabsatzmenge (WST = Warenstücke)
Objekte   Artikel eines Handelssortiments

und Industrieunternehmen und der theoretisch möglichen Verläufe von Lorenzkurven ergibt:

▶ Die Lorenzkurve lässt sich für logistische Optimierungsrechnungen ausreichend genau parametrisieren durch die Funktion

$$p_M = 1 + \left(\left(2 - (1-\alpha)^2\right) \cdot p_N - \sqrt{4 \cdot p_N^2 - 4 \cdot (1-\alpha)^2 \cdot p_N^2 + (1-\alpha)^4} \right) / (1-\alpha)^2 .$$

$$(5.28)$$

Die *Lorenzasymmetrie* α ist ein Parameter mit Werten zwischen 0 und 1. Sie ist proportional zur maximalen Abweichung der Lorenzkurve von der Diagonalen und kann empirisch bestimmt werden.

Die Funktion (5.28) ist eine um 45° gedrehte *Hyperbel*. Bei *Gleichverteilung* ist die Lorenzasymmetrie $\alpha = 0$ und die Lorenzkurve gleich der diagonal verlaufenden Graden $p_M = p_N$. Bei extremer *Ungleichverteilung* ist die Lorenzasymmetrie $\alpha = 1$ und die Lorenzkurve eine horizontale Grade $p_M = 1$.

5.8.4 Einsatzmöglichkeiten und Gefahren

Einsatzmöglichkeiten der ABC-Analyse sind:

- *Konzentration* bestimmter Maßnahmen auf die wichtigsten Repräsentanten einer Gesamtheit von Objekten
- *Test* der Auswirkung einer Maßnahme an einer kleinen Anzahl von Repräsentanten mit großem Eigenschaftsanteil
- *Spezialisierte Lösungen* für die unterschiedlichen Klassen der Objektgesamtheit
- *Zeilenreduktion durch Auftragsbündelung (s. Abschn. 17.12)*

- *Bereinigung* durch Streichen von C-Objekten
- *Unterdrückung* von A-Objekten und *Begünstigung* von B- oder C-Objekten.

Mit diesen Nutzungsmöglichkeiten ist jedoch eine Reihe von Gefahren verbunden, die Ursache sind für den häufigen Missbrauch und die enttäuschenden Ergebnisse vieler ABC-Analysen. Hierzu gehören:

- Falsche Hochrechnung von einer Teilanzahl auf die Objektgesamtheit A Vernachlässigung der Auswirkungen auf die B- und C-Objekte
- Nichtberücksichtigung der zeitlichen Veränderlichkeit der Klassenzugehörigkeit A Unzulässige Wertung einer Verteilung.

Die nachfolgenden Beispiele der logistischen Sortimentsanalyse zeigen einige Anwendungsmöglichkeiten der ABC-Analyse. Weitere *Nutzanwendungen*, die zugleich die Grenzen der ABC-Analyse zeigen, sind die *Schnellläuferstrategien* zur Senkung der mittleren Wegzeiten (s. *Abschn. 17.6*) und die Strategie der *Auftragsbündelung* zu Serienaufträgen (s. *Abschn. 17.12*).

5.9 Sortimentsanalyse und logistische Artikelklassifizierung

Ziel der Sortimentsanalyse ist die Unterstützung des Vertriebs bei der *Sortimentsgestaltung* und *Sortimentsentwicklung* (s. *Abschn. 14.3*). Die Sortimentsanalyse beginnt mit der Sortiment*einteilung* nach vertrieblichen und logistischen Eigenschaften und Zielsetzungen in verschiedene Kategorien.

Für die Logistik sind vor allem folgende *Kriterien* zur Sortimentseinteilung und logistischen Artikelklassifizierung von Bedeutung:

- *Lagerhaltigkeit*: lagerhaltige und nicht lagerhaltige Artikel
- *Absatzgebiete*: lokale, regionale und überregionale Sortimente; nationale, europäische und internationale Produkte (s. *Abschn. 9.7*)
- *Gängigkeit*: A-Artikel mit hohem, B-Artikel mit mittlerem und C-Artikel mit geringem Absatz
- *Verbrauchsart*: X-Artikel mit regelmäßigem, Y-Artikel mit unregelmäßigem und Z-Artikel mit sporadischem Bedarf (s. *Abbildung 9.8*)
- *Wertigkeit*: hochwertige, mittelwertige und geringwertige Güter
- *Einsatzzweck*: Investitionsgüter, Verschleißteile, Ersatzteile, Verbrauchsgüter, Konsumgüter (*nonfood*), Nahrungs- und Genussmittel (*food*)
- *Verwendungsbreite*: Normteile, Standardartikel, Spezialartikel, Sonderartikel, Kundenanfertigung
- *Lebensdauer*: verderblich, kurzlebig, langlebig, unverderblich, dauerhaft
- *Temperatur- und Frischeanforderungen*: Frischeklassifizierung von Molkereiprodukten (MOPRO) und Lebensmitteln nach Temperatur und maximaler Haltbarkeitsdauer (MHD) in

Tiefkühlwaren Temperatur −18 bis −5 (−1) °C / MHD 180 bis 360 Tage
Frischwaren Temperatur +1 bis +4 (+7) °C / MHD 3 bis 30 Tage
Dauerwaren Temperatur 10 bis 20 °C / MHD 30 bis 180 Tage

$$(5.29)$$

- *Lebenszyklus*: mehrjährig, einjährig, saisonal, modisch
- *Fehlmengenkosten*: Kosten der Nichtverfügbarkeit eines Artikels, wie Gewinnausfall, Deckungsbeitragsverlust, Ersatzbeschaffungskosten oder Stillstandskosten
- *Verpackungsart*: lose Ware; abgepackte Ware in Säcken, Dosen, Flaschen, Fässern, Tüten, Schachteln, Blisterpackungen, Paketen, Containern und anderen Gebinden
- *Variantenvielfalt*: Einvariantengüter; Mehrvariantengüter mit Größen-, Farben-, Material-, Qualitäts-, Komponenten- und Ausführungsunterschieden
- *Zusammensetzung*: Einkomponentenartikel, Mehrkomponentenartikel, Teilanlagen, Gesamtanlagen, Systeme und Bauwerke
- *Fertigungsstufe*: *Primärartikel* oder *Endprodukte*, deren Absatz vom Markt bestimmt wird, und *Sekundärartikel* oder *Vorprodukte*, deren Bedarf sich über eine Stücklistenauflösung aus dem Bedarf der Primärprodukte ergibt.

Für Mehrkomponentenartikel und Mehrvariantenartikel, die vom Unternehmen selbst gefertigt, montiert, abgefüllt oder verpackt werden, benötigt die Logistikdisposition eine *Stückliste*, in der die Beschaffenheit, die Anzahl und die Herkunft aller Komponenten aufgelistet sind. Außerdem werden für die Vorprodukte, Teile und Komponenten, aus denen die Artikel des Lieferprogramms zusammengesetzt sind, *Verwendungslisten* benötigt, aus denen hervorgeht, in welchen Artikeln sie in welcher Menge eingesetzt werden.

Die logistische Artikelklassifizierung hat Auswirkungen auf die *Auftragsdisposition* und *Produktionsplanung*, auf die Höhe der Nachschubmengen und Sicherheitsbestände sowie auf die Auswahl der Lager-, Kommissionier- und Transportsysteme. Sie beeinflusst außerdem die Gestaltung und Optimierung der Lieferketten. Hieraus folgt der *Grundsatz der regelmäßigen Sortimentsüberprüfung*:

▶ Eine Sortimentseinteilung ist niemals endgültig. Sie muss in regelmäßigen Abständen überprüft und korrigiert werden.

Das gilt speziell für die ABC-Klassifizierung des Sortiments nach den Eigenschaften:

Umsatzwert und Absatzmenge
Bestandswert und Bestandsmenge $$(5.30)$$
Deckungsbeitrag und Gewinn.

Abb. 5.6 zeigt die Lorenzkurven der Absatz- und Bestandsmengen, die aus einer Sortimentsanalyse der Artikel eines *Kaufhaussortiments* resultieren. In *Abb. 5.7* sind die davon erheblich abweichenden Lorenzkurven von Absatz und Bestand eines Großhandelsunternehmens für *Computerbedarf* dargestellt. In beiden Fällen sind in die Diagramme die Parametrisierungen der Lorenzkurven mit Hilfe der Funktion (5.28) eingetragen.

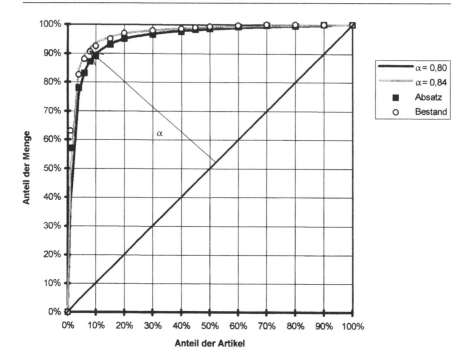

Abb. 5.7 Lorenzkurven von Absatz und Bestand eines Computersortiments

Punkte: Ergebnisse der Absatz- und Bestandsanalyse
Kurven: Parametrisierte Lorenzkurven
Parameter: Absatz-Lorenzasymmetrie α_A = 0,80
            Bestands-Lorenzasymmetrie α_B = 0,84

Für das *Handelssortiment* ist die Lorenzasymmetrie der *Bestandsverteilung* mit α_B = 0,40 deutlich kleiner als die Lorenzasymmetrie der *Absatzverteilung* α_A = 0,57. Für das *Computersortiment* ist dagegen die Lorenzasymmetrie der Bestandsverteilung mit α_B = 0,84 größer als die Lorenzasymmetrie der Absatzverteilung, die α_A = 0,80 beträgt. Beide Werte sind wesentlich größer als die entsprechenden Werte des Handelssortiments.

Bei optimaler Nachschubdisposition dürfen die Bestände von Artikeln mit regelmäßigem Verbrauch und prognostizierbarem Bedarf nur mit der Wurzel aus dem Absatz ansteigen (s. *Kap. 11*). Daraus folgt die allgemeine *Regel*:

▶ Bei optimaler Nachschubdisposition lagerhaltiger Artikel mit regelmäßigem Verbrauch ist die Lorenzasymmetrie der Bestände geringer als die Lorenzasymmetrie der Verbrauche.

Wenn die Lorenzkurven der Verbrauche und Bestände wie für das Beispiel des Computersortiments von dieser Regel abweichen, ist das ein Indiz für einen hohen Anteil von Aktionsware oder für eine falsche Bestands- und Nachschubdisposition (s. *Abschn. 11.9*).

Außerdem gibt die Größe der Lorenzasymmetrie für den Absatz Hinweise auf die Angemessenheit der Sortimentsbreite. Hier gilt die *Erfahrungsregel:*

▶ Eine Lorenzasymmetrie der Absatzverteilung, die deutlich größer als 1/2 ist, kann ein Indiz sein für ein zu breites Sortiment.

Nach dieser Regel ist das Computersortiment ausgeufert. Aufgrund dieser Diagnose wurde eine *Differentialanalyse* des Computersortiments durchgeführt, in der nicht nur die Lorenzkurven sondern auch ihre *Verteilungsdichten* untersucht werden (s. *Abschn. 9.2*). Dabei wurden die Bestands- und Absatzverteilungen von Aktionsware und Dispositionsware getrennt untersucht. Das Sortiment wurde um ca. 20 % Ladenhüter bereinigt. Die Einführung einer optimalen Nachschubdisposition führte zu erheblichen Bestandsreduzierungen vor allem bei den A-Artikeln.

Zur Festlegung der Lieferzeiten, der Lagerhaltigkeit und des Servicegrads für die Fertigerzeugnisse ist das für den *Primärbedarf* bestimmte Lieferprogramm aus der eigenen Produktion in Serviceklassen einzuteilen, für die den Abnehmern feste Lieferzeiten und ein bestimmter Servicegrad zugesichert werden. Ebenso sind die Artikel der fremd beschafften Handelsware nach Serviceklassen zu ordnen.

Die *Sortimentseinteilung in Serviceklassen* ist abhängig von der Fertigung, den Beschaffungsquellen, der Marktposition und der Geschäftspolitik des einzelnen Unternehmens. Die *Tab. 5.4* zeigt eine solche Sortimentseinteilung für ein produzierendes Unternehmen. Die angegeben *Zielwerte* der Lieferzeiten, der Termintreue und der Lieferfähigkeit resultieren aus einer detaillierten Analyse der Fertigungsmöglichkeiten und einer konsequenten Standardisierung aller Prozesse. Sie sind für die einzelnen Unternehmen verschieden. Eine entsprechende Sortimentseinteilung in Serviceklassen ist auch für ein Handelsunternehmen durchzuführen. An die Stelle der Serviceklassen für die auftragsgefertigten Artikel treten bei der Handelsware die Serviceklassen der kundenspezifisch beschafften Artikel. Diese sind abhängig vom Servicegrad der unterschiedlichen Beschaffungsquellen, wie die Hersteller und die Großhändler im In- und Ausland.

Segmentierung, Clusterung und *Klassifizierung* der Artikel, Aufträge oder Kunden sind kein Selbstzweck. Sie sind meist der erste Schritt zur Entwicklung einer *Strategie* und daher von einem bestimmten *Ziel* abhängig.

Das oberste Unternehmensziel ist ein nachhaltig hoher Gewinn durch maximale Erlöse bei minimalen Kosten. Dem entspricht eine Klassifizierung der *Artikel, Aufträge* und *Kunden* nach ihrem Beitrag zum Unternehmensgewinn in:

Gewinnbringer
Deckungsbeitragsbringer   (5.31)
Verlustbringer

Aus dieser *Ertragsklassifizierung* lassen sich viele weitere Klassifizierungen ableiten, insbesondere die Zuweisung zu den *Serviceklassen*. So sollten die gewinnstärksten Artikel die höchste Lieferfähigkeit haben, die gewinnbringenden Aufträge mit der besten Termintreue ausgeführt werden und die gewinnbringendsten Kunden den besten Service erhalten.

		SERVICEBEREITSCHAFT			
SERVICEKLASSEN	Standard-lieferzeit	Lager-lieferfähigkeit	Termintreue bis Versand	Positions-Servicegrad	Auftrags-Servicegrad
Abk Fertigungsmerkmale	AT	LF	TT	$(LF)^m$ x TT	$(LF)^{mn}$ x TT

L   LAGERARTIKEL

AL Lagerhaltige Standardartikel	1	98,0%	99,0%	97,0%	91,3%
Fertigartikel in gleichbleibender Ausführung Vorprodukte in gleichbleibender Ausführung mit anhaltendem und prognostizierbaren Bedarf werden anonym auf Lager gefertigt	bis Versand + Zustellzeit	für den Einzelartikel	Versand		Pos/Auftrag 4,0

KL Lagerhaltige Konfektionsartikel[1]	2	99,5%	98,0%	95,8%	91,6%
Standarderzeugnisse mit wechselnden Varianten und anhaltendem und prognostizierbaren Summenbedar werden im Lagerbereich nach Auftrag aus dort lagerhaltigen Teilen und Modulen konfektioniert oder zusammengefügt	bis Versand + Zustellzeit	für benötigte Teile und Module	Konfektion + Versand	Teile/K-Art. 4,5	Pos/Auftrag 3,0

A   AUFTRAGSARTIKEL

MA Auftragsgefertigte Montageartikel[2]	5	99,0%	97,0%	92,2%	87,7%
Erzeugnisse in Standardausführung mit sporadischen und nicht prognostizierbaren Bedarf werden im Produktionsbereich nach Auftrag aus lagerhaltigen Teilen und Vorprodukten in Standardabläufen und Standardprozessen zusammengesetzt und montiert	bis Versand + Zustellzeit	für benötigte Vorprodukte	Montage + Versand	Teile/M-Art. 5,0	Pos/Auftrag 2,0

FA Auftragsgefertigte Fertigerzeugnisse[3]	10	99,0%	95,0%	94,1%	84,2%
Fertigerzeugnisse in Sonderausführung werden aus lagerhaltigen Teilen und Vorprodukten und mindestens einem Auftragsfertigungsteil mit vorhandenen Werkzeugen und Material in Standardabläufen und Standardprozessen gefertigt, zusammengesetzt und montiert	bis Versand + Zustellzeit 2)	für lagerhaltige Vorprodukte	Fertigung + Montage + Versand	Teile/F-Art. 6,0	Pos/Auftrag 2,0

SA Auftragsgefertigte Sonderartikel[4]	> 20	98,0%	92,0%	90,2%	90,2%
Sonderanfertigungen, Protypen, Testartikel, Auslaufartike deren Fertigung neue Werkzeuge, Materialien oder Arbeitsabläufe erfordert	Lieferzeiten nach Planung +Zustellungszeit	für lagerhaltige Vorprodukte	Planung + Fertigung + Versand		

xxx unterstrichene Felder: Eingabewerte   Servicegrad bis Kunde = Servicegrad bis Versandrampe x Termintreue Spediteur

1) Displays, Trays, Sets, Steckmontage   3) Aggregate, Standardmaschinen
2) Variantenfertigung   4) Sonderanfertigungen, Muster

Tab. 5.4 Sortimentseinteilung in Serviceklassen

6 Logistikkosten und Leistungskostenrechnung

Die Logistikkosten werden in den Unternehmen unterschiedlich definiert. Bei Umfragen geben selbst Unternehmen der gleichen Branche Logistikkosten an, die stärker voneinander abweichen, als sich durch die Unterschiede ihrer Logistik erklären lässt [35, 189].

Nachprüfungen zeigen, dass einige Unternehmen die Zinsen und Abschriften für Bestände nicht zu den Logistikkosten zählen, während andere auch die in den Einkaufspreisen enthaltenen Logistikkosten ihrer Lieferanten oder die Kosten der Einkaufstätigkeit den Logistikkosten zurechnen. Im Extremfall wird sogar der Einkaufswert der beschafften Waren als Bestandteil der Logistikkosten angesehen.

Ein anderes, nicht nur auf die Logistik beschränktes Problem ist die *Preisbildung für Dienstleistungen*. Die Käufer einer Leistung erwerben kein materielles Produkt sondern immaterielle, nicht lagerbare Leistungen, die ihnen einen *unmittelbaren Nutzen* bringen sollen. Die herkömmlichen Verfahren der Preiskalkulation und Preisbildung, die für materielle Produkte entwickelt wurden, sind auf Dienstleistungen nur begrenzt übertragbar. Die Preise für logistische Leistungen sind daher häufig nicht miteinander vergleichbar oder irreführend [14, 59, 60].

Zur Kalkulation der *Leistungskosten* bietet sich die *Prozesskostenrechnung* an [53, 61, 189]. Über die Definition, die Einflussfaktoren und die Kalkulation der *Prozesskosten* bestehen jedoch in der Logistik wie auch in der Betriebswirtschaft unterschiedliche Auffassungen. Das gilt vor allem für die Leistungskosten *multifunktionaler Logistiksysteme*, für die Leistungspreise von *zusammengesetzten Logistikleistungen* und für die Berücksichtigung der *Fixkosten* bei der Kalkulation nutzungsgemäßer Leistungspreise.

Noch schlechter als mit der Definition und der Kalkulation ist es mit der *Erfassung* der Logistikkosten bestellt. Obgleich die Logistikkosten im Handel eine Höhe von 15 bis über 25 % des Umsatzes erreichen und weit mehr als ein Drittel der Handelsspanne aufzehren können, werden sie nur in wenigen Handelsunternehmen über alle Stufen der Logistikkette von der Rampe der Lieferanten bis zur Verkaufsbereitstellung in den Filialen erfasst. Auch in der Industrie, deren Logistikkosten in der Regel zwischen 5 und 15 % des Umsatzes liegen, gibt es nur wenige Unternehmen, die ihre Logistikkosten gesondert erfassen und regelmäßig kontrollieren [34, 189].

Die *Kalkulation* und *Budgetierung* der Logistikkosten sowie die laufende *Erfassung* und *Kontrolle* von Leistung, Qualität und Kosten der logistischen Leistungsbereiche sind Aufgaben des *Logistikcontrollings*. Das Controlling soll das Management bei der Planung optimaler Systeme und der Steuerung der Prozesse unterstützen. Außerdem soll das Controlling *Handlungsbedarf* und *Handlungsmöglichkeiten* zur

T. Gudehus, *Logistik 1*, VDI-Buch,
DOI 10.1007/978-3-642-29359-7_6, © Springer-Verlag Berlin Heidelberg 2012

Leistungssteigerung, Qualitätsverbesserung und Kostensenkung aufzeigen [53, 62, 153, 189].

Wie genau und für welche Bereiche der Unternehmenslogistik Leistungen, Qualität und Kosten erfasst, analysiert und kontrolliert werden sollten, ist abhängig von der Höhe der Logistikkosten in Relation zur Wertschöpfung, von den Kernkompetenzen und Zielen des Unternehmens und von der speziellen Aufgabe. Generell gilt hier der Grundsatz: *Weniger ist mehr.* Besser ein Controlling in größeren Zeitabständen mit wenigen aussagefähigen Zahlen und angemessener Genauigkeit als ein Controlling, das permanent alle erdenklichen Leistungsdaten und Kostenanteile differenziert erfasst und ohne Kenntnis des Informationsbedarfs eine Unmenge allgemeiner Kennzahlen erzeugt [53].

Nicht eine hohe Genauigkeit und große Differenzierung der Leistungs- und Kostenangaben sind entscheidend. Maßgebend sind die *praktische Brauchbarkeit* und der *Verwendungszweck.* Für den Vergleich der *Logistikkosten* in und zwischen den Unternehmen sowie der *Leistungspreise* von Logistikdienstleistern muss vor allem sichergestellt sein, dass sie die gleichen *Leistungsstellen*, die gleichen *Kostenbestandteile*, den gleichen *Leistungsumfang* und die gleichen *Leistungsarten* betreffen.

In diesem Kapitel werden die Betriebskosten von Logistiksystemen und die Leistungskosten für Logistikleistungen definiert, die Grundlagen der *Leistungskostenrechnung* dargestellt, die Abhängigkeiten zwischen Kosten und Leistungen erläutert und die wichtigsten Möglichkeiten zur Kostensenkung zusammengestellt. Ein besonderes Gewicht hat dabei das *Fixkostendilemma der Logistik.* Hierauf aufbauend wird im folgenden Kapitel ein System zur *Leistungs- und Qualitätsvergütung* konzipiert, das zur Vergütung von Logistikdienstleistern und zur Entwicklung nutzungsgemäßer Preis- und Tarifsysteme geeignet ist.

6.1 Betriebskosten und Leistungskosten

Entsprechend den beiden Aspekten der Leistungssysteme werden zwei verschiedene *Arten* der *Kostenrechnung* benötigt: Der stationären Sicht entspricht die *Betriebskostenrechung*, der dynamischen Sicht die *Prozesskosten-* oder *Leistungskostenrechnung*.

6.1.1 Betriebskostenrechnung

Die *Betriebskosten* K_{betr} [€/PE][1] sind die in einer definierten *Planungsperiode* [PE] zu erwartenden oder in einer *Abrechnungsperiode* angefallenen Kosten einer Leistungsstelle, eines Betriebs oder eines Systems, das bestimmte *Leistungsarten* LA_i, $i = 1, 2, \ldots, N$, in geplanten Mengen λ_i [LE_i/PE] erbringen soll oder in erfassten Mengen erbracht hat.

Die *Betriebskostenrechung* ist eine *periodenbezogene Vollkostenrechnung* aus *stationärer Sicht.* Sie ist erforderlich für die Planung von Systemen und für die <u>K</u>osten- und <u>E</u>rlös-<u>R</u>echnung (KER) der Unternehmen [14, 61].

---

[1] € steht hier und nachfolgend für Geldeinheit [GE], die auch ein Dollar oder eine andere Währungseinheit sein kann

Die *Logistikkosten* $K_{\log}$ [€/PE] sind die Betriebskosten einzelner logistischer Leistungsstellen, von Logistiksystemen oder eines Logistikbetriebs.

6.1.2 Leistungskostenrechnung

Die Leistungskostenrechnung ist eine *durchsatzbezogene Volkostenrechnung* aus dynamischer Sicht. Sie wird auch als *Activity Based Costing* (ABC) oder als *Prozesskostenrechnung* bezeichnet [53, 61, 62, 153]. Die Leistungskosten, die bei der Erzeugung der unterschiedlichen Logistikleistungen anfallen, müssen bekannt sein für die *Optimierung von Prozessabläufen*, zur *Auswahl optimaler Lieferketten*, für eine kostenoptimale *Disposition* und zur *Kalkulation der Leistungspreise* (s. *Abschn. 7.2* und *Kap. 20*). Die logistischen Leistungspreise beeinflussen wiederum die Nutzung der Ressourcen der gesamten Wirtschaft (s. *Abschn. 7.6*).

Die *Leistungskosten* für die immateriellen Logistikleistungen entsprechen den *Stückkosten* materieller Güter. Die Leistungskosten eines Leistungsbereichs – eines Betriebs, einer Anlage, eines Systems oder einer Produktionsstelle –, der nur eine Art von Leistungen erzeugt, sind die Gesamtbetriebskosten K_{ges} [€/PE] einer Periode PE geteilt durch die Leistungsmenge λ [LE/PE] der gleichen Periode.

Wenn ein Leistungsbereich in einer Periode unterschiedliche Leistungsarten LA$_i$ mit dem *partiellen Leistungsdurchsatz* λ_i [LE$_i$/PE], $i = 1, 2\ldots$, erzeugt, ist es zur Kalkulation der spezifischen Leistungskosten erforderlich, die Gesamtbetriebskosten *verursachungsgerecht* und *nutzungsgemäß* in eine Summe *partieller Betriebskosten* $K_i(\lambda_i)$ aufzuteilen:

$$K_{\mathrm{ges}} = \sum_i K_i(\lambda_i) \quad [\text{€/PE}] \, . \tag{6.1}$$

Aus den partiellen Betriebskosten bezogen auf den partiellen Leistungsdurchsatz resultieren die *spezifischen Leistungskosten*:

$$k_i = K_i(\lambda_i)/\lambda_i \quad [\text{€/LE}] \, . \tag{6.2}$$

Die *variablen Betriebskosten* sind unmittelbar vom Leistungsdurchsatz abhängig. Sie lassen sich daher relativ problemlos auf die verschiedenen Leistungsarten aufteilen, von denen sie verursacht werden.

Die *Fixkosten* hängen dagegen nicht direkt vom aktuell erbrachten Leistungsdurchsatz ab. Sie werden bestimmt von den *geplanten* Leistungsarten und vom *erwarteten* Leistungsbedarf. Ihre Aufteilung ist nur mit Hilfe geeigneter *Zuweisungsregeln* möglich. Hierfür gilt das *Prinzip* der

▶ *Fixkostenverteilung gemäß Inanspruchnahme*: Die Fixkosten werden den partiellen Leistungsarten in dem Verhältnis zugerechnet, in dem die bereitgehaltenen Ressourcen für die Erzeugung der partiellen Leistungen in Anspruch genommen werden.

Die Bemessungsgröße für die Inanspruchnahme ist bei den verschiedenen Ressourcen unterschiedlich. Sie kann die Belegungszeit, die genutzte Fläche oder die Maßeinheit der Ressourcenleistung sein. Die Bemessungsgröße zur Fixkostenaufteilung muss im Einzelfall so bestimmt werden, dass die Ressource sinnvoll und wirtschaftlich genutzt wird (s. *Abschn. 6.7*).

Die Fixkostenverteilung nach Inanspruchnahme wird gemeinhin als *Verursachungsprinzip* oder als *verursachungsgerechte Kostenverteilung* bezeichnet [189]. Der Grundsatz einer *Verteilung nach Verursachung* ist jedoch nicht durchführbar, da der aktuelle Leistungsdurchsatz die Höhe der Fixkosten der leistungserzeugenden Ressource nicht bestimmt. Der Begriff *gerecht* ist zudem irreführend und unklar, da jeder mit *Gerechtigkeit* andere Vorstellungen verbindet. Die *Inanspruchnahme* einer Ressource lässt sich dagegen objektiv festlegen und unstrittig messen.

6.2 Logistikkostenrechnung

Wie die allgemeine Kostenrechnung eines Unternehmens umfasst auch die Logistikkostenrechnung die *Vorkalkulation*, die *Mitkalkulation* und die *Nachkalkulation* [14, 53, 189].

6.2.1 Vorkalkulation

Die Vorkalkulation oder *Plankostenrechnung* hat die Aufgabe, die Betriebskosten eines vorhandenen oder geplanten Logistiksystems zu kalkulieren, das in einem *zukünftigen Planungszeitraum* erwartete Logistikleistungen erbringen soll. Ergebnisse der Plankostenrechnung sind *Plan-Logistikkosten* und *Soll-Leistungskosten*.

Die Vorkalkulation dient der *Entscheidungsunterstützung* bei der Planung von Systemen und Prozessen, der *Kostenrechnung* für zukünftige Betriebsperioden und der *Kalkulation* von Preisen und Tarifen.

6.2.2 Mitkalkulation

Die Mitkalkulation hat die Aufgabe, die im Verlauf einer *Abrechnungsperiode* erbrachten Logistikleistungen und die dadurch verursachten Kosten laufend zu erfassen und zu kontrollieren. Ergebnisse der Mitkalkulation sind Informationen über die aktuelle Auslastungs- und Kostensituation.

Die Kenntnis der aktuellen Logistikkosten und der Auslastung ermöglicht den Entscheidungsträgern, rechtzeitig gegenzusteuern und Maßnahmen zur Kostensenkung oder zur Auslastungsverbesserung einzuleiten.

Außerdem dient die Mitkalkulation der laufenden *Abrechnung* und *Vergütung* erbrachter Logistikleistungen eines Logistikdienstleisters zu den vereinbarten *Leistungspreisen* oder eines Logistikbetriebs im eigenen Unternehmen zu den festgelegten *Kostensätzen*.

6.2.3 Nachkalkulation

Die Nachkalkulation hat die Aufgabe, aus den erfassten Einzelkosten eines *vergangenen Abrechnungszeitraums* die Betriebskosten eines Logistiksystems zu kalkulieren, das in diesem Zeitraum bestimmte Logistikleistungen in bekannten Mengen erbracht hat. Ergebnisse der Nachkalkulation sind *Ist-Logistikkosten* und *Ist-Leistungskosten*, die mit den entsprechenden Plan-Werten verglichen werden können.

Aus dem *Soll-Ist-Vergleich* lassen sich Schlüsse für die weitere Plankostenrechnung und für die *Preiskalkulation* ziehen. Die wichtigsten *Ursachen* für Abweichungen der Ist- von den Soll-Logistikkosten sind:

- Über- oder unterplanmäßige *Kosten* für die Einsatzfaktoren der Leistungserzeugung, insbesondere der Personalkosten.
- Über- oder unterplanmäßiger *Einsatz* von Personal, Material oder Betriebsmitteln für die Leistungserzeugung.
- Von der Planung abweichende *Leerfahrtanteile* der eingesetzten Transportmittel oder *Kapazitätsnutzung* der Lade- und Transporteinheiten.
- Über- oder unterplanmäßige *Inanspruchnahme* des Leistungsvermögens des Logistiksystems für die verschiedenen Leistungsarten.

Die ersten beiden Ursachen von Soll-Ist-Abweichungen sind in der Regel vom Planer und Betreiber des Logistiksystems zu vertreten.

Höhere Leerfahrtanteile und schlechtere Kapazitätsnutzung können aus einer falschen Planung oder aus einer schlechten Disposition des Betreibers resultieren, aber auch durch veränderte Transportrelationen oder geringere Lager- und Transportmengen verursacht sein, die von den Nutzern zu vertreten sind. Ebenso ist die über- oder unterplanmäßige Inanspruchnahme des Leistungsvermögens entweder die Folge einer schlechten Planung und Bedarfsabschätzung durch den Planer und Betreiber oder von falschen Bedarfsangaben der Nutzer.

Für *geschlossene Logistiksysteme*, deren Leistungen nur von einem oder von einer kleinen Anzahl Unternehmen in Anspruch genommen werden, muss das Risiko von Bedarfsänderungen und der daraus resultierenden Unterauslastung bereitgehaltener Ressourcen von den Nutzern getragen werden. Für geschlossene Logistiksysteme dient die Nachkalkulation daher der Verteilung auslastungsbedingter Überschüsse oder Mehrkosten auf die Nutzer (s. *Abschn. 7.5.9*).

Für *offene Logistiksysteme*, deren Leistungen am Markt angeboten und die von vielen wechselnden Kunden genutzt werden, muss der Logistikdienstleister das *Risiko* von Bedarfsänderungen und Unterauslastung selbst tragen, da er auch die Chance erhöhter Gewinne aus einer günstigeren Bedarfsstruktur und besserer Auslastung hat. Außerdem kann der Logistikdienstleister über seine Verkaufsorganisation zusätzliche Kunden gewinnen und durch seine *Preispolitik* eine verstärkte Nutzung stimulieren. Für offene Logistiksysteme wird das *Struktur- und Auslastungsrisiko* in die Leistungspreise einkalkuliert (s. *Abschn. 7.2.3*).

6.3 Zusammensetzung der Logistikkosten

Die Logistikkosten setzen sich zusammen aus *spezifischen Logistikkosten* und *logistischen Zusatzkosten*:

- Die *spezifischen Logistikkosten* umfassen alle Kosten einer Leistungsstelle, eines Leistungsbereichs oder eines Unternehmens, die durch die operativen Logistikleistungen *Transport, Umschlag, Lagern, Kommissionieren* und *Bereitstellen* verursacht werden.

- Die *logistischen Zusatzkosten* umfassen die Kosten für *operative Neben- und Zusatzleistungen*, wie Versandverpackung, Etikettieren, Ausladen, Konfektionieren und Leerguthandling, sowie für *administrative Leistungen*, die mit der Erzeugung der Logistikleistungen einhergehen, wie Planung, Disposition, Qualitätssicherung und Controlling.

Nicht zu den Logistikkosten zählen die Kosten für die Produktion von Gütern und für die Erzeugung nichtlogistischer Leistungen. So sind die Kosten für Entwicklung, Konstruktion, Einkauf, Marketing, Vertrieb und Verwaltung keine Logistikkosten. Ebenso wenig zählen die Ausgaben für den Einkauf von Handelsware oder von Einsatz-, Roh-, Hilfs- und Betriebsstoffen der Produktion zu den Logistikkosten. Auch die Kosten für *Verkaufsverpackungen* sind keine Logistikkosten sondern Teil der Herstellkosten.

Bei der Gestaltung und Optimierung der Unternehmenslogistik sowie bei der Disposition von Aufträgen und Beständen ist jedoch stets zu beachten, dass außer den Logistikkosten auch nichtlogistische Kosten, wie *Rüstkosten, Fehlmengenkosten, Unterbrechungskosten* und *Bestellkosten*, sowie *Preise, Deckungsbeiträge* und *Umsätze* von der Logistik beeinflusst werden. Für die Unternehmenslogistik gilt daher ebenfalls das *Ökonomische Prinzip*:

▶ Ziel des wirtschaftlichen Handelns ist die Maximierung der Differenz von *Erlösen* und *Kosten* bei minimalem *Kapitaleinsatz*.

6.3.1 Bestandteile der Logistikkosten

Die Logistikkosten setzen sich aus folgenden *Bestandteilen* zusammen, die in der Regel von der Kostenrechnung gesondert erfasst werden [14, 53, 61, 62, 153]:

- *Personalkosten: Löhne* für gewerbliche und *Gehälter* für angestellte Mitarbeiter mit logistischen Aufgaben einschließlich *Nebenkosten* für Steuern, Abgaben, Urlaub, Krankheit, Abwesenheit usw.

- *Raum- und Flächenkosten: Abschreibungen* und *Zinsen* für eigene sowie *Mieten* und *Leasingkosten* für fremde Bauten, Hallen, Flächen und Außenanlagen sowie damit verbundene Kosten für Energie, Heizung, Klima, Instandhaltungund Bewachung.

- *Strecken- und Netzkosten: Abschreibungen* und *Zinsen* für eigene sowie *Mieten* und *Gebühren* für die Nutzung fremder Fahrwege, Transportstrecken, Fahrtrassen, Straßen, Autobahnen, Schienennetze oder Verkehrswege.

- *Betriebsmittelkosten: Abschreibungen, Zinsen, Reinigungs- und Instandsetzungskosten* für eigene sowie *Mieten* und *Leasingkosten* für fremde Betriebsmittel, wie Regale, Stapler, Transportmittel, Krananlagen, Fördertechnik, Handhabungseinrichtungen und andere *Logistikgewerke* einschließlich zugehöriger Steuerungstechnik und Prozessrechner sowie die von den Betriebsmitteln verursachten Kosten für *Energie, Wartung* und *Reparatur*.

- *Ladungsträgerkosten*: *Abschreibungen* und *Zinsen* für eigene sowie *Miete* und *Leasingkosten* für fremde Ladungsträger, wie Paletten, Behälter, Gestelle, Kassetten und Container.
- *Sachkosten*: Ausgaben für *Packmaterial, Transportverpackungen, Ladungssicherung, Etiketten* und anderes Material, das in Verbindung mit den Logistikleistungen verbraucht wird.
- *IT-Kosten*: *Abschreibungen, Zinsen* und Betriebskosten für eigene IT-Systeme sowie *Kosten* für fremde *IT-Leistungen*, soweit diese von den logistischen Leistungsstellen in Anspruch genommen werden.
- *Fremdleistungskosten*: *Frachten* und *Vergütungen* für Logistikleistungen und *Mieten* für Lagerplätze oder Abstellplätze.
- *Steuern, Abgaben, Versicherungen und Gebühren*, die im Zusammenhang mit der Erbringung der Logistikleistungen anfallen.
- *Vorlaufkosten*: Abschreibungen und Zinsen für aktivierte Kosten der *Planung* und des *Projektmanagement* sowie *Anlaufkosten*, die bis zum Beginn der wirtschaftlichen Nutzung einer Leistungsstelle oder eines Logistiksystems aufgelaufen sind.
- *Bestandskosten*: *Zinsen* und *Abschriften* auf Material und Waren in der gesamten Logistikkette, also in Lagern, auf Pufferplätzen und in Bewegung.

Bei der Kalkulation der Bestandskosten werden häufig nur die Zinskosten für die Kapitalbindung berücksichtigt und die *Abschriften* für Wertverluste, Unverkäuflichkeit, Verderb und Schwund der Bestände vernachlässigt. Die Höhe der Abschriften auf die Bestände aber kann bei modischen, verderblichen, hochwertigen oder technisch rasch veraltenden Produkten die Höhe der Zinskosten durchaus erreichen oder sogar überschreiten.

6.3.2 Arten der Logistikkosten

Abhängig von der Funktion der Leistungsstelle, der Art der Leistung und der Verantwortung für die Leistungserbringung lassen sich die Logistikkosten einteilen in:

- *Transport-, Lager-, Umschlags-, Kommissionier-* und *Bereitstellkosten*
- *Beschaffungskosten, Distributionskosten* und *Entsorgungskosten*
- *operative* und *administrative Logistikkosten*
- *innerbetriebliche* und *außerbetriebliche Logistikkosten*
- *direkte* und *indirekte Logistikkosten*
- *eigene* und *fremde Logistikkosten*.

Die *direkten Logistikkosten* sind gleich den anteiligen Betriebskosten aller operativen und administrativen Leistungsstellen, die für die Logistik tätig sind und ihre logistischen Leistungen gesondert erfassen. *Indirekte Logistikkosten* sind Kosten von administrativen Stellen, wie Personalabteilung, Planungsabteilung oder Geschäftsleitung, die indirekt für die Logistik tätig sind, und von operativen Stellen, die ihre Logistik-leistungen nicht gesondert erfassen.

Außer bei den *Logistikdienstleistern*, deren Geschäftszweck die Logistik ist, ste-hen den Logistikkosten in der Regel keine nennenswerten direkten *Erlöse für Logis-tikleistungen* gegenüber. Daher ist es nur bei Logistikunternehmen und für Logis-tikbetriebe, die als *interne Dienstleister* arbeiten, sinnvoll, die direkten Logistikkos-ten durch die Umlage von *indirekten Logistikkosten*, wie anteilige Gemeinkosten für Verwaltung und Vertrieb, zu belasten. Werden die Umsätze des Unternehmens nicht mit logistischen Produkten und Leistungen erzielt, sollten zur Vermeidung unnötiger Komplikationen nur die direkten Logistikkosten, die in diesem Fall selbst Gemein-kosten sind, gemäß der Inanspruchnahme auf die Artikel oder Aufträge umgelegt werden.

Zu den *fremden Logistikkosten* gehören die in den Einkaufspreisen enthaltenen Logistikkosten der Lieferanten. Die Höhe dieser *Lieferantenlogistikkosten* ist abhän-gig von den *Lieferbedingungen*, wie *Frei Haus* und *Ab Werk*, der *Anlieferform*, der *Sendungsstruktur* und dem gebotenen *Lieferservice*. Die Logistikkosten der Lieferan-ten werden von der Unternehmenslogistik und den *Beschaffungsstrategien* der Ab-nehmer beeinflusst [64].

6.3.3 Fixe und variable Logistikkosten

Zur Beurteilung unterschiedlicher Lösungsvarianten sowie für die Kalkulation von Leistungskosten und Leistungspreisen werden die Logistikkosten in variable und fixe Kosten aufgeteilt [14]:

$$K_{\log} = K_{\mathrm{var}} + K_{\mathrm{fix}} \, . \tag{6.3}$$

Die *Abgrenzung* von fixen und variablen Kosten ist nicht immer so eindeutig, wie oft angenommen wird [172].

Die *variablen Logistikkosten* K_{var} sind die Anteile der Logistikkosten, die sich mit dem Leistungsdurchsatz verändern und bei einer anhaltenden Nichtinanspruchnah-me von Leistungen vermeiden lassen. Zu den variablen Logistikkosten zählen:

- *nutzungsbedingte Abschreibungen* für den Verbrauch des *Nutzenvorrates*, der mit den Anlageinvestitionen bereitgestellt wird, wie die Abnutzung von Betriebsmit-teln und Transportmitteln infolge der betriebsbedingten Inanspruchnahme
- *Wartungs- und Instandhaltungskosten* von Transportmitteln, Ladungsträgern und anderen Betriebsmitteln mit nutzungsabhängigem Verschleiß
- *Personalkosten* für gewerbliche und angestellte Mitarbeiter, soweit deren Anzahl, Arbeitszeiten und Entlohnung dem Leistungsbedarf angepasst werden können
- *Sachkosten* der operativen und administrativen Leistungsstellen, soweit diese un-mittelbar von den erbrachten Logistikleistungen verursacht werden
- *Betriebskosten* für mobile Einrichtungen und Geräte, wenn sich die Anzahl dem Leistungsbedarf anpassen lässt
- *Verbrauchskosten* für Kraftstoffe, Energie, Beleuchtung, Heizung und Klimatisie-rung von Flächen, Gebäuden und Betriebsmitteln

- nutzungsabhängige Strecken- und Netzkosten
- leistungsabhängige Fremdleistungskosten
- nutzungsabhängige Steuern, Abgaben, Versicherungen und Gebühren
- Bestandskosten für den bedarfsabhängig veränderlichen Anteil der Bestände.

Die Nutzungsabhängigkeit der Wartungs- und Instandhaltungskosten für Transportmittel und andere Betriebsmittel wird bei der Kalkulation der Logistikkosten häufig nicht richtig berücksichtigt. So ist es falsch, die leistungsabhängigen Wartungs- und Instandhaltungskosten für alle Kalkulationsperioden mit einem festen Prozentsatz vom Investitionswert anzusetzen und damit wie Fixkosten zu behandeln. Die Wartungs- und Instandhaltungskosten steigen im Verlauf der Nutzung an und erreichen am Ende der Gesamtnutzungsdauer den Nutzungswert [65].

Einige Anteile der variablen Kosten lassen sich einer veränderten Leistungsinanspruchnahme nicht so weit anpassen, wie allgemein angenommen wird. Beispielsweise muss bei Jahresarbeitszeitverträgen mit flexibler Einsatzzeit dem Arbeitnehmer oft eine bestimmte *Mindeststundenzahl* pro Jahr garantiert werden, die auch bei geringerer Inanspruchnahme am Jahresende zu vergüten ist.

Die *fixen Logistikkosten* K_{fix} sind die Anteile der Logistikkosten, die unabhängig von der Erbringung der Logistikleistungen permanent anfallen und auch bei anhaltender Nichtinanspruchnahme bestehen bleiben. Wesentliche Bestandteile der fixen Logistikkosten sind:

- *nutzungsunabhängige Abschreibungen* für den *zeitlichen Wertverlust* von Flächen, Gebäuden, Anlagen, Verkehrswegen, Transportnetzen, Transportmitteln und Betriebsmitteln, die zum Erhalt der *Leistungsbereitschaft* permanent vorgehalten werden
- *kalkulatorische Zinsen* auf das investierte Kapital
- *feste Mieten und Leasingkosten*
- *feste Personalkosten* für Mitarbeiter, die als *Mindestbesetzung* oder *Bereitschaftsdienst* auch dann anwesend sein müssen, wenn keine Leistungen in Anspruch genommen werden
- *fixe Fremdleistungskosten*, soweit sie unabhängig von der Leistungsnutzung anfallen
- *feste Steuern, Abgaben, Versicherungen* und *Gebühren*
- *Abschreibungen* von aktivierten Planungs-, Projektmanagement- und Beratungsaufwendungen
- *konstante Bestandskosten* für den Anteil der Bestände, der sich bei einem Rückgang des Bedarfs nicht abbauen lässt.

Die fixen Logistikkosten sind nicht immer so fest und unabhängig von der Leistung, wie vielfach angenommen wird. So ist eine genaue Trennung zwischen nutzungsunabhängigen und nutzungsbedingten Abschreibungen für Industriebauten, Transportnetze und Verkehrswege in vielen Fällen schwierig.

6.4 Abschreibungen und Zinsen

Die Betriebskosten hochtechnisierter Systeme, die große Investitionen erfordern, werden maßgebend von den *Abschreibungen* und *Zinsen* bestimmt. Für die Kalkulation von Abschreibungen und Zinsen gibt es unterschiedliche Verfahren, die von der betriebswirtschaftlichen Zielsetzung abhängen, wie Finanzierung, Bilanzierung, Kostenrechnung, Preiskalkulation oder Investitionsrechnung [14, 65].

Für Investitionsentscheidungen, Betriebskostenrechnungen und Preiskalkulationen ist das Verfahren *nutzungsnaher Abschreibungen* mit *kalkulatorischen Zinsen* am besten geeignet. Abgesehen von seiner Einfachheit sind die Vorteile dieses Verfahrens eine bei gleichbleibender Nutzung bis zum Ende der wirtschaftlichen Nutzungsdauer *konstante Kostenbelastung* und die Möglichkeit der *nutzungsnahen Fixkostenverteilung*.

Andere Kalkulationsverfahren, beispielsweise die steuerlich zulässige degressive Abschreibung über kurze Zeiträume oder eine zu Anfang hohe, mit der Tilgung abnehmende Zinsbelastung, sind mit zeitabhängigen Kostenbelastungen verbunden, verschleiern die Zusammenhänge und führen leicht zu falschen Entscheidungen [65].

6.4.1 Nutzungsnahe Abschreibungen

Die Abschreibungen bis zum Nutzungsende einer Investition dienen bei Fremdfinanzierung der Tilgung des investierten Kapitals und bei Eigenfinanzierung dem Ansparen des zur Neuinvestition benötigten Kapitals. In beiden Fällen müssen die Abschreibungsbeträge *nutzungsnah* sein, das heißt proportional zur zeitlichen oder leistungsabhängigen *Inanspruchnahme*. Dabei ist zu unterscheiden zwischen den *leistungsabhängigen Abschreibungen, die* von der *Abnutzung* durch Gebrauch bestimmt werden, und den *zeitabhängigen Abschreibungen*, für die der *Wertverlust* infolge von Veraltung oder Unwirtschaftlichkeit maßgebend ist.

Die Höhe der leistungsabhängigen Abschreibungen auf eine Investition, die zu Nutzungsbeginn einen *Beschaffungswert* BW [€] und zum Nutzungsende einen *Restwert* RW [€] hat, resultiert aus der *Gesamtnutzbarkeit* und der *Nutzungsintensität*:

- Ist Λ die *Gesamtnutzbarkeit* in Leistungseinheiten [LE] oder in Zeiteinheiten [ZE] und λ die *Periodennutzung* in LE/PE bzw. ZE/PE, dann ist die *Periodenabschreibung für die Abnutzung* der Anlage oder des Betriebsmittels

$$K_{AfA} = (BW - RW) \cdot \lambda/\Lambda \quad [€/PE] . \tag{6.4}$$

Die minimale Gesamtnutzbarkeit in Zeiteinheiten, zum Beispiel in Betriebsstunden, ist die *technische Mindestnutzungsdauer* T_{Nmin} [PE]. Die minimale Gesamtnutzbarkeit in Leistungseinheiten, beispielsweise in Fahrkilometern eines Transportmittels oder in Lagerspielen eines Regalbediengeräts, ist die *technische Mindestlaufleistung* Λ_{min}.

Die technische Mindestnutzungsdauer oder Mindestlaufleistung von Anlagen und Betriebsmitteln muss der Hersteller angeben. Unter der Voraussetzung einer *ordnungsgemäßen Wartung und Instandhaltung wird* die technische Mindestnutzungsdauer oder Mindestlaufleistung von qualifizierten Lieferanten auch garantiert. *Erfahrungswerte* der technischen Mindestnutzungsdauer für ausgewählte innerbetriebliche Logistikgewerke und die für unterschiedliche Betriebszeiten resultierenden Abschreibungszeiten sind in *Tab. 6.1* zusammengestellt.

Die *Nutzungsabschreibung* ist die Abschreibung pro Leistungseinheit und gegeben durch

$$k_{AfA} = (BW - RW)/\Lambda \quad [€/LE] . \tag{6.5}$$

So resultiert für einen Lastzug mit Sattelauflieger, dessen Beschaffungspreis BW = 100.000 € beträgt und der die Mindestlaufleistung Λ_{min} = 1.200.000 Fahrkilometer hat, eine Nutzungsabschreibung von 8,00 € pro 100 km oder 0,08 €/km, wenn der Restwert am Ende der Nutzung 0 ist. Die nutzungsnahe Abschreibung ist also unabhängig davon, zu welcher Zeit die Fahrt stattfindet, ob am Anfang, in der Mitte oder am Ende der Gesamtnutzungszeit, und auch unabhängig davon, wie hoch die Fahrleistung pro Periode ist.

Bei *ungleichmäßigem Leistungsanfall* ist die Anzahl genutzter Betriebsstunden oder Leistungseinheiten in den einzelnen Perioden unterschiedlich. Die Abschreibung ist dann periodenabhängig und gemäß Beziehung (6.4) mit der aktuellen Periodennutzung λ zu kalkulieren. So ist ein Lastzug mit der Mindestlaufleistung von 1.200.000 Fahrkilometern, der im ersten Jahr 150.000 km, im nächsten Jahr 100.000 km und im dritten Jahr 200.000 km gefahren wird, im ersten Jahr mit 12,5 %, im zweiten Jahr mit 8,33 % und im dritten Jahr mit 16,7 % abzuschreiben.

Die Abhängigkeit der Abschreibung von der Periodennutzung wird vielfach nicht berücksichtigt. Stattdessen wird nutzungsunabhängig mit einer linearen Abschreibung über eine feste Zeit kalkuliert. Bei geringer Nutzung ergeben sich mit einer linearen Abschreibung zu hohe und bei hoher Nutzung zu geringe Leistungskosten. Das kann bei geringer Inanspruchnahme zur Folge haben, dass die wenigen Kunden die Nutzung weiter einschränken, weil die Leistungspreise zu hoch kalkuliert sind. Bei hoher Nutzung steigt der Verschleiß an, ohne dass die mit einer gleichbleibenden Abschreibung kalkulierten Erlöse die erhöhte Abnutzung decken.

Nur bei *gleichmäßiger Inanspruchnahme* während der gesamten technischen Nutzungsdauer T_N [PE], die in Periodenlängen, zum Beispiel in Jahren gemessen wird, wie sie für *Gebäude* und *unbewegliche Einrichtungen* angesetzt werden kann, ist es sinnvoll, mit einer konstanten *linearen Abschreibung* zu kalkulieren. Dann ist:

$$K_{AfA} = (BW - RW)/T_N \quad [€/PE] . \tag{6.6}$$

Die gleiche Beziehung ergibt sich auch für eine nutzungsabhängige Abnutzung aus Beziehung (6.4) mit der *technischen Nutzungszeit* T_N [PE] bei einer *mittleren Periodennutzung* λ [ZE/PE oder LE/PE] und einer Gesamtnutzbarkeit Λ [ZE oder LE], denn dann ist $T_N = \Lambda/\lambda$ [PE].

Ein typisches Beispiel für die Nutzungsabhängigkeit der Abschreibungsdauer ist eine Paketsortieranlage mit einem Investitionswert von 8,5 Mio. € und einer garantierten technischen Mindestlaufzeit von 40.000 Betriebsstunden. Im Zweischichtbetrieb mit 2 · 7 Stunden an 250 Tagen im Jahr ist die Abschreibungszeit N_T =

Gewerke	Mindestnutzbarkeit		Abschreibungszeit			
	minimale Gesamtbetriebszeit	Ein-heit	1-Schicht 2.000	2-Schicht 4.000	3-Schicht 6.000	h/Jahr
Lagerbediengeräte						
Schmalgangstapler	30.000	h	15	8	5	Jahre
Regalförderzeuge	40.000	h	20	10	7	Jahre
Krananlagen	60.000	h	30	15	10	Jahre
Flurförderzeuge						
Handgabelhubwagen	15.000	h	8	4	3	Jahre
Stapler, Elektrohubwagen	20.000	h	10	5	3	Jahre
Elektrokarren, Schleppzüge	30.000	h	15	8	5	Jahre
FTS-Anlagen	40.000	h	20	10	7	Jahre
Fördersysteme						
Verschiebewagen	40.000	h	20	10	7	Jahre
Senkrechtförderer	40.000	h	20	10	7	Jahre
Paketsorter	40.000	h	20	10	7	Jahre
Elektrohängebahnen	50.000	h	25	13	8	Jahre
Kreisförderer	60.000	h	30	15	10	Jahre
Stetigförderanalgen	60.000	h	30	15	10	Jahre
Betriebseinrichtungen						
Aufzüge	60.000	h	30	15	10	Jahre
Roboter	40.000	h	20	10	7	Jahre
Waagen, Umreifung	20.000	h	10	5	3	Jahre
Regale						
Fachregale	15 bis 20	Jahre	-	15 bis 20	-	Jahre
Durchlaufregale	60.000	h	20	10	7	Jahre
Verschieberegale	40.000	h	20	10	7	Jahre
Umlaufregale	30.000	h	15	8	5	Jahre
Rechneranlagen						
Hardware	5 bis 10	Jahre	-	5 bis 10	-	Jahre
Software	3 bis 5	Jahre	-	3 bis 5	-	Jahre
Ladehilfsmittel						
DIN-Paletten	3 bis 5	Jahre	-	3 bis 5	-	Jahre
Behälter	5 bis 10	Jahre	-	5 bis 10	-	Jahre
ISO-Container	7 bis 12	Jahre	-	7 bis 12	-	Jahre
Gebäude						
Hallenbauten	25 bis 40	Jahre	-	25 bis 40	-	Jahre
Silobauten	10 bis 20	Jahre	-	10 bis 20	-	Jahre
Haustechnik						
Klimaanlagen	15 bis 20	Jahre	-	15 bis 20	-	Jahre
Sprinkler	20 bis 30	Jahre	-	20 bis 30	-	Jahre
Heizungsanlagen	20 bis 30	Jahre	-	20 bis 30	-	Jahre
Elektroinstallationen	20 bis 30	Jahre	-	20 bis 30	-	Jahre

Tab. 6.1 Richtwerte der Mindestnutzbarkeit innerbetrieblicher Logistikgewerke und resultierende Abschreibungszeiten bei Ein- und Mehrschichtbetrieb

Nutzung: 250 Betriebstage pro Jahr, 8 Betriebsstunden pro Schicht

$40.000/(2 \cdot 7 \cdot 250) = 11{,}4$ Jahre. Die jährliche Abschreibung ist dann 0,75 Mio. €. Bei einer Nutzung im Dreischichtbetrieb mit $3 \cdot 7$ Stunden an 300 Tagen im Jahr sinkt die Abschreibungszeit auf 6,4 Jahre. Die jährliche Abschreibung steigt auf 1,33 Mio. €.

Auch wenn Gebäude, Anlagen und Betriebsmittel aus steuerlichen Gründen, zur Finanzierung oder wegen einer Investitionsförderung progressiv, degressiv oder in einem kürzeren Zeitraum als die nutzungsabhängige Abschreibungszeit abgeschrieben werden dürfen, sollte bei *Investitionsrechnungen* und in der *Leistungskostenrechnung* mit der nutzungsnahen Abschreibung über die *technische Mindestnutzungszeit* kalkuliert werden.

So ist es steuerlich zulässig, ein *Hochregallager* in Silobauweise als Betriebseinheit wie eine Maschine in 10 Jahren abzuschreiben. Die Statistiken im Betrieb befindlicher Hochregallager zeigen jedoch, dass die Nutzungsdauer von Hochregallagern bei ordnungsgemäßer Wartung und Instandhaltung 20 Jahre und länger beträgt. Es wäre daher falsch, sich anstelle eines *Hochregallagers* allein deshalb für ein *Staplerlager* mit einer Halle zu entscheiden, weil die steuerlich zulässige Abschreibungsdauer für die Halle 25 Jahre beträgt. Betriebswirtschaftlich maßgebend für den Systemvergleich zwischen einem automatischen Hochregallager und einem konventionellen Staplerlager in einer Halle sind die Betriebskosten, die sich aus den unterschiedlichen Nutzungsdauern und Kosten der Teilgewerke errechnen (s. *Tab. 16.6*).

Ist ein Gewerk infolge des technischen Fortschritts oder aufgrund des Fortfalls der Nutzbarkeit vor Ablauf der technischen Nutzungsdauer nicht mehr wirtschaftlich einsetzbar, ist die Abschreibungszeit durch die *wirtschaftliche Nutzungsdauer* N_W begrenzt, die in diesem Fall kürzer ist als die technische Nutzungsdauer [14].

6.4.2 Kalkulatorische Zinsen

Bei einem größeren Bestand von Gebäuden, Maschinen, Anlagen, Betriebsmitteln oder Fahrzeugen, die zu verschiedenen Zeiten mit den *Beschaffungswerten* BW_k [€], $k = 1, 2, \ldots, N_I$, angeschafft wurden und am Ende der jeweiligen Nutzungszeit die *Restwerte* RW_k haben, ist der *Zeitwert* des gesamten Anlagebestandes gleich der Summe der mittleren Zeitwerte der Teilanlagen:

$$ZW = \sum_k \left(BW_k + RW_k \right)/2 \,. \tag{6.7}$$

Aus dem Gesamtzeitwert und dem Zinssatz ergibt sich die Zinsbelastung. Für die betriebswirtschaftliche Kostenrechnung ist es daher zulässig, die Zinsen für die einzelnen Teilanlagen während der gesamten Nutzungszeit mit dem *mittleren Zeitwert* zu kalkulieren. Die *kalkulatorischen Zinsen* für eine Investition mit einem *Beschaffungswert* BW [€] und einem *Restwert* RW [€] bei einem *Zinssatz* z [%/PE] sind nach diesem *Verfahren der Durchschnittswertverzinsung* [14]:

$$K_{zins} = z \cdot (BW + RW)/2 \quad [\text{€/PE}] \,. \tag{6.8}$$

Hieraus folgen die *Kalkulationsgrundsätze*:

▶ Für alle *Anlagen*, deren Zeitwert während der Nutzungszeit bis zu einem Restwert O abnimmt, sind die Zinskosten auf den *halben Beschaffungswert* zu kalkulieren.

▶ Für *Grundstücke* und Anlagegüter, deren Restwert gleich dem Beschaffungswert ist, sind die Zinskosten auf den *vollen Beschaffungswert* zu kalkulieren.

Werden die Zinsen der Teilanlagen, wie in der Gewinn- und Verlustrechnung, auf den im Verlauf der Nutzungszeit abnehmenden Zeitwert kalkuliert, ergeben sich zu Beginn der Nutzung höhere Leistungskosten als zum Ende der Nutzungszeit. Damit resultieren für Neuanlagen Kosten und Preise, die deutlich höher sind als für Altanlagen gleicher Art und Leistung.

Dadurch würden die Nutzer in der Anfangsphase bestraft und in der Endphase begünstigt. Kunden mit Ausweichmöglichkeit, die in der Endphase der Nutzung durch günstige Preise angezogen wurden, wandern nach einer Neuanschaffung infolge der sprunghaft erhöhten Preise ab. Das ist in manchen Fällen der Grund dafür, dass eine betriebswirtschaftlich eigentlich notwendige und sinnvolle Neuanschaffung immer wieder hinausgezögert wird.

6.5 Leistungseinheiten und Leistungsdurchsatz

Die Logistikkosten hängen von *Art* und *Menge* der erbrachten Leistungen ab. Die Art der Leistungen wird durch *Leistungsmerkmale* [LM] gekennzeichnet. Die Menge der erbrachten Leistung pro Periode, also der *Leistungsdurchsatz* λ [LE/PE] – auch einfach *Leistung* genannt –, wird in *Leistungseinheiten* [LE] pro Periode [PE] gemessen.

6.5.1 Leistungsmerkmale und Leistungseinheiten

Die *Leistungsmerkmale* LM spezifizieren den Leistungsumfang, das Leistungsergebnis und die Umstände, unter denen die Leistung zu erbringen ist. *Merkmale von Logistikleistungen* sind:

- Beschaffenheit der Logistikeinheiten, wie Maße, Volumen und Gewicht
- geforderte Lieferzeiten und Zustelltermine
- Lieferfähigkeit, Termintreue und Sendungsqualität
- Neben- und Zusatzleistungen, die nicht gesondert abgerechnet werden,
- Versandvorschriften, Lagervorschriften und Sicherheitsanforderungen.

Leistungseinheiten [LE] zur Messung von Logistikleistungen sind:

- *Mengeneinheiten* [ME]: *Gewichte* [kg; t], *Volumen* [l; m^3], *Stück* [ST], *Gebinde* [Geb] oder *Ladeeinheiten* [LE]
- *Vorgangseinheiten* [VE]: *Aufträge* [Auf], *Positionen* [Pos], *Sendungen* [Sdg], *Bearbeitungseinheiten* [BE] oder definierte *Leistungsumfänge* [LU].

Leistungseinheiten der spezifischen Logistikleistungen *Transport* zur Raumüberbrückung und *Lagern* zur Zeitüberbrückung sind:

- *Transport-Leistungseinheiten: Ladeeinheiten-Entfernung* [LE-km], *Transporteinheiten-Kilometer* [TE-km]; *Laderaum-Kilometer* [m^3-km] oder *Tonnen-Kilometer* [t-km]
- *Lager-Leistungseinheiten: Lagergut-Aufbewahrungszeit* [Lagergut-Tage], *Lagerraum-Tage* [m^3-Tage] und *Ladeeinheiten-Tage* [LE-Tag], wie Paletten-Tage oder PKW-Abstelltage.

6.5.2 Leistungsarten

Für die Kalkulation der Leistungskosten ist zu unterscheiden zwischen einfachen und zusammengesetzten Leistungen:

- *Einfache Leistungen* bestehen nur aus einer Leistungsart und werden durch nur eine Leistungseinheit gemessen.
- *Zusammengesetzte Leistungen* oder *Leistungspakete* $L(n_1, n_2, \ldots, n_N)$ setzen sich aus mehreren *Teilleistungen* TL_r, $r = 1, 2, \ldots, N$, zusammen, die pro Leistungspaket mit den Anzahlen n_r vorkommen, durch Merkmale LM_r gekennzeichnet sind und in unterschiedlichen Leistungseinheiten LE_r gemessen werden.

Einfache Leistungen der Logistik sind beispielsweise das *Ein- und Auslagern* einer Lagereinheit, das *Lagern* einer Lagereinheit für eine definierte Zeit oder der *Transport* einer Transporteinheit über eine bestimmte Entfernung. Die Leistungseinheit ist im ersten Fall die Lagereinheit LE, im zweiten Falle der LE-Tag und im letzten Fall der TE-km.

Zusammengesetzte Leistungen, die von manchen Dienstleistern auch als *Produkte* bezeichnet werden, sind z. B. das *Be- und Entladen* einer Sendung mit M_{LE} Ladeeinheiten in $M_{TE}(M_{LE})$ Transporteinheiten, in denen die Sendung von A nach B gefahren wird, oder der *kombinierte Transport* von M_{WB} Wechselbrücken im Vor- und Nachlauf auf der Straße mit $M_{LKW}(M_{WB})$ Lastzügen und im Hauptlauf mit der Bahn auf $M_{WAG}(M_{WB})$ Waggons.

Im allgemeinsten Fall enthalten die Teilleistungen einer zusammengesetzten Leistung in sich verschachtelt weitere Teil- oder Unterleistungen. Eine zusammengesetzte *und* verschachtelte Leistung der innerbetrieblichen Logistik ist beispielsweise das *Kommissionieren* von stündlich λ_{Auf} [Auf/h] *Aufträgen* mit durchschnittlich n_{Pos} *Positionen* [Pos] pro Auftrag und im Mittel m_{EE} unterschiedlichen *Entnahmeeinheiten* [EE] pro Position. Eine zusammengesetzte und verschachtelte Leistung der außerbetrieblichen Logistik ist die *Spedition* einer Sendung mit einer bestimmten Packstückanzahl auf Paletten über einen oder zwei Umschlagpunkte zu einem vorgegebenen Ziel.

Der Auftraggeber interessiert sich in der Regel wenig für die Einzelleistungen, die mit der Auftragsdurchführung verbunden sind. Er erwartet ein *Leistungsergebnis*, das ihm Nutzen bringt. Daher ist es notwendig, zu unterscheiden zwischen *Endleistungen* oder *Leistungsergebnissen*, die der *Auftraggeber* sieht und bestellt hat, und *Vorleistungen*, *Teilleistungen* und *Einzelleistungen*, die zur Erzeugung eines Leistungsergebnisses vom *Auftragnehmer* erbracht werden.

In der Logistik ist das Leistungsergebnis ein immaterielles Produkt, wie eine zugestellte Sendung oder ein versandfertig kommissionierter Auftrag. Die Vorleistungen sind in der Regel ebenfalls Leistungen, können aber auch materielle Objekte umfassen, wie Transportverpackungen oder Ladungssicherungen, die zur Leistungserstellung benötigt werden.

6.5.3 Leistungsdurchsatz und Grenzleistungen

Der Durchsatz λ einer Leistung $\Lambda(n_1, n_2, \ldots, n_m)$, die sich aus n_r Teilleistungen TL_r zusammensetzt, bewirkt einen *Durchsatz von Teilleistungen*

$$\lambda_r = n_r \cdot \lambda, \quad r = 1, 2 \ldots, m \quad [\text{TL/PE}] . \tag{6.9}$$

Enthält eine der Teilleistungen TL_r ihrerseits eine Unterleistung UL mit n_{ur} Leistungseinheiten, dann ist der *induzierte Leistungsdurchsatz* der enthaltenen Leistung gegeben durch

$$\lambda_{ur} = n_{ur} \cdot n_r \cdot \lambda \quad [\text{UL/PE}] . \tag{6.10}$$

Die in *Abb. 6.1* dargestellte Auflösung einer kombinierten und verschachtelten Leistung in Teilleistungen und enthaltene Unterleistungen entspricht der *Stücklistenauflösung* der Fertigungsplanung. Anzahlen und Mengen der Vorleistungen, Teilleistungen und Einzelleistungen, die mit einem Leistungsauftrag verbunden sind, hängen ab von der Beschaffenheit und Zusammensetzung der Endleistung, von der Auftragsdisposition sowie vom Fassungsvermögen und Füllungsgrad der verwendeten Ladungsträger und Transportmittel.

Verändern sich beim Durchlauf durch die Logistikkette die Lade- und Transporteinheiten, ist es notwendig, die Kosten auf die *elementaren Logistikeinheiten* zu beziehen, die die Logistikkette von Anfang bis Ende unverändert durchlaufen. Hierzu müssen die Leistungskosten für Teilabschnitte der Logistikkette, die von *zusammengesetzten Ladeeinheiten* durchlaufen werden, auf die in ihnen enthaltenen elementaren Einheiten umgerechnet werden (s. *Abschn. 12.2*).

Wenn eine Leistungsstelle oder ein Logistiksystem mehrere Leistungsarten LA_i erbringen kann, die jeweils durch bestimmte Leistungsmerkmale LM_i gekennzeichnet sind, ist der Leistungsdurchsatz gegeben durch einen *Leistungsvektor*:

$$\lambda = (\lambda_1, \lambda_2, \ldots, \lambda_N) . \tag{6.11}$$

Die Komponenten des Leistungsvektors sind die *partiellen Leistungen* λ_i $[LE_i/PE]$, $i = 1, 2, \ldots, N$, die unter Umständen in unterschiedlichen Leistungseinheiten LE_i gemessen werden.

Die maximal möglichen Leistungsdurchsätze der Leistungsarten, für die eine Leistungsstelle ausgelegt ist, sind die *partiellen Grenzleistungen* μ_i $[LE_i/PE]$. Die Grenzleistungen einer Leistungsstelle lassen sich zu einem *Grenzleistungsvektor* zusammenfassen:

$$\mu = (\mu_1, \mu_2, \ldots, \mu_N) . \tag{6.12}$$

Die Auslastung einer Leistungsstelle mit dem Leistungsvektor (6.11) und dem Grenzleistungsvektor (6.12) ist gegeben durch den *Auslastungsvektor*:

$$\rho = (\rho_1, \rho_2, \ldots, \rho_N) \tag{6.13}$$

mit den *partiellen Auslastungen*

$$\rho_i = \lambda_i/\mu_i \quad [\%] . \tag{6.14}$$

Eine Leistungsstelle, die unterschiedliche Leistungen erbringen kann, wird in der Regel in den partiellen Leistungen verschieden stark genutzt. Sie kann in einigen Leistungsarten hoch und in anderen gering ausgelastet sein.

Bei der Kalkulation nutzungsgemäßer Kostensätze und Preise ist zu unterscheiden, ob eine Leistungsstelle oder ein Logistiksystem die partiellen Leistungen unabhängig voneinander oder nur konkurrierend erbringen kann. *Konkurrierende Leistungsarten*, beispielsweise das Einlagern und das Auslagern, können nur soweit erbracht werden, wie die von ihnen in Anspruch genommenen Ressourcen, z. B. die Lagergeräte, nicht für die jeweils andere Leistungsart genutzt werden.

6.6 Kostenstellen und Kostentreiber

Jede Leistungsstelle erzeugt Kosten und kann als gesonderte *Kostenstelle* betrachtet werden. Die Kosten einer Leistungsstelle werden von der installierten Kapazität und Grenzleistung sowie von der Menge und Art der erzeugten Leistungen bewirkt. Daher ist grundsätzlich jede Leistungseinheit, von der die Betriebskosten einer Leistungsstelle abhängen, ein *Kostentreiber*.

Die Anzahl der einzelnen Leistungsstellen und der von diesen erbrachten Leistungsarten ist in einigen Fällen jedoch so groß, dass die Leistungserfassung und Kostenrechnung sehr umfangreich und aufwendig werden. Wie in *Abb. 6.1* dargestellt, lässt sich das Problem durch *Ordnen* und *Bündeln* der Leistungsstellen zu *Leistungsbereichen* und durch *Zusammenfassen* von Teilleistungen zu *Leistungspaketen* und *Standardleistungen* vereinfachen. Je nach Bedarf ist auf diese Weise eine beliebig *differenzierte Leistungsabrechnung* oder eine relativ *pauschale Leistungsabrechnung* möglich.

Konkrete Beispiele für die Anwendung des hier beschriebenen allgemeinen Vorgehens zur Kalkulation von Lager-, Kommissionier-, Transport- und Frachtleistungskosten finden sich jeweils am Ende der *Kap. 16, 17, 18* und *20*.

6.6.1 Differenzierte Leistungskostenabrechnung

Alle Leistungsstellen, die an der Erzeugung gleicher Leistungsumfänge beteiligt sind und deren Leistungskosten von den gleichen Leistungseinheiten abhängen, werden zu *Leistungsbereichen* zusammengefasst. Jeder Leistungsbereich ist eine Kostenstelle. Alle Leistungseinheiten, die Einfluss auf die variablen Kosten haben, werden unabhängig davon, wie groß die von ihnen bewirkten Kosten sind, gesondert erfasst und abgerechnet.

So können für einfache Palettenlager der Wareneingang und der Warenausgang mit der Ein- und Auslagerfördertechnik und dem Lagerbereich zu einer Kostenstelle *Lager* zusammengefasst werden, wenn im Wareneingang keine wesentlichen Umpackvorgänge und im Warenausgang keine Kommissionierung stattfinden. Kosten- und Preiseinheiten sind in diesem Fall durchgängig für das Ein- und Auslagern von Paletten €/Pal und für das Lagern €/Pal-Tag. Wenn sich an das Lagern eine Kommissionierung anschließt, werden hierfür zusätzlich für die Leistungseinheiten *Auftrag*,

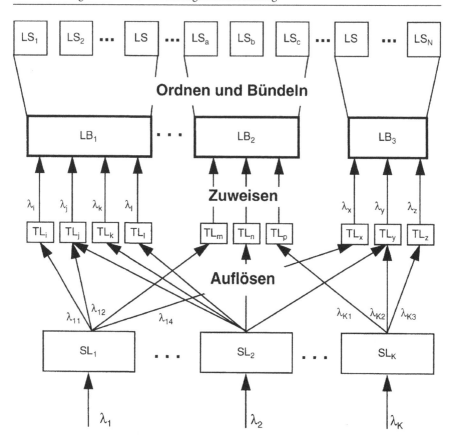

Abb. 6.1 Auflösen von Standardleistungen in Teilleistungen und Zuweisung zu Leistungsbereichen und Leistungsstellen

LS_i = Leistungsstelle
TL = Teilleistung
λ_k = Durchsatz in LE/PE = kostentreibende Leistungseinheiten [LE]
  pro Periode [PE]
LB_n = Leistungsbereich   = Kostenstelle
SL_k = Standardleistung   = Leistungsumfang

Position und *Entnahmeeinheit* die differenzierten Kosten- und Preiseinheiten €/Auf, €/Pos und €/EE abgerechnet. Eine derart differenzierte Leistungskostenabrechnung ist für größere Logistikbetriebe mit vertretbarem Aufwand nur auf einem Rechner durchführbar. Die durchgesetzten Leistungseinheiten werden von einem unterlagerten *Lagerverwaltungssystem* (LVS) oder einem *Transportleitrechner* (TLR) laufend erfasst und einem überlagerten *Verwaltungsrechner* gemeldet. Am Ende einer Abrechnungsperiode kalkuliert der Verwaltungsrechner aus den Leistungsmengen durch

Multiplikation mit den Leistungskosten die *Logistikkosten* oder mit den Leistungspreisen die *Leistungsvergütung* für die abgeschlossene Periode (s. *Abschn. 7.4*).

Der *Vorteil* der differenzierten Leistungsabrechnung besteht darin, dass die Nutzer
des Logistiksystems direkt mit allen von ihnen verursachten und *veranlassten* Kosten belastet werden. Kostenwirksame Veränderungen der *Leistungsstruktur* werden
mit der Leistungs- und Kostenabrechnung umgehend an die Nutzer weitergegeben.
Auf diese Weise werden die Nutzer *selbstregelnd* dazu angeregt, allzu kostentreibende
Leistungen weniger in Anspruch zu nehmen. Die Betreiber müssen sich einer veränderten Leistungsinanspruchnahme kurzfristig anpassen, entweder durch Abbau
oder durch Aufbau entsprechender Kapazitäten in den betroffenen Leistungsstellen.

Streitigkeiten, Diskussionen und Nachforderungen infolge von Strukturveränderungen entfallen bei der differenzierten Leistungsabrechnung. Sie ist daher vor allem
für die *Leistungsvergütung von Systemdienstleistern* geeignet, die ein kundenspezifi-
sches Logistiksystem betreiben, das nicht zugleich auch von anderen Unternehmen
genutzt wird.

6.6.2 Pauschalierte Leistungskostenabrechnung

Bei der pauschalierten Leistungskostenabrechnung werden möglichst viele Leistungsstellen zu möglichst wenigen Leistungsbereichen und Kostenstellen zusammengefasst. Zur weiteren Vereinfachung werden nur die Kosten der *Hauptleistungen*
erfasst, kalkuliert und abgerechnet, von denen die variablen Kosten *maßgebend* abhängig sind. *Kostentreiber* sind dann nur noch die Leistungseinheiten LE_i der *maßgebenden Leistungsarten*.

Die Kosten für nicht gesondert kalkulierte *Nebenleistungen*, wie das Etikettieren
oder das Be- und Entladen, werden anteilig den Kosten der maßgebenden Hauptleistungen zugerechnet, mit denen sie verbunden sind, wie dem Lagern, dem Kommissionieren, dem Umschlag oder dem Transport. Da die Kalkulationsgenauigkeit
infolge des Fixkostendilemmas ohnehin begrenzt ist, können auf diese Weise in der
Kostenrechnung in der Regel alle Leistungen unterdrückt werden, deren Kosten geringer sind als 10 % der Kosten für die Hauptleistungen.

Das Einkalkulieren der Nebenleistungen und die Berücksichtigung allein der
Hauptleistungen als Kostentreiber sind für die Kostenrechnung und Preiskalkulation solange ausreichend genau, wie sich die *Leistungsstruktur* nicht wesentlich ändert, wenn also die Relation der nicht gesondert kalkulierten Nebenleistungen zu
den verursachenden Hauptleistungen konstant bleibt. Bei einer pauschalierten Leistungskostenabrechnung ist es daher ratsam, nicht nur den Leistungsdurchsatz laufend zu erfassen sondern auch die Leistungsstruktur zu kontrollieren. Bei gravierenden Strukturveränderungen kann eine Korrektur der Leistungskosten und Leistungspreise notwendig sein.

Die weniger aufwendige pauschalierte Leistungskostenabrechnung ist geeignet
für die innerbetriebliche Verrechnung von Leistungen eines Logistikbetriebes, der als
interner Dienstleister für einen oder mehrere Bereiche des gleichen Unternehmens
arbeitet. Wird die pauschalierte Leistungskostenabrechnung zur Vergütung eines externen Logistikdienstleisters eingesetzt, müssen, um Streitigkeiten auszuschließen,

zusätzlich zu den Leistungspreisen auch die Leistungsstruktur und deren maximal zulässige Veränderung vereinbart werden.

6.7 Durchsatzabhängigkeit der Logistikkosten

Die *variablen Betriebskosten* lassen sich in eine Summe von *partiellen variablen Kosten* $K_{i\,\mathrm{var}} = K_{i\,\mathrm{var}}(\lambda_i)$ aufteilen, die vom Leistungsdurchsatz der verschiedenen Leistungsarten abhängen:

$$K_{\mathrm{var}} = \sum_i K_{i\,\mathrm{var}}(\lambda_i) \quad [\text{€/PE}] \,. \tag{6.15}$$

Wenn die Abhängigkeit der variablen Kosten $K_{\mathrm{var}}(\lambda_i)$ vom partiellen Leistungsdurchsatz stetig differenzierbar ist, existieren die *partiellen Grenzkosten*:

$$k_{i\,\mathrm{grenz}} = \partial K_{\mathrm{var}}/\partial \lambda_i \quad [\text{€/LE}_i] \,. \tag{6.16}$$

Die partiellen Grenzkosten hängen von den Leistungsmerkmalen LM_i und den geforderten Grenzleistungen μ_i der jeweiligen Leistungsart ab. Im Bereich der stetigen Differenzierbarkeit sind die variablen Kosten proportional zum Leistungsdurchsatz λ_i mit den partiellen Grenzkosten (6.16) als Proportionalitätsfaktor:

$$K_{i\,\mathrm{var}} = k_{i\,\mathrm{grenz}} \cdot \lambda_i \quad [\text{€/PE}] \,. \tag{6.17}$$

Die *Fixkosten* sind unabhängig vom Leistungsdurchsatz. Ihre Höhe wird von den fest installierten Ressourcen und deren *Grenzleistungen* μ_i für die verschiedenen Leistungsarten des Logistiksystems bestimmt:

$$K_{\mathrm{fix}} = K_{\mathrm{fix}}(\mu_i) \quad [\text{€/PE}] \,. \tag{6.18}$$

Um die Fixkosten den Leistungsarten zurechnen zu können, müssen sie gemäß der Inanspruchnahme der Ressourcen aufgeteilt werden in eine Summe *partieller Fixkosten* $K_{i\,\mathrm{fix}}$:

$$K_{\mathrm{fix}} = \sum_i K_{i\,\mathrm{fix}} \quad [\text{€/PE}] \,. \tag{6.19}$$

Eine nutzungsgemäße Aufteilung der Fixkosten ist nach folgenden *Zuweisungsregeln* möglich:

▶ Die *Flächenkosten* werden im Verhältnis der Flächeninanspruchnahme, die *Raumkosten* im Verhältnis des Raumbedarfs für die verschiedenen Leistungsarten den partiellen Fixkosten zugeteilt.

▶ Die Fixkosten für Fahrzeuge, Anlagen und Betriebsmittel, die festen Personalkosten sowie die Strecken- und Netzkosten werden im Verhältnis der *zeitlichen Inanspruchnahme* den partiellen Fixkosten zugerechnet.

Aus den Beziehungen (6.3) und (6.17) bis (6.19) folgt die *Durchsatzabhängigkeit der partiellen Betriebskosten*:

$$K_i(\lambda_i) = K_{i\,\mathrm{fix}} + k_{i\,\mathrm{grenz}} \cdot \lambda_i \quad [\text{€/PE}] \,. \tag{6.20}$$

Hieraus ergibt sich für die *Durchsatzabhängigkeit der Leistungskosten*:

$$k_i = k_{i\,\text{grenz}} + K_{i\,\text{fix}}/\lambda \quad [\text{€}/\text{LE}] \, . \tag{6.21}$$

Aus den Beziehungen (6.20) und (6.21) ist ablesbar:

▶ Die Betriebskosten steigen proportional und die Leistungskosten sinken umgekehrt proportional mit dem Leistungsdurchsatz.

Dieser Zusammenhang gilt genaugenommen nur bei stetig differenzierbarer Abhängigkeit der Betriebskosten vom Durchsatz. Wie in *Abb. 12.10* dargestellt, ist die Abhängigkeit des Ladeeinheiten- und Transportmittelbedarfs und damit auch der Betriebskosten eine Sprungfunktion vom Durchsatz. Über einen längeren Betriebszeitraum ist es jedoch zulässig, mit der mittleren Abhängigkeit zu kalkulieren und die Sprungfunktion durch die *stetige Ausgleichsfunktion* (12.42) aus *Kap. 12* zu ersetzen.

Der Zusammenhang zwischen Leistungskosten und Leistungsdurchsatz lässt sich mit Hilfe der Definition (6.14) der partiellen Auslastung ρ_i umrechnen in die *Auslastungsabhängigkeit der Leistungskosten*

$$k_i = k_{i\,\text{grenz}} + k_{i\,\text{fix}}/\rho_i \quad [\text{€}/\text{LE}] \, . \tag{6.22}$$

Hierin sind

$$k_{i\,\text{fix}} = K_{i\,\text{fix}}/\mu_i \quad [\text{€}/\text{LE}] \tag{6.23}$$

die Fixkosten pro Leistungseinheit bei *maximalem Leistungsdurchsatz* $\lambda_i = \mu_i$, d. h. bei maximaler Auslastung $\rho_i = 100\,\%$. Als Beispiel zeigt *Abb. 16.29* für unterschiedliche Lagersysteme die Auslastungsabhängigkeit der Umschlagkosten.

Nach Beziehung (6.20) steigen die Betriebskosten um die Grenzkosten, wenn eine zusätzliche Leistungseinheit erbracht wird. Hieraus folgt der *Grenzkostensatz*:

▶ Nur wenn der erzielte Leistungspreis höher als die Grenzkosten ist, bringt ein Auftrag einen positiven *Deckungsbeitrag* zur Abgeltung der Fixkosten.

Um die Existenz des Unternehmens langfristig zu sichern, müssen außer den variablen Kosten auch die Fixkosten, die Gemeinkosten und ein angemessener Gewinn erlöst werden. Daher ist bei der Absatzplanung und Preiskalkulation sowie bei Auftragsverhandlungen mit Dienstleistern zu beachten, dass ein Dienstleister auf die Dauer nur existieren kann, wenn die erzielten Leistungspreise über den vollen Leistungskosten liegen und die Gesamterlöse einen angemessenen Gewinn bringen (s. *Abschn. 7.3*).

Wegen der Auslastungsabhängigkeit der Leistungskosten sowie infolge des Angebots preisgünstiger Rückfrachten und Beiladungen lässt sich dieser Grundsatz in der Geschäftspraxis nicht immer einhalten. So resultieren Tagespreise für Rückfrachten und Beiladungen aus Angebot und Nachfrage und nicht aus der Kostenrechnung, solange freier Frachtraum angeboten wird.

6.8 Fixkostendilemma und Auslastungsrisiko

Die Auslastungsabhängigkeit der Leistungskosten führt zum *Fixkostendilemma der Logistik:*

▶ Ein Logistiksystem, das für eine bestimmte *Leistung* ausgelegt ist, verursacht unabhängig von der Nutzung *Fixkosten, Leerstandskosten* und *Vorhaltekosten.*

Das Fixkostendilemma resultiert aus der Notwendigkeit, für die *Leistungsbereitschaft* eine ausreichend dimensionierte *Infrastruktur*, wie ein Transportnetz, Transportmittel, Gebäude, Anlagen, Regale, Betriebsmittel, und eine Mindestpersonalbesetzung vorzuhalten. Je höher der Fixkostenanteil ist, umso größer wird das Fixkostendilemma. Konsequenzen des Fixkostendilemmas sind:

▶ Die *Leistungskosten* von Logistiksystemen sinken mit ansteigender Leistungsnutzung, zunehmender Auslastung der Lade- und Transporteinheiten und abnehmendem Leerfahrtanteil bis zu den *Leistungskosten bei Vollauslastung* der installierten Leistung.

▶ Leistungskosten und Leistungspreise gelten nur für eine bestimmte Leistungsnutzung, eine definierte Auslastung des Fassungsvermögens von Lade- und Transporteinheiten und für den kalkulatorisch angenommenen Leerfahrtanteil.

▶ Die *Kalkulationsgenauigkeit* der Leistungskosten und Leistungspreise nimmt mit zunehmender Schwankungsbreite der Leistungsnutzung ab.

Wegen des Fixkostendilemmas tendieren Management und Eigentümer eines Unternehmens dazu, ein neues Logistiksystem zu minimalen Investitionen auszuführen und möglichst knapp zu dimensionieren. Planer und Generalunternehmer neigen dagegen zu höheren Investitionen, wenn sich dadurch die Betriebskosten senken lassen, sowie zur Überdimensionierung, um nicht bei unerwartet ansteigendem Bedarf dem Vorwurf der falschen Dimensionierung ausgesetzt zu sein.

Einen Ausweg aus diesem *Zielkonflikt* weisen folgende *Planungs- und Dimensionierungsgrundsätze:*

1. Zunächst ist eine *Ausgangslösung* zu planen, die bei möglichst niedrigen Investitionen mit geringem Fixkostenanteil alle Leistungsanforderungen und Rahmenbedingungen erfüllt.
2. Danach sind weitere Lösungen zu entwickeln, die durch eine höhere Investition eine Senkung der Betriebskosten ermöglichen, aber einen höheren Fixkostenanteil haben.
3. Eine Lösung mit höherem Fixkostenanteil ist nur dann interessant, wenn die *Kapitalrückflussdauer* (5.4) im Vergleich zur Ausgangslösung kürzer ist als der Zeitraum, für den die geplante Auslastung gesichert ist.
4. Ein neues Logistikzentrum ist für den Endbedarf eines Planungszeitraums von mindestens 5 Jahren so auszulegen, dass es nach einer *ersten Baustufe*, die den Leistungsbedarf für einen Zeitraum von 2 bis 3 Jahren abdeckt, bei laufendem Betrieb *stufenweise, flexibel* und *modular* ausgebaut werden kann, bis die *Endausbaustufe* erreicht ist.
5. Die *Durchsatzgrenzleistungen* und die Betriebsmittelausstattung des Logistiksystems sind so zu bemessen, dass der *mittlere Jahresdurchsatz* innerhalb der *Normalbetriebszeit* möglich ist. Die Normalbetriebszeit ist wiederum so festzulegen, dass pro Arbeitstag oder Woche genügend Zeit verbleibt, um durch

flexible Ausdehnung der Betriebszeit auch die Durchsatzanforderungen in den Spitzenzeiten des Jahres zu erfüllen.

6. Die *Lagerplatzkapazität* ist auf den Jahresspitzenbedarf auszulegen, wenn es nicht möglich ist, Überbestände in Spitzenzeiten anderweitig zu lagern.

7. *Transportmittel* und *mobile Einrichtungen* werden nur in einer Anzahl beschafft, die für den Durchsatz des nächsten Betriebsjahres ausreichend ist.

Die Durchsatzabhängigkeit der Leistungskosten und das Fixkostendilemma werden bei der Prozessoptimierung nicht immer ausreichend berücksichtigt. So führt in vielen Fällen eine Senkung des Leistungsdurchsatzes, etwa durch ein Bündeln von Transporten oder durch ein Vermeiden der Leistungsinanspruchnahme, beispielsweise durch Abbau der Lagerbestände, wegen der *Fixkostenremanenz* nicht zu *ergebniswirksamen Einsparungen*, solange nicht eine andere kostendeckende Verwendung der ungenutzten Ressourcen möglich ist.

Ein Beispiel für das Fixkostendilemma ist der Anstieg der Leistungskosten für die Entsorgung von Hausmüll: Wegen der rückläufigen Mengen aufgrund erfolgreicher Müllvermeidung wird der Preis pro Mülltonne angehoben, um die fixen Deponiekosten weiterhin abzudecken. Eine derartige Reaktion auf eine rückläufige Auslastung ist jedoch grundsätzlich falsch und kann, wenn kein staatlicher Nutzungszwang ausgeübt wird, zum Zusammenbruch des gesamten Geschäfts führen, wenn mit ansteigenden Leistungspreisen immer mehr Kunden die Nutzung einschränken oder Ausweichmöglichkeiten finden.

Zur Sicherung seiner Wettbewerbsfähigkeit sollte ein Logistikdienstleister folgende *Kalkulationsregeln* beachten:

▶ Die Leistungskosten sind für die *Planauslastung* zu kalkulieren, für die eine Anlage oder ein System ausgelegt wurde.

▶ Zur Abdeckung des Fixkostenrisikos ist der Fixkostenanteil der Leistungskosten mit einem angemessenen *Auslastungsrisikozuschlag* zu beaufschlagen (s. *Abschn. 7.2.3*).

Wenn wegen des Wettbewerbs oder eines insgesamt rückläufigen Bedarfs die Auslastung langfristig unter 80 % der Planauslastung liegt, ist dies ein Anzeichen für *Überkapazitäten* am Markt. Die wirtschaftliche Nutzungsdauer sinkt damit unter die technische Nutzungsdauer. Hält dieser Zustand länger an, ist eine *Sonderabschreibung* des Anlagenwertes bis auf den aktuellen *Ertragswert* erforderlich [65]. Die Leistungspreise können dann entsprechend gesenkt werden. Die Chancen für weitere Aufträge steigen.

Nur auf diese Weise und nicht durch auslastungsbedingte Preiserhöhungen ist – wenn überhaupt – ein Überleben und Neubeginn des betroffenen Geschäftszweigs möglich. Sinken allerdings die Erlöse für längere Zeit unter die Grenzkosten, ist es unvermeidlich, überflüssige Kapazitäten stillzulegen oder abzubauen.

Andererseits besteht in Zeiten hoher Nachfrage für die Leistungsanbieter die Chance und für die Nachfrager die Gefahr eines deutlichen Anstiegs der Leistungspreise. Solange die vom Markt benötigten Ressourcen knapp sind oder fehlen, kann der Preisanstieg weit über die Leistungskosten hinausgehen und den freien Anbietern überplanmäßige Gewinne bescheren.

Gegen die nachfragebedingten, meist kurzzeitigen Preisschwankungen können sich Auftraggeber und Auftragnehmer von Logistikleistungen nach oben wie nach unten nur durch einen länger laufenden *Dienstleistungsvertrag* sichern, in dem die Leistungsvergütung einschließlich der Modalitäten zulässiger Preisanpassungen genau geregelt ist (s. *Kap. 7*).

6.9 Möglichkeiten zur Logistikkostensenkung

Die Möglichkeiten zur Kostensenkung lassen sich nach ihren Voraussetzungen und Auswirkungen unterscheiden in:

- *investitionsfreie* und *investitionswirksame Kostensenkungsmaßnahmen*
- *leistungsneutrale* und *leistungsverändernde Einsparungen*
- *kurz-*, *mittel-* und *langfristige Maßnahmen*
- *ergebniswirksame* und *ergebnisunwirksame Maßnahmen*
- *organisatorische*, *technische* und *wirtschaftliche Maßnahmen*.

Leistungswirksam sind z. B. Kostensenkungen, die mit einer Verlängerung der Lieferzeit oder einer Verminderung des Leistungsumfangs verbunden sind. Ergebniswirksame Einsparungsmaßnahmen, wie etwa der Einsatz eines kostengünstigen Dienstleisters, vermindern direkt die Ausgaben des Unternehmens, während ergebnisunwirksame Maßnahmen, wie das Freisetzen von Personal, Kapazitäten oder anderer Ressourcen ohne Abbau oder anderweitigen Einsatz, keine unmittelbare Reduzierung der Ausgaben bewirken.

Die organisatorischen, technischen und wirtschaftlichen Kostensenkungsmöglichkeiten müssen im Zusammenhang betrachtet werden, da sie einander vielfach bedingen und sich gegenseitig verstärken, aber auch abschwächen oder ausschließen können.

6.9.1 Organisatorische Kostensenkungsmaßnahmen

Von größtem Interesse sind die *organisatorischen Kostensenkungsmaßnahmen*, da sie häufig ohne wesentliche Investitionen kurzfristig realisierbar und direkt ergebniswirksam sind. Dazu zählen die *Bündelungs-* und *Ordnungsstrategien* (s. *Abschn. 5.2*):

▶ Durch das räumliche und zeitliche *Bündeln* von Aufträgen, Sendungen, Warenströmen, Beständen, Funktionen und Prozessen lassen sich die Auslastung der Kapazitäten und die Nutzung der Ressourcen verbessern.

▶ Durch das räumliche und zeitliche *Ordnen* von Aufträgen, Transporten, Beständen, Kapazitäten und Prozessen lassen sich Personal und Betriebsmittel effizienter nutzen, Leerfahrten vermeiden und Leistungen steigern.

Viele Bündelungsstrategien wie auch einige der Ordnungsstrategien haben allerdings nachteilige Auswirkungen auf die Durchlauf- und Lieferzeiten (s. *Abschn. 8.12*).

Weitere organisatorische Kostensenkungsmaßnahmen sind das *Eliminieren* nichtwertschöpfender Aktivitäten vor allem im administrativen Bereich, das *Vereinfachen* von Organisationsstrukturen und Prozessen sowie die Verbesserung der *Bedarfsprognosen* (s. *Kap. 9*).

6.9.2 Wirtschaftliche Kostensenkungsmaßnahmen

Wirtschaftliche Maßnahmen zur Kostensenkung und Ergebnisverbesserung in der Logistik sind:

▶ *Reduktion* der Lieferantenanzahl, der Variantenvielfalt und der Sortimentsbreite.

▶ *Logistikrabatte* auf die Lieferpreise für die Abnahme ganzer Gebinde, artikelreiner Ladeeinheiten, voller Paletten und kompletter Transporteinheiten (s. *Abschn. 7.6*).

▶ *Mengensteigerungen* durch erhöhten Absatz oder durch Bedarfszusammenlegung mehrerer Unternehmen zur Fixkostensenkung, zur besseren Auslastung von Lade- und Transporteinheiten und als Voraussetzung für den effizienten Technikeinsatz.

▶ *Konzentration* auf die eigenen Kernkompetenzen und *Fremdvergabe* von Randaktivitäten, wie bestimmter Logistikleistungen, an externe Dienstleister.

▶ *Kooperationen* in der Logistikkette zwischen Lieferanten, Produzenten und Handel, wie *Efficient Consumer Response* (ECR).

▶ *Liefer- und Beschaffungsbedingungen*, wie *Frei Haus, Ab Werk, FOB* (*free on board*) oder *CIF* (*cost insurance freight includet*), die in Verbindung mit der eigenen Unternehmenslogistik zu den günstigsten Kosten führen.

▶ Nutzungsgemäße *Vergütungs-, Tarif- und Rabattsysteme* (s. *Kap. 7*).

▶ Auswahl der *kostengünstigsten Versandart* (s. *Kap. 12*).

6.9.3 Technische Kostensenkungsmaßnahmen

Die wichtigsten *technischen Kostensenkungsmaßnahmen* der Logistik sind:

▶ Entwicklung *neuer Leistungsangebote*: Ein innovatives Leistungsangebot verbessert die Wettbewerbsposition, erhöht den Absatz und ermöglicht höhere Preise (s. *Abschn. 7.7*).

▶ *Steigerung des Leistungsvermögens*: Durch erhöhte Geschwindigkeit, größere Beschleunigung und kürzere Totzeiten lassen sich bei gleicher Transportmittelanzahl die Durchsatzleistung steigern, Umschlagleistungen verbessern und Fahrzeiten verkürzen.

▶ Einsatz *neuer Techniken:* Wenn eine hohe gleichmäßige Auslastung gesichert ist, können die Leistungskosten gesenkt werden, beispielsweise durch ein automatisches Hochregallager anstelle eines konventionellen Staplerlagers oder eines fahrerlosen Transportsystems anstelle mannbedienter Flurförderzeuge.

▶ Bau *größerer Anlagen:* Bei hohem Leistungsbedarf lassen sich durch den Bau von großen Umschlaganlagen, Logistikzentren und Güterverteilzentren die Logistikkosten senken.

▶ Einsatz *größerer Transporteinheiten:* Bei ausreichendem Ladungsaufkommen lassen sich durch Ganzzüge, große Containerschiffe und Großraumflugzeuge die Transportkosten erheblich senken.

▶ Einsatz *größerer Ladeeinheiten:* Solange der Mehraufwand für das Bilden und Auflösen der Ladeeinheiten geringer ist als die Einsparungen, lassen sich die Kosten für das Handling, das Lagern und den Transport durch den Einsatz größerer Ladeeinheiten senken (s. *Kap. 12*).

▶ *Normierung* und *Standardisierung* der Betriebsmittel: Aufeinander abgestimmte und normierte Produktverpackungen, Ladeeinheiten und Transportmittel ermöglichen den personalsenkenden und leistungssteigernden Einsatz von Fördertechnik und Handhabungsautomaten.

▶ *Standardisierung* und *Beschleunigung* von Informations- und Datenaustausch.

6.9.4 Skaleneffekte und das Prinzip der kritischen Masse

Die technischen Maßnahmen zur Kosteneinsparung sind in der Regel mit Investitionen und Abschreibungen verbunden. Sie sind meist erst nach Erreichen einer bestimmten Mindestauslastung gewinnbringend. Andererseits sind in vielen Fällen nur mit Hilfe der Technik erhebliche Leistungssteigerungen und Kostensenkungen möglich [211,212].

Als Beispiel für die Senkung der Leistungskosten durch Mengensteigerung und Technikeinsatz zeigt *Abb. 16.26* für verschiedene Palettenlagertypen die Abhängigkeit der Durchsatzkosten von der Lagerkapazität. Bei einem gleichbleibenden Lagerumschlag von 12 pro Jahr sinken die Durchsatzkosten mit ansteigender Kapazität um mehr als einen Faktor 2. Ab etwa 10.000 Palettenplätzen lohnt sich der höhere Technikeinsatz des Hochregallagers. Wird mit der Bestandsbündelung auch der Lagerumschlag erhöht, sinken die Durchsatzkosten, wie in *Abb. 16.27* gezeigt, noch weiter.

Das Beispiel verdeutlicht das allgemeine *Prinzip der kritischen Masse:*

▶ Erst ab einem bestimmten *Mindestbedarf,* einem *kritischen Ladungsaufkommen,* einem *kritischen Leistungsdurchsatz* oder einem *kritischen Lagerbestand* ist der Aufbau eines flächendeckenden Transportnetzes, die Verwendung großer Ladeeinheiten, der Einsatz leistungsstarker Transportmittel, der Bau eines Logistikzentrums oder der Einsatz von Hochleistungstechnik wirtschaftlich.

In vielen Fällen sind große organisatorische und unternehmerische Anstrengungen erforderlich, um die kritische Masse zu erreichen. Im Vorlauf sind erhebliche finanzielle Mittel aufzuwenden und Risiken zu tragen. Wenn jedoch die kritische Masse einmal überschritten und die angestrebte Kostensenkung eingetreten ist, kommt es – ähnlich wie bei einer Kernreaktion in der Atomenergie – zu einem selbständig fortschreitenden Prozess. Aufgrund der geringeren Kosten können niedrigere Preise gemacht werden. Die Nachfrage steigt. Die Aufträge nehmen zu. Die Auslastung verbessert sich. Die Kosten sinken und so fort (s. *Abschn. 7.7*). Das Prinzip der kritischen Masse und die daraus resultierende Eigendynamik des Geschäftswachstums haben weitsichtige Logistikunternehmer bereits vor über 100 Jahren mit großem Erfolg genutzt [2, 3].

Heute findet ein ähnlicher Wettbewerb um die kritische Masse beim *e-Commerce*, im *Internet* und beim Aufbau globaler Logistiknetze statt.

6.9.5 Einflussfaktoren der Logistikkosten

Die Logistikkosten hängen vor allem vom Durchsatz und Bestand sowie von *Gewicht, Volumen* und *Beschaffenheit* der Warenstücke ab. Abgesehen von den Zinskosten für das Umlaufvermögen hängen die Logistikkosten dagegen nicht vom Wert der Ware und damit auch nicht unmittelbar vom Umsatz ab. Wer Logistikkosten trotzdem in Prozent vom Umsatz oder der Stückkosten angibt und als Benchmark verwendet, hat die Kostenzusammenhänge der Logistik noch nicht verstanden. Wer mit solchen Kostensätzen kalkuliert, verfehlt leicht das angestrebte Optimum. Er läuft Gefahr, bei großen und schweren Warenstücken wegen zu geringer Preise Verluste zu machen und bei relativ kleinen Warenstücken wegen zu hoher Preise Aufträge zu verlieren.

Weitere Einflussfaktoren der Logistikkosten und Leistungspreise sind die *Lagerdauer* und *Transportentfernungen* sowie die eingesetzte *Technik*, die *Kapazitätsauslastung* und die *Marktlage*.

Wegen ihrer Abhängigkeit von Durchsatz, Technik, Kapazität und Marktlage lassen sich für die Leistungskosten und Leistungspreise der Logistik keine allgemeingültigen Angaben machen. Kosten und Preise für die gleiche Leistung können sich, wie die Lagerbeispiele zeigen, in Extremfällen um einen Faktor 2 unterscheiden, ohne falsch zu sein. Darin liegt auch die grundsätzliche Problematik des *Kostenbenchmarking* in der Logistik (s. *Abschn. 4.5*).

Planungen und Optimierungsrechnungen müssen daher zunächst mit *Richtkostensätzen* durchgeführt werden, die aus vergleichbaren Projekten übernommen, aus überschlägigen Kostenrechnungen abgeleitet oder über Richtpreisanfragen bei Logistikdienstleistern eingeholt werden. Nachdem unter Verwendung dieser Richtkostensätze die Lokistikketten optimiert und ein Logistiksystem geplant und dimensioniert wurde, lassen sich mit den besser bekannten Leistungsanforderungen präzisere Leistungskosten kalkulieren. Wenn diese zu stark von den Richtkostensätzen abweichen, muss die Optimierungsrechnung mit den genaueren Leistungskosten wiederholt und die Planung in einem *iterativen Prozess* korrigiert werden.

6.10 Ökonomie und Logistik

Das oberste *Ziel der Ökonomie* ist die Versorgung der Menschen mit den benötigten Gütern und Leistungen zu *minimalen Kosten* [172]. Das *primäre Ziel der Unternehmen* ist ein *anhaltend hoher Gewinn*, der durch maximale Erlöse bei minimalen Kosten erreichbar ist. Aus diesen Zielen resultiert die *Aufgabe der Ökonomie im Bereich der Logistik:*

▶ Die benötigten Logistikleistungen sind mit minimalen Kosten zu organisieren und zu erbringen sowie mit optimalem Gewinn zu kalkulieren, zu vermarkten und abzurechnen.

Die Technik soll Logistikleistungen ermöglichen, vereinfachen, verbessern und erleichtern. Die *Primärziele der Technik* sind also *Leistung* und *Qualität* unter Berücksichtigung der Wirtschaftlichkeit (s. *Abschn. 3.10*).

Ziele und Aufgaben von Wirtschaft und Technik sind in der Logistik untrennbar miteinander verbunden. Eine effektive und effiziente Logistik erfordert daher die besten Verfahren und Lösungen der Technik ebenso wie nutzbringende Beiträge der Ökonomik.

Einige Wirtschaftswissenschaftler verstehen die Logistik und das Supply Chain Management als *grundlegend neuen betriebswirtschaftlichen Ansatz*. Für sie bedeutet *Logistik* die *Ausrichtung aller betrieblichen Aktivitäten auf den Endkunden* und das *Denken in Prozessen und Netzwerken*. Darüber hinaus gehend steht für sie *SCM* für *unternehmensübergreifende Kollaboration* und eine *ganzheitliche Sicht* [189,216,218]. Bei diesem hohen Anspruch bleibt jedoch unklar, was die Wirtschaftswissenschaften zur Logistik konkret beitragen können [226].

6.10.1 Beiträge zur Makrologistik

Die *Volkswirtschaftslehre* kann durch die Untersuchung folgender Fragen der *Makrologistik* und Lösung nachstehender Probleme nützliche Beiträge leisten:

- Erkundung, Segmentierung und Quantifizierung der *Logistikmärkte* [199–201]
- *Einflüsse der Logistik* auf die nationale und internationale Wirtschaft
- Grundlagen, Mechanismen und Rahmenbedingungen der *Preisbildung für Logistikleistungen* (s. *Abschn. 7.7* und *Kap. 22*)
- *Tarifstrukturen* und *Grundsätze der Preisgestaltung* zur Sicherung eines fairen Wettbewerbs auf den Logistikmärkten (s. *Abschn. 7.1*)
- *Auswirkungen der Preisstruktur* für Logistikleistungen auf die nationale und internationale Ressourcennutzung
- *Folgen der Quersubvention der Leistungspreise* und des *Zugabeunwesens* bei Post, Bahn und Fluggesellschaften
- Ökonomik der *Verkehrsnetze* und *Logistiknetzwerke*
- Volkswirtschaftlichen Auswirkungen des *Fixkostendilemmas* (s. *Abschn. 6.8*) und der Folgen der *Skaleneffekte* in der Logistik (s. *Abschnitte 6.9* und *19.11*)

- *Ökonometrie* der Kosten, Preise und Leistungen in den verschiedenen Logistikmärkten
- *Möglichkeiten* und *Grenzen* des *unternehmensübergreifenden Supply Chain Management* in einer freien Marktwirtschaft
- Wirtschaftspolitische *Handlungsmöglichkeiten* und *Handlungsbedarf* in Verkehr
  und Logistik (s. auch *Kap. 23*).

Einige Bereiche der Makrologistik, wie die *Verkehrswirtschaft* [126, 213], die *Transportwirtschaft* [140] und die *Abfallwirtschaft* [187, 188], sind bereits recht gut erforscht. Andere wichtige Bereiche, wie die *Marktsegmentierung*, die *Ökonometrie*,
die *Netzwerkökonomik* und die *Preisbildung für Logistikleistungen* wurden dagegen
bisher kaum behandelt.

Die *außerbetrieblichen Transport- und Frachtleistungen* werden immer noch weitgehend undifferenziert in *Tonnen-Kilometer* erfasst. Fundierte Untersuchungen des
Einflusses der Sendungsgröße, des Sendungsinhalts und der Versandart auf die
Frachtkosten und auf die Preisbildung sind in einschlägigen Fachbüchern nicht zu
finden.

Ein Stiefkind der Volkswirtschaft ebenso wie der Betriebswirtschaft ist die *innerbetriebliche Logistik*. Über die Gesetzmäßigkeiten und die erforderlichen Rahmenbedingungen für eine faire Preisbildung auf den Märkten der Intralogistik-Leistungen,
die heute von den Unternehmen zunehmend an externe Logistikdienstleister vergeben werden, gibt es keine allgemein anerkannten Untersuchungen.

6.10.2 Beiträge zur Mikrologistik

Die *Betriebswirtschaftslehre* könnte folgende Fragen und Probleme der *Mikrologistik*
und der *Unternehmenslogistik* erforschen, bearbeiten und lösen:

- Einheitliche Definition, Abgrenzung und Erfassung der *Logistikkosten* (s. *Ab-
  schn. 6.3*)
- Regeln zur Kalkulation nutzungsnaher *Abschreibungen* und *Zinsen*
  (s. *Abschnitt 6.10*)
- Abgrenzung und Zuweisung der *Fixkosten* (s. *Abschn. 6.7*)
- Einheitliche Bemessungsgrundlagen und Kalkulationsverfahren für *Kostensät-
  ze, Tarife* und *Preise* von logistischen Einzel-, Verbund- und Netzwerkleistungen
  (s. *Abschn. 6.6, Kap. 7, Abschnitte 9.14, 20.15* und *21.2*)
- Praktikable *Lösungen für die Fixkostenvergütung* (s. *Abschn. 7.5.9*)
- Standardverfahren zur *Logistikkostenrechnung für Logistikdienstleister* und zur
  Kalkulation *nutzungsgemäßer Leistungspreise*
- Standardverfahren zur *Logistikkostenrechnung für Industrie- und Handelsunter-
  nehmen* und zur Kalkulation von *Auftragslogistikkosten* und *Artikellogistikkosten*
  (s. *Abschn. 6.2*)
- *Leistungsverzeichnisse, Preislisten* und *Ausschreibungsblanketten* für logistische
  Standardleistungen
- *Objektive Erfassung vergleichbarer Logistikkosten* von Handels- und Industrieun-
  ternehmen

- *Leistungs- und Kostenvergleich* der Anbieter und Wettbewerber auf den Logistikmärkten
- Analyse und Quantifizierung der betriebswirtschaftlichen Auswirkungen des *Fixkostendilemmas* (s. *Abschn. 6.8*), der *Synergien* durch Mehrfachnutzung und der *Skaleneffekte* der Logistik [211] (s. *Abschnitte 6.9 und 19.11*)
- Untersuchung und Quantifizierung der direkten und indirekten *Erlöse aus Logistikleistungen* [189]
- *Preisbildung* und *Preisstrategien* für Logistikleistungen (s. *Abschn. 7.7* und *Kap. 22*)
- Betriebswirtschaftliche *Möglichkeiten* und *Grenzen* des *unternehmensübergreifenden Supply Chain Management*.

Wer zu diesen zentralen Fragen und Problemen der Mikrologistik in den Lehrbüchern der Betriebswirtschaft und in einschlägigen Büchern zu *Logistikkostenrechnung* und *Logistikcontrolling* praktisch nutzbare Informationen, Lösungen und Handlungsempfehlungen sucht, wird weitgehend enttäuscht [14, 53, 58, 61, 62, 153, 182, 183, 189, 216]. Abgesehen von einigen Beiträgen des *Operations Research* fehlen für viele betriebswirtschaftliche Aufgaben und Probleme der Praxis brauchbare Lösungen.

Stattdessen werden praxisferne Vorstellungen entwickelt und falsche Kalkulationsverfahren empfohlen. Typische Beispiele sind das Rechnen mit Lagerplatzkosten in Prozent vom Bestandswert, die fehlende Trennung der Ein- und Auslagerkosten von den Lagerplatzkosten, die falsche Berücksichtigung der Fixkosten und das Rechnen mit Preisen und Tarifen, die nicht nutzungsgemäß sind.

Ohne nutzungsgemäß kalkulierte Kostensätze und Leistungspreise aber sind weder eine Optimierung der Logistikketten noch eine kostenoptimale Disposition möglich. Ebenso wenig lassen sich Gesamtstrategien für das unternehmensübergreifende *Supply Chain Management* durchsetzen, wenn ihr Zusatznutzen im Vergleich zu den einzelwirtschaftlichen Strategien nicht kalkulierbar und objektiv nachweisbar ist [178].

Für die Kalkulation nutzungsgemäßer Verrechnungskostensätze und Leistungspreise für das Lagern, das Kommissionieren, den Umschlag und den innerbetrieblichen Transport fehlen praktisch erprobte Beiträge der Betriebswirtschaft. Nicht einmal die Kostentreiber der wichtigsten innerbetrieblichen Logistikprozesse sind allgemein bekannt.

6.10.3 Forderungen an die Wirtschaftswissenschaften

Viele wirtschaftswissenschaftliche Bücher und Publikationen zur Logistik beginnen mit langen Begriffserörterungen, neuen Wortschöpfungen und Interpretationen der Logistik ohne praktischen Nutzen. Sie beschreiben ausführlich die historische Entwicklung, berichten aufgrund von Befragungen, die bei Rücklaufquoten unter 20 % nicht repräsentativ sind, über die empirische Situation oder üblichen Geschäftspraktiken und diskutieren die Trends und Moden der Marktteilnehmer und der Wissenschaft [34, 35, 189, 216, 218].

Beliebte Themen sind *Logistikmanagement* und *Logistikcontrolling*. Diese werden behandelt, als ob in der Logistik nur Topmanager – am besten CEO – und deren Stäbe tätig sind. Andere Publikationen versprechen erstaunliche Kostensenkungspotentiale, fordern neue Forschungsprojekte und bieten unbegründete Zukunftserwartungen als *Vision* an. Vergebens sucht der Praktiker nach brauchbaren Verfahren zur Kalkulation von Leistungskosten und Leistungspreisen, nach erprobten Modellen für nutzungsgemäße Tarif- und Vergütungssysteme, nach abgesicherten Informationen über Struktur und Größe der Logistikmärkte oder nach einer systematischen Untersuchung der Preisstrategien und Preisbildung für Logistikleistungen.

Für einige der genannten Probleme enthalten dieses und das folgende Kapitel Lösungsvorschläge, die im Zuge von Beratungsprojekten entwickelt wurden und sich in der Praxis bewährt haben. Volks- und Betriebswirte sind aufgerufen, diese Lösungsansätze kritisch zu überprüfen und wenn nötig zu verbessern. Die wichtigsten *Forderungen der Logistik an die Wirtschaftswissenschaften* sind:

- konstruktive und nutzbringende Beiträge zur analytisch-normativen Logistik
- objektiv nachvollziehbare Lösungskonzepte für praktisch relevante Probleme
- begründete, konsistente und praktisch umsetzbare Handlungsempfehlungen

Hier besteht für die Forschung und Lehre noch ein weites und fruchtbares Betätigungsfeld (s. auch *Abschn. 18.13*). Eine besondere Herausforderung für die Ökonomie der hochentwickelten Industriegesellschaften ergibt sich daraus, dass in immer mehr Absatzbereichen eine Sättigung des Bedarfs erreicht wird, während andererseits begrenzte Ressourcen zu Engpässen führen. Solche *Engpässe* sind erschöpfte Rohstofflager, knappe Flächen in dicht besiedelten Gebieten und nicht mehr erweiterbare Verkehrswege. Logistisch gesehen ist auch ein gesättigter Absatzkanal ein Engpass am Ende einer Lieferkette.

Die Ökonomie der Zukunft kann daher nicht länger auf Wachstum setzen [225, 228]. Sie muss Lösungen finden, wie die Menschen trotz der *Engpässe* zuverlässig und kostengünstig mit den benötigten Gütern und Leistungen versorgt werden können. Dazu kann die *analytisch-normative Logistik* einen wichtigen Beitrag leisten.

7 Leistungsvergütung und Leistungspreise

Dienstleister, die ihre Leistungen auf dem Markt anbieten, sind in der Gestaltung ihrer Preise grundsätzlich frei. Von der Freiheit der Preisgestaltung wird jedoch in der Logistik ebenso wie in vielen anderen Dienstleistungsbereichen und Branchen nicht immer sinnvoll Gebrauch gemacht. Das gilt vor allem, wenn der Dienstleister eine Monopolstellung hat, in Teilmärkten Kapazitätsengpässe bestehen oder die Leistungstarife staatlich geregelt sind [59, 60].

Wenn ein Unternehmen einen bestimmten Leistungsumfang, wie den Betrieb eines Logistikzentrums, den inner- oder außerbetrieblichen Transport oder die gesamte Distribution, zur Fremdvergabe an einen Logistikdienstleister ausschreibt, um mit diesem einen längerfristigen Dienstleistungsvertrag abzuschließen, kann das Unternehmen durch *Vorgabe* des *Leistungs- und Qualitätsvergütungssystems* entscheidenden Einfluss auf die Preisgestaltung nehmen. Während der Ausschreibung und Vergabeverhandlungen sorgt der Auftraggeber selbst dafür, dass von den Anbietern faire *Preisgestaltungsgrundsätze* eingehalten werden, die angebotenen Leistungspreise vergleichbar sind und der günstigste Marktpreis ausgehandelt wird (s. *Kap. 21*).

Dem Zwang zu einer rational nachvollziehbaren Preisgestaltung müssen sich daher vor allem *Systemdienstleister* stellen, die auf der Grundlage eines *Dienstleistungsvertrags* langfristig mit ihren Kunden zusammenarbeiten wollen. Zunehmend aber sehen sich auch *Einzel-, Spezial-* und *Verbunddienstleister* veranlasst, faire Preisgestaltungsgrundsätze einzuhalten, wenn sie mit stabilen Kundenbeziehungen als seriöse Anbieter im Markt bestehen wollen [63]. Längerfristige Vereinbarungen der Leistungspreise und Dienstleistungsverträge mit einer klaren Vergütungsregelung schützen Dienstleister und Kunden gleichermaßen gegen *Preisschwankungen* und bieten die für Investitionsentscheidungen erforderliche *Kalkulationssicherheit*.

Nach einer Analyse der negativen Auswirkungen einer falschen Preispolitik werden in diesem Kapitel allgemeine *Preisgestaltungsgrundsätze* hergeleitet, die *Ziele* und *Anforderungen* an die Vergütung von Logistikleistungen formuliert und das Grundkonzept eines *Leistungs- und Qualitätsvergütungssystems* für Logistikleistungen beschrieben, das sich in der Praxis vielfach bewährt hat. Anschließend werden die Schritte zur Entwicklung projektspezifischer Vergütungssysteme dargestellt und die resultierenden *Preis- und Tarifstrukturen* erläutert. Die letzten beiden Abschnitte behandeln die *Preisbildungsprozesse* und *Preisstrategien* für Logistikleistungen sowie deren Auswirkung auf die Ressourcennutzung.

T. Gudehus, *Logistik 1*, VDI-Buch,
DOI 10.1007/978-3-642-29359-7_7, © Springer-Verlag Berlin Heidelberg 2012

7.1 Grundsätze der Preisgestaltung

Negative Folgen der freien Preisgestaltung und Indizien einer unfairen Preispolitik sind [59, 206]:

- Die Preisangaben, Leistungsspezifikationen und Preislisten sind unvollständig, schwer zu verstehen oder für den Kunden nicht zugänglich.
- Die Leistungspreise sind nicht nutzungsgemäß kalkuliert und durch Quersubventionen zwischen den verschiedenen Leistungsarten eines Dienstleisters verfälscht.
- Ein Preisvergleich der angebotenen Leistungen ist kaum möglich.
- Richtigkeit und Angemessenheit der Preisstellung sind nicht nachvollziehbar.
- Beauftragte Leistungen sind preislich gekoppelt mit anderen Leistungen, die nicht unbedingt benötigt werden.
- Die Leistungspreise sind zu pauschal und undifferenziert.
- Der Leistungspreis deckt nur die Kernleistung ab. Mit der Kernleistung zwangsläufig verbundene Nebenleistungen werden während oder nach der Leistungsausführung zusätzlich in Rechnung gestellt.
- Die Leistungspreise werden häufiger als notwendig unbegründet geändert.
- Mengenrabatte, Pauschalregelungen, komplizierte Preismodelle, Abonnements und Zugaberegelungen machen die Kosten der Einzelleistungen für den Benutzer unkalkulierbar, vor allem wenn er seinen Bedarf nicht vorausplanen kann.
- Der Leistungsumfang und die Qualität der Leistungserbringung sind für den Dienstleister nicht verpflichtend oder werden durch *allgemeine Geschäftsbedingungen* eingeschränkt.

In der Logistik sind Beispiele für eine unfaire Preispolitik besonders zahlreich: irreführende, teilweise unsinnige Frachttarife der Speditionen, die häufig immer noch auf überholten *GFT-Tarifen* beruhen; *Rollgeld* oder andere *Gebühren*, die erst beim Empfänger erhoben werden; überhöhte Preise für Lagerleistungen; unterschiedliche Preissysteme der Paketdienstleister; die Quersubvention der Paketpost durch die Monopolpreise der Briefpost; die *Bahncard* und die vielen Sondertarife der Bahngesellschaften; die Quersubvention des Personenverkehrs der Bahn durch überhöhte Netznutzungsentgelte und Streckenkosten für den Gütertransport; die verwirrenden Tarife, Gebühren, Meilenzugaben und die Überbuchungspraxis der Luftfahrtgesellschaften (s. *Abschn. 23.4*).

Unverständliche Preise für Dienstleistungen sowie mancherlei Tricks und versteckte Rechnungsposten führen zu Verwirrung, Unzufriedenheit und Vertrauensverlust der Kunden. Das mühsame Erfragen von Leistungspreisen und das zeitraubende Studium von Preisangaben belasten den Kunden und sind in vielen Fällen eine Zumutung [59]. Auch Dienstleister, die durch eine verschleiernde Preispolitik versuchen, zusätzliche Gewinne zu erzielen, täuschen und schaden sich am Ende selbst: Ihre Kosten- und Erfolgsrechnung wird durch die verfälschten Preise verschleiert. Sie verlieren die Glaubwürdigkeit und das Vertrauen ihrer Kunden. Die Kunden verzichten auf die angebotenen Leistungen oder weichen auf andere Anbieter aus [60].

Darüber hinaus können nicht nutzungsgemäße Leistungspreise zu Fehlverhalten der Marktteilnehmer und einer volkswirtschaftlich falschen Inanspruchnahme der Ressourcen führen. In Bereichen mit subventionierten Preisen unterbleiben Rationalisierungen. Geschäfte in Bereichen mit überhöhten Preisen gehen verloren. Ein Beispiel ist die Abwanderung des Güterverkehrs von der Schiene auf die Straße (s. *Abschn. 20.15*).

Wenn jedoch ein Dienstleister seine Leistungen zu Preisen anbietet, die für die Kunden verständlich sind und deren Nutzen berücksichtigen, kann das zu einer Verschiebung der Marktanteile zu seinen Gunsten und zu einer Korrektur der Preisbildung der übrigen Anbieter führen. So hat eine amerikanische Fluggesellschaft durch konstante, übersichtliche und günstige Flugtarife, die keine unerwünschten Serviceleistungen enthalten, innerhalb kurzer Zeit ihren Marktanteil verdoppelt. Sie ist zugleich zur profitabelsten Fluggesellschaft in den USA geworden. Ähnliches ist einer amerikanischen Telefongesellschaft und einem Paketdienstleister gelungen [59].

Im Interesse der langfristigen Wettbewerbsfähigkeit sollten daher bei der Preisbildung und Rechnungsstellung für Logistikleistungen ebenso wie für andere Dienstleistungen folgende *Preisgestaltungsgrundsätze* beachtet werden (s. *Kap. 23*):

1. Preise sollten kostendeckend sein. Dumpingpreise sind unzulässig.
2. Leistungspreise müssen transparent, nachvollziehbar und nutzungsgemäß sein.
3. Leistungsumfänge müssen in Leistungskatalogen und Leistungspreise in Preislisten verständlich dokumentiert und für den Kunden jederzeit einsehbar sein.
4. Leistungspreise müssen mit dem Kundennutzen korrelieren. Sie dürfen keine nicht benötigten Neben- oder Serviceleistungen enthalten.
5. Zugaben und kostenlose Extraleistungen sind ausgeschlossen.
6. Zwingend mit dem Leistungsergebnis verbundene Teil- oder Nebenleistungen müssen im Leistungspreis der vom Kunden benötigten Hauptleistung enthalten sein.
7. Extraleistungen, Versicherungen und besonderen Service muss der Kunde jeweils gesondert beauftragen können. Sie werden zu angemessenen Preisen separat abgerechnet.
8. Preise für regelmäßig benötigte Leistungen sollten für längere Zeit, wenn möglich für ein Jahr, gültig sein und nur aus plausiblen Gründen verändert werden.
9. Rückvergütungen, Rabatte oder Staffelpreise müssen für definierte Abnahmemengen oder eine bestimmte zeitliche Abnahmeverpflichtung gelten.
10. Rechnungen müssen einfach kontrollierbar sein und dürfen nur beauftragte Leistungen zu vereinbarten Preisen enthalten.
11. Kostenverursachende Sonderleistungen, wie Eilzustellung, sind nur den Kunden gesondert in Rechnung zu stellen, die sie ausdrücklich verlangt haben.
12. Leistungspreise sollten die Verpflichtung des Dienstleisters zum Erbringen einer definierten *Leistungsqualität* umfassen, deren Nichteinhaltung zu einer Gutschrift führt.

Diese Preisgestaltungsgrundsätze hindern einen leistungsstarken, innovativen und kostengünstig arbeitenden Dienstleister nicht daran, seine Preise mit einem guten Gewinn zu kalkulieren. Im Gegenteil, er kann sich, wie die Beispiele aus den USA zeigen, durch faire Preise einen zusätzlichen Wettbewerbsvorteil verschaffen [59]. Da die Preisgestaltungsgrundsätze Voraussetzung sind für die volkswirtschaftlich positive Entwicklung nicht nur der Logistik im vereinigten Europa, ist es Aufgabe der zuständigen Stellen der *Europäischen Union*, entsprechende Grundsätze durch EU-Regelungen einzuführen (s. *Abschn. 7.6*) [206, 207, 212].

7.2 Leistungskosten und Leistungspreise

Die Vergütung einer Dienstleistung und die Kalkulation der Leistungspreise hängen von der rechtlichen Beziehung zwischen Nutzer und Erzeuger der Leistungen ab.

Für Unternehmen, die ihre Umsätze nicht mit logistischen Leistungen erzielen, sind die Logistikkosten in der Regel ein Teil der *Gemeinkosten*. Die Plan-Logistik-kosten müssen in diesem Fall in einer *artikel-* oder *auftragsbezogenen Logistikkostenrechnung* möglichst nutzungsgerecht auf die *Kostenträger* umgelegt werden, das heißt, auf die vom Unternehmen am Markt verkauften Produkte oder Leistungen. Hieraus resultieren die Logistikkosten pro Artikeleinheit:

• Die *Artikellogistikkosten* sind die Summe der durch Beschaffung, Produktion und Distribution pro Artikeleinheit bewirkten Logistikkosten.

Um die Artikellogistikkosten zu kalkulieren, sind Art und Menge der Logistikleistungen, die zur Beschaffung, Erzeugung und Distribution einer Artikeleinheit eingesetzt werden, zu ermitteln und mit den entsprechenden Leistungskosten (6.1) zu multiplizieren.

Wenn ein *Logistikbetrieb* – beispielsweise ein Logistikzentrum oder eine Versandabteilung – in einem Unternehmen als eigenständiges *Profitcenter* arbeitet, werden den übrigen Unternehmensbereichen die von ihnen in Anspruch genommenen Leistungen mit den *Plan-Leistungskosten* k_i [€/LE$_i$] in Rechnung gestellt. Die Leistungskosten werden für die geplanten Soll-Leistungsdurchsätze λ_i [LE$_i$/PE] der Abrechnungsperiode nach Beziehung (6.1) aus den anteiligen Betriebskosten für die verschiedenen Leistungsarten LA$_i$ errechnet.

Ein *Logistikdienstleister* kalkuliert aus den Plan-Leistungskosten die *Leistungspreise* LP$_i$ [€/LE$_i$] für die verschiedenen *Leistungsarten* LA$_i$, die er am Markt anbietet. Hierzu werden die Plan-Leistungskosten um *Zuschläge* zur Abdeckung der *Vertriebs- und Verwaltungs-Gemeinkosten* (VVGK), zum Ausgleich von *Gewährleistungs-* und *Auslastungsrisiken* und für den *Gewinn* erhöht:

$$LP_i = \left(1 + p_{VVGK} + p_{gwl} + p_{aus} + p_{gew}\right) \cdot k_i \quad [€/LE_i] . \tag{7.1}$$

Die *Zuschläge* werden dabei so bemessen, dass der mit den geplanten Leistungsdurchsätzen λ_i resultierende *Gesamterlös* E_{ges} der Planungsperiode die geplanten *Gesamtkosten* K einschließlich Risiken und Gewinn abdeckt:

$$E_{ges} = \sum_i \lambda_i \cdot LP_i \geq K_{ges} \quad [€/PE] . \tag{7.2}$$

Die Höhe der *Zuschläge*, mit denen ein Dienstleister seine Leistungspreise kalkuliert, hängt von unterschiedlichen Einflussfaktoren ab.

7.2.1 Vertriebs- und Verwaltungsgemeinkostenzuschlag

Der Vertriebs- und Verwaltungsgemeinkostenzuschlag p_{VVGK} soll die allgemeinen Geschäftskosten abdecken, die nicht bereits in der Einzelkalkulation der Leistungskosten berücksichtigt wurden.

Kleinere Logistikdienstleister und Speditionen, die in starkem Wettbewerb stehen, kalkulieren je nach Marktsegment mit einem VVGK-Zuschlag von 10 bis 15 %. Große Logistikkonzerne, wie Eisenbahngesellschaften, Reedereien und Fluggesellschaften, haben Vertriebs- und Verwaltungsgemeinkosten von 20 bis zu 50 %, in einigen Fällen auch darüber.

Für einen *Systemdienstleister*, der vertraglich geregelt länger als 5 Jahre für das gleiche Unternehmen tätig ist und hierfür keinen Vertrieb benötigt, ist in der Regel ein Verwaltungskostenzuschlag von 8 bis 10 % ausreichend.

7.2.2 Gewährleistungszuschlag

Der Gewährleistungszuschlag p_{gwl} dient zur Abdeckung aller Risiken aus der *Gewährleistung* einer definierten *Leistungsqualität*.

Wenn für die Nichteinhaltung der Leistungsqualität dem Kunden keine *Gutschrift* eingeräumt wird oder *Pönale* gezahlt werden muss, bestimmt sich der Qualitätszuschlag durch die Höhe der *Reklamationskosten*. Bei einer pönalisierten Leistungsqualität ist der Qualitätszuschlag außer von der Höhe der Reklamationskosten von der Art der *Leistungs- und Qualitätsvergütung* abhängig. Diese muss so vereinbart werden, dass sich der Gewährleistungszuschlag mit Hilfe der Wahrscheinlichkeitsrechnung abschätzen lässt.

Erhält beispielsweise der Kunde bei Nichteinhaltung einer Terminvereinbarung eine Gutschrift in Höhe des doppelten Leistungspreises und beträgt die Wahrscheinlichkeit einer Terminabweichung 0,7 %, dann ist der Leistungspreis mit einem *Termingewährleistungszuschlag* von $p_{ter} = 2 \cdot 0{,}7 \% = 1{,}4 \%$ zu kalkulieren. Für eine pönalisierte Sendungsqualität lassen sich analoge kalkulatorische Abschätzungen durchführen.

Bei gut geführten Logistikdienstleistern und üblichen Qualitätszusicherungen hat der Qualitätszuschlag insgesamt eine Größenordnung von 3 bis 5 %.

7.2.3 Auslastungsrisikozuschlag

Der Auslastungsrisikozuschlag p_{aus} soll den Dienstleister gegen das Risiko der Unterauslastung absichern. Das Auslastungsrisiko hängt ab von der Prognostizierbarkeit des Leistungsbedarfs für die Dauer der Preisbindung sowie vom Fixkostenanteil der Leistungskosten. Bei einem Fixkostenanteil bei Volllast von 50 % und der Planauslastung 80 % ist der Auslastungszuschlag $p_{aus} = 12{,}5 \%$. Wenn der Auftraggeber einem Systemdienstleister vertraglich eine bestimmte *Mindestinanspruchnahme* zusichert, die Fixkosten voll übernimmt oder eine auslastungsbedingte *Korrektur der Leistungspreise* zulässt, ist kein Auslastungsrisikozuschlag erforderlich.

7.2.4 Gewinnzuschlag

Die Höhe des Gewinnzuschlags p_{gew} hängt von der *Preispolitik* des Unternehmens ab. Diese muss sich am Kundennutzen sowie an der Markt- und Wettbewerbssituation orientieren (s. *Abschn. 7.7*).

Ist der Dienstleister mit seinem Leistungsangebot *Monopolist*, wird der Gewinnzuschlag nach oben durch den Nutzen begrenzt, den die angebotene Leistung für den Kunden hat [59]. Der Gewinn ist dann gleich der Differenz zwischen dem *erzielten Verkaufserlös* und den Leistungskosten einschließlich Vertriebs-, Verwaltungs-, Gewährleistungs- und Risikozuschlag.

Steht der Dienstleister im *Wettbewerb* mit anderen Anbietern, muss er sich für den Gewinn eine *untere Grenze* setzen, die ausreicht, um das *allgemeine Geschäftsrisiko* abzudecken und einen ausreichenden *Unternehmensgewinn* zu erzielen. Ein frei am Markt tätiger Logistikdienstleister kann auf die Dauer nur überleben, wenn er einen Gewinn von mindestens 3 % des Leistungsumsatzes erzielt.

Für *innovative Leistungen* kann und darf der Gewinn, solange der Innovationsvorsprung gegenüber dem Wettbewerb besteht, weitaus höher sein, wenn die neue Leistungsart den Kunden einen besonderen Nutzen bringt. Die Aussicht auf einen hohen Gewinn, der das Innovationsrisiko abdeckt und in kurzer Zeit die Entwicklungskosten wieder hereinbringt, ist der Hauptanreiz zur Entwicklung neuer Leistungen.

7.2.5 Systemdienstleisterzuschlag

Die Summe aller Zuschläge eines *Systemdienstleisters*, der eine umfassende Gesamtleistung erbringt, auf die Leistungskosten ist der sogenannte Systemdienstleisterzuschlag. Dieser entspricht dem Generalunternehmerzuschlag eines *Generalunternehmers* für die schlüsselfertige Ausführung einer Gesamtanlage [63]:

- Der *Systemdienstleisterzuschlag* ist die Prämie, die der Leistungsnutzer für die *Fremdvergabe* der Managementleistungen und aller Betriebsrisiken zahlen muss, die mit der umfassenden Leistungserstellung verbunden sind.

Der Gesamtzuschlag eines Systemdienstleisters, der gegen das Auslastungsrisiko abgesichert ist, liegt gemäß den oben angegebenen Zuschlagsätzen zwischen 10 und 20 %. Wenn der Logistikdienstleister keine Auslastungsabsicherung erhält, erhöht sich der Systemdienstleisterzuschag um den Auslastungszuschlag.

7.3 Aufgaben und Ziele der Leistungsvergütung

Ein nutzungsgemäßes und möglichst selbstregelndes Leistungs- und Qualitätsvergütungssystem ist zentraler Bestandteil jedes längerfristigen Vertrags mit einem Logistikdienstleister. Je umfangreicher die einem Dienstleister übertragenen Leistungen sind, umso wichtiger ist eine klare Regelung der Leistungs- und Qualitätsvergütung (s. *Kap. 21*).

Ein Leistungs- und Qualitätsvergütungssystem muss folgende *Aufgaben* und *Ziele* erfüllen:

▶ Die Vergütung soll den Logistikdienstleister *selbstregelnd* zur rationellen und korrekten Leistungserbringung veranlassen.

▶ Das Vergütungssystem muss *revisionsfähig, verständlich, eindeutig, praktikabel* und in seiner Wirkung *transparent* sein.

▶ Die Preise müssen den oben angegebenen *Preisgestaltungsgrundsätzen* entsprechen.

▶ Verfahren, Zeitpunkte und zulässige Gründe für *Preisanpassungen*, wie Kostenveränderungen, Strukturverschiebungen oder Rationalisierungsmaßnahmen, müssen vorher vereinbart werden.

▶ Die *Leistungsinanspruchnahme* und das *Auslastungsrisiko* sind eindeutig zu regeln.

▶ Die *Erfassung* von Leistungsdurchsatz und Qualitätsmängeln darf nur minimalen Zusatzaufwand verursachen und sollte sich soweit wie möglich anderweitig benötigter Daten bedienen.

▶ Die *Leistungsabrechnung* sollte mit Hilfe von *Standardsoftware* auf verfügbaren Rechnern durchführbar sein.

▶ Ein detailliertes *Logistikcontrolling* muss sich für den Auftraggeber durch das Leistungs- und Qualitätsvergütungssystem erübrigen.

Mit einem Leistungs- und Qualitätsvergütungssystem, das diesen Anforderungen genügt, sind Steuerung und Controlling des Logistikbetriebs und der Logistikleistungen nicht mehr Aufgabe des Auftraggebers sondern des Dienstleisters. Der Auftraggeber hat nur einmal pro Abrechnungsperiode die Rechnung zu prüfen und eventuelle Leistungsmängel zu reklamieren.

7.4 Grundkonzept der Leistungs- und Qualitätsvergütung

Das *Grundkonzept* eines Leistungs- und Qualitätsvergütungssystems, das die geforderten Eigenschaften hat, sich für unterschiedliche projektspezifische Gegebenheiten ausgestalten lässt und in der Praxis mehrfach bewährt hat, ist in *Abb. 7.1* dargestellt. Das Konzept ist im Prinzip sehr einfach:

• Die *Leistungsumfänge* und *Standardleistungen* SL_i, $i = 1, 2, \ldots, N_{\mathrm{SL}}$, die ein Dienstleister für den Auftraggeber erbringen soll, sind in einem *Leistungskatalog*, die *Qualitätsmängel* QM_j, $j = 1, 2, \ldots, N_{\mathrm{QM}}$, die der Dienstleister vermeiden soll, in einem *Mängelkatalog* dokumentiert.

• Für alle Standardleistungen mit den Leistungseinheiten LE_i sind feste *Leistungspreise* LP_i $[\text{€}/\mathrm{LE}_i]$ vereinbart und in einer *Preisliste* erfasst.

• Für alle Qualitätsmängel mit den Mängeleinheiten ME_j sind bestimmte *Mängelabzüge* MA_j $[\text{€}/\mathrm{ME}_j]$, auch *Malussätze* genannt, festgelegt und in einer *Malusliste* festgehalten.

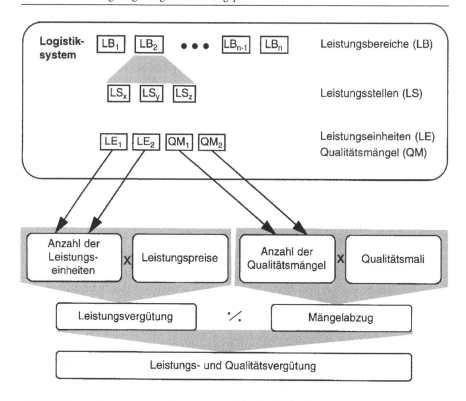

Abb. 7.1 Grundkonzept eines Leistungs- und Qualitätsvergütungssystems

- Die *Vergütung* VG_{PE} [€/PE] für eine Abrechnungsperiode PE ist gleich einer *Leistungsvergütung*, die das Produkt von Leistungsdurchsatz und Leistungspreisen ist, vermindert um einen *Mängelabzug*, der das Produkt der Anzahl Qualitätsmängel mit den Malussätzen ist.

Hat der Dienstleister in einer Periode λ_i [LE_i/PE] Standard-Leistungseinheiten erbracht und wurden dabei σ_j [ME_j/PE] Qualitätsmängel verzeichnet, dann ist die *Periodenvergütung*:

$$VG_{PE} = \sum_i \lambda_i \cdot LP_i - \sum_j \sigma_j \cdot MA_j \quad [\text{€/PE}] . \tag{7.3}$$

Die Vergütung wird dem internen oder externen Logistikdienstleister jeweils nach Ablauf einer *Vergütungsperiode* vom Auftraggeber gutgeschrieben oder dem Auftraggeber durch den Dienstleister in Rechnung gestellt.

Zur Erläuterung sind in *Tab. 7.1* einige *Leistungspreise für innerbetriebliche Logistikleistungen* und in *Tabelle 7.2 Leistungspreise für außerbetriebliche Logistikleistungen* angegeben. Die Kalkulation der Leistungspreise für diese und weitere logistische *Standardleistungsumfänge* auf der Grundlage der im letzten Kapitel und im nächsten Abschnitt beschriebenen Verfahren wird in den *Abschn. 16.13, 17.14, 18.12* und *20.14* näher erläutert.

Die Verminderung der Leistungsvergütung um den Mängelabzug bewirkt, dass sich der Dienstleister nicht allein auf eine effiziente Leistungserbringung konzentriert, sondern dabei auch die Einhaltung der vereinbarten Qualitätsstandards im Auge hat. Durch das Vermeiden von Qualitätsmängeln kann er ebenso seinen Gewinn verbessern wie durch kostengünstiges und rationelles Arbeiten. Dadurch ist das beschriebene Leistungs- und Qualitätsvergütungssystem *selbstregelnd*.

Immer wieder werden sogenannte *Null-Fehler-Konzepte* propagiert. Null Fehler aber sind eine Illusion, denn kein von Menschen gebautes System arbeitet absolut fehlerfrei, nicht einmal die Transportsysteme im Weltall. Kein Unternehmen kann sich daher der Notwendigkeit entziehen festzulegen, wo seine Grenzen für tolerierbare Qualitätsmängel liegen, bei 1 Prozent, 1 Promille oder $1 \cdot 10^{-6}$. Dabei ist zu beachten, dass die Qualitätssicherungskosten im eigenen Unternehmen wie auch die Höhe des Gewährleistungszuschlags eines Dienstleisters mit zunehmenden Anforderungen an die Fehlerfreiheit überproportional ansteigen. Absolute Fehlerfreiheit ist wie absolute Sicherheit unbezahlbar (s. *Abschn. 5.4*).

7.5 Entwicklung projektspezifischer Vergütungssysteme

Das Leistungs- und Qualitätsvergütungssystem muss für die speziellen Gegebenheiten jedes einzelnen Projekts angepasst und teilweise neu entwickelt werden, da Preise und Tarife immer auf ein bestimmtes Leistungsangebot abgestimmt sind.

In vielen Fällen ist es jedoch möglich, für bestimmte Leistungspakete, wie Lagern, Kommissionieren, Umschlag und Transport, bewährte Programmbausteine wiederzuverwenden oder dem speziellen Bedarf anzupassen.

Die *Arbeitsschritte* zur Entwicklung eines projektspezifischen Vergütungssystems für Logistikleistungen nach dem zuvor beschriebenen und in *Abb. 7.1* dargestellten Grundkonzept sind:

7.5.1 Leistungsspezifikation

Im ersten Schritt ist die Frage zu klären, *was* zu leisten ist. Grundlage jedes Vergütungssystems ist daher eine genaue Spezifikation der geforderten Leistungen. Hierzu werden Art, Merkmale und Durchsatzmengen der benötigten Leistungen in einem *Leistungskatalog* oder *Leistungsverzeichnis* erfasst.

7.5.2 Systembeschreibung

Im zweiten Schritt muss festgelegt werden, *womit* die geforderten Leistungen erbracht werden sollen. Hierfür ist das Leistungssystem mit seinen einzelnen Leistungsstellen, der Personalbesetzung, der Betriebsmittelausstattung und den Relationen so genau zu beschreiben und darzustellen, wie es für die Betriebskostenrechnung erforderlich ist.

Dazu werden nach dem Grundsatz, so wenig Leistungsbereiche wie möglich, so viele wie nötig, die einzelnen Leistungsstellen, wie in *Abb. 6.1* gezeigt, zu *Leistungsbereichen* zusammengefasst.

LEISTUNGSART	Leistungeinheit	LE	Leistungspreis	Preiseinheit
WARENEINGANG	mit Eingangsprüfung und Bereitstellen			
Entladen				
ganze Paletten aus Transporteinheit	Palette	Pal	1,00	€/Pal
lose Gebinde aus TE auf Palette	Gebinde	Pak	0,05	€/Geb
LAGER	stark abhängig vom Kapazitäts- und Leistungsbedarf			
Einlagern	Paletten	Pal	1,00 bis 3,00	€/Pal
mit Abholen aus Wareneingang	Behälter	Beh	0,15 bis 0,25	€/Beh
Lagern	Paletten-Tag	Pal-KTag	0,10 bis 0,20	€/Pal-KTag
auf dem Lagerplatz	Behälter-Tag	Beh-KTag	0,02 bis 0,04	€/Beh-KTag
Auslagern	Ganzpalette	Pal	1,00 bis 3,00	€/Pal
mit Bereitsstellen im WA oder K-Bereich	Vollbehälter	Beh	0,15 bis 0,25	€/Beh
WARENAUSGANG				
Kommissionieren	einschließlich Palettenhandling bei statischer Bereitstellung			
Gebinde auf Paletten	Gebinde	Geb	0,15 bis 0,25	€/Geb
Warenstücke aus Gebinden in Kartons	Warenstück	WST	0,02 bis 0,05	€/WST
Verladen	mit Ausgangskontrolle und Ladungssicherung			
ganze Paletten in Transporteinheit	Palette	Pal	1,20 bis 1,50	€/Pal
lose Gebinde von Palette in TE	Gebinde	Kart	0,05 bis 0,10	€/Geb
ZUSATZLEISTUNGEN				
Nachschubdisposition	Nachschubauftrag	NAuf	3,00 bis 5,00	€/NAuf
Innerbetrieblicher Transport	Transportweg 50 bis 100 m			
von Übernahmestelle	Palette	Pal	1,00 bis 1,50	€/Pal
bis Abgabestelle	Behälter	Behälter	0,08 bis 0,15	€/Beh

Tab. 7.1 Leistungspreise für innerbetriebliche Logistikleistungen

Unverbindliche Richtpreise 2009 für ausreichend großen Gesamtbedarf

Ladeeinheiten	Gewicht	Maße und Volumen
	mittel	mittel
Palette(CCG1)	500 kg	1.200 × 800 × 1.050 mm
Behälter	25 kg	600 × 400 × 300 mm
Gebinde	5 kg	10 l/Geb
Warenstück	0,5 kg	1 l/WST

7.5.3 Definition von Standardleistungen und Leistungseinheiten

Im dritten Schritt wird festgelegt, *wie* und *wo* die geforderten Leistungen erbracht werden sollen. Hierzu werden die benötigten Leistungen, wie in *Abb. 6.1* dargestellt,

LEISTUNGSART	Leistungeinheit	LE	PREIS	Preiseinheit
DIREKTTRANSPORTE	von Ganz- und Teilladungen in Transporteinheiten			
Entfernungen bis 250 km	Nutzfahrt	Fahrt	70,00	€/Fahrt
	Zwischenstop	Z-Stop	20,00	€/Z-Stop
	Hinfahrt-Nutzstrecke	H-km	1,20	€/H-km
	Rückfahrt-Nutzstrecke	R-km	1,00	€/R-km
Entfernungen über 250 km	Nutzfahrt	Fahrt	120,00	€/Fahrt
	Zwischenstop	Z-Stop	20,00	€/Z-Stop
	Hinfahrt-Nutzstrecke	H-km	0,90	€/H-km
	Rückfahrt-Nutzstrecke	R-km	0,80	€/R-km
GEBIETSTRANSPORTE	mit Umschlag, ohne Vorlauf zum Umschlagpunkt			
Zustelltransporte	Zustellstop	Z-Auf	5,00 bis 8,00	€/Z-Stop
Ausliefertouren von Umschlagpunkt	Paletten	Pal	20,00 bis 30,00	€/Pal
zu Empfangsstellen	Stückgut	Pak	6,00 bis 8,00	€/100 kg
Abholtransporte	Abholstop	A-Auf	5,00 bis 7,00	€/A-Stop
Sammelfahrten von	Paletten	Pal	18,00 bis 25,00	€/Pal
Abholstellen zum Umschlagpunkt	Stückgut	Pak	4,00 bis 6,00	€/100 kg

Tab. 7.2 Leistungspreise für außerbetriebliche Logistikleistungen

Unverbindliche Richtpreise 2009 für ausreichend großen Gesamtbedarf
Transporteinheiten: Sattelauflieger oder Lastzug mit 2 Wechselbrücken
Paletten: 800 × 1.200 mm, max 1.500 mm hoch; mittel 500, max 700 kg/Pal
Stückgut: Einzelstücke und Pakete
Die Leistungspreise für Gebietstransporte sind von der Gebietsgröße abhängig

in *Teilleistungen* oder *Basisleistungen* aufgelöst und diese den Leistungsstellen zugewiesen, von denen sie erbracht werden.

Teilleistungen in aufeinander folgenden Leistungsstellen der Leistungskette, die sich auf die gleiche Leistungseinheit beziehen, werden zu *Leistungsumfängen, Standardleistungen* oder *Hauptleistungen* zusammengefasst. Alle Standardleistungen, aus denen sich eine geforderte *Gesamtleistung* zusammensetzt, sind Bestandteil der Leistungsspezifikation. Die *abzurechnenden Leistungseinheiten* für die Standardleistungen ergeben sich aus den maßgebenden Leistungseinheiten der einzelnen Leistungsstellen.

Enthält eine Standardleistung Nebenleistungen, die nicht gesondert abgerechnet werden, oder Teilleistungen, die von unterdrückten Leistungseinheiten abhängen, so ist deren Relation zu den maßgebenden Leistungseinheiten als *Strukturkennzahl* festzuhalten (s. *Abschn. 6.6*).

7.5.4 Vereinbarung von Planungszeitraum und Vergütungsperiode

Als *Planungszeitraum* wird in der Regel ein *Geschäftsjahr* oder ein *Kalenderjahr* gewählt. Innerhalb dieses Planungszeitraums sollten die Leistungspreise möglichst nicht verändert werden.

In Abstimmung mit der laufenden Kosten- und Erlösrechnung (KER) der Unternehmen wird als *Vergütungs-* oder *Abrechnungsperiode* meist der *Monat* gewählt. Die längste sinnvolle Abrechnungsperiode ist ein ganzes *Jahr*, die kürzeste ist die *Woche*. Auch ein *Quartal* ist als Abrechnungsperiode möglich.

Zu vereinbaren sind auch die *Zahlungsbedingungen* und die *Vergütungsform*, zum Beispiel nach dem *Gutschriftsverfahren*, durch *Lastschrift* oder nach *Rechnungsstellung*.

7.5.5 Kalkulation der Betriebs- und Leistungskosten

Für den *Plan-Leistungsdurchsatz* werden nach den in *Kap. 6* angegebenen Verfahren und Kostenzuweisungsregeln die Betriebskosten der Leistungsbereiche und hieraus abgeleitet die Leistungskosten für die verschiedenen Leistungsarten kalkuliert.

Durch Summation der Leistungskosten für die einzelnen Leistungsbereiche, die an der Erzeugung einer Standardleistung beteiligt sind, ergeben die Leistungskosten für die Standardleistungen.

7.5.6 Berechnung der Leistungspreise

Aus den Leistungskosten für die Standardleistungen werden nach Beziehung (7.1) mit den vereinbarten *Zuschlagsätzen* für *Vertriebs- und Verwaltungsgemeinkosten*, *Gewährleistung* und *Unternehmergewinn* die Leistungspreise berechnet.

Die Zuschlagsätze und der Gewinn sind das Ergebnis von *Verhandlungen* zwischen Auftraggeber und Logistikdienstleister auf der Grundlage einer offengelegten Kalkulation, nachdem zunächst der Anbieter mit den günstigsten Betriebskosten und Leistungspreisen für einen vorgegeben Leistungsbedarf im Zuge einer *Ausschreibung* ausgewählt wurde (s. *Kap. 21*).

Die vereinbarten Leistungspreise werden in Form von *Preislisten* dokumentiert, wie sie für innerbetriebliche Logistikleistungen *Tab. 7.1* und für außerbetriebliche Logistikleistungen *Tab. 7.2* zeigt. Die Preislisten gelten in Verbindung mit der Leistungsspezifikation und den Konditionen der Leistungserbringung, insbesondere der Gewährleistung für Qualitätsmängel.

7.5.7 Festlegung der Qualitätsmängel

Bei der Festlegung der Qualitätsmängel, die durch einen *Mängelabzug* bestraft werden sollen, ist zu berücksichtigen, dass der Gewährleistungszuschlag mit der Anzahl und Strenge der Qualitätsanforderungen steigt. Typische *Qualitätsmängel* von Logistikleistungen sind:

- Mängel der *Termintreue*

$$\left.\begin{array}{l}\text{Verspätete Abholung}\\\text{Verspätete oder verfrühte Anlieferung}\\\text{Nichteinhaltung zugesagter Liefertermine}\end{array}\right\}\tag{7.4}$$

Verspätete Abholung
Verspätete oder verfrühte Anlieferung   (7.4)
Nichteinhaltung zugesagter Liefertermine

- Mängel der *Sendungsqualität*

Unvollständigkeit
Übermengen
Beschädigungen   (7.5)
Schwund und Verlust
Falscher Inhalt

- Mängel der *Disposition*

Fehlende Leistungsbereitschaft
Schlechte Lieferfähigkeit.   (7.6)

Die Pönalisierung eines externen Dienstleisters für Mängel der *Lieferfähigkeit* setzt voraus, dass dieser auch für die *Bestandsdisposition* verantwortlich ist. Das aber ist eine problematische Verantwortungsverlagerung vom Auftraggeber auf den Dienstleister, die in der Tendenz zu überhöhten Beständen führt.

Die laufende Erfassung der Mängel und die Abwicklung von Reklamationen müssen zwischen Auftraggeber und Logistikdienstleister geregelt werden (s. *Abschn. 21.4*).

7.5.8 Vereinbarung der Mängelabzüge

Für jede Art der Qualitätsabweichung wird zwischen Auftraggeber und Dienstleister ein *Malussatz* vereinbart, der pro Mangel von der Leistungsvergütung abgezogen wird. Üblich sind Malussätze in Höhe des zwei- bis dreifachen Leistungspreises für die korrekte Leistung (s. § 431(3) BGB).

Zusätzlich muss die Regulierung des *unmittelbaren Schadens* aus einem Qualitätsmangel, wie der Verlust oder die Beschädigung der Ladung geregelt werden, zum Beispiel durch eine entsprechende *Versicherung*.

Eine Haftung für *Folgeschäden*, die über den Ersatz des unmittelbaren Schadens hinausgeht, sollte der Auftraggeber vom Dienstleister nicht erwarten, da das hiermit verbundene Risiko unkalkulierbar ist und sich kaum versichern lässt.

7.5.9 Regelung des Auslastungsrisikos

Zur Absicherung des Logistikdienstleisters gegen das Auslastungsrisiko sind unterschiedliche Regelungen möglich:

- *Fixkostenvergütung*: Der Auftraggeber zahlt dem Dienstleister pro Abrechnungsperiode eine *Grundvergütung*, mit der die Fixkosten vollständig abgedeckt werden. Die Leistungen werden dann zu Leistungspreisen vergütet, die nur mit dem variablen Kostenanteil auf *Teilkostenbasis* kalkuliert sind. Bei mehreren Nutzern zahlt jeder Nutzer eine *anteilige Grundvergütung*, die dem Anteil der geplanten Leistungsinanspruchnahme entspricht.

- *Auslastungsgarantie*: Der oder die Auftraggeber sichern dem Dienstleister eine bestimmte *Mindestauslastung* zu und übernehmen bei Unterschreitung der Mindestauslastung die nicht abgedeckten Fixkosten. Die Leistungspreise werden auf *Vollkostenbasis* für die Garantieauslastung kalkuliert. Die Fixkostenunterdeckung wird jeweils zum Ende eines Geschäftsjahres kalkuliert und dem Dienstleister gutgeschrieben. Mehrere Auftraggeber tragen die Erstattung der Fixkostenunterdeckung in dem Verhältnis, wie sie die von ihnen zugesicherte Mindestauslastung unterschritten haben. Analog kann auch die Belastung des Dienstleisters bei einer Fixkostenüberdeckung infolge einer überplanmäßigen Auslastung vereinbart werden. Die Auftraggeber erhalten dann eine anteilige Gutschrift.

- *Preisanpassung*: Die Leistungen des Dienstleisters werden zunächst zu *Plan-Leistungspreisen* LP_i^{Plan} vergütet, die auf Vollkostenbasis mit den Plan-Leistungsdurchsätzen kalkuliert sind. Nach Ablauf eines Geschäftsjahres werden mit den Ist-Leistungsdurchsätzen λ_i $[LE_i/PE]$ *korrigierte Ist-Leistungspreise* LP_i^{Ist} kalkuliert, wobei alle übrigen Ansätze der Vorkalkulation unverändert bleiben. Bei Unterschreitung der Planauslastung erhält der Dienstleister eine *Gutschrift*, bei Überschreitung eine *Belastung* in Höhe der Differenz

$$\Delta = \sum_i \lambda_i^{Ist} \cdot \left(LP_i^{Ist} - LP_i^{Plan} \right) \quad [\text{€/PE}] . \tag{7.7}$$

Jede dieser Fixkostenregelungen veranlasst die Nutzer dazu, für die Zukunft besser zutreffende Bedarfsprognosen abzugeben und während der Nutzungszeit das Leistungsangebot sinnvoll zu nutzen. Hieraus ergibt sich ein weiterer *Selbstregelungseffekt* des Vergütungssystems.

7.5.10 Regelung von Preisveränderungen

Rechtzeitig vor Ablauf eines zuvor festgelegten *Preisbindungszeitraums*, der nicht kürzer als ein Jahr sein sollte, *kann* aus begründetem Anlass auf Antrag eines der Vertragspartner mit aktuellen Kostensätzen für den Plan-Leistungsdurchsatz der folgenden Perioden eine neue Leistungspreisberechnung durchgeführt werden. Die resultierenden Leistungspreise werden zwischen Auftraggeber und Dienstleister verhandelt und neu vereinbart.

7.5.11 Dokumentation

Alle rechtlich und kaufmännisch wesentlichen Regelungen des Vergütungssystems müssen sorgfältig dokumentiert und von beiden Seiten abgezeichnet werden. Hierzu gehören:

Verfahren der Betriebs- und Leistungskostenrechnung
Zuschlagssätze der Leistungspreiskalkulation
Leistungsverzeichnisse und Leistungspreise   (7.8)
Mängellisten und Mängelabzüge
Konditionen und Zahlungsform.

Bei größeren Projekten und umfangreicheren Leistungen ist es unerlässlich, zur Betriebskostenrechnung und Preiskalkulation ein *Kalkulationsprogramm* zu entwickeln. Mit Hilfe eines solchen Programms lassen sich rasch *Sensitivitätsanalysen* für Parameteränderungen durchführen und unterschiedliche *Auslastungsszenarien* durchrechnen. Das Programm ist außerdem zur Berechnung der Fixkostenvergütung und neuer Leistungspreise bei Kosten- und Strukturänderungen geeignet.

7.6 Tarifsysteme und Logistikrabatte

Das dargestellte Vorgehen zur Entwicklung von *Vergütungssystemen* für Systemdienstleister ist auch geeignet zur Entwicklung von *Tarifsystemen* und zur *Preiskalkulation* für andere Logistikdienstleister, wie Briefpost, Paketdienstleister, Speditionen, Bahn, Fluggesellschaften oder Containerdienste.

Das Ergebnis sind auch hier *Leistungsverzeichnisse*, *Preislisten* und *Tariftabellen* für die angebotenen Leistungen in Verbindung mit *allgemeinen Konditionen*, in denen Mengenrabatte, Gewährleistungsumfänge und Haftungsfragen geregelt sind.

7.6.1 Grundstruktur von Tarifsystemen

Typisch für Preise und Tarife der Logistik – wie auch für viele andere *Leistungstarife* – ist die Zusammensetzung des Preises für einen Leistungsauftrag aus einem Grundtarif und verschiedenen Leistungstarifen:

- Der *Grundtarif* wird pro Basiseinheit, pro Auftrag oder pro Auslieferung in Rechnung gestellt und deckt bestimmte *Basisleistungen*.
- Der *Leistungstarif* wird für bestimmte Leistungseinheiten in Rechnung gestellt und deckt die mit der Leistungseinheit verbundenen Kosten.

Der Preis für einen ausgeführten Auftrag errechnet sich nach dem einfachen *Schema:*

$$Preis = Grundtarif \cdot Basiseinheit + Leistungstarif \cdot Leistungseinheiten \ . \qquad (7.9)$$

Für *Bearbeitungsaufträge*, wie das Kommissionieren, das Bilden von Ladeeinheiten, das Be- und Entladen von Transportmitteln oder das Sortieren von Paketen, enthält der Grundtarif alle Kosten, deren Kostentreiber der einzelne Auftrag ist, und der Leistungstarif alle Kosten, die von der Anzahl der zu bewegenden und erzeugten Ladeeinheiten abhängen.

Für *Lageraufträge* werden mit dem Grundtarif die Auftragsbearbeitung sowie das Ein- und Auslagern einer Ladeeinheit abgegolten. Mit dem Leistungstarif wird das

Lagern der Ladeeinheit für eine bestimmte Lagerdauer bezahlt. Bei einer für alle Lageraufträge in definierten Grenzen gleichbleibenden Lagerdauer oder bei einer konstant vorzuhaltenden Lagerkapazität kann der Lagerpreis mit dem Preis für das Ein- und Auslagern zu einem *Umschlagpreis* [€/LE] zusammengefasst werden.

Für *Frachtaufträge* und für *Transportaufträge* können mit dem Grundtarif die Anfahrt, das Bereitstellen des Transportmittels, die Benutzung von Stationen und Umschlagpunkten und andere auftragsabhängige Leistungen, wie das Be- und Entladen, in Rechnung gestellt werden.

Gebräuchliche Tarifsysteme für die Fahrt einer Transporteinheit [TE] oder die Beförderung einer Anzahl Ladeeinheiten [LE] sind:

- *Grundtarif* [€/TE oder €/LE] plus *Entfernungstarif* [€/TE-km oder €/LE-km].
- *Relationspreise* in € pro TE oder pro LE für definierte *Transportrelationen* $A_i \to B_j$.
- *Zonentarife* in € pro TE oder pro LE für definierte *Entfernungszonen* um den Startpunkt.

Die Benutzung des öffentlichen Straßennetzes durch Kraftfahrzeuge ist über die Kraftfahrzeugsteuer als Grundgebühr und über die zur Fahrleistung proportionale Kraftstoffsteuer als Leistungsgebühr ebenfalls nach dem einfachen Schema (7.9) geregelt. Weitere Beispiele für Transporttarife nach dem Schema (7.9) sind Taxitarife, Frachttarife, Flugpreise, Schiffstarife und Fahrpreise der Bahn (s. *Abschn. 20.14*).

7.6.2 Logistikrabatte, Gutschriften und Mengenrabatte

Häufig werden auf die angebotenen Leistungspreise *Rabatte* gewährt. Weit verbreitet, aber betriebswirtschaftlich riskant sind alle Formen von nutzungsunabhängigen *Pauschalrabatten* auf den Leistungspreis oder noch schlimmer auf den Wert der gelieferten Ware.

Betriebswirtschaftlich und logistisch sinnvoll sind jedoch nur *Logistikrabatte*, *Gutschriften* und *Mengenrabatte*, die zur Sicherung einer besseren Auslastung beitragen, indem sie eine inhaltlich oder mengenmäßig klar vorgegebene Leistungsnutzung belohnen:

- *Logistikrabatte* oder *Gutschriften* für Aufträge sind von der Anzahl Ladeeinheiten pro Auftrag abhängig und werden eingeräumt, um die Bestellung ganzer Verpackungseinheiten, kompletter Lagen, artikelreiner Ganzpaletten, voller Transporteinheiten, ganzer Wechselbrücken oder ganzer Sattelaufliegerinhalte zu begünstigen.
- *Mengenrabatte* für Kunden hängen von der Anzahl Ladeeinheiten, Transporte oder Leistungseinheiten ab, die ein Kunde innerhalb einer Periode bestellt hat und sollen zur Lieferantentreue und zur besseren Auslastung der bereitgehaltenen Ressourcen beitragen.

Die Höhe der *Rabattsätze* und *Gutschriften* muss in einer wirtschaftlichen Relation stehen zu den aus der Vermeidung von Anbrucheinheiten oder der ansteigenden Leistungsinanspruchnahme resultierenden Kosteneinsparungen. Hierfür lassen sich keine allgemein gültigen Sätze angeben. Die unterschiedlichen Rabattsätze können nur fallweise durch entsprechende Modellkalkulationen ermittelt werden.

7.7 Preisbildung und Preisstrategien

Preise werden von *Angebot* und *Nachfrage* bestimmt. Davon sind die meisten Marktteilnehmer überzeugt [14, 208]. Wie, in welchen Grenzen und nach welchen Regeln das geschieht, ist weniger bekannt. Jeder Preis ist das Ergebnis eines Preisbildungsprozesses. Die Preisbildung ist ein Wettstreit zwischen einem oder mehreren *Anbietern* und einem oder mehreren *Nachfragern* nach einer Ware oder Leistung. Der Preisbildungsprozess endet mit einem *Kaufpreis*, zu dem ein *Verkäufer* die Ware oder Leistung an einen *Käufer* abgibt.

Die Preisbildung ist Teil des *Kaufprozesses*. Der Kaufprozess ist aus Sicht des Anbieters ein *Verkaufsprozess*, der außer der Preisbildung das Werben, Anpreisen und Erklären des Angebots umfasst. Aus Sicht des Nachfragers ist der Kaufprozess ein *Beschaffungsprozess*, zu dem auch das Anfragen, Prüfen und Auswählen gehören. Die *Leistungsspezifikation* und das Aushandeln der *Liefer- und Leistungsbedingungen* gehören für beide Seiten zum Kaufprozess.

Auf den verschiedenen Märkten laufen gleichzeitig und nacheinander zahlreiche Kaufprozesse ab. Die einzelnen Prozesse beeinflussen sich gegenseitig auf unterschiedlichste Weise. Für das gleiche Produkt oder dieselbe Leistung kann jeder Kaufprozess zu einen anderen Preis führen. Der sogenannte *Marktpreis* ist daher nur ein *Mittelwert* der Kaufpreise, die auf einem definierten Markt in einem bestimmten Zeitraum bezahlt wurden. Er ist eine statistische Größe, die von den Umständen der Erfassung abhängt und sich für viele Güter und Leistungen nur schwer oder überhaupt nicht ermitteln lässt [227].

Abhängig von den Rahmenbedingungen kann sich der Preisbildungsprozess in kürzester Zeit abspielen, wie das einfache Akzeptieren eines Angebotspreises, etwas länger dauern, wie das Aushandeln eines Nachlasses, einige Tage oder Wochen erfordern, wie ein schriftliches Angebot mit anschließender Preisverhandlung, oder sich endlos hinziehen, wie das Ringen der Interessengruppen um staatlich regulierte Preise und Tarife. Das Ergebnis der Preisbildung hängt ab von der *Kostensituation*, der *Marktkonstellation*, der *Marktordnung* und den *Preisstrategien* beider Seiten (s. *Kap. 22*).

Für Logistikleistungen ebenso wie für Informationsleistungen und andere Dienstleistungen sind die Regeln der Preisbildung in weiten Bereichen lückenhaft, unfair und wenig wettbewerbsfördernd. Die Einhaltung bestehender Regeln lässt sich nur schwer kontrollieren. Die Folgen sind eingeschränkter Wettbewerb, Willkür, Täuschung und ineffiziente Preisbildung. Das führt zu verfälschten, überhöhten und vereinzelt auch unzureichenden Preisen und zur Fehlleitung der volkswirtschaftlichen Ressourcen. Hier bestehen erhebliche Verbesserungspotentiale und entsprechender Handlungsbedarf. Nachfolgend werden die Preisbildungsprozesse genauer analysiert und am Beispiel der Logistikleistungen erläutert. Daraus ergeben sich Lösungsvorschläge und Anregungen zur Verbesserung.

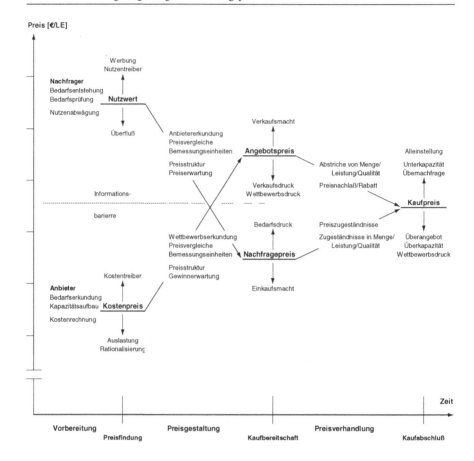

Abb. 7.2 Elementarer Preisbildungsprozess zwischen einem Anbieter und einem Nachfrager mit Verhandlungspreisen

7.7.1 Preisbildungsprozess und Wettbewerbsregeln

Der Preisbildungsprozess ist eine Auseinandersetzung zwischen Anbietern und Nachfragern mit ungewissem Ausgang, die in vieler Hinsicht einem *Wettstreit* gleicht. Bei positivem Ausgang kommt es zum Kaufabschluss, bei negativem Ausgang zu einem Kaufverzicht oder einem anderweitigen Kaufabschluss. Ziel der Anbieter ist ein maximaler Gewinn, Ziel der Käufer ein maximaler Nutzen zu minimalem Preis.

Der prinzipielle Ablauf eines *elementaren Preisbildungsprozesses* mit *Verhandlungspreisen* bei zwei Teilnehmern ist mit den wichtigsten Einflussfaktoren in *Abb. 7.2* dargestellt. Die unterschiedlichen Preisbildungsprozesse der Wirschaft sind die *Spielfelder* der Preiswettkämpfe. Die Rahmenbedingungen, unter denen der Wettstreit ausgetragen wird, sind die *Marktordnung*, die *Kostensituation* und die *Marktkonstellation* (s. *Kap. 22*).

Wie für jeden Wettstreit gelten für die Preisbildung bestimmte Regeln. Ein Teil der Regeln ist durch Gesetze vorgegeben und kann nicht verändert werden. Weitere Regeln für Standardprozesse sind allgemein bekannt und akzeptiert. Ergänzende Regeln können bei Bedarf zwischen den Teilnehmern vereinbart werden.

Für alle Teilnehmer an einem Preiswettstreit sollten die Grundregeln jedes fairen Wettstreits unstrittig und unverletzlich sein. Das sind die *Fairnessgebote*:

- Vor Beginn des Wettstreits müssen alle Regeln vollständig bekannt sein und von beiden Seiten akzeptiert werden.
- Während des Wettstreits dürfen keine Regeln eigenmächtig oder einseitig hinzugefügt, geändert oder für ungültig erklärt werden.
- Beide Seiten müssen sich uneingeschränkt an die Regeln halten.
- Für alle gelten die gleichen Teilnahmebedingungen und Ausstiegsregeln.
- Wer die Teilnahmebedingungen erfüllt, darf nicht an der Teilnahme gehindert werden.
- Jeder Teilnehmer muss bereit sein, zu verlieren oder auszuscheiden.
- Keiner darf gezwungen sein, an einem Wettstreit teilzunehmen, für den er nicht qualifiziert ist.
- Keiner darf eine unverschuldete Notlage, Zwangssituation oder Unkenntnis eines anderen vorsätzlich zu seinem Vorteil ausnutzen.
- Bei unklaren oder fehlenden Regeln wird der Wettstreit unterbrochen, bis sich beide Seiten auf eine einvernehmliche Regelung geeinigt haben.
- Strittige Situationen werden von einer neutralen Instanz entschieden, auf die sich die Teilnehmer zuvor geeinigt haben.

Diese Fairnessgebote sind bis heute nicht vollständig oder nur missverständlich in geltenden Gesetzen verankert. Das wird wohl auch noch einige Zeit dauern, da sich einflussreiche Interessenverbände dagegen wehren. Wer sich im Wirtschaftsleben umsieht, wird feststellen, dass in vielen Bereichen gegen die Fairnessgebote verstoßen wird. Wie die in *Abschn. 7.1* geschilderten Geschäftspraktiken zeigen, gilt das auch in der Logistik.

Besonders schwerwiegend sind die Verstöße von Monopolisten und marktbeherrschenden Unternehmen. Auch der Staat hält sich nicht immer an die Grundregeln. Er tut noch zu wenig zum Schutz der Endverbraucher gegen die Regelverstöße mancher Anbieter.

Im Geschäftsleben ist die neutrale Instanz ein Berater, ein Sachverständiger, ein Verband oder die Industrie- und Handelskammer. Nur in schwierigen Fällen von grundsätzlicher Bedeutung oder bei hohem Streitwert wird ein Schiedsgericht eingeschaltet oder der Streit vor Gericht ausgetragen. Der Endverbraucher verfügt nicht über entsprechende Schlichtungsinstanzen. Der Schutz des Endverbrauchers und der kleineren Marktteilnehmer vor Verstößen gegen die Fairnessgebote ist Aufgabe des Staates. Eine faire Regelung für logistische Leistungspreise sind die in *Abschn. 7.1* vorgeschlagenen *Preisgestaltungsgrundsätze*.

7.7.2 Bemessungseinheiten und Preisstruktur

Der Preis ist die pro *Bemessungseinheit* eines materiellen oder immateriellen Gutes zu zahlende Anzahl *Geldeinheiten*. Während die Geldeinheit eine gesetzliche Währungseinheit und daher unstrittig ist, erfordert die Festlegung der Bemessungseinheit genauere Überlegungen und eine Vereinbarung zwischen Anbieter und Nachfrager. Die Preisbemessungseinheiten materieller Güter, also von körperlichen Produkten und Handelswaren, sind für viele Standardprodukte allgemein bekannt und teilweise auch gesetzlich geregelt. Die Preisbemessungseinheiten immaterieller Produkte, wie die Logistikleistungen und andere Dienstleistungen, sind dagegen noch weitgehend ungeregelt.

Der *Angebotspreis* ist der vom Anbieter verlangte oder gewünschte Preis. Der Anbieter will mit dem Preis die Kosten der Beschaffung, Erzeugung und Bereitstellung der Ware oder Leistung abdecken und zusätzlich einen *Gewinn* erzielen. Er muss daher zur Preisfindung zunächst den *Kostenpreis* kalkulieren, der sich unter seinen Produktionsbedingungen für eine geplante Auslastung oder erwartete Absatzmenge ergibt. Durch Zuschlag des Gewinns, den der Anbieter unter der gegebenen Marktkonstellation für erreichbar hält, resultiert aus dem Kostenpreis der Angebotspreis (s. *Abb. 7.2*).

Der Kostenpreis wird bestimmt von den *Kostentreibern*. Der Anbieter ist daher geneigt, als Preisbemessungseinheit seine Kostentreiber zu wählen. Bei der *Preisgestaltung* ist jedoch zu unterscheiden zwischen den *externen Kostentreibern*, die – wie Größe, Menge, Stückzahl und Anzahl Leistungseinheiten – zur Spezifikation der Ware oder Leistung geeignet sind, und den *internen Kostentreibern*, die von den unternehmensspezifischen Verfahren und Prozessen abhängen. Interne Kostentreiber der Logistik sind beispielsweise die Menge der eingesetzten Lade- und Transporteinheiten, die Anzahl der Transporte und Umschlagvorgänge und die Vorgänge der Sendungsverfolgung und Datenverarbeitung. Den Nutzer eines Produkts oder einer Leistung interessieren nur die externen Kostentreiber, die er durch seine Liefer- und Leistungsanforderungen bestimmt.

Die *Liefer- und Leistungsanforderungen* resultieren aus der vorgesehenen Verwendung der Ware oder Leistung, die dem Käufer einen möglichst hohen *Nutzen* bringen soll. Der Nachfrager hat – bewusst oder unbewusst – eine Vorstellung über den *Nutzwert*, den eine angebotene Ware oder Leistung für ihn hat. Der monetäre Nutzwert bestimmt den maximalen Kaufpreis, den ein Käufer zu zahlen bereit ist. Unter Berücksichtigung der Marktkonstellation leitet der Nachfrager aus dem Nutzwert den *Nachfragepreis* ab, mit dem er in den Preisbildungsprozess eintritt.

Wie der Verkäufer den Kostenpreis und seine Gewinnerwartungen so behält auch der Nachfrager den Nutzwert und seine Preiserwartung zunächst für sich. In der Phase der Preisfindung und Preisgestaltung bis zur Preisoffenlegung besteht also zwischen Anbieter und Nachfrager eine *Informationsbarriere* (s. *Abb. 7.2*).

Der *monetäre Nutzwert* hängt von *ökonomisch kalkulierbaren* wie auch von *weichen unkalkulierbaren Nutzentreibern* ab. Ökonomisch kalkulierbar sind die *universellen Nutzentreiber*, die – wie Größe, Menge, Stückzahl und Anzahl Leistungseinheiten – für den allgemeinen wirtschaftlichen Nutzen einer Ware oder Leistung maßgebend sind, und die *speziellen Nutzentreiber*, die – wie besondere Leistungsmerkmale oder Serviceleistungen – unter den Gegebenheiten eines oder weniger Nachfrager von Bedeutung sind. *Weiche unkalkulierbare Nutzentreiber* sind Eigenschaften einer Ware oder Leistung, die nach allgemeiner Ansicht und persönlichem Geschmack wichtig sind. Hierzu gehören Erscheinungsbild, Marke, Unterhaltungswert und Prestige von Produkt oder Leistung sowie Image, Auftritt und Vertrauenswürdigkeit eines Anbieters. Die *Werbung*, die zugleich ein Kostenfaktor ist, hat das Ziel, die Wirkung der weichen Nutzentreiber zu verstärken.

In der Logistik und in anderen Dienstleistungsbereichen gibt es für die gleiche Leistung unterschiedliche Preisbemessungseinheiten. Für einige Logistikleistungen, z. B. für Lagerleistungen, sind die Leistungseinheiten unklar oder deren Messung ungeregelt. Damit Anbieter und Nachfrager mit dem Preisbildungsprozess beginnen können, müssen sie sich auf Preisbemessungseinheiten einigen, die für beide Seiten praktikabel und messbar sind.

Aus dem Zusammenhang zwischen Kostentreibern und Nutzentreibern folgt der

▶ *Grundsatz nutzungsgemäßer Preisbemessungseinheiten:* Als Preisbemessungseinheiten für Güter und Leistungen sind nur objektiv messbare externe Kostentreiber geeignet, die auch ökonomische Nutzentreiber sind.

Mit diesem Grundsatz ist noch nicht festgelegt, ob es sinnvoll und notwendig ist, alle möglichen Bemessungseinheiten auch zur Preisgestaltung heranzuziehen. Das einfachste ist die Verwendung nur einer Bemessungseinheit. Das ist für einfache Produkte zweckmäßig, nicht aber für zusammengesetzte Güter und kombinierte Leistungen, wie für eine Gesamtanlage oder für Systemdienstleistungen. Von vielen Anbietern wird auch für das zusammengesetzte Gut oder die kombinierte Leistung ein *Pauschalpreis* oder *Gesamtpreis* angestrebt. Damit aber gehen die *Preistransparenz* und die *Vergleichbarkeit* verloren. Die Möglichkeiten der Preisverhandlungen werden eingeschränkt und der Wettbewerb behindert. Daraus folgt der

▶ *Grundsatz nutzungsgemäßer Preisdifferenzierung:* Für zusammengesetzte Güter und Leistungen ist im Interesse aller Marktteilnehmer eine differenzierte und nutzungsgemäße Preisaufschlüsselung in *Einzelpreise* notwendig.

Der *nutzungsgemäße Preis* ist proportional zu den nutzungsgemäß kalkulierten Leistungskosten. In diese fließen die variablen Kosten nach dem *Verursachungsprinzip* und die Fixkosten gemäß *Inanspruchnahme* ein.

Die differenzierte Preisaufschlüsselung liegt im Interesse der Nachfrager, da sie die Preistransparenz und Vergleichbarkeit erhöht und die Kosten gemäß Verursachung und Inanspruchnahme auf die Nutzer verteilt. Die Anbieter schützt eine nutzungsgemäße Preisaufschlüsselung gegen das Risiko der Strukturänderung, das entsteht, wenn sich Produkt- oder Leistungszusammensetzung nach Auftragserteilung ändern. Vor allem aber ist die differenzierte und nutzungsgemäße Preisaufschlüsselung von gesamtwirtschaftlichem Interesse, da sie die Durchsetzung der kostengünstigsten und leistungsfähigsten Anbieter fördert.

In manchen Fällen gibt es jedoch so viele mögliche Bemessungseinheiten, dass die Preiskalkulation und die Abrechnung sehr aufwendig werden. Dann ist es zweckmäßig, die Bemessungseinheiten auf eine kleine Anzahl von *Hauptkostentreibern* zu beschränken. Auf diese sind dann die übrigen Bemessungseinheiten mit Hilfe von *Stücklisten* umzurechnen (s. *Abschn. 6.6*).

Der Zielkonflikt zwischen einer möglichst differenzierten Preisaufschlüsselung und einer effizienten Kostenabrechnung, der auch in der Logistik immer wieder auftritt, ist objektiv und wettbewerbsneutral lösbar durch eine

▶ *Leistungs- und Preisstandardisierung:* Für häufig wiederkehrende und verkehrsübliche Standardleistungen werden von einer neutralen Instanz die Preismessungseinheiten so differenziert wie nötig und so pauschal wie möglich festgelegt.

Eine Standardisierung der Leistungsinhalte und der Preisstruktur ist mit dem Erlaubnisvorbehalt nach § 5 GWB zulässig, solange die Festlegung nur die Bemessungseinheiten und die Preisstruktur betrifft, *nicht aber die Höhe der Preise und der Preisbestandteile.*

Eine Standardisierung der Leistungsinhalte, der Preisstruktur und der Bemessungseinheiten verhindert die Preisverschleierung, mit der unredliche Anbieter den Preisvergleich erschweren und den Wettbewerb unterbinden wollen. Monopolisten oder marktbeherrschende Unternehmen, wie Post, Bahn oder Fluggesellschaften, können dann nicht mehr die Preisstruktur diktieren. Eine Leistungs- und Preisstandardisierung ist notwendig, um in der Preisbildung mehr Effizienz, Kalkulierbarkeit, Rechtssicherheit und Fairness für die Endverbraucher und kleinen Marktteilnehmer zu erreichen.

7.7.3 Standardprozesse der Preisbildung

Die auf den Märkten praktizierten Preisbildungsprozesse verlaufen im Prinzip wie einer der in *Tab. 7.3* aufgeführten 5 *Standardprozesse.*

Die einfachste Lösung ist der Ausschluss des freien Preisbildungsprozesses. Das wird bewirkt durch

- *Festpreise mit Preisbindung*
  Der Kaufpreis wird unabhängig vom Kaufprozess für einen längeren Zeitraum vom Staat, Hersteller oder Händler festgelegt. Abgesehen von einem eventuell zulässigen Barzahlungsskonto ist der Festpreis nicht verhandelbar.

Die *Vorteile* der Preisbindung sind Verlässlichkeit, Stabilität und damit Planbarkeit der Kaufpreise sowie das Fortfallen von Preisverhandlungen. Staatlich regulierte *Zwangspreise* und genehmigungspflichtige *Festtarife* gelten in der Logistik bis heute für Standardbriefe, im öffentlichen Nahverkehr und für Taxifahrten. Geregelte Festpreise mit Preisbindung werden von der Bahn und den Fluggesellschaften verlangt.

Der *Nachteil* der Festpreise ist, dass sie – wenn überhaupt – nur langsam den Kosten- oder Bedarfsänderungen angepasst werden. Nach einem Kostenanstieg wie auch bei anhaltender Knappheit, Unterversorgung oder Überauslastung werden die Festpreise bei der nächsten Preisfestlegung erhöht. Nach einem anhaltenden Ausbleiben von Käufern, Überangebot und Überkapazitäten, seltener auch nach einer Kostensenkung, werden sie herabgesetzt.

Standardpreisbildungsprozeß	Reaktion bei Bedarfs- oder Kostenänderungen	Preisbildungs- zeitbedarf	Preisbildungs- aufwand	Wettbewerbs- auswirkung	Kaufpreis- schwankungen
Festpreise mit Preisbindung*)	Monate bis Jahre	minimal	gering	gering	keine
Listenpreise und Preisauszeichnung	Tage bis Wochen	minimal	gering	hoch	gering
Preisanfrage und Preisangebot	Stunden bis Tage	mittel bis lang	hoch	hoch	hoch
Auktionen und Börsen	Minuten bis Stunden	kurz	mittel	sehr hoch	sehr hoch
Selbstkostenabrechnung plus Gewinn*)	Jahre	gering	hoch	ohne	keine

Tab. 7.3 Vorteile und Nachteile der Standardpreisbildungsprozesse

*) keine marktwirtschaftliche Preisbildung

Wesentlich flexibler und anpassungsfähiger als die Festpreise sind

- *Listenpreise und Preisauszeichnung*
  Der Angebotspreis wird vor dem Kaufprozess zusammen mit der Produkt- oder Leistungsspezifikation in einer Preisliste oder mit der Warenauslage auf einem Preisschild bekanntgegeben. Die angegebenen Preise sind für den Anbieter verbindlich.

Der *Vorteil* gegenüber der Festpreisregelung ist, dass Preislisten und Preisangaben von den Anbietern laufend dem Absatz angepasst werden können. Bei hoher Nachfrage, Überauslastung und Knappheit werden die Preise angehoben, bei schwacher Nachfrage, Unterauslastung und Überversorgung gesenkt. Ansteigende Kosten werden nur soweit in den Preisen weitergegeben, wie es Nachfrage und Wettbewerb zulassen. Kostensenkungen durch Rationalisierung oder verbesserte Verfahren führen zur Preissenkung, wenn sich damit Absatz und Gesamtgewinn steigern lassen.

Weitere Vorteile der Listenpreise, empfohlenen Verkaufspreise und Preisauszeichnung sind relativ geringe Preisschwankungen und das Fortfallen der Preisverhandlung. Sie eignen sich daher vor allem für *Massenprodukte* und *Standardleistungen*, die in kleinen Mengen zu geringem Preis von einem großen anonymen Käuferkreis beschafft werden. Das gilt in der Logistik für die Personenbeförderung und für viele Frachtleistungen, wie die Paketdienste.

In dem Maße, in dem nach Aufhebung des Rabattgesetzes Nachlässe und Preisverhandlungen zulässig sind, geht der Vorteil der geringen Schwankungen und der relativen Stabilität der verbindlichen Listenpreise verloren. Das erschwert den Preisvergleich und vermindert die Planungssicherheit von Anbietern und Nachfragern.

Im Ergebnis sind verhandelbare Listenpreise nicht mehr zu unterscheiden von

- *Preisanfrage und Preisangebot*
  Der Angebotspreis wird den Kaufinteressenten auf mündliche oder schriftliche Anfrage oder nach einer Ausschreibung mitgeteilt und ist grundsätzlich verhandelbar.

Der endgültige Kaufpreis ist Ergebnis der Preisverhandlung. Der Vorteil dieses Verfahrens ist, dass bei jedem Kaufprozess die aktuelle Bedarfs- und Wettbewerbssituation in die Preisbildung einfließt. *Nachteile* sind die zeitaufwendige Preisverhandlung und die dafür notwendige Erfahrung und Kompetenz.

Eine schriftliche Preisanfrage wird vor allem im Geschäftsverkehr zwischen Unternehmen praktiziert. Sie ist sinnvoll für die Beschaffung eines großen Bedarfs, hochwertiger Güter, komplexer Anlagen und größerer Leistungsumfänge.

Das gilt in der Logistik für den Einkauf von Fracht- und Transportleistungen, von Lagerleistungen und von Systemdienstleistungen für einen längeren Bedarfszeitraum. Im Rahmen einer Ausschreibung werden *Leistungspreise* und *Vergütungssätze* verhandelt, um nach der Einigung eine *Rahmenvereinbarung* oder einen *Dienstleistungsvertrag* abzuschließen (s. *Kap. 21*).

Zeitbedarf und Aufwand von Preisanfrage und Preisangebot werden erheblich verkürzt bei der Preisbildung auf

- *Auktionen und Börsen*
  In einer *Anbieterauktion* bieten alle Interessenten an einem Liefer- oder Leistungsauftrag einmalig oder mehrmals nacheinander dem Nachfrager einen Angebotspreis. Der Anbieter mit dem *niedrigsten Angebotspreis* erhält am Ende den Zuschlag.
  In einer *Nachfragerauktion* bieten alle Kaufinteressenten dem Anbieter einer definierten Ware oder Leistung einen Nachfragepreis an. Der Nachfrager mit dem *höchsten Nachfragepreis* erhält den Zuschlag.
  An einer *Börse* werden Bedarfsmengen und Nachfragepreise aller aktuellen Kaufinteressenten und die Angebotsmengen und Preise aller Anbieter zusammengeführt und so zum Ausgleich gebracht, dass alle Gebote mit einem Angebotspreis, der gleich oder niedriger ist als einer der Nachfragepreise, einen Käufer finden.

Die *Vorteile* von Auktionen und Börsen sind die rasche und effiziente Preisbildung und die schnelle Reaktion auf Angebot und Nachfrage. Der Nachteil ist die größere Schwankung der resultierenden Kaufpreise, die eine erschwerte Prognose und eine hohe Planungsunsicherheit zur Folge hat.

Das *Internet* hat Auktionen und Börsen einfacher, kostengünstiger und schneller gemacht. Vor allem hat das Internet eine große Reichweite, durch die sich die Teilnehmerzahl erhöht. Daraus erklären sich die hohen Erwartungen von *e-commerce* und *e-Logistik* an *Internet-Auktionen* und *Internet-Börsen* [218]. Voraussetzung für das Funktionieren einer Auktion oder Börse ist jedoch, dass sich Menge und Beschaffenheit der angebotenen oder nachgefragten Waren und Leistungen eindeutig spezifizieren lassen.

Das gilt in der Logistik für die Transportkapazität von Standardladungen, z. B. für Schiffsraum zum Transport von Flüssigkeiten, Schüttgut und Containern, und für die Beförderung von Standardfracht, wie Container, Paletten oder Pakete. Die Laderaumpreise und Frachtkostensätze werden auf sogenannten *Frachtenbörsen* ausgehandelt. Um den effizienten Preisbildungsprozess einer Auktion im Internet auch für andere Logistikleistungen, wie Lager- und Umschlagleistungen, nutzbar zu machen, müssen diese inhaltlich und preislich standardisiert werden. Das ist Voraussetzung für den Erfolg der *e-Logistik* [218].

Am Ende einer Ausschreibung propagieren viele Logistikdienstleister eine

- *Selbstkostenabrechnung mit Gewinnzuschlag (costs-plus):*
  Als Preis werden pro Abrechnungsperiode alle angefallenen Kosten plus einem vereinbarten Gewinnzuschlag in Rechnung gestellt.

Die aus dem öffentlichen Auftragswesen bekannte Selbstkostenabrechnung ist keine Preisfindung sondern eine *Kostenweitergabe mit Gewinn* [14]. Wie jede Vergütung nach Aufwand und Kosten verhindert die Selbstkostenabrechnung das Interesse des Auftragnehmers an Rationalisierung und Kostensenkung. Sie verführt vielmehr zur Erzeugung unnötiger Leistungen und Kosten. Nach längerer Zusammenarbeit entstehen daher fast unvermeidlich Streitigkeiten zwischen Auftraggeber und Auftragnehmer über die Angemessenheit der in Rechnung gestellten Kosten (s. *Kap. 21*). Das lässt sich vermeiden durch ein in sich schlüssiges *Vergütungssystem* mit differenzierten Leistungspreisen, die das Ergebnis einer Ausschreibung sind (s. *Abschn. 7.4*).

7.7.4 Marktkonstellationen

Der aus dem Preisbildungsprozess resultierende Kaufpreis liegt zwischen dem monetären Nutzwert und dem Kostenpreis. Das Ergebnis der Preisbildung hängt von der Kostensituation und den Preisstrategien der Anbieter und Nachfrager sowie von der *Marktordnung* und der *Marktkonstellation* ab (s. *Kap. 22*).

Sind wie in *Abb. 7.2* dargestellt an einem Preisfindungsprozess nur ein Anbieter und nur ein Nachfrager beteiligt, hängt der resultierende Kaufpreis vom *Bedarfsdruck* des einen Nachfragers und vom *Verkaufsdruck* des einen Anbieters ab. Der Bedarfsdruck, also der Zwang des Nachfragers zum Kauf, nimmt mit abnehmenden Vorräten, zeitlicher Dringlichkeit seines Bedarfs und den Nöten einer Nichtversorgung zu. Für den Anbieter resultiert daraus die Strategie der

- ▶ *Nachfragererkundung*, d.h. die Erkundung des Verwendungszwecks und des Bedarfsdrucks des Nachfragers.

Der Verkaufsdruck des Anbieters wächst mit sinkender Kapazitätsauslastung und zunehmenden Beständen. Für den Nachfrager ergibt sich daraus die Strategie der

- ▶ *Anbietererkundung*, d.h. die Erkundung der Bestands- und Auslastungssituation und des Verkaufsdrucks des Anbieters.

In den meisten Fällen sind an einem Kaufprozess gleichzeitig oder zeitlich versetzt mehrere Anbieter und Nachfrager beteiligt. Dann wirkt zusätzlich zum Verkaufs- oder Bedarfsdruck der *Wettbewerbsdruck* auf die Preisbildung. In der Praxis gibt es folgende *Wettbewerbskonstellationen* mit zunehmendem Wettbewerbsdruck:

- *kein Wettbewerb:* ein Nachfrager und ein Anbieter
- *Anbieter-Monopol oder Oligopol:* ein oder wenige Anbieter, viele Nachfrager
- *Nachfrager-Monopol oder Oligopol:* viele Anbieter, ein oder wenige Nachfrager

- *vollständiger Wettbewerb:* viele Nachfrager und viele Anbieter.

Die Zahl der Nachfrager in einem aktuellen Verkaufsprozess hängt einerseits davon ab, wie viele Wirtschaftsteilnehmer eine Ware oder eine Leistung überhaupt benötigen, und andererseits davon, wie viele dieser potentiellen Käufer das Angebot kennen. Mit zunehmender Zahl der Nachfrager *vermindert* sich der Wettbewerbsdruck auf den Angebotspreis. Darauf richtet sich die Anbieterstrategie der

▶ *Kundengewinnung,* d.h. die Erkundung, das Werben und die Information potentieller Käufer.

Bedarfserkundung und Kundeninformation sind auch dann erforderlich, wenn das Angebot nur auf einen Nachfrager ausgerichtet ist, der ein *Nachfragemonopol* hat. Auf den Logistikmärkten sind Nachfragemonopole selten. Wird allerdings ein Logistikdienstleister allzu abhängig von einem Kunden, beispielsweise von einem großen Automobilhersteller, der seinerseits auf mehrere Anbieter zugreifen kann, ist er erpressbar. Er kann dann als Preis für seine Leistungen bestenfalls die Selbstkosten plus einem minimalen Gewinn erreichen.

Die Konstellation eines Nachfragemonopols ergibt sich auch für Lieferanten, die sich im Zuge des *Supply Chain Management* (SCM) vollständig und irreversibel in das Versorgungsnetz eines Abnehmers ihrer Produkte einbinden lassen. Wenn sich der Abnehmer selbst andere Beschaffungsquellen offen hält, den Lieferanten aber zur Ausschließlichkeit verpflichtet, wird die freie Preisbildung außer Kraft gesetzt.

Die Anzahl der Anbieter für einen konkreten Beschaffungsprozess hängt davon ab, wie viele Wettbewerber für das benötigte Produkt oder eine Leistung es am Bedarfsort gibt, aber auch davon, welche dieser Wettbewerber von dem Bedarf erfahren, dem Nachfrager bekannt sind und bei der Preisverhandlung berücksichtigt werden. Mit zunehmender Zahl der Anbieter *erhöht* sich der Wettbewerbsdruck auf den Angebotspreis. Das ist das Ziel der Nachfragerstrategie der

▶ *Lieferantensuche,* d. h. die Erkundung und Auswahl geeigneter Anbieter.

Die Lieferantensuche entfällt, wenn es am Markt nur einen geeigneten Anbieter gibt, der ein *Angebotsmonopol* hat.

In der Logistik gibt es zahlreiche Angebotsmonopole und Oligopole. Bekannte Monopole sind die Briefpost und die Bahn. Weniger bekannte Monopole sind die *Schifffahrtkonferenzen,* die für bestimmte Transportrelationen Kapazitäten festlegen und Preise vereinbaren, die Flughafenbetriebsgesellschaften, von denen die *Flughafengebühren* abhängen, und der Staat als Eigentümer des Straßennetzes, der über Kraftfahrzeugsteuern, Kraftstoffsteuern und Maut die *Straßennutzungspreise* diktiert. Außerdem gibt es in vielen Teilmärkten der Logistik effektive Monopole marktbeherrschender Unternehmen und Oligopole, die, wie beispielsweise die Fluggesellschaften, die Leistungsstandards vorgeben und das Preisniveau bestimmen. Über die Wettbewerbssituation auf den Logistikmärkten und ihre Folgen ist noch immer zu wenig bekannt. Sie ist ein lohnendes Forschungsgebiet von allgemeinem Interesse.

Die Konstellation, dass ein Angebotsmonopolist auf einen Nachfragemonopolisten trifft, ergibt sich aus dem *Outsourcing.* Sie entsteht in der Logistik, wenn sich ein Logistikdienstleister mit einer hohen Investition für viele Jahre an einen Kunden bindet und der Kunde nur von diesem Dienstleister abhängt. Auch im Zuge des *unternehmensübergreifenden Supply Chain Management* werden solche wechselseitigen Abhängigkeiten geschaffen, die eine Preisbildung unter Wettbewerbsbedingungen außer Kraft setzen. Die Auswirkungen derartiger Wettbewerbseinschränkungen und die Grenzen, die sich daraus für das Outsourcing und das unternehmensübergreifende SCM ergeben, werden zunehmend wahrgenommen und kritisch diskutiert [229].

7.7.5 Preisstrategien

Innerhalb der vorgegebenen Regeln und Rahmenbedingungen gibt es für Anbieter und Nachfrager unterschiedliche Handlungsmöglichkeiten. Mit Hilfe geeigneter Preisstrategien ist es für beide Seiten möglich, den Ausgang der Preisfindung zu beeinflussen und einen günstigen Endpreis zu erreichen [229].

Die Preisstrategien der Anbieter und Nachfrager lassen sich einteilen in *Vorbereitungsstrategien, Preisgestaltungsstrategien* und *Preisverhandlungsstrategien.* Es gibt *Offensivstrategien* und *Defensivstrategien, Bündelungsstrategien* und *Ordnungsstrategien* sowie *faire* und *unfaire Preisstrategien.* Die Erkundung der Preisstrategien, auch der unfairen Strategien, sowie die Untersuchung ihrer Wirksamkeit und Verträglichkeit sind interessante Aufgaben für die Wissenschaft [227, 229].

Die Preisstrategien der Anbieter sind darauf ausgerichtet, einen maximalen Gewinn zu erzielen. Solange die verkaufte Menge unabhängig vom Preis ist, ist der Gewinn maximal, wenn die Kapazitäten voll ausgelastet sind und alle Vorräte verkauft werden. Sinkt jedoch die Absatzmenge bei einem höheren Preis, gibt es für jeden Anbieter einen *gewinnoptimalen Verkaufspreis*, den sogenannten *Cournot'schen Preis* [14, 227].

Zur Berechnung des gewinnoptimalen Verkaufspreises muss die funktionale Abhängigkeit des Absatzes vom Preis bekannt sein. Für einige Massenprodukte, deren Absatz lange genug anhält, lässt sich zwar die *Preiselastizität*, also die Steigung der Preis-Absatz-Funktion für den aktuellen Absatzwert abschätzen. Der Gesamtverlauf der Preis-Absatz-Funktion zwischen dem unteren *Sättigungspreis* p_{min}, dessen Unterschreitung keinen weiteren Bedarf mehr weckt, und dem *Maximalpreis* p_{max}, bei dem der Absatz auf 0 sinkt, ist aber in der Regel nicht messbar. Für die meisten Güter und Leistungen ist die Preis-Absatz-Funktion unbekannt. An die Stelle der Berechnung eines gewinnoptimalen Preises treten daher in der Praxis die Preisstrategien.

Leitlinie aller Angebots- und Beschaffungsstrategien sind die aus Erfahrung resultierenden *Kaufpreisregeln*:

- Bei großem Wettbewerb, geringem Kaufdruck und gesättigtem Markt liegen die Verkaufspreise allgemein verfügbarer Standardprodukte und Standardleistungen nahe den Vollauslastungskosten. Bei Unterauslastung der Kapazitäten können sie temporär sogar bis auf die Grenzkosten sinken.
- Bei geringem Wettbewerb und guter Kapazitätsauslastung sind für Produkte und Leistungen mit hohem Nutzen Verkaufspreise durchsetzbar, die deutlich über dem Kostenpreis nahe dem monetären Nutzwert der Kunden liegen können.

Diese *Kaufpreisregeln* lassen sich für bestimmte Kostenfunktionen und Marktkonstellationen aus den Regeln und Strategien der Standardprozesse herleiten [227]. Für andere Kostensituationen und Marktkonstellationen ist nicht nur der Ausgang der individuellen Preisbildungsprozesse, sondern auch das daraus resultierende Preisniveau ungewiss [208]. Das gilt vor allem für Produkte und Leistungen, die von Anlagen, Netzwerken oder Systemen mit hohen Fixkosten erzeugt werden. Der ungewisse Ausgang der Preisbildung für solche *Fixkostenprodukte* ergibt sich aus dem in *Abschn. 6.8* behandelten *Fixkostendilemma der Kalkulation*, das zu dem *Auslastungsdilemma der Preispolitik* führt:

- Mit ansteigendem Bedarf lassen sich am Markt höhere Preise durchsetzen, während die Stückkosten mit besserer Auslastung abnehmen. Bei fallendem Absatz sinken die Verkaufspreise, obgleich die Stückkosten mit abnehmender Auslastung ansteigen.

Das anhaltende Experimentieren großer Netzbetreiber, wie Post, Bahn, Fluggesellschaften und Telecom, mit den unterschiedlichsten *Preismodellen* und *Netznutzungsentgelten* zeigt, dass es für das Problem der Preisbildung bei hohem Fixkostenanteil bis heute keine allgemein anerkannte Lösung gibt, die selbstregelnd eine hohe Auslastung der fixen Ressourcen bewirkt und mit den Regeln des fairen Wettbewerbs verträglich ist [175, 204].

Eine für Anbieter und Kunden faire Lösung des Auslastungsdilemmas wäre die

▶ *Auslastungspreisstrategie:* Der Preis für Leistungen oder Produkte, die mit hohen Fixkosten erzeugt werden, kann in Phasen schlechter Auslastung bis auf die Vollauslastungskosten gesenkt werden und darf zum Ausgleich in Phasen besserer Auslastung um soviel höher sein, dass im gesamten Geschäftsjahr ein ausreichender Gewinn erzielt wird.

Wenn es mit der Auslastungspreisstrategie nicht gelingt, auf Dauer die für einen wirtschaftlichen Betrieb notwendige Auslastung zu erreichen, ist der Bedarf zu Vollauslastungspreisen nicht vorhanden. Dann bleibt nur eine schrittweise *Sonderabschreibung* der Investition bis auf 0, um den Angebotspreis bis zu den Grenzkosten senken zu können. Wird auch zum Grenzkostenpreis keine ausreichende Deckung der Gemeinkosten erreicht, muss der Betrieb eingestellt werden. Dann liegt eine Fehlinvestition vor.

7.7.6 Anbieterstrategien

Langfristige Vorbereitungsstrategien der Anbieter sind die *Strategien der Marktpositionierung:*

▶ *Nutzenführerschaft:* Alle Anstrengungen sind auf den Nutzen des Angebots für die potentiellen Kunden ausgerichtet. Das Marketing analysiert gemeinsam mit der Entwicklung alle Nutzentreiber der Produkte und Leistungen, um möglichst viele *Alleinstellungsmerkmale* zu bieten, die den Wettbewerb einschränken. Auf diese Weise sind Verkaufspreise durchsetzbar, die auch bei geringer Auslastung deutlich über dem Kostenpreis liegen.

▶ *Kostenführerschaft:* Alle Anstrengungen und die Produktentwicklung sind darauf ausgerichtet, ein weitgehend standardisiertes Liefer- und Leistungsprogramm zu minimalen Kosten zu produzieren. Dadurch wird es möglich, mit Preisen, die knapp unter den Preisen der kostengünstigsten Wettbewerber liegen, bei einem angemessenen Gewinn die Kapazitäten voll auszulasten.

▶ *Leistungsflexibilität:* Das Liefer- und Leistungsprogramm ist modular konzipiert und die Produktionskapazitäten sind so flexibel, dass bei günstigen Kosten eine rasche Neuausrichtung und Anpassung an den aktuellen Kundenbedarf möglich sind. Damit ist eine anfragerspezifische Preisgestaltung und situative Preisverhandlung möglich.

Manche Unternehmen versuchen diese Marketingstrategien zu kombinieren, scheitern aber an der Schwierigkeit, mehr als ein Ziel zu verfolgen. Bei hohem Gewinn fällt das Sparen schwer. Bei knappen Erlösen werden gerne Leistung, Qualität oder Service reduziert.

Beispiele für Kostenführerschaft in der Logistik sind die *Paketdienste, Containerdienste* und Massengutspediteure. Beispiele für eine Nutzenführerschaft sind die Systemdienstleister und Spezialdienstleister. Besondere Flexibilität zeichnet die *Kurierdienste, Kombifrachtdienstleister* und bestimmte Fachspeditionen aus.

Zu den mittelfristigen *Vorbereitungsstrategien* des Anbieters gehören die oben genannten Strategien der *Kundengewinnung* und der *Nachfragererkundung.* Kurzfristige Vorbereitungsstrategien sind die

▶ *Angebotspreiserkundung:* Vor Abgabe des Angebotspreises wird versucht, die Angebotspreise der Wettbewerber zu erfahren und mit dem Erfolg der eigenen Preisangebote aus früheren Verkaufsprozessen zu vergleichen.

▶ *Nachfragepreiserkundung:* Ebenfalls vor Abgabe des Angebotspreises werden die Preisvorstellungen und bisher bezahlten Preise der potentiellen Kunden oder des Anfragenden erkundet.

Zur Vorbereitung gehört auch die Kalkulation des Kostenpreises für absehbare Auslastungsszenarien. Unter Beachtung der vorangehenden Grundsätze für Bemessungseinheiten, Preisstruktur und faire Preisgestaltung wird der Angebotspreis festgelegt. Dabei können die Anbieter folgende Preisstrategien verfolgen:

▶ *Räumliche Preisdifferenzierung:* Bei unterschiedlicher Kaufkraft wird das Absatzgebiet in *Preisregionen* aufgeteilt, in denen unterschiedliche Preise angeboten werden.

▶ *Zeitliche Preissegmentierung:* Bei einem stark zeitabhängigen Bedarf werden *zeitabhängige Preise* offeriert.

▶ *Zielgruppensegmentierung:* Abhängig von der Höhe ihres Bedarfs oder von den spezifischen Nutzentreibern werden die potentiellen Kunden in *Preiszielgruppen* aufgeteilt, denen über getrennte *Vertriebskanäle* unterschiedliche Preise geboten werden.

▶ *Produkt- und Leistungsdifferenzierung:* Für verschiedene Arten und Größen der Verpackung, für Design- und Ausstattungsvarianten oder für Zugaben, Service und ein besonderes Ambiente werden unterschiedliche Preise verlangt.

▶ *Mengendifferenzierung:* Für größere Abnahmemengen wird ein *Mengenrabatt* eingeräumt, der aus den Auftragskostenersparnissen oder einer besseren Auslastung resultiert.

Manche Segmentierungs- und Differenzierungsstrategie ist unverträglich mit den Fairnessgeboten. Wenn die Preisdifferenzierung nicht mit einem Unterschied des Produktnutzens korreliert und nur durch künstliche Marktabschottung aufrechterhalten wird, dient sie der Verschleierung und Täuschung. Sie ist dann eine unfaire Preisstrategie.

So versuchen Fluggesellschaften und Bahn durch platzzahlbegrenzte Frühbuchungspreise einen Teil der Kunden auf auslastungsschwache Tageszeiten zu lenken, und mit Zugabeprogrammen, wie Bonusmeilen, hohe Preise für Geschäftskunden durchzusetzen. Das sind jedoch wettbewerbsrechtlich umstrittene Preismodelle, die bei fraglicher Wirkung für die Auslastung Kosten und Preise nach oben treiben können.

Zusätzlich ist bei der Preisgestaltung auf die *Preiskontinuität* zu achten. Zu häufige, große und unbegründete Änderungen der Angebotspreise und allzu stark schwankende Rabatte verunsichern die Kunden, untergraben das Vertrauen in den Anbieter und wecken Zweifel an der Werthaltigkeit der Ware oder Leistung. Das kann von der Kaufverschiebung über eine Kundenabwanderung bis hin zum Kaufverzicht führen [229].

Auf Preiskontinuität muss auch bei der Preisverhandlung geachtet werden. Die Preisverhandlung wird in der Regel eröffnet mit der Bekanntgabe des Angebotspreises. Hier ist eine Strategie der *offenen*, auch für den Wettbewerb einsehbaren *Preisangabe* oder die Strategie der *verdeckten Preisangabe* nur für kaufbereite Anfrager möglich. Unter besonderen Umständen nennt auch der Nachfrager zuerst seinen Nachfragepreis.

Soweit das nach den Preisbildungsregeln zulässig ist, beginnt nach der Bekanntgabe des Eröffnungspreises die Preisverhandlung. Nach dem Versuch, den Nachfrager durch Darlegung des Nutzens und Wertes der angebotenen Ware oder Leistung von der Preisberechtigung zu überzeugen, sind verschiedene *Verhandlungsstrategien* möglich: Abwarten und Kommenlassen, Erfragen der Preisvorstellung des Nachfragers, Zugeständnisse in Menge, Leistung, Qualität und Service, Hinhalten, stufenweises Anbieten eines Nachlasses oder sofortiges Anbieten eines letzten Preises.

Preisverhandlungen sind ähnlich dem Pokern. Sie erfordert auf beiden Seiten Menschenkenntnis und Einfühlungsvermögen, Psychologie und Taktik, Einschätzung der Erwartungen und der Situation der anderen Seite, Kenntnis des Verkaufsdrucks, des Kaufdrucks und des Wettbewerbsdrucks, vor allem aber Erfahrung.

7.7.7 Beschaffungsstrategien

Die Beschaffungsstrategien der Nachfrager haben das Ziel, für einen maximalen Nutzen einen minimalen Preis zu zahlen.

Bei geringem Bedarf im Vergleich zu den Kapazitäten und Beständen der Anbieter kann der einzelne Nachfrager kaum eine eigene Beschaffungsstrategie durchsetzen. Gegen die zuvor beschriebenen Verkaufspreisstrategien gibt es jedoch *Abwehrstrategien*, wie das Vermeiden zu spezieller Anforderungen und das Zurückweisen unnötiger Differenzierungen, Ausprägungen, Zugaben oder Bündelungen der angebotenen Produkte und Leistungen. Auch die Forderung einer Einzelpreisaufschlüsselung oder nach Angabe eines Gesamtpreises sind Abwehrstrategien.

Die wirksamsten Abwehrstrategien aber sind die bereits behandelte Anbietererkundung und Lieferantenauswahl sowie das Ausweichen, die Bedarfsverschiebung, das Reduzieren der Anforderungen und der Kaufverzicht. Eine wirksame *Ausweichstrategie* in der Logistik ist beispielsweise die Wahl eines anderen Verkehrsmittels oder einer anderen Lieferkette (s. *Kap. 20*).

Bei einem größeren Bedarf kann der Käufer eigene *Beschaffungsstrategien* verfolgen. Der Bedarf lässt sich durch die folgende *Strategien der Bedarfsbündelung* vergrößern:

▶ *Interne Bedarfsbündelung:* Der Bedarf für zusammengehörige oder verwandte Produkte oder Leistungen wird gebündelt angefragt und bei einem Anbieter beschafft.

▶ *Externe Bedarfsbündelung:* Mehrere Bedarfsträger tun sich zu einer Einkaufsgemeinschaft zusammen, um ihren gebündelten Gesamtbedarf gemeinsam zu beschaffen.

▶ *Zeitliche Bedarfsbündelung:* Für ein bestimmtes Produkt oder eine Leistungsart wird der eigene oder ein gemeinsamer Bedarf für einen längeren Zeitraum gebündelt beschafft.

Eine Bedarfsbündelung der Logistik ist die *Sendungsbündelung*, um statt eines Paketdienstes die günstigere Stückgutfracht oder statt der Stückgutfracht einen kostenoptimalen Ladungstransport nutzen zu können (s. *Abschn. 20.13* und *20.14*).

Die Bedarfsbündelung stärkt die Einkaufsposition gegenüber einer Marktsegmentierung und gegenüber dem preissteigernden Verkauf über mehrere Handelsstufen. Die Bedarfsbündelung ermöglicht dem Anbieter eine günstigere Preiskalkulation.

Um diese Vorteile der Bedarfsbündelung durchzusetzen, sind folgende *Beschaffungsstrategien* geeignet:

• *Einzelbeschaffung:* Die Bestandteile des Bedarfs für einen längeren Zeitraum oder für ein größeres Projekt werden getrennt ausgeschrieben und bei den jeweils preisgünstigsten *Einzellieferanten* beschafft.

• *Beschaffungsbündelung:* Geeignete Umfänge des Bedarfs werden zu *Ausschreibungspaketen* zusammengefasst und bei einer kleinen Zahl preisgünstiger *Hauptlieferanten* beschafft.

- *Gesamtbeschaffung:* Der gesamte Bedarf für einen längeren Zeitraum oder ein größeres Projekt wird geschlossen ausgeschrieben und an den preisgünstigsten und leistungsfähigsten *Gesamtlieferanten, Generalunternehmer* oder *Systemdienstleister* vergeben.

Die Entscheidung für eine dieser Beschaffungsstrategien hängt ab von der Größe und Komplexität des Bedarfs sowie von der *Beschaffungskompetenz* und der *Integrationskompetenz* des Bedarfsträgers. Entscheidend für die Beschaffungsstrategie ist der Gesamtpreis unter Berücksichtigung von Beschaffungskosten, Integrationskosten und Lieferzeit.

Bei *sehr großem Bedarf* für nur ein Produkt oder eine Leistungsart bestehen außer der Einzelbeschaffung die Möglichkeiten:

- *Mengenaufteilung (multiple sourcing):* Der Gesamtbedarf wird aufgeteilt und an mehrere Lieferanten vergeben.
- *Mengenbündelung (single sourcing):* Der Gesamtbedarf wird an nur einen Lieferanten vergeben.

Die Mengenaufteilung ist unvermeidlich, wenn der Bedarf die Kapazität einzelner Anbieter überschreitet. Sie bietet den Vorteil einer größeren Unabhängigkeit von den Lieferanten. Die Mengenbündelung ermöglicht bei ausreichender Fertigungskapazität wegen der maximalen *Kostendegression* den geringsten Preis, hat aber den Nachteil der Abhängigkeit von einem Lieferanten.

7.7.8 Regelungen zur fairen Preisbildung

Das *Bürgerliche Gesetzbuch* (BGB), das *Handelsgesetzbuch* (HGB) und das *Wettbewerbsrecht* (UWG; GWB; Art. 81, 82 EGV) regeln hauptsächlich Sachgeschäfte mit *körperlichen Gegenständen* (§ 90 ff BGB). Abgesehen vom Mietrecht und vom Arbeitsrecht sind Regelungen für Geschäfte mit *immateriellen Gütern* und *Leistungen* nur weit verstreut in den Gesetzen zu finden (s. *Abschn. 23.6*) [203].

Zur *Preisgestaltung* enthalten die Gesetze keine konkreten Regelungen. Es kommen unterschiedliche Preisbegriffe vor, wie *Marktpreis, Fracht, Mietzins, Provision* oder *Vergütung*, ohne dass gesagt wird, wie sich diese objektiv bestimmen lassen. So darf nach § 354 HGB ein *Lagergeld nach den am Orte üblichen Sätzen* gefordert werden (s. auch § 419 HGB). Nach § 460 (2) HGB kann ein Spediteur eine *angemessene* und höchstens die *gewöhnliche Fracht* verlangen. Kein Preis – mit Ausnahme des gesetzlichen Zinssatzes von 5 % p. a. gemäß § 352 HGB – und nur wenige Bemessungseinheiten – wie die *Verkaufseinheiten* bestimmter Konsumgüter in § 11 UWG – sind im Gesetz genauer geregelt.

Bezüglich des Liefer- und Leistungsumfangs wird auf die *Verkehrssitte* (§ 157 BGB) und *Handelsgebräuche* (§ 346) verwiesen. Zur *Leistungserfüllung* sagt § 315 BGB: *Die Leistung wird nach billigem Ermessen bestimmt.* Gemäß § 242 BGB muss *die Leistung so bewirkt werden, wie Treu und Glauben mit Rücksicht auf die Verkehrssitte es erfordern.*

Nach geltender Rechtsauffassung verbietet § 1 GWB den Wettbewerbern jegliche Absprache der *Preishöhe*. Auch die *Quersubvention* der Preise eines Produkts zum Zweck der Wettbewerbsverdrängung aus den Gewinnen anderer Produkte, die wegen einer marktbeherrschenden Position zu hohen Preisen verkauft werden, ist verboten. Ganz allgemein sind nach § 138 BGB Rechtsgeschäfte nichtig, die gegen die *guten Sitten* verstoßen. Preise, die in einem auffälligen Missverhältnis zur Leistung stehen, sind *Wucher*. Aber auch ein ständiger *Verkauf zu Verlustpreisen* oder das fortgesetzte systematische Unterbieten können wettbewerbswidrig sein [205] (s. *Abschn. 23.4*).

Nach § 11 UWG sind *täuschende Mengenangaben*, nach § 3 und 4 *UWG falsche Angaben über die Preisbemessung von Waren und gewerblichen Leistungen* verboten. Bei Verstößen droht das Strafgesetz Geld- und Haftstrafen an. Andererseits wurden sinnvolle und bewährte Regelungen, wie die *Zugabeverordnung* und das *Rabattgesetz*, unter dem Einfluss der Wirtschaftslobby inzwischen aufgehoben oder eingeschränkt [205].

Die allgemeinen gesetzlichen Bestimmungen gelten auch für Logistikleistungen und Logistikdienstleister. So zählen Beförderungsunternehmen, Frachtführer, Schifffahrtsgesellschaften, Spediteure und Lagerhalter zum *Handelsgewerbe*. Speziell für das Fracht-, Speditions- und Lagergeschäft enthalten die §§ 407 bis 475 HGB detaillierte Regelungen.

Der Überblick zeigt, dass die Gesetze allgemeine Grundsätze formulieren und nur in Ausnahmefällen konkrete Regelungen enthalten. Das ist solange ausreichend, wie die Handelsbräuche, Verhaltensnormen und Begriffe, auf die sich ein Gesetz bezieht, allgemein bekannt, akzeptiert und unstrittig sind (s. *Kap. 23*).

Wegen der Allgemeinheit der Gesetze und der in vielen Wirtschaftsbereichen fehlenden *Verhaltensnormen* ist das Wettbewerbsrecht vorwiegend *Richterrecht* [203]. Die Marktteilnehmer sind in Streitfällen von der Sachkunde der Anwälte und der Richter abhängig. Daraus resultiert ein hohes Prozessrisiko, das Klagen weitgehend verhindert. Die Folgen sind Unsicherheit, Unkenntnis, Ignoranz und Täuschung bis hin zum Rechtsbruch. Das zeigen auch die in *Abschn. 7.1* geschilderten unfairen Praktiken der Preisgestaltung auf den Logistikmärkten.

Was kann und sollte unter diesen Umständen geschehen? Gemäß § 2 GWB und mit dem Erlaubnisvorbehalt gemäß § 5 GWB sind Vereinbarungen zulässig, die:

- allgemeine Geschäfts-, Liefer- und Zahlungsbedingungen festlegen
- die Anwendung von Normen zum Gegenstand haben
- einheitliche Methoden der Leistungsbeschreibung enthalten
- die Grundsätze der Preisaufgliederung regeln, ohne die Preishöhe festzulegen.

Damit wird den Wirtschaftsteilnehmern die Möglichkeit gegeben, im gemeinsamen Interesse die allgemein gehaltenen Gesetze zu präzisieren. Die Marktteilnehmer können auf diese Weise selbst zum fairen Wettbewerb, zur größeren Rechtssicherheit und zur positiven Wirtschaftsentwicklung beitragen.

In der Logistik besteht vor allem auf folgenden Gebieten Regelungsbedarf (s. *Kap. 23*):

▶ Definition und Spezifikation von *Standardleistungen* der Logistik, wie Beförderungs-, Transport-, Lager-, Kommissionier- und Umschlagleistungen.

▶ Spezifikation und Regelung von logistischen *Zusatzleistungen*, wie Eilbearbeitung, Expressbeförderung, Versicherungen oder Sicherheitslagerung, sowie von logistischen *Verbund- und Systemdienstleistungen* (s. *Abschn. 21.2*).

▶ Festlegung von *Leistungseinheiten, Bemessungsgrundlagen* und *Preisstrukturen* für die logistischen Standard- und Zusatzleistungen.

▶ *Regeln für Standardpreisbildungsprozesse* der Logistik, wie Listenpreise, Frachtenbörsen, Angebote und Ausschreibungen.

▶ *Grundsätze fairer Preisgestaltung* entsprechend den Vorschlägen in *Abschn. 7.1*. Dazu gehört auch das *Prinzip der Reziprozität*, nach dem Regeln für beide Seiten gleichermaßen gelten.

▶ Allgemein verbindliche *Qualitätsstandards* und *Gewährleistungsregeln*

▶ *Standardverträge für Logistikleistungen* und *Standardbedingungen* für Geschäfte mit Endverbrauchern (s. *Abschn. 21.5* und *23.5*).

Die bestehenden Regelungen sind oft unvollständig, unzureichend oder einseitig. Die seit 1999 in der EG aufgehobene staatliche Reglementierung der Verkehrswirtschaft wirkt sich immer noch aus [212]. So sind die *Allgemeinen Deutschen Spediteurbedingungen* (ADSp) oder die Beförderungsbedingungen und Preisstrukturen der Bahn, Post und Fluggesellschaften weitgehend von den Interessen der Anbieter geprägt.

Grundsätzlich sollten durch Gesetze nur die allgemeinen Rahmenbedingungen und die Fairnessgebote vorgegeben werden und keine Einzelregelungen. Die einzelnen Verhaltensregeln können besser von den Marktteilnehmern selbst entwickelt und vereinbart werden (s. *Abschn. 23.6*).

Entsprechende Verhaltensregeln und Richtlinien unabhängiger Institutionen fehlen bis heute in der Logistik. Regeln und Normen für das Geschäft mit Logistikleistungen, die für alle Teilnehmer fair und gesetzeskonform sind, können nur von neutralen Institutionen, ähnlich wie DIN, VDI oder ISO, erarbeitet und in Gremien verabschiedet werden, in denen die Marktteilnehmer angemessen und gleichberechtigt vertreten sind. Eine hierfür geeignete Institution wäre der *Bundesverband für Logistik e. V.* (BVL). Die *Logistikforschung* kann hierzu mit konstruktiven Lösungsvorschlägen und überzeugenden Handlungsanstößen beitragen, die zu einem *integrierten Logistikrecht* führen (s. *Kap. 23*).

8 Zeitmanagement

Die Zeit ist die vierte Dimension der Logistik. Die *Strukturen* der Systeme werden durch *Standorte* und *Entfernungen* determiniert, die *Abläufe* durch *Zeitpunkte* und *Zeitspannen*. Die *Prozesse* sind durch Raum *und* Zeit bestimmt.

Das Bewusstsein der Menschen für die Zeit hat sich in den letzten zweihundert Jahren revolutionär gewandelt [66]. In der Logistik hat sich die Einstellung gegenüber der Zeit erst im Zuge der *Just-In-Time-Bewegung* (JIT) grundlegend verändert [67, 68, 153].

Dass *Lieferzeiten* und *Termintreue* wichtige *Wettbewerbsfaktoren* sind, ist inzwischen allgemein bekannt [34, 67]. Die Konsequenzen aus dieser Kenntnis aber werden in der Praxis nur zögernd umgesetzt [68]. *Terminzusagen* sind oft unverbindlich und ungenau. *Termintreue* wird entgegen dem Grundsatz *Pünktlichkeit vor Schnelligkeit* nach wie vor geringer bewertet als kurze Zustellzeiten. Eine Verkürzung der *Lieferzeiten* gilt vielfach als teures Marketinginstrument, wird aber nur selten als Chance zur Kostensenkung gesehen.

Die *zeitlichen Handlungsspielräume, Einflussfaktoren* und *Optimierungsmöglichkeiten* in den Leistungsketten sind bisher nicht ausreichend erkannt. Ihre Nutzung zur Optimierung von Durchlaufzeiten, Verbesserung der Termintreue und Senkung der Kosten ist Aufgabe des *Zeitmanagements* [67, 68].

In diesem Kapitel werden die *Zeitpunkte* und *Zeitspannen* der Logistik definiert, die Zusammensetzung und Einflussfaktoren der *Durchlaufzeiten* für Aufträge und Material analysiert und *Strategien zur optimalen Zeitnutzung* entwickelt. Ergebnisse sind *Handlungsmöglichkeiten* für das Zeitmanagement und *Zeitdispositionsstrategien* zur Optimierung von Liefer- und Leistungszeiten.

8.1 Zeitpunkte und Zeitspannen

Zeitpunkte und *Termine* werden durch eine *Zeitangabe* fixiert. Zeitangaben beziehen sich stets auf einen bestimmten *Zeitnullpunkt* t_0, wie den Anfang eines Kalenderjahres, den Beginn des Geschäftsjahres oder den Tagesanfang. *Zeitangaben* zur Fixierung eines *Zeitpunktes* t sind:

Kalenderjahr [KJ]
Kalendermonat [KM]
Kalenderwoche [KW]
Kalendertag [KT]   (8.1)
Tageszeit [TZ]
Anzahl Zeiteinheiten ab t_0
Anzahl Perioden ab t_0.

T. Gudehus, *Logistik 1*, VDI-Buch,   203
DOI 10.1007/978-3-642-29359-7_8, © Springer-Verlag Berlin Heidelberg 2012

Wichtige *Zeitpunkte* der Logistik, der Planung und des Projektmanagement sind:

- *Anfangstermine* t_A: Startzeitpunkte, Zeitnullpunkte, Anfangszeiten, Abholzeiten und Abfahrzeiten
- *Endtermine* t_E: Abschlusszeitpunkte, Fertigstellungstermine, Anlieferzeiten, Ankunftszeiten oder Haltbarkeitstermine
- *Zwischentermine* t_Z: Anfangs- und Endzeitpunkte bestimmter Teilvorgänge oder einzelner Abschnitte der Prozesskette
- *Ecktermine* für Entscheidungen oder Ereignisse und *Meilensteine* für bestimmte Aufgaben, Planungsschritte und Realisierungsphasen

Soweit die *zeitlichen Rahmenbedingungen* nicht die Termine vorgeben, sind die Zeitpunkte *freie Parameter*, die sich zur *Optimierung* der Planung und Disposition nutzen lassen.

Zeitspannen sind Zeitabstände zwischen zwei Zeitpunkten ohne festen Anfangszeitpunkt. *Zeitabstände* τ, *Zeitdauern* T und *Zeitbedarf* werden in *Zeiteinheiten* [ZE] gemessen, wie:

Sekunde [s]
Minute [min]
Stunde [h]
Tag [d]   (8.2)
Woche [W]
Monat [M]
Jahr [a] .

Wichtige *Zeitspannen von Leistungsstellen und Prozessketten* sind:

- *Vorgangszeiten* τ, wie Fertigungszeiten, Prozesszeiten, Fahrzeiten, Spielzeiten, Einlagerzeiten, Auslagerzeiten, Basiszeiten, Leistungszeiten, Wartezeiten und Lagerdauern
- *Durchlaufzeiten* T_{DZ}, wie Auftragsdurchlaufzeiten, Materialdurchlaufzeiten, Lieferzeiten, Laufzeiten, Nachschubzeiten und Transportzeiten
- *Nutzungsdauer* T_{ND} von Gebäuden, Maschinen, Anlagen, Transportmitteln und Betriebseinrichtungen

Die *technische und wirtschaftliche Nutzungsdauer* ist maßgebend für die *Nutzbarkeit* und damit für die *Betriebskosten* (s. *Abschn.* 6.4).

Spezifische Zeitlängen der Logistik sind die *Transportzeit* und die *Lagerdauer*:

- Die *Transportzeit* T_{Tra} ist die Zeit von der Übernahme bis zur Ablieferung des Transportguts und wird bestimmt von den *Transportstrategien* (s. *Kap.* 18).
- Die *Lagerdauer* T_{Lag} ist die Zeit von der Ablage bis zur Entnahme der Lagereinheit auf einem Lagerplatz und wird bestimmt von den *Nachschub- und Bestandsstrategien* (s. *Kap.* 11).

Transportzeiten lassen sich bei bekannter Länge und Beschaffenheit des Transportwegs aus Geschwindigkeit, Beschleunigungs- und Bremswerten des Transportmittels und aus der Anzahl und Dauer der Haltevorgänge errechnen.

Maßgebend für die *Lagerbarkeit* wie auch für die zulässige *Transportzeit* von Waren und Produkten ist deren *maximale Haltbarkeitsdauer*.

Von besonderer Bedeutung für die Logistik sind Taktzeiten, Zykluszeiten und Bemessungszeiten:

- *Taktzeiten* τ sind die Zeitabstände zwischen regelmäßig aufeinander folgenden Ereignissen, Vorgängen, Ankünften, Aufträgen oder Abfertigungen.

- *Zykluszeiten* T_{Zyk} sind Zeitabstände, in denen definierte Ereignisse, wie Bedarfsspitzen, wiederkehren oder in denen bestimmte Aktivitäten, wie die Disposition, durchzuführen sind.

- *Bemessungszeiten* oder *Periodenlängen* T_{PE} sind Zeiteinheiten zur Messung von Ankunftsraten, Durchsatzleistungen und Abfertigungsraten, von Geschwindigkeiten, Frequenzen oder Lagerumschlag.

Einige Zeitspannen, wie die Vorgangszeiten und die Leistungszeiten, sind durch die Anforderungen und *Rahmenbedingungen* vorgegeben, andere, wie Lebensdauern, Transportzeiten und Jahreszyklen, durch Natur, Volkswirtschaft oder Technik bestimmt. Viele Zeitspannen aber, wie Taktzeiten, Lieferzeiten, Fahrzeiten, Lagerdauer und Dispositionszyklen, sind beeinflussbar oder, wie die Bemessungszeiten und Periodenlängen, frei wählbar. In jedem Projekt gilt es daher, die beeinflussbaren Zeiten herauszufinden und sie zur Optimierung von Durchlaufzeiten und Kosten zu nutzen.

Bei der Angabe einer Zeitdauer kann es sich um einen *Mittelwert* T_m, einen *Minimalwert* T_{min} oder einen *Maximalwert* T_{max} handeln. Wenn nichts anderes vermerkt ist, ist im Folgenden mit $T = T_m$ der Mittelwert gemeint.

Maßgebend für die Angabe von Zeitpunkten und die Festlegung von Bemessungszeiten und Periodenlängen ist der *Genauigkeitsgrundsatz*:

▶ Die *Genauigkeit* der Zeitmessung wird vom Verwendungszweck der Zeitangabe bestimmt.

So muss die Genauigkeit für die Angabe von Zeitpunkten und Zeitspannen der geforderten *Termintreue* oder *Termingenauigkeit* entsprechen [178]. Ein zu genaues Zeitmaß kann eine unerreichbare Pünktlichkeit vortäuschen und unnötigen Aufwand verursachen. Ein zu grobes Zeitmaß hat negative Konsequenzen für Durchlaufzeiten und Termintreue. Wer Lieferzeiten in Wochen misst, sieht Abweichungen von einer Woche als normal an. Wer Liefertermine in Kalendertagen angibt, wird kaum stundengenau liefern.

Damit sich *Ist-Zeitwerte* zufriedenstellend messen und *Planzeiten* ausreichend genau angeben lassen ist der *Zeiteinheitengrundsatz* zu beachten:

▶ Die *Zeiteinheit* zur Messung und Angabe einer Zeitspanne sollte eine Größenordnung von 1 bis 10 % der gemessenen Durchlauf-, Vorgangs- oder Prozesszeit für die betreffende Prozesskette haben.

Spielzeiten von Fördermitteln werden daher in der Regel in *Sekunden* angegeben und gemessen, *innerbetriebliche Transportzeiten* in *Minuten*, *außerbetriebliche Beförderungszeiten* auf der Schiene, der Straße oder in der Luft in *Stunden* und Fahrzeiten von Seeschiffen in *Tagen*.

Zur Messung von *Taktzeiten* und von *Vorgangszeiten* ist die *Sekunde* die geeignetste Zeiteinheit, denn wenn sich Einzelvorgänge sehr oft wiederholen, können wenige Sekunden den Mehr- oder Minderbedarf vieler Mitarbeiter oder Geräte bewirken.

8.2 Planungszeitraum und Periodeneinteilung

Der *Planungszeitraum* ist die Zeitspanne zwischen einem bestimmten Kalenderdatum und dem *Planungshorizont*. Die *Periodeneinteilung* ist ein erster und weitreichender Schritt der *Zeitplanung*. Sie ist eine *Intervalleinteilung* oder *Skalierung* des Planungszeitraums in gleiche Zeitabschnitte, die als *Perioden* bezeichnet werden.

8.2.1 Planungszeiträume

In der *Langfristplanung* von Großunternehmen und der öffentlichen Hand wird mit Planungszeiträumen von mindestens 5 Jahren, vielfach auch von 10 Jahren, in der *Verkehrswegeplanung* sogar mit 20 oder 50 Jahren gerechnet. Die rollierende *Mittelfristplanung*, wie die *Geschäftsplanung* und die *Absatzplanung* der Unternehmen, arbeitet mit Planungszeiträumen von 1, 2 oder 3 Jahren [14]. Die Zeiträume der kurzfristigen Planung ergeben sich aus dem *Grundsatz*:

▶ Für die *Kurzfristplanung, Prognoserechnung, Transportdisposition* und *Auftragsdisposition* muss ein Zeitraum betrachtet werden, der mindestens so lang ist wie die längste Auftragsdurchlaufzeit.

In *Industrieunternehmen* mit Lieferzeiten von mehreren Monaten bis über ein Jahr erstreckt sich die *rollierende Kurzfristplanung* über einen Zeitraum von 6 Monaten bis 2 Jahren. In kleineren *Gewerbebetrieben*, wie im Handwerk und in Reparaturbetrieben, mit Liefer- oder Servicezeiten von einigen Tagen bis zu mehreren Wochen umfasst der rollierende Planungszeitraum 5 Wochen bis 6 Monate. *Logistikdienstleister*, wie Speditionen, Paketdienstleister, Bahn und Post, müssen in der Kurzfristplanung mit Planungszeiträumen von einem Tag bis zu maximal 2 Wochen arbeiten, um den kurzfristig schwankenden Anforderungen folgen zu können.

8.2.2 Periodeneinteilungen

Die *Periodeneinteilung* ist für die Bedarfsprognose, Planung und Disposition von großer Tragweite (s. *Kap.* 9, 10 und 11). Die zweckmäßige Periodeneinteilung ergibt sich aus der Aufgabe. Sie muss sorgfältig bedacht werden. Häufig wird die Periodeneinteilung aus der Vergangenheit fortgeschrieben, aus anderen Planungen übernommen oder unbedacht festgelegt. Hierdurch können Handlungsmöglichkeiten verspielt und wichtige Entscheidungen vorzeitig fixiert werden.

Für die Systemdimensionierung, Terminplanung, Disposition, Prognoserechnung und Leistungsvergütung ist es erforderlich, den betrachteten Planungszeitraum in eine Folge gleich langer Perioden PE_i, $i = 1, 2, \ldots, N_{PE}$ aufzuteilen. Eine Periode PE_i ist eine Zeitspanne bestimmter Länge mit einem *Periodenanfang* t_i, der durch eine *Zeitangabe* (8.1) gegeben ist. Die *Periodenlänge* T_{PE} wird in *Zeiteinheiten* (8.2) gemessen.

Je nach benötigter Genauigkeit, die abhängig ist von der Problemstellung, werden die einzelnen Perioden in *Unterperioden* aufgeteilt. Übliche *Periodenlängen* und *Periodeneinteilungen* sind:

- *Kalenderjahr, Geschäftsjahr* oder *Planungsjahr* mit Unterteilung in

$$
\begin{aligned}
&\text{Quartale } QU_i, \ i = 1, 2, 3, 4 \\
&\text{Kalendermonate } KM_i, \ i = 1, 2, \ldots, 12 \\
&\text{Kalenderwochen } KW_i, \ i = 1, 2, \ldots, 52 \\
&\text{Kalendertage } KT_i, \ i = 1, 2, \ldots, 365
\end{aligned}
\tag{8.3}
$$

- *Monate* mit Unterteilung in

$$
\text{Monatstage } MT_i, \ i = 1, 2, \ldots, 30 \text{ bzw. } 31
\tag{8.4}
$$

- *Wochen* mit Einteilung in

$$
\text{Wochentage } WT_i, \ i = 1, 2, \ldots, 7
\tag{8.5}
$$

- *Tage* mit Unterteilung in

$$
\text{Stunden } ST_i, \ i = 1, 2, \ldots, 24.
\tag{8.6}
$$

Die *Feinheit der Periodeneinteilung bestimmt* den *Fehler von Prognoserechnungen* (s. *Abschn.* 9.8). Auch die *Genauigkeit der Terminplanung* und die *erreichbare Termintreue* hängen von der Periodeneinteilung ab [178]. So verwendet die Bahn eine Periodeneinteilung in Stunden mit einer Unterteilung in Minuten, da die *Fahrpläne* der Züge auf die Minute genau sein sollen.

In vielen Unternehmen wird die *Auftrags-* und *Bestandsdisposition* zyklisch durchgeführt und der Dispositionszyklus an die *Periodenfrequenz* $\nu_{PE} = 1/T_{PE}$ gekoppelt. Die eingehenden Aufträge werden in einem *Auftragsspeicher* gesammelt und einmal, zweimal oder mehrmals pro Periode zur Bearbeitung eingeplant. Die Bestände werden in einem festen Zyklus – täglich, wöchentlich oder monatlich – überprüft und bei Unterschreiten des Meldebestands nachdisponiert (s. *Abschn.* 11.11).

Da Durchlaufzeiten und Bestände von der *Dispositionsfrequenz* abhängen, gilt die *Regel*:

▶ Bei zyklischer Auftrags-, Nachschub- und Bestandsdisposition lassen sich die Auftragsdurchlaufzeiten und Lagerbestände durch Verfeinerung der Periodeneinteilung und Erhöhung der Dispositionsfrequenz reduzieren.

Die Möglichkeit zur Verkürzung der Auftragsdurchlaufzeit durch Erhöhung der Taktfrequenz ist in der *Informatik* besser bekannt als in der Logistik. So wurden die Taktfrequenzen der Rechner in den letzten Jahren immer weiter erhöht und dadurch das Leistungsvermögen und die Antwortzeiten verbessert. Bei der Zeitplanung und Disposition in der Logistik aber wird die Freiheit zur Festlegung von Periodenlänge und Taktfrequenz nicht immer konsequent genutzt.

8.3 Betriebszeiten und Arbeitszeiten

Der zweite Schritt der Zeitplanung ist die Regelung der Betriebszeiten. Die Betriebszeit ist eine Abfolge von Zeitabschnitten $T_{BZ}(j)$, $j = 1, 2, \ldots, N_{BZ}$, mit festen Anfangszeitpunkten t_j und fester oder variabler Betriebsdauer $T_{BZ}(j)$. *Betriebszeiten* werden durch folgende Zeitangaben geregelt:

- *Betriebskalender* mit den *Kalenderdaten* der *Betriebstage* [BT] pro Jahr oder pro Woche

  N_{BT} = 250 bis 300 BT/Jahr

  N_{BT} = 4 bis 7 BT/Woche   (8.7)

- *Anfangszeitpunkte* und *Anzahl Schichten* pro Woche oder pro Arbeitstag

  N_{Sch} = 5 bis 28 Schichten/Woche

  N_{Sch} = 1 bis 4 Schichten/BT   (8.8)

- *Anfangszeitpunkte* und *Anzahl Betriebsstunden* pro Woche, Arbeitstag oder Schicht

  N_{BSt} = 28 bis 168 Betriebsstunden/Woche

  N_{BSt} = 8 bis 24 Betriebsstunden/BT

  N_{Bst} = 5 bis 10 Betriebsstunden/Schicht .   (8.9)

Die Betriebszeitpläne müssen mit den *Arbeitszeitplänen* des eingesetzten Personals abgestimmt sein. Der Arbeitszeitplan umfasst eine allgemeine *Arbeitszeitregelung* und einen betriebsspezifischen *Personaleinsatzplan*. In der Arbeitszeitregelung werden der Urlaubsanspruch und die Anzahl Arbeitstage festgelegt, die eine *Vollzeitkraft* (VZK) oder eine *Teilzeitkraft* (TZK) pro Jahr, pro Woche und pro Tag zu leisten hat. Der Personaleinsatzplan regelt die Anwesenheit der einzelnen Mitarbeiter an den Wochentagen und in den Schichten.

Die Summe der Betriebszeiten einer Planungsperiode $T_{BZ} = \sum T_{BZ}(j)$ ist die *Gesamtbetriebszeit*. Der Anteil der Gesamtbetriebszeit T_{BZ} an der Periodenlänge T_{PE}

$$\eta_{BZ} = T_{BZ}/T_{PE} \quad [\%]   \tag{8.10}$$

ist der *Zeitnutzungsgrad* der Betriebszeitregelung.

Für die weit verbreitete Betriebszeitregelung einer Woche mit 5 Arbeitstagen, 2 Schichten pro Tag und 7 Stunden pro Schicht, also mit 14 Betriebsstunden pro Arbeitstag ist der Zeitnutzungsgrad $\eta_{BZ} = 5 \cdot 14/(7 \cdot 24) = 41{,}7\,\%$. Das bedeutet: In weniger als 42 % der Zeit kann der betreffende Betrieb Leistungen produzieren und Aufträge bearbeiten. In den restlichen 58 % der Zeit bleiben die Ressourcen ungenutzt und die Aufträge liegen.

Für die Betriebszeitregelung gibt es folgende *Betriebszeitstrategien*:

▶ *Bedarfsabhängige Betriebszeiten*: Beginn und Dauer des Betriebs werden vom Leistungsbedarf bestimmt. Transportfahrten finden abhängig vom Transportaufkommen statt. Lieferaufträge werden rund um die Uhr angenommen. An- und Auslieferungen sind zu allen Zeiten möglich.

▶ *Planabhängige Betriebszeiten:* Der Betrieb findet zu geregelten Zeiten nach einem festen *Betriebszeitplan* statt. Transporte werden nach *Fahrplänen* durchgeführt. Der Logistikbetrieb hat feste Arbeitszeiten. Die Auftragsannahme hat bestimmte *Annahmezeiten.* An- und Auslieferzeiten sind zeitlich genau festgelegt. Für die Läden, Filialen und Märkte des Einzelhandels gelten feste *Ladenöffnungszeiten.*

Voraussetzungen für planabhängige Betriebszeiten sind ein für längere Zeit im Voraus absehbarer Leistungsbedarf, ein konstanter oder in gleichen Zyklen wiederkehrender Leistungsbedarf sowie weitgehend gleichbleibende oder planbare Leistungsinhalte. Wenn diese Voraussetzungen erfüllt sind, können die Betriebszeiten abhängig von dem zu erwartenden Leistungsbedarf und dem daraus abgeleiteten Arbeitsanfall und Zeitbedarf im Voraus geplant werden (s. *Abschn.* 9.10). Diese Voraussetzungen sind zum Beispiel im öffentlichen Nahverkehr weitgehend erfüllt. Daher können die Fahrpläne und Frequenzen von Bahnen und Bussen auf den Beförderungsbedarf abgestimmt werden.

Die Festlegung der Betriebszeiten ist eine unternehmerische Entscheidung mit weitreichenden Konsequenzen, denn (s. *Abschn.* 3.4.4):

▶ Die Betriebszeitregelung bestimmt die Leistungsbereitschaft, die Flexibilität und die Lieferzeiten des Unternehmens sowie den Nutzungsgrad der Ressourcen.

Ziele einer *flexiblen* oder *dynamischen Betriebszeitregelung* sind eine *maximale Nutzung* der Ressourcen, *minimale Durchlaufzeiten* und *Flexibilität* gegenüber Bedarfsschwankungen.

Grundsätzlich sind die Anfangszeiten und die Länge der Betriebszeiten in bestimmten Grenzen *frei wählbare Parameter*, die es erlauben, den zeitlichen und mengenmäßigen Bedarf kostenoptimal und flexibel zu erfüllen. In der Praxis aber wird dieser zeitliche *Handlungsspielraum* durch eine Reihe von *Restriktionen* und *Regulierungen* erheblich eingeschränkt, wie:

- tarifliche Arbeitszeit- und Urlaubsregelungen
- gesetzliche Feiertage
- Bestimmungen für Feiertags- und Nachtarbeit und für Überstunden
- branchenspezifische Beschränkungen der Maschinenlaufzeiten
- Ladenschlussgesetze
- Fahrverbote für den gewerblichen Güterverkehr
- Mitbestimmungsrechte bei Arbeitszeitregelungen und Betriebsurlaub.

Diese Restriktionen gehen in einzelnen Branchen und Ländern, wie etwa in der deutschen Textilindustrie, soweit, dass durch einen zu geringen Zeitnutzungsgrad die internationale Wettbewerbsfähigkeit verlorengeht und die Branche zum Sterben verurteilt ist. Der internationale Wettbewerbsdruck hat jedoch in den letzten Jahren eine allgemeine Tendenz zur *Deregulierung* ausgelöst und eine *Lockerung* der Betriebszeitrestriktionen bewirkt (s. *Abschn.* 23.4).

Während in der Vergangenheit die gesetzlichen und tariflichen Arbeitszeitregelungen die Regelungsmöglichkeiten für die Betriebszeiten erheblich beschränkt haben, bestimmen heute zunehmend die Markt- und Kundenanforderungen die Betriebszeit, von der sich wiederum flexible Arbeitszeitregelungen ableiten. Unternehmen, die diesen Wandel konsequent und rasch vollziehen, haben die besten Wettbewerbschancen.

8.4 Flexibilisierung und Synchronisation

Flexibilisierung und Synchronisation der Betriebszeiten und der Dispositionszeiten sind *Zeitstrategien* zur Reduzierung der Durchlaufzeiten und zur Verbesserung der Effizienz [178]. Zur Realisierung dieser Zeitstrategien ist eine Flexibilisierung der individuellen Arbeitszeit erforderlich.

8.4.1 Flexibilisierung der Betriebszeitdauer

Die Länge der Betriebszeiten innerhalb der einzelnen Perioden wird abhängig vom Leistungsbedarf ausgedehnt oder verkürzt, entweder durch Anpassung der Anzahl Arbeitstage oder Schichten pro Woche oder durch Variation der Anzahl Arbeitsstunden pro Tag oder Schicht. Ohne zusätzliche Ressourcen zu installieren, lassen sich durch Flexibilisierung der Betriebszeitdauer:

- das Leistungsvermögen von Leistungsstellen mit fester Grenzleistung einem veränderlichen Bedarf anpassen,
- die Arbeitszeit der Mitarbeiter besser nutzen, da sich Wartezeiten wegen fehlender Aufträge vermindern lassen,
- die Einsatzdauer der Transportmittel einem wechselnden Transportaufkommen besser anpassen,
- eine Produktion auf Lager vermeiden, wenn diese bisher zur Beschäftigung der anwesenden Mitarbeiter erforderlich war.

Eine flexible Betriebszeitdauer ist für das Dienstleistungsgewerbe, insbesondere für die Logistik, von größter Bedeutung, da hier kein *Arbeiten auf Vorrat* möglich ist und der Leistungsbedarf besonders stark schwanken kann. Aber auch die Industrie, allen voran die Automobilindustrie und deren Zulieferer, geht heute zu bedarfsabhängigen Betriebszeiten über und schafft auf diese Weise die *atmende Fabrik* (s. Abschn. 10.5.1).

Nachteile bedarfsabhängiger Betriebszeiten – vor allem bei stark schwankendem Bedarf – sind die *Vorhaltekosten* für den Betriebsmittelbedarf in Spitzenzeiten und eine *geringe Betriebsmittelauslastung* in bedarfsschwachen Zeiten. Bei extremen saisonalen Bedarfsschwankungen sind daher auch mit flexiblen Betriebszeiten entweder längere Lieferzeiten oder eine Produktion auf Lager unvermeidlich (s. *Kap.* 10 und 11).

8.4.2 Synchronisation des Betriebsbeginns

Der Betriebsbeginn parallel arbeitender oder voneinander abhängiger Leistungsstellen wird aufeinander abgestimmt sowie für aufeinander folgende Leistungsstellen einer Leistungskette gegeneinander versetzt. Dadurch ist es möglich:

- *Auftragsdurchlaufzeiten* zu *verkürzen*, da ein Auftrag nicht mehr am Ende der Betriebszeit oder Periode in einer Leistungsstelle liegen bleibt, sondern in der nächsten Leistungsstelle sofort weiterbearbeitet wird,
- *Transportzeiten* und *Lieferzeiten* zu reduzieren, da längere *Liegezeiten* in den Umschlagpunkten entfallen,
- *Wartezeiten* von Mitarbeitern zu Beginn der Betriebszeit zu *vermeiden*, die bei gleichen Arbeitszeiten in allen Leistungsstellen entstehen, wenn eine Leistungsstelle erst nach Abschluss eines bestimmten Leistungspensums einer vorangehenden Leistungsstelle mit der Arbeit beginnen kann.

So sollte mit dem tagesaktuellen Kommissionieren von *Auftragsserien* erst begonnen werden, wenn die Eingangsbearbeitung einer ausreichenden Anzahl am gleichen Tag eingehender Aufträge abgeschlossen ist und der Rechner einen entsprechenden *Batch-Lauf* ausgeführt hat, der die Kommissionieraufträge generiert.

Wenn ein 24-Stunden-Service gefordert ist, muss in einem Logistikzentrum der Versand der fertig kommissionierten Waren auch nach Abschluss der regulären Arbeitszeit möglich sein. Die Abstimmung der Vorlaufzeiten, Hauptlaufzeiten und Nachlaufzeiten der Transportfahrten ist eine notwendige Voraussetzung für kurze Gesamtlaufzeiten in der Frachtspedition.

8.4.3 Flexible Arbeitszeiten

Durch Wochen- und Jahresarbeitszeitverträge ist es heute möglich, die Mitarbeiter bei einer *persönlichen Arbeitszeit*, die im Jahresmittel deutlich unter 40 Stunden pro Woche liegen kann, flexibel und bedarfsabhängig einzusetzen und dadurch lange Betriebszeiten zu erreichen. Bei der Optimierung der Betriebszeiten durch Betriebszeitstrategien sind folgende *Grundsätze* zu beachten:

▶ Administrative Leistungsstellen ohne unmittelbaren Kundenkontakt müssen sich in ihren Betriebszeiten nach den operativen Leistungsstellen richten und nicht umgekehrt.

▶ In personalintensiven Leistungsbereichen, insbesondere in administrativen Organisationseinheiten, verbessert ein erhöhter Leistungs- und Zeitdruck kurzzeitig das Leistungsvermögen, kann aber langfristig zum Nachlassen der Leistung und zum Absinken der Leistungsqualität führen.

Die Personalbesetzung administrativer Leistungsstellen braucht daher nicht auf kurzzeitige, für nur wenige Stunden oder Tage auftretende Leistungsspitzen ausgelegt zu sein. Sie sollte aber ausreichen, um das *durchschnittliche Arbeitsvolumen* einer Periode ohne permanenten Zeitdruck bewältigen zu können.

8.5 Auftragsdurchlaufzeit einer Leistungsstelle

Die *Auftragsdurchlaufzeit* T_{ADZ} durch eine Leistungsstelle ist die Zeitspanne zwischen Eintreffen eines Leistungsauftrages und dem Abschluss der Leistungsproduktion. Die Auftragsdurchlaufzeit einer einzelnen Leistungsstelle setzt sich zusammen aus Wartezeit, Rüstzeit, Leistungszeit und Verfahrenszeit:

Auftragsdurchlaufzeit = Wartezeit + Rüstzeit + Leistungszeit + Verfahrenszeit

oder

$$T_{\text{ADZ}} = T_{\text{WZ}} + T_{\text{RZ}} + T_{\text{LZ}} + T_{\text{VZ}} \,. \tag{8.11}$$

Die *Rüstzeit* T_{RZ} ist die Zeit, die benötigt wird, um eine Leistungsstelle für die Durchführung eines anstehenden Auftrags vorzubereiten und nach Ablauf der Leistungszeit für einen nachfolgenden Auftrag freizumachen. Rüstzeiten sind beispielsweise:

$$
\begin{aligned}
&\textit{Auftragsannahmezeiten} \\
&\textit{Vor- und Nachbereitungszeiten} \\
&\textit{Materialbereitstellungszeiten} \\
&\textit{Umschalt- und Räumzeiten} \\
&\textit{Lastaufnahme- und Lastabgabezeiten} \\
&\textit{Basiszeiten beim Kommissionieren} \\
&\textit{Be- und Entladezeiten} \\
&\textit{Datenerfassungszeiten.}
\end{aligned}
\tag{8.12}
$$

Der Zeitbedarf für die Vor- und Nacharbeiten ist bei der Durchlaufzeitberechnung nur soweit zu berücksichtigen, wie diese nicht im *Zeitschatten* während der Leistungszeit eines anderen Auftrags durchgeführt werden. Der *Zeitschatten* wird beispielsweise bei der Strategie der *Parallelisierung* zur Senkung der Durchlaufzeiten genutzt (s. *Abschn.* 8.11).

Die *Leistungszeit* T_{LZ} ist die Zeit, die eine einsatzbereite Leistungsstelle zur Erzeugung der im Auftrag geforderten Leistung benötigt. Typische Leistungszeiten für *operative Leistungsprozesse* sind:

$$
\begin{aligned}
&\text{Produktionszeiten} \\
&\text{Fertigungszeiten} \\
&\text{Montagezeiten} \\
&\text{Abfüllzeiten} \\
&\text{Reparaturzeiten} \\
&\text{Demontagezeiten} \\
&\text{Bearbeitungszeiten} \\
&\text{Ein- und Auslagerzeiten} \\
&\text{Greifzeiten} \\
&\text{Umschlagzeiten} \\
&\text{Wegzeiten und Fahrzeiten.}
\end{aligned}
\tag{8.13}
$$

Die *Leistungszeit* T_{LZ} ist in der Regel abhängig von der geforderten *Auftragsgröße*, d.h. von der Leistungsmenge m. Bei einer *Grenzleistung* μ_{LS} [LE/h] der Leistungsstelle LS ist die Leistungszeit für eine geforderte Leistungsmenge m [LE] gleich $T_{\text{LZ}} = m/\mu_{\text{LS}}$ [h].

Leistungszeiten *administrativer* und *kreativer Leistungsprozesse* sind beispielsweise:

Datenverarbeitungszeiten
Auftragsbearbeitungszeiten
Dispositionszeiten
Planungszeiten   (8.14)
Konstruktionszeiten
Entwicklungszeiten.

Die *Verfahrenszeit* T_{VZ} ist eine verfahrenstechnisch bedingte Zeitdauer, die verstreichen muss, bevor am Auftragsgegenstand der nächste Bearbeitungsschritt ausgeführt werden darf. Verfahrenszeiten sind beispielsweise:

Abkühlzeiten
Trocknungszeiten
Aushärtungszeiten
Ablagerungszeiten   (8.15)
Reifezeiten
Gärungszeiten.

Die Summe von *minimaler Rüstzeit* $T_{RZ\,min}$, *minimaler Leistungszeit* $T_{LZ\,min}$ und *minimaler Verfahrenszeit* $T_{VZ\,min}$ ohne die Wartezeit ist die *minimale Auftragsdurchlaufzeit*:

$$T_{ADZ\,min} = T_{RZ\,min} + T_{LZ\,min} + T_{VZ\,min}\,.$$ (8.16)

Die *Wartezeit* T_{WZ} ist der Anteil der Durchlaufzeit, der nicht durch Rüst-, Leistungs- und Verfahrenszeiten in Anspruch genommen wird. Sie ist gleich der Differenz zwischen der tatsächlichen und der minimalen Auftragsdurchlaufzeit. Wartezeiten ergeben sich aus:

• *Ausfallzeiten* wegen Betriebsunterbrechung, Störung oder fehlender Personalbesetzung der Leistungsstelle
• *Totzeiten* infolge fehlender Daten, Informationen, Entscheidungen oder Anweisungen
• *Nachbearbeitungszeiten* zur Behebung von Fehlern und Mängeln am Auftragsgegenstand
• *Stauzeiten* infolge der Belegung der Leistungsstelle durch vorangehende Aufträge (*s. Abschn. 13.5.3*)
• *Blockierzeiten* infolge eines Rückstaus aus einer nachfolgenden Leistungsstelle (*s. Abschn. 13.5.4*)
• *Materialbeschaffungszeiten*, die anfallen, wenn das zur Auftragsausführung benötigte Material erst noch beschafft oder hergestellt werden muss,
• *Unterbrechungszeiten* wegen Ausfalls oder *Nichtverfügbarkeit* einer vorangehenden Leistungsstelle (*s. Abschn. 13.6*)
• *Pufferzeiten*, die von der Auftragsplanung zum *Ansammeln* von Aufträgen, zur optimalen *Auslastung* oder zur wirtschaftlichen *Mehrfachnutzung* der Ressourcen für *konkurrierende Aufträge* disponiert werden.

Bei mangelhafter Wartung und schlechter Betriebsführung können Ausfallzeiten, Totzeiten und Nachbearbeitungszeiten die Leistungszeiten um ein Vielfaches überschreiten. Sie sind jedoch grundsätzlich beherrschbar. In gut geführten Betrieben haben diese Wartezeiten in der Summe einen deutlich kleineren Anteil an der Auftragsdurchlaufzeit als die Summe der Rüst- und Leistungszeiten.

Weitaus gravierender wirken sich die *Stauzeiten, Blockierzeiten, Materialbeschaffungszeiten* und *Pufferzeiten* auf die Auftragsdurchlaufzeit aus. Die Summe dieser Wartezeiten kann sehr viel größer sein als die Summe der Rüst- und Leistungszeiten.

8.6 Durchlaufzeiten von Leistungsketten

Die *Auftragsdurchlaufzeit* T_{ADZ} durch eine Leistungskette ist die Zeitspanne zwischen dem *Auftragseingang* am Anfang der Auftragskette und der *Fertigstellung* des materiellen oder immateriellen Leistungsergebnisses am Ende der Leistungskette.

Der Auftrag kann ein *Fertigungsauftrag*, ein *Lieferauftrag*, ein *Nachschubauftrag*, ein *Transportauftrag*, ein *Zustellauftrag*, ein *Beförderungsauftrag* oder ein anderer *Leistungsauftrag* sein. Richtet sich der Auftrag an ein Handelsunternehmen, das Waren verkauft, oder einen Industriebetrieb, der Produkte herstellt, ist die Auftragsdurchlaufzeit gleich der *Lieferzeit* T_{LZ}, die zwischen Auftragserteilung und Erhalt der Waren oder Produkte durch den Kunden vergeht [68].

Maßgebend für die Lagerdisposition ist die *Nachschubzeit* oder *Beschaffungszeit* T_{BZ}, die zwischen Ausgang eines Nachschubauftrags und Eintreffen des Nachschubs im Lager vergeht. Richtet sich der *Nachschubauftrag* zur Lagerauffüllung an eine *interne Leistungsstelle* des gleichen Unternehmens, ist die Nachschubzeit eine *interne Beschaffungszeit*, wird das Lager von einer *externen Stelle* beliefert, ist die Nachschubzeit eine *externe Beschaffungszeit*.

Dabei ist zu unterscheiden zwischen der *Erstbeschaffungszeit* T_{EBZ}, die den *Vorbereitungsprozess* einer erstmaligen Eigenfertigung oder den *Einkaufsprozess* einer Erstbeschaffung umfasst, und der *Wiederbeschaffungszeit* T_{WBZ} für eine *Wiederholfertigung* der eigenen Produktion oder für den Abruf aus einem bestehenden *Rahmenvertrag* mit einem Lieferanten. Die Wiederbeschaffungszeit ist in der Regel wesentlich kürzer als die Erstbeschaffungszeit.

Ist der Auftrag ein *Beförderungsauftrag* an eine Spedition oder an einen Logistikdienstleister, ist die Auftragsdurchlaufzeit die *Transportlaufzeit* T_{TLZ} oder *Frachtlaufzeit* T_{FLZ} zwischen Abholort und Zustellort. Handelt es sich um einen *Dienstleistungsauftrag*, ist die Auftragsdurchlaufzeit die *Servicezeit* T_{SZ}.

Im einfachsten Fall betrifft der Auftrag nur *eine* Leistungsstelle. Dann gelten für die Auftragsdurchlaufzeit die Ausführungen des vorangehenden Abschnitts. Meist sind jedoch mehrere Leistungsstellen oder Leistungsbereiche an der Ausführung eines Auftrags beteiligt. Mehrpositionsaufträge, Fertigungsaufträge oder Montageaufträge, zu deren Durchführung mehrere Artikel, Zukaufteile oder Vorarbeiten benötigt werden, durchlaufen mit den von ihnen ausgelösten Materialströmen *parallel* und *nacheinander* eine Reihe von administrativen und operativen Leistungsstellen.

Wenn von einem Auftrag zwei oder mehr *parallele Leistungsstellen* in Anspruch genommen werden, gibt es, wie in *Abb. 8.1* dargestellt, *mehrere Teilleistungsketten*, die im Verlauf der Auftragsausführung zusammenlaufen und am Ende das fertige

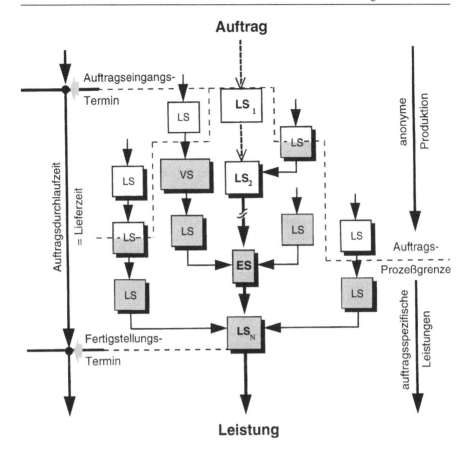

Abb. 8.1 Auftragsnetzwerk mit parallelen Leistungsketten

LS_i Leistungsstellen
ES   Engpassstelle
VS   Verschwendungsstelle
→   Hauptleistungskette = zeitkritische Leistungskette
→   Nebenleistungs- oder Zulieferketten
- - -   Auftragsprozessgrenze

Produkt, die vollständige Leistung oder den kompletten Auftrag ergeben. Die an der Auftragsdurchführung beteiligten Leistungsketten münden in einer *Endleistungsstelle*, die den externen Auftrag fertigstellt. Typische Endleistungsstellen sind die Endmontage der Fertigung, der Warenausgang eines Betriebs und die Empfangsstelle einer Lieferung.

An der Durchführung eines externen Auftrags, der sich aus verschiedenen Teilleistungen, Artikeln oder Vorprodukten zusammensetzt, sind also außer der Auftragskette mehrere Leistungsketten beteiligt. Die Auftragskette beginnt mit der *Auftragsbearbeitungsstelle*, deren *auftragsspezifischer* Leistungsprozess durch den betreffenden Auftrag ausgelöst wird, und setzt sich fort mit den Leistungsketten, die an der Ausführung beteiligt sind. Die Leistungsketten starten entweder mit einer *Produktionsstelle*, deren *freie Produktionskapazität* für die benötigte Auftragsmenge reserviert wird, oder mit einer *Lagerstelle*, aus deren *freiem Lagerbestand* die für den Auftrag benötigte Auftragsmenge entnommen wird.

Solange die *freie Produktionskapazität* oder der frei verfügbare *Lagerbestand* ausreicht zur Deckung der für die externen Aufträge benötigten Mengen, sind die den Produktions- und Lagerstellen vorangehenden Leistungsstellen vom zeitkritischen *Auftragsprozess* entkoppelt. Produktionsstellen mit *freier Kapazität* und Lagerstellen mit *freiem Bestand* ausreichender Höhe sind daher *Entkopplungsstellen* der Auftragskette.

An der Durchführung eines Auftrags sind also, wie in *Abb.* 8.1 gezeigt, Leistungsstellen beteiligt, die auftragsspezifisch arbeiten, und Entkopplungsstellen, die vorangeschaltete, nicht auftragsspezifisch arbeitende Leistungsstellen von den auftragsspezifisch arbeitenden Leistungsstellen trennen. Durch die Entkopplungsstellen läuft die *Auftragsprozessgrenze*. Die vor der Auftragsprozessgrenze liegenden Leistungsstellen arbeiten *anonym* auf Vorrat. Ab der Auftragsprozessgrenze arbeiten die Leistungsstellen *auftragsspezifisch*.

Die Auftragskette, deren Summe der Durchlaufzeiten am größten ist, ist die *zeitkritische Leistungskette* oder *Hauptleistungskette*. Die Hauptleistungskette bestimmt die Auftragsdurchlaufzeit. Die zeitunkritischen Leistungsketten sind *Nebenleistungsketten* oder *Zulieferketten* für Material, Teile und Module, die *rechtzeitig* für den Hauptprozess bereitgestellt werden müssen.

Durch Verkürzung der Durchlaufzeiten oder Zwischenschalten einer Entkopplungsstation in der Hauptleistungskette, aber auch durch Verlängerung der Durchlaufzeiten in einer Nebenleistungskette, kann die Hauptleistungskette zu einer Nebenleistungskette werden. Umgekehrt kann eine Nebenleistungskette zur Hauptleistungskette werden, wenn sie nicht mit einem ausreichenden Vorlauf beginnt.

Für *komplexe Leistungsprozesse*, wie die Durchführung von Großprojekten, der Aufbau von Anlagen und Systemen oder die Abläufe auf einer Großbaustelle, ist es zweckmäßig, alle Leistungsstellen und ihre gegenseitige Verknüpfung in einem speziellen Programm, z. B. *MS-Project*, zu erfassen, das nach einem geeigneten *Netzplanverfahren*, wie *PERT* oder *CPM*, aus den Verknüpfungen und den Zeiten der Einzelvorgänge die zeitkritische Leistungskette – auch *kritischer Pfad* genannt – errechnet und die *Engpassstellen* ausweist [69].

Die Auftragsdurchlaufzeit T_{ADZ} ist gleich der Summe der *Auftragsdurchlaufzeiten* T_{ADZi} durch die Leistungsstellen LS_i, $i = 1, 2, \ldots, N$, aus der sich die Hauptleistungskette zusammensetzt:

$$T_{ADZ} = \sum_{i=1}^{N} T_{ADZi} \,. \tag{8.17}$$

Bei der Durchlaufzeitberechnung nach dieser Beziehung sind auch Transporte, Umschlagpunkte und Lager als Leistungsstellen zu berücksichtigen.

Die *minimale Auftragsdurchlaufzeit* $T_{ADZ\,min}$ ist gleich der Summe der minimalen Durchlaufzeiten aller Leistungsstellen der Hauptleistungskette:

$$T_{\text{ADZ min}} = \sum_{i=0}^{N} T_{\text{ADZ min } i} = \sum_{i=1}^{N} \left(T_{\text{RZ min } i} + T_{\text{LZ min } i} + T_{\text{VZ min } i} \right) , \qquad (8.18)$$

also gleich der Summe der minimalen Rüstzeiten, Leistungszeiten und Verfahrenszeiten der zeitkritischen Prozesskette.

Die Auslegung der zeitkritischen Leistungskette und das Festlegen der Entkopplungsstationen sind wichtige Schritte der *Prozessgestaltung* und *Systemplanung*. Hierbei sind folgende *Regeln* zu beachten:

▶ Durch das Zwischenschalten ausreichend dimensionierter *Entkopplungsstationen* lassen sich die auftragsspezifischen Leistungsketten verkürzen und die Auftragsdurchlaufzeit reduzieren.

▶ Je weiter zum Ende der Hauptleistungskette eine Entkopplungsstation zwischengeschaltet wird, je später also das Material, die Teile und die entstehenden Produkte einem bestimmten Auftrag zugeordnet werden, desto kürzer sind die Lieferzeiten (*postponement*).

▶ Bei jeder Verkürzung der Hauptleistungskette ist zu prüfen, ob dadurch nicht eine Nebenleistungskette zur zeitkritischen Leistungskette wird.

Von der Möglichkeit zur Verkürzung der Lieferzeiten durch möglichst späte *Individualisierung* der Erzeugnisse wird beispielsweise in der *Fahrzeugindustrie* Gebrauch gemacht. Durch den Einsatz von werksnah angesiedelten *Teile-* und *Modullieferanten*, die nach einem *rollierenden Absatzplan* parallel zum Montageprozess Teile und Module fertigen und diese nach Abruf in auftragsspezifischer Reihenfolge (*Just-In-Sequence* JIS) kurzfristig und termingerecht (*Just-In-Time* JIT) am Montageband bereitstellen, lässt sich die Lieferzeit eines PKW ab Werk auf wenige Tage reduzieren.

Voraussetzung für derart kurze Lieferzeiten ist allerdings, dass die Absatzplanung dem Bedarf entspricht und der Auftragseingang nicht für längere Zeit die Montagekapazität übersteigt. Die Wahrscheinlichkeit, dass die rollierende Absatzplanung für die Teile und Module den tatsächlichen Bedarf trifft, nimmt mit zunehmender Variantenvielfalt ab. Unerlässliche Bedingungen für kurze Lieferzeiten sind daher ein konsequentes *Variantenmanagement* und eine ausreichend verlässliche *Prognostizierbarkeit* des Bedarfs (s. *Abschn. 9.9*).

8.7 Materialdurchlaufzeit

Die *Materialdurchlaufzeit* T_{MDZ} ist die Zeitspanne zwischen *Materialeingang* und *Materialausgang* einer Leistungskette. Der Materialdurchlauf bindet Umlaufkapital, kostet Zinsen, benötigt Lager- oder Pufferplatz und ist mit Risiken verbunden.

Der Materialdurchlauf für auftragsspezifisch beschafftes oder produziertes Material wird durch einen *externen Auftrag* ausgelöst. Hierfür gilt die Bedingung:

▶ Die Materialdurchlaufzeit für *auftragsspezifisches Material* muss kürzer sein als die geforderte Lieferzeit.

Wenn diese Bedingung nicht erfüllbar ist, können kürzere Lieferzeiten nur durch Bevorratung des Materials und der Zulaufteile mit den zu langen Beschaffungszeiten erfüllt werden.

Zinsen und Lagerplatzkosten steigen linear mit der Materialdurchlaufzeit. Außerdem erhöhen sich die Kapitalbindung, die Zinskosten und das Lagerrisiko mit zunehmender Wertschöpfung beim Durchlaufen der Leistungskette.

Aus dem Ziel der *Kostensenkung* resultiert daher der *Grundsatz:*

▶ Wenn ein Lagern unerlässlich ist, sollte das Material möglichst *am Anfang* der Leistungskette in einer Stufe geringerer Wertschöpfung gelagert werden.

Dieser Planungsgrundsatz steht im Widerspruch zu der Regel des letzten Abschnitts, nach der zur Verkürzung der *Auftragsdurchlaufzeit* ein Lager als Entkopplungsstation möglichst *am Ende* der Hauptleistungskette liegen sollte. Der *Zielkonflikt* zwischen Kostensenkung und Auftragsdurchlaufzeit ist nur projektspezifisch lösbar (s. *Abschn.* 8.12).

Ziel der *Bestandsdisposition* für Lager zur *Entkopplung von Produktionsprozessen* ist:

▶ Der Bestand des Lagers muss so disponiert werden, dass bei Einhaltung der geforderten Lieferfähigkeit und Lieferzeiten die *Prozesskosten* der gesamten Logistikkette minimal sind.

Ein analoges Ziel gilt für die Bestandsdisposition in den *Lieferketten des Handels:*

▶ Die Warenbestände in den Filialen und die Bestände in den vorgeschalteten Reservelagern müssen so disponiert werden, dass bei *minimalen Prozesskosten* für die gesamte Lieferkette eine *marktgerechte Warenverfügbarkeit* in den Filialen erreicht wird.

Nichtauftragsspezifisches Material wird aufgrund einer *Absatzprognose* oder *Produktionsplanung* nach einem *internen Auftrag* im Voraus beschafft oder produziert und solange auf *Lager* genommen, bis es für einen externen Auftrag benötigt wird. Die Materialdurchlaufzeit für *Lagermaterial* ist daher größer als die Lieferzeit. Die Differenz zwischen der Materialdurchlaufzeit und der Lieferzeit ist die *Lagerzeit* des Materials. Die Lagerzeit von Material oder Ware, die im Voraus beschafft oder hergestellt wurden, ist eine *Wartezeit auf Lieferaufträge.*

Durch *Vorabbeschaffung* oder *Lagerfertigung* von Verbrauchsmaterial, Teilen oder Modulen, für die noch keine externen Aufträge vorliegen, lassen sich die Lieferzeiten verkürzen. Außerdem sind dadurch größere Bestellmengen mit günstigeren *Beschaffungskosten*, größere Fertigungslose mit geringeren *Herstellkosten* und eine *Vermeidung von Engpässen* möglich [178].

Der Preis für die Senkung der Beschaffungs- oder Herstellkosten und für die Reduzierung der Lieferzeiten durch Vorabbeschaffung oder Lagerfertigung sind die *Lagerprozesskosten*, die sich zusammensetzen aus *Lagerplatzkosten*, *Zinskosten* und *Risikokosten* (s. *Kap.* 11).

8.8 Zeitdisposition und Termintreue

Lieferzeiten und Termintreue hängen ab von den Durchlaufzeiten der Leistungsstellen, die an einem Auftrag beteiligt sind, von den Schwankungen der einzelnen Durchlaufzeiten und von der zeitlichen Auftragsdisposition.

Die Durchlaufzeit durch eine Leistungsstelle kann sich infolge stochastisch bedingter Wartezeiten und schwankender Leistungszeiten gegenüber der minimalen Durchlaufzeit (8.18) mehr oder weniger verlängern.

Die Durchlaufzeiten werden vor allem durch stochastisch schwankende Wartezeiten, die infolge von Staueffekten auftreten, verlängert. Mit ansteigender Auslastung einer Leistungsstelle nehmen die Länge und die Schwankungen der Wartezeiten rasch zu (s. *Abschn.* 13.5). Größe und Schwankung der Durchlaufzeiten hängen daher von der Anzahl der im Auftragspuffer und der in Arbeit befindlichen Aufträge ab.

Aus der Überlagerung der Verteilungen von Wartezeiten und Leistungszeiten ergibt sich die in *Abb.* 8.2 dargestellte *Durchlaufzeitverteilung*, die nach rechts *schiefverteilt* ist. *Mittelwert* und *Schwankungsbreite* dieser Verteilung lassen sich durch *Messung* der Durchlaufzeiten, durch *Berechnung* der Durchlaufzeitverteilung aus Wartezeit- und Leistungszeitverteilungen oder durch *Simulation* ermitteln.

Für jede Durchlaufzeitverteilung gibt es eine

- $X\%$-*Durchlaufzeit* XDZ, die mit einer Wahrscheinlichkeit X eingehalten wird.

Um bei schwankender Durchlaufzeit einen vorgegebenen Liefertermin LT mit einer *Termintreue X* einzuhalten, muss mit dem Auftrag spätestens zum *letztmöglichen Starttermin* ST_{max} begonnen werden. Dieser ist gegeben durch

$$ST_{max} = LT - XDZ \geq AET . \tag{8.19}$$

Wenn die Zeitspanne (LT–AET) zwischen dem geforderten *Liefertermin* LT und dem *Auftragseingangstermin* AET größer ist als die X%-Durchlaufzeit, gibt es einen *zeitlichen Handlungsspielraum*. Dieser ist für die in *Abb.* 8.2 dargestellten *Zeitstrategien* der *Vorwärtsterminierung*, der *Rückwärtsterminierung* und der *freien Terminierung* nutzbar.

8.8.1 Vorwärtsterminierung

Mit der Auftragsausführung wird begonnen, sobald die Leistungsstelle frei ist. Die Aufträge werden nach einer bestimmten *Abfertigungsstrategie* ausgeführt.

Nach Fertigstellung bleibt das Auftragsergebnis für die Dauer einer *Nachpufferzeit* NP = LT – AET – XDZ bis zum Liefertermin liegen. Hierfür wird Puffer- oder Lagerplatz benötigt.

8.8.2 Rückwärtsterminierung (Just In Time)

Mit der Ausführung eines Auftrags wird erst zum letztmöglichen Starttermin (8.19) begonnen. Die einzelnen Aufträge werden in der zeitlichen *Reihenfolge ihrer Späteststarttermine* ausgeführt.

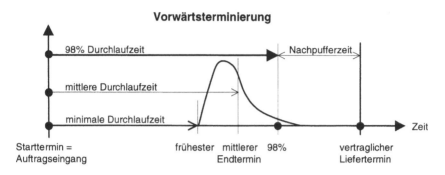

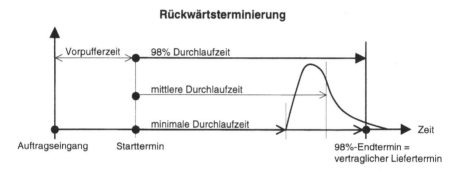

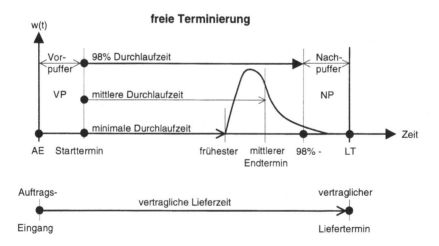

Abb. 8.2 Zeitdispositionsstrategien und Termintreue einer einzelnen Leistungsstelle

$w(t)$: Wahrscheinlichkeitsdichte der Durchlaufzeitverteilung

Vor der Ausführung befindet sich der Auftrag für eine *Vorpufferzeit* VP = LT – AET – XDZ in einem *Auftragspuffer*. Der Auftrag wird gerade rechtzeitig – *just in time* – fertig gestellt.

Ein wesentlicher *Vorteil* der Rückwärtsterminierung ist, dass nach der Auftragsfertigstellung kein Lager- oder Pufferplatz benötigt wird. Diesem Vorteil steht das *Risiko der Terminüberschreitung* gegenüber.

8.8.3 Freie Terminierung

Mit der Auftragsbearbeitung wird zu einem *Starttermin* ST begonnen, der zwischen Auftragseingangstermin und Späteststarttermin liegt.

Bis zur Ausführung wartet der Auftrag für eine *Vorpufferzeit* im Auftragspuffer. Die Vorpufferzeit ist in den Grenzen $0 < VP < LT - AET - XDZ$ frei wählbar. Nach Fertigstellung liegt das Ergebnis für eine *Nachpufferzeit* $NP = LT - VP - AET - XDZ$ auf einem Lager- oder Pufferplatz.

Bei freier Terminierung und ausreichendem Auftragseingang entsteht ein *Auftragsbestand* $AB(t)$, der sich im Verlauf der Zeit verändert, wenn *Auftragseingang* $AE(t)$ oder *Produktionsleistung* $PL(t)$ zeitabhängig sind (s. *Abschn.* 10.5).

Bei freier Terminierung ist es möglich, die einzelnen Aufträge aus dem Auftragsbestand kostenoptimal zu *Sammelaufträgen* zu bündeln. Der Starttermin und die Ausführungsreihenfolge von Einzel- oder Sammelaufträgen können unter Berücksichtigung des Auftragsbestandes so disponiert werden, dass neben der Termintreue die Auslastung, die Effizienz, die Prozesskosten oder andere Zielgrößen optimiert werden (s. *Kap.* 10).

8.9 Zeitdisposition mehrstufiger Leistungsketten

Wenn ein Auftrag eine Kette von Leistungsstellen durchlaufen muss, gibt es für jede einzelne Leistungsstelle die Möglichkeit der Vorwärtsterminierung, der Rückwärtsterminierung oder der freien Terminierung. Außerdem besteht in bestimmten Grenzen die Freiheit zur Festlegung der *Zwischenstarttermine* ST_i für die einzelnen Leistungsstellen. Zur Erläuterung zeigt *Abb.* 8.3 *oben* eine durchgängige *Rückwärtsterminierung* einer Leistungskette mit *Vorpufferzeiten* VP_i für eine angenommene *Termintreue* der einzelnen Leistungsstellen von 98 % und *Abb.* 8.3 *unten* eine *Just-In-Time-Disposition ohne Vorpufferzeiten*.

Die Auftragsdisposition hat also für eine Leistungskette die Möglichkeit, die *Vorpuffer* und die *Zwischenstarttermine* frei zu wählen und dadurch mehrere Logistikziele zu erfüllen. Dabei sind für die Zwischenstarttermine ST_i folgende Grenzen einzuhalten:

$$ST_i + XDZ_i \leq ST_{i+1} \quad \text{für alle } i = 1, \ldots, N . \tag{8.20}$$

XDZ_i sind die X %-Durchlaufzeiten für eine Termintreue von X_i der Leistungsstellen LS_i. ST_1 ist der Eingangstermin der ersten Leistungsstelle LS_1 und ST_N der Eingangstermin der letzten Leistungsstelle LS_N.

Die minimale X %-Durchlaufzeit XDZ_{min} für den Gesamtauftrag ist gleich der Summe der X_i %-Durchlaufzeiten XDZ_i der einzelnen Leistungsstellen:

Disposition mit Zeitpuffer

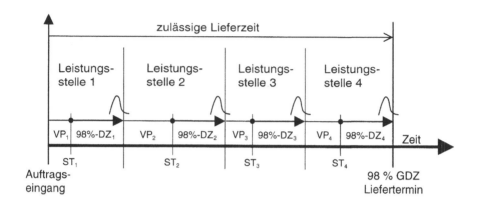

Just-In-Time-Disposition

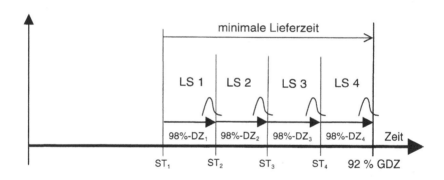

Abb. 8.3 Rückwärtsterminierung in einer Leistungskette mit und ohne Zeitpuffer

LS_i Leistungsstellen
GDZ   Gesamtdurchlaufzeit
ST_i Starttermine
DZ_i Durchlaufzeit von LS_i
VP_i Vorpufferzeiten

$$XDZ_{min} = \sum_i XDZ_i \leq LZ_{soll} = LT - AET \quad \text{mit} \quad \prod_i X_i > X \,. \tag{8.21}$$

Diese Summe muss kleiner sein als die geforderte Lieferzeit LZ_{soll}. Wenn diese Bedingung nicht erfüllbar ist, kann der Liefertermin nicht mit der geforderten Termintreue eingehalten werden. Dann muss vom Auftraggeber entweder eine geringere Termintreue akzeptiert oder ein späterer Liefertermin vereinbart werden.

Die *Termintreue* ist gleich der Wahrscheinlichkeit, dass eine bestimmte Liefer- oder Durchlaufzeit eingehalten wird. Daher ist, wenn in Beziehung (8.21) das Gleich- heitszeichen gilt, die Gesamttermintreue der Leistungskette gleich dem Produkt der Termintreue der einzelnen Leistungsstellen

$$\eta = \eta_1 \cdot \eta_2 \ldots \eta_n \, . \tag{8.22}$$

Hieraus folgt der allgemeine *Grundsatz*:

▶ Damit die Termintreue für den Gesamtauftragsdurchlauf $X = \eta$ ist, muss die *mitt- lere Termintreue* der nacheinander an diesem Auftrag beteiligten Leistungsstellen $X_i > \eta^{1/n}$ sein.

Solange das Produkt der Termintreue der einzelnen Leistungsstellen größer als die geforderte Gesamttermintreue ist und in Bedingung (8.21) das Ungleichheitszeichen gilt, sind für die zeitliche Disposition der Starttermine und der Vorpufferzeiten nach- folgende *Zeitdispositionsstrategien* möglich.

8.9.1 Zentrale Disposition nach dem Push-Prinzip

Eine *zentrale Auftragsdisposition* erfasst – wie in *Abb. 8.4 oben* dargestellt – die exter- nen Aufträge, zerlegt sie in interne *Subaufträge* für die beteiligten Leistungsstellen, bestimmt für jede Leistungsstelle unter Berücksichtigung des aktuellen Auftragsbe- standes nach *Strategien zur optimalen Auslastung* die Starttermine und Vorpuffer- zeiten und übergibt die Subaufträge *nacheinander* an die erste, die zweite und alle weiteren Leistungsstellen (s. *Abschn.* 2.2, 2.3 und 14.3).

Durch die zugeteilten Subaufträge wird das Geschehen in den Leistungsstellen *angeschoben*. Die Leistungsstellen warten auf Aufträge der Auftragsdisposition und geben das Auftragsergebnis unverzüglich an die nächste Stelle weiter, wenn es fertig- gestellt ist.

Die Auftragskette arbeitet nach dem *Push-Prinzip*. Die Zwischenprodukte lagern, wenn überhaupt, in den Empfangsstellen.

8.9.2 Zentrale Disposition nach dem Pull-Prinzip

Wie bei der Zentraldisposition nach dem Push-Prinzip erfasst und disponiert eine *zentrale Auftragsdisposition* die externen Aufträge. Die Subaufträge werden jedoch in diesem Fall *gleichzeitig* an alle Leistungsstellen der Auftragskette mit der Maßga- be verteilt, das Auftragsergebnis erst weiterzugeben, wenn dies von der folgenden Leistungsstelle verlangt wird.

Auf diese Weise wird der Auftragsgegenstand beginnend bei der letzten Leis- tungsstelle durch die Auftragskette *gezogen*. Die Auftragskette arbeitet nach dem *Pull-Prinzip*. Die Zwischenprodukte lagern bei den Abgabestellen.

In beiden Fällen, beim Push-Prinzip wie beim Pull-Prinzip, überwacht die Auf- tragsdisposition die Einhaltung aller Termine, beschafft das benötigte Material, sorgt für die erforderlichen Betriebsmittel und regelt die Zwischenlagerung. Bei Störungen, Ausfällen oder Verzögerungen muss die Auftragsdisposition eingreifen und notfalls umdisponieren. Die Auftragsdisposition kann außer den *externen Kundenaufträgen* bei Bedarf auch *interne Lageraufträge* einplanen, die nicht durch aktuelle Kundenaufträge abgedeckt sind (s. *Kap.* 10).

8.9.3 Zentrale Engpassterminierung

Unter Nutzung des zeitlichen Spielraums zwischen Auftragseingang und Liefertermin werden von der Auftragszentrale nach den in *Kap.* 10 dargestellten *Bearbeitungs- und Abfertigungsstrategien* zuerst die *Engpassstellen der Hauptleistungskette* so mit den Aufträgen eines Auftragsbestands belegt, dass das Leistungsvermögen der Engpassstellen optimal genutzt wird. Die Terminierung der Aufträge für die übrigen Leistungsstellen der Haupt- und Nebenauftragsketten leitet sich aus der optimalen zeitlichen Belegung der Engpassstellen ab. Sie erhalten ihre Aufträge entweder nach dem Push-Prinzip von der zentralen Auftragsdisposition oder dezentral nach dem Pull-Prinzip von der jeweils nachfolgenden Stelle.

Die zentrale Engpassterminierung ist Kernstrategie vieler PPS-Systeme zur Produktionsplanung und Fertigungssteuerung (s. *Abschn.* 19.9) [97, 161, 178].

Der wesentliche *Vorteil* einer zentralen Auftragsdisposition ist, dass der zeitliche Handlungsspielraum zum Erzielen eines *Gesamtoptimums* genutzt werden kann. *Negative Auswirkungen* der durch eine zentrale Auftragsdisposition *fremdgeregelten Abläufe* sind fehlende Verantwortung, wenig Eigeninitiative, geringere Effizienz und unzureichende Motivation der Mitarbeiter. Das kann sich vor allem in Störfällen sehr nachteilig auswirken. Ein Ausweg aus diesem Nachteil ist eine *dezentrale Disposition* oder eine Kombination von zentraler und dezentraler Disposition.

8.9.4 Dezentrale Disposition nach dem Pull-Prinzip

Der externe Auftrag geht bei der *letzten Leistungsstelle* ein, die den Gesamtauftrag fertigstellen muss. Diese disponiert unter Berücksichtigung ihres aktuellen Auftragsbestands *sofort* den Starttermin und die Vorpufferzeit des im eigenen Leistungsbereich liegenden Auftragsteils und gibt entsprechend terminierte *Zuliefer- oder Vorarbeitsaufträge* an die voranliegenden Leistungsstellen. Die vorangehenden Stellen verfahren mit den ihnen erteilten Aufträgen ebenso, bis die Auftragsprozessgrenze erreicht ist.

Umgehend nach Einplanung und Prüfung der Lieferfähigkeit teilt jede Leistungsstelle der Empfangsstelle einen machbaren Termin für den Auftrag mit. Nach Erhalt aller Auftragsbestätigungen von den vorangehenden Leistungsstellen plant die letzte Leistungsstelle den *verbindlichen Liefertermin* und teilt ihn dem Kunden mit. Jede Leistungsstelle entscheidet dabei weitgehend selbständig über die Materialbeschaffung, die Bevorratung und den Ressourceneinsatz. Auf Störungen, Ausfälle und Verzögerungen reagieren die Leistungsstellen eigenverantwortlich.

Zentrale Disposition mit Push-Prinzip

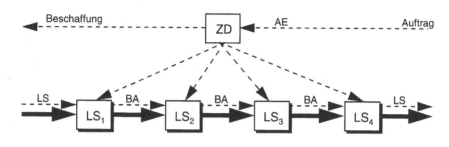

Dezentrale Disposition mit Pull-Prinzip

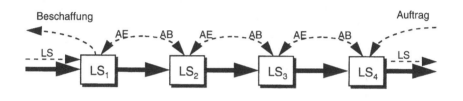

Dezentrale Disposition mit Push-Prinzip

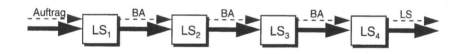

Abb. 8.4 Zentrale und dezentrale Disposition mit Push- und Pull-Prinzip

- →   Materialfluss
- LS_i Leistungsstellen
- AE   Auftragseingang
- BA   Begleitauftrag
- -→   Datenfluss
- ZD   Zentraldisposition
- AB   Auftragsbestätigung
- LS   Lieferschein

Bei dieser Art der dezentralen Disposition *ziehen* die einzelnen Leistungsstellen aus den vorangehenden Stellen zunächst die *Auftragsbestätigung* und nach Erreichen des Fälligkeitstermins das *Auftragsergebnis*. Die einzelnen Leistungsstellen stehen zueinander in einem *Kunden-Lieferanten-Verhältnis* und kontrollieren sich auf diese Weise gegenseitig. Die Leistungskette arbeitet nach dem *Pull-Prinzip*.

Die einfachste Realisierung des Pull-Prinzips ist das *Kanban-Verfahren* [220]: Jede Leistungsstelle meldet den Zulieferstellen den Bedarf durch Bereitstellen eines geleerten *Behälters* an einem vereinbarten Übergabeplatz. Eine Begleitkarte – auf Japanisch *Kanban* – gibt die Art und Nachschubmenge des benötigten Artikels an. Die Zulieferstelle nimmt nach Anlieferung eines Vollbehälters den Leerbehälter mit und erhält auf diese Weise den nächsten Auftrag (s. *Abschn.* 12.8).

Die dezentrale Disposition nach dem Pull-Prinzip wird in der *Fließfertigung* von Produkten eingesetzt, die in großer Variantenvielfalt nach spezifischen Kundenwünschen aus einer Vielfalt von Teilen und Modulen in kurzer Durchlaufzeit zu geringen Kosten herzustellen sind. Beispiele sind die Automobilindustrie und deren Zulieferer, die Hersteller von Haushaltsgeräten, die Produzenten von Unterhaltungselektronik und die Computerindustrie.

8.9.5 Dezentrale Disposition nach dem Push-Prinzip

Die dezentrale Disposition nach dem Push-Prinzip läuft, wie in *Abb.* 8.4 gezeigt, analog zur dezentralen Auftragsdisposition nach dem Pull-Prinzip. Der externe Auftrag geht jedoch zusammen mit einem Auftragsgegenstand in der *ersten* Leistungsstelle der Leistungskette ein, die damit auch Auftragsannahmestelle ist.

Der Auftragsgegenstand kann ein Paket oder eine Sendung mit einem Transportauftrag sein, aber auch ein Vorprodukt, Material und Teile für einen Produktions- oder Montageauftrag. Die erste Leistungsstelle disponiert ihren eigenen Vorpuffer und Starttermin. Sie gibt ihr Auftragsergebnis nach *Vorankündigung* oder mit einem *Begleitauftrag* an die nächste Leistungsstelle zur Bearbeitung weiter.

Der vom Auftraggeber bestimmte Empfänger erhält das bestellte Auftragsergebnis, z. B. das Paket, den Sendungsinhalt oder das fertige Erzeugnis, zusammen mit einem *Lieferschein* von der letzten Leistungsstelle der Auftragskette. Auf diese Weise *schiebt* eine Leistungsstelle die Arbeit der nächst folgenden Leistungsstelle an. Die Leistungskette arbeitet nach dem *Push-Prinzip*.

Die dezentrale Disposition in Verbindung mit dem Push-Prinzip ist typisch für *Beförderungs- und Zustellaufträge* und wird von Post, Bahn, Paketdiensten und Spediteuren praktiziert. Das Verfahren wird aber auch in der *Werkstattfertigung* eingesetzt.

8.9.6 Zentrale oder dezentrale Disposition

Vorteile der dezentralen Disposition sind die größere Eigenverantwortung und die daraus resultierende Motivation und höhere Effizienz der weitgehend unabhängig arbeitenden Leistungsstellen. Unter optimalen Voraussetzungen verläuft der gesamte Auftragsprozess *selbstregelnd*. Administrative Kosten und Zeitverluste einer zentralen Auftragsdisposition entfallen.

Die vollständig dezentrale Disposition hat jedoch folgende *Nachteile*:

- Bei unvorhergesehen großen Bedarfsschwankungen und starken Veränderungen der Auftragsinhalte können sich die Reaktionszeiten bis zur Auftragsbestätigung und die Gesamtlieferzeit erheblich verlängern, wenn die einzelnen Leistungsstellen nicht darauf vorbereitet sind.
- Neue Produkte oder andersartige Leistungen können nur nach längerer Vorplanung und Abstimmung ausgeführt werden.
- Die Leistungsstellen, die sich nahe der Auftragsannahmestelle befinden, neigen zur Selbstoptimierung, verbrauchen ohne Rücksicht auf das Gesamtoptimum einen größeren Teil des zeitlichen Handlungsspielraums und belassen den übrigen Stellen zu wenig Spielraum.

Diese Nachteile und Probleme der rein dezentralen Auftragsdisposition sind nur unter folgenden *Voraussetzungen* beherrschbar:

- Die *Reaktionszeit* der Leistungsstellen auf Anfragen ist hinreichend kurz.
- Die *Durchlaufzeiten* der Aufträge durch die einzelnen Leistungsstellen ist nicht zu lang.
- Der *Bedarf* ist soweit im Voraus bekannt oder so gut prognostizierbar, dass jede Leistungsstelle ihren Materialbedarf und ihren Ressourceneinsatz vorausplanen kann.
- Die Aufträge betreffen *Standardprodukte* oder *Standardleistungen*, deren Abläufe bekannt sind und deren Durchlaufzeiten in den Leistungsstellen wenig schwanken.
- *Generelle Regeln* für die Disposition von Pufferzeiten und Startterminen in den Leistungsstellen verhindern den suboptimalen Verbrauch des zeitlichen Handlungsspielraums.

Wenn diese Voraussetzungen für eine dezentrale Disposition nicht erfüllbar sind, muss sie von einer zentralen *Auftragsdisposition* unterstützt werden (s. *Abschn. 2.2, 2.9* und *14.3*). Die zentrale Auftragsdisposition entwickelt übergreifende Strategien, gibt allgemeine Regeln für die Zusammenarbeit vor, übernimmt die mittel- und langfristige Planung der Ressourcen und stellt durch ein *Logistikcontrolling* sicher, dass Auslastung, Termineinhaltung und Kosten der Leistungsstellen im vorgegebenen Rahmen liegen [178].

In der Praxis finden sich die unterschiedlichsten *Kombinationen von zentraler und dezentraler Disposition* mit dem Pull- oder Push-Prinzip. Die Abschnitte der Leistungskette bis zur Auftragsprozessgrenze werden einfacher zentral disponiert und arbeiten effizienter nach dem Push-Prinzip. Die auftragsspezifischen Leistungsstellen disponieren besser dezentral und arbeiten rascher und effizienter selbständig nach dem Pull- oder Push-Prinzip.

8.10 Just-In-Time

Just-In-Time im eigentlichen Sinn des Wortes ist die *Rückwärtsterminierung einer Leistungskette ohne Zeitpuffer* zwischen den einzelnen Bearbeitungsstellen. Wie in *Abb.* 8.3 *unten* dargestellt, wird der jeweilige Auftrag von einer Leistungsstelle mit einer Termintreue η_i gerade rechtzeitig fertiggestellt und an die nächste Leistungsstelle weitergegeben. *Gerade rechtzeitig – Just In Time –* heißt, dass die Auftragsgegenstände, die auf eine Leistungsstelle oder einen Hauptleistungsprozess zulaufen, nicht zwischengelagert werden müssen [67, 68].

Die *Just-In-Time-Strategie* ist anwendbar auf die Hauptleistungskette, beispielsweise die Kern- oder Endmontage, wie auch auf Zulieferketten. Sie bietet folgende *Vorteile*:

* Die Gesamtauftragsdurchlaufzeit ist minimal.
* Puffer und Lager sind nicht erforderlich.

Diese Vorteile der Just-In-Time-Strategie müssen jedoch mit folgenden *Nachteilen* erkauft werden:

* Eine Kostenoptimierung durch Nutzung vorhandener Zeitpuffer zur optimalen Kapazitätsauslastung ist nicht möglich.
* Die Wahrscheinlichkeit der Einhaltung einer geforderten Termintreue η_T für den Gesamtauftragsdurchlauf sinkt mit dem Produkt $\eta = \eta_1 \cdot \eta_2 \ldots \eta_n$ der Termintreue η_i der einzelnen Leistungsstellen.

So ist die Termintreue der Gesamtdurchlaufzeit für das in *Abb.* 8.3 *unten* dargestellte Beispiel von 4 Leistungsstellen einer Hauptleistungskette mit einer angenommenen Termintreue der einzelnen Stellen von 98 % nur $0,98^4 = 0,922 = 92,2\,\%$.

Just-In-Time im eigentlichen Sinn des Wortes ist daher nur unter folgenden *Voraussetzungen* erfolgreich und wirtschaftlich:

* Termintreue und Ausfallsicherheit der beteiligten Leistungsstellen sind hoch.
* Durch Auftragsbündelung sind keine wesentlichen Kosteneinsparungen erreichbar.

Diese Voraussetzungen von Just-In-Time sind in der *Fließfertigung* von Einzelprodukten mit *gleichbleibendem Durchsatz, wenig schwankenden Durchlaufzeiten, geringen Umrüstzeiten, hoher Verfügbarkeit* und *großer Fehlerfreiheit* der beteiligten Leistungsstellen erfüllbar. Das gilt beispielsweise für die Endmontage in der Automobilindustrie, für die Herstellung von Haushaltsgeräten und für die Produktion von Büromaschinen und Computern. In diesen und einigen weiteren Branchen konnten durch Just-In-Time – oft in Verbindung mit *Kanban* – teilweise spektakuläre Lieferzeitverkürzungen erreicht werden.

In anderen Branchen mit ungleichmäßigem Durchsatz und schwankenden Durchlaufzeiten der Einzelstationen hat sich Just-In-Time zur Durchlaufzeitminimierung und Vermeidung von Lager- und Pufferbeständen nicht bewährt oder als zu kostenaufwendig erwiesen. Aber auch in Unternehmen, die Just-In-Time zunächst mit Erfolg eingeführt haben, ist inzwischen eine Abkehr von der minuten- oder stundengenauen Anlieferung und die Einführung der ein- oder mehrtagesgenauen Anlieferung zu verzeichnen. Dabei werden *Zwischenpuffer* wieder zugelassen [34, 35]. Just-In-Time hat heute in der Logistik an Bedeutung verloren. Alle Versuche, Just-In-Time durch Auflockerung der strengen Terminbindung, Zulassen größerer Zwischenpuffer und Hinzunahme der übrigen Logistikziele zu einer *Just-In-Time-Philosophie* zu erweitern, führen zur allgemeinen Logistikaufgabe, nach der das benötigte Gut *zur rechten Zeit*, also *Just In Time*, am richtigen Ort bereitzustellen ist [67]. Der wichtigste Beitrag der Just-In-Time-Bewegung besteht darin, dass sie die Bedeutung der Zeit für die Logistik bewusst gemacht hat [68].

8.11 Strategien zur Lieferzeitverkürzung

Außer Just-In-Time gibt es eine Vielzahl von Strategien zur Reduzierung von Durchlaufzeiten und Lieferzeiten, die sich nach ihrer *Kostenwirksamkeit* einteilen lassen in *kostensenkende, kostenneutrale* und *kostenerhöhende Zeitstrategien*. Die wichtigsten *Strategien zur Durchlauf- und Lieferzeitverkürzung* sind in der Reihenfolge ihrer *Kostenwirksamkeit*:

▶ *Eliminieren:* Das Eliminieren von vermeidbaren Stufen der Auftragskette, das Reduzieren von Liegezeiten und Wartezeiten und das Streichen von Vorgängen oder Tätigkeiten, die nicht zur Wertschöpfung beitragen, sind Möglichkeiten zur Durchlaufzeitverkürzung, die meist auch zu einer Kostensenkung führen. Eliminierbare Wartezeiten und entbehrliche Vorgänge gibt es vor allem in den *administrativen Leistungsstellen*. Beispiele sind Wartezeiten auf Informationen, das Weiterführen von Karteien, auch wenn es Datenbanken gibt, das Mehrfacherfassen gleicher Daten oder aufeinander folgende Ein- und Ausgangskontrollen (s. *Abschn.* 2.6 und 2.7).

▶ *Entstören:* Das Beseitigen von *Störstellen* in der Hauptleistungskette, also von *Ausfallstellen, Fehlerstellen* und *Verzögerungsstellen*, ist eine meist kostensparende, kurzfristig durchführbare und in vielen Fällen äußerst wirksame Maßnahme zur Durchlaufzeitreduzierung für alle Aufträge (s. *Abschn.* 4.2). Darüber hinaus werden durch das Entstören die Schwankungen der Durchlaufzeiten vermindert und damit die *Termintreue* verbessert.

▶ *Vereinfachen:* Durch die Vereinfachung von Abläufen und Verfahren lassen sich sowohl Durchlaufzeiten verkürzen als auch Kosten senken.

▶ *Standardisieren:* Nach dem Eliminieren überflüssiger Vorgänge und der Vereinfachung der Abläufe und Verfahren kann die Definition und Einführung von *Standardprozessen* für eine minimale Anzahl benötigter Abläufe zu weiteren Zeiteinsparungen und Kostensenkungen führen. Ebenso kann die Standardisierung von Teilen, Modulen und Produkten wie auch von Ladehilfsmitteln und Ladeeinheiten zur Einsparung von Zeit und Kosten beitragen.

▶ *Reihenfolgestrategien:* Bei freier Terminierung lassen sich durch *optimale Reihenfolge* und *zeitliche Disposition* der Aufträge nicht nur Durchlaufzeiten reduzieren sondern auch Auslastungen verbessern, Leistungen steigern und Kosten senken. Reihenfolge- und Zeitstrategien sind durch geeignete Prozess-Planungs- und Steuerungssysteme (PPS) mit relativ geringen Kosten realisierbar (s. *Kap.* 10).

▶ *Terminieren:* Das Vereinbaren eines verbindlichen Liefertermins und das Festlegen hieraus abgeleiteter verbindlicher Abliefertermine für die beteiligten Leistungsstellen bewirken ein terminbewusstes Arbeiten, eine höhere Termintreue und effektiv kürzere Auftragsdurchlaufzeiten. Das Terminieren ist bei dezentraler Disposition nicht unbedingt mit Mehrkosten verbunden. Die Terminierung darf sich jedoch nicht nur auf Eilaufträge beschränken.

▶ *Synchronisieren:* Der Betriebsbeginn für parallel arbeitende Leistungsstellen wird aufeinander abgestimmt und für aufeinander folgende Leistungsstellen gegeneinander versetzt (s. *Abschn.* 8.4). Das Synchronisieren ist eine relativ kostengünstige Strategie, die sich auf die Durchlaufzeit aller Aufträge positiv auswirkt. Beispiele für das Synchronisieren in der Logistik sind die aufeinander abgestimmten *Fahrpläne* der Bahn, die *grüne Welle* der Ampelschaltung im Straßenverkehr oder die *Regalbestückung* in den Filialen des Einzelhandels vor Beginn der Verkaufszeit.

▶ *Flexibilisieren:* Durch das Vorhalten flexibel einsetzbarer Ressourcen, durch flexible Personaldisposition mit Springereinsatz und durch bedarfsabhängige Betriebszeiten lassen sich Wartezeiten in Spitzenbelastungszeiten oder infolge von Veränderungen der Auftragsinhalte vermeiden. Die Flexibilität hat ihren Preis, ist aber in einigen Fällen geeignet, außer den Durchlaufzeiten auch die Gesamtkosten zu senken.

▶ *Parallelisieren:* Die Aufträge werden, soweit das möglich ist, in *Teilaufträge* zerlegt, die in parallelen Leistungsstellen gleichzeitig bearbeitet werden. Eine andere Möglichkeit der Parallelisierung ist das Ausführen von Vor- oder Nacharbeiten im *Zeitschatten* anderer Aufträge. Das Parallelisieren ist in vielen Fällen kostenneutral und lässt sich kombinieren mit einer kostensparenden *Spezialisierung* der Leistungsstellen (s. *Kap.* 10).

▶ *Entkoppeln:* Die Lieferzeit lässt sich ganz entscheidend reduzieren durch das Zwischenschalten von Entkopplungsstellen zur Verkürzung der zeitkritischen Leistungskette. Der Preis für das Entkoppeln ist jedoch eine *Lagerfertigung* in den vorangehenden Leistungsstellen, die mit Lagerhaltungskosten und Bestandsrisiken verbunden ist. Voraussetzung für das Entkoppeln ist eine gute *Prognostizierbarkeit* des Bedarfs (s. *Kap.* 9).

▶ *Flip-Flop-Prinzip:* Das Einrichten von zwei Stellen mit gleicher Funktion, von denen abwechselnd die eine Stelle arbeitet während sich die andere Stelle vorbereitet, ist eine wirksame, allerdings auch mit Mehrkosten verbundene Strategie zur Durchlaufzeitverkürzung.

▶ *Priorisieren:* Die einfachste Priorisierung ist das Vorziehen von *Eilaufträgen*. Hierdurch lässt sich die Durchlaufzeit der Eilaufträge erheblich verkürzen, solange ihr

Anteil nicht wesentlich über 5 % liegt. Das Vorziehen der Eilaufträge wirkt sich jedoch meist nachteilig auf die Durchlaufzeiten und die Prozesskosten der *Normalaufträge* aus. Das gilt vor allem, wenn die Eilaufträge mit *absoluter Priorität* ausgeführt und Arbeiten an bereits laufenden Aufträgen für Eilaufträge unterbrochen werden.

▶ *Auflösen:* Kundenspezifische Einzelfertigung anstelle anonymer Serienfertigung, das Zerlegen größerer Aufträge in Teilaufträge, Direktauslieferung einzelner Sendungen anstelle der Sammelbelieferung in Zustelltouren und die Fertigung in kleineren Losgrößen sind geeignet zur Verkürzung der Durchlaufzeiten. Die *Auflösungsstrategien* wirken jedoch der kostensparenden Bündelung entgegen und sind in der Regel mit einem Kostenanstieg verbunden.

▶ *Beschleunigen:* Die Durchlaufzeit lässt sich reduzieren durch eine Erhöhung der Geschwindigkeit, der Taktfrequenz der Auftragsbearbeitung oder der Leistung einzelner Leistungsstellen. Das Beschleunigen, beispielsweise durch eine höhere Fahrgeschwindigkeit von Transportmitteln, ist meist mit größeren Kosten verbunden, kann aber neben der Laufzeitverkürzung auch eine Kosteneinsparung bewirken, wenn dadurch die Ressourcen besser ausgelastet werden, etwa durch schnelleren Umlauf der Transportmittel [152] (s. *Abschn. 18.13*).

▶ *Engpassbeseitigung:* Die Engpassbeseitigung durch zusätzliche Ressourcen ist eine meist aufwendige, in vielen Fällen aber unvermeidliche Maßnahme zur nachhaltigen Senkung der Lieferzeiten aller Aufträge [178]. Eine Kapazitätserhöhung führt vor allem in Spitzenbelastungszeiten zu einer erheblichen Reduzierung der Wartezeiten vor der Engpassstelle und kann in vor- und nachgeschalteten Stellen wegen des Fortfalls von Unterbrechungs- und Wartezeiten Kosten einsparen (s. *Kap.* 13).

Um die Wirksamkeit der Strategien zur Lieferzeitverkürzung sicherzustellen, ist ein *Zeitcontrolling* empfehlenswert [68]. Am einfachsten und wirkungsvollsten aber ist eine weitgehend dezentrale Auftragsdisposition in Verbindung mit einer selbstregelnden *Leistungs- und Qualitätsvergütung*, die alle an einem Auftrag beteiligten Leistungsstellen aus Eigeninteresse zur Leistungssteigerung, Termintreue und Kostensenkung veranlasst (s. *Kap.* 7).

8.12 Optimale Durchlauf- und Lieferzeiten

Durchlaufzeiten und Leistungskosten sind voneinander abhängig. Extrem kurze Durchlauf- und Lieferzeiten sind meist mit hohen Vorhaltekosten, aufwendigen Zeitstrategien und dem Verzicht auf eine kostensparende Bündelung verbunden. Andererseits sind mit kurzen Lieferzeiten *Wettbewerbsvorteile* möglich und *höhere Preise* erzielbar, die die Mehrkosten ausgleichen oder übertreffen können.

Auch sehr lange Durchlauf- und Lieferzeiten sind teuer. Das Umlaufvermögen, die erforderlichen Lagerkapazitäten und der Pufferplatzbedarf in den Leistungsstellen steigen mit der Lieferzeit an und verursachen zunehmend Kosten. Hinzu kom-

men Umsatz- und Ertragseinbußen, wenn die Lieferzeiten nicht mehr wettbewerbsfähig sind.

Das Zusammenwirken dieser Effekte führt zu einer Abhängigkeit der Leistungskosten von der Durchlaufzeit, die idealtypisch in *Abb.* 8.5 dargestellt ist. Hieraus ist
ablesbar, dass es außer der technisch bedingten *minimalen Durchlaufzeit* eine *kostenoptimale Durchlaufzeit* gibt. Die kostenoptimale Durchlaufzeit lässt sich jedoch
nur schwer ermitteln, da sie von vielen, teilweise nicht quantifizierbaren Faktoren
abhängt. Darüber hinaus kann sich die Abhängigkeit der Kosten von der Durchlaufzeit durch eine Strategieänderung *sprunghaft* ändern.

Die Lieferzeiten von Industrie und Handel gelten häufig als zu lang [68]. Sobald
die Nachfrage die kurzfristig verfügbare Kapazität überschreitet, sind längere Lieferzeiten jedoch unvermeidlich, weil sich vor *Engpassstellen* zunehmend Warteschlangen von unerledigten Aufträgen bilden. Daran lässt sich ohne Kapazitätsausweitung
oder Betriebszeitverlängerung wenig ändern.

Wie vorangehend gezeigt, sind lange Lieferzeiten jedoch *nicht notwendig* die
Folge überlasteter Kapazitäten. Sie sind häufig ein Indiz für unwirtschaftliche oder
schlecht aufeinander abgestimmte Prozesse und ein fehlendes Zeitmanagement. In
Zeiten geringer Beschäftigung kann es sogar zu längeren Lieferzeiten kommen, weil

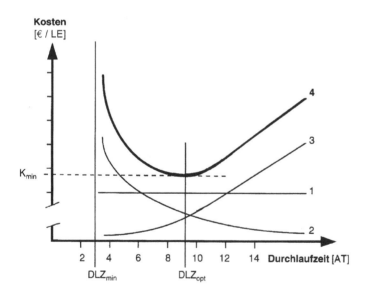

Abb. 8.5 Abhängigkeit der Leistungskosten von der Durchlaufzeit

1:    lieferzeitunabhängige Kosten

2:    Kostensenkung durch bessere Ressourcennutzung

3:    Kostenanstieg durch erhöhtes Umlaufvermögen, zusätzlichen Lager- und
       Pufferplatz, Erlöseinbußen und verlorene Aufträge

4:    Gesamtleistungskosten

DLZ_{min}: minimale Durchlaufzeit DLZ_{opt}: optimale Durchlaufzeit

sich Leistungsstellen an der Arbeit festhalten und die Rüst- und Leistungszeiten ausdehnen.

Zur Verkürzung der Durchlauf- und Lieferzeit trägt grundsätzlich jede Reduzierung der Rüst-, Leistungs-, Reife- und Wartezeiten in der zeitkritischen Prozesskette bei. Zahlreiche Untersuchungen in Industrie und Handel, insbesondere in der Automobilindustrie, haben ergeben, dass in den meisten Fällen die Summe der Wartezeiten um einen Faktor 5 bis 10 größer ist als die Summe von Rüst- und Leistungszeiten. Daher ist der wirksamste Hebel zur Senkung der Lieferzeiten eine Reduzierung der Wartezeiten [68].

Der größte Anteil der Wartezeiten wird durch Stauzeiten, Materialbeschaffungs- und Pufferzeiten verursacht. Stauzeiten sind meist die Folge einer hohen Auslastung. Materialbeschaffungszeiten fallen an, wenn das Lagerrisiko zu hoch ist. Pufferzeiten dienen zur optimalen Mehrfachnutzung teurer Ressourcen und zur Abstimmung konkurrierender Aufträge.

Die Stau-, Lager- und Pufferzeiten werden auch als *Liegezeiten* bezeichnet. Die Liegezeiten sind Optimierungsparameter der *Auftragsdisposition* (s. *Kap.* 10). Sie lassen sich zur Senkung der Kosten, zur Verbesserung der Auslastung oder zum Erreichen anderer Zielgrößen nutzen. Je mehr der Handlungsspielraum der Disposition durch enge Lieferzeitforderungen eingeschränkt wird, umso stärker reduzieren sich die Optimierungsmöglichkeiten.

Die vielfach gestellte Forderung nach kürzeren Lieferzeiten ist also nicht so einfach und folgenlos zu erfüllen, da das Ziel der Lieferzeitverkürzung teilweise mit dem Ziel der Kostenminimierung konkurriert. Mit Hilfe der vorangehend aufgeführten Zeitstrategien ist trotz dieses Zielkonflikts bis zu einem gewissen Punkt eine Senkung der Kosten durch Verkürzung der Durchlauf- und Lieferzeiten möglich.

9 Zufallsprozesse und Bedarfsprognose

Die Teilnehmer am Wirtschaftsprozess entscheiden weitgehend frei über ihre *Beschaffungs-* und *Produktionsmengen* und nutzen ihre *Zeit*, wie es ihnen passt. Unternehmen, Verbraucher und andere Abnehmer von Produkten und Leistungen erteilen ihre Aufträge unabhängig voneinander in den von ihnen gewünschten Mengen zu den ihnen passenden Zeiten. Die Produzenten, Lieferanten und Dienstleister nutzen im Rahmen der zugesagten Liefertermine die Freiheit, die ihnen erteilten Aufträge optimal zu bündeln oder zu zerlegen und zu den für sie günstigsten Zeiten auszuführen. Sie produzieren möglichst in den für ihr Kostengefüge optimalen Mengen.

Das Leistungsvermögen und die Durchlaufzeiten der *Leistungsstellen*, in denen die Aufträge ausgeführt werden, können abhängig von Art und Menge des Bedarfs *stochastisch* schwanken. Weitere Schwankungen von Durchsatz und Laufzeiten der Leistungsstellen werden von zufallsabhängigen *Störungen* und *Ausfällen* bewirkt.

Das *unkorrelierte Zeitverhalten* der *Auftraggeber*, *Auftragnehmer* und *Leistungsstellen* und die *Abweichungen* der Bedarfsmengen von den Produktionsmengen bewirken in der gesamten Wirtschaft und in den Unternehmen *zufallsabhängige* oder *stochastische Prozesse* [11, 70, 71, 165]. Die *Stochastik* der Wirtschaftsprozesse hat erhebliche Auswirkungen auf die Logistik.

Typische Beispiele für *stochastische Logistikprozesse* sind das Eintreffen von Personen, das Vorbeifahren von Fahrzeugen, das Entstehen von Bedarf, der Auftragseingang und das Eintreffen von Informationen, deren *Mengen* und *Zeitabstände* Zufallsgrößen sind. Weitere Beispiele sind Lieferprozesse, Produktionsprozesse, Bedienungsvorgänge oder Abfertigungen, deren *Lieferzeiten*, *Taktzeiten*, *Durchlaufzeiten* oder *Abfertigungszeiten* zufallsverteilt sind.

Viele stochastische Prozesse verändern sich im Verlauf der Zeit. Sie sind *instationär*. Bei einem instationären stochastischen Prozess werden die *systematischen Veränderungen*, die erst im Verlauf mehrerer *Perioden* erkennbar sind, von den *stochastischen Schwankungen* der einzelnen Prozessereignisse verdeckt, die in unmittelbar aufeinander folgenden Perioden auftreten.

Stationäre und instationäre stochastische Prozesse sind für die Logistik von besonderer Bedeutung. Sie bestimmen maßgebend:

- die *Möglichkeit* und *Qualität* von Bedarfsprognosen
- die *Disposition* von Aufträgen, Lagernachschub und Beständen
- die *Staueffekte* in Logistiksystemen
- die *Termintreue* von Leistungsketten
- die *Gestaltung* von Prozessen und Systemen
- die *Dimensionierung* von Pufferplätzen, Staustrecken und Lagerkapazitäten
- die *Bemessung* der Leistungen von Leistungsstellen und Transportknoten.

T. Gudehus, *Logistik 1*, VDI-Buch,
DOI 10.1007/978-3-642-29359-7_9, © Springer-Verlag Berlin Heidelberg 2012

In diesem Kapitel werden die wichtigsten Eigenschaften von *zufallsabhängigen Prozessen* dargestellt und die mit den Prozessen verbundenen *stochastischen Ströme* analysiert. Hieraus werden die Voraussetzungen für *Mittelwertrechnungen* und *Wahrscheinlichkeitsmessungen* sowie die Bedingungen für die *Prognose* stochastischer Ströme hergeleitet. Abschließend werden *Verfahren zur Bedarfsprognose* dargestellt [71, 154].

9.1 Stochastische Ströme

Jede Ereignisfolge mit stochastisch veränderlichen Zeitabständen τ oder unkorreliert schwankenden Mengen m ist ein *zufallsabhängiger Prozess*. Die zeitliche Folge der Ereignisse eines zufallsabhängigen Prozesses ist ein *stochastischer Strom* [70].

Maßgebend für die Gestaltung, die Steuerung und das Verhalten einzelner Leistungsstellen und der aus diesen aufgebauten Logistiksysteme sind die einlaufenden Auftrags-, Material- und Datenströme:

- *Auftragsströme* – auch *Auftragseingang* genannt – sind stochastische Ströme, bei denen das Ereignis das Eintreffen eines *Auftrags* oder eines *Abrufs* von einer oder mehreren *Bestelleinheiten* [BE], *Verkaufseinheiten* [VKE] oder *Verbrauchseinheiten* [VE] ist.
- *Materialströme* – abhängig vom Gegenstand auch *Transportstrom, Verkehrsfluss, Personenstrom, Warenfluss* oder *Frachtstrom* genannt – sind stochastische Ströme, bei denen das Ereignis das Eintreffen einer oder mehrerer Transporteinheiten, Fahrzeuge, Personen, Artikeleinheiten, Warenstücke, Frachtstücke oder anderer *Ladeeinheiten* [LE] ist.
- *Datenströme* – auch *Informationsfluss* genannt – sind stochastische Ströme, bei denen das Ereignis das Eintreffen eines oder mehrerer Datensätze, Belege, Dokumente, Kodierungen oder anderer *Informationseinheiten* [IE] ist.

Zur Erläuterung zeigt *Abb. 9.1* den Jahresverlauf des täglichen Auftragseingangs für einzelne Neufahrzeuge einer größeren Verkaufsniederlassung. Der Auftragseingang schwankt stochastisch von Tag zu Tag relativ stark und hat im Verlauf des Jahres einen saisonal veränderlichen Verlauf, der einen ansteigenden langfristigen Trend überlagert.

Im Unterschied zu den *kontinuierlichen Strömen* von homogenem Schüttgut, Flüssigkeiten oder Gasen sind die Auftrags-, Material- und Datenströme der Logistik in der Regel *diskrete Ströme*, bei denen in *unterbrochener Folge* diskrete *Mengeneinheiten* [ME] *einzeln* oder *pulkweise* ankommen. Die *Durchflussgesetze diskreter Ströme* unterscheiden sich grundlegend von den *Strömungsgesetzen homogener Ströme*.

Wenn τ_P [ZE/P] die *mittlere Taktzeit* der Ereignisse und m_P [ME/P] die *durchschnittliche Menge pro Ereignis* eines allgemeinen Prozesses P ist, dann ist die mittlere *Taktrate* des Prozesses

$$\lambda_\tau = 1/\tau_P \quad [1/ZE] \tag{9.1}$$

und die mittlere *Durchsatzrate, Stromstärke* oder *Intensität*

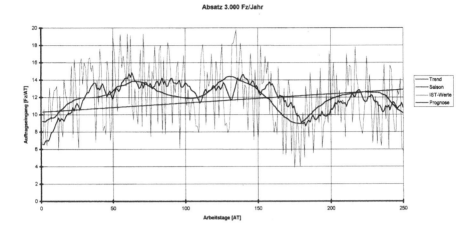

Absatz 3.000 Fz/Jahr

Abb. 9.1 Täglicher Auftragseingang einer Verkaufsniederlassung

Aufträge: Einzelbestellungen für PKW des gleichen Typs
Tagesabsatz: 12 Einzelbestellungen; Streuung ±3,5 Fz

$$\lambda_P = m_P \cdot \lambda_\tau = m_P / \tau_P \quad [ME/ZE] \, . \tag{9.2}$$

Abhängig von der Taktzeitverteilung und von der Menge pro Ereignis lassen sich folgende *Stromarten* unterscheiden, die in *Abb. 9.2* dargestellt sind:

1. *Rekurrente Ströme:* Die Ereignisse treffen in zufallsabhängigen Zeitabständen *einzeln* und *unkorreliert* ein. Der Prozess ist *zeitstochastisch* und $m_P = 1$. Die Taktrate ist gleich der Durchsatzrate.

2. *Schubweise rekurrente Ströme:* Die Ereignisse treffen in zufallsabhängigen Zeitabständen mit Schüben oder Pulks *gleicher Größe* ein. Der Prozess ist ebenfalls zeitstochastisch, jedoch mit einem konstanten Inhalt $m_P > 1$. Die Durchsatzrate schubweiser Ströme ist größer als die Taktrate.

3. *Schubweise getaktete Ströme:* Die Ereignisse treffen in gleichbleibenden Zeitabständen mit Schüben oder Pulks stochastisch schwankender Größe ein. Der Prozess ist *mengenstochastisch.*

4. *Schubweise stochastische Ströme:* Die Ereignisse treffen in zufallsabhängigen Zeitabständen mit Schüben oder Pulks stochastisch schwankender Größe ein. Es handelt es sich um einen *allgemeinen stochastischen Prozess.*

Der in *Abb. 9.1* gezeigte Auftragseingang für einzelne Fahrzeuge ist beispielsweise ein rekurrenter Strom. Wenn pro Auftrag mehr als eine Mengeneinheit bestellt wird, handelt es sich um einen schubweisen stochastischen Strom. Andere schubweise stochastische Ströme entstehen durch das Entladen stochastisch eintreffender Transporteinheiten, die eine wechselnde Anzahl von Ladeeinheiten enthalten, bei der schubweisen Abfertigung von Transporteinheiten an Transportknoten oder bei der Bearbeitung von Auftragsserien anstelle von Einzelaufträgen.

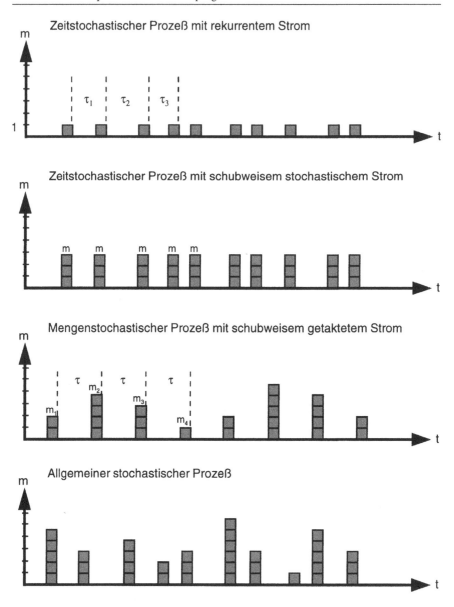

Abb. 9.2 Zufallsabhängige Prozesse und stochastische Ströme

τ_i: Taktzeiten m_i: Pulkinhalte

Solange die mittlere Taktzeit und die durchschnittliche Menge pro Ereignis zeitunabhängig sind, ist der stochastische Strom *stationär*. *Saisoneinflüsse, Verbraucherverhalten, Bedarfsänderungen* oder ein *Produktlebenszyklus* können dazu führen, dass sich die Durchsatzrate im Verlauf der Zeit t verändert. Der stochastische Strom ist dann *instationär*:

$$\lambda_P = \lambda_P(t) \,. \tag{9.3}$$

Die Zeitabhängigkeit der Durchsatzrate kann, wie in dem Beispiel *Abb. 9.1*, durch eine zeitliche Veränderung der Taktrate, aber auch durch eine Änderung der Menge pro Ereignis oder durch gleichzeitige Veränderung beider Größen verursacht werden.

Bei einem *instationären stochastischen Strom* ist eine systematische zeitliche Veränderung überlagert von den zufallsabhängigen Schwankungen der Durchsatzrate. Die Auswirkungen der beiden Effekte sind unterschiedlich:

▶ *Die stochastischen Schwankungen* der Auftrags-, Material- und Datenströme verursachen in den Logistiksystemen vor den einzelnen Leistungsstellen kurzzeitige *Staueffekte*. Sie bestimmen in der Lagerhaltung die Höhe der *Sicherheitsbestände* und der sogenannten *Atmungsreserve* (s. *Abschn. 11.8* und *16.13*).

▶ *Die systematische zeitliche Veränderung* der Auftrags-, Material- und Datenströme ist maßgebend für die Kapazitäten, die zur Bewältigung der Spitzenanforderungen benötigt werden, und für die Höhe der Bestände, die zum Ausgleich von Bedarfsänderungen vorgehalten werden.

Zeitpunkte und Mengen der Einzelereignisse eines stochastischen Prozesses sind grundsätzlich nicht vorhersehbar. Bei Kenntnis der *Zeitverteilung* der Taktzeiten und der *Häufigkeitsverteilung* der Mengen ist jedoch die *Wahrscheinlichkeit* vieler Auswirkungen stochastischer Prozesse berechenbar.

Aus dem Zeitverhalten von Bedarfs- und Durchsatzmengen während eines zurückliegenden Zeitraums lässt sich unter bestimmten Voraussetzungen die weitere Entwicklung ableiten und der zukünftige Bedarf prognostizieren. Die Überlagerung der systematischen Zeitabhängigkeit durch die stochastischen Schwankungen erschwert jedoch die Prognose [71, 72].

9.2 Zeitverteilungen und Häufigkeitsverteilungen

Die Zufallsabhängigkeit *diskreter Ereignisgrößen*, die nur eine abzählbare Anzahl von Werten annehmen können, ist durch eine *Häufigkeitsverteilung* darstellbar. Die Zufallsabhängigkeit *stetiger Ereignisgrößen*, die ein *kontinuierliches Spektrum* von Werten annehmen können, lässt sich durch eine *Wahrscheinlichkeitsdichte* beschreiben [77].

Besondere Ereignisgrößen der Logistik sind die *Zeiten*, wie die *Durchlaufzeiten* und die *Taktzeiten*. Diese sind stets positiv. Die Wahrscheinlichkeitsdichte stochastisch verteilter Zeitwerte ist eine *Zeitverteilung*. Zeitverteilungen sind nur für positive Argumente von Null verschieden.

Wahrscheinlichkeitsdichten und Zeitverteilungen sind wie folgt definiert [70, 77]:

• Das Produkt $w_P(\tau) \cdot d\tau$ der *Wahrscheinlichkeitsdichte* oder *Zeitverteilung* $w_P(\tau)$ mit der differentiellen Zeitspanne dt ist die Wahrscheinlichkeit dafür, dass der *Zeitwert* zwischen τ und $\tau + d\tau$ liegt.

Die Wahrscheinlichkeit, dass der Zeitwert τ kleiner ist als ein bestimmter Wert T, ist gegeben durch die *Verteilungsfunktion*:

$$W_P(T) = \int_0^T w_P(\tau) \cdot d\tau \,. \tag{9.4}$$

Alle Zeitverteilungen erfüllen die *Normierungsbedingung*:

$$W_P(\infty) = \int_0^\infty w_p(\tau) \cdot d\tau = 1 \,. \tag{9.5}$$

Das heißt: Die Wahrscheinlichkeit $W_P(\infty)$, dass der Zeitwert im Bereich $0 \leq \tau < \infty$ liegt, ist gleich 1.

Die Zeitwerte eines stochastischen Prozesses P streuen *zufallsabhängig* um den *Mittelwert* oder *Erwartungswert*:

$$\tau_P = \int_0^\infty \tau \cdot w_p(\tau) \cdot d\tau \quad [ZE] \,. \tag{9.6}$$

Die *Schwankung*, *Streuung* oder *Standardabweichung* s_τ [ZE] der Zeiten um den Mittelwert (9.6) ist gleich der Wurzel aus der *Varianz*. Die *Varianz* ist gegeben durch:

$$s_\tau^2 = \int_0^\infty (\tau - \tau_p)^2 \cdot w_p(\tau) \cdot d\tau \,. \tag{9.7}$$

Ein *dimensionsloses Maß* für die Größe der zufallsabhängigen Schwankungen eines stochastischen Prozesses ist die *Variabilität*

$$V_\tau = (s_\tau/\tau_P)^2 \,. \tag{9.8}$$

Die Wurzel aus der Variabilität $v_\tau = s_\tau/\tau_P$ ist der *Variationskoeffizient* [70].

Die *Abb. 9.3* zeigt einige Beispiele unterschiedlicher *Zeitverteilungen* zufallsabhängiger Prozesse in der Logistik:

- Die Verteilung der Bedienungszeiten einer Lagerfläche durch einen Stapler ist unter bestimmten Voraussetzungen eine *Rechteckverteilung*.
- Die Einzelspielzeiten eines Regalförderzeugs (RFZ) haben eine *Dreiecksverteilung* [20].
- Die Zeitabstände eines Fahrzeugstroms auf einer Fahrspur haben eine modifizierte *Exponentialverteilung* [73, 165].
- Die Greifzeiten beim Kommissionieren sind annähernd *normalverteilt* [20, 45].
- Die Durchlaufzeiten durch eine Leistungsstelle haben eine *Schiefverteilung*, die auf der Zeitachse um die minimale Durchlaufzeit nach rechts verschoben ist (s. *Abb. 8.2*).

Für eine Bearbeitungsstation oder einen Transportknoten mit N verschiedenen *Abfertigungsarten* und den *konstanten Abfertigungszeiten* τ_i, die zufällig wechselnd in Anspruch genommen werden, haben die Taktzeiten die diskreten Werte τ_i, $i = 1, 2, \ldots, N$. Die Verteilung diskreter Zufallsgrößen ist eine *diskrete Häufigkeitsverteilung* $w(\tau_i)$. Weitere *diskrete Zufallsgrößen* der Logistik sind:

W(τ)

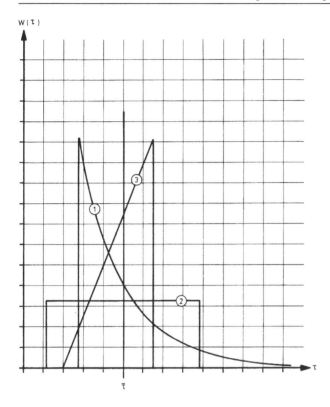

Abb. 9.3 Spezielle Zeitverteilungen der Logistik

Kurve 1 modifizierte Exponentialverteilung (Fahrzeuge einer Fahrspur)
Kurve 2 Rechteckverteilung (Staplerbedienung einer Lagerfläche)
Kurve 3 Dreieckverteilung (Regalbediengerät eines Hochregallagers)

- die Menge pro Ereignis für mengenstochastische Prozesse
- die Ereignisanzahl pro Periode für allgemeine stochastische Prozesse
- der Pulkinhalt schubweiser Ströme und der Inhalt von Sendungen
- der Bestand eines lagerhaltigen Artikels mit regelmäßigem Bedarf
- der Verbrauch eines Artikels in einer bestimmten Zeitspanne.

Die Häufigkeitsverteilung diskreter Zufallsgrößen ist analog zur Wahrscheinlichkeitsdichte stetiger Zufallsgrößen definiert [77]:

- Die *Häufigkeitsverteilung* oder *Wahrscheinlichkeitsfunktion* $w_P(x_i)$ einer *diskreten Zufallsgröße* ist die Wahrscheinlichkeit für den Eintritt des *Wertes* x_i.

Im einfachsten Fall sind die diskreten Zufallswerte *ganze Zahlen* $x_i = i$ und die Funktionswerte der Häufigkeitsverteilung $w_P(x_i) = w_P(i)$ nur für $i = 1, 2, \ldots, \infty$ definiert.

Die Wahrscheinlichkeit, dass der diskrete Wert x kleiner ist als ein bestimmter Wert x_n, ist gegeben durch die *Verteilungsfunktion*:

$$W_P(x_n) = \sum_{i < n} w_P(x_i) \; . \tag{9.9}$$

Häufigkeitsverteilungen erfüllen die *Normierungsbedingung*:

$$\sum_{i=0}^{\infty} w_P(x_i) = 1 \; . \tag{9.10}$$

Der *Mittelwert* oder *Erwartungswert* m_P einer Zufallsgröße x mit der *Häufigkeitsverteilung* $w_P(x)$ ist gegeben durch:

$$m_P = \sum_{i=0}^{\infty} x_i \cdot w_P(x_i) \; . \tag{9.11}$$

Die *Streuung* s_m oder *Standardabweichung* der Zufallsgröße ist gleich der Wurzel aus der *Varianz*:

$$s_m^2 = \sum_{i=0}^{\infty} (x_i - m_P)^2 \cdot w_P(x_i) \; . \tag{9.12}$$

Die *Variabilität* $V_m = (s_m/m_P)^2$ ist gleich dem Quadrat des *Variationskoeffizienten* $v_m = s_m/m_P$.

Die Häufigkeitsverteilung einer Zufallsgröße lässt sich entweder durch Analyse des Prozesses *theoretisch* herleiten oder durch Zählung der Ereignisanzahlen *experimentell* ermitteln. Auch der Verlauf der Zeitverteilung eines stationären stochastischen Prozesses kann, wie die Greifzeitverteilung, gemessen oder, wie die Dreiecksverteilung von RFZ-Spielzeiten, analytisch aus dem Prozess abgeleitet werden. Während eine Auszählung zur Bestimmung einer Häufigkeitsverteilung in vielen Fällen noch mit vertretbarem Aufwand möglich ist, erfordert die Messung einer Zeitverteilung meist einen erheblichen Aufwand. Für *instationäre Prozesse* ist die Messung von Zeit- oder Häufigkeitsverteilungen nur selten durchführbar und für zukünftige Prozesse prinzipiell unmöglich.

Stochastische Prozesse führen in Logistiksystemen zu *Staueffekten*, wie die *Warteschlangen* und *Wartezeiten* vor einzelnen Stationen und die gegenseitige *Blockierung* aufeinander folgender Leistungsstellen. Analytische Untersuchungen und Simulationsrechnungen haben zu der Erkenntnis geführt [27, 56, 74]:

- Die meisten Staueffekte in Logistiksystemen hängen in erster Näherung von der *Taktrate* und der *Variabilität* der Zuströme und der Abfertigung ab, aber nur unwesentlich vom genauen Verlauf der Zeitverteilung und der Häufigkeitsverteilung.

Daher ist es für die Praxis in der Regel meist ausreichend, Zeitverteilungen und Häufigkeitsverteilungen durch geeignete *Standardverteilungen* zu approximieren, deren Mittelwert gleich dem gemessenen Mittelwert ist und deren Streuung und genereller Verlauf mit der Erfahrung annähernd übereinstimmen.

Der Versuch, Zeit- oder Häufigkeitsverteilungen durch eine *stochastische Simulation* zu bestimmen, stößt auf das Problem, dass hierzu die Zeit- und Häufigkeitsverteilungen der Eingabewerte benötigt werden. Auch bei der stochastischen Simulation logistischer Systeme werden daher für die Zeit- und Häufigkeitsverteilungen von Eingangsströmen und Abfertigungsraten wegen fehlender Kenntnis der tatsächlichen Verteilungen – häufig ohne nähere Angaben – *Standardverteilungen* angesetzt.

9.3 Stetige Standardverteilungen

Wegen ihrer besonderen Eigenschaften, die es erlauben, Warteschlangenprobleme explizit zu lösen und das Grenzleistungsvermögen von Transportknoten zu berechnen, sind die nachfolgend angegebenen und in *Abb. 9.4* dargestellten *stetigen Standardverteilungen*[1] zur *Approximation* der kontinuierlichen Zeitverteilungen zufallsabhängiger Logistikprozesse besonders geeignet [11, 70, 74, 77]:

9.3.1 Exponentialverteilungen

Die Wahrscheinlichkeitsdichte einer *einfachen Exponentialverteilung* ist die normierte *Exponentialfunktion*:

$$w_E(\tau, \tau_P) = (1/\tau_P) \cdot \exp[-\tau/\tau_P] . \tag{9.13}$$

Die Streuung s der Exponentialfunktion ist gleich ihrem Mittelwert t_P und die Variabilität gleich 1. Ein stochastischer Prozess, dessen Zeitverteilung eine Exponentialfunktion ist, heißt *Poisson-Prozess* [70].

Eine Exponentialverteilung ist zur Approximation immer dann sinnvoll, wenn die Taktzeiten eines Zufallsprozesses ab dem Wert Null mit *gleichmäßig* abnehmender Wahrscheinlichkeit jeden Wert annehmen können. Generell gilt der *Grundsatz*:

▶ Ist außer dem Mittelwert nichts über die Zeitverteilung bekannt, muss, wenn die Ergebnisse auf der sicheren Seite liegen sollen, mit einer Exponentialverteilung gerechnet werden.

So kann in guter Näherung für die Verteilung der Taktzeiten von Auftragseingängen, Dateneingängen, Personenankünften oder Telefonanrufen eine einfache Exponentialverteilung angesetzt werden [11, 165]. Auch die Warteschlangen vor einzelnen Leistungsstellen sind näherungsweise exponentialverteilt (s. *Abb. 13.21*) [70]. Ladeeinheiten, Transporteinheiten oder Fahrzeuge, die *auf einer Spur* nacheinander einen Bezugspunkt passieren, haben wegen ihres technisch bedingten Mindestabstands und der endlichen Grenzleistung vorangehender Leistungsstellen einen *minimalen Zeitabstand* $\tau_0 > 0$. In diesen Fällen lässt sich die Zeitverteilung approximieren durch eine *modifizierte Exponentialverteilung* mit der Wahrscheinlichkeitsdichte [11, 74]:

$$w_E = (\tau, \tau_P, \tau_0) = \begin{cases} 0 & \text{wenn } \tau < \tau_0 \\ (1/(\tau_P - \tau_0)) \cdot \exp[-(\tau - \tau_0)/(\tau_P - \tau_0)] & \text{wenn } \tau \geq \tau_0 . \end{cases} \tag{9.14}$$

---

[1] Die nachfolgenden Formeln der Standardverteilungen sind z. B. in MS-EXCEL hinterlegt und einfach abrufbar. Damit entfällt das aufwendige Programmieren dieser Funktionen und das Nachschlagen von Einzelwerten in den Tabellen der Fachbücher für Statistik [77].

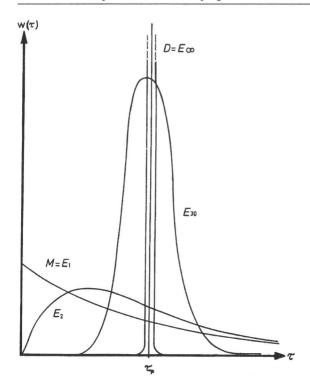

Abb. 9.4 Standard-Zeitverteilungen E_k

$k > 1$:   Erlang-Verteilung
$k = 1$:   Exponentialverteilung
$k \to \infty$: Dirac-Verteilung

Der Nullpunkt der modifizierten Exponentialverteilung ist, wie in *Abb. 9.3* dargestellt, auf der Zeitachse um die *Mindesttaktzeit* t_0 nach rechts verschoben. Die Streuung ist $s = \tau_p - \tau_0$. Sie ist durch die mittlere Taktzeit τ_p und den minimalen Taktabstand τ_0 bestimmt.

Eine modifizierte Exponentialverteilung kann immer dann angesetzt werden, wenn die Taktzeiten des stochastischen Prozesses ab einem bestimmten Minimalwert τ_0 mit gleichmäßig abnehmender Wahrscheinlichkeit jeden Wert annehmen. Ein zufallsabhängiger Prozess mit einer modifizierten Exponentialverteilung ist ein *modifizierter Poisson-Prozess* [74].

Für $\tau_0 \to 0$ geht die modifizierte Exponentialverteilung in die Exponentialverteilung (9.13) über. Im Grenzfall $\tau_0 \to \tau_p$ wird aus der modifizierten Exponentialverteilung eine diskrete *Dirac-Verteilung*. Die Dirac-Verteilung beschreibt einen *Prozess* mit *konstanten Taktzeiten*.

Aus einer getakteten Abfertigung oder aus einem getakteten Herstellungsprozess, wie etwa einer Fließbandfertigung, resultieren *getaktete Ströme* oder *Dirac-Ströme*.

Mit abnehmender Schwankung der Abfertigungszeiten wird auch die Zeitverteilung der Durchlaufzeiten einer Leistungsstelle zu einer Dirac-Verteilung.

9.3.2 Erlang-Verteilungen

Die Wahrscheinlichkeitsdichte einer k-*Erlang-Verteilung* ist [70]:

$$w_k(\tau, \tau_P) = (k/\tau_P)^k \cdot \tau^{k-1} \cdot \exp[-k \cdot \tau/\tau_P]/(k-1)! \, . \qquad (9.15)$$

Der *Erlang-Parameter* k ist eine ganze Zahl größer 0 und gleich der reziproken Variabilität:

$$k = 1/V_P = (\tau_P/s)^2 \, . \qquad (9.16)$$

Der Erlang-Parameter ist also durch den Mittelwert τ_P und die Streuung s eindeutig fixiert.

Bei maximaler Variabilität $V_P = 1$, also für $k = 1$, geht die Erlang-Verteilung in die Exponentialverteilung (9.13) über. Für kleine Variabilitäten $V_P \ll 1$, also für $k \gg 1$, wird die Erlang-Verteilung asymptotisch zur *Normalverteilung* (9.19). Im Grenzfall verschwindender Variabilität, also für sehr große $k \to \infty$ wird aus der Erlang-Verteilung eine diskrete *Dirac-Verteilung*. Erlang-Verteilungen umfassen also als Grenzfälle die Exponential-, die Normal- und die Dirac-Verteilung.

Erlang-Verteilungen sind immer dann geeignet, wenn zusätzlich zum Mittelwert ein Anhaltswert für die Streuung bekannt ist. Das gilt für die *Taktzeiten* vieler Abfertigungs- oder Bedienungsstationen, wie Reparaturdienste, Mautstellen, Kassen, Ausgabestellen, Auskunftsstellen oder Auftragsannahmestellen. Die Verteilung der Durchlaufzeiten durch eine oder mehrere aufeinander folgende Leistungsstellen mit stochastisch schwankenden Bearbeitungszeiten lässt sich durch eine *modifizierte Erlang-Verteilung* approximieren, die analog zur modifizierten Exponentialverteilung (19.14) auf der Zeitachse um die minimale Durchlaufzeit der Leistungskette nach rechts verschoben ist (s. *Abb. 8.2*).

9.4 Diskrete Standardverteilungen

Zur Approximation der Häufigkeitsverteilung diskreter Zufallsgrößen sind wegen ihrer besonderen mathematischen Eigenschaften folgende *diskrete Standardverteilungen* besonders geeignet [11, 77]:

9.4.1 Binominalverteilung

Die *Binominalverteilung* ist für $0 \leq x \leq N$ gegeben durch die Funktion [77]:

$$w_B(x) = [N!/((N-x)! \cdot x!)] \cdot p^x \cdot (1-p)^{N-x} \qquad (9.17)$$

mit den *Binominalkoeffizienten* $[N!/((N-x)! \cdot x!)]$ und der *Fakultät* $N! = 1 \cdot 2 \cdot 3 \cdot \ldots \cdot N$.

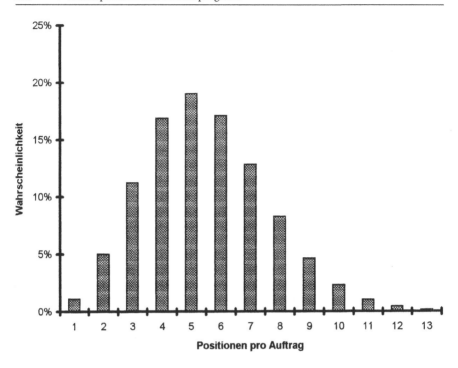

Abb. 9.5 Poisson-Verteilung

Beispiel: Häufigkeit der Positionsanzahl pro Auftrag
Mittelwert: 5,5 Positionen pro Auftrag

Die Binominalverteilung $w_B(x) = w_B(x; N; p)$ ist nur für positive ganzzahlige Werte $0 \leq x \leq N$ definiert und nach rechts schiefverteilt. Der *Mittelwert* der Binominalverteilung ist $m_B = N \cdot p$, die *Streuung* $s = \sqrt{N \cdot p \cdot (1 - p)}$ und die *Variabilität* $V_B = (1 - p)/(p \cdot N)$.

Die Binominalverteilung gibt die Wahrscheinlichkeit an, dass ein *Ereignis P*, dessen Einzelausführung die Wahrscheinlichkeit p hat, bei N unabhängigen Ausführungen genau x-mal eintritt. So ist beispielsweise $w_B(3; 5; 1/6) = 5,4\,\%$ die Wahrscheinlichkeit, dass bei fünfmaligem Würfeln mit einem sechszahligen Würfel die gleiche Zahl genau dreimal vorkommt.

Die Binominalverteilung ist geeignet zur Approximation von Häufigkeitsverteilungen ganzzahliger positiver Zufallsgrößen mit relativ kleinem Mittelwert m_B und geringer Schwankung $s < m_B$. So sind beispielsweise die *Stückzahlen von Sendungen*, die *Pulklängen schubweiser Ströme*, die *Nachschubmengen von Lieferaufträgen* und die *Durchsatzmengen pro Periode* eines stochastischen Stroms in guter Näherung binominalverteilt.

9.4.2 Poisson-Verteilung

Durch den Grenzübergang $N \to \infty$ mit $p = m/N$ bei konstantem Mittelwert m geht die Binominalverteilung in eine *Poisson-Verteilung* (9.17) über [77]:

$$w_P(x) = (m^x/x!) \cdot e^{-m} .\tag{9.18}$$

Die in *Abb. 9.5* dargestellte Poisson-Verteilung hat den Mittelwert m, die Streuung $s = \sqrt{m}$ und die Variabilität $V_m = 1$.

Für die Approximation der Häufigkeitsverteilung diskreter Zufallsgrößen gilt der *Grundsatz*:

▶ Ist außer dem Mittelwert nichts über die Häufigkeitsverteilung einer diskreten Zufallsgröße bekannt, muss, damit die Ergebnisse auf der sicheren Seite liegen, mit einer Poisson-Verteilung gerechnet werden.

Die Anzahl der in einem festen Zeitraum eintretenden Einzelereignisse mit zufallsabhängigem Zeitabstand ist Poisson-verteilt, wenn die Zeitverteilung eine Exponentialfunktion ist [70].

9.5 Normalverteilung und Sicherheitsfaktor

Die wichtigste Verteilungsfunktion der Wahrscheinlichkeitsrechnung und Statistik und damit auch für die Analyse zufallsabhängiger Logistikprozesse ist die *Gauß-Verteilung* oder *Normalverteilung* [77, 170]. Die Normalverteilung ist zur Approximation sowohl von diskreten wie auch von stetigen Verteilungen geeignet. Sie ist definiert durch die *Dichtefunktion*:

$$w_N(x) = \exp\left[-(x/s - m/s)^2 /2\right]/\sqrt{2\pi s^2} .\tag{9.19}$$

Hierin sind m der *Mittelwert* und s die *Streuung*.

Die Dichtefunktion (9.19) der Normalverteilung entsteht für große Mittelwerte $m \gg 1$ bei konstanter Streuung s asymptotisch aus der Binominalverteilung (9.17) sowie für große k-Werte aus der Erlang-Verteilung (9.15).

Wie in *Abb. 9.6* dargestellt, ist die Normalverteilung symmetrisch um den Mittelwert. Zu beachten ist jedoch, dass sie auch für negative Argumente von Null verschiedene Werte hat. Daher ist die Normierungsbedingung (9.5), die für Wahrscheinlichkeitsdichten mit nur positiven Argumenten gilt, für die Normalverteilung bei kleinen Mittelwerten nicht erfüllt.

Die *Verteilungsfunktion* der zentrierten *Normalverteilung* mit dem Mittelwert $m = 0$ und der Streuung $s = 1$ ist die *Standardnormalverteilung* $\phi(x)$. Ihre Umkehrfunktion ist die *inverse Standardnormalverteilung*:

$$f(\eta) = \phi^{-1}(\eta) .\tag{9.20}$$

Die Werte dieser Funktion, deren Verlauf in *Abb. 5.4* gezeigt ist, werden auch als *Sicherheitsfaktor* bezeichnet, denn es gilt der *Satz*:

▶ Ist m der Mittelwert und s die Streuung einer normalverteilten Zufallsgröße x, dann liegen deren Werte mit der Wahrscheinlichkeit η unter $m + f(\eta) \cdot s$.

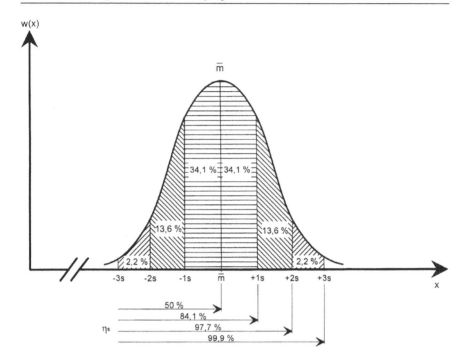

Abb. 9.6 Normalverteilung und Sicherheitsfaktor

Mittelwert m Streuung s Sicherheit η

Dieser Satz wird beispielsweise genutzt zur Berechnung des *Sicherheitsbestands* in Abhängigkeit von der *Lieferfähigkeit* (s. *Abschn. 11.8*) und der *Überlaufreserve* in der Lagerdimensionierung (s. *Abschn. 16.1*). Einige Werte des Sicherheitsfaktors $f(\eta)$ sind in *Tab. 11.5* angegeben. Weitere Werte lassen sich mit Hilfe der MS-EXCEL-Funktion STANDNORMINV(η) berechnen oder aus *Abb. 5.4* ablesen.

Die große Bedeutung der Normalverteilung resultiert daraus, dass sie besonders geeignet ist zur Approximation der Wahrscheinlichkeitsdichte und der Häufigkeitsverteilung großer Zahlen, die sich aus einer Summe vieler unabhängiger Zufallsgrößen zusammensetzen. Das besagt das *Gesetz der großen Zahl* [77]:

▶ Die Summe

$$Z = \sum_{i=1}^{N} z_i \tag{9.21}$$

einer großen Anzahl N unabhängiger Zufallsgrößen z_i mit den Varianzen s_i^2 ist approximativ normalverteilt und hat die Varianz

$$s_Z^2 = \sum_{i=1}^{N} s_i^2 \ . \tag{9.22}$$

Sind die Varianzen der einzelnen Zufallsgrößen alle gleich s^2, dann ist die Varianz des Summenwertes

$$s_Z^2 = N \cdot s^2 \, . \tag{9.23}$$

Bei einer Streuung $s = 1$ aller N Zufallsgrößen resultiert aus Beziehung (9.23) für die Streuung des Summenwertes $s_Z = \sqrt{N}$.

Eine Verallgemeinerung des Gesetzes der großen Zahl ist das *Fehlerfortpflanzungsgesetz* [77]:

▶ Eine stetig differenzierbare Funktion $F(z_1, z_i, \ldots, z_N)$ von N unabhängigen Zufallsgrößen z_i mit den Varianzen s_i^2 ist approximativ normalverteilt mit der Varianz

$$s_F^2 = \sum_{i=1}^{N} \left(\partial F / \partial z_i\right)^2 \cdot s_i^2 \, . \tag{9.24}$$

Mit Hilfe der Gesetze (9.22), (9.23) und (9.24) lassen sich Variabilität und Streuung zusammengesetzter Zufallsgrößen berechnen, wie die Variabilität der Stromintensität, die Schwankung von Beständen oder die Streuung des Verbrauchs in der Wiederbeschaffungszeit.

Eine Konsequenz aus dem Gesetz der großen Zahl ist die *Zentralisierungsregel*:

▶ Die Schwankungen der Leistungs- und Durchsatzanforderungen in den dezentralen Bereichen eines Unternehmens sind größer als die Schwankung der summierten Leistungs- und Durchsatzanforderungen.

Diese Regel gilt für Auftragseingänge, Bestände, Personalbedarf und andere Anforderungen und begünstigt die Schaffung zentraler Funktionsbereiche.

Aus dem Gesetz der großen Zahl folgt auch ein hilfreicher *Kalkulationsgrundsatz* für die *Kostenrechnung* und die *Investitionsplanung*:

▶ Die relative Genauigkeit einer Kostensumme aus vielen Einzelkosten ist weitaus höher als die Genauigkeit der Einzelkosten.

Daher ist auch bei nur grober Kenntnis vieler Teilkosten gleicher Größenordnung eine relativ genaue Gesamtkostenrechnung möglich. Dieser Sachverhalt ist für Budgetkostenrechnungen zur Investitionsentscheidung, für die Leistungskostenrechnung und für die Preiskalkulation von großer praktischer Bedeutung. Der Fehler der Gesamtkosten lässt sich mit Hilfe des Fehlerfortpflanzungsgesetzes (9.24) aus den geschätzten Fehlern der Einzelkosten errechnen.

9.6 Mittelwertrechnungen in der Logistik

Disposition und Dimensionierungsrechnungen werden in der Regel mit den *Mittelwerten* von Auftragseingang, Auftragsstruktur, Leistungsdurchsatz, Grenzleistungen und anderer stochastischer Größen durchgeführt. Dabei wird häufig nicht beachtet, ob und wieweit das zulässig ist.

Der arithmetische *Mittelwert* der Werte $F(x_i)$ einer stetig differenzierbaren Funktion $F(x)$ für eine Anzahl von Argumenten x_i ist:

$$F_m = (1/N) \cdot \sum_{i=1}^{N} F(x_i) \ . \tag{9.25}$$

Wenn die einzelnen Argumente mit kleinen Differenzen $\Delta_i \ll x_i$ um einen Mittelwert x_m verteilt sind, wenn also

$$x_i = x_m + \Delta_i \quad \text{mit } x_m = (1/N) \cdot \sum_i x_i \tag{9.26}$$

ist, lässt sich der Mittelwert (9.25) in eine *Taylor-Reihe* nach zunehmenden Ableitungen $F^{(n)}(x) = \mathrm{d}F^n/(\mathrm{d}x)^n$ entwickeln. Die ersten Glieder der Taylor-Reihe sind:

$$F_m = (1/N) \cdot \sum_{i=1}^{N} \left(F(x_m) + F^{(1)}(x_m) \cdot \Delta_i + F^{(2)}(x_m) \cdot \Delta_i^2/2 + \dots \right) . \tag{9.27}$$

Da die Summe der Abweichungen vom Mittelwert gleich Null ist,

$$\sum_{i=1}^{N} \Delta_i = 0 \ , \tag{9.28}$$

folgt aus der Reihenentwicklung (9.27) der *Approximationssatz*:

▶ Wenn die Krümmung der Funktion im Streubereich der Argumente um den Mittelwert x_m gering ist, wenn also $F^{(2)}(x_m) \ll 1$, ist der Mittelwert F_m einer stetig differenzierbaren Funktion approximativ gleich dem Funktionswert $F(x_m)$ für den Mittelwert der Argumente

$$F_m \approx F(x_m) \ . \tag{9.29}$$

Eine Nutzanwendung ist der *Mittelwertsatz der Logistik*:

1. In *erster Näherung* kann mit den Mittelwerten der stochastischen Größen geplant, dimensioniert und disponiert werden.
2. In einer *Störungsrechnung* ist zu prüfen, welche Auswirkungen die stochastischen Schwankungen auf Staueffekte, Überlaufgefahr von Lagern, Lieferfähigkeit, Termintreue oder andere Kenngrößen haben (s. *Abschn. 15.4*).

Nach einer Segmentierung der Aufträge, Sortimente und Ströme in lagertechnisch, transporttechnisch oder logistisch verwandte Klassen darf also für jede Klasse oder Gruppe mit dem *mittleren Auftrag*, einem *Durchschnittsartikel* oder einem *Durchschnittsstrom* als *Repräsentant* gerechnet werden (s. *Abschn. 5.5*).

Der Mittelwertsatz der Logistik gilt nur unter der Voraussetzung, dass die betreffende Funktion keine Sprünge aufweist. Das ist für die Betriebs- und Prozesskosten, die meist linear oder reziprok linear von den Argumenten abhängen, nur solange zutreffend, wie Ganzzahligkeitseffekte vernachlässigbar sind. Die aus der *Ganzzahligkeit* des Ladeeinheiten- und Transportmittelbedarfs resultierenden Sprünge der Kostenfunktionen können durch eine *Ausgleichsfunktion* geglättet werden, deren Verlauf im Einzelfall zu bestimmen ist (s. *Kap. 12*).

9.7 Durchsatzschwankungen

Der *mittlere Durchsatz* in einem festen *Zeitintervall* T [ZE] ist für einen stationären stochastischen Strom mit der Durchsatzrate λ_P:

$$\lambda(T) = T \cdot \lambda_P \quad [\text{ME/ZE}] . \tag{9.30}$$

Aufgrund der Stochastik des Prozesses schwankt der *gemessene Durchsatz* in aufeinander folgenden Zeitabschnitten gleicher Länge T zufallsabhängig mit einer *Durchsatzschwankung* $s_\lambda(T)$ um den mittleren Durchsatz (9.30). Wenn

$$M_N = \sum_{i=1}^{N} m_i \quad [\text{ME}] \tag{9.31}$$

die Summe der im Zeitraum T eintreffenden Ereigniseinheiten ME ist und

$$T_N = \sum_{i=1}^{N} \tau_i \quad [\text{ZE}] \tag{9.32}$$

die Summe der gemessenen Zeitabstände der Ereignisse, dann ist der gemessene Durchsatz im Zeitraum T gegeben durch:

$$\lambda(T) = M_N/T_N \quad [\text{ME/ZE}] . \tag{9.33}$$

Die Summen (9.31) und (9.32) erstrecken sich jeweils über die Anzahl N der Ereignisse in der Zeit T. Deren Mittelwert ist bei einer durchschnittlichen Menge m_P pro Ereignis:

$$N(T) = T \cdot \lambda_P/m_P . \tag{9.34}$$

Mit Hilfe des Fehlerfortpflanzungsgesetzes (9.24) ergibt sich für die Varianz des gemessenen Durchsatzes (9.33):

$$\begin{aligned}
s_\lambda(T)^2 &= (\partial\lambda(T)/\partial M_N)^2 \cdot s_M^2 + (\partial\lambda(T)/\partial T_N)^2 \cdot s_T^2 \\
&= \left(1/T_N^2\right) \cdot s_M + \left(M_N^2/T_N^4\right) \cdot s_T^2 .
\end{aligned} \tag{9.35}$$

Für die Varianz s_M^2 der Mengensumme (9.31) folgt aus dem Gesetz der großen Zahl (9.23)

$$s_M^2 = N(T) \cdot s_m^2 . \tag{9.36}$$

Hierin ist s_m^2 die *Mengenvarianz* des stochastischen Stroms (9.2). Für die Varianz s_T^2 der Zeitsumme (9.32) folgt entsprechend

$$s_T^2 = N(T) \cdot s_\tau^2 \tag{9.37}$$

mit der *Taktzeitvarianz* s_τ^2 des stochastischen Stroms (9.2). Durch Einsetzen der Beziehungen (9.36) und (9.37) in (9.35) ergibt sich unter Verwendung der mittleren Ereignisanzahl (9.34) der Satz:

▶ Die *Durchsatzschwankung* eines stochastischen Stroms mit der *Intensität* λ_P, der *Taktzeitvariabilität* $V_\tau = (s_\tau/\tau)^2$, der *mittleren Pulkmenge* m_P und der *Mengenvariabilität* $V_m = (s_m/m)^2$ in aufeinander folgenden Zeitintervallen der festen Länge T ist

$$s_\lambda(T) = \sqrt{m_P \cdot T \cdot \lambda_P \cdot (V_\tau + V_m)} = \sqrt{m_P \cdot \lambda_T \cdot (V_\tau + V_m)} \,. \tag{9.38}$$

Von der Durchsatzschwankung in der *Wiederbeschaffungszeit* T_{WBZ} bei einem regelmäßigen stochastischen Verbrauch hängt beispielsweise die *Lieferfähigkeit* ab. Die Beziehung (9.38) ist daher nutzbar zur Berechnung des für eine vorgegebene Lieferfähigkeit erforderlichen *Sicherheitsbestands* (s. *Abschn. 11.6*).

Wenn das Zeitintervall T gleich der Periodenlänge T_{PE} ist, für die der *Periodendurchsatz*

$$\lambda_{PE} = T_{PE} \cdot \lambda_P \quad [ME/PE] \tag{9.39}$$

eines stochastischen Stroms gemessen wird, ergibt sich aus Beziehung (9.38):

- Die *Variabilität des Periodendurchsatzes* λ_{PE} eines stochastischen Stroms mit der *Taktzeitvariabilität* V_τ, der *mittleren Pulkmenge* m_P und der *Mengenvariabilität* V_m ist

$$V_{PE} = (s_{PE}/\lambda_{PE}) = m_P \cdot (V_\tau + V_m)/\lambda_{PE} \,. \tag{9.40}$$

Für die Schwankung des Periodendurchsatzes eines *Poisson-Stroms* mit $V_\tau = 1$ und mit konstanter Menge m_P pro Ereignis, also mit $V_m = 0$, folgt aus (9.38) die einfache Beziehung:

$$s_{PE} = \sqrt{m_P \cdot T_{PE} \cdot \lambda_P} = \sqrt{m_P \cdot \lambda_{PE}} \,. \tag{9.41}$$

So ist beispielsweise die Streuung bei einem Poisson-verteilten Einzelstückdurchsatz von 100 Stück pro Periode gleich 10 Stück und der Variationskoeffizient 10 %. Bei einem Durchsatz von jeweils 4 Stück pro Ereignis erhöht sich die Schwankung des gleichen Periodendurchsatzes um einen Faktor 2 auf 20 Stück. Bei einem Einzelstückdurchsatz von 10.000 Stück pro Periode ist die Streuung gleich 100 Stück und der Variationskoeffizient nur noch 1 %.

Aus den Beziehungen (9.38), (9.40) und (9.41) ist ablesbar:

▶ Die *Schwankung* des Periodendurchsatzes eines stochastischen Stroms wächst mit der Wurzel aus dem Periodendurchsatz, der Periodenlänge, der Stromintensität und der Schublänge.

▶ Die *Variabilität* des Periodendurchsatzes nimmt umgekehrt proportional mit dem Periodendurchsatz, der Periodenlänge und der Stromintensität ab und proportional mit der Schublänge zu.

Die zufallsbedingten Schwankungen stochastischer Ströme und Ereignisfolgen mitteln sich also bei hinreichend großer Periodenlänge heraus, wenn die Periodenlänge deutlich kleiner ist als die Zeiträume, in denen sich systematische zeitliche Veränderungen abspielen.

Aus den Beziehungen (9.40) und (9.41) ergibt sich eine wichtige *Nutzanwendung*:

▶ Die Summation des sporadischen Bedarfs einer großen Anzahl von Bedarfsstellen ergibt einen regelmäßigen Bedarf.

Aufgrund dieser Regel kann es zu erheblichen Vorteilen führen, die dezentral eingehenden Bestellungen für überregional verkaufte Artikel in einer zentralen Auftragssammelstelle oder in einem Zentralrechner zusammenzuführen, dort zu analysieren

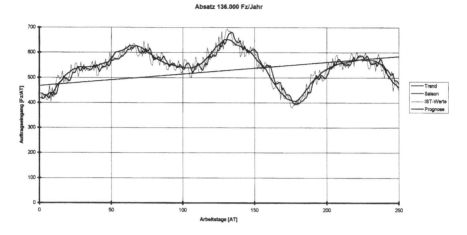

Abb. 9.7 Täglicher Auftragseingang eines Automobilwerks

  Aufträge: Einzelbestellungen für PKW aus 100 Verkaufsniederlassungen
  Tagesabsatz: 544 Einzelbestellungen; Streuung ±23,3 Fz

und die weitere Bearbeitung zu disponieren. Die Vorteile einer solchen *Zentraldisposition* nehmen mit der Größe des Verkaufsgebiets eines Artikels zu. Daher ist bei der Bewertung der Effekte sorgfältig zu unterscheiden zwischen dem *lokalen, regionalen, nationalen* und *globalen Sortiment.*

Wenn beispielsweise bei 45 Händlern eines Fahrzeugherstellers, wie in *Abb. 9.1* dargestellt, täglich durchschnittlich 12 Einzelbestellungen für einen Fahrzeugtyp eingehen, dann ist nach Beziehung (9.41) die Streuung dieser Bestellungen $\sqrt{12} \approx 3,5$ oder 30 % der Tagesverkaufsmenge. Die Summe der Bestellungen bei allen 45 Händlern beträgt 544 Wagen pro Tag und hat den in *Abb. 9.7* dargestellten Verlauf. Die Streuung des Gesamtauftragseingangs erreicht mit $\sqrt{544} \approx 23,3$ nur 4,3 % der gesamten Tagesverkaufsmenge des Unternehmens. Bei einer derart geringen Streuung ist eine erheblich bessere Absatzanalyse, Verkaufsprognose und Auftragsdisposition möglich, als sie der einzelne Händler durchführen kann.

In der Versorgungslogistik mit lagerhaltiger Ware wird der gleiche Effekt zur Optimierung der Belieferung einer Vielzahl von Bedarfsstellen mit sporadischem Verbrauch genutzt:

▶ Viele dezentrale Bedarfsstellen werden aus einem zentralen Lager bedient, dessen Verbrauch regelmäßiger und besser prognostizierbar ist als die dezentralen Einzelverbrauche.

Abgesehen von der besseren Nachschubdisposition lassen sich hierdurch die Sicherheitsbestände senken und eine höhere Lieferfähigkeit erreichen als bei dezentraler Lagerung der Bestände (s. *Abschn. 11.8*). Ein typisches Beispiel ist die überregionale *Ersatzteilversorgung* aus einem Zentrallager [151].

9.8 Prognostizierbarkeit

Für die Planung von Logistiksystemen sowie für die Auftrags-, Nachschub- und Bestandsdisposition wird eine möglichst genaue Kenntnis der zukünftigen Entwicklung der Auftrags-, Material- und Datenströme benötigt.

Die zukünftige Entwicklung eines instationären stochastischen Stroms lässt sich nur prognostizieren, wenn die systematische zeitliche Veränderung einen *regelmäßig wiederkehrenden Verlauf* hat, der mit ausreichender Genauigkeit aus dem Periodendurchsatz vergangener Perioden ableitbar ist und sich in der Zukunft fortsetzt. Wenn der systematische zeitliche Stromverlauf keine wiederkehrende Regelmäßigkeit aufweist oder unvorhersehbare Einflüsse den zeitlichen Verlauf plötzlich verändern können, ist eine quantitative Prognose grundsätzlich nicht möglich [71].

Ein Maßstab für die Güte einer Prognose ist der *Prognosefehler* [77]:

- Wenn $\lambda_{\text{Pro}}(t)$ der prognostizierte und $\lambda_{\text{Ist}}(t)$ der beobachtete Wert in der Periode t ist, ist der *Prognosefehler* für einen *Zeitraum* von n Perioden $t = 1, 2, \ldots, n$

$$\Delta_{\text{Prog}} = \sqrt{\sum_t \left(\lambda_{\text{Pro}}(t) - \lambda_{\text{ist}}(t)\right)^2 / (n-1)} \qquad (9.42)$$

Sind die stochastischen Schwankungen unabhängig vom systematischen zeitlichen Verlauf, setzt sich der Prognosefehler zusammen aus der *stochastischen Streuung* s_{PE}, die durch (9.41) gegeben ist, aus einem *verfahrensbedingten Fehler* $s_{\lambda m}$ der Prognosewerte, der durch das Prognoseverfahren verursacht wird, und aus einem *systematischen Fehler* Δ_t der Prognosewerte, der aus einem abweichenden systematischen Zeitverlauf resultiert. Nach dem Fehlerfortpflanzungsgesetz ist also die Größe des Prognosefehlers

$$\Delta_{\text{Prog}} = \sqrt{s_{\text{PE}}^2 + s_{\lambda m}^2 + \Delta_t^2} \, . \qquad (9.43)$$

Aus dieser Abhängigkeit lassen sich folgende *Prognostizierbarkeitsbedingungen* ableiten:

1. Der Periodendurchsatz muss für so viele Perioden der Vergangenheit bekannt sein, dass ein systematischer Verlauf mit ausreichender Genauigkeit erkennbar und quantifizierbar ist.

2. Die stochastischen Schwankungen des Periodendurchsatzes müssen geringer sein als die benötigte Prognosegenauigkeit.

Aus der Abhängigkeit (9.38) der stochastisch bedingten Durchsatzschwankungen von der gewählten Periodenlänge und von der Stromintensität resultiert für die *Wahl der Periodenlänge* die Forderung:

▶ *Periodenlänge* muss so kurz sein, dass zeitliche Veränderungen so genau wie nötig erkennbar sind, und andererseits so lang, dass sich die stochastischen Schwankungen so weit wie möglich herausmitteln.

Aus dieser Forderung ergibt sich für die *Prognostizierbarkeit*:

▶ Wenn ein Strom so schwach ist, dass die stochastischen Schwankungen in einer Periodenlänge, die notwendig ist, um den systematischen Zeitverlauf zu erfassen, größer sind als die benötigte Prognosegenauigkeit, ist keine brauchbare Prognose möglich.

Die Genauigkeit, mit der sich die Stromintensität der nächsten Perioden bestenfalls prognostizieren lässt, hängt von der Variabilität des Periodendurchsatzes (9.40) ab, die dem *Rauschen* in der Nachrichtentechnik entspricht. Bei geringer Variabilität ist die Prognosegenauigkeit hoch. Mit zunehmender Variabilität wird die Prognostizierbarkeit immer schlechter, bis sie für Variabilitäten nahe 1 unmöglich ist.

Ein Maß für die Prognostizierbarkeit stochastischer Ströme ist der in *Abb. 9.8* dargestellte *Nullperiodenanteil*. Wenn $w_{PE}(\lambda \cdot T_{PE})$ die Häufigkeitsverteilung des Periodendurchsatzes ist, dann ist $w_{PE}(0)$ die Wahrscheinlichkeit, dass in einer Periode *kein* Ereignis eintritt. Diese Wahrscheinlichkeit ist gleich dem *Nullperiodenanteil*.

Die Häufigkeitsverteilung eines Periodendurchsatzes mit maximaler Variabilität lässt sich approximieren durch die Poissonverteilung (9.18) mit den Parametern $m = \lambda \cdot T_{PE}$ und $x = 0$. Hieraus folgt:

▶ Der *Nullperiodenanteil* für einen Periodendurchsatz $\lambda \cdot T_{PE}$ mit maximaler Variabilität V ist

$$w_{PE}(0) = e^{-\lambda \cdot T_{PE}} \ . \tag{9.44}$$

Entsprechend ihrem Nullperiodenanteil lassen sich Ereignisse, Aufträge und Sortimente in die XYZ-Klassen bzw. *Verbrauchsarten* einteilen [75, 76]:

▶ *X-Ereignisse, X-Aufträge* oder *X-Artikel:* Der Nullperiodenanteil liegt nahe Null. Die *Ereignisse* sind *regelmäßig.* Bei einem systematischen Zeitverlauf ist der zukünftige Verlauf *gut prognostizierbar.*

▶ *Y-Ereignisse, Y-Aufträge* oder *Y-Artikel:* Der Nullperiodenanteil reicht bis zu 50 %. Die *Ereignisse* sind *unregelmäßig.* Auch bei systematischem Zeitverlauf ist der zukünftige Verlauf nur *ungenau prognostizierbar.*

▶ *Z-Ereignisse, Z-Aufträge* oder *Z-Artikel:* Der Nullperiodenanteil liegt über 50 %. Die *Ereignisse* sind *sporadisch.* Ein systematischer Zeitverlauf ist kaum noch feststellbar. Der zukünftige Verlauf ist nur *ungenau* oder *gar nicht prognostizierbar.*

Aus Beziehung (9.44) ist ablesbar, dass der Nullperiodenanteil mit dem Periodendurchsatz und mit der Periodenlänge exponentiell abnimmt. Die XYZ-Klassifizierung hängt also von der Periodenlänge ab und korreliert mit der ABC-Klassifizierung der Absatzmengen (s. *Abschn. 5.7*).

9.9 Prognoseverfahren

Alle mathematischen Verfahren zur Prognose des zukünftigen Verlaufs einer Zeitreihe, eines stochastischen Stroms, eines Bedarfs oder eines Verbrauchs setzen voraus, dass sich der zeitliche Verlauf in einem bestimmten *Beobachtungszeitraum der Vergangenheit* für einen *Prognosezeitraum in der Zukunft* fortsetzt [71, 72, 154, 173].

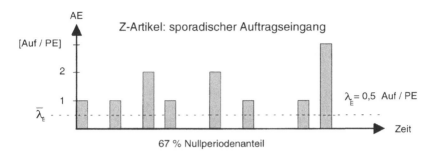

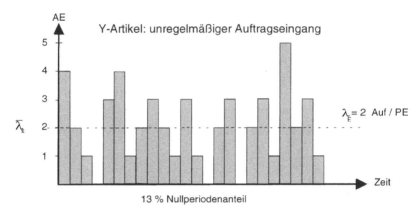

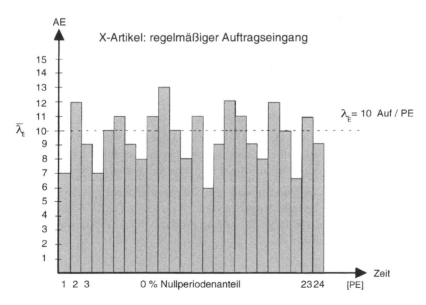

Abb. 9.8 Streuung und Nullperiodenanteil von X-, Y- und Z-Artikeln

Wenn sich der systematische Zeitverlauf in einem aktuellen Beobachtungszeitraum nur wenig ändert, kann angenommen werden, dass der *Mittelwert* der zurückliegenden Perioden für einen Prognosezeitraum weiterhin erhalten bleibt, der nicht länger ist als der Beobachtungszeitraum. Dieser Mittelwert lässt sich entweder nach dem Verfahren des *gleitenden Mittelwerts* oder der *exponentiellen Glättung* berechnen.

Wenn sich aus einer Analyse zurückliegender Zeitreihen ableiten lässt, dass sich der systematische Zeitverlauf jeweils nach Ablauf einer bestimmten *Zykluszeit* wiederholt, ist das nachfolgend dargestellte *Zyklusverfahren* zur Prognose geeignet. Das Zyklusverfahren ist anwendbar zur Prognose zufallsabhängiger Wirtschaftsprozesse, deren systematisches Zeitverhalten sich aus einem natürlichen, kalendarischen, kulturellen, geschäftlichen oder volkswirtschaftlichen *Fundamentalzyklus* erklären oder herleiten lässt:

- *Natürliche Fundamentalzyklen* sind die Umlaufzeiten von Erde und Mond, die hieraus abgeleiteten *Jahreszeiten* und die *Erzeugungszyklen* für Naturprodukte.
- *Kalendarische Fundamentalzyklen*, die sich aus den natürlichen Fundamentalzyklen ableiten, sind der *Tageszyklus*, der *Wochenzyklus*, der *Monatszyklus* und der *Jahreszyklus*.

Mit den natürlichen und den kalendarischen Fundamentalzyklen lassen sich viele kulturelle, volkswirtschaftliche und geschäftspolitische Zyklen erklären und vorausberechnen:

- *Kulturelle Fundamentalzyklen* ergeben sich aus wiederkehrenden *Feiertagen*, wie *Weihnachten*, *Ostern*, *Ramadan* und *Schulferien*. Sie sind häufig mit kalendarischen Zyklen verknüpft.
- *Volkswirtschaftliche Fundamentalzyklen* sind die *Konjunkturzyklen*, deren Länge und Höhe nicht genau prognostizierbar sind, und die *Angebots- und Nachfragezyklen*, wie der sogenannte *Schweinezyklus*.
- *Geschäftspolitische Zyklen* sind die Folge von *Ladenöffnungszeiten*, *Betriebszeiten*, *Schichtplänen*, *Fahrplänen*, *Aktionszyklen*, *Katalogzyklen* oder *der Einteilung des Geschäftsjahres*.

Anders als die extern bedingten Fundamentalzyklen lassen sich die geschäftspolitischen Zyklen von den Unternehmen beeinflussen oder verändern.

Bei einer Überlagerung eines zyklischen Zeitverlaufs durch stochastische Schwankungen kann das Zyklusverfahren mit einem der beiden Mittelwertverfahren kombiniert werden. Wenn keine ausreichenden Anhaltspunkte für ein zyklisches Verhalten vorliegen, ist anstelle der Mittelwert- und Zyklusverfahren, die sich in der Logistik bewährt haben, eine Prognose durch Ansatz einer *parametrisierten Modellfunktion*, wie der sogenannten *logistischen Funktion* möglich [170]. *Allgemeine Modellverfahren* werden vor allem in der *Absatzprognose* und für volkswirtschaftliche Vorhersagen eingesetzt [71, 72].

9.9.1 Gleitender Mittelwert

Nach dem Verfahren des gleitenden Mittelwerts wird der Durchsatz $\lambda(t+k)$ zukünftiger Perioden $t + k$ ab einer Gegenwartsperiode t gleich dem gemittelten Periodendurchsatz der letzten N zurückliegenden Perioden gesetzt:

$$\lambda(t+k) = \lambda_m(t) = \sum_{n=1}^{N} \lambda(t-n)/N \quad \text{für alle } k > 0 . \tag{9.45}$$

Jeweils nach Abschluss einer Gegenwartsperiode wird die Prognoserechnung (9.45) mit den Durchsatzwerten der letzten N Perioden wiederholt.

Bei einer stochastischen Streuung s_λ des Periodendurchsatzes ist nach dem Gesetz der großen Zahl die Streuung und damit der *stochastisch bedingte Fehler* des prognostizierten Mittelwertes (9.45):

$$s_{\lambda m} = s_\lambda/\sqrt{N} . \tag{9.46}$$

Die *Glättungszahl* N des gleitenden Mittelwertes (9.45) muss also möglichst groß gewählt werden, um den stochastischen Prognosefehler gering zu halten.

9.9.2 Exponentielle Glättung

Nach dem Verfahren der *exponentiellen Glättung wird* der Durchsatz $\lambda(t + k)$ zukünftiger Perioden ab einer Gegenwartsperiode t gleich dem *gewichteten Mittelwert* aus dem Durchsatz $\lambda(t - 1)$ und dem Prognosewert $\lambda_m(t - 1)$ der letzten Periode $t - 1$ gesetzt:

$$\lambda(t+k) = \lambda_m(t) = \alpha \cdot \lambda(t-1) + (1-\alpha) \cdot \lambda_m(t-1) \quad \text{für alle } k > 0 . \tag{9.47}$$

Der *Glättungsparameter* α ist eine reelle Zahl aus dem Intervall $0 < \alpha < 1$. Nach Abschluss einer Gegenwartsperiode wird die Prognoserechnung unter Verwendung des letzten IST-Wertes erneut durchgeführt.

Durch sukzessives Einsetzen der Vergangenheitswerte in die Gleichung (9.47) ergibt sich, dass durch die exponentielle Glättung der *gewichtete Mittelwert*

$$\lambda_m(t) = \alpha \cdot \sum_{n=0}^{t} (1-\alpha)^n \cdot \lambda(t-1-n) \tag{9.48}$$

aller Vergangenheitswerte gebildet wird. Der Einfluss eines vergangenen Wertes $\lambda(t - 1 - n)$ auf den Mittelwert (9.48) nimmt wegen des Faktors $(1 - \alpha)^n$ exponentiell mit dem Periodenabstand n von der Gegenwart ab. Für Glättungsparameter nahe 1 nimmt der Einfluss der Vergangenheitswerte sehr rasch, für kleine Glättungsparameter nur langsam ab [178].

Aus dem Fehlerfortpflanzungsgesetz folgt für den *stochastisch bedingten Fehler* des Prognosewerts der exponentiellen Glättung

$$s_{\lambda m} = s_\lambda \cdot \sqrt{\alpha/(2-\alpha)} \tag{9.49}$$

Die Streuung (9.49) des Prognosewertes (9.47) der exponentiellen Glättung ist also für kleine Glättungsparameter gering und für Glättungsparameter nahe 1 gleich der

Streuung des Periodendurchsatzes. Um den stochastisch bedingten Prognosefehler gering zu halten, ist der Glättungsparameter klein zu wählen. Um eine systematische Änderung rasch zu erkennen, muss der Glättungsparameter nahe 1 gewählt werden. Aus dem Vergleich der Beziehungen (9.46) und (9.49) folgt, dass ein Glättungsparameter α die effektive *Glättungsreichweite* $N = (2-\alpha)/\alpha$ bewirkt. So ist für $\alpha = 0,2$ die effektive Glättungsreichweite 9 Perioden. Die vor der Glättungsreichweite liegenden Werte haben bei der Mittelwertbildung (9.48) insgesamt nur ein Gewicht von 13 % [178].

Ein besonderer Vorteil der exponentiellen Glättung gegenüber anderen Prognoseverfahren liegt darin, dass in die Prognoserechnung immer nur der zuletzt berechnete Prognosewert und der aktuelle Wert der letzten Periode eingehen. Das macht das Speichern großer Datenbestände aus der Vergangenheit entbehrlich und verkürzt erheblich die Rechenzeit (s. *Abschn. 9.13*).

9.9.3 Zyklusverfahren für einfache Zyklen

Wenn sich das Zeitverhalten jeweils nach einer *Zykluszeit* T_Z wiederholt, wird die Zykluszeit so fein wie nötig unterteilt in eine Anzahl von N Perioden mit der *Periodenlänge* $T_{PE} = T_Z/N$ und den *Periodenendzeitpunkten* $t_{Zi} = t_{Z0} + i \cdot T_{PE}$, $i = 1, 2, \ldots, N$. Der Zeitverlauf eines zyklisch veränderlichen Stroms innerhalb einer Zykluszeit T_Z ist dann darstellbar in der Form

$$\lambda_{PE}(i) = \lambda_Z \cdot g_Z(i) \quad [\text{ME/PE}] \tag{9.50}$$

mit den *Zyklusgewichten* $g_Z(i)$ und der *zyklusbereinigten Stromintensität* λ_Z. Die Zyklusgewichte sind über einen vollen Zyklus auf N normiert, das heißt:

$$\sum_{i=1}^{N} g_Z(i) = N . \tag{9.51}$$

Die zyklusbereinigte Stromintensität ist gleich dem Mittelwert des Periodendurchsatzes im Verlauf eines Zyklus:

$$\lambda_Z = \sum_{i=1}^{N} \lambda_{PE}(i)/N \quad [\text{ME/PE}] . \tag{9.52}$$

Die *Zyklusgewichte* für einen Zyklus Z mit den *gemessenen* Periodendurchsätzen $\lambda_{PE}(i)$ sind:

$$g_Z(i) = \lambda_{PE}(i)/\lambda_Z . \tag{9.53}$$

In *Abb. 9.9* ist als Beispiel der auf diese Weise ermittelte Tages-, Wochen- und Jahresdurchsatz des Zentrallagers eines Handelsunternehmens dargestellt.

Zur Prognose wird zunächst für den Verlauf einer folgenden Zykluszeit der gemessene Verlauf der letzten abgeschlossenen Zykluszeit angesetzt. Wenn die systematische zeitliche Veränderung von stochastischen Schwankungen mit einer Streuung s_{PE} überlagert ist, sind die gemessenen Zyklusgewichte (9.53) der einzelnen Zyklen mit dem stochastischen Fehler s_{PE}/λ_Z behaftet.

Wenn die Zyklusgewichte eines Artikels mit schwachem Verbrauch von Zyklus zu Zyklus zu stark schwanken, ist es möglich, diese gleich den Zyklusgewichten einer ganzen Warengruppe oder anderer Produkte mit *analoger Verbrauchscharakteristik* aber deutlich höherem Periodenbedarf zu setzten, die wegen des höheren Bedarfs eine relativ geringe stochastische Streuung haben.

Für den Periodenverlauf können im nächst folgenden Zyklus auch die exponentiell geglätteten Zyklusgewichte und zyklusbereinigten Stromintensitäten aus mehreren zurückliegenden Zyklen verwendet werden. Durch dieses *Kombinationsverfahren* lässt sich der stochastisch bedingte Fehler der Zyklusgewichte und der bereinigten Stromintensität auf die Größenordnung (9.49) senken.[2]

9.9.4 Zyklusverfahren für überlagerte Zyklen

Wenn die systematische zeitliche Veränderung eines instationären stochastischen Stroms eine *Überlagerung* von zwei oder mehr wiederkehrenden Zyklen mit unterschiedlichen Zykluszeiten ist, beispielsweise von einem *Tag T*, einer *Woche W* und einem *Jahr J*, lässt sich der Strom darstellen als ein *Produkt der Einzelzyklen* [72]:

$$\lambda(i; k; l) = \lambda_0 \cdot g_T(i) \cdot g_W(k) \cdot g_J(l) \quad [\text{ME/PE}] . \tag{9.54}$$

Der *Tageszyklus* ist gegeben durch die *Tageszyklusgewichte* $g_T(i)$ für die einzelnen Stunden $i = 1, 2, \ldots, 24$ des Tages. Der *Wochenzyklus* wird durch die *Wochenzyklusgewichte* $g_W(k)$ für die einzelnen Wochentage $k = 1, 2, \ldots, 7$ oder für Betriebstage $k = 1, 2, \ldots, 5$ dargestellt. Der *Jahreszyklus* ist durch *Jahres-* oder *Saisonzyklusgewichte* $g_J(l)$ für die Kalenderwochen $l = 1, 2, \ldots, 52$ oder für die Kalendermonate $l = 1, 2, \ldots, 12$ gegeben.

Ein anderes Beispiel für überlagerte Zyklen ist das Produkt aus einem Tageszyklus mit Stundeneinteilung, einem Monatszyklus mit Tageseinteilung und einem Jahreszyklus mit Monatseinteilung. In einigen Fällen gibt ein Produkt aus einem Tageszyklus mit Stundeneinteilung und einem Jahreszyklus mit Kalender- oder Betriebstagen den zeitlichen Verlauf am besten wieder. Allgemein ergeben sich die Zykluszeiten aus dem in der Vergangenheit beobachteten Zeitverlauf. Die Periodeneinteilung der einzelnen Zyklen wird bestimmt durch den Verwendungszweck und die benötigte Genauigkeit der Prognose.

Die verschiedenen Zyklusgewichte lassen sich aus den gemessenen Zyklusgewichten zurückliegender Perioden errechnen und für die kommenden Zyklen prognostizieren. Zur weiteren Verbesserung der Prognose müssen die Zyklusgewichte für *irreguläre Zyklen*, beispielsweise für Wochen mit nur 4 Arbeitstagen, mit einem Feiertag oder vor Weihnachten, gesondert berechnet werden. Auch die zyklusbereinigte Stromintensität (9.52) wird nach dem Verfahren der exponentiellen Glättung aus den Werten zurückliegender Zyklen errechnet und jeweils nach Abschluss eines Zyklus fortgeschrieben.

---

[2] Das aus bekannten Verfahren abgeleitete *Kombinationsverfahren* zur Prognose zyklisch veränderlicher stochastischer Ströme verbindet die Vorteile der exponentiellen Glättung mit den Vorteilen des einfachen Zyklusverfahrens und erreicht nach wenigen Zyklen eine gute Prognosegenauigkeit.

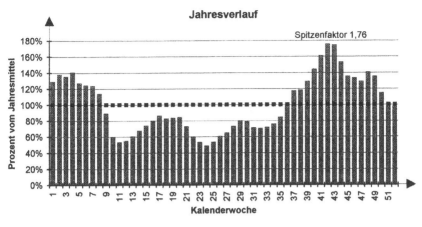

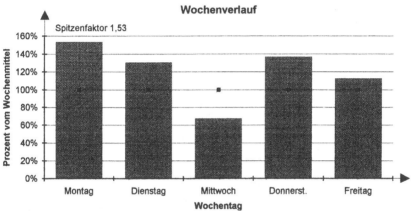

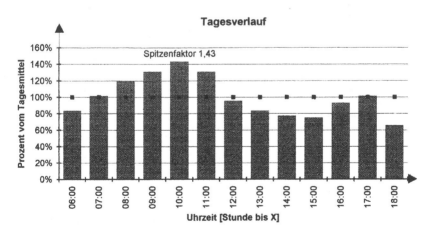

Abb. 9.9 Zyklusgewichte und Spitzenfaktoren des Jahres-, Wochen- und Tagesverlaufs der Versandanforderungen eines Handelslagers

9.9.5 Modellprognoseverfahren

Für den zeitlichen Verlauf eines instationären Stroms wird bei diesem Verfahren eine *Modellfunktion* mit einer Anzahl freier *Parameter* angesetzt. Die freien Parameter der Modellfunktion werden aus den IST-Werten eines vergangenen Beobachtungszeitraums nach der *Methode der kleinsten Quadrate* so bestimmt, dass die mittlere Abweichung (9.42) zwischen den Werten der Modellfunktion und den IST-Werten minimal wird [71, 72, 77, 170, 212].

Die Modellfunktion kann beispielsweise ein Produkt sein aus einer langsam veränderlichen *Trendfunktion* $\lambda_{Tr}(t)$ und einer normierten *Zyklusfunktion* $g_{Zyk}(t)$:

$$\lambda(t) = \lambda_{Tr}(t) \cdot g_{Zyk}(t) . \tag{9.55}$$

Im einfachsten Fall hat die *Trendfunktion* $\lambda_{Tr}(t)$ einen linearen Verlauf

$$\lambda_{Tr}(t) = \lambda_0 + c_1 \cdot t .$$

Allgemein wird für die Trendfunktion eine Summe von Potenzen $\sum c_n \cdot t^n$ mit Parametern c_n angesetzt. Für ein Produkt oder eine Leistung mit *endlicher Gesamtabsatzzeit* ist die Trendfunktion eine *Absatzkurve* $\lambda_{Abs}(t)$, auch *Produktlebenskurve* genannt, die sich unter bestimmten Voraussetzungen aus der Absatzfunktion ähnlicher Produkte oder Leistungen ableiten lässt.

Die *Zyklusfunktion* $g_{Zyk}(t)$ kann, wie im Beispiel (9.54), das Produkt mehrerer *Einzelzyklusfunktionen* sein. Im allgemeinsten Fall ist die Zyklusfunktion eine Fourier-Reihe aus trigonometrischen Funktionen

$$g_{Zyk}(t) = \sum_n \left(a_n \cdot \sin(n \cdot \omega \cdot t) + b_n \cdot \cos(n \cdot \omega \cdot t) \right)$$

mit den freien Parametern a_n, b_n und ω.

Zur mittel- und langfristigen Prognose instationärer stochastischer Ströme der Logistik wie auch des kurz- und mittelfristigen Bedarfs von Produkten oder Leistungen sind die allgemeinen Modellverfahren weniger gut geeignet als das Zyklusverfahren, da es für Modellverfahren kaum möglich ist, den stochastisch bedingten Prognosefehler abzuschätzen und die problemadäquate Periodeneinteilung festzulegen.

9.10 Bedarfsplanung und Bedarfsprognose

Die Bedarfsplanung bestimmt die Leistungsanforderungen und den Durchsatz der Produktions- und Leistungsstellen eines Unternehmens oder eines Betriebs für einen bestimmten Planungszeitraum.

Dabei ist zwischen *Primärbedarf* und *Sekundärbedarf* zu unterscheiden [153]:

- Der *Primärbedarf* für Produkte und Leistungen wird von *externen Faktoren*, wie *Konsumentenverhalten, Wettbewerb, Jahreszeit* und *Konjunktur*, bestimmt und ist durch unternehmerische Maßnahmen nur *begrenzt beeinflussbar.*

- Der *Sekundärbedarf* für Produkte und Leistungen wird vom Primärbedarf *induziert*. Er lässt sich aus dem Primärbedarf aufgrund *technischer Zusammenhänge*, wie *Stücklisten* in Verbindung mit *Teiledurchlaufzeiten*, errechnen, durch *planerische Maßnahmen*, wie Fahrpläne, Betriebszeitregelung und Kapazitäten, regeln oder durch *dispositive Maßnahmen*, wie die Auftrags-, Bestands- und Nachschubdisposition, beeinflussen.

Der Primärbedarf ist unter den vorangehend aufgeführten Voraussetzungen prognostizierbar. Der Einfluss *unternehmerischer Maßnahmen*, wie Werbeaktionen, eine Veränderung des Produkt- und Leistungsangebots oder eine andere Preispolitik, auf die zukünftige Bedarfsentwicklung lässt sich zwar aufgrund von Erfahrungen abschätzen und planen, ist jedoch nur mit begrenzter Verlässlichkeit vorausberechenbar. Ebenso wenig lassen sich die quantitativen Auswirkungen von *Verhaltensänderungen* der Konsumenten und des Wettbewerbs prognostizieren. Für Dienstleistungsunternehmen, die keine Leistungen auf Vorrat produzieren können, ist es unerlässlich, ihre Systeme, Strukturen und Kapazitäten *flexibel* für einen veränderlichen Bedarf einzurichten. Aber auch in Unternehmen, die Konsumgüter produzieren oder mit diesen handeln, verbreitet sich zunehmend die Erkenntnis, dass es besser ist, *möglichst flexibel* auf die sich ändernden Anforderungen zu reagieren und den Markt nach dem *Pull-Prinzip* zu bedienen, als nach einem *relativ starren Absatzplan* Güter zu beschaffen oder zu produzieren und sie nach dem *Push-Prinzip* in den Markt zu drücken.

Bei einem bekannten, prognostizierbaren, geplanten oder fest in Auftrag gegebenen Primärbedarf ist der Sekundärbedarf im Prinzip berechenbar und damit auch planbar. Spezielle Verfahren der *Sekundärbedarfsrechnung*, wie die *MRP-Verfahren* (*M*aterial *R*equirements *P*lanning), berechnen und terminieren aus dem Primärbedarf unter Berücksichtigung der *Stücklisten*, der *Teilefertigungszeiten*, der *Lagerbestände* und der aktuellen *Bestände in der Pipeline* den Teile- und Materialbedarf für die zukünftigen Perioden [153, 161].

Das gilt zum Beispiel für den Sekundärbedarf der Flugzeugindustrie, der Anlagenhersteller, der Bauunternehmen und für Großprojekte. Der zukünftige Teile- und Materialbedarf lässt sich in diesen Branchen aus dem aktuellen *Auftragsbestand*, dem geplanten *Fertigstellungszeitpunkt* für die Anlage oder das Gesamtprojekt und den Lieferzeiten der Teile, der Module, der Anlagenkomponenten und des übrigen Materials ableiten.

Wenn eine Leistung oder ein Artikel für mehrere unterschiedliche und voneinander unabhängige Primärbedarfe benötigt wird, ist die artikelgenaue Bedarfsplanung unter Umständen sehr aufwendig. Beispiele hierfür sind Lagerartikel, Roh-, Hilfs- und Betriebsstoffe und Teile, die in unterschiedliche Fertigprodukte einfließen, sowie Produkte, die in verschiedenen Ausprägungen und Verpackungen auf mehreren Absatzmärkten vertrieben werden.

Es ist daher eine Frage der Zweckmäßigkeit und des Aufwands, ob der Bedarf einer Sekundärleistung oder eines Sekundärteils genau geplant oder wie ein unabhängiger Primärbedarf prognostiziert wird. Erkennbare Veränderungen des Primärbedarfs können dabei über *Korrelationsfaktoren* berücksichtigt werden. Die Bedarfsprognose unabhängig davon, ob es sich um einen Primär- oder einen Sekundärbedarf handelt, ist vor allem für die verbrauchsabhängige Nachschub- und Bestandsdisposition von anonym auf Lager gefertigten oder beschafften Artikeln zulässig, da ja gerade durch den Lagerbestand Verbrauch und Beschaffung voneinander entkoppelt werden.

Zur logistischen Bedarfsprognose, wie auch für die Planung und Disposition, ist die *Feinheit der Periodeneinteilung* festzulegen. Die Periodeneinteilung ist abhängig von der Genauigkeit, die zur Planung oder Disposition benötigt wird, und ergibt sich daher aus der jeweiligen Aufgabenstellung. Wegen der Grenzen der Prognostizierbarkeit muss die Periodeneinteilung einerseits so grob wie möglich sein und andererseits so fein wie nötig. Hieraus folgt:

1. Für die *Planung und Disposition von Verkehrsanlagen* mit hohen Durchsatzraten, die sich – wie der Verkehr in Flughäfen, Bahnhöfen und auf den Straßen – in weniger als einer Stunde ändern, wird der *Tageszyklus* mit einer Periodeneinteilung von *10 Minuten* oder noch kürzer benötigt.

2. Für die *Planung und Disposition von Logistikbetrieben* muss der *Tageszyklus* mit der *Stundenabhängigkeit* der stochastischen Ströme, also der Ankunfts-, Durchsatz- und Abfertigungsraten und der Material-, Transport- und Verkehrsströme, bekannt sein. Um alle wesentlichen *systematischen Änderungen* im Tagesverlauf zu erfassen und zugleich die *stochastischen Schwankungen* herauszumitteln, ist die *Stunde* die geeignete Periodenlänge.

3. Für die *Planung und Disposition von Produktionsbetrieben* mit Lieferzeiten von einer oder mehreren Wochen wird der *Jahreszyklus* mit der *Wochenabhängigkeit* des Bedarfs und die *Kalenderwoche* als Periodenlänge benötigt. Bei Lieferzeiten von einem oder mehreren Tagen wird der Jahreszyklus mit dem Wochenverlauf und zusätzlich der Wochenzyklus mit dem Wochentagsverlauf benötigt. Eine *Just-In-Time-Fertigung* muss – wie ein Logistikbetrieb – unter Umständen auch den stundengenauen Bedarf des Abnehmers berücksichtigen.

4. Für die *Nachschub- und Bestandsdisposition* kann die Periodenlänge bei *bedarfsabhängiger Disposition* so lang gewählt werden wie die geforderte *Reaktionszeit* zur Bedienung der Abrufaufträge und bei *zyklischer Disposition* so lang wie der *Dispositionszyklus*. Zur Bedarfsprognose ist in der Regel eine Periodenlänge von einem *Tag* angemessen. Um die Streuung der stochastischen Schwankungen zu erfassen, die zur Berechnung des Sicherheitsbestands benötigt wird, ist als Bemessungsgrundlage der *Betriebstag* zu wählen (s. *Abschn. 11.6*).

Die Periodeneinteilung zur Prognoserechnung ist nicht notwendig gleich der Periodeneinteilung der Betriebs- und Arbeitszeiten. Für die Periodeneinteilung der Betriebs- und Arbeitszeiten gibt es einen *zeitlichen Handlungsspielraum*, der – wie in *Kap. 8* dargestellt – zur Verkürzung von Durchlaufzeiten, zur Senkung der Betriebskosten und zur Verbesserung des Service genutzt werden kann. Eine Veränderung der Betriebszeiten kann jedoch Rückwirkungen auf den Bedarf haben. So können eine Verlängerung oder Verschiebung der Ladenöffnungszeiten oder die Einführung bedarfsabhängiger Betriebszeiten zu einem Anstieg des Auftragseingangs führen.

Für *Sonderleistungen* zur Deckung eines einmaligen Bedarfs oder für *Sonderartikel* mit kurzzeitigem Bedarf, wie *Aktionsware*, *Modewaren* oder *Saisonartikel*, ist im Allgemeinen keine verlässliche Prognose aufgrund vergangener Zeitreihen möglich. Der mögliche Absatz von Sonderleistungen und Sonderartikeln lässt sich nur mit Hilfe einer *Marktanalyse* ermitteln oder aufgrund von *Erfahrungen* abschätzen.

In einigen Branchen ist jedoch auch für kurzlebige Artikel und für Produkte mit befristetem Bedarf eine *bedingte Prognose* durch einen Vergleich mit dem *Lebenszyklus* ähnlicher Leistungen oder Artikel möglich. Beispielsweise wird im *Versandhandel* mit zunehmender Genauigkeit der voraussichtliche Absatz eines Artikels aus dem *Bestellverlauf* für vergleichbare Artikel nach Erscheinen früherer Kataloge hergeleitet. In der *Automobilindustrie* wird mit Hilfe früherer *Anlaufverkaufskurven* ähnlicher Fahrzeugtypen der Verkauf von Neueinführungen geplant.

Grundsätzlich sollten *Bedarfsprognosen* von *erfahrenen Vertriebsleuten* und *Disponenten* sowie alle hieraus abgeleiteten *Bedarfsplanungen* von *kompetenten Planern* geprüft und durchdacht werden, bevor aus ihnen Handlungen abgeleitet werden, die mit wesentlichen Kosten oder größeren Risiken verbunden sind.

Jedes Programm, das nach einem bestimmten Prognoseverfahren aus Vergangenheitswerten den zukünftigen Bedarf errechnet, muss außer dem prognostizierten Bedarf auch den *Prognosefehler* der letzten Vorhersage angeben. Wird der Prognosefehler deutlich größer als die stochastische Streuung oder nimmt er in den letzten Perioden stark zu, ist das ein *Alarmzeichen*, das den Disponenten zu einer sorgfältigen Prüfung des errechneten Prognosewerts und einer eventuellen Korrektur des hieraus abgeleiteten Beschaffungsvorschlags veranlassen soll.

9.11 Spitzenfaktoren und Dimensionierung

Maßgebend für die Auslegung und Dimensionierung von Logistiksystemen, Logistikzentren und Produktionssystemen sind die Anforderungen in *Spitzenbelastungszeiten*.

Bei einem zyklischem Bedarfsverlauf ist die Anforderung zur Spitzenzeit gleich dem mit einem *maßgebenden Spitzenfaktor* multiplizierten Durchschnittsbedarf λ_0. Der *maßgebende Spitzenfaktor* ist gleich dem Produkt der *maximalen Zyklusgewichte* aller Zyklen, die länger sind als die geforderte *Reaktionszeit* des betreffenden Systems. Hieraus folgt der allgemeine *Dimensionierungsgrundsatz*:

▶ Bei der Planung und Dimensionierung sind die Spitzenfaktoren aller zyklischen Veränderungen zu berücksichtigen, deren Zykluszeit größer ist als die maximal zulässigen Durchlaufzeiten, Lieferzeiten oder Leistungserfüllungszeiten.

So muss beispielsweise der Versandbereich eines Logistikzentrums oder einer Umschlaganlage in der Regel innerhalb von ein oder zwei Stunden auf die Versandanforderungen für bereitstehende Ware reagieren können. Die zulässige Auftragsdurchlaufzeit eines Logistikzentrums beträgt dagegen für einen großen Teil der Aufträge einen oder auch mehrere Tage.

Hieraus ergeben sich folgende *Dimensionierungsregeln für Logistikzentren und Umschlaganlagen*:

▶ Für die Auslegung der Funktionsflächen und für den Personal- und Gerätebedarf im *Warenausgang und Versand* ist der Tagesspitzenfaktor des Jahresspitzentages maßgebend. Dieser *Versandspitzenfaktor* f_V ist gleich dem Produkt aus *Tagesspitzenfaktor* f_T, *Wochenspitzenfaktor* f_W und *Jahres-* oder *Saisonspitzenfaktor* f_S

$$f_V = f_T \cdot f_W \cdot f_S .\tag{9.56}$$

▶ Für das *Leistungsvermögen* und den Geräte- und Personalbedarf in den übrigen Funktionsbereichen ist der Spitzenfaktor für den mittleren Tagesdurchsatz maßgebend. Dieser *Durchsatzspitzenfaktor* f_D für den Spitzentag des Jahres ist gleich dem Produkt aus dem *Wochenspitzenfaktor* und dem *Saisonspitzenfaktor*

$$f_D = f_W \cdot f_S .\tag{9.57}$$

▶ Für die Auslegung der Lagerkapazitäten ist der Bestandsspitzenfaktor f_B maßgebend. Bei optimaler Nachschubdisposition ist, wie in *Abschn. 11.9* gezeigt wird, der *Bestandsspitzenfaktor* gleich der Wurzel aus dem Durchsatzspitzenfaktor

$$f_B = \sqrt{f_D} .\tag{9.58}$$

Als Beispiel zeigt *Abb. 9.9* den *Tagesverlauf*, den *Wochenverlauf* und den *Saisonverlauf* der Versandanforderungen eines Logistikzentrums für den stationären Handel. Das Produkt von Tages-, Wochen- und Jahresspitzenfaktor des Versands beträgt $f_V = 3{,}85$. Der Versand ist also in der Spitzenstunde des Jahres fast viermal so hoch wie im Jahresdurchschnitt. Für den Durchsatzspitzenfaktor errechnet sich $f_D = 1{,}76 \cdot 1{,}53 \approx 2{,}69$ und für den Bestandsspitzenfaktor $f_B = \sqrt{2{,}69} \approx 1{,}64$, also ein deutlich geringerer Spitzenfaktor als für den Tagesdurchsatz.

Wenn es möglich ist, einen Teil des Bedarfs der Spitzenzeiten vorzuproduzieren oder zu verschieben, lassen sich die Spitzenanforderungen glätten. Die *Abb. 3.4* zeigt für das gleiche Logistikzentrum wie *Abb. 9.9* den Saisonverlauf von Durchsatz und Beständen pro Kalendermonat. Die Saisonspitzenfaktoren des Monatsverlaufs sind wegen der Glättung über die längere Periode deutlich geringer als die Saisonspitzenfaktoren bezogen auf die Kalenderwochen.

9.12 Testfunktionen zur Szenarienrechnung

Der zeitliche Verlauf und die absolute Höhe von Auftragseingang, Leistungsanforderungen und Bedarf sind grundsätzlich nicht mit Sicherheit für einen längeren Planungszeitraum prognostizierbar oder planbar. Nicht nur Dienstleistungsunternehmen, auch Hersteller und Handelsunternehmen von Konsumgütern müssen sich daher darauf einstellen, nach dem *Pull-Prinzip* zu arbeiten und *flexibel* auf die sich verändernden Anforderungen des Marktes und der Kunden zu reagieren. Nichts anderes besagen im Prinzip die Schlagworte *Efficient Consumer Response* (ECR), *Continuous Replenishment* (CRP) und *Supply Chain Management* (SCM) [22, 42, 43, 153, 161, 163].

Daher ist es unerlässlich, das Leistungsvermögen und das Verhalten geplanter Logistiksysteme und Produktionsbetriebe, die mit größeren Investitionen verbunden sind und deren Realisierung längere Zeit erfordert, für unterschiedliche *Szenarien* der Leistungsanforderungen und der Absatzentwicklung zu untersuchen. Ebenso sollten die Verfahren und Algorithmen der Disposition vor der Implementierung für verschiedene Szenarien des Auftragseingangs getestet werden.

Für derartige Szenarienrechnungen werden geeignete *Testfunktionen* oder *Modellfunktionen* für den Auftragseingang oder andere Leistungsanforderungen benötigt, die es erlauben, den Tages-, Wochen- oder Jahreszyklus zu verändern, die stochastische Streuung zu verkleinern oder zu vergrößern und den langfristigen Trend durch eine größere oder geringere Steigung abzuändern.

Gegenüber der Verwendung realer Absatzverteilungen aus einem abgeschlossenen Zeitraum haben Modellabsatzfunktionen den Vorteil, dass sich mit ihrer Hilfe die Auswirkungen von erwarteten oder geplanten Veränderungen des Absatzes simulieren lassen. Auch die Auswirkungen unterschiedlicher Dispositionsstrategien können auf diese Weise im Voraus kalkuliert werden.

Ein gewünschter oder erwarteter systematischer Zeitverlauf sowie die Zufallsabhängigkeit eines Periodenabsatzes und Periodenverbrauchs lassen sich für einen bestimmten Betrachtungszeitraum durch folgende *Modellfunktion* generieren:

$$\lambda(t) = \text{RUNDEN}(\lambda_A \cdot g_{\text{Trend}}(t) \cdot g_{\text{Zyk}}(t) \cdot g_{\text{Stör}}(t) \cdot g_{\text{AZuf}}(t)) \cdot$$
$$\cdot \text{MAX}(1; \text{RUNDEN}(m \cdot g_{\text{mZuf}}(t))) \tag{9.59}$$

Für die N_{PE} Perioden $t = 1, 2, \ldots, N_{\text{PE}}$ eines Planungs- oder Dispositionszeitraums, der zum Beispiel ein Jahr mit 250 Arbeitstagen ist, lassen sich mit der Funktion (9.59) in einem Kalkulationsprogramm wie EXCEL ganzzahlige Absatzwerte erzeugen, die zufällig um einen einstellbaren systematischen Zeitverlauf schwanken:

Der erste Faktor der Modellfunktion generiert einen stochastisch um den Mittelwert λ_A schwankenden *Auftragseingang*, der sich im Verlauf des Betrachtungszeitraums systematisch verändert und an einigen Tagen auch den Wert 0 haben kann. Der zweite Faktor erzeugt eine um den Mittelwert m stochastisch schwankende *Liefermenge*, die minimal 1 VE ist. Die *Absatzparameter* λ_A und m lassen sich so einstellen, dass ein vorgegebener Gesamtabsatz resultiert.

Außer der Trendfunktion und der Störfunktion sind die *Gewichtsfunktionen* $g_{\text{xx}}(t)$ über den Betrachtungszeitraum auf N normiert (s. Bez. 9.51). Mit den *Modellparametern* der Gewichtsfunktionen lassen sich unterschiedliche systematische Veränderungen und stochastische Schwankungen einstellen.

Die *Trendfunktion*

$$g_{\text{Trend}}(t) = 1 + c_{\text{Tr}} \cdot t/N_{\text{PE}} \tag{9.60}$$

erzeugt eine lineare Absatzveränderung mit dem frei einstellbaren *Trendanstieg* c_{Tr} ab dem Anfangswert 1 bei $t = 0$ bis zum Endwert $1 + c_{\text{Tr}}$ bei $t = N_{\text{PE}}$.

Die *Zyklusfunktion*

$$g_{\text{Zyk}}(t) = 1 + (f_{\text{Zyk}} - 1) \cdot \text{SIN}(2\pi \cdot v_{\text{Zyk}} \cdot t/N_{\text{PE}}) \tag{9.61}$$

generiert einen sinusförmigen Saisonverlauf um den Mittelwert 1. Die Höhe der Saisonspitzen ist durch den *Zyklusfaktor* $f_{\text{Zyk}} \leq 1$ und die Anzahl der Saisonspitzen pro Jahr durch die *Zyklusfrequenz* v_{Zyk} veränderbar.

Die *Störfunktion*

$$g_{\text{Stör}}(t) = \text{WENN}(t < t_A; 1; \text{WENN}(t > t_E; 1; f_{\text{Stör}})) \tag{9.62}$$

erzeugt einen sprunghaften Anstieg vom Ausgangswert 1 um den frei wählbaren *Störfaktor* $f_{Stör}$, der in einer einstellbaren *Anfangsperiode* t_A beginnt und in der *Endperiode* t_E endet.

Durch die *Auftragszufallsfunktion*

$$g_{AZuf}(t) = 1 + c_{Auf} \cdot (2 \cdot \text{ZUFALLSZAHL}() - 1) \tag{9.63}$$

werden Zufallszahlen erzeugt, die zwischen $1 + c_{Auf}$ und $1 - c_{Auf}$ gleichverteilt sind. Mit einem *Auftragszufallsfaktor* c_{Auf}, dessen Wert zwischen 0 und 1 liegt, ist die *Streubreite* der Zufallsfunktion (9.63) in Grenzen einstellbar.

Entsprechend ist die *Mengenzufallsfunktion*:

$$g_{mZuf}(t) = 1 + c_m \cdot (2 \cdot \text{ZUFALLSZAHL}() - 1) . \tag{9.64}$$

Mit dem frei wählbaren *Mengenzufallsfaktor* c_m lassen unterschiedliche Streubreiten der Positionsmenge pro Auftrag generieren.

Wenn die Zufallsfunktionen (9.63) und (9.64) eine bestimmte *relative Streuung* s_λ bzw. s_m erzeugen sollen, ist für die Zufallsfaktoren einzusetzen:

$$c_{Auf} = \sqrt{3 \cdot s_\lambda / \lambda_A} \quad \text{und} \quad c_m = \sqrt{3 \cdot s_m / m} . \tag{9.65}$$

Die *Abb. 9.10* zeigt einen mit der Modellfunktion (9.59) und den dort angegebenen Parameterwerten erzeugten Absatzverlauf. *Abbildung 9.11* zeigt den gleichen Absatzverlauf, der jedoch über die Störfunktion vom ersten bis zum 60. Tag auf Null unterdrückt ist und danach plötzlich eingeschaltet wird.

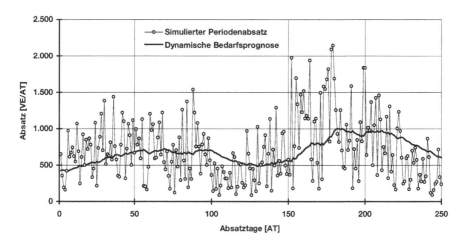

Abb. 9.10 Kurzfristige Absatzprognose eines Artikels mit stochastisch und systematisch veränderlichem Periodenabsatz

Dynamische Absatzprognose mit dem Algorithmus (9.66) bis (9.70)
Tagesabsatz: 700 ± 360 VE, Trend: + 100 % p. a., Saisonalität: ±50 %
Abstiegsfaktor: 2 vom 80. bis zum 100. AT

Mit diesen Modellfunktionen wurden die nachfolgend dargestellten Verfahren der *dynamischen Prognose* entwickelt und getestet. Auch die Strategien der dynamischen Auftrags- und Fertigungsdisposition (s. *Abschn. 10.5* und *10.6*) sowie der dynamischen Bestands- und Nachschubdisposition wurden mit Hilfe der Modellfunktion (9.59) getestet (s. *Abschn. 11.15*).

9.13 Dynamische Prognose

Der Erfolg der Disposition hängt ab von der Qualität der Bedarfsprognose und von der Aktualität der Logistikkennwerte, die in die Dispositionsentscheidung einfließen. Wenn sich der systematische zeitliche Verlauf in einem aktuellen Beobachtungszeitraum relativ wenig ändert, setzen sich der mittlere Absatz und die Absatzstreuung der zurückliegenden Perioden mit hoher Wahrscheinlichkeit in der näheren Zukunft fort. Das gilt auch für den aktuellen Mittelwert und die Streuung der Logistikkennwerte.

9.13.1 Dynamische Bedarfsprognose

Für einen kurzen Prognosezeitraum von einigen Tagen bis zu mehreren Wochen lassen sich Mittelwert und Streuung des Periodenbedarfs mit einer Genauigkeit, die für die Auftrags- und Lagerdisposition ausreicht, aus dem Absatz der letzten Perioden nach dem Verfahren der exponentiellen Glättung berechnen. Hierfür sind folgende *Algorithmen* geeignet:

▶ *Prognose des kurzfristigen Bedarfs:* Der zu erwartende mittlere Periodenbedarf $\lambda_m(t)$ [VE/PE] errechnet sich mit dem Absatzglättungsfaktor α_λ aus dem Absatz $\lambda(t-1)$ der letzten Periode $t-1$ und dem zuletzt prognostizierten Periodenbedarf $\lambda_m(t-1)$ nach der *Standardformel für den dynamischen Mittelwert*

$$\lambda_m(t) = \alpha_\lambda \cdot \lambda(t-1) + (1 - \alpha_\lambda) \cdot \lambda_m(t-1) \, . \tag{9.66}$$

▶ *Prognose der Bedarfsstreuung:* Die prognostizierte Streuung des Bedarfs $s_\lambda(t)$ errechnet sich mit dem Glättungsfaktor α_λ aus der zuletzt prognostizierten Streuung $s_\lambda(t-1)$ sowie aus dem prognostizierten Periodenbedarf $\lambda_m(t-1)$ und dem Absatz $\lambda(t-1)$ in der letzten Periode nach der *Standardformel der Bedarfsstreuung*

$$s_\lambda(t) = \left[\alpha_\lambda \cdot (\lambda_m(t-1) - \lambda(t-1))^2 + (1 - \alpha_\lambda) \cdot s_\lambda(t-1)^2 \right]^{1/2} \, . \tag{9.67}$$

Die Formel (9.67) zur Berechnung der aktuellen Bedarfsstreuung, die z. B. zur Berechnung des dynamischen Sicherheitsbestands benötigt wird, folgt aus der Anwendung des Verfahrens der exponentiellen Glättung auf die Varianz $s_\lambda(t)^2$.

Für einen neuen Artikel müssen vor dem Absatzbeginn für den Periodenbedarf und dessen Streuung Schätz- oder Planwerte als *Anfangswerte* eingegeben werden. Für *Mehrstückaufträge* lassen sich der Auftragseingang und die mittlere Liefermenge sowie deren Streuung auch getrennt prognostizieren. Das ist für die Entscheidung der Lagerhaltigkeit eines Artikels von Interesse. Zur dynamischen Prognose der Liefermenge ist in den Beziehungen (9.66) und (9.67) $\lambda(t)$ durch $m(t)$ und $s_\lambda(t)$ durch $s_m(t)$ zu ersetzen.

9.13.2 Dynamischer Glättungsfaktor

Mit einem konstanten Glättungsfaktor, der nicht den Strukturänderungen des Absatzverlaufs folgt, besteht die Gefahr, dass die systematischen Änderungen des Bedarfs nicht rechtzeitig erkannt und daher bei der Disposition zu spät berücksichtigt werden. Daher muss der Glättungsfaktor der Änderung des Absatzverlaufs regelmäßig angepasst werden. Das ist möglich mit Hilfe des *adaptiven Glättungsfaktors*

$$\alpha_\lambda(t) = 2 \cdot \mathrm{MIN}(v_\lambda^2; v_{max}^2)/(v_\lambda^2 + \mathrm{MIN}(v_\lambda^2; v_{max})^2) \qquad (9.68)$$

mit dem *aktuellen Variationskoeffizienten*:

$$v_\lambda(t) = s_\lambda(t-1)/\lambda_m(t-1)$$

Wenn der aktuelle Variationskoeffizient $v_\lambda(t)$ größer als der maximal zulässige Variationskoeffizient v_{max} ist, folgt die Standardformel (9.68) für den adaptiven Glättungsfaktor aus der Beziehung (9.49) für die Streuung des gleitenden Mittelwertes durch Auflösung nach $\alpha_\lambda(t)$. Ist der aktuelle Variationskoeffizient kleiner als der maximal zulässige Variationskoeffizient, ist keine Absatzglättung erforderlich und $\alpha_\lambda(t) = 1$ zu setzen.

Der dynamische Glättungsfaktor bewirkt, dass bei abnehmender Absatzstreuung der Glättungsfaktor α größer und die *Glättungsreichweite* kürzer wird. Damit kann der Mittelwert einer systematischen Veränderung schneller folgen. Mit zunehmender Absatzstreuung nimmt der Glättungsfaktor automatisch ab. Die Glättungsreichweite steigt an, so dass die Streuungen über einen längeren Zeitraum geglättet werden. Dafür aber folgt der resultierende Mittelwert einer systematischen Veränderung mit einer größeren Verzögerung.

Der *maximale Variationskoeffizient* v_{max} für den prognostizierten Periodenbedarf in Beziehung (9.68) bewirkt, dass der gleitende Mittelwert nicht stärker als zulässig schwankt. So ist für die Lagerdisposition eine Schwankung des prognostizierten Periodenabsatzes bis zu 5 % zulässig, denn damit schwankt die optimale Nachschubmenge nur um den Faktor $\sqrt{1{,}05}$ oder $\pm 2{,}5$ %.

Damit der gleitende Mittelwert einer systematischen Veränderung nicht zu langsam folgt, ist es erforderlich, den dynamischen Glättungsfaktor nach unten zu begrenzen durch den *minimalen Glättungsfaktor* α_{min}. Dieser hat beispielsweise den Wert 0,033, wenn die Glättung effektiv nicht mehr als die letzten 60 AT berücksichtigen soll.

Damit nicht eine zufällige Folge gleicher Abweichungen vom Mittelwert wie eine systematische Veränderung erscheint, muss der dynamische Glättungsfaktor auch nach oben begrenzt werden durch den *maximalen Glättungsfaktor* α_{max}. Er hat z. B. den Wert 0,333, wenn die Glättung effektiv mindestens die letzten 5 AT berücksichtigen soll.

Aus der Begrenzung des dynamischen Glättungsfaktors nach oben und unten folgt eine erste *Zusatzbedingung*:

$$\alpha_\lambda = \begin{cases} \alpha_{min} & \text{wenn } \alpha_\lambda(t) < \alpha_{min} \\ \alpha_\lambda(t) & \text{wenn } \alpha_{min} \leq \alpha_\lambda(t) \leq \alpha_{max} \\ \alpha_{max} & \text{wenn } \alpha_\lambda(t) > \alpha_{max} \, . \end{cases} \qquad (9.69)$$

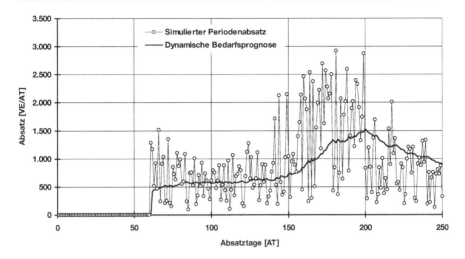

Abb. 9.11 Dynamische Absatzprognose eines Artikels mit plötzlich einsetzendem Bedarf

Dynamische Absatzprognose mit dem Algorithmus (9.66) bis (9.70)
Absatzbeginn am 61. Tag.
Übrige Absatzparameter s. *Abb. 9.10*

Wenn der Absatz für eine längere Anzahl aufeinander folgender Perioden 0 ist, muss der dynamische Glättungsfaktor auf den Maximalwert gesetzt werden. Daraus resultiert die zweite *Zusatzbedingung*

$$\alpha_\lambda = \text{WENN}\left(\sum_{n=1}^{N} \lambda(t-n) = 0; \alpha_{max}\right). \tag{9.70}$$

Die Summe in (9.70) erstreckt sich dabei über so viele Absatzperioden wie die Glättungsreichweite des maximalen Glättungsfaktors. Für α_{max} = 0,333 ist also $N = 5$.

Die zweite Zusatzbedingung ist erforderlich, damit die dynamische Absatzprognose den Absatzbeginn eines neu eingeführten oder eines längere Zeit nicht benötigten Artikels möglichst schnell erkennt. Durch diese Bedingung wird auch das Absatzende eines auslaufenden Artikels rechtzeitig berücksichtigt.

Die *Abbildung 9.11* zeigt, wie rasch die dynamische Absatzprognose mit dem Algorithmus (9.66) bis (9.70) dem plötzlich einsetzenden Absatz eines neuen Artikels folgt, der erst ab dem 61. Absatztag angefordert wird. Bei einer Bedarfsprognose mit dem dynamischen Glättungsfaktor ist es daher nicht unbedingt erforderlich, für jeden Artikel einen korrekten Anfangswert einzugeben. Das Dispositionsprogramm errechnet den aktuellen Absatz nach kurzer Zeit selbst [178, 191].

9.13.3 Dynamische Berechnung von zufallsabhängigen Logistikkennwerten

Infolge systematischer und zufälliger Einflüsse schwanken die meisten Logistikkennwerte, wie die Lieferzeit, die Lieferfähigkeit und der aktuelle Lagerbestand, ähnlich wie der Absatz stochastisch um einen zeitlich veränderlichen Mittelwert. Für die Disposition und zur Beurteilung der Leistungsqualität müssen die Logistikkennwerte und ihre Streuung möglichst aktuell bekannt sein. Sie lassen sich ebenfalls nach dem Verfahren der exponentiellen Glättung aus dem letzten aktuellen IST-Wert und dem letzten Prognosewert berechnen.

Das ist besonders wichtig für die Wiederbeschaffungszeit (WBZ) eines Lagerartikels, die zur Berechnung des aktuellen *Bestellpunkts* und des dynamischen *Sicherheitsbestands* benötigt wird. Die *Wiederbeschaffungszeit* T_{WBZ} [AT] wird gemessen in der Anzahl Absatztage [AT] von der Auslösung eines Lagernachschubauftrags bis zum Eintreffen der Nachschubmenge auf dem Lagerplatz. Für einen neuen Artikel oder bei einem Wechsel der Lieferstelle muss als *Anfangswert* für die Wiederbeschaffungszeit eine Standardlieferzeit oder ein Planwert eingegeben werden. Ab Eintreffen der ersten Lieferung ist es möglich, den Mittelwert und die Streuung der Wiederbeschaffungszeit zu berechnen:

▶ Die aktuelle *mittlere Wiederbeschaffungszeit* $T_{\mathrm{WBZ}}(j)$ ergibt sich mit dem *WBZ-Glättungsfaktor* α_{WBZ} aus der Wiederbeschaffungszeit $T_{\mathrm{WBZ}}(j-1)$ für die letzte Beschaffung zu einer Zeit $j < t$ und der vorherigen mittleren Wiederbeschaffungszeit $T_{\mathrm{WBZm}}(j-1)$ nach der *Standardformel des dynamischen Mittelwerts*

$$T_{\mathrm{WBZm}}(j) = \alpha_{\mathrm{WBZ}} \cdot T_{\mathrm{WBZ}}(j-1) + (1 - \alpha_{\mathrm{WBZ}}) \cdot T_{\mathrm{WBZm}}(j-1) \,. \qquad (9.71)$$

▶ Die aktuelle *Streuung der Wiederbeschaffungszeit* $s_{\mathrm{WBZ}}(j)$ ergibt sich aus der letzten WBZ-Streuung $s_{\mathrm{WBZ}}(j-1)$, der letzten mittleren Wiederbeschaffungszeit $T_{\mathrm{WBZm}}(j-1)$ und der Wiederbeschaffungszeit $T_{\mathrm{WBZ}}(j-1)$ für die letzte Beschaffung nach der *Standardformel der dynamischen Streuung*:

$$s_{\mathrm{WBZ}}(j) = [\alpha_{\mathrm{WBZ}} \cdot (T_{\mathrm{WBZm}}(j-1) - T_{\mathrm{WBZ}}(j-1))^2$$
$$+ (1 - \alpha_{\mathrm{WBZ}}) \cdot s_{\mathrm{WBZ}}(j-1)^2]^{1/2} \,. \qquad (9.72)$$

Wenn effektiv die letzten T_{WBZ} Beschaffungsvorgänge berücksichtigt werden sollen, ist der *WBZ-Glättungsfaktor*:

$$\alpha_{\mathrm{WBZ}} = 2/(T_{\mathrm{WBZ}} + 1) \qquad (9.73)$$

zu setzen. So ist z. B. für $T_{\mathrm{WBZ}} = 5$ der WBZ-Glättungsfaktor $\alpha_{\mathrm{WBZ}} = 0{,}33$. Alternativ kann nach jedem aktuellen Nachschubeingang der WBZ-Glättungsfaktor mit Hilfe von Beziehung (9.68) auch dynamisch aus den vorangehenden Werten der mittleren Wiederbeschaffungszeit und deren Streuung neu berechnet werden.

Mit den Standardformeln (9.71) und (9.72) ist analog die Berechnung des aktuellen Mittelwertes und der Streuung anderer Logistikkenngrößen möglich.

9.14 Bedarfsprognose in Logistiknetzen

Der Absatz der voranliegenden Liefer- und Leistungsstellen, aus denen die Bedarfsstellen eines mehrstufigen Logistiknetzes beliefert werden, lässt sich grundsätzlich aus dem Absatzverlauf der Endverbrauchsstellen berechnen, wenn die Zusammensetzung der Endprodukte, die Bestände und die Ressourcen sowie die Dispositionsstrategien aller nachfolgenden Stellen bekannt sind. Eine solche *Netzbedarfsrechnung* ist heute für eine begrenzte Anzahl von Endprodukten und ein überschaubares

Versorgungsnetzwerk mit einem leistungsfähigen Rechner und geeigneter Software grundsätzlich möglich [235].

Für eine größere Artikelanzahl, umfangreiche Stücklisten und ein vielstufiges Versorgungsnetz ist die Netzbedarfsrechung jedoch sehr aufwendig. Außerdem sind die benötigten Informationen für unternehmensübergreifende Lieferketten in der Regel nicht verfügbar. Aus geschäftspolitischen Gründen geben nur wenige Unternehmen Informationen über ihre Absatzdaten, Auftrags- und Lagerbestände und Ressourcen uneingeschränkt an Lieferanten und Kunden weiter.

Maßgebend für die Bereitschaft zur Beschaffung und Weitergabe der für eine Zentraldisposition benötigten Informationen ist der Zusatznutzen, der aus einer zentralen Bedarfsrechnung für das gesamte Netzwerk im Vergleich zur dezentralen Bedarfsermittlung zu erwarten ist. *Vorteile einer Zentraldisposition* werden heute vor allem aus folgenden Punkten erwartet:

- Kenntnis des Summenverbrauchs mehrerer Verbrauchsstellen zur besseren Prognose systematischer Bedarfsänderungen.
- Unverzögerte Information über den Absatz der Endverbrauchsstellen zur schnellen und effizienten Marktbedienung (*Efficient Consumer Response* ECR).

Nach dem Gesetz der großen Zahl ist die relative Schwankung des Summenverbrauchs kleiner als die relative Schwankung der Einzelverbrauche. Aus dem summierten Absatz aller Verkaufsstellen ist daher eine bessere Gesamtbedarfsprognose möglich, als sie der einzelne Händler aufgrund des ihm bekannten Bedarfs durchführen kann.

Aus dem Summenbedarf vieler paralleler Absatzstellen für den gleichen Artikel können auch recht zuverlässig die *Saisongewichte* errechnet werden. Damit lassen sich systematische Bedarfsveränderungen des Gesamtmarktes besser erkennen, der mittelfristige Absatz und Umsatz zutreffender prognostizieren und Engpässe rechtzeitig voraussehen.

Wenn eine Leistungsstelle in einem Versorgungsnetz von den Endverbrauchsstellen über eine, zwei oder mehr Leistungsstellen getrennt ist, reagiert der Absatz dieser Stelle, der sich aus den Bestellungen der folgenden Stellen ergibt, erst mit einem bestimmten *Informationszeitverzug* Δt auf eine systematische Veränderung des Endverbrauchs. Der Zeitverzug der Absatzinformation infolge einer dazwischen befindlichen *Lagerstelle* ist im Mittel gleich der halben Reichweite des Lagerbestands. Bei einer *bestandslosen Leistungsstelle* ist der Zeitverzug im Mittel gleich der halben Bündelungszeit der Beschaffungsaufträge. Je weiter eine Leistungsstelle in der Lieferkette von der Endverbrauchsstelle entfernt ist, umso größer ist die Informationsverzögerung (s. *Abbildung 9.12 oben*).

Wenn hingegen alle Leistungsstellen des Versorgungsnetzwerks mit den Endverbrauchsstellen über *EDI* oder *Internet* verbunden sind, ist es prinzipiell möglich, den zukünftigen Bedarf aus den simultan über die Lieferketten weitergeleiteten Absatzinformationen der Endverbrauchsstellen zu errechnen (*Abbildung 9.12 unten*). Bei der Prognose des eigenen Absatzes einer Leistungsstelle aus dem Endverbrauch der nachfolgenden Lieferketten sind jedoch auch deren Nachschubstrategien zu berück-

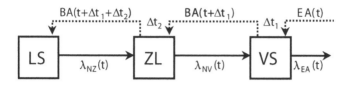

Verzögerte Absatzinformation über Beschaffungsaufträge

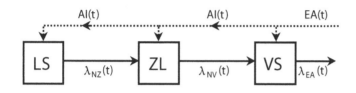

Simultane Absatzinformation über EDI oder Internet

Abb. 9.12 Lieferkette mit verzögerter und mit unverzögerter Absatzinformation

LS: Lieferstelle   ZL: Zentrallager   VS: Verkaufsstelle
EA: Endverbrauchsaufträge   BA: Beschaffungsaufträge
AI: Absatzinformation über EDI oder Internet

sichtigen. Das aber scheitert in der Praxis meist an der fehlenden Verfügbarkeit dieser Zusatzinformationen.

Selbst wenn das Dispositionsverhalten aller Lager- und Leistungsstellen und der aktuelle Absatz der Endverbrauchsstellen bekannt sind, ist der Nutzen aus diesen Informationen meist begrenzt. So ergibt die Simulation eines zweistufigen Versorgungsnetzes, dass sich durch die kurzfristige Absatzprognose auf der Basis des unverzögerten Endverbrauchs anstelle des eigenen Absatzes keine nennenswerten Bestandssenkungen oder Kosteneinsparungen erreichen lassen [185]. Allgemein gelten die *Regeln:*

▶ Eine Kenntnis des unverzögerten Summenbedarfs ist für die kurzfristige Bedarfsprognose zur aktuellen Auftrags- und Bestandsdisposition in den einzelnen Liefer- und Lagerstellen meist nicht erforderlich.

▶ Die Kenntnis des unverzögerten Summenbedarfs aller Endverbrauchsstellen eines Artikels ist nutzbar für die mittelfristige Bedarfsprognose, die zur Ressourcenplanung in einem Unternehmens- und Logistiknetzwerk benötigt wird.

In Unkenntnis dieser Regeln werden die Möglichkeiten und Potentiale der Nutzung der unverzögerten Endverbrauchsinformationen häufig überschätzt.

9.15 Messung von Wahrscheinlichkeitswerten

Viele Größen der Logistik, wie Ausfallraten, Fehlerquoten, Umschaltfrequenzen und Folgewahrscheinlichkeiten, sind *Wahrscheinlichkeitswerte*, die durch Zählung und Auswertung von Zufallsereignissen gemessen werden. Die Messvoraussetzungen, die erreichbare Messgenauigkeit und die erforderliche Anzahl der Messungen sind durch die *Regeln der Wahrscheinlichkeitsmessung* vorgegeben.

Die wichtigsten *Qualitätskennwerte*, wie Zuverlässigkeit, Verfügbarkeit, Lieferfähigkeit und Termintreue, ergeben sich aus der Messung einer *komplementären Wahrscheinlichkeit*, wie die Unzuverlässigkeit, die Lieferunfähigkeit bzw. die Terminuntreue. Bei der Messung von Qualitätskennwerten sind die *Regeln der Qualitätsmessung* zu beachten. Eine Nichtbeachtung dieser Regeln kann in der Praxis zu Fehlschlüssen, Streitigkeiten und erheblichen Kosten führen. Das gilt vor allem für vertraglich pönalisierte Garantiewerte der *Zuverlässigkeit* und *Verfügbarkeit* (s. Abschn. 13.8).

9.15.1 Regeln der Wahrscheinlichkeitsmessung

Die Wahrscheinlichkeit p_Z eines Zufallsereignisses Z wird gemessen, in dem für einen statistisch ausreichend langen Zeitraum die Anzahl n_Z der Zufallsereignisse und die Gesamtzahl der Ereignisse n erfasst werden. Die *gemessene Wahrscheinlichkeit* ist dann der Quotient der Anzahl zutreffender Ereignisse zur Gesamtzahl der erfassten Ereignisse [77]:

$$p_Z = n_Z/n \,. \tag{9.74}$$

Der gemessene Wahrscheinlichkeitswert (9.74) ist mit einem Fehler behaftet, der von der Streuung und von der Anzahl der Zufallsereignisse abhängt.

Wenn die betrachteten Zufallsereignisse unabhängig voneinander zu allen Zeiten mit gleicher Wahrscheinlichkeit eintreten, ist der *Messfehler*, also die Standardabweichung der Anzahl n_Z der Zufallsereignisse nach dem Gesetz der großen Zahl gleich $s_{nZ} = \sqrt{n_Z}$. Damit folgt nach dem Fehlerfortpflanzungsgesetz für die Varianz der gemessenen Wahrscheinlichkeit $s_p^2 = (\partial p_Z/\partial n_Z) \cdot s_{nZ}^2 = s_{nZ}^2/n^2 = n_Z/n^2 = p_Z/n$. Hieraus ergeben sich die *Regeln der Wahrscheinlichkeitsmessung*:

▶ Wenn eine erwartete *Wahrscheinlichkeit* p_Z mit einer *Genauigkeit* s_p gemessen werden soll, ist die Gesamtzahl der zu erfassenden Ereignisse

$$n(p_Z; s_p) = p_Z/s_p^2 \,. \tag{9.75}$$

▶ Werden zur Messung der Wahrscheinlichkeit p_Z eines Zufallsereignisses Z insgesamt n Ereignisse gezählt, dann hat der resultierende Wahrscheinlichkeitswert den Fehler

$$s_p = \sqrt{p_Z/n} \,. \tag{9.76}$$

Gemäß Beziehung (9.75) steigt die Anzahl der zu erfassenden Gesamtereignisse umgekehrt proportional zum Quadrat der zulässigen Streuung des Messergebnisses. So sind beispielsweise für eine geforderte Messgenauigkeit $s_p = 1\,\% = 0{,}01$ einer erwarteten Wahrscheinlichkeit $p = 95\,\% = 0{,}95$ insgesamt mindestens $n = 0{,}95/0{,}01^2 = 9.500$ Ereignisse zu erfassen.

9.15.2 Regeln der Qualitätsmessung

Das zu messende Zufallsereignis einer *Qualitätskennzahl* ist das *Nichteintreten* des gewünschten Qualitätszustands. So ist im Fall der Verfügbarkeit das Zufallsereignis das Eintreten der Nichtverfügbarkeit (s. *Abschn. 13.6*).

Die *Qualitätskennzahlen* Lieferfähigkeit, Termintreue, Zuverlässigkeit und Verfügbarkeit sind also die *komplementäre Wahrscheinlichkeit* $\eta = 1 - \eta_u$ der Wahrscheinlichkeit η_u der Lieferunfähigkeit, der Terminuntreue, der Unzuverlässigkeit bzw. der Nichtverfügbarkeit.

Zur Messung einer Qualitätskennzahl wird für einen statistisch ausreichend langen Zeitraum die Anzahl der *richtigen Ereignisse* n_r und die Anzahl der *falschen Ereignisse* n_f erfasst. So sind z. B. für die *Lieferfähigkeit* die richtigen Ereignisse die vollständig aus dem Lagerbestand ausgeführten Aufträge und die falschen Ereignisse die nicht ausführbaren Aufträge (s. *Abschn. 11.8*).

Die *gemessene Qualitätskennzahl* ist der Quotient der Anzahl richtiger Ereignisse zur Gesamtzahl der erfassten Ereignisse $n = n_r + n_f$:

$$\eta = n_r/n = n_r/(n_r + n_f) = 1 - n_f/n . \tag{9.77}$$

Die Zufallsgröße, aus deren schwankender Anzahl ein Fehler der zu ermittelnden Qualitätskennzahl resultieren kann, ist das falsche Ereignis. Die Gesamtzahl der Messungen n ist hingegen ein fester Wert einer Messreihe. Nach dem Fehlerfortpflanzungsgesetz ist damit $s_\eta^2 = s_{nf}^2/n^2$. Wenn die falschen Ereignisse zu allen Zeiten unabhängig voneinander mit gleicher Wahrscheinlichkeit rein zufällig eintreten, ist der *Messfehler* s_{nf} einer gemessenen Anzahl n_f falscher Ereignisse $s_{nf} = \sqrt{n_f} = \sqrt{(1 - \eta)n}$.

Durch Einsetzen der letzten in die vorangehende Beziehung folgen die beiden *Regeln der Qualitätsmessung*:

▶ Wenn eine erwartete *Qualitätskennzahl* η mit einer Genauigkeit s_η gemessen werden soll, ist die *Gesamtzahl der zu erfassenden Ereignisse*

$$n > (1 - \eta)/s_\eta^2 . \tag{9.78}$$

▶ Werden zur Messung der Qualitätskennzahl η insgesamt n Ereignisse gezählt, dann ist der *Messfehler des Qualitätswerts*

$$s_\eta = \sqrt{(1 - \eta)/n} . \tag{9.79}$$

Je größer die geforderte Messgenauigkeit desto mehr Ereignisse müssen insgesamt erfasst werden. Die Zahl der zu erfassenden Ereignisse sinkt andererseits mit zunehmendem Qualitätswert. Um beispielsweise eine erwartete Verfügbarkeit von 92,5 % mit einer Messgenauigkeit $s_\eta = 1 \% = 0,01$ zu bestimmen, sind nach Beziehung (9.78) insgesamt mindestens $n = (1 - 0,925)/0,01^2 = 750$ Ereignisse zu erfassen.

Zur Erläuterung sind in *Abb. 9.13* die Ergebnisse einer Reihe von insgesamt 30 Zuverlässigkeitsmessungen eines Transportgeräts dargestellt. Jede Messreihe umfasst genau 221 Transportspiele. Die gestörten Transportspiele wurden mit Hilfe eines Zufallsgenerators erzeugt. Die errechneten Zuverlässigkeitswerte der einzelnen Messreihen schwanken mit der Streuung $s_\eta = \pm 1,7 \%$ um den Mittelwert $m_\eta = 92,5 \%$

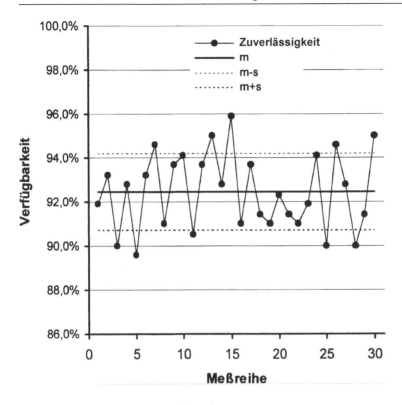

Abb. 9.13 **Ergebnisse einer Zuverlässigkeitsmessung**

Mittelwert aller 30 Messreihen m = 92,5 %
Berechnete Messwertstreuung s = ±1,7 %
Theoretische Messwertstreuung s = ±1,8 %
Gesamtereignisse pro Messreihe n = 221

der 30 Messreihen. Nach Beziehung (9.35) ist die theoretisch zu erwartende Streuung der 30 Einzelmessungen um den Mittelwert ±1,8 %. Der gemessene Mittelwert m = 92,5 %, der aus den 30 × 221 = 6.630 Ereignissen aller 30 Messreihen resultiert, hat gemäß Beziehung (9.79) immer noch einen Fehler von ±0,3 %.

9.15.3 Voraussetzungen einer Wahrscheinlichkeitsmessung

Vor der Messung einer Wahrscheinlichkeit oder eines Qualitätswertes ist zu prüfen, ob während der Messung folgende *Voraussetzungen* erfüllt sind:

▶ Die zu messende Wahrscheinlichkeit darf sich während der Messzeit nicht wesentlich verändern.

▶ Die zu erfassenden Zufallsereignisse müssen während der gesamten Messdauer zufällig und unkorreliert sein.

Beide Voraussetzungen sind beispielsweise bei einer Lieferfähigkeitsmessung nicht unbedingt erfüllt, da die Lieferunfähigkeit nicht zu allen Zeiten mit gleicher Wahrscheinlichkeit eintritt. Die Lieferunfähigkeit ist vielmehr nach dem Zugang des Lagernachschubs für längere Zeit 0 und kann nur am Ende einer Wiederbeschaffungsphase 1 werden (s. *Abschn. 11.8*).

Daher ist außer den Regeln der Qualitätsmessung folgende *Zusatzforderung für Lieferfähigkeitsmessungen* zu beachten:

▶ Eine Messreihe zur Ermittlung der *Lieferfähigkeit* muss einen oder mehrere volle Lieferzyklen erfassen, die sich jeweils von einem Nachschubeingang im Lager bis zum nächst folgenden Nachschubeingang erstrecken.

Wenn sich ein Einflussfaktor auf den Wahrscheinlichkeitswert während der Messzeit systematisch verändert, ist damit zu rechnen, dass die Wahrscheinlichkeit nicht konstant bleibt. So verringert sich die Termintreue eines Fertigungsbetriebs mit zunehmender Auslastung. Die Überlaufwahrscheinlichkeit eines Lagerbestandes sinkt mit der Anzahl der Lagerartikel (s. *Abschn. 16.1*, Bez. (16.16)). Bedingung für eine verlässliche Wahrscheinlichkeitsmessung ist daher, dass während der Messzeit alle wesentlichen Einflussfaktoren konstant bleiben.

10 Auftragsdisposition und Produktionsplanung

Vor Ausführung der eingehenden Aufträge ist zu entscheiden, zu welcher Zeit, von welchen Leistungsbereichen, in welcher Form und in welcher Reihenfolge die Aufträge zu bearbeiten sind. Hieraus resultiert die allgemeine *Aufgabe der Auftragsdisposition:*

- Die externen Aufträge sind so aufzulösen, zu bündeln, zu ordnen und als interne Aufträge den Leistungsbereichen und Leistungsstellen zuzuweisen, dass bei Erfüllung der Auftragsanforderungen die verfügbaren Ressourcen *kostenoptimal* genutzt werden.

Die Auftragsdisposition können Disponenten, ein Rechner oder ein Disponent mit Unterstützung durch einen Rechner ausführen [153, 161, 163]. Der Disponent oder der Rechner arbeitet nach bestimmten *Dispositionsstrategien*. Viele Dispositionsstrategien sind das Ergebnis längjähriger Erfahrung und des Probierens nach dem *Trial-and-Error-Verfahren*. Bewährte Strategien sind teilweise in Form von *Arbeitsanweisungen* und *Dispositionsregeln* dokumentiert, häufig aber nur in den Köpfen der Disponenten vorhanden.

Die erforderliche Qualifikation der *Disponenten*, der Nutzen den sie stiften, aber auch der Schaden, den ein Disponent anrichten kann, sind nicht in allen Unternehmen ausreichend bekannt. In vielen Betrieben – auch von weltbekannten Unternehmen – liegt die gesamte Auftragsdisposition immer noch in den Händen einzelner Mitarbeiter. Wenn ein langjähriger Mitarbeiter in den Ruhestand geht, treten Probleme auf, weil der Disponent sein Wissen mitnimmt oder nicht rechtzeitig ein Nachfolger eingearbeitet wurde.

Um die Dispositionstätigkeit zu verbessern, die Strategien personenunabhängig zu dokumentieren und den Disponenten zu entlasten, ist es erforderlich, die sinnvollen *Dispositionsstrategien* und deren *Parameter* zu kennen, die *Strategiewirksamkeit* zu quantifizieren und zu vergleichen und die wirkungsvollsten Strategien auszuwählen und zu programmieren. Auf diese Weise ist es möglich, die Auftragsdisposition zunehmend einem Rechner zu übertragen. Für einfache Leistungs- oder Fertigungssysteme und gleichartige Aufträge kann ein Programm mit den richtigen Algorithmen die Disposition allein ausführen. Für komplexere Systeme und veränderliche Aufträge entlastet der Rechner den Disponenten von der Routinearbeit [153, 161, 163, 178].

In *Kap.* 8 wurden bereits die *zeitlichen Handlungsmöglichkeiten* dargestellt und hieraus die *Zeitstrategien* der Auftragsdisposition abgeleitet. Die Beschaffungs-, Bestands- und Nachschubstrategien sind Gegenstand des nachfolgenden *Kap.* 11. In diesem Kapitel werden *Betriebsstrategien* für den optimalen Einsatz einzelner, par-

T. Gudehus, *Logistik 1*, VDI-Buch,
DOI 10.1007/978-3-642-29359-7_10, © Springer-Verlag Berlin Heidelberg 2012

alleler und verketteter Leistungsstellen behandelt. Diese lassen sich in *Bearbeitungsstrategien, Zuordnungsstrategien, Abfertigungsstrategien* und *Fertigungstrategien* einteilen.

Aus den abstrakten Betriebsstrategien, die grundsätzlich in allen Fertigungs-, Logistik- und Leistungssystemen anwendbar sind, lassen sich für die Logistik konkrete Lager-, Kommissionier- und Transportstrategien ableiten. Deren Wirksamkeit und Einsetzbarkeit werden in den *Kap.* 13 bis 19 analysiert.

In Verbindung mit den *Zeitstrategien* und den *Nachschubstrategien* lassen sich die Betriebsstrategien auch zur Auftragsdisposition verketteter Fertigungs- und Leistungssysteme mit parallelen Auftragsketten nutzen, wie sie *Abb.* 8.1 zeigt. In der Fertigung sind die hier beschriebenen Betriebsstrategien einsetzbar für die Auftragsdisposition und Produktionsplanung von Werkstätten, Abfüll- und Verpackungsbetrieben sowie von Fertigungs- und Montagelinien. Die Betriebsstrategien sind auch nutzbar für die Disposition von administrativen Leistungsstellen, wie Büroarbeitsplätze, Schreibdienste und Call-Center. Auch die Arbeit der Auftragsdisposition selbst lässt sich nach diesen Strategien organisieren.

Die *qualitative Auswirkung* unterschiedlicher Betriebsstrategien auf bestimmte Zielgrößen, wie die *Auslastung* der Leistungsstellen, die *Auftragsdurchlaufzeit,* der *Lagerbestand* oder die *Leistungskosten,* lässt sich meist relativ einfach beurteilen. Schwieriger ist dagegen die *Quantifizierung der Abhängigkeit* einer Zielgröße von den *Strategievariablen.* Die Strategieauswirkung auf die *Gesamtkosten* eines längeren Planungszeitraums lässt sich nur für begrenzte Systeme mit bestimmten Annahmen unter einschränkenden Voraussetzungen berechnen [178].

Die Wirksamkeit der Strategien, nach denen die *Auftragsdisposition* den aktuellen Auftragseingang bearbeitet, hängt von den *Fertigungsstrategien* ab, nach denen die *Produktionsplanung* die *Betriebszeiten* und *Kapazitäten* festlegt, um den mittelfristigen Bedarf wirtschaftlich zu bewältigen. Hierzu gehört vor allem die Entscheidung zwischen *Auftragsfertigung* und *Lagerfertigung.*

Zur Demonstration des Zusammenhangs zwischen *Auftragsdisposition* und *Produktionsplanung* wird nachfolgend ein *Algorithmus* dargestellt, mit dem sich für verschiedene Dispositions- und Fertigungsstrategien der *Auftragsbestand,* der *Lagerbestand* und die *Auftragsdurchlaufzeiten* in Abhängigkeit vom Auftragseingang und von der Produktionskapazität berechnen lassen. Mit Hilfe der angegebenen Berechnungsformeln werden Modellrechnungen durchgeführt zur Quantifizierung der Wirksamkeit unterschiedlicher Betriebsstrategien. Diese verdeutlichen die Komplexität bereits eines einfachen Produktions- und Lagersystems.

Die weitaus höhere Komplexität größerer Liefer-, Fertigungs- und Versorgungsnetze lässt sich nur mit Hilfe des *Entkopplungsprinzips* und des *Subsidiaritätsprinzips* beherrschen. Durch Anwendung dieser Grundprinzipien der Planung und Disposition werden im letzten Abschnitt des Kapitels das Vorgehen, die Regeln und die Strategien der *permanenten Auftragsdisposition* entwickelt. Dazu gehören Entscheidungsregeln zwischen Auftragsbeschaffung und Lagerfertigung, ein allgemeines Verfahren zur Fertigungsplanung sowie Vorgehen und Strategien der Fertigungs-, Beschaffungs- und Versanddisposition. Diese sind nutzbar für die <u>Produktions-P</u>lanung und

Steuerung (PPS), das *Enterprise Resource Planning* (ERP) und das *Advanced Planning and Scheduling* (APS) [78, 79, 153, 161–163, 178].

10.1 Leistungs- und Fertigungsstrukturen

In einer einzelnen Leistungs- oder Fertigungsstelle laufen, wie in *Abb. 1.*6 dargestellt, nacheinander folgende *Vorgänge* ab:

$$
\begin{array}{l}
\text{Auftragseingang} \\
\text{Speichern des Auftragsbestands} \\
\text{Auslösen des Leistungsprozesses} \\
\text{Leistungserzeugung} \\
\text{Lagern der Erzeugnisse} \\
\text{Auslauf der Leistungsergebnisse.}
\end{array}
\qquad (10.1)
$$

Ein Lagern oder Zwischenpuffern nach der Leistungserzeugung ist nur möglich, wenn die Leistungsergebnisse *lagerbare Objekte* oder *speicherbare Informationen* sind. Für Leistungsprozesse, wie die Just-In-Time-Bereitstellung, deren Ergebnis nicht speicherbar ist, entfällt der Lagervorgang.

Wie in den *Abb. 1.*3, 8.1 und 10.1 dargestellt, können einzelne Leistungs- und Fertigungsstellen miteinander zu Fertigungs- oder Leistungssystemen mit unterschiedlicher *Leistungsstruktur* kombiniert, verkettet und vernetzt sein. Die gesamte Auftragsdisposition vereinfacht sich erheblich für Fertigungs- und Leistungssysteme, die nach dem *Entkopplungsprinzip* ausgelegt sind:

▶ Alle Teile eines Leistungsnetzwerks, die nicht aus verfahrenstechnischen Gründen direkt miteinander verbunden sein müssen, sind durch ausreichend bemessene Auftrags- oder Warenpuffer voneinander zu entkoppeln und so dezentral wie möglich zu disponieren und zu steuern.

Wenn ein Leistungs- und Fertigungssystem nach dem Entkopplungsprinzip aufgebaut ist, lässt sich die Auftragsdisposition aufteilen in eine *zentrale Disposition* der externen Aufträge und in die *dezentrale Disposition* der internen Aufträge in den voneinander entkoppelten Leistungs- und Fertigungsbereichen (s. *Abschn. 2.2*).

10.1.1 Einzelne Fertigungs- oder Leistungsstellen

Im einfachsten Fall ist zur Ausführung eines Auftrags nur eine Fertigungs- oder Leistungsstelle erforderlich, wie sie in *Abb. 10.1 oben* dargestellt ist. Dann reduzieren sich die Strategien der Auftragsdisposition auf die in *Abschn. 8.8* behandelten und in *Abb. 8.2* illustrierten *Zeitstrategien – Vorwärtsterminierung, Rückwärtsterminierung* und *freie Terminierung* – sowie auf die nachfolgend beschriebenen *Bearbeitungs-, Abfertigungs-* und *Fertigungsstrategien*.

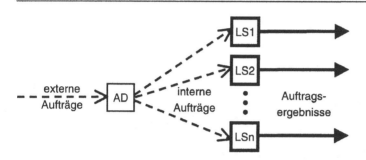

Einzelne Leistungs- und Fertigungsstelle

Paralelle Leistungs- oder Fertigungsstellen

Verkettete Leistungs- und Fertigungsstellen

Abb. 10.1 **Elementare Anordnungsmöglichkeiten der Leistungs- und Fertigungsstellen**
Ergebnisse: Leistungen oder Produkte
AD: Auftragsdisposition
LS: Leistungs- oder Fertigungsstelle

Beispiele für einzelne Fertigungsstellen sind *Abfüllstationen* der Getränkeindustrie, der Pharmaindustrie und der chemischen Industrie oder *Verpackungsstationen* der Konsumgüterindustrie (s. *Abb.* 3.5). Einzelne Leistungsstellen in der Logistik sind Ver- und Entladerampen, Warenannahmestellen, Packplätze oder Transportfahrzeuge.

10.1.2 Parallele Fertigungs- und Leistungsstellen

Bei begrenztem Leistungsvermögen einer Leistungsstelle und größerem Leistungsbedarf stehen – wie in *Abb.* 10.1 *Mitte* dargestellt – für die Auftragsdurchführung in der Regel mehrere *parallele Leistungsstellen* zur Auswahl.

Wenn nicht vom Auftrag eine bestimmte Leistungsstelle vorgeschrieben ist, werden für die Auftragsdisposition paralleler Leistungsstellen *Zuordnungsstrategien* benötigt (s. *Abschn.* 13.9.5).

Einzelne und parallele Fertigungsstellen in der Produktion sind charakteristisch für die *Werkstattfertigung*. Beispiele für parallele Leistungsstellen in der innerbetrieblichen Logistik sind parallele Kommissionierbereiche und in der außerbetrieblichen Logistik die alternativen Frachtketten (s. *Kap.* 19).

10.1.3 Verkettete Leistungs- und Fertigungsstellen

Wenn zur Ausführung eines Auftrags, wie in *Abb.* 10.1 *unten* gezeigt, eine *Kette von Fertigungs- und Leistungsstellen* zu durchlaufen ist, kommen für die Auftragsdisposition die in *Abschn.* 8.9 beschriebenen Zeitstrategien hinzu, wie die *Push-Strategie*, die *Pull-Strategie* und die *Just-In-Time-Strategie*.

Verkettete Fertigungsstellen sind charakteristisch für eine *Linienfertigung*. Beispiele für verkettete Fertigungsstellen sind Zigarettenmaschinen mit angeschlossener Verpackungsstation, Abfüllanlagen mit nachfolgender Verpackung und anschließender Palettierung oder *Fertigungslinien*, die aus einer Reihe von Maschinen oder Arbeitsplätzen bestehen. Beispiele für außerbetriebliche Leistungsketten in der Logistik sind die *Beschaffungs- und Lieferketten* (s. *Kap.* 19).

10.1.4 Leistungsbäume

Wie in *Abb.* 8.1 gezeigt, können an der Ausführung eines Auftrags mit nur einem Endprodukt oder einem Leistungsergebnis mehrere *parallele Prozessketten* beteiligt sein, die zusammen ein *Auftragsnetzwerk* oder einen *Leistungsbaum* bilden.

Von den parallelen Ketten eines Leistungsbaums ist die zeitkritische Leistungskette die *Hauptleistungskette*. Die anderen Leistungsketten sind *Nebenketten*, die in die Hauptkette münden. Für die Auftragsdisposition der Nebenketten eines *Leistungs- und Fertigungsbaums* werden zusätzlich geeignete *Zuführungs- und Nachschubstrategien* benötigt.

Beispiele für Leistungsbäume in der Fertigung sind die Endmontagebänder im Fahrzeugbau oder in der Druckmaschinenindustrie.

10.1.5 Vernetzte Fertigungs- und Leistungssysteme

Im allgemeinsten Fall ist zur Ausführung eines Auftrags ein *vernetztes Fertigungs-, Logistik- oder Leistungssystem* erforderlich, wie es abstrakt in *Abb.* 1.3 dargestellt ist. Ein vernetztes System besteht aus einer größeren Anzahl von Leistungs- oder Fertigungsstellen, die alle an der Auftragsausführung beteiligt sind.

Beispiele vernetzter Leistungssysteme der Logistik sind Speditionsnetzwerke, Flugnetze der Luftverkehrsgesellschaften, Frachtnetze von Paketdienstleistern oder das Beschaffungsnetz eines Automobilwerks (s. *Abb.* 1.15).

Wenn die einzelnen Stationen, Leistungsbereiche und Leistungsketten durch Zwischenpuffer voneinander entkoppelt sind, erhalten nur die Hauptleistungsketten, die an der Ausführung eines externen Auftrags direkt beteiligt sind, von der *Zentraldisposition* terminierte interne Aufträge. Die Auftragsplanung oder Arbeitsvorbereitung einer Hauptleistungskette disponiert die eingehenden Aufträge nach den hier beschriebenen Dispositions- und Fertigungsstrategien und leitet aus ihnen durch eine *Stücklistenauflösung* Unteraufträge für die zugehörigen Nebenleistungsketten ab (s. *Abschn.* 13.9.1).

Die Nebenleistungsketten und alle Leistungsstellen, die vor der in *Abb.* 8.1 gezeigten *Auftragsprozessgrenze* liegen, arbeiten nach dem *Pull-Prinzip*. Sie erhalten ihre Aufträge jeweils von der nächst folgenden Leistungsstelle und erzeugen bei Bedarf ihrerseits interne Aufträge, die sie den vorangehenden Leistungsstellen direkt erteilen.

Wenn mehrere Hauptleistungsketten zur Auswahl stehen, benötigt die Zentraldisposition *Zuordnungsregeln* für die Verteilung der betreffenden Aufträge. *Zentralstrategien* zur Abstimmung und Koordination der dezentralen Leistungsbereiche sind nur erforderlich, wenn sich eine optimale Zusammenarbeit der dezentralen Bereiche nicht selbstregelnd ergibt. Das aber muss das Ziel der operativen Auftragsdisposition sein (s. *Abschn.* 13.9).

10.1.6 Produktions- und Lagersysteme

Kombinierte Produktions- und Lagersysteme, die – wie in *Abb.* 10.2 dargestellt – aus einem *Produktionsbereich* und einem *Fertigwarenlager* bestehen, sind in der Industrie weit verbreitet: Die Abfüllbetriebe der Konsumgüterindustrie, der Chemie und in der Pharmaindustrie arbeiten je nach Auftragslage abwechselnd für externe Aufträge oder auf Lager. Die Zigarettenindustrie und die Getränkeindustrie produzieren teilweise auf Lager und teilweise nach Kundenaufträgen. Auch die Automobilindustrie montiert die Fahrzeuge zum Teil nach konkreten Aufträgen und zum Teil anonym auf Lager oder für Händler.

Ein kombiniertes Produktions- und Lagersystem ist ein *Zweikanalsystem* mit Rückkopplung, das zwei verschiedene *Auftragsketten* zur Auswahl bietet (s. auch *Abb.* 3.7): Die erste Auftragskette läuft von der Auftragsdisposition über einen Produktionsauftragspuffer direkt in die Produktion und danach durch einen eventuell erforderlichen Ausgangspuffer zum Empfänger. Die zweite Auftragskette läuft von der Auftragsdisposition über einen Lagerauftragspuffer in das Fertiglager und von dort zum Kunden. Die Lagerauftragskette induziert eine *interne Auftragskette* mit Nachschubaufträgen, wenn der Lagerbestand den Meldebestand unterschreitet.

Den beiden Auftragsketten entsprechen zwei *Logistikketten*: Die erste Logistikkette ist die Hauptleistungskette der Produktion, auf die aus den Nebenketten Vorprodukte, Material und Ressourcen zulaufen. Sie endet mit dem direkten Versand der Fertigprodukte an die Abnehmer. Die zweite Logistikkette umfasst ebenfalls die

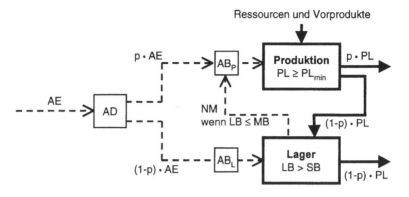

Abb. 10.2 Kombiniertes Produktions- und Lagersystem

AE: Auftragseingang
AB_P: Produktionsauftragsbestand
PL: Produktionsleistung
LB: Lagerbestand
SB: Sicherheitsbestand
AD: Auftragsdisposition
AB_L: Lagerauftragsbestand
PL_{min}: Mindestleistung
MB: Meldebestand
p: Anteil der Auftragsfertigung

Hauptkette der Produktion, verläuft aber über den Fertigpuffer und einen Zwischentransport weiter zum Lager und von dort nach unterschiedlicher Lagerdauer zu den Abnehmern.

Entsprechend den beiden Auftragsketten sind für ein kombiniertes *Produktions- und Lagersystem* folgende *Betriebsarten* oder *Fertigungsstrategien* möglich:

- *Auftragsfertigung*: Alle eingehenden Aufträge werden direkt an den Produktionsbereich zur Ausführung weitergeleitet. Die Produktion bearbeitet zu 100 % externe Aufträge. Abgesehen von einem Ausgangspuffer ist ein Fertigwarenlager nicht erforderlich.

- *Lagerfertigung*: Alle Aufträge werden an den Lagerbereich weitergeleitet und aus dem Fertigwarenbestand bedient. Die Produktion arbeitet zu 100 % für den Lagernachschub.

- *Auftrags- und Lagerfertigung*: Ein Teil der externen Aufträge wird an die Produktion und der restliche Teil an den Lagerbereich zur Ausführung gegeben. Die Produktion führt mit einem *Anteil p* ihrer Kapazität externe Aufträge und mit dem restlichen Anteil 1 − *p* interne Lagernachschubaufträge aus.

Diese Fertigungsstrategien lassen sich mit den nachfolgenden *Dispositionsstrategien* und den in *Kap. 11* dargestellten *Nachschubstrategien* kombinieren.

10.2 Bearbeitungsstrategien

Nach Überprüfung der Richtigkeit und Vollständigkeit des Auftragsinhalts beginnt die *Auftragsvorbereitung* mit der Zerlegung der externen Aufträge in Teilaufträge, die jeweils in einem zusammenhängenden Auftragsprozess ausgeführt werden. Wenn zur Ausführung eines Teilauftrags eine Hauptleistungskette mit Nebenketten erforderlich ist, muss der Auftrag nach einer *Stückliste* weiter aufgelöst werden in *Vorprodukte, Komponenten, Teile* und *Module*, die aus den Nebenketten auf die Hauptkette zulaufen.

Auf die Zerlegung und Stücklistenauflösung der externen Aufträge folgt die Zuweisung der hieraus resultierenden *internen Aufträge* zu den Leistungsstellen oder Leistungsketten, von denen die Aufträge ausgeführt werden sollen. Für die dezentrale Auftragsdisposition besteht die Möglichkeit der *Einzelbearbeitung* oder der *Sammelbearbeitung* sowie der *Komplettbearbeitung* oder der *Teilbearbeitung* der eingehenden Aufträge. Außerdem sind Kombinationen dieser *Bearbeitungsstrategien* möglich.

Bei der Leistungsproduktion ist zu unterscheiden zwischen einem *kontinuierlichen* und einem *diskontinuierlichen Betrieb*. Diese *Betriebsarten* oder *Fertigungsstrategien* sind abhängig von der *Verfahrenstechnik* und von der *Relation des Auftragseingangs zur Produktionskapazität*:

- *Kontinuierlicher Betrieb*: Solange der Auftragseingang größer ist als die Produktionskapazität oder wenn aufgrund der Verfahrenstechnik ein ununterbrochener Prozess erforderlich ist, werden die betreffenden Leistungs- und Fertigungsstellen durchlaufend betrieben.
- *Diskontinuierlicher Betrieb*: Wenn der Auftragseingang kleiner als die Produktionskapazität ist und die Verfahrenstechnik Unterbrechungen zulässt, wird der Betrieb der Fertigungs- oder Leistungsstellen unterbrochen, solange keine Aufträge zu bearbeiten sind.

Für den diskontinuierlichen Betrieb muss der Start der Auftragsbearbeitung geregelt werden. Hierfür besteht die Möglichkeit der *Sofortausführung*, der *Terminausführung* und der *Vorabausführung*.

Die möglichen *Fertigungsstrategien* und ihre *Strategievariablen* sind in *Tabelle 10.1* einander gegenübergestellt. Die Tabelle enthält außerdem Angaben zu den qualitativen Auswirkungen der Fertigungsstrategien auf die Durchlaufzeiten und die Lagerbestände.

Die nachfolgend genauer beschriebenen Bearbeitungsstrategien sind mit ihren *Strategievariablen* in *Tabelle* 10.2 aufgeführt. In dieser Tabelle sind auch die qualitativen Auswirkungen der Bearbeitungsstrategien auf die *Leistungskosten*, die mittleren *Durchlaufzeiten* und die *Termintreue* bewertet [11, 97].

10.2.1 Einzelbearbeitung

Jeder einzelne Auftrag wird in der zugewiesenen Leistungsstelle gesondert eingeplant und unabhängig von anderen Aufträgen ausgeführt. Die Einzelbearbeitung ist die

Fertigungsstrategie Strategievariable	Durchlaufzeiten	Lagerbestand
Auftragsfertigung Mindestlosgröße	-- bis ++ auslastungsabhängig	++ ohne Fertigbestand
Lagerfertigung Nachschubmenge	++ auslastungsunabhängig	-- bis o bedarfsabhängig
Kontinuierlicher Betrieb Laufzeiten	-- bis ++ bedarfsabhängig	-- bis o bedarfsabhängig
Diskontinuierlicher Betrieb Startzeiten	o bis ++ auslastungsabhängig	-- bis ++ Lager- bzw. Auftragsf.

Tab. 10.1 Auswirkungen der Fertigungsstrategien

optimale Zielerfüllung: ++
gute Zielerfüllung: +
keine Auswirkung: o
gegenläufige Zielerfüllung: –

einfachste Bearbeitungsstrategie und erfordert keinen zusätzlichen Organisationsaufwand.

Die *Vorteile* der Einzelbearbeitung sind kurze Durchlaufzeiten, die Möglichkeit kundenspezifischer Bearbeitungsfolgen und die sofortige Ausführbarkeit von *Eilaufträgen*. Ein weiterer Vorteil besteht darin, dass die Einzelaufträge nicht wie bei der Sammelbearbeitung nach Auftragsabschluss getrennt und sortiert werden müssen. Diese Vorteile werden durch folgende *Nachteile* erkauft:

- *hohe Rüst-, Tot- und Wegzeitanteile* mit der Folge höherer Kosten
- *größere Schwankungen* der Durchlaufzeiten und geringere Termintreue
- *schlechtere Auslastung* der Betriebsmittel und Anlagen
- *geringere Füllungsgrade* von Ladeeinheiten und Transportmitteln.

Eine Einzelbearbeitung ist unvermeidlich, wenn es keinen Auftragsbestand gleichartiger Aufträge gibt, die sich bündeln lassen, wenn eine Ausführung nach Dringlichkeit unbedingt notwendig ist oder wenn die Abnehmer kürzeste Lieferzeiten fordern.

10.2.2 Sammelbearbeitung

Eine Anzahl von c_B Aufträgen, die den gleichen Bearbeitungsprozess haben, wird zu einem *Auftragsstapel* (*Batch*) zusammengefasst, der als interner *Sammel-, Batch-* oder *Serienauftrag* eine oder mehrere Leistungsstellen durchläuft. Die Sammelbearbeitung setzt einen Auftragsbestand voraus.

Bearbeitungsstrategie Strategievariable	Prozeßkosten	Durchlaufzeiten	Termintreue
Einzelbearbeitung keine	-	++	-
Sammelbearbeitung Batchgröße	++	--	+
Komplettbearbeitung keine	-	++	+
Teilbearbeitung Teilungsanzahl, Teilmengen	++	-	+
Sofortausführung keine	-	+	-
Terminausführung Starttermin	+	o	+
Vorabausführung Starttermin oder Losgröße	+	++	++
Parallelbearbeitung Stationszahl, Teilmengen	+	++	+

Tab. 10.2 Bearbeitungsstrategien und Strategiewirksamkeit

Bewertung: s. Tab. 10.1

Die *Batchgröße* c_B – in der Fertigung *Losgröße* oder *Chargengröße*, in der Logistik *Pulklänge* oder *Seriengröße* genannt – ist eine *Strategievariable*, die zur Optimierung von Kosten und Durchlaufzeiten genutzt werden kann.

In der *Fertigung* wird die Sammelbearbeitung als *Losgrößenfertigung* bezeichnet. Bei hohen Rüstkosten oder bei einer Chargenfertigung muss die Losgröße für eine wirtschaftliche Produktion größer als sein als eine bestimmte *Mindestlosgröße*, die eine *untere Restriktion* für die Losgrößenfertigung darstellt.

In der *Logistik* wird die Strategie der Sammelbearbeitung auch als *Batchbetrieb*, *Serienbearbeitung* oder *schubweise Abfertigung* bezeichnet. Die Batchgröße oder Pulklänge ist nach oben durch das *Fassungsvermögen* der Transportmittel und das Aufnahmevermögen der Transportelemente oder Stationen begrenzt. Das Fassungsvermögen und das Aufnahmevermögen sind daher *obere Restriktionen* für den Batchbetrieb und für die schubweise Abfertigung.

Die Sammelbearbeitung bietet eine Reihe von *Vorteilen*, die sich vor allem bei vielen Kleinaufträgen positiv auswirken:

- geringere anteilige Rüst-, Tot- und Wegzeitanteile
- dadurch höhere Durchsatzleistungen und geringere Kosten
- geringere Schwankungen der Durchlaufzeiten und bessere Termintreue
- höhere Auslastung von Betriebsmitteln und Anlagen
- besserer Füllungsgrad der Lade- und Transporteinheiten.

Die *Nachteile* der Sammelbearbeitung sind:

- organisatorischer Zusatzaufwand
- längere Durchlaufzeiten
- beschränkte Möglichkeit einer vorrangigen Bearbeitung von Eilaufträgen
- Notwendigkeit der abschließenden Trennung und Sortierung der Einzelaufträge.

Durch die *Seriengröße*, die *Reihenfolge* der Aufträge innerhalb einer Serie und geeignete *Prioritäten* für die Bearbeitungsfolge mehrerer Serienaufträge ist es in Grenzen möglich, die Terminforderungen zu erfüllen *und* die Kosten zu optimieren (s. Abschn. 13.9).

Im Extremfall ergibt die Optimierung entweder eine Batchgröße $c_B = 1$, das heißt eine Einzelbearbeitung, oder die Batchgröße $c_B = \infty$, das heißt einen kontinuierlichen Betrieb.

10.2.3 Komplettbearbeitung

Bei einer Komplettbearbeitung wird jeder Auftrag von einer Leistungsstelle in einem Arbeitsgang vollständig ausgeführt. Die Komplettbearbeitung ist ohne zusätzlichen Organisationsaufwand durchführbar. Das Auftragsergebnis entsteht geschlossen. Die Auftragsdurchlaufzeit ist minimal.

Eine Komplettbearbeitung ist in der Regel für Eilaufträge unerlässlich oder aus verfahrenstechnischen Gründen notwendig. In vielen Fällen wird auch vom Auftraggeber eine Komplettbearbeitung gefordert. Ein Vorteil der Komplettbearbeitung ist, dass keine Teilmengen zwischengelagert und am Ende zusammengeführt werden müssen.

Für Großaufträge, deren Bearbeitung länger als eine Betriebsperiode dauert, kann die Komplettbearbeitung zu Überstunden oder Wochenendarbeit und damit zu Mehraufwand führen. Außerdem wird die betreffende Leistungsstelle für längere Zeit blockiert.

Nach Abschluss eines Komplettauftrags gegen Ende einer Schicht oder eines Betriebstags kann für die Leistungsstelle eine *Restzeit* verbleiben, die nicht mehr für andere Aufträge nutzbar ist. Dadurch verschlechtert sich unter Umständen die Auslastung und die Kapazitätsnutzung.

10.2.4 Teilbearbeitung

Wenn sich daraus Vorteile ergeben, wird ein Auftrag in zwei oder mehr Teilen aus-geführt, um zwischendurch andere Aufträge zu bearbeiten. *Strategieparameter* der Teilbearbeitung sind die *Teilungsanzahl*, in die ein Auftrag aufgeteilt wird, und die *Teilauftragsmengen*, die in einem Stück gefertigt werden. Restriktionen sind die *Rest-auftragsmenge* und die *Mindestauftragsmenge*, die in einem Arbeitsgang ausgeführt werden müssen.

Eine Teilauftragsbearbeitung bietet folgende *Handlungsmöglichkeiten*:

- Vorziehen und Einschieben von Eilaufträgen
- Unterbrechung bei Schichtende
- Optimierung der Auslastung und Kapazitätsnutzung
- Verminderung von Anbruch- und Verschnittverlusten
- Füllungsoptimierung von Lade- und Transporteinheiten.

Nachteile der Teilauftragsbearbeitung sind:

- erhöhter Organisationsaufwand
- Zwischenspeicherbedarf für Teilmengen
- Zusammenführung der Teilauftragsmengen
- längere Auftragsdurchlaufzeiten.

Eine Teilauftragsbearbeitung ist für *Großaufträge* oft aus technischen Gründen un-vermeidlich, beispielsweise wenn die Transportmenge das Fassungsvermögen eines Transportmittels überschreitet oder wenn die geforderte Menge nicht in einem Ar-beitsgang gefertigt werden kann.

10.2.5 Sofortausführung

Jeder zugeteilte Einzel- oder Sammelauftrag wird von der betreffenden Leistungs-oder Fertigungsstelle ausgeführt, sobald hierfür Kapazität frei ist. Die Sofortausfüh-rung impliziert eine Auftragsabfertigung nach der *First-Come-First-Go-Strategie*.

Bei einer Sofortbearbeitung bildet sich vor jeder Leistungs- und Fertigungsstel-le eine *Auftragswarteschlange*, deren Länge von der Kapazitätsauslastung und von den Schwankungen des Auftragseingangs und der Abfertigungszeiten abhängt (s. *Ab-schn*. 13.5). Hieraus resultieren stochastisch schwankende *Auftragsdurchlaufzeiten*, die sich negativ auf die Termintreue auswirken.

Wenn das Leistungsvermögen oder die Abfertigungskapazität deutlich größer als der Auftragseingang ist und die stochastischen Schwankungen von Auftragseingang und Abfertigung nicht zu groß sind, sichert die Sofortausführung kürzeste Auftrags-durchlaufzeiten. Sie verzichtet jedoch auf die Möglichkeiten und Vorteile anderer Abfertigungsstrategien.

Daher wird die Sofortausführung in der Regel beschränkt auf wichtige Eilaufträ-ge, für die bei zulässiger Teilbearbeitung auch eine Unterbrechung weniger dringli-cher Aufträge sinnvoll sein kann. Der Anteil der sofort auszuführenden Eilaufträge sollte in der Regel jedoch 5 % nicht überschreiten, um die Wirksamkeit der anderen Strategien nicht zu verwässern.

10.2.6 Terminausführung

Terminausführung heißt, dass die Aufträge nach einer *festen Zeitstrategie* ausgeführt werden. Eine feste Zeitstrategie determiniert die Zeitfolge der Ausführung. Sie ist nur begrenzt kompatibel mit anderen Reihenfolgestrategien. Feste Zeitstrategien sind:

$$\begin{array}{l} \text{Vorwärtsterminierung} \\ \text{Rückwärtsterminierung} \\ \text{Just-In-Time-Ausführung} \\ \text{Engpassterminierung.} \end{array} \tag{10.2}$$

Diese Zeitstrategien sind in *Abschn.* 8.8 und 8.9 genauer beschrieben und in den *Abb.* 8.2 und 8.3 dargestellt.

Wie die Sofortausführung legt die Just-In-Time-Ausführung die Ausführungsreihenfolge der Aufträge vollständig fest. Die Vorwärtsterminierung, die eine spezielle Vorabausführungsstrategie ist, und die Rückwärtsterminierung lassen sich in Grenzen mit anderen Reihenfolgestrategien kombinieren. Die Engpassterminierung ist am flexibelsten mit anderen Bearbeitungs- und Abfertigungsstrategien kombinierbar.

10.2.7 Vorabausführung

Vorabausführung heißt, dass eine Leistungs- oder Fertigungsstelle interne Aufträge ausführt, die entweder terminlich noch nicht fällig sind oder für die noch keine Kundenaufträge vorliegen.

Eine Vorabausführung eines Leistungsauftrags ist beispielsweise die vorzeitige Durchführung eines Transportauftrags oder die Ablieferung einer Sendung vor dem vereinbarten Zustelltermin. Wenn für die vorab produzierte Ware oder Leistung keine externen Aufträge vorliegen, wenn also nach anonymen Lagernachschubaufträgen gearbeitet wird, ist die Vorabfertigung eine *Lagerfertigung* (s. *Abschn.* 11.2).

Die vorzeitige Ausführung von Aufträgen mit lagerbarem Ergebnis erfordert einen nachgeschalteten *Puffer* oder ein *Lager*. Die Höhe des Puffer- oder Lagerbestands wird bestimmt vom zeitlichen Verlauf der Produktion und des Abgangs der Produkte (s. *Abb.* 10.3 bis 10.7).

Eine Vorabausführung ist entweder aus verfahrenstechnischen Gründen notwendig, um einen kontinuierlichen Betrieb zu erreichen, das Ergebnis einer gezielten Strategie, wie einer der *Zeitstrategien* (10.2) oder Folge der *Nachschubstrategien*, die im folgenden Kapitel behandelt werden. *Ziele der Vorabausführung* von extern abgesicherten Aufträgen und der *Lagerfertigung* nach anonymen Nachschubaufträgen sind:

$$\begin{array}{l} \text{optimale Kapazitätsauslastung} \\ \text{minimale Rüst- und Prozesskosten} \\ \text{hohe Lieferfähigkeit} \\ \text{minimale Lieferzeiten} \\ \text{hohe Termintreue} \\ \text{Engpassvermeidung (s. } Abschn. \text{ 13.9.6).} \end{array} \tag{10.3}$$

Diese Strategieziele hängen teilweise voneinander ab und lassen sich nicht alle gleichzeitig erreichen. Bei der Vorabausführung externer Aufträge ist der *Strategieparameter* der *Starttermin*. Bei der Vorabausführung anonymer Lagernachschubaufträge sind die *Losgröße* und der *Bestellpunkt* die Strategieparameter.

10.3 Zuordnungsstrategien

Für die Zuordnung der internen Aufträge zu den parallelen Stationen oder Prozessketten, die für eine Ausführung zur Auswahl stehen, gibt es unterschiedliche Strategien. Maßgebend für die *Zuordnungsstrategie*, nach der die zentrale Auftragsdisposition arbeitet, ist die Priorität der *Ziele*:

gleichmäßige Kapazitätsauslastung
maximale Stationsauslastung
kleinster Auftragspuffer
minimale Wartezeit   (10.4)
kürzeste Durchlaufzeit
geringste Bestände
minimale Prozesskosten.

Um die jeweils zielführende Zuordnung vornehmen zu können, ist es erforderlich, laufend die Kapazitätsauslastung, die Länge der Auftragspuffer und die Höhe der Bestände zu verfolgen und für jeden neu hereinkommenden Auftrag die Länge der Durchlaufzeit und die Höhe der Prozesskosten zu errechnen. Konkrete Zuordnungsstrategien für logistische Leistungsstellen sind in *Abschn.* 10.5, 13.3 und 13.9 angegeben. Bei zulässiger Auftragsteilung ist eine weitere Zuordnungsstrategie die

- *Parallelbearbeitung*: Der Auftrag wird in so viele Teile zerlegt, wie freie Leistungs- oder Fertigungsstationen zur Verfügung stehen, und von diesen gleichzeitig ausgeführt.

Strategieparameter der Parallelbearbeitung sind die *Anzahl der Parallelstationen* und die *Mengen der Teilaufträge*, die den Parallelstationen zugewiesen werden.

Der wesentliche Vorteil der Parallelbearbeitung ist die Möglichkeit einer erheblichen Verkürzung der Auftragsdurchlaufzeiten für Großaufträge. Zusätzlich lassen sich durch eine Aufteilung und Zuordnung von Großaufträgen zu Parallelstationen in manchen Fällen die Kosten senken.

Die Parallelbearbeitung ist jedoch mit Mehraufwand verbunden, der einen Teil der Kosteneinsparung aufzehren kann: die Teilaufträge sind auf mehrere Stellen zu verteilen; die parallele Ausführung muss koordiniert und synchronisiert werden; es fallen mehrfach Rüstkosten an; die resultierenden Auftragsergebnisse sind an einer Stelle zusammenzuführen und dort zu sammeln, bis der letzte Teilauftrag fertiggestellt ist.

Die Parallelbearbeitung von Großaufträgen wird seit langem in der Fertigung und in der Logistik – insbesondere im Großanlagenbau und auf Großbaustellen –

praktiziert. Von der Strategie der Parallelbearbeitung wird auch in *Hochleistungs-rechnern* für die Abarbeitung von größeren Berechnungs- und Sortieraufträgen Gebrauch gemacht.

10.4 Abfertigungsstrategien

Soweit die Reihenfolge der Auftragsdurchführung nicht bereits durch Zeitstrategien und Bearbeitungsstrategien festgelegt ist, hat die dezentrale Auftragsdisposition einer Leistungs- und Fertigungsstelle die Handlungsfreiheit, durch unterschiedliche *Reihenfolgestrategien* und *Prioritätsregeln* die Kosten zu senken, die Leistung zu steigern, die Durchlaufzeit zu verkürzen oder andere Ziele zu erreichen [13, 97, 178].

Das Ergebnis der Reihenfolgedisposition wird in der Automobilindustrie sehr anschaulich als *Perlenkette* bezeichnet. Die Perlenkette der Endmontage ist die bunte Reihenfolge der Fahrzeuge auf dem Montageband.

In *Tabelle* 10.3 sind die nachfolgend genauer beschriebenen *Abfertigungsstrategien* und ihre *Strategievariablen* zusammengestellt. Die Auswirkungen der Abfertigungsstrategien auf Durchsatzleistung, Warteschlangen und Wartezeiten werden in *Abschn.* 13.3 und 13.8 unter Anwendung der Grenzleistungsgesetze und der Warteschlangentheorie analysiert und quantifiziert.

10.4.1 First-In-First-Out und First-Come-First-Go

Bei der *First-In-First-Out-Strategie* – kurz FIFO – wird der Auftrag, der zuerst ankommt, *zuerst fertiggestellt*. Die *Reihenfolge der Fertigstellungstermine* ist gleich der Reihenfolge des Auftragseingangs.

Bei der *First-Come-First-Go-Strategie* – kurz FIGO – wird mit dem Auftrag, der zuerst ankommt, *zuerst begonnen*. Die *Reihenfolge der Starttermine* ist gleich der Reihenfolge des Auftragseingangs.

Wenn die Durchlaufzeiten paralleler Leistungsstellen gleich lang sind oder keine parallele Bearbeitung möglich ist, sind die FIGO-Fertigstellungstermine gleich den FIFO-Fertigstellungsterminen. Dann ist die FIFO-Strategie identisch mit der FIGO-Strategie.

10.4.2 Dringlichkeitsfolgen

Die Aufträge des Auftragsbestands werden in zwei oder mehr *Dringlichkeitskategorien* eingeteilt. Die dringlichen Aufträge werden vor den weniger dringlichen Aufträgen ausgeführt, *Eilaufträge* vor *Normalaufträgen*.

Im Extremfall hat jeder Auftrag einen extern vorgegebenen Fertigstellungstermin, der die Reihenfolge der Starttermine bestimmt.

Abfertigungsstrategie Strategievariable	Prozeßkosten	Durchlaufzeiten	Termintreue
First-In-First-Out Lieferzeitfolge	--	+	+
First-Come-First-Go Startzeitfolge	--	+	-
Dringlichkeitsfolge Dringlichkeitsklassen	-	+	++
Zeitbedarfsfolge an- oder absteigende Auftragsprozeßzeit	o	+	o
Rüstkostenfolge Reihenfolge	++	-	o
Rüstzeitfolge Reihenfolge	+	+	+
Wertfolge an- oder absteigender Auftragswert	+	--	o
Mengenfolge an- oder absteigende Auftragsmenge	+	--	o

Tab. 10.3 Abfertigungsstrategien und ihre Wirksamkeit

Bewertung: s. Tab. 10.1

10.4.3 Zeitbedarfsfolgen

Die Aufträge des Auftragsbestands werden nach absteigender oder aufsteigender Durchlaufzeit, die entweder für den Leistungs- oder Fertigungsprozess einer Station oder für das Durchlaufen einer längeren Prozesskette benötigt wird, geordnet und in der Reihenfolge des *Zeitbedarfs* ausgeführt.

10.4.4 Rüstfolgestrategien

Die Aufträge eines Auftragsbestands werden so geordnet und nacheinander ausgeführt, dass die Summe der bei Auftragswechsel anfallenden *Rüstkosten* oder *Rüstzeiten* minimal ist (s. *Abschn.* 13.9.3).

Beispielsweise werden die Aufträge in einem Abfüllbetrieb, einer Druckerei oder einer Färberei in *Hell-Dunkel-Folge* ausgeführt. Dunklere Farben folgen auf hellere Farben, um Reinigungszeiten oder Makulatur zu minimieren.

10.4.5 Wertfolgen

Aufträge mit hohem Auftragswert werden vor Aufträgen mit geringerem Wert ausgeführt, oder umgekehrt, geringwertige Aufträge vor hochwertigen Aufträgen:

Bei einer Auftragsfertigung erhöht die Ausführung in *absteigender Wertfolge* die Liquidität und spart Zinsen, wenn die Aufträge sofort fakturiert werden können.

Wenn auf Lager gefertigt wird oder die Aufträge erst zu einem späteren Termin fakturiert werden, vermindert die Ausführung in *aufsteigender Wertfolge* die Kapitalbindung und den Zinsaufwand.

10.4.6 Mengenfolgen

Aufträge mit großer Stückzahl oder großer Auftragsmenge werden vor Aufträgen mit kleinen Mengen oder Stückzahlen ausgeführt oder umgekehrt.

10.4.7 Wirksamkeit der Abfertigungsstrategien

Wie die Bewertung in *Tabelle* 10.3 zeigt, sind die drei Ziele *Kostensenkung, Durchlaufzeitverkürzung* und *Termintreue* durch die Abfertigungsstrategien unterschiedlich und nicht gleichzeitig erreichbar:

▶ Die Reihenfolgestrategien nach FIFO, FIGO und Dringlichkeit sind auf die Verkürzung der Durchlaufzeiten und die Termintreue ausgerichtet.

▶ Die Rüstkostenminimierung zielt auf eine Senkung der Kosten ab.

▶ Mit einer Minimierung der Rüstzeiten lassen sich Kosten und Durchlaufzeiten senken.

▶ Die Ausführung nach Zeitbedarf bewirkt bei leichter Kostensenkung eine bessere Termintreue.

▶ Eine Ausführung nach Wertfolge oder Menge kann Zinskosten sparen.

Die Wirksamkeit der Abfertigungsstrategien ist unterschiedlich und bei einigen Strategien, wie der Reihenfolge nach Zeit- oder Mengenbedarf, relativ gering. Bevor für die Realisierung einer Strategie Aufwand getrieben wird, ist daher der *Strategieeffekt* sorgfältig zu analysieren und wenn möglich zu quantifizieren.

10.5 Auftragsfertigung und Lagerfertigung

Zwischen Auftragsfertigung und Lagerfertigung wird in vielen Unternehmen nach qualitativen Kriterien oder aufgrund von Erfahrungen – entweder pauschal für bestimmte Artikel und Auftragsarten oder fallweise für einzelne Aufträge – entschieden. Nur in Ausnahmefällen werden für diese grundlegende Entscheidung *Modellrechnungen* durchgeführt oder programmierbare *Algorithmen* eingesetzt.

In *Abschn.* 11.2 werden die Auswirkungen der Entscheidung zwischen Auftragsbeschaffung und Lagerbeschaffung aus Sicht des Abnehmers analysiert und *Auswahlkriterien für lagerhaltige Artikel* hergeleitet. Hier wird ein *Algorithmus zur Berechnung* der wichtigsten Zielgrößen für unterschiedliche Fertigungs- und Dispositionsstrategien des Produzenten beschrieben.

Der Algorithmus wird für das in *Abb.* 10.2 gezeigte, relativ einfache Produktions- und Lagersystem entwickelt und anhand eines Beispiels aus der Automobilindustrie erläutert. Eine Erweiterung des Algorithmus auf Leistungs- und Fertigungsbäume mit einer Hauptleistungskette und mehreren Nebenketten ist grundsätzlich möglich. Das beschriebene Verfahren – jeweils projektspezifisch angepasst – hat sich in verschiedenen Beratungsprojekten in der Getränkeindustrie, der Chemie, der Zigarettenindustrie und der Automobilindustrie bewährt und zu erheblichen Verbesserungen und Einsparungen geführt.

Die wichtigste Eingabegröße der Modellrechnungen ist der *Auftragseingang* pro Periode

$$AE(t) \quad t = 1, 2, \ldots, N_{PE} \quad [ME/PE] \tag{10.5}$$

gemessen in den jeweiligen *Mengeneinheiten* [ME] der Produktion.

Der betrachtete *Planungs-* oder *Untersuchungszeitraum* kann ein *Tag*, eine *Woche*, ein *Jahr* oder ein noch längerer Zeitraum sein, der ab Beginn t_A aufgeteilt ist in N_{PE} *Perioden* mit Startzeiten:

$$T_S(t) = t_A + (t - 1) \cdot T_{PE} \quad t = 1, 2, \ldots, N_{PE} . \tag{10.6}$$

Die *Periodenlänge* T_{PE} ist eine *Stunde*, ein *Arbeitstag* oder eine andere zweckmäßige Zeitspanne (s. *Abschn.* 8.2). Die nachfolgenden Modellrechnungen werden für einen Planungszeitraum von einem Jahr mit einer Periodeneinteilung in 250 Arbeitstage [AT] durchgeführt.

Für den Auftragseingang (10.5) kann mit echten Vergangenheitswerten oder mit einer Testfunktion gerechnet werden. In den Modellrechnungen wird die *Testfunktion* (9.59) verwendet, die den Vorteil hat, dass der *Trendverlauf*, das *Saisonverhalten* und die *Zufallsabhängigkeit* des Auftragseingangs gezielt verändert werden können. Damit lassen sich auch die Auswirkungen dieser externen Einflussfaktoren analysieren.

10.5.1 Produktionskapazität und Produktionsleistung

Die *Produktionskapazität* ist gleich der *maximalen Produktionsleistung* PL_{max} pro Periode, also die maximale Leistungsmenge, die in einer Periode produziert werden kann.

Die Produktionsleistung wird einerseits durch die *technische Grenzleistung* μ_P [ME/h] des Leistungs- oder Fertigungsbereichs und andererseits durch die *maximale Betriebszeit* BZ_{max} [h/PE] pro Periode bestimmt:

$$PL_{max} = \mu_p \cdot BZ_{max} \quad [ME/PE].$$
(10.7)

Soweit arbeitsrechtlich möglich und verfahrenstechnisch zulässig, kann die *Produktionsleistung* $PL(t)$ in der Periode t durch eine *variable Betriebszeit* $BZ(t)$ dem Bedarf angepasst werden. Dann ist:

$$PL(t) = \mu_P \cdot BZ(t) \quad [ME/PE].$$
(10.8)

Bei größerem Auftragsbestand ist eine Leistungssteigerung durch Überstunden oder Mehrschichtbetrieb möglich. Bei nachlassendem Auftragseingang sind *Kurzarbeit* oder *Ausfallschichten* geeignete Anpassungsmaßnahmen.

Eine dynamische Anpassung der Betriebszeiten an die aktuelle Auftragslage wird als *flexible Fertigung* oder *atmende Fabrik* bezeichnet. In einer atmenden Fabrik bestimmen der Auftragseingang und die Fertigungsstrategie die Produktionsleistung $PL(t)$ und diese nach der Umkehrbeziehung

$$BZ(t) = PL(t)/\mu_p \quad [h/PE]$$
(10.9)

die Betriebszeiten.

In einer Fertigung mit einem *festen Betriebszeitplan*, der zu Beginn des Planungszeitraums auf den erwarteten Bedarf abgestimmt wird, begrenzen die geplanten *Betriebszeiten BZ(t)* gemäß Beziehung (10.8) die Produktionsleistung $PL(t)$. Wenn in einem Zeitraum $[t_1; t_2]$ *Werksferien* vereinbart sind, ist für $t \in [t_1; t_2]$ die Produktionsleistung $PL(t) = 0$.

In vielen Fällen kann die Produktion nicht sofort oder noch in der gleichen Periode auf den Auftragseingang reagieren, sondern erst $x \geq 1$ Perioden später. Die *Reaktionszeit* x heißt auch *Einfrierzeit (freezing time)*, weil nur bis zu x Perioden vor der Produktionsperiode eine Umdisposition möglich und danach die *Perlenkette* der Produktionsaufträge eingefroren ist.

In der Regel gibt es eine *Mindestbetriebszeit* BZ_{min} [h/PE], die für eine wirtschaftliche Produktion nicht unterschritten werden darf, und damit eine *minimale Produktionsleistung*:

$$PL_{min} = \mu_p \cdot BZ_{min} \quad [ME/PE].$$
(10.10)

Wenn die Produktion einmal wegen Auftragsmangel unterbrochen wurde, ist ein Wiederanlauf der Produktion wegen der damit verbundenen Anlauf- und Rüstkosten erst wirtschaftlich, wenn der Auftragsbestand eine bestimmte *Mindestlosgröße* LG_{min} [ME] erreicht hat.

In den Modellrechnungen wird eine Automobilfabrik für Personenfahrzeuge [Fz] mit einer maximalen Produktionsleistung im Dreischichtbetrieb von 750 Fz/AT und einer Reaktionszeit von 1 Tag betrachtet. Die wirtschaftliche Mindestbetriebszeit ist der Einschichtbetrieb. Die minimale Produktionsleistung beträgt dann 250 Fz/Tag. Ein Produktionsstart ist ab einer Zweischichtproduktion von einer Woche sinnvoll, das heißt für eine Mindestlosgröße von 2.500 Fahrzeugen.

10.5.2 Auftragsfertigung

Mit einer *Produktionsleistung* $PL(t)$, einem *Produktionsauftragseingang* $AE_P(t)$ und einem Auftragsbestand $AB_P(t-1)$ am Periodenanfang ergibt sich der

- *Produktionsauftragsbestand* am Periodenende:

$$AB_P(t) = MAX(0; AB_P(t-1) + AE_P(t) - PL(t)) \quad [ST]. \tag{10.11}$$

Bei einer kombinierten Auftrags- und Lagerfertigung (s. u.) kann die Produktion in einer Periode größer sein ist als die Summe von Auftragsanfangsbestand und Auftragseingang. Dann sinkt der Auftragsbestand am Periodenende auf Null und es entsteht ein Fertigbestand.

Bei *konstanter Fertigung* ist die Produktionsleistung $PL(t)$ nach Beziehung (10.8) durch den Betriebszeitplan fest vorgegeben. Bei *flexibler Fertigung* beginnt die Produktion, wenn x Perioden zuvor der Produktionsauftragsbestand größer ist als die Mindestlosgröße. Sie läuft dann mit maximaler Leistung PL_{max} bis der Auftragsbestand $AB(t-x)$ zum Freezing-Zeitpunkt $t-x$ kleiner ist als die Produktionskapazität. In der darauf folgenden Periode wird der Restbestand $AB(t-x)$ abgearbeitet. Sinkt der Auftragsbestand damit unter die minimale Produktionsleistung PL_{min}, wird die Produktion solange unterbrochen, bis der Auftragsbestand wieder auf die Mindestlosgröße angestiegen ist. Hieraus ergibt sich der *Algorithmus* für die

- *Produktionsleistung* bei flexibler Fertigung

$$PL(t) = \begin{cases} MIN(PL_{max}; AB_P(t-x)) & \text{wenn } AB_P(t-x) > LG_{min} \\ MIN(PL_{max}; AB_P(t-x)) & \text{wenn } AB_P(t-x-1) > AB_P(t-x) > PL_{min} \\ 0 & \text{wenn } AB_P(t-x-1) < AB_P(t-x) > LG_{min} \end{cases}. \tag{10.12}$$

Die Produktionsdurchlaufzeit $T_{PDZ}(t)$ in Periode t ist bei kontinuierlicher Produktion gleich der Reaktionszeit x plus der Zeit, in der der aktuelle Auftragsbestand (10.12) abgearbeitet wird. In den Zeiten ohne Produktion kommt die Wartezeit $(LG_{min} - AB_P(t))/AE_P(t)$ bis zum Erreichen der Mindestmenge hinzu. Hieraus folgt für die

- *Produktionsdurchlaufzeit*

$$T_{PDZ}(t) =$$

$$\begin{cases} x + AB_P(t)/PL_{max} & \text{wenn } AB_P(t-x) > LG_{min} \\ x + (LG_{min} - AB_P(t))/AE_P(t) + AB_{min}/PL_{max} & \\ & \text{wenn } AB_P(t-x-1) < AB_P(t-x) < LG_{min} \\ x + AB_P(t)/PL_{max} & \text{wenn } AB_P(t-x-1) > AB_P(t-x) > PL_{min}. \end{cases} \tag{10.13}$$

Für das o.g. Berechnungsbeispiel aus der Automobilproduktion und zwei verschiedene Auftragseingänge ist in den *Abb.* 10.3 und 10.4 *oben* der mit *Beziehung* (10.12) errechnete Verlauf der *Produktionsleistung* dargestellt und *unten* der daraus nach *Beziehung* (10.11) resultierende *Auftragsbestand*. Für den Auftragseingang wurde in diesen Modellrechnungen die *Testfunktion* (9.59) verwendet, die jeweils in den oberen Abbildungen zusammen mit der Produktionsleistung gezeigt ist.

Im ersten Fall, den *Abb.* 10.3 zeigt, ist der mittlere Auftragseingang mit 700 Fz/AT so groß, dass der Auftragsbestand auch zu saisonschwachen Zeiten nicht unter die minimale Produktionsleistung absinkt. Daher ist eine *kontinuierliche Produktion* möglich, die vom 20. bis zum 75. Arbeitstag sowie vom 130. bis zum 223. Arbeitstag mit voller Kapazität arbeitet und sich in den Zwischenzeiten dem sinkenden Auftragsbestand anpasst. In den Spitzenzeiten, in denen der Auftragseingang größer als die Fertigungskapazität ist, steigt der Auftragsbestand auf über 4.000 Fahrzeuge. Danach sinkt er bei einer Reaktionszeit von 1 AT bis auf eine Tagesproduktion von 750 Fahrzeugen.

Für die Durchlaufzeiten ergeben sich nach Beziehung (10.13) minimal 2 Arbeitstage, maximal 9 Arbeitstage und im Jahresmittel 6,8 Arbeitstage. Mit zunehmender Auslastung steigen die Durchlaufzeiten an.

Im zweiten Fall mit einem mittleren Auftragseingang von 250 Fz/AT sinkt der Auftragsbestand, wie in *Abb.* 10.4 dargestellt, immer wieder unter die minimale Produktionsleistung von 250 Fz/AT. Die Produktion bricht ab, nachdem der Auftragsbestand bis auf die Mindestproduktionsleistung abgearbeitet ist, und beginnt wieder, wenn der Auftragsbestand die Mindestlosgröße von 2.500 Fahrzeugen überschreitet. Daraus resultiert eine *diskontinuierliche Produktion*. Für die Durchlaufzeiten ergeben sich nach Beziehung (10.13) minimal 2 Arbeitstage, maximal 8 Arbeitstage und im Jahresmittel 3,9 Arbeitstage.

Wenn die Lieferzeiten der Auftragsproduktion für die Auftraggeber zu lang sind und dadurch Aufträge verloren gehen, ist die Lagerfertigung ein möglicher Ausweg.

10.5.3 Lagerfertigung

Bei reiner Lagerfertigung ergibt sich der Auftragseingang $AE_P(t)$ für die Produktion ausschließlich aus den Nachschubaufträgen für das Fertiglager.

Wenn der *Lagerbestand* LB(t) in einer Periode t den *Meldebestand* MB unterschreitet, wird ein Nachschubauftrag mit einer *Nachschubmenge* NM(t) ausgelöst, die entweder immer gleich groß oder bei optimaler Nachschubdisposition verbrauchsabhängig ist. Der *Meldebestand* ist gleich der Summe eines *Sicherheitsbestands* SB, der bei schwankendem Auftragseingang und veränderlichen Wiederbeschaffungszeiten eine geforderte *Lieferfähigkeit* sichert, und des Verbrauchs in der Wiederbeschaffungszeit, der vom externen Auftragseingang bestimmt wird. Verfahren und Formeln zur Berechnung der *optimalen Nachschubmenge* und des *Sicherheitsbestands* sind in *Kap.* 11 angegeben.

Die *Wiederbeschaffungszeit* T_{WBZ} hängt ab von der *Produktionsdurchlaufzeit*, von der in Periodenlängen T_{PE} gemessenen *Transportzeit* TZ = $z \cdot T_{PE}$ zwischen Produktion und Lager sowie von der Art der Nachschubauslieferung.

Für die Auslieferung an das Fertiglager sind folgende *Auslieferstrategien* möglich:

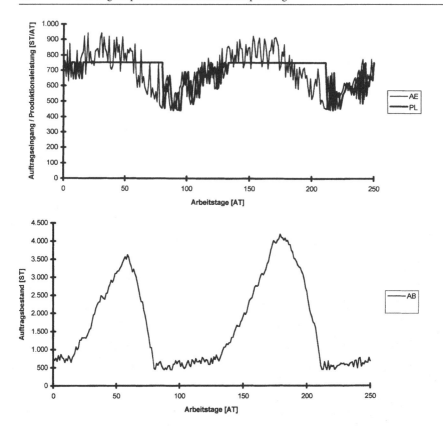

Abb. 10.3 Produktionsleistung und Auftragsbestand bei kontinuierlicher flexibler Auftragsfertigung von 175.000 Fahrzeugen im Jahr

AE: Auftragseingang
PL: Produktionsleistung
PL_{min} = 250 FZ/AT
AB: Auftragsbestand
AE_{mittel} = 700 FZ/AT
x = Reaktionszeit = 1 AT
PL_{max} = 750 FZ/AT

• *Geschlossene Nachschubauslieferung*: Die in einer oder aufeinander folgenden Perioden produzierte Nachschubmenge wird in einem *Fertigpuffer* (FP) angesammelt und erst an das *Fertiglager* (FL) ausgeliefert, wenn sie vollständig ist.
• *Kontinuierliche Nachschubauslieferung*: Die produzierte Nachschubmenge wird Stück für Stück, in vollen Lade- oder Transporteinheiten, oder jeweils am Ende einer Periode an das Fertiglager ausgeliefert.

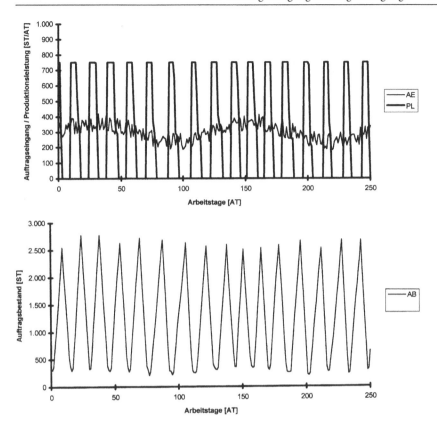

Abb. 10.4 Produktionsleistung und Auftragsbestand bei diskontinuierlicher flexibler Auftragsfertigung von 62.500 Fahrzeugen im Jahr

> AE: Auftragseingang
> PL: Produktionsleistung
> PL_{min} = 250 FZ/AT
> AB: Auftragsbestand
> AE_{mittel} = 250 FZ/AT
> x = Reaktionszeit = 1 AT
> PL_{max} = 750 FZ/AT
> LG_{min} = Mindestlosgröße = 2.500 FZ

Bei geschlossener Auslieferung ist die minimale Wiederbeschaffungszeit T_{WBZ} = $z + x + NM/PL_{max}$ und bei Auslieferung mindestens einmal pro Periode T_{WBZ} = $z + x$. Damit folgt bei einem *Lagerauftragseingang* $AE_L(t)$ für den

- *Meldebestand*

$$\mathrm{MB}(t) = \begin{cases} \mathrm{SB} + (z + x + \mathrm{NM}/\mathrm{PL}_{max}) \cdot \mathrm{AE_L}(t) & \text{bei geschlossener Auslieferung} \\ \mathrm{SB} + (z + x) \cdot \mathrm{AE_L}(t) & \text{bei kontinuierlicher Auslieferung.} \end{cases}$$

(10.14)

Bei optimaler Nachschubdisposition und reiner Lagerfertigung ergibt sich damit für den

- *Produktionsauftragsbestand* am Periodenende

$$\mathrm{AB_P}(t) = \begin{cases} \mathrm{NM}(t) & \text{wenn } \mathrm{LB}(t-1) < \mathrm{LB}(t) > \mathrm{MB} \\ \mathrm{AB_P}(t-1) - \mathrm{PL}(t) & \text{wenn } \mathrm{LB}(t-1) > \mathrm{LB}(t) \\ 0 & \text{wenn } \mathrm{LB}(t-1) > \mathrm{LB}(t) < \mathrm{MB}. \end{cases}$$

(10.15)

Aus dem Produktionsauftragsbestand (10.15) folgt mit dem Algorithmus (10.12) die Produktionsleistung.

Bei kontinuierlicher Nachschubauslieferung wird während der Produktionsphase laufend der Lagerbestand durch die Produktionsleistung $\mathrm{PL}(t-z)$ des Tages $t-z$ aufgefüllt, an dem der Transport ans Lager abgeht. Gleichzeitig gehen vom Lagerbestand die Mengen des Auftrageingangs $\mathrm{AE}(t)$ ab. Daher sind am Ende des Tages t

- *Fertigpufferbestand* $\mathrm{FB}(t)$ und *Lagerbestand* $\mathrm{LB}(t)$ bei *kontinuierlicher Auslieferung* an das Lager

$$\mathrm{FB}(t) = 0$$
$$\mathrm{LB}(t) = \mathrm{LB}(t-1) - \mathrm{AE_L}(t) + \mathrm{PL}(t-z).$$

(10.16)

Bei geschlossener Nachschubauslieferung wird die gesamte fertig produzierte Nachschubmenge NM erst am Tag t der vollständigen Fertigstellung aus dem Fertigpuffer an das Fertiglager geliefert. Sie kommt dort am Tag $t + z$ an und füllt den Lagerbestand wieder auf. Hieraus resultieren

- *Fertigpufferbestand* und *Lagerbestand* bei *geschlossener Auslieferung* an das Lager

$$\mathrm{FB}(t) = \mathrm{FB}(t-1) + \mathrm{PL}(t) - \mathrm{WENN}\,(\mathrm{FB}(t-1) + \mathrm{PL}(t) = \mathrm{NM};\ \mathrm{NM};\ 0)$$
$$\mathrm{LB}(t) = \mathrm{LB}(t-1) - \mathrm{AE_L}(t) + \mathrm{WENN}\,(\mathrm{FP}(t-z-1) + \mathrm{PL}(t) = \mathrm{NM};\ \mathrm{NM};\ 0).$$

(10.17)

Für das Beispiel der Automobilproduktion zeigen die *Abb. 10.5* bei geschlossener Auslieferung und *Abb. 10.6* bei kontinuierlicher Auslieferung *oben* den mit diesen Beziehungen errechneten Verlauf der *Produktionsleistung* und *unten* den Verlauf des *Lagerbestands*. Aus dem Vergleich der beiden Modellrechnungen wie auch aus den Berechnungsformeln ist ablesbar:

▶ Der Produktionsverlauf ist für beide Auslieferstrategien gleich, aber verschoben. Wegen der kürzeren Wiederbeschaffungszeit beginnt die Produktion für den Lagernachschub bei kontinuierlicher Auslieferung um $\mathrm{NM}/2\mathrm{PL}_{max}$ später.

▶ Der typische Sägezahnverlauf des Lagerbestands hat bei geschlossener Auslieferung senkrechte Anstiegsflanken und bei kontinuierlicher Auslieferung schräg verlaufende Anstiegsflanken.

▶ Der Lagerbestand ist bei kontinuierlicher Nachschubauslieferung fast um einen Faktor 2 geringer als bei geschlossener Nachschubauslieferung.

▶ Der Unterschied zwischen geschlossener und kontinuierlicher Auslieferung verringert sich mit abnehmender Nachschubmenge und verschwindet, wenn die gesamte Nachschubmenge in nur einer Periode produziert werden kann.

Wenn zwischen der Produktion und dem Fertiglager ein Transport stattfindet, ist die Auslieferung in vollen Lade- und Transporteinheiten kostenoptimal. Daraus ergibt sich die *optimale Nachschub- und Auslieferungsstrategie*:

▶ Die Nachschub- und Lagerkosten sind am günstigsten, wenn die Nachschubmenge ein ganzzahliges Vielfaches des Fassungsvermögens der Ladeeinheiten und der Transporteinheiten ist und in vollen Lade- und Transporteinheiten kontinuierlich von der Produktion an das Lager ausgeliefert wird.

Strategieparameter zur weiteren Minimierung der Summe von Transportkosten für den Lagernachschub und Lagerkosten sind das *Fassungsvermögen* der eingesetzten Lade- und Transportmittel sowie die *Lagernachschubmenge* (s. *Kap.* 11).

Bei reiner Lagerfertigung ist die Auftragsdurchlaufzeit gleich der Auftragsbearbeitungszeit im Fertiglager, die bei verfügbarem Lagerbestand in der Regel wenige Stunden bis maximal ein Tag beträgt und damit wesentlich kleiner als die Produktionsdurchlaufzeit ist. Hieraus folgt:

▶ Bei ausreichender Produktionsleistung und richtig bemessenem Sicherheitsbestand ermöglicht die Lagerfertigung minimale Lieferzeiten.

Minimale Lieferzeiten sind nur bei ausreichendem Lagerbestand möglich. Wenn die Produktion den Nachschub nicht rechtzeitig liefert und der Verbrauch in der Wiederbeschaffungszeit größer ist als der Lagerbestand LB(t), entsteht ein

• *Lagerauftragsbestand*

$$AB_L(t) = MAX\left(0; \; AB_L(t-1) + AE_L(t) - LB(t)\right) . \tag{10.18}$$

Der Preis für die kurzen Lieferzeiten der Lagerfertigung sind die Mehrkosten, die gegenüber der Auftragsfertigung durch den Transport von der Produktion zum Fertiglager, das Einlagern, das Lagern und das Auslagern entstehen. Von diesen Mehrkosten fallen bei hochwertigen Erzeugnissen und großem Lagerbestand vor allem die *Zinskosten* für die Kapitalbindung und das *Absatzrisiko* ins Gewicht (s. *Abschn.* 11.2).

10.5.4 Kombinierte Auftrags- und Lagerfertigung

Durch eine kombinierte Auftrags- und Lagerfertigung lassen sich die Vorteile der Auftragsfertigung und der Lagerfertigung nutzen und die Nachteile in Grenzen vermeiden. Beim kombinierten Betrieb des Lager- und Fertigungssystems *Abb.* 10.2 werden die externen Aufträge nach bestimmten *Zuteilungskriterien* zu einem Anteil

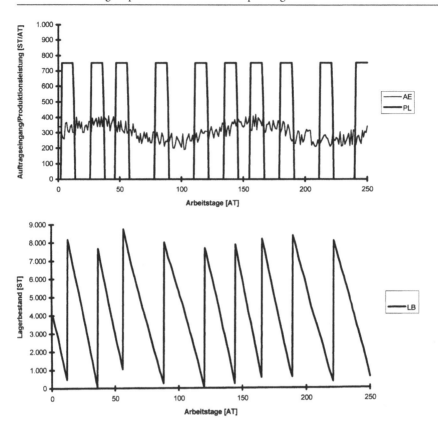

Abb. 10.5 Produktionsleistung und Lagerbestand bei flexibler Lagerfertigung mit geschlossener Nachschubauslieferung von 75.000 Fahrzeugen im Jahr

AE: Auftragseingang
PL: Produktionsleistung
PL_{min} = 250 FZ/AT
LB: Lagerbestand
AE_{mittel} = 300 FZ/AT
LG_{min} = 1.250 FZ
PL_{max} = 750 FZ/AT
NM = Nachschubmenge = 8.000 FZ

p dem Produktionsbereich und zu einem Anteil $1 - p$ dem Lagerbereich zur Ausführung zugewiesen. Damit teilt sich der externe Auftragseingang $AE(t)$ auf in einen *externen Produktionsauftragseingang*

$$AE_P(t) = p \cdot AE(t)$$ (10.19)

und einen *Lagerauftragseingang*

$$AE_L(t) = (1 - p) \cdot AE(t),$$ (10.20)

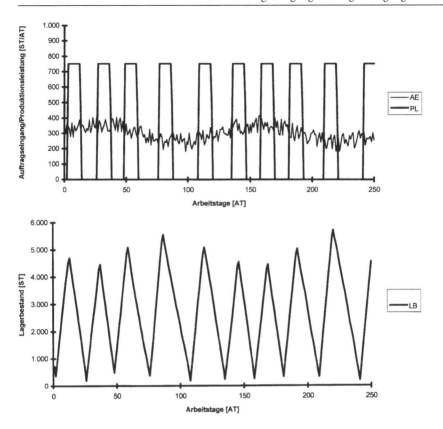

Abb. 10.6 Produktionsleistung und Lagerbestand bei flexibler Lagerfertigung mit kontinuierlicher Auslieferung von 75.000 Fahrzeugen im Jahr

AE: Auftragseingang
PL: Produktionsleistung
PL_{min} = 250 FZ/AT
LB: Lagerbestand
AE_{mittel} = 300 FZ/AT
LG_{min} = 1.250 FZ
PL_{max} = 750 FZ/AT
NM = Nachschubmenge = 8.000 FZ

deren Summe gleich dem *Gesamtauftragseingang* ist:

$$AE(t) = AE_P(t) + AE_L(t).$$ (10.21)

Der Auftragsbestand der Produktion ergibt sich bei kombinierter Auftrags- und Lagerfertigung aus dem externen Produktionsauftragseingang (10.19) und den internen Lagernachschubaufträgen, die bei Erreichen des Meldebestands MB, also wenn $LB(t)$ < MB wird, erteilt werden. Daraus folgt für den

- *Produktionsauftragsbestand* bei kombinierter Auftrags- und Lagerfertigung

$$AB_P(t) = MAX\,(0;\ AB_P(t-1) + AE_P(t) - PL(t) \qquad (10.22)$$
$$+WENN(LB(t) < MB;\ MB;\ 0))$$

Die Produktionsleistung bei kombinierter Auftrags- und Lagerfertigung errechnet sich mit dem allgemeinen Algorithmus (10.12) aus dem Produktionsauftragsbestand (10.22).

Nach Beziehung (10.14) ist der Meldebestand vom aktuellen Verbrauch und von der *Lagerproduktionsleistung* PL_L abhängig, die zur Fertigung des Lagernachschubs bereitgestellt wird. Damit die Wiederbeschaffungszeit für das Fertiglager nicht zu lang ist, muss für den Lagernachschub ein Anteil $p_L \geq p$ der maximal möglichen Produktionsleistung freigehalten werden. Die Produktionskapazität $PL_A(t)$ für die Auftragsfertigung ist daher während der Lagernachschubproduktion begrenzt durch

$$PL_A(t) \leq (1 - p_L) \cdot PL_{max}. \qquad (10.23)$$

Mit Hilfe der angegebenen Formeln lassen sich die Auswirkungen des Auftragseingangs auf die Produktionsleistung, den Auftragsbestand, den Lagerbestand und die Durchlaufzeiten für unterschiedliche Einflussfaktoren und Strategieparameter berechnen. Die Anzahl der *Einflussfaktoren*, wie Höhe, Saisonalität und Schwankung des Auftragseingangs, der *Strategieparameter*, wie die Nachschubmenge, die Produktionskapazität und die Reaktionszeit, und der *Handlungsmöglichkeiten*, wie Periodeneinteilung, Werksferien oder Verteilung zwischen Auftrags- und Lagerfertigung ist jedoch so groß, dass eine Darstellung und Diskussion auch nur der wichtigsten Abhängigkeiten den Rahmen sprengen würde.

Dem interessierten Leser wird empfohlen, mit den angegebenen Formeln ein *Tabellenkalkulationsprogramm* zu schreiben, das so viele Zeilen hat, wie Perioden betrachtet werden, und damit selbst Modellrechnungen mit entsprechenden Parametervariationen durchzuführen. Mit einem solchen Tabellenkalkulationsprogramm wurden die in den *Abb.* 10.3 bis 11.7 dargestellten Kurvenverläufe errechnet.

Die *Abb.* 10.7 zeigt für das Beispiel der Automobilindustrie das Ergebnis der Tabellenkalkulation bei einer kombinierten Auftrags- und Lagerproduktion mit einer konstanten Produktionsleistung, die gleich dem durchschnittlichen Auftragseingang ist. Im Verlauf der kontinuierlichen Produktion entsteht in Zeiten, in denen der Auftragseingang größer ist als die Produktionskapazität, ein zunehmender Auftragsbestand, nachdem der Lagerbestand abgebaut ist. Wenn der Auftragseingang unter die Produktionsleistung sinkt, nimmt der Auftragsbestand wieder ab. Danach baut sich aus der Überschussproduktion ein zunehmender Lagerbestand auf.

Aus den angegebenen Beziehungen und den Modellrechnungen lassen sich folgende *Zuweisungsregeln* für die Auftragsfertigung und die Lagerfertigung herleiten und ihre Auswirkungen quantifizieren:

▶ *Großaufträge* eignen sich besser für die Auftragsfertigung, kleinere Aufträge besser für die Auslieferung ab Lager.

▶ *Eilaufträge* und *Sofortaufträge* sind vorteilhafter ab Lager auszuliefern.

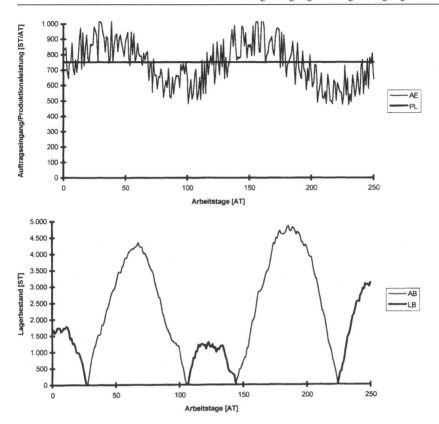

Abb. 10.7 Produktionsleistung, Auftragsbestand und Lagerbestand bei kombinierter Auftrags- und Lagerfertigung von 187.500 Fahrzeugen im Jahr

AE: Auftragseingang
PL: Produktionsleistung $= PL_{max} = 750$ FZ/AT
AB: Auftragsbestand
$AE_{mittel} = 750$ FZ/AT
LB: Lagerbestand

▶ *Terminaufträge* werden bei gleichmäßig hohem Auftragseingang auf Termin gefertigt und direkt ausgeliefert und bei geringem oder schwankendem Auftragseingang in Zeiten geringerer Auslastung vorgefertigt und über das Lager ausgeliefert.

▶ Bei einer *Mehrvariantenfertigung* sind gängige und geringerwertige Varianten mit prognostizierbarem Bedarf günstiger auf Lager zu produzieren und seltene oder hochwertigere Varianten mit sporadischem Bedarf besser nach Kundenauftrag.

In der Konsumgüterindustrie werden beispielsweise Großaufträge mit Aktionsware gleich nach der Produktion in die termingerecht bereitgestellten Sattelaufliegerfahrzeuge verladen und am Fertigwarenlager vorbei direkt zu den *Regionallagern* oder *Crossdockingstationen* des Handels transportiert. Abgesehen von den dadurch ersparten Kosten für den Zwischentransport und die Überlagernahme lassen sich mit der *Direktlieferstrategie* die Schwankungen des Lagerauftragseingangs reduzieren und die Lagerbestände senken. Nicht selten stehen jedoch einer kurzfristigen Einführung der Direktauslieferung organisatorisch oder datentechnisch fest installierte Abläufe im Wege, die sich nur mit größerem Aufwand verändern lassen.

10.5.5 Beherrschung der Komplexität

Die Analyse des in *Abb.* 10.2 dargestellten Produktions- und Lagersystems zeigt, wie viele Einflussgrößen und Handlungsmöglichkeiten bereits bei der Disposition des relativ einfachen Systems aus zwei verkoppelten Leistungsstellen zu beachten sind. Die Verkopplung und Vernetzung mehrerer solcher Elementarsysteme führt wegen der mit zunehmender Elementeanzahl explodierenden Anzahl der Bündelungs- und Ordnungsmöglichkeiten zu einer sehr hohen *Komplexität* (s. *Abb.* 5.2 und 5.3).

Zugleich haben die vorangehenden Modellrechnungen gezeigt, dass die stochastische Simulation des relativ einfachen Systems sehr aufwändig ist und kaum weiter führt als die Systemanalyse. Die Simulation kann zwar die Auswirkungen der Veränderung einzelner Leistungsanforderungen oder Handlungsparameter aufzeigen. Sie erklärt jedoch nicht, warum sich welche Auswirkungen einstellen. Mit zunehmender Komplexität des Systems wird auch das Simulationsmodell komplexer. Die Ergebnisse werden immer unverständlicher. Die stochastische Simulation eines komplexen Systems mit vielen Handlungsmöglichkeiten und Parametern ergibt daher keine allgemein gültigen Strategien, mit denen sich das Ziel minimaler Gesamtkosten bei Einhaltung der geforderten Lieferzeiten und Lieferfähigkeiten erreichen lässt.

Die Komplexität von Liefer- und Versorgungsnetzen, die sich aus einer großen Anzahl von Produktions-, Leistungs- und Lagerstellen zusammensetzen, wird erst beherrschbar, wenn bei der Gestaltung und Planung das *Entkopplungsprinzip* aus *Abschn.* 10.1 befolgt wird und bei der Disposition das *Subsidiaritätsprinzip* aus *Abschn.* 2.4. Die entkoppelten Teilbereiche und Subsysteme können dann weitgehend unabhängig voneinander die Aufträge disponieren, die ihnen von den angrenzenden Systemen, einer zentralen Auftragsdisposition oder direkt von externen Kunden erteilt werden [234]. Solange keine Engpässe oder Unterbrechungen auftreten, ergibt sich selbstregelnd ein relatives oder das absolute Gesamtoptimum, wenn die Disposition der Teilsysteme jeweils auf das Optimum ihres Einflussbereichs ausgerichtet ist. Offen aber ist die zentrale Frage, welche Dispositionsstrategien dafür am besten geeignet sind (s. *Abschn.* 20.18).

10.6 Permanente Auftragsdisposition

Die Auftragsdisposition ordnet permanent die eingehenden externen Aufträge nach Prioritäten, löst sie nach geeigneten Dispositionsstrategien in interne Aufträge auf und leitet diese an die betreffenden Fertigungsbereiche, Lieferstellen und Fertigwarenlager zur Ausführung weiter (s. *Abschn.* 2.2). Weitere Aufgaben der Auftragsdisposition sind die Beschaffungsdisposition und die Versanddisposition.

Damit die Auftragsdisposition die Aufträge unverzüglich bearbeiten kann, müssen zuvor von der Planung die Art und die Strategien der Auftragsausführung mit der Produktion und den externen Beschaffungsquellen abgestimmt sein, soweit diese Einfluss auf die Lieferzeit haben. Aus der Abstimmung der Lieferanforderungen mit den Fertigungs- und Beschaffungsmöglichkeiten resultieren unterschiedliche Beschaffungsstrategien. Gemäß der Lieferzeitforderung ist unter Berücksichtigung der Kostenopportunität auszuwählen, welche Positionen ab Lager geliefert und welche auftragsspezifisch gefertigt oder beschafft werden.

In einem Unternehmen mit eigener Produktion ist die Abstimmung der Strategien der zentralen Auftragsdisposition mit den Strategien der Lagerdisposition und der dezentralen Fertigungsdisposition entscheidend für den Erfolg der Disposition. Eine weitere Erfolgsbedingung sind *Dispositionsperioden*, die in allen Leistungsbereichen die gleiche Länge haben und deren Beginn aufeinander abgestimmt ist. Wird zum Beispiel eine tagesgenaue Termineinhaltung angestrebt, ist die Länge der Dispositionsperioden 1 Arbeitstag (s. *Abschn.* 8.2).

10.6.1 Auftragsbeschaffung oder Lagerfertigung

Für die Bestellung eines reinen Auftragsartikels, der grundsätzlich nicht auf Lager produziert wird, gibt es nur die *Auftragsfertigung* oder die *Auftragsbeschaffung*. Für einen Lagerartikel besteht die Möglichkeit, diesen ab Lager auszuliefern oder nach Auftrag zu fertigen bzw. zu beschaffen.

Sind beide Möglichkeiten zugelassen, ergeben sich aus der *Lieferzeitopportunität* und der *Kostenopportunität* der Lagerhaltung, die im folgenden Kapitel behandelt werden, folgende *Zuweisungsregeln für die Auftrags- oder Lagerfertigung*:

▶ *Kleinaufträge* mit Bestellmengen, die kleiner sind als die halbe optimale Nachschubmenge und der aktuelle Lagerbestand, werden ab Lager ausgeliefert.

▶ *Großaufträge* mit Bestellmengen, die größer sind als die halbe optimale Nachschubmenge oder der aktuelle Lagerbestand, werden nach Auftrag gefertigt, wenn die geforderte Lieferzeit länger ist als die Standardlieferzeit.

▶ *Großaufträge* mit einer geforderten Lieferzeit, die kürzer als die Standardlieferzeit ist, werden aufgeteilt in einen sofort zu bedienenden *Lagerlieferanteil* maximal in Höhe der halben optimalen Nachschubmenge und einen verbleibenden *Auftragslieferanteil*, der erst nach der Standardlieferzeit geliefert wird.

Aus dieser Festlegung ergibt sich über längere Zeit selbstregelnd der kostenoptimale Anteil der Auftragsfertigung p und der Anteil der Lagerfertigung $1 - p$ (s. *Abb.* 10.2).

10.6.2 Erzeugnisarten und Fertigungsverfahren

In einer Produktionsstelle werden *Einsatzstoffe*, wie Rohstoffe, Vorprodukte, Teile und Module, von Arbeitskräften, Maschinen und Anlagen in unterschiedliche *Erzeugnisse* umgewandelt. Die Art und Beschaffenheit der Erzeugnisse E_r, $r = 1, 2, \ldots,$

N_E mit den Erzeugniseinheiten VE_r, die Auftragsmenge und der Fertigstellungszeitpunkt werden durch die *Fertigungsaufträge* [FAuf] vorgegeben. Bei einem periodischen Auftragseingang λ_A [FAuf/PE] mit den mittleren Auftragsmengen pro Artikelposition m_r [VE_r/Auf] ist der *Erzeugnis- oder Leistungsbedarf* $\lambda_r = m_r \cdot \lambda_A$ [VE_r/PE]. Maßgebend für die Fertigungsdisposition sind die Erzeugnisart und das Fertigungsverfahren. Diese ergeben sich aus dem technologischen Fertigungsprozess:

- *Unstetigproduktion* oder *Taktfertigung*: In einem getakteten Prozess werden einzeln oder in einer bestimmten Losgröße *diskrete Erzeugnisse* hergestellt. Diese können einzelne *Werksstücke* oder *Warenstücke* [WSt] sein oder zu mehreren in *Verpackungseinheiten* [VPE] oder *Ladungsträgern* [LE] abgefüllt sein.
- *Stetigproduktion* oder *Verfahrensproduktion*: In einem stetigen Prozess wird ein *kontinuierliches Produkt* erzeugt, das nicht in der gleichen Fertigungsstelle abgepackt oder abgefüllt wird. Die Ausstoßmenge kann Gas, Flüssigkeit, Schüttgut, ein Materialstrang oder eine Stoffbahn sein. Sie wird gemessen in *Gewichtseinheiten* [kg, t], *Volumeneinheiten* [m^3, l], *Flächeneinheiten* [m^2] oder *Längeneinheiten* [m, km].

Der kontinuierliche Ausstoß einer Stetigproduktion wird in den meisten Fällen in einem *Materialpuffer* zwischengespeichert, aus dem nachfolgende Abfüllstationen und Weiterverarbeitungsstellen bedarfsabhängig versorgt werden. Eine *Prozessfertigung* ist daher in der Regel zwei- oder mehrstufig und durch Zwischenpuffer entkoppelt.

10.6.3 Organisation der Fertigung

In einer *mehrstufigen Fertigung* sind die einzelnen Produktionsstellen auf unterschiedliche Weise miteinander verbunden:

- In der *Werkstattfertigung* sind die einzelnen Produktionsstellen durch Auftrags- oder Warenpuffer voneinander entkoppelt. Mehrere Produktionsstellen führen nach dem *Verrichtungsprinzip* am Auftragsgegenstand in sich abgeschlossene Arbeitsgänge durch oder erzeugen *parallel* das benötigte Einsatzmaterial.
- In der *Fließfertigung* sind mehrere Produktionsstellen ohne Zwischenlager in Reihe geschaltet. Sie führen *nacheinander* nach dem *Prozessfolgeprinzip* am Auftragsgegenstand oder Leiteinsatzstoff einzelne Arbeitsschritte aus und verbrauchen Einsatzmaterial, das aus anderen Produktionsstellen über Zwischenpuffer von außen zugeführt wird. Im Grenzfall ist die Fließfertigung eine kontinuierliche Prozessfertigung, bei der aus verfahrenstechnischen Gründen für eine längere Zeit keine Unterbrechung möglich ist.
- In einer *Netzwerkfertigung* ist die *Hauptleistungskette*, in der schrittweise der Auftragsgegenstand erzeugt wird, ohne Zwischenpuffer vernetzt mit einer oder mehreren *Zulieferketten*, in denen Module oder größere Teile ebenfalls nach dem Fließprinzip gefertigt werden.

Die Werkstattfertigung ist geeignet für Einzelaufträge und Kleinserien. Die Fließfertigung ist wirtschaftlich bei Großserien und in der Massenproduktion. Durch eine

Verkürzung der *Umrüstzeiten*, eine *Standardisierung* der Komponenten und ein konsequentes *Variantenmanagement* der Erzeugnisse aber lassen sich auch in der Fließfertigung unterschiedliche Artikel in kleinen Losgrößen wirtschaftlich produzieren. Die herkömmliche Gleichsetzung von Kleinserienfertigung und Werkstattfertigung ist also irreführend.

In der Praxis finden sich daher meistens *Mischformen* der Werkstattfertigung, der Fließfertigung und der Netzwerkfertigung. Eine ausgedehnte Netzwerkfertigung wurde in einigen Industriezweigen, wie der Autoindustrie und im Computerbau, mit der Just-In-Time-Bereitstellung der Zulaufteile angestrebt. Sie hat sich aber in reiner Form nicht durchsetzen können, da sie nur selten kostenoptimal und meist zu störanfällig ist.

10.6.4 Fertigungsplanung

Aufgabe der Fertigungsplanung ist das rechtzeitige Bereitstellen der mittel- und langfristig benötigten Ressourcen. Die Planung muss auch die organisatorischen Voraussetzungen für eine effiziente Fertigungsdisposition schaffen. Dafür ist die *Aufbau- und Ablauforganisation* der Fertigung zu planen und zu optimieren. Das geschieht zweckmäßig in folgenden *Planungsschritten*:

▶ *Erfassung und Optimierung der Produktionsstruktur*: Abgrenzung der parallelen und aufeinander folgenden *Fertigungsbereiche* mit ihren Produktionsstellen, Fertigungslinien und Fertigungsnetzen, die durch ausreichend bemessene Puffer- oder Lagerstellen entkoppelt sind (s. z. B. *Abb.* 1.15, 3.5 und 10.8).

▶ *Auswahl der Standardfertigungsketten*: Erfassung der zulässigen Fertigungsketten mit allen Produktionsstellen, Lagerstationen und Leistungsstellen, die zwischen Produktionseingang und Ausgang nacheinander an der Erzeugung des Produktionsprogramms beteiligt sind. Auswahl und Kennzeichnung der kostenoptimalen *Standardfertigungsketten* der unterschiedlichen Produktgruppen und Produktfamilien (s. z. B. *Abb.* 3.7 und 10.9).

▶ *Einteilung der Fertig- und Vorerzeugnisse in Kanban-Teile, Lagerteile und Auftragsteile*: *Kanban-Teile* sind geringwertige Massenprodukte mit anhaltendem Bedarf, deren Verbrauch nicht einzeln erfasst werden muss, und die nach dem selbstregelnden Zweibehälter-Kanban-Prinzip ohne DV-Unterstützung über Ein- und Auslaufpuffer direkt von Fertigungsbereich zu Fertigungsbereich laufen können (s. *Abschn.* 11.11). *Lagerteile* sind Standardprodukte mit einem regelmäßigen prognostizierbaren Bedarfsverlauf und positivem Lageropportunitätsgewinn, die nach den Strategien der dynamischen Lagerdisposition anonym auf Lager gefertigt werden (s. *Abschn.* 11.12). *Auftragsteile* sind alle übrigen Artikel und Vorprodukte. Sie werden auftragsbezogen gefertigt.

▶ *Planbelegung zur Engpassermittlung*: Durch eine Planbelegung der Standardfertigungsketten mit den Materialbedarfsströmen, die über die Stücklistenauflösung aus dem *geplanten Auftragseingang resultieren*, werden die *Engpassbereiche* bestimmt, die bei maximalem Auftragseingang am höchsten ausgelastet sind (s. *Abschn.* 13.9).

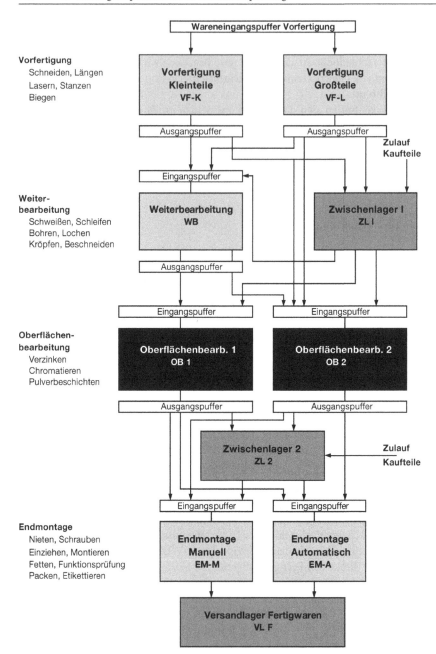

Abb. 10.8 Fertigungsstruktur in einem Betrieb der Beschlagindustrie

Engpassstationen: Oberflächenbearbeitung

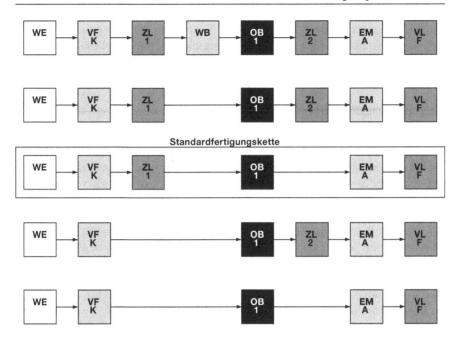

Abb. 10.9 Innerbetriebliche Fertigungsketten für Kleinteile

Fertigungsstruktur und Bezeichnungen s. *Abb.* 10.1
Engpassstellen: Oberflächenbearbeitung

▶ *Abstimmung der Betriebszeiten und Dispositionszeiten:* Synchronisation der Be-
triebs- und Arbeitszeiten in den aufeinander folgenden Produktionsbereichen.
Abstimmung der Länge der Dispositionsperioden und der Dispositionszeitpunkte der zentralen Auftragsdisposition und der Fertigungsdisposition.

Damit sind die Aufbauorganisation und die Ablauforganisation der Fertigung abgeschlossen. Der resultierende *Fertigungsablauf* wird für einzelne Teile, Produkte,
Produktgruppen oder Standardartikel in *Arbeitsplänen* dokumentiert. Diese legen
die Abfolge der Produktions- und Leistungsstellen fest, geben die einzelnen Arbeits-
vorgänge und deren Zeitbedarf vor und weisen den Material- und Teilebedarf pro
Erzeugniseinheit aus.

Aus dem Fertigungsablauf, dem Zeitbedarf für die einzelnen Bearbeitungsschritte und den mittleren Transport- und Pufferzeiten, die bei *maximaler Planbelastung*
zwischen den Fertigungsbereichen zu erwarten sind, wird für jeden Arbeitsplan eine *Standardlieferzeit* (SLZ) ermittelt. Diese kann mit einer *Termintreue* eingehalten
werden, die von der aktuellen Auslastung der Engpassstelle, der Fertigung und der
Streuung der Auftragsgrößen abhängt.

Wenn für einen Arbeitsgang mehrere Fertigungsstellen zulässig sind, werden diese im Arbeitsplan als *Optionen* ausgewiesen. Die Start- und Endtermine sind im Arbeitsplan nicht festgelegt. Die Terminfestlegung und Auswahl der Fertigungsstelle

sind erst Aufgaben der *Fertigungsdisposition*. Nur bei einer Prozessfertigung und einer Projektfertigung werden von der Fertigungsplanung auch die beteiligten Fertigungsstellen verbindlich festgelegt und die Anfangs-, Zwischen- und Endtermine geplant.

10.6.5 Fertigungsdisposition

Die Fertigungsdisposition hat die Aufgabe, die aktuellen Aufträge den verfügbaren Ressourcen so zuzuweisen, dass sie zu minimalen Kosten in der zugesicherten Lieferzeit mit der vereinbarten Termintreue ausgeführt werden. Sie belegt dazu die einzelnen, miteinander verketteten oder vernetzten Produktionsstellen eines Fertigungsbereichs nach geeigneten *Fertigungsstrategien* mit den einzelnen Aufträgen.

Die *Fertigungsstrategie* bestimmt die Auslastung und die Auftragsdurchlaufzeit der einzelnen Produktionsstellen. Die Vielzahl der zuvor beschriebenen Einzelstrategien erschwert jedoch die Arbeit der Disposition und erhöht die Gefahr einer falschen Strategieauswahl.

In *Abschn.* 13.9 wird aus einer Analyse der Auswirkungen der verschiedenen Einzelstrategien auf das Leistungsvermögen, die Kosten und die Durchlaufzeiten eine *Standardstrategie der dynamischen Fertigungsdisposition* entwickelt, die auf die *Engpassstellen* einer Lieferkette oder eines Fertigungsnetzwerks angewandt wird. Nach jeder abgeschlossenen Dispositionsperiode werden bis zum Beginn der nächsten Periode die einzelnen Schritte dieser Standardfertigungsstrategie durchlaufen.

10.6.6 Beschaffungsdisposition

Die Beschaffungsdisposition für fremd erzeugte Handelsware kann grundsätzlich zwischen einer *Just-In-Time-Beschaffung* und einer *Vorabbeschaffung* entscheiden. Dafür sind die eventuellen Mehrkosten des Lieferanten für die Just-In-time-Bereitstellung und die Terminrisiken gegen die eigenen Lagerkosten der vorzeitigen Anlieferung abzuwägen.

Wenn mehrere interne oder externe Bedarfsstellen den gleichen Artikel benötigen oder wenn eine Lieferstelle mehrere Artikel an das Unternehmen liefert, besteht darüber hinaus die Möglichkeit, die Anlieferungen optimal zu bündeln.

Eine kostenoptimale Beschaffungsbündelung ist bei einer Lagernachschubbeschaffung durch die in *Abschn.* 11.11.3 beschriebene und in *Abb.* 11.14 dargestellte *zyklische Sammeldisposition* mit festen Beschaffungsterminen zu erreichen. In die zyklische Sammeldisposition können auch die Auftragsbeschaffungen einbezogen werden.

Durch eine kostenoptimale Beschaffungsbündelung und eine zyklische Sammeldisposition lassen sich die Beschaffungskosten und die Zulauftransportkosten erheblich senken.

10.6.7 Versanddisposition

Die Versanddisposition ist Aufgabe der zentralen Auftragsdisposition, einer Versandstelle oder eines Logistikdienstleisters, der die Fertigwarenlagerung und den

Versand ausführt. Logistikdienstleister neigen zur Selbstoptimierung (s. *Kap.* 20). Der Logistikdienstleister muss daher durch eindeutige *Versandregeln* dazu veranlasst werden, eine optimale Sendungsbündelung durchzuführen und die kostengünstigste Versandart auszuwählen. Bewährte *Versandstrategien* sind:

▶ Wenn ein Kundenauftrag mehrere Lieferpositionen umfasst oder für den gleichen Liefertermin mehrere Kundenaufträge vorliegen, werden diese in einer Lieferung zusammengefasst und in der *günstigsten Versandart* dem Kunden zugestellt.

▶ Durch die Vereinbarung fester Versandtermine mit einem Kunden – etwa alle 2 Tage oder einmal pro Woche – ist ein *Sammelversand* möglich. Alle bis zum Versandtermin eintreffenden Lieferungen für den Kunden werden in einem Zwischenpuffer gesammelt und geschlossen versandt.

▶ Eine weitere Möglichkeit der *Versandbündelung* ist das Zusammenfassen aller Sendungen, die für mehrere Kunden einer *Zielregion* bestimmt sind und zu festen Zeiten versandt werden können.

Die Sendungen können dann von einem Paket- oder Speditionsdienstleister als Ganz- oder Teilladung abgeholt und entweder zum nächsten Sammelumschlagpunkt oder bei ausreichender Menge direkt zum Verteilumschlagpunkt in der Zielregion transportiert werden. Das ist besonders effektiv für Exportsendungen in ferne Länder und nach Übersee (s. *Kap.* 19).

Für die nach Auftrag gefertigten Positionen muss die Auftragsdisposition entscheiden, ob diese nach der Fertigstellung direkt ab Werk oder von einem Versandzentrum versandt werden (s. *Abb.* 10.2). Diese Entscheidung hängt außer von den Kosten von den technischen Versandeinrichtungen in der Produktion und im Versandzentrum ab.

Soweit es die technischen Einrichtungen zulassen, gelten für den *Werksversand* die *Standardbedingungen*

▶ Der *Direktversand* ab Produktionswerk ist *notwendig*, wenn ein zugesagter Liefertermin nur auf diesem Weg eingehalten werden kann. Voraussetzung ist, dass es sich um einen Einpositionsauftrag handelt oder eine *Teillieferung* zulässig ist.

▶ Ein *Direktversand* ab Werk ist *wirtschaftlicher* für große, schwere und sperrige Teile, Maschinen, Aggregate und Anlagen, die in der Fertigung versandfertig verpackt werden können.

▶ Für große Liefermengen ist ein *Direktversand* ab Werk *schneller* und *wirtschaftlicher*, wenn diese in vollen Paletten mit dem LKW als Teil- oder Ganzladungen oder per Bahn versandt werden. Optimal ist in diesem Fall eine Produktion direkt in ein bereitstehendes Transportmittel.

Für den *Zentralversand* ab einem Versandlager oder zentralen Umschlagpunkt gelten entsprechend die *Standardbedingungen*

▶ Der Versand ab einer Zentralstelle ist notwendig, wenn für einen Mehrpositionsauftrag eine Komplettlieferung zusammen mit Artikeln aus dem Fertigwarenlager oder anderen Fertigungsbereichen vorgeschrieben ist.

▶ Ein Versand ab Zentralstelle ist für kleinere Liefermengen wirtschaftlicher, wenn dort eine rationelle Verpackung und eine bessere Bündelung mit anderen Sendungen für den gleichen Kunden oder in die gleiche Region möglich ist.

Die Standardversandbedingungen ebenso wie die Standardfertigungsstrategien können in Form von Algorithmen und Entscheidungsregeln in einem *Dispositionsprogramm* realisiert werden, das dem Disponenten für jeden eingegebenen Auftrag zeit- und kostenoptimale Ausführungsvorschläge macht.

Mit zunehmender Übertragung der Standardprozesse der Disposition an ein leistungsfähiges Programm verlagert sich die Verantwortung des Disponenten auf die Überprüfung der Vorschläge des Rechners und die Lösung von Ausnahmefällen. Mehr noch als bisher gilt dann:

▶ Die *Disponenten* sind die Strategen des Tagesgeschäfts.

Das sollte auch vom Management respektiert und bei der Qualifikation der Disponenten beachtet werden.

10.7 Dynamische Disposition

Die herkömmliche Disposition ist weitgehend statisch. Sie findet in *längeren Abständen* zu *bestimmten Zeitpunkten* nach *gleichbleibenden Strategien* statt. Dabei werden die inzwischen eingetretenen Veränderungen in unterschiedlichem Ausmaß berücksichtigt.

In der Prozessindustrie, wie in der Chemieindustrie und in der Stahlerzeugung, ist vielfach noch die *monatliche Disposition* zu finden. In großen Handelsketten und Produktionsbetrieben ist die *wöchentliche Disposition* weit verbreitet. *Logistikbetriebe*, wie Speditionen und Verkehrsbetriebe, aber auch andere *marktnahe Unternehmen* disponieren mindestens einmal am Tag.

In der Regel werden die seit der letzten Disposition hinzugekommenen und die noch nicht begonnenen Aufträge neu disponiert und die wichtigsten Veränderungen der Ressourcen berücksichtigt, wie die Verfügbarkeit von Material und Produktionseinrichtungen. Die *Dispositionsstrategien*, wie Lagerfertigung oder Auftragsfertigung, und die *Strategieparameter*, wie Lagernachschubmengen und Sicherheitsbestände, bleiben jedoch lange Zeit unverändert. In dieser Hinsicht ist die Disposition der meisten Unternehmen immer noch weitgehend statisch.

Je kürzer die Dispositionsperioden umso größer ist die *Termingenauigkeit* und desto kürzer ist die *Reaktionszeit*. Je flexibler die Anpassung der Dispositionsstrategien und Parameter an die Veränderungen umso besser sind die *Ressourcennutzung*, die *Lieferfähigkeit* und die *Wettbewerbsfähigkeit*. Das leistet die dynamische Disposition [178]:

* Die *dynamische Disposition* erfolgt in kurzen Zeitabständen, deren Länge von der geforderten Termingenauigkeit bestimmt wird, nach Strategien, deren Auswahl und Parameter laufend den veränderten Umständen angepasst werden.

Abhängig von der Auslösung der Disposition unterscheiden sich die *periodendyna-mische Disposition* und die *ereignisdynamische Disposition*:

- Die *periodendynamische Disposition* findet periodisch in kurzen Zeitabständen statt und berücksichtigt alle Veränderungen der Aufträge, Ressourcen und anderen dispositionsrelevanten Ereignisse der letzten Periode.
- Die *ereignisdynamische Disposition* findet unmittelbar nach Eintreffen eines Auftrags, Veränderung einer Ressource, einer größeren Störung oder einem anderen dispositionsrelevanten Ereignis statt.

Mit der ereignisdynamischen Disposition ist zwar die größte Flexibilität erreichbar. Aufwand und Zeitbedarf der Disposition nehmen jedoch mit der Ereignishäufigkeit rasch zu, so dass eine rein ereignisdynamische Disposition – selbst wenn sie weitgehend vom Rechner ausgeführt wird – in den meisten Fällen nicht realisierbar ist.

Der Zielkonflikt zwischen Flexibilität und Praktikabilität wird gelöst durch die *Kombination von perioden- und ereignisdynamischer Disposition*:

▶ Die dynamische Disposition findet regulär in kurzen Zeitabständen statt und wird nur bei Eintreffen eines Eil- oder Großauftrags, nach Ausfall einer wichtigen Ressource oder bei einem anderen gravierenden Ereignis neu durchgeführt.

Die wichtigsten Eigenschaften der dynamischen Disposition im Vergleich zur herkömmlichen Disposition sind also die *rasche Reaktion* auf aktuelle Ereignisse und die *laufende Adaption* der Strategien und Dispositionsparameter an aktuelle Veränderungen. Dafür werden geeignete *Anpassungsstrategien* benötigt.

11 Bestands- und Nachschubdisposition

Bestände sind notwendig zum Ausgleich von temporären Abweichungen zwischen Verbrauch und Produktion sowie zur Sicherung der Versorgung bei Produktions- und Lieferunterbrechungen. Sie sind erforderlich zur Erfüllung von Leistungs- oder Serviceanforderungen und geeignet zur Optimierung der Betriebskosten und Steigerung der Produktivität.

Andererseits binden Warenbestände Kapital. Sie kosten Zinsen, benötigen Lagerplatz und sind mit Risiken verbunden. Daher versuchen viele Unternehmen – insbesondere in Zeiten *schwacher Konjunktur* – durch Vorgabe hoher Drehzahlen einen Bestandsabbau zu erzwingen, ohne die daraus resultierenden Kostensteigerungen und Leistungsminderungen ausreichend zu berücksichtigen.[1] In anderen Unternehmen steigen die Bestände – vor allem am Ende einer *Hochkonjunkturphase* – über das benötigte Maß hinaus an.

Beide Verhaltensweisen sind Folgen einer allgemeinen *Unsicherheit* und *Unkenntnis* der Verfahren, Strategien und Auswirkungen der *Bestands- und Nachschubdisposition*. Die *Unkenntnis* besteht trotz einer kaum noch überschaubaren Vielzahl theoretischer Arbeiten, Fachbücher und Veröffentlichungen auf diesem Gebiet [14, 81–87]. Viele Arbeiten untersuchen ohne Anwendungsbezug unterschiedliche Nachschubstrategien und enthalten stark vereinfachende, unpraktikable oder falsche Formeln zur Berechnung von Nachschubmengen und Sicherheitsbeständen. Die *Unsicherheit* resultiert aus den unplausiblen Bestellvorschlägen von Dispositionsprogrammen, die mit ungeeigneten Algorithmen oder mit falschen Dispositionsparametern rechnen [161–163, 178, 191].

Neben der allgemeinen Unkenntnis sind in vielen Fällen folgende *Schwachpunkte* die Ursache für zu hohe oder zu geringe Bestände:

- geteilte Verantwortung für Bestände und bestandsabhängige Kosten
- fehlende Kriterien zur Auswahl lagerhaltiger Artikel
- übertriebene Anforderungen an die Lieferfähigkeit
- unzureichende, spekulative oder zu optimistische Bedarfsprognose
- unzulängliche Dispositionsverfahren.

Die ersten drei Schwachpunkte lassen sich durch folgende *strategische Maßnahmen* der Bestands- und Nachschubdisposition beheben:

▶ *Verantwortung nur einer Stelle für Bestände und bestandsabhängige Kosten*

▶ *Gezielte Auswahl der lagerhaltigen Artikel* in allen Stufen der Versorgungsnetze

---

[1] Das kann soweit gehen, dass unbedingt benötigte Produktionslager als „Werksentkopplungsmodule" bezeichnet werden, um das Vorhandensein von Lagern vor dem Vorstand zu verbergen.

T. Gudehus, *Logistik 1*, VDI-Buch,
DOI 10.1007/978-3-642-29359-7_11, © Springer-Verlag Berlin Heidelberg 2012

▶ *Bedarfsgerechte Festlegung* der *Lieferfähigkeit* für lagerhaltige Artikel.

Zur Unterstützung der *strategischen Dispositionsentscheidungen* werden in diesem Kapitel die Aufgaben, Ziele und Merkmale von *Puffern, Lagern* und *Speichern* analysiert, für die unterschiedliche Dispositionsverfahren erforderlich sind. Anschließend werden *Auswahlkriterien für lagerhaltige Artikel* entwickelt.

Nachdem festgelegt ist, in welcher Stufe der Logistikkette welche Waren mit welcher Lieferfähigkeit gelagert werden sollen, beginnt die *operative Aufgabe* der Bestands- und Nachschubdisposition:

• Nachschub und Bestände sind so zu disponieren, dass bei *minimalen Kosten* eine vorgegebene *Lieferfähigkeit* gewährleistet ist.

Die *operative Bestands- und Nachschubdisposition* umfasst die *Teilaufgaben:*

1. Bestimmung der *Dispositionsparameter* für die lagerhaltigen Artikel
2. Rollierende Prognose oder Abschätzung des zukünftigen *Bedarfs*
3. Aktuelle Berechnung der optimalen *Nachschubmenge*
4. Dynamische Berechnung der *Sicherheitsbestände.*

Nachfolgend werden die hierfür benötigten *Dispositionsparameter* und *Leistungskostensätze* definiert. Damit wird die *Logistikkostenfunktion* für den Nachschub- und Lagerprozess aufgestellt und aus dieser eine allgemeine Formel zur Berechnung der *kostenoptimalen Nachschubmenge* hergeleitet. Nach Definition der *permanenten* und der *mittleren Lieferfähigkeit* wird der erforderliche *Sicherheitsbestand* berechnet. Aus der Verbrauchsabhängigkeit der optimalen Bestände ergeben sich Konsequenzen für die *Zentralisierung von Beständen.*

Ein weiteres Ergebnis sind praktikable *Nachschubstrategien*, die anschließend dargestellt und miteinander verglichen werden. Mit Hilfe eines *Tabellenprogramms zur Bestands- und Nachschuboptimierung* werden die *Einflussfaktoren* auf die Bestandshöhe und die Prozesskosten untersucht. Zum Abschluss werden *Maßnahmen zur Bestandsoptimierung*, das Vorgehen der *dynamischen Lagerdisposition* und die *Kostenopportunität der Lagerhaltigkeit* behandelt.

11.1 Puffern, Lagern, Speichern

Die Gründe für Material- und Warenbestände in den Versorgungsnetzen sind vielfältig. Für die Planung des Platzbedarfs sowie für die Bestands- und Nachschubdisposition ist es zweckmäßig, nach den in *Tab. 11.1* aufgeführten *Funktionen, Zielen* und *Merkmalen* die Bestandsarten *Puffern, Lagern* und *Speichern* zu unterscheiden.

In der Praxis werden die idealtypischen *Bestandsarten* nicht immer klar getrennt und die Begriffe *Puffern, Lagern* und *Speichern* unterschiedlich oder synonym verwendet. In einigen Fällen haben Bestände auch mehrere Funktionen. So ist der Übergang vom Puffern zum Lagern und vom Lagern zum Speichern fließend und abhängig von der Disposition.

	PUFFERN	LAGERN	SPEICHERN
Funktionen	Bereithalten zum Verbrauch zur Verarbeitung zur Bearbeitung zur Abfertigung	Bevorraten von Handelsware von Produktionsbedarf von Fertigwaren von Ersatzteilen	Aufbewahren zur Produktion zum Transport zur Aktionsauslieferung zum Sortieren
	Stau permanenter Warteschlangen	Lagern von Reservemengen	Speichern temporärer Warteschlangen
Ziele	Auslastungssicherung Unterbrechungsschutz minimaler Platzbedarf	sofortige Verfügbarkeit optimale Lieferfähigkeit minimale Prozeßkosten	Kapazitätsnutzung minimale Kosten maximaler Erlös
Bedarf	permanent	permanent	temporär
Bestandshöhe	minimal stochastisch um Mittelwert schwankend	optimal stochastisch abfallender Sägezahnverlauf	vorbestimmt ansteigend , konstant abfallend
Artikelspektrum	minimal	breit	gering
Liegezeit	kurz	mittel bis lang	vorbestimmt
Disposition	zufallsabhängige Staueffekte	verbrauchsabhängig Pull-Prinzip	planabhängig Push-Prinzip
Einflußfaktoren	Varianz von Zulauf und Verbrauch Verfügbarkeit der Lieferstelle	geforderte Lieferfähigkeit Verbrauch Nachschub Prozeßkosten	Produktionsplan Absatzplan Lade- und Tourenplan Zykluszeiten

Tab. 11.1 Funktionen, Ziele und Merkmale von Puffern, Lagern und Speichern

11.1.1 Puffern

Puffern ist das *Bereithalten* eines möglichst geringen *Arbeitsvorrats* eines oder weniger Artikel für die Produktion, für die Verarbeitung oder für die Abfertigung. Aufgabe ungeregelter oder gezielt disponierter Pufferbestände ist die *Sicherung* einer gleichmäßig hohen Auslastung einer Leistungsstelle mit stochastisch schwankendem Zulauf und/oder Verbrauch.

Ein Pufferbestand, der für *längere Zeit* oder *unbefristet* vorgehalten wird, schwankt wie in *Abb.* 11.1 dargestellt zufallsabhängig um einen *Mittelwert* m_B, dessen Höhe so bemessen ist, dass es nicht zu einer Unterbrechung der Versorgung kommt. Die *Liegezeit* des Materials oder des einzelnen Warenstücks ist relativ *kurz*.

Zu unterscheiden sind Puffer mit Disposition und Puffer ohne Disposition. Beispiele für *Puffer ohne Disposition* sind *Warteschlangen* vor Leistungsstellen und Transportknoten mit zufallsabhängigem Zulauf oder stochastisch schwankendem Bedarf. Bei den *Puffern ohne Disposition*, deren Zulauf *unabhängig von der Abfertigung* ist,

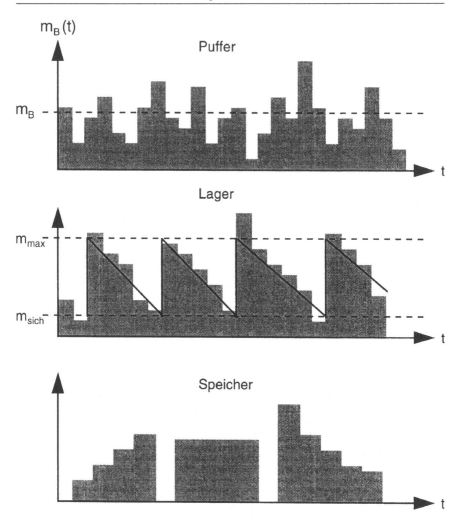

Abb. 11.1 **Bestandsverlauf für Puffer, Lager und Speicher**

$m_B(t)$ aktueller Bestand in Ladeeinheiten
m_{max} durchschnittlicher Maximalbestand
m_{min} durchschnittlicher Minimal- oder Sicherheitsbestand

bestimmt sich die Höhe der Pufferbestände aus der Stärke und der Variabilität des einlaufenden Stroms sowie aus der Größe und den Schwankungen des Leistungsvermögens der Abfertigungsstelle nach den in *Kap. 13* behandelten *Staugesetzen*. Beispiele für *Puffer mit Disposition* sind:

- *Material- und Teilepuffer* vor Bearbeitungsstationen, Produktionsmaschinen und Arbeitsplätzen zur Entkopplung störungs- und ausfallgefährdeter Leistungsstellen und zur Sicherung eines unterbrechungsfreien Betriebs.

- *Warenpuffer* vor Kommissionierplätzen und in den Verkaufstheken oder Regalen von Läden, Märkten und Handelsfilialen zur Sicherung einer vorgegebenen Warenverfügbarkeit.

Für *Puffer mit Disposition* ist der Nachschub ebenso wie beim Lagern *verbrauchsabhängig*. Die Nachschubdisposition arbeitet nach dem *Pull-Prinzip*, wobei für einen Warenpuffer anders als beim Lagern ein minimaler Platzbedarf in unmittelbarer Nähe der Bedarfs- oder Abfertigungsstelle angestrebt wird.

11.1.2 Lagern

Lagern ist das *Bevorraten der Bestände* einer größeren Anzahl *von Artikeln* oder eines breiten Sortiments *mit* länger *anhaltendem Bedarf*.

Wie in den *Abb.* 10.5, 10.6, 11.1, 11.4 und 11.23 dargestellt, sinkt der Lagerbestand eines Artikels von einem *Maximalbestand* sägezahnartig bis ein *Mindestbestand* erreicht ist, der durch eine *Nachschubmenge* wieder bis zum Maximalbestand aufgefüllt wird. Die *Lagerdauer* der einzelnen Verbrauchseinheit ist nicht vorausbestimmt. Die Summe der Bestände aller Artikel eines Lagers schwankt weniger stark als die Bestände der einzelnen Artikel.

Ziele des Lagerns sind die sofortige *Verfügbarkeit* der Lagerware, die Sicherung einer *vorgegebenen Lieferfähigkeit*, die *Glättung saisonaler Bedarfsschwankungen* zur besseren *Produktionsauslastung* und die *Optimierung der dispositionsabhängigen Logistikkosten*. Beispiele für Lagerbestände sind:

- *Produktionsversorgungslager* mit Rohmaterial, Hilfs- und Betriebsstoffen
- *Zwischenlager* für Teile, Halbfertigprodukte und Module
- *Fertigwarenlager*, *Auslieferungslager* und *Ersatzteillager*
- *Zentrallager*, *Regionallager* und *Filiallager* von Handelsunternehmen mit regelmäßig nachbestellter *Stapelware* oder *Dispositionsware*, deren Bedarf prognostizierbar ist
- *Vorratslager* der Konsumenten.

Lagerbestände sind grundsätzlich frei disponierbar. Die optimale Nachschubdisposition der Lagerbestände wird vom Bedarf bestimmt und arbeitet nach dem *Pull-Prinzip*. Die Höhe der Bestände ist abhängig vom Dispositionsverfahren, von Art und Höhe des Verbrauchs, von der Wiederbeschaffungszeit und den Mindestmengen der Lieferstelle sowie von den Rüst-, Nachschub- und Lagerkosten.

11.1.3 Speichern

Speichern ist das *Ansammeln* und *Aufbewahren* von Material oder Ware zur Produktion, zum Transport, zum Verkauf oder zum Sortieren für einen *begrenzten Zeitraum*. *Ziele* des Speicherns sind die *optimale Nutzung* von Fertigungs- oder Transportkapazitäten zu minimalen Kosten, der *Ausgleich von Erzeugungszyklen* oder das Erzielen maximaler Erlöse durch günstige *Beschaffung* in großer Menge.

In einem Speicher wird in der Regel nur der Bestand relativ weniger Artikel angesammelt und aufbewahrt. Der Speicherbestand eines Artikels wird – wie in *Abb. 11*.1 dargestellt – entweder aus *Teilanlieferungen* aufgebaut und zu einem vorgegebenen Zeitpunkt komplett ausgeliefert, in gleicher Menge für eine bestimmte Zeit aufbewahrt und dann in einem Schub vollständig ausgeliefert oder zu einem festen Zeitpunkt komplett angeliefert und in *Teilauslieferungen* abgebaut. Beispiele für *Speicherbestände* sind:

- *Vorräte von Naturrohstoffen*, die zur Erntezeit entstehen und im Verlauf eines Jahres verbraucht werden
- *Aktionsware* des Handels, die mit einem bestimmten Vorlauf beschafft und zum Aktionszeitpunkt ausgeliefert wird
- Auftrags- oder projektspezifisch beschafftes Material und hergestellte Teile für eine Gesamtanlage oder ein Bauvorhaben, die auf einer *Speicherfläche* gesammelt und dann verbaut werden
- *Frachtgut*, das an einem Umschlagpunkt angesammelt wird bis das Fassungsvermögen eines Transportmittels oder der Abfahrtszeitpunkt erreicht ist
- *Temporäre Warteschlangen* vor Leistungsstellen oder Transportknoten mit zyklischer Abfertigung
- *Schubweise angelieferte Ware*, die auf die Weiterverteilung wartet
- Warenstücke, Behälter oder Ladeeinheiten, die in einem *Sortierspeicher* gesammelt werden, um sie nach Zielorten oder anderen Kriterien zu ordnen.

Die Höhe der Speicherbestände wird bestimmt von einem Arbeitsplan, einem Absatzplan, einem Produktionsplan, einem Fahrplan, einer Sortierstrategie oder einem Abfertigungszyklus. Die *Liegezeit* im Speicher ist meist vorbestimmt. Die Disposition von Speicherbeständen ist *planabhängig* und arbeitet in der Regel nach dem *Push-Prinzip*.

So kann ein *Teil* einer Warenmenge, die für eine Verkaufsaktion beschafft und in einem Zentrallager angesammelt wurde, nach einem festen *Verteilungsschlüssel* bei Beginn der Aktion an die Filialen ausgeliefert werden. Der restliche Aktionsbestand dient als Bedarfsreserve und wird an die Filialen mit dem besten Abverkauf nachgeliefert. Anteil und Verteilungsschlüssel der Erstverteilung für Aktionsware sind wichtige *Strategieparameter* von Verkaufsaktionen.

Eine besondere Form des Speicherns ist das längere *Aufbewahren* von Gütern, Waren, Dokumenten, Büchern, Filmen, Datenträgern, Bildern, Möbeln und Wertgegenständen bis zu einem Zeitpunkt, zu dem sie wieder benötigt oder genutzt werden. Beispiele für *Aufbewahrungsspeicher*, die besondere Zugriffs- und Sicherheitsanforderungen erfüllen müssen, sind Bibliotheken, Archive, Depots, Abstelllager und Tresore.

Nicht nur Material und Waren, auch *Aufträge* und *Daten* lassen sich speichern, puffern und lagern. Durch gebündelte Ausführung gesammelter Aufträge oder durch das Arbeiten aus einem permanenten *Auftragspuffer* können – ebenso wie durch eine Lagerfertigung – Auslastung und Herstellkosten optimiert werden.

Vor der Bestandsdisposition muss daher die *Auftragsdisposition* entscheiden, welche Auftragspositionen sofort ab Lager geliefert und welche kundenspezifisch beschafft oder gefertigt werden sollen (s. *Abschn.* 11.15).

11.2 Auswahlkriterien für lagerhaltige Artikel

Ein produzierendes Unternehmen muss regelmäßig prüfen, ab welcher Fertigungsstufe welche Artikel kundenspezifisch hergestellt und welche Materialien, Teile und Fertigwaren anonym auf Lager beschafft oder gefertigt werden. Entsprechend muss ein Handelsunternehmen entscheiden, welche Artikel in welcher Stufe einer Lieferkette permanent auf Lager gehalten und welche Artikel auf Kundenauftrag bei den Lieferanten bestellt werden sollen. Für jede Stufe der Lieferketten ist also festzulegen, ob und für welche Artikel zwischen *Lieferstelle* und *Verbrauchsstelle* eine *Lagerstelle* geschaltet werden soll.

Die Lieferstelle, die das Produkt selbst herstellt oder ihrerseits die Ware aus einem Lager liefert, kann ein *externer Lieferant* oder eine *interne Produktionsstelle* sein. Die von der Lieferstelle *kundenspezifisch* hergestellte oder beschaffte Ware wird als *Kundenware* oder *Auftragsware* bezeichnet, die von der Lieferstelle *anonym* auf Lager gelieferte Ware als *Lagerware*.

Maßgebend für die Entscheidung, ob Auftragsware oder Lagerware hergestellt oder beschafft wird, sind der *Service*, den der Kunde benötigt oder der ihm geboten werden soll, die *Kosten* für den Direktbeschaffungsprozess im Vergleich zu den Kosten für den Nachschub- und Lagerprozess sowie das *Absatzrisiko*, das mit der Lagerhaltung verbunden ist (s. *Abb.* 11.2).

11.2.1 Serviceauswirkungen

Für *Lagerware* ist der Servicegrad optimal: Die benötigte *Lieferfähigkeit* lässt sich durch einen ausreichend bemessenen *Sicherheitsbestand* gewährleisten. Die *Lieferzeit* wird allein von der Auftragsdurchlaufzeit und der Versandzeit der Lagerstelle bestimmt und kann daher extrem kurz sein.

Der Servicegrad für *Auftragsware* ist dagegen *ungewiss* und *schwankend*. Bei auftragsspezifischer Fertigung ist die *Lieferzeit* abhängig von der Auslastung der produzierenden Lieferstelle. Bei kundenspezifischer Beschaffung aus einem Lieferantenlager wird der Servicegrad von dessen Lieferfähigkeit und der Zustellzeit der gewählten Beschaffungskette bestimmt.

11.2.2 Kostenauswirkungen

Die Stückkosten der Fertigung sind vom Produkt, vom Fertigungsverfahren und von den *Rüstkosten* pro Auftrag abhängig. Die *Stückkosten* einer produzierenden Lieferstelle sind daher für Kundenaufträge mit geringen Mengen höher als für Lagernachschubaufträge mit großen Mengen.

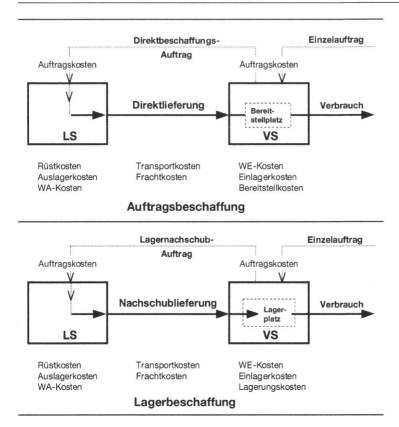

Abb. 11.2 Regelglieder und relevante Kosten der Auftragsbeschaffung und der Lagerbeschaffung

LS: Lieferstelle, Produktionsstelle, Lagerstelle
VS: Verbrauchs-, Verkaufs- oder Versandstelle

Bei einer Kundenauftragsfertigung besteht die Möglichkeit, zur Senkung der anteiligen Rüstkosten Einzelaufträge zu sammeln bis eine *Mindestmenge* erreicht ist, die in einem Durchgang gefertigt wird. Die *Serienbearbeitung* der Kundenaufträge aber verlängert bei geringem Auftragseingang und kleinen Kundenaufträgen die Lieferzeit.

Auch eine Lieferstelle, die nicht selbst produziert, hat *Auftragsbearbeitungskosten*, die jedoch in der Regel deutlich geringer sind als die Rüstkosten der Fertigung. Bei externen Lieferstellen schlagen sich die Rüstkosten und die Auftragsbearbeitungskosten in der Vorgabe von *Mindestlosgrößen* und *Mindestabnahmemengen* oder in *Preiszuschlägen für Mindermengen* nieder.

Bei einer Auftragsfertigung entstehen Lagerhaltungskosten nur, wenn der Kundenauftrag vorgefertigt und bis zur Auslieferung zwischengelagert wird. Lagerware verursacht dagegen stets Lagerhaltungskosten. Deren Höhe ist abhängig von der geforderten Lieferfähigkeit, dem Beschaffungspreis, dem Volumen und dem Gewicht der Ware sowie von der *Nachschubmenge.* Die Gesamtkosten für die Belieferung über ein Lager lassen sich jedoch durch Nachschub in *optimalen Losgrößen* minimieren.

11.2.3 Absatzrisiko

Jeder Warenbestand, der nicht durch verbindliche Kundenaufträge abgesichert ist, birgt das Risiko in sich, dass ein Teil der Ware keinen Abnehmer findet.

Bei *Kundenware* besteht ein Absatzrisiko nur, wenn diese ohne Abnahmeverpflichtung des Kunden im Voraus gefertigt wird. Das ist in einigen Branchen üblich, beispielsweise in der Textilindustrie und bei Zulieferbetrieben der Automobilindustrie, die nach ungesicherten *Blockaufträgen* oder *Rahmenvereinbarungen* kundenspezifische Ware fertigen.

Für anonyme *Lagerware* ist das Absatzrisiko unvermeidlich. Es ist daher ein wichtiges Entscheidungskriterium für die Lagerhaltigkeit. Das Absatzrisiko für Lagerware hängt ab von:

- der *Innovationszeit* des betreffenden Artikels, die für modische Waren oder Computerprodukte besonders kurz ist,
- der *Alterungsgefahr* oder *Verderblichkeit* der Ware, wie sie z. B. für Lebensmittel besteht,
- der *Absetzbarkeit* der Ware, die von der *Verwendbarkeit,* der *Abnehmerzahl* und den *Märkten* bestimmt wird,
- der *Bestandsreichweite,* das heißt, der Relation des Lagerbestands zum Verbrauch.

Dem Absatzrisiko steht in einigen Fällen eine hohe *Gewinnchance* gegenüber, beispielsweise bei Ersatzteilen oder bei spekulativ oder kostengünstig beschaffter Ware [151]. In jedem Fall aber muss das Absatzrisiko, das nach zu langer Lagerdauer oder erkennbarer Unverkäuflichkeit zu *Abschriften* führt, bei der Bestandsdisposition durch einen angemessenen *Risikozins* kalkulatorisch berücksichtigt werden. Hierfür gilt die Regel:

▶ Der *Lagerrisikozins* liegt für modische Waren und andere Artikel mit zeitlich begrenzter Verkäuflichkeit, wie Computer, zwischen 10 und 15 % p. a. und für Artikel mit mehrjähriger Verkäuflichkeit und Einsetzbarkeit zwischen 3 und 5 % p. a.

Um das Absatzrisiko des Lagerbestands zu begrenzen, kann auch für jeden Artikel eine maximal *zulässige Reichweite* RW_{zul} [PE] festgelegt werden, durch die Nachschubmenge und Sicherheitsbestand begrenzt werden, wenn sich aus der geforderten Lieferfähigkeit oder der Bestellmengenrechnung ein Bestand ergibt, dessen Reichweite höher ist als die maximal zulässige Reichweite.

Die qualitativen *Auswirkungen* von Kundenlieferung oder Lagerhaltung und die damit verbundenen *Einflussfaktoren* auf Service, Kosten und Absatzrisiko sind in *Tabelle* 11.2 zusammengestellt. Hieraus ergeben sich die in *Tabelle* 11.3 aufgeführten *Entscheidungskriterien.*

Danach gelten folgende *Abgrenzungsregeln* zwischen Kundenlieferung und Lagerhaltung:

ZIELFUNKTION		AUFTRAGSBESCHAFFUNG	LAGERBESCHAFFUNG
Lieferfähigkeit		**ungesichert, schwankend**	**optimal**
Einflußfaktoren		Fertigungslosgröße	Sicherheitsbestand
SERVICE		Auslastung	
Lieferzeit		**ungesichert, schwankend**	**minimal**
Einflußfaktoren		Fertigungslosgröße	Auftragsbearbeitung
		Auslastung	
Lagerprozeßkosten		**minimal**	**mittel bis hoch**
Einflußfaktoren		Liefertermin	Nachschubmenge
		Auftragsdisposition	Lieferfähigkeit
			Stückpreis, Volumen, Gewicht
KOSTEN			Saisonalität und Stochastik
Fertigungskosten		**mittel bis hoch**	**optimal**
Einflußfaktoren		Produkt und Verfahren	Produkt und Verfahren
		Rüst- und Auftragskosten	Rüst- und Auftragskosten
		Seriengröße und Lieferzeit	Nachschubmenge
		Saisonalität und Stochastik	
ABSATZRISIKO		**minimal**	**mittel bis hoch**
Einflußfaktoren		nur bei Vorfertigung ohne	Alterung und Verderblichkeit
		Abnahmeverpflichtung	Innovation und Mode
			Verwendungsbreite
			Bestandsreichweite

Tab. 11.2 Auswirkungen und Einflussfaktoren von Auftragsbeschaffung und Lagerbeschaffung

Kundenfertigung und Lagerfertigung der Industrie
Kundenbestellung und Lagersortiment im Handel
Lagerprozesskosten:
    Kosten für Bestellung + Transport + Einlagern + Lagern + Bestand
Fertigungskosten: Kosten für Rüsten + Produzieren + Material

▶ Die *Kundenlieferung* ist *unvermeidlich*, wenn das Produkt sehr *speziell*, nur für wenige oder für nur einen Kunden geeignet ist.

▶ Eine *Kundenlieferung* ist *anzustreben*, wenn der Bedarf temporär, der Stückpreis hoch, die Auftragsmenge, das Volumen oder das Gewicht groß und das Absatzrisiko hoch ist.

▶ Die *Lagerhaltung* ist *unvermeidlich*, wenn eine kurze Lieferzeit und eine hohe Lieferfähigkeit Voraussetzungen sind für die Absetzbarkeit der Ware.

HAUPTKRITERIEN	AUFTRAGSARTIKEL Kundenware	LAGERARTIKEL Lagerware
Unterkriterien	Bestellartikel	Bestandsartikel
PRODUKT	**speziell**	**universell**
Stückpreis	mittel bis hoch	gering bis mittel
Stückvolumen	mittel bis groß	klein bis mittel
Verwendungsbreite	gering	groß
SERVICE	**ungewiß**	**optimal**
Lieferzeit	schwankend	minimal
Lieferfähigkeit	ungesichert	bedarfsgerecht
BEDARF	**temporär**	**permanent**
Prognostizierbarkeit	schlecht	gut
Auftragsgröße	groß	klein
ABSATZRISIKO	**hoch**	**gering**
Innovationszeit	kurz	lang
Verderblichkeit	groß	gering
OPTIMIERUNGSSTRATEGIE	**Auftragsbündelung**	**Nachschubbündelung**
Strategievariable	Seriengröße	Nachschublosgröße

Tab. 11.3 Auswahlkriterien und Optimierungsstrategien für Auftragsartikel und Lagerartikel

Industrie: Kundenfertigung und Lagerfertigung
Handel: Kundenbestellung und Lagerbeschaffung

▶ Eine *Lagerhaltung* ist *vorteilhaft*, wenn der Gewinn im Vergleich zum Absatzrisiko hoch, der Bedarf vorhersehbar und die Kosten für den Nachschub- und Lagerprozess geringer sind als die Kosten für den Direktlieferprozess.

Während die ersten drei Abgrenzungsregeln relativ allgemein und qualitativ sind, ist zur Anwendung der letzten Abgrenzungsregel eine vergleichende *Kostenrechnung* durchzuführen. Hierzu werden die *Dispositionsgrößen* des betreffenden Artikels und die *Leistungskosten* für die zu vergleichenden Beschaffungsketten benötigt (s. *Abschn.* 11.14).

11.3 Disposition ein- und mehrstufiger Lagerstellen

Einstufige Lagerstellen sind durch vorangehende und nachfolgende Produktions-oder Bearbeitungsstellen von anderen Lagerstellen der Logistikkette getrennt. Beispiele für einstufige Lagerstellen sind *Produktionslager*, die ohne Zwischenpuffer direkt die Maschinen versorgen, und *Verkaufsbestände* in Märkten und Filialen, aus denen der Kunde bedient wird.

Wenn in einer Logistikkette mehrere Lagerstellen unmittelbar aufeinander folgen, handelt es sich um *mehrstufige Lagerstellen*. Beispiele für *zweistufige Lagerstellen* sind *Materialpuffer* unmittelbar an den Maschinen mit vorgeschalteten *Reservelagern*. Ein Beispiel für *interne dreistufige Lagerstellen* ist ein *Kommissioniersystem* mit *Zugriffsbeständen* auf den Bereitstellplätzen, *Nachschubbeständen* auf den Nachschubplätzen, die in unmittelbarer Nähe der Bereitstellplätze angeordnet sind, und *Vorratsbeständen* in einem getrennten Reservelager. Ein Beispiel *externer dreistufiger Lagerstellen* ist das *Fertigwarenlager* eines Produzenten, das ein *Zentrallager* eines Handelsunternehmens beliefert, aus dem die *Verkaufsbestände* in den Filialen aufgefüllt werden.

Für die Bestandsdisposition müssen alle Größen der betrachteten Lieferkette *vollständig* und *aktuell* bekannt sein, die Einfluss haben auf die Nachschub- und Lagerhaltungskosten. Für jede einzelne Lagerstelle sind das die *Kostensätze* für den Nachschub- und Lagerprozess sowie die *Artikellogistikdaten*, die *Verbrauchswerte* und die *Nachschubgrößen*.

Der Ablauf der *bestandsabhängigen Nachschubdisposition* einer Lagerstelle für einen einzelnen Artikel ist in *Abb. 11.3* dargestellt. Die maximale *Bestandshöhe* und der *Meldebestand* werden von der Nachschubmenge und vom Sicherheitsbestand bestimmt, die voneinander unabhängige *Strategievariable* der Nachschub- und Bestandsdisposition sind:

▶ Die *Nachschubmenge* ist die *Strategievariable der Nachschubdisposition* und geeignet zur kostenoptimalen Bündelung des Nachschubbedarfs.

▶ Der *Sicherheitsbestand* ist die *Strategievariable der Bestandsdisposition* und erforderlich zur Sicherung der benötigten Lieferfähigkeit.

Bei *mehrstufigen Lagerstellen* sind die Nachschubgrößen der nachfolgenden Lagerstellen gleich den Verbrauchswerten der vorangehenden Lagerstelle. Hieraus folgt das in *Abb. 8.4 Mitte* gezeigte Prinzip der *Nachschubdisposition nach dem Pull-Prinzip* für mehrstufige Lagerstellen:

▶ Bestände und Nachschubmengen in mehrstufigen Lagerketten werden zuerst für die letzten Lagerstellen, dann mit den Nachschubmengen der letzten Stellen als Verbrauchsmengen für die vorangehenden Lagerstellen und so fort bis zu den ersten Lagerstellen disponiert.

Die schrittweise Disposition kann entweder von einer zentralen Auftragsdisposition, von einem Rechner oder dezentral von den einzelnen Lagerstellen durchgeführt werden. Sie führt im gesamten Versorgungsnetz *selbstregelnd* zu minimalen Kosten

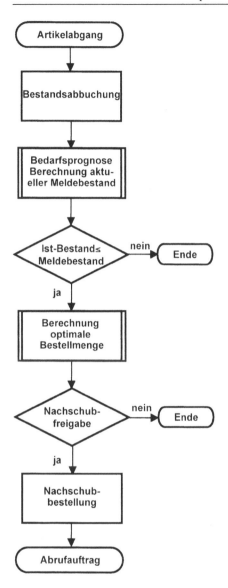

Abb. 11.3 Einzeldisposition von Nachschub und Bestand nach dem Meldebestandsverfahren

bei der geforderten Lieferfähigkeit, wenn jede Stelle mit den richtigen Sicherheitsbeständen und den kostenoptimalen Nachschubmengen disponiert und an keiner Stelle Engpässe auftreten (s. *Abschn.* 20.18 und [178]).

Ein Wechsel der Transportmittel oder der Ladeeinheiten wirkt sich über die Kostensätze für den Nachschub und für das Lagern auf die Disposition und die Bestände aus. Wird für eine bestandsführende Bedarfsstelle ein *anderer Beschaffungsweg* gewählt, ergeben sich infolge der dadurch veränderten Dispositionsgrößen und Prozesskostensätze in allen Lagerstufen einschließlich der Bedarfsstelle selbst andere Bestände und Nachschubmengen.

So ergeben sich durch eine *Transportbündelung* im Zulauf und in der Auslieferung erhebliche Kosteneinsparungen und Serviceverbesserung bei der Belieferung vieler Bedarfsstellen mit geringem Einzelverbrauch aus einem *Zentrallager* im Vergleich zur direkten *Regionallagerbelieferung*.

Die wechselseitige Abhängigkeit der Bestände in den *Lieferketten* von den Herstellern bis zum *Point of Sales* (POS) des Handels hat seit einiger Zeit größere Aufmerksamkeit gefunden. Die sich hieraus ergebenden Optimierungsmöglichkeiten werden unter dem Schlagwort *Efficient Consumer Response* (ECR) propagiert. Der Anstoß für ECR resultiert aus der besseren und schnelleren datentechnischen Verbindung der Unternehmen durch *Electronic Data Interchange* (EDI) oder das *Internet* und einer leistungsfähigeren Software zur *Prognose* und Bestandsdisposition. In vielen ECR-Projekten fehlen jedoch die Anwendung der richtigen *Dispositionsstrategien*, die konsequente Nutzung der *Strategievariablen* und die Kenntnis der hierfür benötigten *Dispositionsparameter* [16, 22, 42, 43, 88–92, 161, 163].

11.4 Dispositionsparameter

Dispositionsparameter der Bestands- und Nachschubdisposition sind die *Artikellogistikdaten*, die *Verbrauchswerte* und die *Nachschubgrößen*, die Einfluss auf die Höhe der Bestände haben. Nur wenn alle diese Dispositionsparameter vollständig und hinreichend genau bekannt sind, ist eine *optimale Bestands- und Nachschubdisposition* möglich.

11.4.1 Artikellogistikdaten

Zur Disposition von Aufträgen, Beständen und Transporten werden die logistischen *Artikelstammdaten* benötigt (s. *Abschn.* 12.7):

- *Mengeneinheit* [ME = WST, kg, l, m, m^2, m^3...] des *Artikels* [Art]
- *Volumen* v_{VE} [l/VE], *Gewicht* g_{VE} [kg/VE] und *Inhalt* c_{VE} [ME/VE] der *Verbrauchseinheit* oder *Verkaufseinheit* [VE]
- *Beschaffungswert* P_{VE} [€/VE] pro Verbrauchseinheit (s. *Abschn.* 11.6)
- *Kapazität* C_{LE} [VE/LE] der zur Nachschublieferung und Einlagerung verwendeten *Ladeeinheiten* [LE]
- Geforderte *permanente Lieferfähigkeit* η_{lief} oder *mittlere Lieferfähigkeit* η_{Mlief}

Darüber hinaus ist zur Bestandsdisposition eine gute Warenkenntnis erforderlich, die Beschaffenheit, Herkunft und Verwendungszweck der Artikel umfasst.

In vielen Unternehmen sind die *Artikellogistikdaten* nicht vollständig erfasst oder nicht in den *Artikelstammdaten* im Rechner hinterlegt. Das kann ein Grund dafür sein, dass bestimmte Dispositionsstrategien nicht durchführbar sind oder der Rechner falsche Bestellvorschläge macht [178, 191].

11.4.2 Verbrauchsdaten

Aus dem Verbrauch der zurückliegenden Perioden lassen sich bei *hinreichend regelmäßigem Bedarf* nach den in *Kap.* 9 dargestellten *Prognoseverfahren* für einen ausreichenden Prognosezeitraum folgende *Verbrauchsdaten* ableiten:

- *Auftragseingang* λ_A [Auf/PE] und *Auftragsstreuung* s_A [VE]
- *Auftragsmenge* m_A [VE/VAuf] und *Mengenstreuung* s_m pro Auftrag
- *Mindestmenge* $m_{A\min}$ [VE/VAuf] pro *Auftrag* [Auf].

Aus dem Auftragseingang λ_A [Auf/PE] und der mittleren Auftragsmenge m_A ergibt sich der *Periodenbedarf, Absatz* oder *Verbrauch*:

$$\lambda_{VE} = m_A \cdot \lambda_A \quad [VE/PE]. \tag{11.1}$$

Wird der zukünftige Bedarf mit Hilfe eines Rechnerprogramms aus dem zurückliegenden Verbrauch ermittelt, ist es notwendig, dass der Disponent die Prognosewerte regelmäßig beurteilt und nach seiner Erfahrung und Absatzkenntnis entweder bestätigt oder korrigiert.

11.4.3 Nachschubgrößen

Eine in Grenzen frei wählbare *Strategievariable der Nachschubbündelung* ist die

- *Nachschubmenge* m_N [VE/NAuf] pro *Nachschubauftrag* [NAuf].

Für externe Lieferstellen ist die Nachschubmenge gleich der *Bestellmenge*, für interne Produktionsstellen gleich der *Fertigungslosgröße*.

Aus der mittleren Nachschubmenge und dem durchschnittlichen Periodenverbrauch ergeben sich über einen längeren Zeitraum die *Nachschubfrequenz*

$$f_N = \lambda_{VE}/m_N \quad [NAuf/PE] \tag{11.2}$$

und die *Nachschubzykluszeit*

$$T_N = 1/f_N \quad [PE]. \tag{11.3}$$

Frequenz und Zykluszeit des Nachschubs sind also keine unabhängigen Dispositionsparameter, sondern durch den Periodenverbrauch und die Nachschubmenge bestimmt.

Die zur Anlieferung der Nachschubmenge m_N benötigte *Anzahl Ladeeinheiten* mit einem Fassungsvermögen C_{LE} [VE/LE] ist:

$$M_N = \{m_N/C_{LE}\} \quad [LE], \tag{11.4}$$

wobei die geschweiften Klammern $\{\ldots\}$ das *Aufrunden* auf die nächst größere ganze Zahl bedeuten. Wie in *Abb.* 12.10 dargestellt, ist die Abhängigkeit des Ladeeinheitenbedarfs von der Nachschubmenge eine unstetige *Treppenfunktion*.

Für unterschiedliche Nachschubmengen, die nicht gleich einem ganzzahligen Vielfachen der Ladeeinheitenkapazität sind, ist der *mittlere Ladeeinheitenbedarf* für eine Nachschubmenge m_N (s. *Abschn.* 12.5):

$$M_N = \begin{cases} m_N/C_{LE} + (C_{LE} - 1)/2C_{LE} & \text{wenn } m_N > C_{LE} \\ 1 & \text{wenn } m_N < C_{LE} . \end{cases} \qquad (11.5a)$$

Wenn $m_N > C_{LE}$ ist, enthält jede Nachschubanlieferung eine Ladeeinheit, die durchschnittlich zu einem Anteil $(C_{LE} - 1)/2C_{LE}$ leer ist. Wenn $m_N \leq C_{LE}$ ist, wird stets eine ganze Ladeeinheit benötigt. Für Beziehung (11.5a) lässt sich in geschlossener Form schreiben:

$$M_N = \text{MAX}\,(1;\ m_N/C_{LE} + (C_{LE} - 1)/2C_{LE})\quad [\text{LE}]. \qquad (11.5b)$$

Der Leeranteil $(C_{LE} - 1)/2C_{LE}$ und die aus diesem resultierenden Zusatzkosten für Transport und Lagerung teilweise leerer Ladeeinheiten können zum Verschwinden gebracht werden durch eine *Mengenanpassungsstrategie*, nach der die Nachschubmenge auf ein ganzzahliges Vielfaches des Fassungsvermögens einer Ladeeinheit ab- oder aufgerundet wird.

Die *zulässige Nachschubmenge* kann durch eine vorgegebene *Mindestnachschubmenge* m_{Nmin} [VE/NAuf] nach unten begrenzt sein:

$$m_N \geq m_{Nmin}\quad [\text{VE/NAuf}]. \qquad (11.6)$$

Die Mindestmenge für den Nachschub ist entweder eine vom Lieferanten vorgegebene *Mindestbestellmenge* oder ein von der Produktion vorgegebenes *minimales Fertigungslos*. Jede vorgegebene Mindestmenge muss in Frage gestellt und die mit ihrer Aufhebung verbundenen Mehrkosten ermittelt werden, wenn dadurch eine Senkung der Gesamtkosten möglich erscheint.

Maßgebend für den *Meldebestand* und für den *Sicherheitsbestand* sind der Periodenverbrauch sowie

▶ die Länge T_{WBZ} [PE] und die Streuung s_{WBZ} [PE] der *Wiederbeschaffungszeit*.[2]

Die Wiederbeschaffungszeit ist die aktuelle Beschaffungszeit (9.71) bei wiederholter Bestellung. In der dynamischen Nachschubmengenrechnung darf nicht mit der Erstbeschaffungszeit gerechnet werden.

Bei einem Absatz λ_{VE} [VE/PE] ist die *Verbrauchsmenge in der Wiederbeschaffungszeit*:

$$m_{WBZ} = T_{WBZ} \cdot \lambda_{VE}\quad [\text{VE}]. \qquad (11.7)$$

Länge und Streuung der Wiederbeschaffungszeit lassen sich für etablierte Lieferanten durch eine Auswertung der Lieferzeiten für vergangene Nachschubbestellungen ermitteln. Neue Lieferanten müssen sich in einer *Rahmenvereinbarung* für die Abrufbelieferung zu verlässlichen Lieferzeiten verpflichten.

---

[2] Wiederbeschaffungszeit, Durchsatzraten und andere zeitabhängige Größen müssen durchgängig auf die gleiche Zeiteinheit, z. B. auf einen Kalendertag, einen Betriebstag oder die Periodenlänge bezogen sein.

11.5 Bestandsgrößen

Wenn die Nachschubmenge bis zum Erreichen eines Mindestbestands gleichmäßig verbraucht und in regelmäßigen Abständen der Nachschub geschlossen angeliefert wird, hat der Bestand den in *Abb.* 11.4 dargestellten sägezahnartigen Zeitverlauf (s. *Abschn.* 10.5.3). Aufgrund der *Stochastik* des Verbrauchs und wegen der *Ganzzahligkeit* der Verbrauchseinheiten ist der Zeitverlauf des aktuellen Bestands eine unregelmäßige *Treppenfunktion*. Aus dem Zusammenwirken mehrerer stochastischer Einflüsse resultiert die in *Abb.* 11.1, 11.4 und 11.23 gezeigte Streuung des aktuellen Bestandsverlaufs um einen mittleren Verlauf.

Der *Minimalbestand* m_{min} [VE] variiert im Verlauf der Zeit um einen Sicherheitsbestand, der die *Strategievariable der Bestandsdisposition* ist:

▶ Der *Sicherheitsbestand* m_{sich} [VE] verhindert, dass infolge stochastischer Bedarfsschwankungen oder unsicherer Lieferzeiten der Lagerbestand vor Eintreffen des Nachschubs auf Null sinkt und dadurch *Lieferunfähigkeit* eintritt.

Die Höhe des Sicherheitsbestands (*safety stock*) wird bestimmt von der geforderten Lieferfähigkeit. Er hängt von der Streuung des Verbrauchs und der Wiederbeschaffungszeit ab (s. *Abschn.* 11.8). Bei einem vorgegebenen Sicherheitsbestand m_{sich} und korrekter Nachschubdisposition ist der Minimalbestand m_{min} im langzeitigen Mittel gleich dem Sicherheitsbestand m_{sich}.

Der *aktuelle Bestand* $m_B(t)$ schwankt also zwischen dem *Sicherheitsbestand* und einem *Maximalbestand* m_{max}:

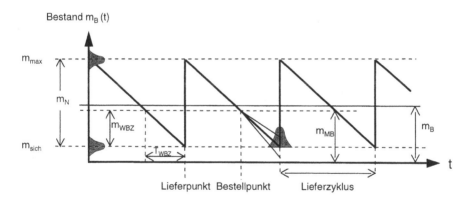

Abb. 11.4 Bestandsverlauf bei gleichmäßigem Verbrauch und geschlossener Anlieferung [27]

$m_B(t)$	aktueller Bestand
m_{sich}	Sicherheitsbestand = Mindestbestand (*safety stock*)
m_{max}	durchschnittlicher Maximalbestand
m_N	Nachschubmenge
$m_B = m_{sich} + m_N/2$	mittlerer Bestand (*cycle stock*)
m_{WBZ}	Verbrauch in der Wiederbeschaffungszeit
$m_{MB} = m_{sich} + m_{WBZ}$	Meldebestand

$$m_{sich} \leq m_B(t) \leq m_{max} \quad [\text{VE}]. \tag{11.8}$$

Für den *Maximalbestand* gilt bei geschlossen angelieferten Nachschubmengen m_N:

$$m_{max} = m_{sich} + m_N \quad [\text{VE}]. \tag{11.9}$$

Aus den Beziehungen (11.8) und (11.9) folgt:

▶ Der *mittlere Lagerbestand* eines Artikels ist bei regelmäßiger geschlossener Nachschubanlieferung gleich der Summe von Sicherheitsbestand (*safety stock*) und halber Nachschubmenge (*cycle stock*):

$$m_B = m_{sich} + m_N/2 \quad [\text{VE}]. \tag{11.10}$$

Die Nachschubmenge und der Sicherheitsbestand sind also zwei Hebel, von denen die Bestandshöhe abhängt. Von diesen beiden Hebeln wird der Sicherheitsbestand in seiner Auswirkung häufig unterschätzt, nicht immer korrekt festgelegt und nur selten aktualisiert.

Zur Unterbringung eines Bestands m_B in Ladeeinheiten mit dem Fassungsvermögen C_{LE} werden $M_B = \{m_B/C_{LE}\}$ ganze Ladeeinheiten benötigt. Wenn nicht nur volle Ladeeinheiten nachgeliefert und verbraucht werden, ist der

• *mittlere Bestand in Ladeeinheiten* mit Fassungsvermögen C_{LE}

$$M_B = \text{MAX}\left(1; (m_{sich} + m_N/2)/C_{LE} + (C_{LE} - 1)/2C_{LE}\right) \quad [\text{LE}], \tag{11.11}$$

denn im Mittel ist pro Artikelbestand eine Ladeeinheit zu $(C_{LE} - 1)/2C_{LE}$ leer. Nur wenn für Nachschub *und* Verbrauch die *Mengenanpassungsstrategie* der Rundung auf ganze Ladeeinheiten befolgt wird, entfällt der Zusatz $(C_{LE} - 1)/2C_{LE}$. Der *Lagerplatzbedarf* N_{LP} [LE-Plätze] zur Unterbringung der Ladeeinheiten des Bestands für einen Artikel in einem Lager hängt ab von der *Art der Lagerung*, wie Einzel- oder Mehrplatzlagerung, und von der *Lagerordnung*, wie feste oder freie Lagerordnung (s. *Abschn.* 16.4).

Der *Lagerplatzbedarf* bei *Einzelplatzlagerung* ist:

$$N_{LP} = \{(m_{sich} + f_{LO} \cdot m_N)/C_{LE}\} \quad [\text{LE-Plätze}] \tag{11.12}$$

mit dem *Lagerordnungsfaktor*

$$f_{LO} = \begin{cases} 1/2 & \text{für } \textit{freie Lagerordnung} \\ 1 & \text{für } \textit{feste Lagerordnung}. \end{cases} \tag{11.13}$$

Ohne Mengenanpassungsstrategie ergibt sich hieraus der *mittlere Lagerplatzbedarf bei Einzelplatzlagerung*

$$N_{LP} = \text{MAX}\left(1; (m_{sich} + f_{LO} \cdot m_N)/C_{LE} + (C_{LE} - 1)/2C_{LE}\right). \tag{11.14}$$

Der *Lagerplatzbedarf bei Mehrplatzlagerung* mit einer Platzkapazität $C_{LP} > 1$, zum Beispiel für Blocklager oder Durchlauflager, errechnet sich nach den in *Kap.* 16 angegebenen Beziehungen.

Aus dem Durchschnittsbestand leiten sich verschiedene *Lagerkenngrößen* ab:

▶ Die *mittlere Bestandsreichweite* RW_B [PE] ist gleich der *Verbrauchszeit* des mittleren Bestands bei Fortsetzung des bisherigen Verbrauchs

$$RW_B = m_B / \lambda_{VE} \quad [PE] . \tag{11.15}$$

Die *Nachschubreichweite* RW_N, die *Sicherheitsbestandsreichweite* RW_{sich} und die *maximale Reichweite* RW_{max} eines Artikels ergeben sich entsprechend, indem in die Beziehung (11.15) anstelle des Durchschnittsbestands die Nachschubmenge, der Sicherheitsbestand bzw. der Maximalbestand eingesetzt wird.

Die Reichweite des Bestands unterscheidet sich von der *Liegezeit* oder *Lagerdauer* der einzelnen Artikeleinheit. Diese hängt von der *Entnahmestrategie*, wie *First-In-First-Out* (FIFO) oder *Last-In-First-Out* (LIFO), und vom Verbrauch ab. Die tatsächliche Lagerdauer lässt sich erst bei Auslagerung der Ware feststellen, wenn der Einlagerzeitpunkt vermerkt wurde.

Aus der Begrenzung des Absatzrisikos für den Lagerbestand durch eine maximal *zulässige Reichweite* RW_{zul} ergibt sich als obere Grenze für Nachschubmenge und Sicherheitsbestand die *Risikorestriktion:*

$$m_{sich} + m_N < RW_{zul} \cdot \lambda_{VE} . \tag{11.16}$$

Eine derartige Risikorestriktion, die eine Überalterung der Bestände verhindert, fehlt in vielen Dispositionsprogrammen. Die reziproke mittlere Reichweite ist der

* *Lagerumschlag*

$$U_B = \lambda_{VE} / m_B = 1/RW_B \quad [1/PE] . \tag{11.17}$$

Der auf ein Jahr bezogene Lagerumschlag wird als *Lagerdrehzahl* [1/Jahr] bezeichnet. Der Lagerumschlag darf nicht mit der *Nachschubfrequenz* verwechselt werden. Aus den Definitionsgleichungen (11.2) und (11.17) ist ablesbar:

▶ Der Lagerumschlag unterscheidet sich von der Nachschubfrequenz um den Faktor $m_N / m_B = 2m_N / (2m_{sich} + m_N)$.

Bei geringem Sicherheitsbestand ist der Lagerumschlag nahezu doppelt so groß wie die Nachschubfrequenz. Bei gleicher Nachschubfrequenz verringert sich der Lagerumschlag mit zunehmendem Sicherheitsbestand. Hieraus folgt die Regel:

▶ Ein Lagerumschlag, der kleiner ist als die Nachschubfrequenz, ist ein Indiz für zu hohe Sicherheitsbestände.

Für die Bestandsreichweite und den Lagerumschlag eines Artikels sind nur die dynamischen Mittelwerte interessant (s. *Abschn.* 9.13.3). Reichweite- und Drehzahlangaben beziehen sich oft auf ein ganzes Lager oder ein Sortiment. Bestandsreichweite und Lagerumschlag aber sind nur für ein homogenes Sortiment, das die Bedingungen des Mittelwertsatzes der Logistik erfüllt, sinnvolle Kennzahlen. Je heterogener das Sortiment und je unterschiedlicher die Artikel in einem Lager sind, umso unsinniger wird die Betrachtung der pauschalen Bestandsreichweite oder Lagerdrehzahl.

Spätestens bei Erreichen oder Unterschreiten des Meldebestands muss ein Nachschubauftrag erteilt werden, damit die Lagerstelle lieferfähig bleibt.

- Der *Meldebestand* m_{MB} [VE] ist gleich der Summe von Sicherheitsbestand und Verbrauchsmenge in der Wiederbeschaffungszeit

$$m_{MB} = m_{sich} + T_{WBZ} \cdot \lambda_{VE} \quad [VE] . \tag{11.18}$$

- Der *Bestellzeitpunkt* t_{BP} ist der Zeitpunkt, für den $m_B(t_{BP}) = m_{MB}$ ist, zu dem also der Meldebestand erreicht wird.

Bei instationärem Verbrauch $\lambda_{VE} = \lambda_{VE}(t)$ verändern sich Sicherheitsbestand und Verbrauch in der Wiederbeschaffungszeit im Verlauf der Zeit. Daher muss der Meldebestand mit den aktuellen Werten der Verbrauchsprognose permanent neu berechnet werden. Er ist eine dynamische Größe (s. *Abb.* 11.3).

11.6 Kostensätze für Nachschub und Lagerung

Die von der Bestands- und Nachschubdisposition abhängigen *Lagerlogistikkosten* setzen sich zusammen aus den *Nachschubkosten* und den *Lagerhaltungskosten*.

Die *Nachschubkosten* umfassen alle Kosten für den Nachschubprozess, der sich von der Nachschubdisposition bis zur Einlagerung des Nachschubs in den Lagerplatz erstreckt. Sie setzen sich aus den *Nachschubauftragskosten*, den *Zutransportkosten* und den *Einlagerkosten* zusammen. Die *Lagerhaltungskosten* sind die Summe der *Zinskosten für den Bestandswert* und der *Lagerplatzkosten zur Unterbringung der Bestandsmenge* (s. *Abb.* 11.2 unten).

Zur Kalkulation und Optimierung der Lagerlogistikkosten werden die Kostensätze der beteiligten Leistungsprozesse benötigt.

11.6.1 Nachschubauftragskosten k_{NAuf} [€/NAuf]

Die *Nachschubauftragskosten* sind die Summe

$$k_{NAuf} = k_{VSAuf} + k_{LSAuf} + k_{Send} \quad [€/NAuf] \tag{11.19}$$

folgender *Kostenanteile*:

- *Auftragskosten der Verbrauchsstelle* k_{VSAuf} für die Nachschubdisposition, das Erstellen des Abrufauftrags, den Informationsaustausch mit der Lieferstelle, die Sendungsannahme und die Eingangserfassung pro Nachschubanlieferung.
- *Auftragskosten der Lieferstelle* k_{LSAuf} für die Auftragsannahme, das *Rüsten* in der Fertigung oder Kommissionierung, die Auftragsbearbeitung, die Disposition von Fertigung, Lager, Warenausgang und Versand sowie für die Rechnungsstellung und Kommunikation mit der Lagerstelle.
- *Sendungskosten* k_{Send}, die bei *Einzeltransport* des Nachschubs eines Artikels von der Lieferstelle zur Lagerstelle in voller Höhe anfallen und bei gebündeltem Transport des Nachschubs für mehrere Artikel anteilig entstehen.

Die Auftragskosten der Lieferstelle fallen *explizit* nur bei den internen Lieferstellen an. Sie sind ebenso wie die Transportkosten bei *Belieferung frei Lagerstelle* implizit in den Lieferpreisen der externen Lieferanten enthalten.

Bei entsprechenden Konditionen werden sie in Form von *Mindermengenzu-schlägen*, *Großmengenrabatten* oder *Logistikrabatten* gesondert in Rechnung gestellt (s. *Abschn. 7.6*). Wenn sich die Auftragskosten der Lieferstelle durch das Dispositionsverhalten der Lagerstelle verändern, müssen diese bei der Bestandsdisposition durch korrigierte Leistungskostensätze berücksichtigt werden.

11.6.2 Spezifische Transportkosten k_{TrLE} [€/LE]

Die Transport- oder Frachtkosten pro Ladeeinheit für den Transport zwischen Lieferstelle und Lagerstelle sind abhängig von den gewählten Ladeeinheiten, von der Entfernung zwischen Lieferstelle und Lagerstelle, von der Versandart und von der Kapazität der eingesetzten Transportmittel (s. *Kap. 18*).

Sie werden wie die Sendungskosten maßgebend beeinflusst von der Summe der Nachschubmengen aller Artikel, die von derselben Lieferstelle in einer Sendung angeliefert werden, also vom Ausmaß der *Transportbündelung* (s. *Kap. 19*).

11.6.3 Spezifische Einlagerkosten k_{Lein} [€/LE]

Die Kosten für das Einlagern der einzelnen Ladeeinheit vom Wareneingang auf den Lagerplatz sind Bestandteil der Nachschubkosten. Sie können grundsätzlich auch den Transportkosten zugerechnet werden.

11.6.4 Beschaffungspreis P_{VE} [€/VE]

Benötigt wird entweder der Beschaffungspreis pro Mengeneinheit P_{ME} [€/ME] oder pro Verbrauchseinheit P_{VE} [€/VE]. Mit dem Inhalt der Verbrauchseinheit c_{VE} [ME/VE] folgt der Preis pro Mengeneinheit aus dem Preis pro Verbrauchseinheit nach der Beziehung:

$$P_{ME} = P_{VE}/c_{VE} \quad [€/ME] . \tag{11.20}$$

Der Beschaffungspreis ist bei Fremdbezug der *aktuelle Netto-Einkaufspreis* pro Verbrauchseinheit abzüglich aller Rabatte und Skonti, der für die aktuelle Nachschubmenge gilt. Bei Eigenfertigung ist der Beschaffungspreis gleich den *Herstellkosten ohne Rüstkostenanteil* und *ohne Gemeinkostenzuschläge*.

In der Dispositionsrechnung darf für den Beschaffungspreis nicht mit dem Verkaufspreis, mit den Vollkosten oder mit überholten Einkaufspreisen gerechnet werden, auch wenn die bilanzielle Bestandsbewertung hiervon abweicht.[3]

11.6.5 Lagerzinssatz z_L [% pro PE]

Der Lagerzinssatz ist die Summe

$$z_L = z_K + z_R \quad [\% \text{ pro PE}] \tag{11.21}$$

---

[3] Siehe Fußnote 5

des *Kapitalzinssatzes* z_K, mit dem die Kapitalbindung durch den *Bestandswert* zu verzinsen ist, und eines *Risikozinssatzes* z_R, durch den das *Abwertungsrisiko* wegen Schwund, Alterung und Unverkäuflichkeit sowie eine eventuelle *Bestandsversicherung* kalkulatorisch berücksichtigt werden.

Eventuelle Zahlungsfristen der Lieferstelle sind ohne Einfluss auf die Zinskosten des Lagerkapitals, da vor Ablauf der Zahlungsfrist freigesetztes Lagerkapital anderweitig zinssparend einsetzbar ist.

11.6.6 Spezifische Lagerplatzkosten k_{LP} [€/LE · PE]

Die Lagerplatzkosten pro Ladeeinheit und Periode beziehen sich auf die Lagerzeit einer Ladeeinheit und unterscheiden sich – allein schon wegen der verschiedenen Maßeinheit – grundlegend von den Ein- und Auslagerkosten, die sich auf die durchgesetzte Ladeeinheit beziehen (s. *Abschn.* 16.13).

Die Lagerplatzkosten sind ebenso wie die Einlager- und Auslagerkosten abhängig von der *Art der Ladeeinheiten* und von der *eingesetzten Lagertechnik*, jedoch unabhängig vom Wert des Inhalts der Lagereinheit. Hieraus folgt:

▶ Es ist es falsch, die *Lagerplatzkosten*, wie allgemein üblich, mit einem Prozentsatz des Bestandswertes oder unter Einbeziehung der Ein- und Auslagerkosten zu kalkulieren.

Für ausgewählte Ladeeinheiten, Transportarten und Lagertechniken sind einige Leistungskostensätze in *Tabelle* 11.4 zusammengestellt. Hieraus geht hervor, wie unterschiedlich die Kostensätze sein können. Daher müssen die zur Disposition benötigten Kostensätze für den konkreten Einsatzfall neu ermittelt und laufend aktualisiert werden.

Die zur kostenoptimalen Disposition benötigten internen und externen Leistungskostensätze sind nicht einfach zu ermitteln. Sie dürfen nicht aus allgemeinen Kennzahlen abgeleitet oder ungeprüft von anderen Unternehmen übernommen werden. Deshalb enthalten die Eingabefelder der Dispositionsprogramme für die Prozesskostensätze häufig keine oder falsche Werte. Unkorrekte Prozesskostensätze aber verfälschen die Nachschubmengenrechnung [178, 191].

11.7 Lagerlogistikkosten

Ziele der Bestands- und Nachschubdisposition sind die *Sicherung einer geforderten Lieferfähigkeit* und die Minimierung der dispositionsabhängigen Logistikkosten, die mit dem Nachschub- und Lagerprozess verbunden sind. Diese *Lagerlogistikkosten* sind die Summe der *Nachschubkosten* K_N und der *Lagerhaltungskosten* K_L:

$$K_{NL}(m_N) = K_N(m_N) + K_L(m_N) \quad [\text{€/PE}] . \tag{11.22}$$

Mit den zuvor angegebenen Zusammenhängen und Kostensätzen ergibt sich bei einem Verbrauch λ_{VE}, einer Nachschubmenge m_N und einer Nachschubfrequenz $f_N = \lambda_{VE}/m_N$ für die *Nachschubkosten*:

LEISTUNGSKOSTEN

LEISTUNGSART	Leistungs-Einheit	kleinere Lager von	bis	größere Lager von	bis	Preis-Einheit
Auftragskosten	Lagerstelle					
Disposition + Abruf	N-Auftrag	3,00	4,00	2,50	3,50	€/N-Auftrag
Eingangserfassung	N-Auftrag	7,00	13,00	4,00	6,00	€/N-Auftrag
Einlagern	einschließlich interner Transport vom WE zum Lager					
Behälter	Behälter	0,30	0,40	0,20	0,30	€/Beh
Palette	Palette	2,50	3,50	1,50	2,00	€/Pal
Lagern	Einzelplatzlagerung					
Behälter	Beh-KTag	0,04	0,06	0,02	0,03	€/Beh-KTag
Palette	Pal-KTag	0,25	0,40	0,15	0,20	€/Pal-KTag
Auslagern	ohne Kommissionieren und ohne Transport zum WA					
Behälter	Behälter	0,20	0,30	0,15	0,20	€/Beh
Palette	Palette	1,50	2,50	0,80	1,40	€/Pal
Lagerzinssatz	$Z_L{=}Z_K{+}Z_R$	9,0%	20,0%	7,0%	17,0%	pro Jahr
Kapitalbindung	Z_K	4,0%	12,0%	4,0%	12,0%	pro Jahr
Lagerrisiko	Z_R	5,0%	8,0%	3,0%	5,0%	pro Jahr

Tab. 11.4 Ausgewählte Leistungskostensätze für Nachschub und Lagern

Kosten der Leistungsarten ohne Gemeinkostenzuschläge, Preisbasis 2009
1 Jahr = 365 Kalendertage (KTage) = 250 Betriebstage (BTage)

	außen	innen	Länge	Breite	Höhe
Behälter	74	63 l/Beh	600	400	310 mm
Palette	1.008	860 l/Pal	1.200	800	1.050 mm

$$K_N(m_N) = (\lambda_{VE}/m_N) \cdot (k_{NAuf} + (k_{TrLE} + k_{Lein}) \cdot \{m_N/C_{LE}\}) \,. \qquad (11.23)$$

Für eine Nachschubmenge m_N, einen Sicherheitsbestand m_{sich} und mengenunabhängige Wiederbeschaffungszeit sind die *Lagerhaltungskosten:*

$$K_L(m_N) = P_{VE} \cdot z_L \cdot (m_{sich} + m_N/2) + k_{LP} \cdot \{ (m_{sich} + f_{LO} \cdot m_N)/C_{LE} \} \,. \quad (11.24)$$

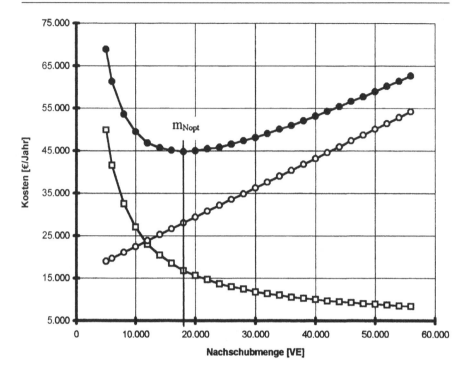

Abb. 11.5 Lagerlogistikkosten als Funktion der Nachschubmenge

Beispiel: Fertigwarenlager für Zigaretten
Parameter: s. Tabellen 11.4 und 11.7
Quadrate: Nachschubkosten
Kreise: Lagerhaltungskosten
Punkte: Nachschubkosten + Lagerhaltungskosten

Hierin bedeuten die geschweiften Klammern das Aufrunden auf die nächst größere ganze Zahl.

Die hieraus ohne den Ganzzahligkeitseffekt resultierende Abhängigkeit der Lagerlogistikkosten (11.22) von der Nachschubmenge ist für ein Beispiel aus der Zigarettenindustrie in *Abb. 11.5* dargestellt. Aus dieser Darstellung wie auch aus den Beziehungen (11.22) bis (11.24) ist ablesbar:

▶ Die *Nachschubkosten* sinken umgekehrt proportional mit der Nachschubmenge m_N.

▶ Die *Lagerhaltungskosten* steigen proportional mit dem Sicherheitsbestand und der Nachschubmenge.

▶ Die *Lagerlogistikkosten* sinken zunächst mit zunehmender Nachschubmenge, steigen dann aber mit weiter zunehmender Nachschubmenge an und haben bei einer *optimalen Nachschubmenge* m_{Nopt} einen Minimalwert, der gleich den *optimierten Lagerlogistikkosten* ist.

▶ Der Verlauf der Lagerlogistikkosten ist in einem größeren Bereich um die optimale Nachschubmenge relativ flach.

Wegen des flachen Kurvenverlaufs im Bereich des Minimums hängt die Höhe der minimalen Lagerlogistikkosten nicht sehr empfindlich vom genauen Wert der optimalen Nachschubmenge ab. Das hat für die Berechnung der optimalen Nachschubmenge und für die Nachschubdisposition folgende Konsequenzen:

▶ Die Berechnung der optimalen Nachschubmenge braucht nicht besonders genau zu sein.

▶ Ein berechneter Optimalwert für die Nachschubmenge muss nicht akribisch eingehalten werden, vor allem dann nicht, wenn durch ein Auf- oder Abrunden volle Lade- oder Transporteinheiten erreichbar sind.

▶ Die Ungenauigkeit einzelner Dispositionsparameter und Prozesskostensätze wirkt sich relativ wenig auf die optimale Nachschubmenge und die optimierten Lagerlogistikkosten aus.

▶ Die Ungenauigkeit mehrerer Dispositionsparameter und Prozesskostensätze mittelt sich nach dem Fehlerausgleichsatz teilweise heraus.

Die Unempfindlichkeit der optimalen Nachschubmenge und der optimierten Lagerlogistikkosten gegenüber Veränderungen und Ungenauigkeiten der Parameter und Kostensätze erleichtert zwar die theoretische Lösung des Optimierungsproblems, rechtfertigt aber nicht das Fortlassen oder die falsche Berücksichtigung wichtiger Einflussgrößen, wie der Lagerplatzkosten.

Die optimale Nachschubmenge lässt sich analytisch nur berechnen, wenn die Kostenfunktion $K_{NL}(m_N)$ *stetig differenzierbar* ist. Für Ladeeinheiten mit $C_{LE} > 1$ sind die Lagerlogistikkosten (11.22) jedoch eine *Treppenfunktion* der Nachschubmenge, die keine stetige Ableitung hat (s. *Abb.* 12.10). Wenn $m_N > C_{LE}$ ist, ergeben sich mit Beziehung (11.5) für die *mittlere Nachschubmenge* und mit Beziehung (11.14) für den *mittleren Lagerplatzbedarf* die *mittleren Nachschubkosten*

$$K_{Nm} = (k_{TrLE} + k_{Lein}) \cdot \lambda_{VE}/C_{LE} + \tag{11.25}$$
$$((k_{NAuf} + (k_{TrLE} + k_{Lein})(C_{LE} - 1)/2C_{LE})) \cdot \lambda_{VE}/m_N .$$

Für die *mittleren Lagerhaltungskosten* resultiert:

$$K_{Lm} = P_{VE} \cdot z_L \cdot (m_{sich} + m_N/2) + k_{LP} \cdot ((m_{sich} + f_{LO} \cdot m_N)/C_{LE} \tag{11.26}$$
$$+(C_{LE} - 1)/2C_{LE}) .$$

Die Summe $K_{NLm}(m_N) = K_{Nm}(m_N) + K_{Lm}(m_N)$ ist stetig nach der Nachschubmenge m_N differenzierbar. Durch Nullsetzen der Ableitung der Kostenfunktion $K_{NLm}(m_N)$ und Auflösung nach m_N ergibt sich die

• *Masterformel der optimalen Nachschubmenge* bei mengenunabhängiger Wiederbeschaffungszeit

$$m_{Nopt} = $$
$$\sqrt{2 \cdot \lambda_{VE} \cdot (k_{NAuF} + (k_{TrLE} + k_{Lein})(C_{LE} - 1)/2C_{LE})/(P_{VE} \cdot z_L + 2f_{LO} \cdot k_{LP}/C_{LE})} .$$
$$\tag{11.27}$$

Bei *begrenzter Produktionsleistung* μ der Lieferstelle ist die Gesamtfertigungszeit mengenabhängig. Für diesen Fall ergibt sich bei kontinuierlicher Auslieferung, dass die optimale Nachschubmenge (11.27) mit dem Faktor $\sqrt{1/(1 - \lambda/\mu)}$ zu multiplizieren ist [228] (s. *Abschn.*. 11.16).

Darüber hinaus ist die Nachschubmenge aufgrund der *Mindestbestellmengenforderung* (11.6) und der *Risikorestriktion* (11.16) eingeschränkt auf den Bereich:

$$m_{Nmin} < m_{Nopt} < m_{Nmax} = RW_{zul} \cdot \lambda_{VE} - m_{sich} . \tag{11.28}$$

Mit Beziehung (11.10) und der optimalen Nachschubmenge (11.27) folgt der

* *optimale mittlere Lagerbestand*

$$m_{Bopt} = m_{sich} + m_{Nopt}/2 . \tag{11.29}$$

Durch Einsetzen der optimalen Nachschubmenge (11.27) in die Kostenfunktion (11.22) ergeben sich die *minimalen Lagerlogistikkosten*

$$K_{NLmin} = K_{NL}(m_{Nopt}) . \tag{11.30}$$

Die Masterformel (11.27) für die optimale Nachschubmenge geht für $C_{LE} = 1$ und $k_{LP} = 0$, also bei Vernachlässigung der Ladeeinheitenkapazität und der Lagerplatzkosten, in die sogenannte *Andler-Formel* über [11, 14, 16, 75, 81–83, 87, 93–95].[4] Für Ladeeinheiten mit einer Kapazität $C_{LE} > 1$ und Lagerplatzkosten, die im Vergleich zu den Zinskosten nicht vernachlässigbar sind, unterscheidet sich die allgemeine Nachschubformel (11.27) von der Andler-Formel in mehrfacher Hinsicht.

Eine wichtige Konsequenz aus der *Nachschub-Masterformel* (11.27) ebenso wie aus der einfachen *Andler-Harris-Formel*, die international *Economic Order Quantity* (EOQ) genannt wird, ist:

▶ Die optimale Nachschubmenge steigt proportional mit der Wurzel aus dem Verbrauch.

Weitere Konsequenzen aus der *allgemeinen Nachschubformel* (11.27), die in den üblichen Bestellmengenrechnungen mit der Andler–Harris-Formel nicht beachtet werden, sind:

▶ Die Lagerlogistikkosten, die optimale Nachschubmenge und der optimale Lagerbestand hängen von der Art und Kapazität der verwendeten *Ladeeinheiten* ab (s. *Abb.* 11.6). Die Verwendung zu großer Ladeeinheiten führt z. B. zu einem hohen Anteil von *Anbrucheinheiten* und dadurch zu Mehrkosten.

▶ Lagerplatzkosten, optimale Nachschubmenge und optimaler Lagerbestand hängen von der *Lagerordnung* ab. Bei fester Lagerordnung und relativ geringen Sicherheitsbeständen sind die Lagerplatzkosten deutlich höher als bei freier Lagerordnung.

---

[4] Die in Deutschland übliche Bezeichnung *Andler-Formel* ist ungerechtfertigt: *Andler* selbst verweist in seiner diesbezüglichen Arbeit aus dem Jahr 1929 auf andere, frühere Veröffentlichungen zur Losgrößenoptimierung und hat die betreffende Formel übernommen [94]. In Amerika und England wird die klassische Losgrößenformel als *Harris-* oder *Wilson-Formel* bezeichnet [16]. Die erste Losgrößenformel wurde nach Kenntnis des Verfassers von dem Amerikaner *F. Harris* im Jahr 1913 veröffentlicht [86].

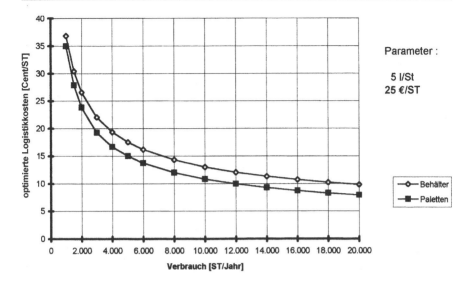

Abb. 11.6 **Verbrauchsabhängigkeit der optimierten Lagerlogistikkosten**

Beispiel: Handelswarenlager
Parameter: Ladungsträger (s. *Tabelle* 11.4)

▶ Nicht nur der Wert, sondern auch das *Volumen* und *Gewicht* der *Lagerware* bestimmen die Lagerhaltungskosten, die optimale Nachschubmenge und den optimalen Bestand (s. *Abb.* 11.7).

▶ Ohne *Auffüllstrategie* erhöhen sich die Lagerlogistikkosten. Bei geringen Nachschubmengen und Beständen tragen die Mehrkosten für Anbrucheinheiten nicht unwesentlich zu den Lagerlogistikkosten bei.

▶ Die betriebswirtschaftlich übliche, jedoch grundsätzlich falsche Kalkulation der Lagerplatzkosten mit einem Lagerkostensatz in Prozent vom Bestandswert führt zu überhöhten Beständen von billigen und großvolumigen Artikeln.

▶ Die optimale Nachschubmenge und der optimale Bestand hängen von der Höhe der Leistungskostensätze ab. Mit Ansteigen der spezifischen Auftragskosten, Transportkosten und Einlagerkosten nehmen Nachschubmenge und Bestand zu. Bei hohem Warenwert, ansteigenden Zinsen und größeren Lagerplatzkosten werden Nachschubmenge und Bestand geringer.

Wenn die Leistungskosten auslastungsabhängig sind, ist zu entscheiden, mit welchen Kostensätzen zu rechnen ist (s. *Abschn.* 6.9). Für die Nachschubmengenrechnung gilt:

▶ Wenn es sich um *externe Leistungen* handelt, muss mit den aktuellen Leistungspreisen gerechnet werden, die auf Vollkostenbasis kalkuliert sind und sich im Verlauf der Zeit aufgrund von Angebot und Nachfrage ändern können.

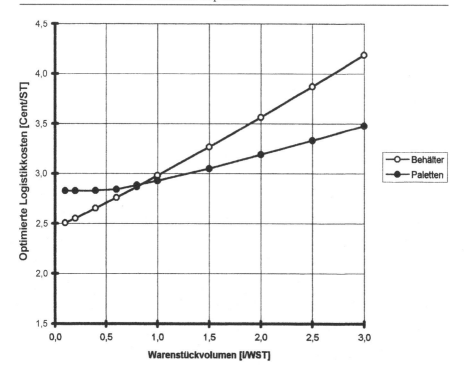

Abb. 11.7 Optimierte Lagerlogistikkosten als Funktion des Stückvolumens

Parameter: Ladungsträger

▶ Für *interne Leistungen* müssen die Leistungskostensätze auf Vollkostenbasis für die maximal mögliche Leistung und Kapazitätsnutzung der Produktion, des Lagers und des Transportsystems kalkuliert werden.

Wird statt mit den *Vollauslastungskostensätzen* mit auslastungsabhängigen Kostensätzen kalkuliert, ergeben sich bei geringer Auslastung höhere Kostensätze und dadurch nach der allgemeinen Nachschubformel eine Senkung der Inanspruchnahme. Bei einer hohen Auslastung resultieren geringere Leistungskostensätze mit dem Effekt zunehmender Inanspruchnahme. Dieser Effekt ließe sich sinnvoll umkehren durch die Strategie *auslastungsabhängiger Leistungskostensätze*:

▶ In Zeiten geringer Auslastung werden die Leistungskostensätze gesenkt und bei Annäherung an die Grenzleistung erhöht.

So werden durch eine Anhebung der Rüstkosten bei Annäherung an die Grenzen der Produktionskapazität eine Abnahme der Nachschubfrequenz, größere Losgrößen, geringere Rüstzeitverluste und eine Steigerung der Produktionskapazität erreicht.[5]

---

[5] Produktionsgetriebene Unternehmen tendieren dazu, in auslastungsschwachen Zeiten verstärkt auf Lager zu produzieren, um dadurch die Fertigung weiter auszulasten und vermeintlich den Deckungs-

Ebenso verhindert ein Heraufsetzen der spezifischen Lagerplatzkosten mit zunehmendem Füllungsgrad ein Überlaufen des Lagers. Eine Senkung der spezifischen Lagerplatzkosten bei geringem Füllungsgrad bewirkt eine bessere Lagernutzung und günstigere Nachschubkosten.

11.8 Lieferfähigkeit und Sicherheitsbestand

Die Festlegung der *Lieferfähigkeit* ist eine unternehmerische Entscheidung von großer Tragweite [183, 226]. Sie hängt vom Sicherheitsbedarf und von der Marktsituation ab und ist mit Risiken verbunden, die sich oft nur schwer abschätzen lassen. Bei der *Planung der Lieferfähigkeit* ist zu unterscheiden zwischen einer Unterbrechungsreserve und dem Sicherheitsbestand:

- Die *Unterbrechungsreserve* ist ein *eiserner Bestand* zur Sicherung der Versorgung der Verbrauchsstelle für die Dauer einer *unregelmäßig* auftretenden Unterbrechung des Nachschubs, z. B. durch Anlagenausfall, Reparatur, Betriebsunterbrechung, Transportschaden, Streik oder einen Engpass der Lieferstelle.
- Der *Sicherheitsbestand* ist eine *Schwankungsreserve* zur Sicherung der Lieferfähigkeit während der Wiederbeschaffungszeit gegen die *regelmäßigen* stochastischen Schwankungen des Periodenbedarfs und der Wiederbeschaffungszeit.

Die *Unterbrechungsreserve* ist ein *Sperrbestand*, der nur bei Auftreten der Ereignisse, für die sie bestimmt ist, angegriffen werden darf [178]. Ihre Höhe ergibt sich aus dem Produkt des Periodenverbrauchs mit der maximal zu erwartenden Unterbrechungszeit.

Der *Sicherheitsbestand* (*safety stock*) ist dagegen jederzeit frei verfügbar und zentraler Handlungsparameter der Bestandsdisposition. Wenn der Nachschub zu spät eintrifft, kann der Sicherheitsbestand in den letzten Tagen der Wiederbeschaffungszeit vollständig aufgebraucht werden.

Für einen stationären Verbrauch mit stochastischer Streuung lässt sich der Sicherheitsbestand, der zur Erfüllung einer benötigten Lieferfähigkeit erforderlich ist, mit Hilfe der Wahrscheinlichkeitstheorie berechnen. Die exakte Lösung ist jedoch kompliziert und nicht in einer geschlossenen Formel darstellbar. Für die Lagerdisposition genügt zur Berechnung des Sicherheitsbestands eine *Näherungsformel*, die nachfolgend hergeleitet wird. Sie sichert die Einhaltung der Lieferfähigkeit auch bei instationärem Bedarf besser als die exakte Lösung und bewirkt zugleich eine Senkung der Sicherheitsbestände gegenüber der herkömmlichen Standardformel [178].

11.8.1 Lieferbereitschaft und Tageslieferfähigkeit

Die *Lieferbereitschaft* oder *Lieferfähigkeit* η_{lief} eines Lagerartikels ist die Wahrscheinlichkeit, dass der frei verfügbare Lagerbestand ausreicht, einen Lieferauftrag für die-

---

beitrag zu verbessern. Dabei wird jedoch übersehen, dass Lagerware maximal zu Herstellkosten ohne Deckungsbeitrag zu bewerten ist. Ein Deckungsbeitrag wird erst durch den Verkauf der Ware erwirtschaftet. Wenn also absehbar ist, dass der Markt die Ware nicht abnimmt, muss die Produktion sofort gedrosselt werden.

sen Artikel mit der zugesicherten *Termintreue* auszuführen. Sie ist gleich der Auftragslieferfähigkeit für Einpositionsaufträge.

Für Mehrpositionsaufträge gilt nach den Regeln der Wahrscheinlichkeitsrechnung:

▶ Die *Auftragslieferfähigkeit für Mehrpositionsaufträge* ist gleich dem Produkt der Lieferbereitschaft für die einzelnen Artikel.

Beträgt beispielsweise die Lieferfähigkeit der einzelnen Artikel eines Sortiments 98 %, dann ist die Auftragslieferfähigkeit für Aufträge mit durchschnittlich 5 Positionen nur $(98\,\%)^5 = 0{,}98^5 = 0{,}90 = 90\,\%$.

Bei einer *Mehrstückanforderung* ist die volle Lieferfähigkeit nur gegeben, wenn die geforderte Menge für den Artikel vollständig vorrätig ist. Eine abgeschwächte Form der Lieferfähigkeit ist die *Teillieferfähigkeit*, die erfüllt ist, wenn von dem Artikel mindestens eine Verbrauchseinheit lieferbar ist.

Die Lieferfähigkeit ist ein Wahrscheinlichkeitswert, der stochastisch um einen Mittelwert streut. Die *mittlere Lieferfähigkeit* ist nur über einen längeren Zeitraum hinreichend genau messbar. Die Messung setzt voraus, dass sich der Mittelwert in diesem Zeitraum nicht ändert. Das ist nur bei stationärem Verbrauch und konstanter mittlerer Wiederbeschaffungszeit der Fall (s. *Abschn. 9.15*).

Bei instationärem Verbrauch oder sich ändernder Wiederbeschaffungszeit lässt sich jedoch nach jeder Nachschubanlieferung mit Hilfe der Standardformel für den dynamischen Mittelwert (9.71) aus der Lieferfähigkeit für den Zeitraum seit der letzten Anlieferung und der zuletzt errechneten dynamischen Lieferfähigkeit die *aktuelle mittlere Lieferfähigkeit* berechnen.

Für die Messung der *auftragsbezogenen* Lieferfähigkeit gilt die Definition:

• Die *Lieferfähigkeit* eines Artikels ist das über einen bestimmten Zeitraum gemessene Verhältnis der Aufträge, die aus dem Artikelbestand vollständig bedient wurden, zur Gesamtzahl der Aufträge für den Artikel.

Wenn eine tagesgenaue Termineinhaltung gefordert ist, zählen alle Aufträge als erfüllt, die am Tag des Auftragseingangs ausgeführt werden. Statt der auftragsbezogenen Lieferfähigkeit kann daher auch die Tageslieferfähigkeit gemessen werden. Sie ist wie folgt definiert:

• Die *Tageslieferfähigkeit* eines Artikels ist das über einen längeren Zeitraum gemessene Verhältnis der Tage, an denen alle Lieferaufträge aus dem Bestand vollständig bedient wurden, zur Gesamtzahl der Tage.

Tage, an denen der Bestand nicht zur Erfüllung aller eingehenden Lieferaufträge ausreichend war, zählen dabei als Tage der *Nichtlieferfähigkeit*, auch wenn an einem solchen Tag ein Teil der Aufträge ausgeführt werden konnte. Daraus folgt der *Satz*:

▶ Bei gleichem Sicherheitsbestand ist die auftragsbezogene Lieferfähigkeit ist größer als die Tageslieferfähigkeit.

Dieser Satz ist grundlegend zur Berechnung des Sicherheitsbestands für eine benötigte Lieferfähigkeit, da sich die mittlere Tageslieferfähigkeit mit Hilfe der Wahrscheinlichkeitstheorie einfacher berechnen lässt als die auftragsbezogene Lieferfähigkeit.

11.8.2 Lieferfähigkeit in der Wiederbeschaffungszeit (α-Servicegrad)

Wenn λ_m [VE/AT] der mittlere Tagesverbrauch und T_{WBZ} [AT] die Wiederbeschaffungszeit in Anzahl Absatztagen sind, ist der mittlere Verbrauch in der Wiederbeschaffungszeit:

$$m_{WBZ} = T_{WBZ} \cdot \lambda_m \qquad (11.31)$$

Wegen der stochastischen Streuung des Tagesverbrauchs und der veränderlichen Beschaffungszeiten schwankt der Verbrauch in der Wiederbeschaffungszeit um den Mittelwert (11.31). Dauert die Wiederbeschaffung mehrere Tage, ist der Verbrauch in der Wiederbeschaffungszeit nach dem Gesetz der großen Zahl annähernd normalverteilt.

Wenn s_λ die Streuung des Verbrauchs und s_{WBZ} die Streuung der Wiederbeschaffungszeit ist, folgt aus dem Gesetz der großen Zahl (9.23) und dem Fehlerfortpflanzungsgesetz (9.24) für die Streuung des Verbrauchs in der Wiederbeschaffungszeit [178, 209, 247]:

$$s_{mWBZ}^2 = T_{WBZ} \cdot s_\lambda^2 + \lambda_m^2 \cdot s_{WBZ}^2 . \qquad (11.32)$$

Damit in der Wiederbeschaffungszeit von der Bestellung bis zum Eintreffen des Lagernachschubs mit der Wahrscheinlichkeit η_{WBZ} keine Lieferunfähigkeit auftritt – im *Operations Research* wird diese Wahrscheinlichkeit *α-Servicegrad* genannt –, muss der Sicherheitsbestand gleich dem Produkt des *Sicherheitsfaktors* $f_S(\eta)$ der Normal-

Sicherheitsgrad	Sicherheitsfaktor
50,0%	0,00
80,0%	0,84
85,0%	1,04
90,0%	1,28
95,0%	1,64
98,0%	2,05
99,0%	2,33
99,9%	3,09

Tab. 11.5 Sicherheitsfaktoren $f_S(\eta)$ für unterschiedliche Sicherheitsgrade

Sicherheitsgrad = Lieferfähigkeit, Servicegrad, Überlaufsicherheit u. a.

verteilung mit der Streuung des Verbrauchs in der Wiederbeschaffungszeit s_{mWBZ} sein:

$$m_{sich} = f_S(\eta_{WBZ}) \cdot s_{mWBZ} \quad \text{für } \eta_{WBZ} \geq 50\,\% \tag{11.33}$$

Der *Sicherheitsfaktor* $f_S(x)$ ist gegeben durch die *inverse Standardnormalverteilung* (9.20), die in EXCEL als Funktion STANDNORMINV(η) aufrufbar ist. Seine Abhängigkeit von der geforderten Sicherheit zeigt die *Abb.* 11.8. Für einige übliche Sicherheitsgrade ist der Sicherheitsfaktor in *Tabelle* 11.5 aufgelistet.

Anstelle der inversen Standardnormalverteilung, die keine explizite Funktion des Arguments ist, kann auch mit folgender *Näherungsfunktion* gerechnet werden:

$$f_S(\eta) = (2\eta - 1)/(1 - \eta)^{0,2} \quad \text{wenn } \eta \geq 50\,\% \tag{11.34}$$

Die *Abbildung* 11.8 zeigt, dass die Näherungsfunktion (11.34) über den gesamten praktisch interessierenden Bereich von 50 % bis über 99,5 % kaum von der inversen Standardnormalverteilung abweicht. Aus dem Kurvenverlauf *Abb.* 11.8 ist außerdem

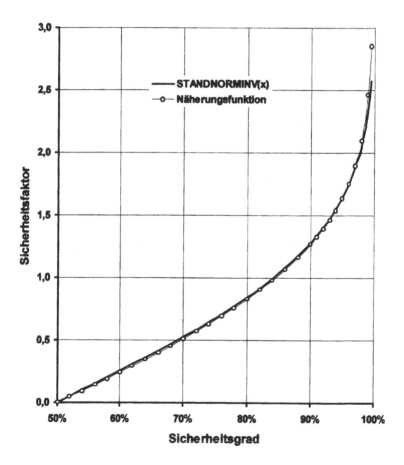

Abb. 11.8 Exakter und approximativer Sicherheitsfaktor

ablesbar, dass der Sicherheitsfaktor und damit der benötigte Sicherheitsbestand bei Annäherung des geforderten Sicherheitsgrads an die 100 % über alle Grenzen ansteigt. Hundertprozentige Lieferfähigkeit ist daher bei einem stochastisch schwankenden Bedarf grundsätzlich nicht erreichbar.

Für einen α-Servicegrad von 50 % ist der Sicherheitsfaktor 0 und daher der benötigte Sicherheitsbestand 0. Ohne Sicherheitsbestand ist die Lieferfähigkeit in der Wiederbeschaffungszeit bereits 50 %.

11.8.3 Mittlere Lieferfähigkeit und dynamischer Sicherheitsbestand

Die Beziehung (11.33) ist eine häufig in der Fachliteratur zu findende und in der Praxis gebräuchliche Formel für den Sicherheitsbestand. Die herkömmliche Sicherheitsbestandsformel führt meist zu überhöhten Sicherheitsbeständen, da bei deren Herleitung nicht die Zeiten vom Eingang des Nachschubs bis zum Erreichen des Bestellpunkts berücksichtigt wurden. In diesen Zeiten ist der Bestand höher als der Meldebestand und die Lieferfähigkeit 100 %.

Die mittlere Länge des Zeitraums, in dem die Lieferfähigkeit 100 %, also 1 ist, ist gleich der *Nachschubreichweite* $T_{\mathrm{NRW}} = m_N/\lambda_m$, die sich aus der Nachschubmenge m_N bei einem mittleren Tagesverbrauch λ_m errechnet, minus der Wiederbeschaffungszeit η_{WBZ} [PE] (s. *Abb.* 3.2 und 6.1). Wenn die Nachschubreichweite größer ist als die Wiederbeschaffungszeit und die Lieferfähigkeit in der Wiederbeschaffungszeit gleich η_{WBZ} ist, gilt daher für die *mittlere Lieferfähigkeit* über einen längeren Zeitraum:

$$\eta_{\mathrm{lief}} = 1 \cdot (T_{\mathrm{NRW}} - T_{\mathrm{WBZ}})/T_{\mathrm{NRW}} + \eta_{\mathrm{WBZ}} \cdot T_{\mathrm{WBZ}}/T_{\mathrm{NRW}}$$

$$= 1 - (1 - \eta_{\mathrm{WBZ}}) \cdot T_{\mathrm{WBZ}} \cdot \lambda_m/m_N \,. \tag{11.35}$$

Die Auflösung von Beziehung (11.35) nach der Lieferfähigkeit n_{WBZ} ergibt:

$$\eta_{\mathrm{WBZ}} = 1 - (1 - \eta_{\mathrm{lief}}) \cdot m_N/(T_{\mathrm{WBZ}} \cdot \lambda_m) \quad \text{wenn } m_N > T_{\mathrm{WBZ}} \cdot \lambda_m \tag{11.36}$$

Das heißt: Wenn eine mittlere Lieferfähigkeit η_{lief} erreicht werden soll, die im OR auch als β-*Servicegrad* bezeichnet wird, genügt für die Lieferfähigkeit in der Wiederbeschaffungszeit η_{WBZ} der Wert (11.36). Dieser ist kleiner als die geforderte Lieferfähigkeit, solange die Nachschubreichweite länger ist als die Wiederbeschaffungszeit. Wenn die Nachschubreichweite kürzer ist als die Wiederbeschaffungszeit, ist $\eta_{\mathrm{WBZ}} = \eta_{\mathrm{lief}}$.

Bei einem instationären Absatz und veränderlichen Wiederbeschaffungszeiten müssen der prognostizierte Tagesabsatz und dessen Streuung sowie die Wiederbeschaffungszeit und deren Streuung stets mit den aktuellen Werten jeden Tag t neu berechnet werden. Mit diesen dynamisch berechneten Werten folgt nach Einsetzen von Beziehung (11.36) in die Sicherheitsbestandsformel (11.33) aus Beziehung (11.32) die

▶ *Masterformel des dynamischen Sicherheitsbestands:*

$$m_{\mathrm{sich}}(t) = \begin{cases} f_S(1 - (1 - \eta_{\mathrm{lief}}) \cdot m_N/(T_{\mathrm{WBZ}} \cdot \lambda_m)) \cdot s_{m\mathrm{WBZ}}(t) & \text{wenn } m_N > T_{\mathrm{WBZ}} \cdot \lambda_m \\ f_S(\eta_{\mathrm{lief}}) \cdot s_{m\mathrm{WBZ}}(t) & \text{wenn } m_N < T_{\mathrm{WBZ}} \cdot \lambda_m \end{cases} \tag{11.37}$$

mit der *dynamischen Absatzstreuung* in der Wiederbeschaffungszeit

$$s_{mWBZ}(t) = \sqrt{T_{WBZ}(t) \cdot s_\lambda(t)^2 + \lambda_m(t)^2 \cdot s_{WBZ}(t)^2} \quad [VE].$$ (11.38)

Hierin ist $m_N(t)$ [VE/NAuf] die aktuelle Nachschubmenge. $\lambda_m(t)$ [VE/AT] und $s_\lambda(t)$ [VE/AT] sind die dynamischen Prognosewerte (9.66) und (9.77) von Mittelwert und Streuung des Tagesbedarfs. $T_{WBZ}(t)$ und $s_{WBZ}(t)$ sind die aktuelle Wiederbeschaffungszeit und ihre Streuung, die mit Beziehung (9.71) bzw. (9.72) errechnet werden. Der prognostizierte Bedarf und dessen Streuung müssen dynamisch aus dem zurückliegenden Auftragseingang berechnet werden und nicht aus dem Verlauf des Lagerabgangs, der durch Fehlmengen gegenüber dem Bedarf verzerrt sein kann. Die Formel (11.37) gilt für einen mittleren Tagesabsatz $\lambda_m > 0$. Solange ein Artikel keinen Absatz hat, also für $\lambda_m = 0$, ist der Sicherheitsbestand $m_{sich}(t) = 0$.

In der Wiederbeschaffungszeit tritt die Lieferunfähigkeit mit der größten Wahrscheinlichkeit erst in den letzten Tagen vor dem Eintreffen des Nachschubs ein.

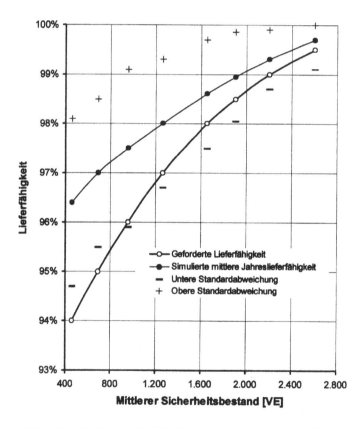

Abb. 11.9 Geforderte Lieferfähigkeit und simulierte Lieferfähigkeit als Funktion des Sicherheitsbestands

Übrige Parameter: s. *Abb.* 11.10

Der effektive Zeitraum der Lieferunfähigkeit ist daher kürzer als die Wiederbeschaffungszeit. Das heißt:

▶ Wenn der Sicherheitsbestand mit den Beziehungen (11.37) und (11.38) berechnet wird, resultiert eine mittlere Lieferfähigkeit, die größer ist als die geforderte Lieferfähigkeit.

Diese Aussage wird bestätigt durch einen Vergleich mit der mathematisch exakten Lösung. Zur Kontrolle durchgeführte Simulationsrechnungen ergeben, dass der aus (11.37) und (11.38) resultierende Sicherheitsbestand im Rahmen der statistisch zu erwartenden Genauigkeit auch für den Fall eines instationären Absatzverlaufs zu einer deutlich höheren Lieferfähigkeit führt als gefordert [178]. Wie *Abb.* 11.9 zeigt, liegt die mittlere Lieferfähigkeit η_{IST} eines Jahres mit einer Wahrscheinlichkeit von mehr als 85 % über der geforderten Lieferfähigkeit η_{lief}. Voraussetzung ist, dass stets

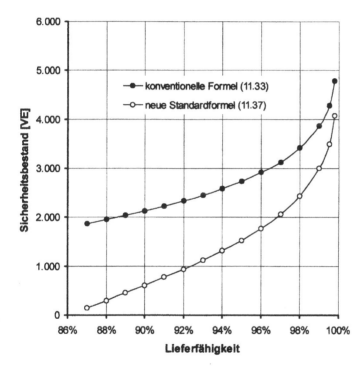

Abb. 11.10 Vergleich des Sicherheitsbestands mit dynamischer Berechnung des β-Servicegrads und herkömmlicher Berechnung des α-Servicegrads

Obere Kurve: konventionelle Berechnung (α-*Servicegrad*)
Untere Kurve: Masterformel (11.37)+(11.38) (β-*Servicegrad*)
WBZ: 5 AT, WBZ-Streuung: 2 AT
Absatz: 700 VE/AT,
Absatzstreuung: 400 VE
Nachschubmenge: 12.500 VE/NAuf

mit den dynamischen Werten für den Absatz, die Nachschubmenge und die Wiederbeschaffungszeit gerechnet wird.

Die *Abbildung* 11.10 zeigt einen Vergleich der mit Hilfe der Masterformel (11.37)
und der nach der herkömmlichen Formel (11.33) berechneten Abhängigkeit des Sicherheitsbestands von der geforderten Lieferfähigkeit. Daraus ist ablesbar:

▶ Der herkömmlich berechnete Sicherheitsbestand liegt in diesem wie auch in vielen anderen Fällen weit über dem tatsächlich erforderlichen Sicherheitsbestand.

Die vom Verfasser entwickelte Masterformel für den Sicherheitsbestand (11.37) mit
der dynamischen Streuung (11.38) hat sich in der Praxis bereits vielfach bewährt.
Sie lässt sich in die Dispositionsprogramme bekannter Standardsoftware, wie SAP,
J.D.EDWARDS und Navision, relativ einfach implementieren [178].

11.8.4 Einflussfaktoren auf den Sicherheitsbestand

Der Periodenabsatz ist das Produkt $\lambda = m \cdot \lambda_A$ [VE/PE] der mittleren *Bestellmenge* m [VE/Auf] mit dem *Auftragseingang* λ_A [Auf/PE]. Wenn s_A die Streuung des
Auftragseingangs und s_m die Streuung der Bestellmengen ist, folgt nach dem *Fehlerfortpflanzungsgesetz* (9.24) für die *Absatzstreuung*:

$$s_\lambda = \left(m^2 \cdot s_A^2 + \lambda_A^2 \cdot s_m^2 \right)^{1/2} = \lambda \cdot \left(V_A + V_m \right)^{1/2} , \tag{11.39}$$

wobei $V_A = s_A^2 / \lambda_A^2$ die *Variabilität des Auftragseingangs* und $V_m = s_m^2 / m^2$ die *Variabilität der Bestellmengen* ist. Hieraus wird ersichtlich:

▶ Die Absatzstreuung ist proportional zum Periodenabsatz.

▶ Die stochastische Schwankung des Periodenabsatzes wird verursacht durch die
Streuung des Auftragseingangs und die Schwankung der Bestellmengen.

Wenn es gelingt, die Schwankungen der Bestellmengen zu reduzieren, etwa durch
das Aussondern von Großmengenaufträgen, sinkt die Streuung des Periodenabsatzes
und damit auch der erforderliche Sicherheitsbestand.

Aus den Beziehungen (11.37), (11.38) und (11.39) lassen sich die wichtigsten Einflussfaktoren auf die Höhe des Sicherheitsbestands ablesen:

▶ Der Sicherheitsbestand steigt mit der *geforderten Lieferfähigkeit* zunächst nur
schwach und dann immer stärker an. Bei Annäherung an die 100 % übersteigt
er jeden Wert (s. *Abb.* 11.8, 11.10 und 11.11).

▶ Bei geringer Streuung der Wiederbeschaffungszeiten steigt der Sicherheitsbestand
mit der *Wurzel aus dem Absatz*.

▶ Der Sicherheitsbestand wächst zunächst unterproportional und bei großer Streuung linear mit der *Absatzstreuung* (s. *Abb.* 11.12).

▶ Der erforderliche Sicherheitsbestand steigt ab einer unteren Schwelle mit der
Wurzel aus der Wiederbeschaffungszeit (s. *Abb.* 11.13).

▶ Mit größer werdender *Streuung der Wiederbeschaffungszeit* nimmt der Sicherheitsbestand immer weiter zu (s. *Abb.* 11.14).

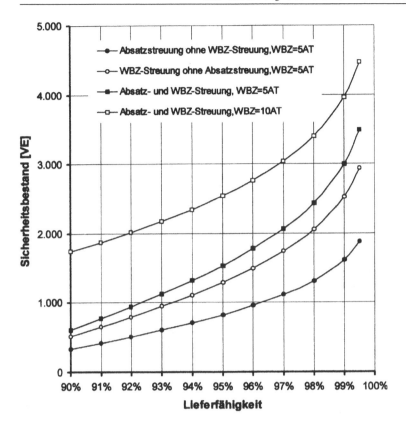

Abb. 11.11 Abhängigkeit des Sicherheitsbestands von der Lieferfähigkeit für unterschiedliche Wiederbeschaffungszeiten und WBZ-Streuung

Übrige Parameter: s. *Abb.* 11.10

▶ Bei sehr großer Streuung der Wiederbeschaffungszeit verändert sich der Sicherheitsbestand linear mit dem Absatz statt mit der Wurzel aus dem Absatz.

Die Schwelle der Wiederbeschaffungszeit in der *Abb.* 11.13, unterhalb der kein Sicherheitsbestand benötigt wird, erklärt sich daraus, dass bei kurzer Lieferzeit die mögliche Nichtlieferfähigkeit während der Wiederbeschaffungszeit kaum ins Gewicht fällt gegenüber der gesicherten Lieferfähigkeit bis zum Bestellpunkt. Diese Schwelle ist abhängig von der Größe der Nachschubmengen. Sie steigt mit der Relation der Nachschubreichweite zur Wiederbeschaffungszeit.

Die Abhängigkeiten des Sicherheitsbestands von den unterschiedlichen Einflussfaktoren sollte jeder Planer und jeder Disponent kennen und bei seinen Entscheidungen berücksichtigen. Die wichtigsten *Konsequenzen* sind:

▶ Vertrieb und Kunden sollte vermittelt werden, dass eine Lieferfähigkeit von 100 % unbezahlbar und nicht möglich ist.

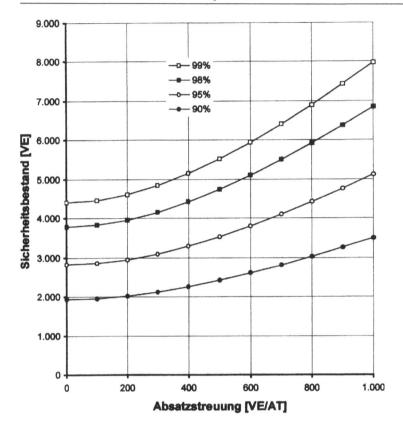

Abb. 11.12 Abhängigkeit des Sicherheitsbestands von der Absatzstreuung für unterschiedliche Lieferfähigkeiten

Übrige Parameter: s. *Abb. 11.10*

▶ Fertigung und Lieferanten müssen wissen, in welchem Ausmaß lange Lieferzeiten und wie stark unzuverlässige Lieferzeiten die Sicherheitsbestände nach oben treiben und die Logistikkosten erhöhen.

▶ Durch eine Auftragsfertigung oder Auftragsbeschaffung von Großmengenbestellungen lässt sich die Verbrauchsstreuung des Lagerbedarfs reduzieren und damit der Sicherheitsbestand senken.

Wenn die Bestellmenge größer ist als die halbe optimale Nachschubmenge, ist die direkte Auftragsbeschaffung oder Auftragsfertigung der Großmengenbestellungen zugleich eine Möglichkeit zur Kosteneinsparung (s. *Abschn. 11.14*).

11.8.5 Sicherheitskosten und Lieferfähigkeit

Sicherheit kostet Geld. Das gilt auch für die Sicherung der Lieferfähigkeit. Die Kosten zur Sicherung der Lieferfähigkeit sind gleich den Lagerungskosten für den Si-

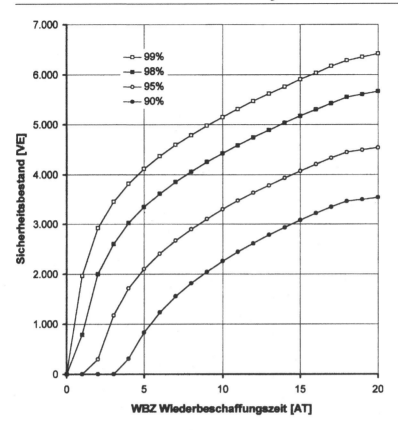

Abb. 11.13 Abhängigkeit des Sicherheitsbestands von der Wiederbeschaffungszeit für unterschiedliche Lieferfähigkeiten

Übrige Parameter: s. *Abb.* 11.10

cherheitsbestand. Bezogen auf die durchgesetzte Verbrauchseinheit sind die *Sicherheitsstückkosten:*

$$k_{\text{sich}}(\eta) = (k_{\text{LP}}/C_{\text{LE}} + P_{\text{VE}}z_{\text{L}}) \cdot m_{\text{sich}}(\eta)/\lambda \quad [\text{€/VE}]. \tag{11.40}$$

Wie *Abb.* 11.15 für ein Beispiel zeigt, steigen die Sicherheitskosten mit Annäherung an die 100 % mit der geforderten Lieferfähigkeit η immer stärker an. Sie sinken umgekehrt proportional mit der Wurzel des Verbrauchs λ, denn der Sicherheitsbestand wächst proportional zur Wurzel aus λ. Mit der Länge und Unsicherheit der Wiederbeschaffungszeit nehmen die Sicherheitskosten zu. Sie sind für hochwertige und großvolumige Artikel höher als für geringwertige und kleine Artikel.

Den mit der Lieferfähigkeit η ansteigenden Sicherheitskosten stehen in der Regel Fehlmengenkosten gegenüber, die proportional zur *Lieferunfähigkeit* $1 - \eta$ ansteigen, also mit zunehmender Lieferfähigkeit kleiner werden. *Fehlmengenkosten* infolge von Lieferunfähigkeit können sein:

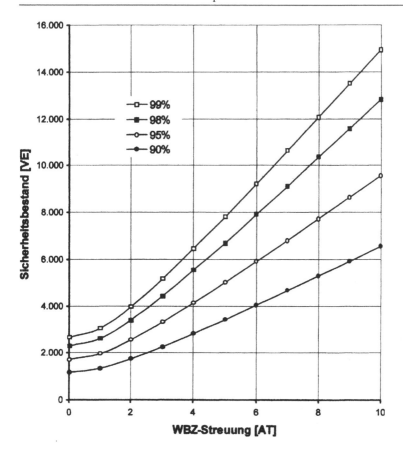

Abb. 11.14 Abhängigkeit des Sicherheitsbestands von der WBZ-Streuung für unterschiedliche Lieferfähigkeiten

T_{WBZ} = 20 AT
Übrige Parameter: s. *Abb.* 11.10

- entgangener Gewinn oder fehlender Deckungsbeitrag für den Umsatzausfall von Fertigartikeln oder Handelsware
- Kosten der Produktionsunterbrechung und Wartezeiten wegen fehlenden Materials oder ausbleibender Zulieferteile
- Stillstandskosten infolge fehlender Ersatzteile
- Lieferverzugsstrafen oder Pönalen bei Terminüberschreitungen.

In manchen Fällen lassen sich die *Fehlmengenstückkosten* k_{fehl} [€/VE] kalkulieren, in anderen zumindest abschätzen.

Bei einer Lieferfähigkeit η treten die Fehlmengenkosten mit der Wahrscheinlichkeit $1 - \eta$ auf. Die effektiven Fehlmengenkosten sind daher $(1 - \eta) \cdot k_{fehl}$. Die Kostensumme der Sicherheitskosten und der Fehlmengenkosten sind die *Risikokosten*:

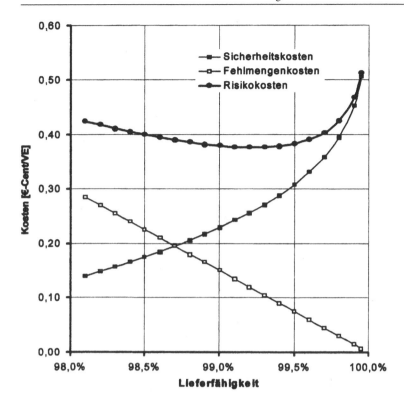

Abb. 11.15 Abhängigkeit der Risikokosten von der Lieferfähigkeit

Beschaffungspreis: 2,50 €/VE
Fehlmengenstückkosten: 0,15 €/VE
Absatz: 100 VE/AT
Übrige Parameter: s. *Abb.* 11.10

$$k_{risk}(\eta) = k_{sich}(\eta) + (1 - \eta) \cdot k_{fehl} \quad [\text{€/VE}]. \tag{11.41}$$

Die Risikokosten haben bei einer bestimmten Lieferfähigkeit η_{opt} ein Minimum, das im Beispiel der *Abbildung* 11.15 bei 99,3 % liegt.

Grundsätzlich lässt sich also bei bekannten Fehlmengenkosten durch Bestimmung des Minimums der Risikokosten (11.41) die *kostenoptimale Lieferfähigkeit* η_{opt} ermitteln. Auch wenn das im Einzelfall umständlich ist, wird dadurch die meist recht willkürliche Festlegung der Lieferfähigkeit durch den Vertrieb oder die Unternehmensleitung objektiviert.

Zur Festlegung der *Standardlieferfähigkeit* eines Sortiments oder einer Artikelgruppe sollten daher mit Hilfe von Beziehung (11.40) Modellrechnungen durchgeführt werden, um abzuschätzen, ob eine Standardlieferfähigkeit von 95 %, 98 %, 99 % oder sogar 99,5 % angemessen und notwendig ist.

Wegen der vielen zufallsabhängigen Einflussfaktoren geht es dabei stets um eine Risikoabwägung, die sich durch mathematische Verfahren unterstützen lässt. Die Festlegung der Lieferfähigkeit bleibt jedoch auch dann noch eine unternehmerische Entscheidung mit einem unvermeidlichen Restrisiko.

11.9 Verbrauchsabhängigkeit von Beständen und Logistikkosten

Der mittlere Lagerbestand ist nach Beziehung (11.10) gleich der Summe von Sicherheitsbestand und halber Nachschubmenge. Nach Beziehung (11.27) ist die optimale Nachschubmenge proportional zur Wurzel aus dem Periodenverbrauch. Für nicht zu stark schwankende Wiederbeschaffungszeiten ist auch der Sicherheitsbestand proportional zur Wurzel aus dem Verbrauch. Daher gilt:

▶ Bei optimaler Nachschubdisposition von Artikeln mit regelmäßigem Verbrauch ist der *optimale Lagerbestand* proportional zur Wurzel aus dem *Periodenverbrauch*

$$m_{Bopt} = F_L \cdot \sqrt{\lambda_{VE}} \,. \tag{11.42}$$

Der Proportionalitätsfaktor F_L ist ein *Lagerstrukturfaktor*, der abhängig ist von den Dispositionsparametern, den Kostensätzen und der geforderten Lieferfähigkeit des betreffenden Lagers.

Aus der Proportionalität (11.42) folgen die *Planungsregeln:*

▶ Wenn der Absatz eines Artikels mit regelmäßigem Bedarf um einem bestimmten Faktor steigt, dann erhöht sich der Lagerbestand bei optimaler Disposition und gleichbleibender Lieferfähigkeit nur um die Wurzel aus diesem Faktor.

▶ Der *Bestandsspitzenfaktor* f_{Bsais}, um den sich der mittlere Bestand eines Artikels gegenüber dem Jahresdurchschnittsbestand erhöht, ist bei optimaler Disposition gleich der Wurzel aus dem *Verbrauchsspitzenfaktor* f_{Vsais}, um den der Verbrauch in der Saisonspitze höher ist als im Jahresmittel:

$$f_{Bsais} = \sqrt{f_{Vsais}} \,. \tag{11.43}$$

Diese Planungsregeln sind nutzbar zur Berechnung der Bestände für steigenden oder abnehmenden Absatz und für die korrekte Berücksichtigung von *Saisonschwankungen* bei der Lagerplanung. So ist bei einer Verdopplung des Verbrauchs mit einem Anstieg des mittleren Lagerbestandes um einen Faktor $\sqrt{2} \approx 1{,}41$, also nur um 41 % zu rechnen, wenn die Bestände optimal disponiert werden.

Abgesehen von den Effekten der Anbrucheinheiten folgt aus den Beziehungen (11.22), (11.27) und (11.30) für die Verbrauchsabhängigkeit der *spezifischen Lagerlogistikkosten* bei optimaler Bestandsdisposition:

$$k_{Lopt} = K_{Lopt}/\lambda_{VE} = k_0 + k_1/\sqrt{\lambda_{VE}} \quad [\text{€/VE}] \,. \tag{11.44}$$

Der konstante Kostenanteil k_0 umfasst die vom Periodenbedarf unabhängigen spezifischen Transport- und Einlagerkosten. Der variable Kostenanteil mit dem Faktor k_1 wird von den Auftrags- und Lagerhaltungskosten bestimmt, deren Anteil an

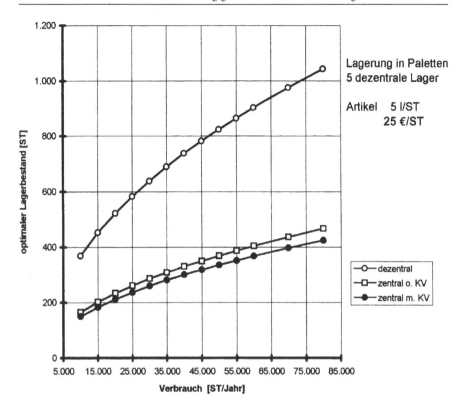

Abb. 11.16 Verbrauchsabhängigkeit des optimalen Lagerbestands bei zentraler und dezentraler Lagerung

> dezentral: Summenbestand in 5 Lagern gleicher Größe
> zentral o. KV: Zentrallager ohne Kostenverbesserung
> zentral m. KV: Zentrallager mit Kostenverbesserung

den spezifischen Logistikkosten bei optimaler Nachschubdisposition mit zunehmendem Durchsatz geringer wird. Aus diesem Zusammenhang, der in den *Abb.* 11.16 und 11.17 dargestellt ist, ergibt sich:

▶ Die spezifischen Lagerlogistikkosten sinken bei optimaler Bestands- und Nachschubdisposition umgekehrt proportional mit der Wurzel aus dem Verbrauch asymptotisch bis auf einen kleinsten Wert, der gleich der Summe der spezifischen Transport- und Einlagerkosten ist.

Wegen des unterproportionalen Anstiegs der Bestände und der Degression der spezifischen Nachschub- und Lagerhaltungskosten mit dem Verbrauch sind die Nachschub- und Lagerhaltungskosten sehr viel geringer, wenn der Gesamtverbrauch eines Artikels mit regelmäßigem Bedarf aus einem *Zentrallager* statt aus mehreren *dezentralen Lagern* beliefert wird.

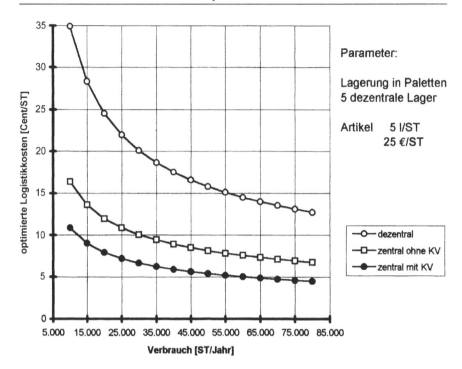

Abb. 11.17 Verbrauchsabhängigkeit der spezifischen Lagerlogistikkosten bei zentraler und dezentraler Lagerung

Voraussetzung: Optimale Nachschub- und Bestandsdisposition

Eine weitere Kostenverbesserung ergibt sich bei einer Zentralisierung von Lagern, Kommissionieren und Umschlag aus den möglichen Einsparungen bei den Lieferstellen. Auch die Einsparungen durch Bündelung der Transporte, die allerdings durch die Mehrkosten für das zusätzliche Be- und Entladen im zentralen Umschlagpunkt und für längere Transportwege teilweise wieder kompensiert werden, begünstigen in vielen Fällen das zentrale Lagern und Umschlagen der Ware. Hierauf beruht ein wesentlicher Effekt der *Logistikzentren* (s. *Abb.* 1.14).

11.10 Zentralisierung von Beständen

Zur Optimierung von Versorgungsnetzen, zur Auswahl optimaler Lieferketten und zur Kalkulation der Einsparungen, die durch eine Bestandsbündelung erreichbar sind, ist es erforderlich, die durch eine Zentralisierung mögliche *Bestandsreduzierung* zu quantifizieren.

Wenn λ_{Ai} die *Verbrauche* des Artikels A in den Lagern L_i der *dezentralen Verbrauchsstellen* VS_i, $i = 1,\ldots, N$, sind, ist der *Gesamtverbrauch* des Artikels

$$\lambda_A = \sum_{i=1}^{N} \lambda_{Ai} \quad [\text{VE/PE}].$$ (11.45)

Mit den dezentralen Verbrauchen ergeben sich bei optimaler Disposition gemäß Beziehung (11.42) die Einzelbestände in den *dezentralen Lagern*:

$$m_{BAi} = F_{DL} \cdot \sqrt{\lambda_{Ai}},$$ (11.46)

wobei der *Lagerstrukturfaktor* F_{DL} von den Dispositionsparametern, den Kostensätzen und der geforderten Lieferfähigkeit der dezentralen Lager abhängt. Für einen zentralisierten Verbrauch (11.45) resultiert bei optimaler Disposition der *Zentralbestand*:

$$m_{ZBA} = F_{ZL} \cdot \sqrt{\lambda_A}$$ (11.47)

mit dem *Lagerstrukturfaktor* F_{ZL} des Zentrallagers. Durch Auflösung von (11.46) nach λ_{Ai} und von (11.47) nach λ_A und Einsetzen der Ergebnisse in (11.45) folgt der *Zentralisierungssatz für den Artikelbestand*:

▶ Durch das Zusammenfassen in einem Zentrallager mit optimaler Nachschubdisposition reduziert sich die Summe der dezentralen Artikelbestände

$$m_{DBA} = \sum_i m_{BAi}$$ (11.48)

bei optimaler Disposition auf einen *Zentrallagerbestand*

$$m_{ZBA} = (F_{ZL}/F_{DL}) \cdot \sqrt{\sum_i m_{BAi}^2}.$$ (11.49)

Der Zentrallagerbestand m_{ZB} eines *Artikelsortiments* mit den Einzelbeständen m_{BAi} in den dezentralen Lagern L_i ergibt sich durch Summation von (11.48) über alle Artikel:

$$m_{ZB} = \sum_A m_{ZBA} = (F_{ZL}/F_{DL}) \cdot \sum_A \sqrt{\sum_i m_{BAi}^2}.$$ (11.50)

Wenn die dezentralen Artikelverbrauche nur wenig voneinander abweichen, ist nach dem Approximationssatz (9.29) die Summe über das Artikelsortiment A mit der Wurzel und der Summe über die Verbrauchsstellen i vertauschbar. Unter dieser Voraussetzung gilt der *Zentralisierungssatz für den Sortimentsbestand*:

▶ Sind die Summen der Einzellagerbestände der Artikel A eines Sortiments mit *gleicher relativer Gängigkeit* in den dezentralen Lagern L_i, $i = 1, 2,\ldots, N$,

$$m_{DBi} = \sum_A m_{BAi},$$ (11.51)

dann ist die *Gesamtsumme* der dezentralen Bestände des Sortiments

$$m_{DB} = \sum_i m_{DBi}$$ (11.52)

und der *Zentrallagerbestand* des gleichen Sortiments bei optimaler Disposition

$$m_{ZB} = (F_{ZL}/F_{DL}) \cdot \sqrt{\sum_i m_{BAi}^2} \,. \qquad (11.53)$$

Bei extremen Unterschieden der relativen Gängigkeit der einzelnen Artikel in den dezentralen Lagern ist der mit Beziehung (11.53) errechnete Zentrallagerbestand bis zu 30 % geringer als der mit der korrekten Beziehung (11.50) errechnete Sortimentsbestand im Zentrallager. Die Voraussetzung gleicher relativer Gängigkeit der Artikel in den dezentralen Lagern ist in vielen Fällen zumindest für Teilsortimente recht gut erfüllt. Daher gilt in guter Näherung der *Wurzelsatz für die Zentralisierung von Lagerbeständen* (*Square-Root-Law of Inventory* [96]):

▶ Bei optimaler Bestands- und Nachschubdisposition und gleicher relativer Gängigkeit der Artikel in den dezentralen Lagern ist der Zentrallagerbestand gleich der Wurzel aus der Quadratsumme der Bestände in den dezentralen Lagern multipliziert mit F_{ZL}/F_{DL}.

Bei gleichen Lagerstrukturfaktoren F_{ZL} und F_{DL} ergibt sich nach dieser Regel beispielsweise für das Zusammenfassen von 3 dezentralen Lagern mit den Einzelbeständen $m_{DB1} = 300$ VE, $m_{DB2} = 400$ VE und $m_{DB3} = 500$ VE und dem Summenbestand $m_{DB} = 1.200$ VE ein Zentrallagerbestand $m_{ZB} = \sqrt{300^2 + 400^2 + 500^2} = 707$ VE. Durch eine Lagerzentralisierung ist also in diesem Fall eine Bestandsreduktion um 41 % möglich.

Für dezentrale Lager mit gleichem Bedarf und gleichen Lagerstrukturfaktoren $F_{ZL} = F_{DL}$ vereinfacht sich die Zentralisierungsregel für Bestände zu der *Faustregel:*

▶ Durch Zentralisierung der Bestände aus N_L dezentralen Lagern mit den gleichen Sortimenten und den gleichen Verbrauchen lässt sich der Gesamtbestand in einem Zentrallager bei optimaler Bestands- und Nachschubdisposition um einen Faktor $1/\sqrt{N_L}$ gegenüber dem Summenbestand der dezentralen Lager senken.

Diese einfache Zentralisierungsregel wird in der Praxis meist angewendet, ohne die einschränkenden Voraussetzungen zu beachten, wie Gleichheit der dezentralen Lager und Sortimente, optimale Bestandsdisposition und gleiche Strukturfaktoren. Das kann zu überhöhten Einsparungserwartungen, falscher Bestandsplanung und Fehlentscheidungen führen, die sich nach dem Bau eines Zentrallagers nicht mehr korrigieren lassen. So resultiert aus einer Zusammenlegung von nicht überlappenden Sortimenten auch bei optimaler Disposition keine Bestandsreduzierung.

Die Strukturfaktoren für kleine dezentrale Lager und große Zentrallager unterscheiden sich in der Regel aus folgenden Gründen:

▶ Infolge des höheren Durchsatzes reduzieren sich bei gleicher Technik die spezifischen Einlager- und Lagerplatzkosten eines Zentrallagers im Vergleich zu den entsprechenden Kosten dezentraler Lager.

▶ In einem größeren Zentrallager sind die Leistungskosten durch den Einsatz rationeller Lager- und Fördertechnik deutlich geringer als in kleinen dezentralen Lagern. So kann das Zentrallager ab einer bestimmten Mindestkapazität weitaus kostengünstiger als automatisches Hochregallager statt als manuell bedientes Stap-lerlager ausgeführt werden.

▶ Im Zentrallager lassen sich wegen der höheren Bestände Lagereinheiten mit grö-ßerer Kapazität einsetzen. Das führt zu einer weiteren Senkung der Leistungskos-ten.

Die Auswirkung dieser Effekte auf die Leistungskostensätze für zentrale und dezen-trale Lager ist z. B. aus *Tabelle* 11.4 ablesbar.

Infolge der Rationalisierungseffekte der Zentrallagerung kann der Strukturfaktor F_{ZL} für ein Zentrallager um 10 % bis 20 % kleiner sein als der Strukturfaktor F_{DL} dezentraler Lager. Damit wird der Faktor $F_{ZL}/F_{DL} \approx 0,8$ bis 0,9 und es folgt:

▶ Der Zentrallagerbestand eines Sortiments ist um einen Faktor 0,8 bis 0,9 niedriger als der Bestand, der sich aus den Beziehungen (11.50) und (11.53) ohne diesen Faktor ergibt, wenn das Zentrallager höher rationalisiert ist als die dezentralen Lager.

Abb. 11.16 zeigt die Bestandssenkung in Abhängigkeit vom Verbrauch für das Bei-spiel einer Zusammenlegung von 5 dezentralen Lagern gleicher Größe in einem Zen-trallager ohne und mit einer Kostenverbesserung im Zentrallager.

Auch wenn sich durch die Belieferung aus einem Zentrallager die Lieferzeiten für die Verbrauchsstellen im Vergleich zur Direktbelieferung durch die Lieferanten erheblich verkürzen lassen, werden die dezentralen Verbrauchsstellen VS_i in vielen Fällen zur Überbrückung der Nachlieferzeit weiterhin minimale *Pufferbestände* m_{DPi} bevorraten. Diese Pufferbestände werden nach dem in *Abschn.* 11.11 dargestellten Bereitstellverfahren in der Regel nicht mit einzelnen Warenstücken sondern mit ei-ner optimalen Auffüll- oder Nachschubmenge schubweise nachgefüllt.

Die Summe $m_{DP} = \sum m_{DPi}$ der in den dezentralen Verbrauchsstellen vorgehalte-nen Pufferbestände, wie beispielsweise die *Verkaufsbestände* in den Filialen des Han-dels, muss bei der Ermittlung der Bestandsreduzierung durch Einrichtung eines Zen-trallagers berücksichtigt werden. Eine Bestandsreduzierung ergibt sich daher nur, wenn die Summe des Zentrallagerbestands m_{ZB} und der dezentralen Pufferbestände m_{DP} kleiner ist als die Summe der dezentralen Lagerbestände m_{DB} ohne Zentralla-gerung, wenn also

$$m_{ZB} + m_{DP} < m_{DB} \,. \tag{11.54}$$

Entscheidend für die Lagerzentralisierung ist jedoch nicht allein die Bestandsredu-zierung oder die Verbesserung der Lieferfähigkeit, sondern die Senkung der Gesamt-kosten. Die *Abb.* 11.17 zeigt für ein Beispiel, wie hoch die Senkung allein der inter-nen Nachschub- und Lagerhaltungskosten durch die Zentralisierung und zusätzlich durch die Kostendegression und effizientere Technik des Zentrallagers sein kann. Ei-ne Zentralisierung der Bestände von Artikeln mit regelmäßigem Bedarf bringt daher für geeignete Sortimente erheblich höhere Einsparungseffekte der Logistikkosten als allgemein erwartet.

Andererseits vermindern sich die Einsparungen in der gesamten Lieferkette, die sich von den Lieferanten bis zu den Bedarfsstellen erstreckt, bei Einrichtung eines

Zentrallagers um die *Mehrkosten für den Transport*, die aus einer größeren Entfernung des Zentrallagers von den Bedarfsorten resultieren. Um den Gesamteffekt von Logistikzentren richtig zu bewerten, ist es daher notwendig, die gesamte betroffene Lieferkette einschließlich der außerbetrieblichen Transporte zu betrachten (s. *Kap.* 19).

11.11 Nachschubstrategien

Abhängig vom *Kriterium der Nachschubauslösung* lassen sich drei grundlegend verschiedene *Verfahren der Nachschubdisposition* unterscheiden:

Bereitstellverfahren (b)
Meldebestandsverfahren (s)   (11.55)
Zykluszeitverfahren (t).

Das Auslösekriterium für den Nachschub ist beim Bereitstellverfahren der Verbrauch der *Bereitstellmenge* b, beim Meldebestandsverfahren das Erreichen des *Meldebestands* s und beim Zykluszeitverfahren ein *Dispositionszeitpunkt* t.

Bei jedem dieser drei Dispositionsverfahren gibt es für die Nachschubmenge die *Optionen*:

Mindestnachschubmenge (m)
optimale Nachschubmenge (q)   (11.56)
Auffüllmenge auf einen Sollbestand (S).

Durch Kombination der drei *Dispositionsverfahren* b, s und t mit den drei *Nachschuboptionen* m, q und S ergeben sich 9 unterschiedliche *Nachschubstrategien*: (b,m), (b,q) und (b,S); (s,m), (s,q) und (s,S); (t,m), (t,q) und (t,S).[6] Die wichtigsten *Merkmale* und *Eignungskriterien* dieser Nachschubstrategien sind in *Tabelle* 11.6 zusammengestellt.

11.11.1 Bereitstellverfahren

Bereitstellverfahren sind speziell geeignet zum selbstregelnden Nachfüllen des *Bereitstellpuffers* einer Verbrauchsstelle. Die Verbrauchsstelle kann eine Maschine, ein Arbeitsplatz, ein Montageband, ein Kommissionierplatz, eine Versandrampe, das Verkaufsregal einer Handelsfiliale oder eine andere Stelle mit kontinuierlichem Bedarf sein.

Die Gestaltung eines Bereitstellpuffers und der Ablauf des Nachschubs sind in *Abb.* 11.18 dargestellt. Grundprinzip ist, dass in einem Vorpuffer in unmittelbarer Nähe der Verbrauchsstelle eine *Nachschubeinheit* wartet, die nach Verbrauch des Inhalts der *Zugriffseinheit* auf den Bereitstellplatz nachrückt.

Das Bereitstellverfahren erfordert weder eine aktuelle Bedarfsprognose noch eine dynamische Berechnung der Nachschubmenge. Die Frequenz des Nachschubs ergibt sich *selbstregelnd* aus dem Verbrauch [178]. Bei einer verbrauchsabhängigen Bereitstellung bestehen die beiden *Nachschuboptionen*:

---

[6] Üblicherweise werden nur die zwei Auslösekriterien s und t mit den beiden Nachschuboptionen q und S zu den 4 Standardstrategien (s,q), (s,S), (t,q) und (t,S) kombiniert [76,97].

	NACHSCHUBSTRATEGIEN		
	Bereitstellverfahren	**Meldebestandsverfahren**	**Zykluszeitverfahren**
MERKMALE	verbrauchsabhängig	bestandsabhängig	zeitabhängig
Kontroll-Zeitpunkt	bei Entnahme oder bei Anlieferung	bei Bedarfsbuchung	zu festen Dispositionszeiten
Nachschub-Auslösung	Leerung Bereitstellmenge oder Leerplatz im Vorpuffer	Erreichen Meldebestand in Verbindung mit Bestand anderer Artikel	Erreichen Bestellpunkt in Verbindung mit Bestand anderer Artikel
Nachschub-Menge	(b,q) : volle Ladeeinheit (b,S): Pufferplatzkapazität (b,m) : Mindestmenge	(s,q) : optimale Menge (s,S): Auffüllen Sollbestand (s,m) : Mindestmenge	(t,q) : optimale Menge (t,S): Auffüllen Sollbestand (t,m) : Mindestmenge
Vorteile	minimaler Bestand selbstregelnd	opimaler Bestand selbstregelnd	Nachschubabstimmung für mehrere Artikel
Nachteile	erhöhte Nachschubkosten	erschwerte Nachschubabstimmung	erhöhter Bestand fremdgeregelt
Bestandsart	Arbeitspuffer	Nachschublager	Verkaufsbestände
Platzangebot Platzkosten	gering sehr hoch	ausreichend günstig	pro Artikel begrenzt hoch
Nachschubzeit Schwankungen	sehr kurz unzulässig	kurz bis lang zulässig	kurz bedingt zulässig

Tab. 11.6 Merkmale und Eignungskriterien von Nachschubstrategien

b: freier Pufferplatz	s: Meldebestand	t: Bestellzeitpunkt
m: Mindestmenge	q: Nachschubmenge	S: Sollbestand

1. Bei jeder *Entnahme* wird geprüft, ob der Bereitstellplatz noch Verbrauchseinheiten enthält. Wenn der Bereitstellplatz geleert ist, wird eine volle Nachschubeinheit angefordert.

2. Bei jeder *Anlieferung* einer Nachschubeinheit wird kontrolliert, ob im Vorpuffer Platz ist. Die freien Pufferplätze werden mit Nachschubeinheiten aufgefüllt.

Bei der ersten Nachschuboption arbeitet das *Bereitstellverfahren* nach dem sogenannten *Flip-Flop-Prinzip*. Der Vorratsbestand wird dabei auf *minimalem Niveau* gehalten und zugleich ein unterbrechungsfreies Arbeiten gesichert. Geschieht der Abruf einer Nachschubeinheit mit Hilfe einer Behälterbegleitkarte, wird das Flip-Flop-Prinzip auch als *Kanban-Verfahren* bezeichnet (s. *Abschn.* 8.9).

Die *minimale Nachschubmenge* für das Flip-Flop-Prinzip ist gleich dem *Bedarf in der Wiederbeschaffungszeit*, der sich nach Beziehung (11.7) aus dem Verbrauch und der Wiederbeschaffungszeit errechnen lässt. Die *erste Nachschubeinheit* muss zusätzlich einen *Sicherheitsbestand* enthalten, der nach Beziehung (11.36) die benötigte *Versorgungssicherheit* gewährleistet. Da der Platz am Verbrauchsort meist knapp ist und die Platzkosten hoch sind, ist die aus Beziehung (11.27) resultierende kostenoptimale Nachschubmenge in vielen Fällen nicht größer als die minimale Nachschubmenge.

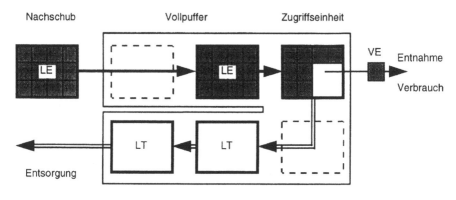

Abb. 11.18 Bereitstellpuffer und Nachschubversorgung

Vollpufferkapazität: 3 Ladeeinheiten LE
Leerpufferkapazität: 3 Ladungsträger LT
Ladeeinheitenkapazität: 12 Verbrauchseinheiten VE

Um die Anzahl der Nachschubtransporte zu minimieren, muss das Fassungs-vermögen der eingesetzten Ladungsträger mindestens so groß sein, dass sie die mi-nimale Nachschubmenge plus Sicherheitsbestand aufnehmen können. Damit nicht zuviel Luft transportiert und gepuffert wird, darf das Fassungsvermögen auch nicht wesentlich größer sein. Hieraus resultiert die *Dimensionierungsregel*:

▶ Das *minimale Fassungsvermögen der Ladungsträger* für das *Kanban-* und das *Flip-Flop-Verfahren* ist gleich dem Sicherheitsbestand plus dem Verbrauch in der ma-ximalen Wiederbeschaffungszeit

$$C_{LE} = m_{sich} + T_{WBZmax} \cdot \lambda_{VE} \quad [VE/LE] .$$
(11.57)

Bei dieser Bemessung der Ladungsträger kann der Nachschub stets in vollen Lade-einheiten ausgeführt werden.

Bei der *zweiten Nachschuboption* muss der *Vollpuffer* mindestens eine volle Lade-einheit und der *Leerpuffer* mindestens einen leeren Ladungsträger aufnehmen kön-nen (s. *Abb. 11.18*). Wenn keine Ladungsträger eingesetzt werden, beispielsweise bei Bereitstellung der einzelnen Verbrauchseinheiten in einem *Durchlaufkanal*, ist kein Leerpuffer erforderlich. Die *Vollpufferkapazität* C_P [LE] muss dann mindestens gleich dem Wert (11.57) sein, um den Verbrauch in der Wiederbeschaffungszeit plus dem Sicherheitsbestand aufnehmen zu können.

Wenn die *optimale Nachschubmenge* deutlich größer ist als die *minimale Nach-schubmenge* (11.57), muss die Kapazität C_P so groß bemessen sein, dass der Puffer die optimale Nachschubmenge aufnehmen kann. Die *optimale Nachschubmenge* ist dann gleich der *Auffüllmenge*

$$m_{Nauf} = C_P - m_B(t) .$$
(11.58)

Abgesehen von der Selbstregelung der Nachschubfrequenz ist das Bereitstellverfahren eine *statische Nachschubstrategie*. Bei zu gering festgelegter Nachschubmenge oder bei rasch ansteigendem Verbrauch besteht die Gefahr temporärer Nichtlieferfähigkeit und hoher Nachschubkosten. Eine zu große Nachschubmenge bewirkt zu hohe Bestände und überhöhte Lagerkosten.

Durch ein *elektronisches Kanban* ohne Karten lassen sich die Vorteile des Bereitstellverfahrens mit den Vorteilen des Meldestandsverfahrens kombinieren (s. *Abschn. 12.8*)

11.11.2 Meldebestandsverfahren

Das Meldebestandsverfahren ist besonders geeignet für *Nachschub- und Reservelager*. Immer wenn eine Bedarfsmeldung eingeht, wird geprüft, ob durch diese der Meldebestand (11.18) unterschritten wird. Wenn das der Fall ist, gibt es die zwei *Nachschuboptionen*:

- *Bestellpunktabhängige Einzeldisposition:* Gemäß dem in *Abb. 11.3* dargestellten Ablauf wird nach Erreichen des Meldebestands für jeden einzelnen Artikel unabhängig vom Nachschubbedarf anderer Artikel eine Nachschubbestellung in Höhe der *optimalen Nachschubmenge* (11.27) ausgelöst.
- *Bestellpunktabhängige Sammeldisposition:* Wenn ein Artikel den Meldebestand erreicht hat, wird gemäß dem in *Abb. 11.19* dargestellten Ablauf für alle Artikel der *gleichen Lieferstelle* geprüft, ob die *Sollbestandsdifferenz*

$$\Delta_B(t) = m_{Bsoll} - m_B(t) \tag{11.59}$$

zwischen dem aktuellen *IST-Bestand* $m_B(t)$ und einem *Sollbestand* m_{Bsoll} größer ist als die Mindestnachschubmenge m_{Nmin}. Für einen optimalen Teil dieser Artikel wird bei der gleichen Lieferstelle eine *Sammelbestellung* in Höhe der Sollbestandsdifferenzen (11.59) ausgelöst.

Das Auffüllen des Bestands weiterer Artikel des gleichen Lieferanten auf den Sollbestand bietet gegenüber der unabhängigen Einzelbestellung die Möglichkeit einer optimalen *Bündelung* von Nachschubtransporten wie auch von Produktionsaufträgen:

▶ Wenn mit der Lieferstelle oder dem Lieferanten eine *Rabattstaffel* für größere Bestellauftragswerte vereinbart wurde, kann durch eine Sammelbestellung der *Maximalrabatt* ausgeschöpft werden.

▶ Bei ausreichendem Gesamtbedarf aus einer Lieferstelle können Anzahl und Nachschubmengen der gleichzeitig in einer Nachschubbestellung berücksichtigten Artikel so gewählt werden, dass sich in Summe *volle Ladeeinheiten* oder besser noch *ganze Ladungen*, beispielsweise volle Wechselbrücken oder volle Sattelauflieger, ergeben.

▶ Bei Artikeln, die aus den gleichen Einsatzstoffen von derselben Fertigungsstelle ohne große Umrüstzeit nachproduziert werden, beispielsweise Spirituosen, die

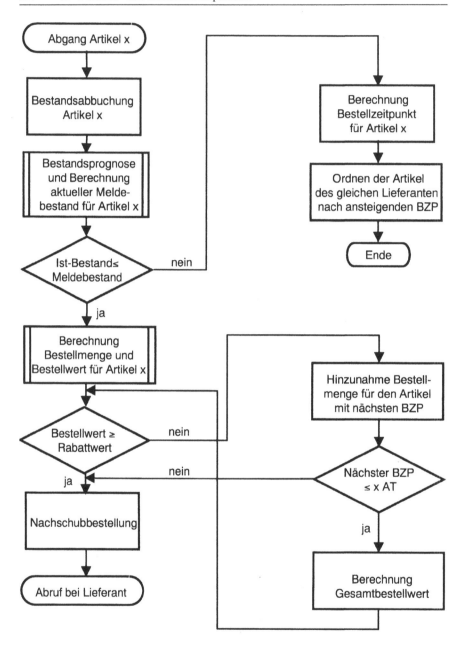

Abb. 11.19 Bestellpunktabhängige Sammeldisposition von Nachschub und Bestand für mehrere Artikel einer Lieferstelle

BZP: Bestellzeitpunkt in Arbeitstagen (AT) ab IST-Zeitpunkt

x: maximale Vorgriffszeit in Anzahl AT

aus einem Produkt in der gleichen Abfüllanlage in unterschiedliche Flaschenty-
pen abgefüllt werden, besteht die Möglichkeit zur gebündelten Produktion und
damit zu einer Verminderung der anteiligen Rüstzeit (s. *Abschn.* 13.9
und 20.18).

Die gebündelte Nachschublieferung ist mit geringeren anteiligen Auftrags- und
Transportkosten für den einzelnen Artikel verbunden. Das führt nach der allgemeinen Nachschubformel (11.27) zu einer geringeren optimalen Nachschubmenge und
einer höheren optimalen Nachschubfrequenz. Der *optimale Sollbestand* ist daher näherungsweise gleich der Summe von Sicherheitsbestand und optimaler Nachschubmenge für den Einzelnachschub:

$$m_{Bsoll} = m_{sich} + m_{Nopt} \, , \tag{11.60}$$

auch wenn eine vorgezogene Bestellung effektiv eine höhere Nachschubfrequenz bewirkt als die optimale Nachschubfrequenz $f_{Nopt} = \lambda_{VE}/m_{Nopt}$ der unabhängigen Einzelbestellung.

Ist die verfügbare Lagerkapazität für den einzelnen Artikel durch eine *Platzkapazität* C_P begrenzt, die kleiner ist als der optimale Sollbestand (11.60), beispielsweise,
weil im Lager eine *Festplatzordnung besteht*, dann ist die Nachschubmenge für die
Sammeldisposition gleich der *Auffüllmenge* (11.58).

Das Meldebestandsverfahren erfordert *bei jedem Verbrauch eine Bestandskontrolle* und ist daher bei manueller Durchführung mit relativ hohem Aufwand verbunden.
In dem Maße aber, wie Bestandsabbuchung und Bestandskontrolle zusammen mit
der Bestelleingabe automatisch von einem *Materialwirtschaftssystem* oder einem *Dispositionsprogramm* durchgeführt werden, das *ausreichend verlässliche Bedarfswerte*
prognostiziert, gilt:

▶ Das *Meldebestandsverfahren* ist die *optimale Nachschubstrategie*, wenn die Nachschubmenge nach Beziehung (11.27) und der Sicherheitsbestand nach (11.37)
und (11.38) mit den *aktuellen Absatzdaten, Dispositionsparametern* und *Leistungs-
kostensätzen* errechnet werden.

Aus der Optimierung von Nachschubmenge und Sicherheitsbestand, die zu den angegebenen Berechnungsformeln geführt hat, ergibt sich, dass durch das Meldebestandsverfahren eine geforderte Lieferfähigkeit bei kostenoptimaler Bestandshöhe
erfüllt wird.

11.11.3 Zykluszeitverfahren

Die Nachschubdisposition nach dem Zykluszeitverfahren ist besonders geeignet,
wenn die Disposition ohne Rechnerunterstützung manuell durchgeführt wird oder
wenn die Lieferstelle nur zu bestimmten Zeiten Nachschub liefert.

Damit der Lieferant in regelmäßigen Touren liefern kann und der Disponent
nicht bei jeder Einzelbestellung tätig werden muss, werden Disposition und Nach-
schublieferungen nach dem Zykluszeitverfahren zu bestimmten Zeitpunkten nach
einem vorgegebenen *Dispositionszyklus* durchgeführt. Ein Dispositionszyklus ist definiert durch

- die *Dispositionszykluszeit* T_D [PE], die *Dispositionszeitpunkte* $t_{Dj} = t_{D_0} + j \cdot T_D$, $j = 0, 1, 2, \ldots$, und die *Dispositionsfrequenz* $f_D = 1/T_D$.

Gebräuchlich sind die *monatliche Nachschubdisposition* an einem bestimmten Tag des Monats, die *wöchentliche Disposition* an einem festen Wochentag oder die *tägliche Disposition* zu einer bestimmten Tageszeit. Beim Zykluszeitverfahren bestehen folgende *Nachschuboptionen*:

- *Zyklische Einzeldisposition*: Zum Dispositionszeitpunkt wird für alle Artikel unabhängig voneinander geprüft, ob ihr Bestand bis zum nächsten Dispositionszeitpunkt den Meldebestand (11.18) unterschreiten wird, und für diese Artikel eine Nachschubbestellung in Höhe der optimalen Nachschubmenge (11.27) ausgelöst.
- *Zyklische Sammeldisposition*: Gemäß dem in *Abb. 11.20* dargestellten Ablauf wird zum Dispositionszeitpunkt für alle Artikel der *gleichen Lieferstelle* gemeinsam geprüft, ob die *Sollbestandsdifferenz* (11.59) größer ist als die Mindestnachschubmenge m_{Nmin}. Für einen geeigneten Teil dieser Artikel wird bei der betreffenden Lieferstelle eine gebündelte Gesamtbestellung der Sollbestandsdifferenzen (11.59) ausgelöst.

Bei der zyklischen Einzeldisposition erhöht sich der mittlere Bestand pro Artikel gegenüber der Disposition zum optimalen Bestellzeitpunkt auf

$$m_{Bzykl} = m_{Bopt} + \lambda_{VE} \cdot T_D/2 \,, \tag{11.61}$$

da die optimale Nachschubmenge im Mittel um eine halbe Periodenlänge zu früh bestellt und geliefert wird. Hieraus folgt:

▶ Bei einer Nachschubdisposition optimaler Nachschubmengen nach dem Zykluszeitverfahren ist die mittlere Bestandsreichweite um eine halbe Periodenlänge größer als bei der Nachschubdisposition optimaler Nachschubmengen nach dem Meldebestandsverfahren.

Bei monatlicher zyklischer Disposition erhöht sich also die Lagerreichweite im Mittel um 10 Arbeitstage und bei wöchentlicher Disposition um 3 Tage. Im Grenzfall kurzer Dispositionszeiten $T_D \to 1$ AT geht das Zykluszeitverfahren effektiv in das Meldebestandsverfahren über. Zwei wichtige *Konsequenzen* hieraus sind:

▶ Wenn der Nachschub nach dem Zykluszeitverfahren disponiert wird, muss der Dispositionszyklus so kurz wie möglich sein, um Überbestände zu vermeiden.

▶ Durch Übergang von der monatlichen auf die wöchentliche Disposition lässt sich die mittlere Reichweite um 8 Arbeitstage und durch Übergang von der wöchentlichen auf die tägliche Disposition um 3 Arbeitstage verkürzen.

Aufgrund dieser Erkenntnis, allein durch Umstellung von monatlicher auf wöchentliche Disposition, konnten die Lagerbestände in einem Großunternehmen der chemischen Industrie um mehr als ein Drittel gesenkt und jährliche Kosten in zweistelliger Millionenhöhe eingespart werden.

Durch das zyklische Auffüllen auf den Sollbestand ist – ebenso wie beim Meldebestandsverfahren – eine optimale Nachschubbündelung möglich. Mit einer zyklischen Sammeldisposition werden die Bestände unvermeidlich noch etwas höher als bei der zyklischen Einzeldisposition.

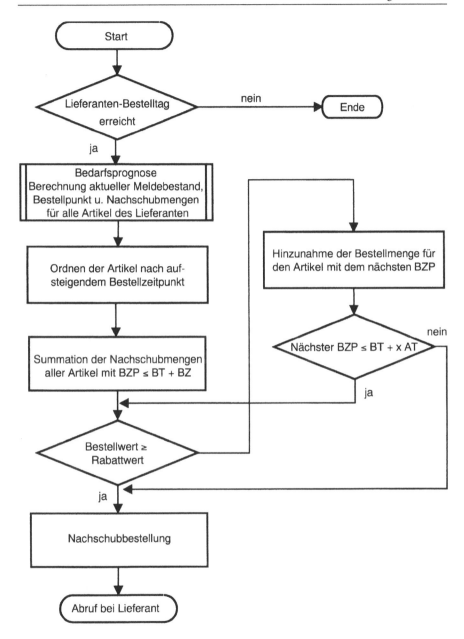

Abb. 11.20 Zyklische Sammeldisposition von Nachschub und Bestand für mehrere Artikel einer Lieferstelle

BT: Bestelltag der betreffenden Lieferstelle
BZ: Bestellzykluszeit
BZP: Bestellzeitpunkt in Arbeitstagen (AT) ab IST-Zeitpunkt
x: maximale Vorgriffszeit in Anzahl AT

Wenn die verfügbare Lagerkapazität für den einzelnen Artikel durch eine vorgegebene *Platzkapazität* C_P begrenzt ist, z. B., weil im Verkaufsregal eine *Festplatzordnung* besteht, ist die Nachschubmenge gleich der *Auffüllmenge* (11.58). Um eine unwirtschaftliche Nachschubdisposition oder zu hohe Bestände zu vermeiden, ist also bei der Auffüllstrategie darauf zu achten, dass die Platzkapazität annähernd gleich der optimalen Nachschubmenge plus dem Sicherheitsbestand ist.

11.12 Disposition bei instationärem Bedarf

Bei *instationärem Verbrauch* müssen Sicherheitsbestand, optimale Nachschubmenge und Meldebestand unter Verwendung der aktuellen *Prognosewerte* für den zukünftigen Bedarf laufend neu errechnet werden. Entsprechend sind vorgegebene Platzkapazitäten und verwendete Ladungsträger regelmäßig zu überprüfen und bei deutlichen Abweichungen von der optimalen Größe zu korrigieren. Andernfalls kommt es zu Fehldispositionen, einem Absinken der Lieferfähigkeit und überhöhten Logistikkosten.

Eine optimale Nachschub- und Bestandsdisposition ist bei instationärem Bedarf also nur möglich, wenn dieser mit ausreichender Genauigkeit prognostizierbar ist (s. *Abschn. 9.8, 9.9* und *9.13*). Hieraus folgt für die maximale Bestandsreichweite bei instationärem Bedarf die *Dispositionsregel*:

▶ Der Bestand darf nicht größer sein als der Bedarf für einen verlässlichen Prognosezeitraum.

Ohne EDI-Verbindung mit dem Verbrauchsort, der über einen eigenen Puffer- oder Lagerbestand verfügt, erfährt die Lieferstelle von einer Verbrauchsänderung erst, wenn die nächste Nachschubbestellung eintrifft. Die Zeitdifferenz dieser Informationsverzögerung ist im Mittel gleich der halben Reichweite der letzten Nachschubmenge. Infolge der Informationsverzögerung aber hinkt die Anpassung der Bestände stets hinter der aktuellen Veränderung des Bedarfs her.

Speziell für lagerhaltige Artikel mit einem hohen saisonalen Spitzenbedarf, der sich mit ausreichender Genauigkeit aus dem Bedarfsverlauf der Vergangenheit prognostizieren lässt, besteht die Möglichkeit einer *Antizipationsstrategie*:

▶ Der über den Jahresdurchschnittsverbrauch hinausgehende Bedarf der Saisonzeit wird vorgefertigt, um die Belastung der Produktion zu vergleichmäßigen und um die Kapazitäten während der Saison für die kundenspezifische Fertigung freizuhalten [178].

Neue Möglichkeiten zur rechtzeitigen Anpassung der Bestände an einen sich ändernden Verbrauch ergeben sich aus dem *elektronischen Datenaustausch* (EDI) zwischen Lieferstelle, Lagerstelle und Verbrauchsstelle. Bei elektronischem Datenaustausch entfällt die Informationsverzögerung. Dadurch lassen sich Nachschub und Bestand aller Liefer- und Lagerstellen einer Versorgungskette ohne Zeitverzug *synchron* auf den Verbrauch am Ende der Kette einstellen (s. *Abb. 9.12*).

11.13 Strategien zur Bestandsoptimierung

Eine wirksame und wirtschaftliche Senkung von Beständen ist nur möglich, wenn bekannt ist, welche Einflussfaktoren sich in welcher Art und Stärke auf die Bestandshöhe und die davon abhängigen Logistikkosten auswirken. Ohne diese Kenntnis ist eine Diskussion über Bestandshöhen sinnlos [75].

Zur Berechnung der Abhängigkeit der optimalen Nachschubmenge, des Sicherheitsbestands, des Meldebestands und des Lagerbestands von der Lieferfähigkeit, den Dispositionsparametern und den Kostensätzen ist das am Ende dieses Kapitels in *Tabelle 11.7* wiedergegebene *Programm zur Bestands- und Nachschuboptimierung* geeignet. Die *Ergebnisfelder* dieses in EXCEL ausgeführten Tabellenprogramms enthalten die zentralen *Dispositionsformeln* (11.22), (11.27) bis (11.30) und (11.37), die auf die entsprechenden *Eingabefelder* zugreifen. Mit Hilfe dieses Programms wurden unter Verwendung der Kostensätze aus *Tabelle 11.4* für mehrere Beispiele die in den *Abb.* 11.4 bis 11.11 dargestellten funktionalen Abhängigkeiten berechnet.

Aus diesen Kurven, den vorangehend hergeleiteten Formeln und den zuvor erläuterten Planungsregeln und Gesetzmäßigkeiten ergibt sich eine Reihe von *Strategien zur Bestandsoptimierung*. Diese lassen sich unterscheiden in *Bestandssenkungsstrategien* mit dem Ziel einer Reduzierung allein der Lagerhaltungskosten und *Bestandsoptimierungsstrategien* zur Senkung aller bestandsabhängigen Logistikkosten. Eine Bestandsoptimierung kann unter Umständen auch zu einer Erhöhung der Bestände führen [178].

Die wirksamsten *Bestandssenkungsstrategien* mit positiven Auswirkungen auf die gesamten Logistikkosten sind:

▶ *Bereinigung des lagerhaltigen Sortiments* durch Überprüfung der Notwendigkeit der Lagerhaltigkeit

▶ *Übergang zur Auftragsfertigung* für Artikel mit negativem Lageropportunitätsgewinn und zur *kundenspezifischen Beschaffung* für Großmengenaufträge (s. Abschn. 11.14)

▶ *Dynamische Prognose* des zukünftigen Verbrauchs und laufende *Kontrolle der Prognosewerte* unter Verwendung aktueller Informationen vom *Point of Sales* des Endverbrauchs in allen Stufen der Versorgungskette

▶ Begrenzung der Nachschubmengen durch Vorgabe *maximal zulässiger Reichweiten*

▶ Disposition *optimaler Nachschubmengen*

▶ *Verkürzung der Dispositionsfrequenz* bei zyklischer Disposition

▶ *Reduzierung der Wiederbeschaffungszeiten*

▶ *Minimierung der Schwankungen* der Wiederbeschaffungszeiten durch Auswahl zuverlässiger Lieferanten und verlässlicher Belieferungswege

▶ *Überprüfung der geforderten Lieferfähigkeit* auf Angemessenheit und Anpassung an den tatsächlichen Bedarf

| DISPOSITIONSZEITEN | Dispositionszeitraum | Jahr | Dauer: | 250 Betriebstage |
| | Dispositionsstrategie | s;q | Zykluszeit: | 0 BTage |

ARTIKELDATEN	MB 600		Mengeneinheit :	Zigarette = ME
	Verbrauchseinheit [VE]	Stange	Inhalt:	200 ME/VE
	Wert		Herstellkosten:	12,10 €/VE
	Ladeeinheit [LE]	Palette	Kapazität:	1.200 VE/LE
	Lieferbereitschaft	99,5% mittel		99,0% permanent
	Maximale Reichweite			125 BTage

VERBRAUCHSWERTE	Verbrauch	150.000.000 ME/Jahr		3.000 VE/BTag
	Auftragsmenge		Mittelwert	2.500 VE/VAuf
	Variabiltät:	0,04	Streuung	500 VE/VAuf

NACHSCHUBGRÖSSEN	Mindestmenge			15.000 VE/NAuf
	Wiederbeschaffungszeit		Mittelwert	3 BTage
	Variabiltät:	0,00	Streuung	0 BTage
	Optimale Nachschubmenge			18.000 VE/NAuf
	Runden auf volle LE:	ja		15,0 LE/NAuf

KOSTENSÄTZE	Nachschubauftragskosten		Lagerstelle	10,00 €/NAuf
			Lieferstelle	287,50 €/NAuf
	Transportkosten		Sendung:	10,00 €/NAuf
	Lieferstelle-Lagerstelle		Beförderung:	5,00 €/LE
	Lagerkosten		Einlagern:	2,00 €/LE
			Lagern:	0,25 €/LE*BTag
	Lagerordnungsfaktor	freie Lagerordnung		1/2
	Gesamtauftragskosten			307,50 €/NAuf
		Kapital	Risiko	Gesamt
	Lagerzinssatz	8,0%	3,0%	11,0% pro Jahr

BESTANDSGRÖSSEN	Sicherheitsbestand	Verbrauchseinheiten:		11.253 VE
		Ladeeinheiten:		9,4 LE
	Lagerbestand	maximale Menge:		29.253 VE
		mittlere Menge:		20.253 VE
		Ladeeinheiten:		16,9 LE
	Meldebestand			20.253 VE
	Bestandswert			245.066 €

LOGISTIKKOSTEN	Nachschubkosten			17.188 €/Jahr
	Lagerhaltungskosten			28.043 €/Jahr
	Logistikkosten			45.231 €/Jahr
	Prozeßkosten = spezifische Logistikkosten			0,06 €/VE
	davon	Sicherheitskosten		0,02 €/VE

Tab. 11.7 Tabellenprogramm zur Bestands- und Nachschuboptimierung

Werte: Beispiel aus der Zigarettenindustrie

▶ Korrekte Berechnung und permanente *Überprüfung der Sicherheitsbestände*

Ein Indiz für überhöhte Sicherheitsbestände ist ein Lagerumschlag, der kleiner ist als die Nachschubfrequenz. *Indizien für nicht optimale Nachschubdisposition sind:*

1. Die Spitzenfaktoren des saisonalen Bestandsverlaufs sind größer als die Wurzel aus den Spitzenfaktoren des saisonalen Verbrauchs (s. Beziehung (11.42).
2. Die Lorenzkurve der Bestände für Aktionsware liegt oberhalb der Lorenzkurve der Verbrauche eines nachdisponierbaren Sortiments (vgl. *Abb.* 5.6 und 5.7 in *Abschn.* 5.8).

Versuche zur Bestandssenkung durch Vorgabe ungeprüfter oder pauschaler *Benchmarks*, wie maximale Reichweite und minimaler Lagerumschlag, für das ganze Unternehmen, für ein komplettes Sortiment oder ein gesamtes Lager sind keine Bestandsoptimierungsstrategien. Sie führen bestenfalls zu Kostenverschiebungen, in vielen Fällen aber zu höheren Gesamtkosten und geringerer Produktivität.

Bestandsoptimierungsstrategien, deren Wirksamkeit für jeden Anwendungsfall sorgfältig zu prüfen ist, sind:

▶ Verwendung *korrekter Dispositionsformeln* und Einsatz *geeigneter Dispositionsstrategien*

▶ Regelmäßige Überprüfung, Dynamisierung und Aktualisierung der Dispositionsparameter und Kostensätze, die zur Berechnung der optimalen Nachschubmenge verwendet werden

▶ *Nachschubdisposition der Bestände* in mehrstufigen Lagerstellen *nach dem Pull-Prinzip*. Da Artikelwert und Lagerkosten im Verlauf einer Lieferkette zunehmen, verschieben sich die Bestände durch die Disposition nach dem Pull-Prinzip vom Ende der Lieferkette auf die voranliegenden Lagerstellen

▶ *Runden* der Nachschubmengen *auf volle Packungs- oder Ladeeinheiten*

▶ *Bündelung des Nachschubs* für Artikel aus einer Lieferstelle und Abstimmung auf die Transportmittelkapazität

▶ Belieferung einer großen Anzahl von Verbrauchsstellen mit geringem Einzelbedarf über einen oder mehrere *Umschlagpunkte* in vollen Transportmitteln

▶ Zentralisierung von Beständen in einem oder mehreren *Logistikzentren*

Die beiden letzten Strategien erfordern eine differenzierte Kostenrechnung für die Gesamtheit aller Artikel über alle Belieferungswege von den Lieferanten bis zu den Verbrauchsstellen. Dabei sind auch die Kosten der Lieferanten zu berücksichtigen, soweit diese von den Nachschubmengen und der Nachschubstrategie der Verbrauchs- und Lagerstellen abhängig sind. Durch eine Bündelung der Belieferung über Umschlagpunkte oder aus bestandsführenden Logistikzentren lassen sich im Vergleich zur Direktbelieferung nur für ausgewählte Lieferanten und Artikelgruppen Logistikkosten einsparen.

Eine weitere Voraussetzung für eine kostensenkende Nachschubbündelung und Bestandsreduzierung durch Zentralisierung ist, dass die Warenströme und Zentrallagerbestände der Artikel, für die eine Kostensenkung durch Zentralbelieferung möglich erscheint, zusammen eine *kritische Masse* erreichen, für die sich der Bau und Betrieb eines rationellen Umschlag- oder Logistikzentrums lohnt (s. *Abschn.* 6.8).

11.14 Kostenopportunität der Lagerhaltung

Aus dem Vergleich der entscheidungsrelevanten Kosten für die Auftragsbeschaffung mit den Kosten der Lieferung ab Lager ergibt sich die Kostenopportunitätsgrenze, ab der für einen bestimmten Artikel die Lagerhaltung kostengünstiger ist als die Auftragsbeschaffung. Wenn die Kostenopportunitätsgrenze der Lagerhaltung bekannt ist, lässt sich auch unter Kostenaspekten und nicht allein aufgrund der Lieferzeitanforderungen festlegen, welche Artikel eines Sortiments zu Lagerartikeln gemacht werden sollten. Außerdem ist für die Lagerartikel entscheidbar, ab welcher Bestellmenge ein Auftrag kostengünstiger direkt beschafft und nicht ab Lager ausgeliefert wird.

In den nachfolgenden Vergleichsrechnungen werden die Transportkosten zwischen Lieferstelle und Bedarfsstelle und die Einlagerkosten nicht berücksichtigt, da sie für die Auftragsbeschaffung und die Lagerbeschaffung über einen längeren Zeitraum in der Regel in gleicher Höhe anfallen und daher nicht entscheidungsrelevant sind. Bei unterschiedlichen Versandarten, Ladeeinheiten und Befüllungsstrategien oder bei einer Transitlieferung der Auftragsware vom Wareneingang ohne Zwischenlagerung direkt zur Verbrauchsstelle oder zum Warenausgang können die unterschiedlichen Transport- und Einlagerkosten die Lageropportunität beeinflussen. Die Herleitung der für diesen Fall etwas umständlicheren Berechnungsformeln verläuft jedoch ebenso wie die nachfolgende Rechnung [178].

11.14.1 Auftragslogistikstückkosten

Wenn es die Lieferzeitanforderungen zulassen, können die eingehenden Bedarfsanforderungen für eine direkte Auftragsbeschaffung oder Auftragsfertigung über einen bestimmten *Bündelungszeitraum* T_B [AT] gesammelt und zusammen ausgeführt werden. Dadurch reduzieren sich die anteiligen Auftragskosten der Beschaffung oder Fertigung. Der Bündelungszeitraum ist nur dann auf einen Tag begrenzt, wenn die Bedarfsanforderungen noch am gleichen Tag als Beschaffungsauftrag an die Liefer- oder Fertigungsstelle geschickt werden müssen, um die kürzeste Lieferzeit zu ermöglichen.

Abgesehen von den Transportkosten setzen sich die *Direktauftragskosten* k_{DAuf} [€/DAuf] für eine Sammelbeschaffung oder Losgrößenfertigung ebenso wie die *Nachschubauftragskosten* k_{NAuf} [€/NAuf] der Lagerbeschaffung zusammen aus den Auftragskosten der Verbrauchsstelle und den Auftragskosten der Lieferstelle (s. *Abschn.* 11.6.1). Für eine Produktionsstelle werden die Auftragskosten vor allem von den *Rüstkosten* bestimmt.

Bei gleichem Bestellprozess sind die Direktauftragskosten gleich den Nachschubauftragskosten. Wenn eine Direktbestellung von einer Person und der Lagernachschub durch einen Rechner ausgelöst wird, können die Direktkosten deutlich höher sein als die Nachschubauftragskosten.

Bei einem mittleren Periodenabsatz λ [VE/PE] und einem Bündelungszeitraum T_B [AT] ist die mittlere Bestellmenge pro Beschaffungsauftrag $m_B = \lambda \cdot T_B$. Damit sind die *Auftragslogistikstückkosten*:

$$k_{AL}(\lambda; T_B) = k_{DAuf}/m_B = k_{DAuf}/(\lambda \cdot T_B) \quad [\text{€/VE}]. \tag{11.62}$$

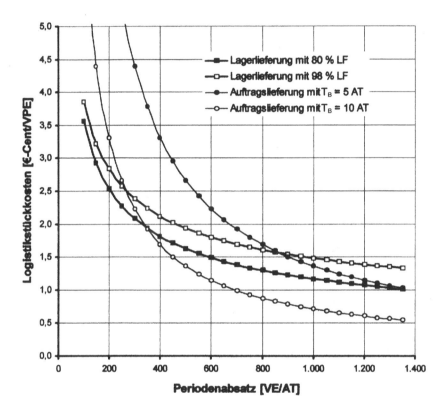

Abb. 11.21 Abhängigkeit der Logistikstückkosten vom Periodenabsatz bei Auftragslieferung und bei Lagerlieferung

Auftragslieferung mit Beschaffungsbündelung: s. Beziehung (11.62)
Bündelungszeitraum: 5 und 10 AT
Lagerlieferung bei optimalem Nachschub: s. Beziehung (11.63)
Lieferfähigkeit: 80 und 98 %
Auftragskosten: 65,00€/Auf
Beschaffungspreis: 2,50€/VE
Lagerzinssatz: 9 % p. a.
Lagerplatzkosten: 0,25€/Pal-Tag
Palettenkapazität: 3.200 VE/Pal

Die aus Beziehung (11.62) für ein Beispiel aus der Praxis errechnete Abhängigkeit der Auftragslogistikstückkosten vom Periodenabsatz ist für zwei unterschiedliche Bündelungszeiten (5 und 10 AT) in *Abb.* 11.21 dargestellt. Hieraus wie aus Beziehung (11.62) ist ablesbar:

▶ Die *Auftragslogistikstückkosten* sinken umgekehrt proportional mit dem Absatz λ und mit der Länge des Bündelungszeitraums T_B.

Simulationsrechnungen über 250 Absatztage bestätigen die Berechnungsformel (11.62) für die Logistikstückkosten der direkten Auftragsbeschaffung auch für einen instationären und stark schwankenden Auftragseingang mit stochastisch streuenden Liefermengen [178].

11.14.2 Lagerlogistikstückkosten

Mit der optimalen Nachschubmenge (11.27) ergeben sich durch Einsetzen in Beziehung (11.30) die *minimalen Lagerlogistikkosten* $K_{NLmin} = K_{NL}(m_{Nopt})$. Ohne die Transport- und Einlagerkosten ergibt sich daraus bezogen auf den Durchsatz für die *Lagerlogistikstückkosten bei optimaler Nachschubdisposition*:

$$k_{LNopt}(\lambda) = (P_{VE}z_L + k_{LP}/C_{LE}) \cdot m_{sich}/\lambda$$
$$+ \left[2k_{NAuf} \cdot (P_{VE} \cdot z_L + 2f_{LO} \cdot k_{LP}/C_{LE})/\lambda\right]^{1/2} \quad [\text{€/VE}]. \quad (11.63)$$

Die Abhängigkeit der minimalen Lagerlogistikstückkosten (11.63) vom Absatz λ [VE/AT] ist für das gleiche Praxisbeispiel bei zwei unterschiedlichen Lieferfähigkeiten (80 % und 98 %) ebenfalls in *Abb.* 11.21 dargestellt.

Aus dem Diagramm sowie aus der Beziehung (11.63) ist ablesbar:

▶ Die *Lagerlogistikstückkosten* bei optimaler Nachschubdisposition fallen umgekehrt proportional mit der Wurzel des Absatzes und steigen überproportional mit der geforderten Lieferfähigkeit.

Die minimalen Lagerlogistikstückkosten (11.63) sinken also weniger rasch mit dem Absatz als die Auftragslogistikstückkosten (11.62). Das hat zur Folge, dass bis zu einem bestimmten Periodenabsatz die anonyme Lagerhaltung kostengünstiger wird als die auftragsabhängige Direktbeschaffung. Der Schnittpunkt der Kurven für die Auftragslogistikstückkosten und die Lagerlogistikstückkosten ergibt jeweils den *lageropportunen Absatz*.

11.14.3 Lageropportunitätsgewinn

Der lageropportune Absatz λ_{Lopp} zwischen Auftragslieferung und Lagerlieferung ist erreicht, wenn die Differenz zwischen den Auftragslogistikstückkosten (11.62) und den Lagerlogistikstückkosten (11.63) Null wird. Diese Differenz ist der

• *Lageropportunitätsgewinn*

$$k_{Lopp}(\lambda) = k_{AL}(\lambda) - k_{LNopt}(\lambda). \quad (11.64)$$

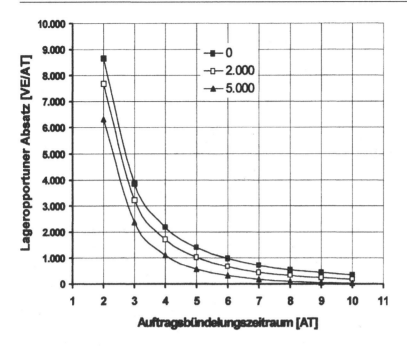

Abb. 11.22 Abhängigkeit der Lageropportunitätsgrenze von der Auftragsbündelung

Parameter: Sicherheitsbestand 0/2.000/5.000 VE
Beschaffungspreis: 2,50 €/VE

Nach Einsetzen der Beziehungen (11.62) und (11.63) in Beziehung (11.64) und Auflösen der Gleichung $k_{\text{Lopp}}(\lambda_{\text{Lopp}}) = 0$ nach λ_{Lopp} ergibt sich der

- *lageropportune Absatz*

$$\lambda_{\text{Lopp}} = \frac{[k_{\text{DAuf}}/T_B - (P_{\text{VE}} \cdot z_L + k_{\text{LP}}/C_{\text{LE}}) \cdot m_{\text{sich}}]^2}{2k_{\text{NAuf}} \cdot (P_{\text{VE}} \cdot z_L + 2f_{\text{LO}} \cdot k_{\text{LP}}/C_{\text{LE}})} \qquad (11.65)$$

mit der *Zusatzbedingung*

$$\lambda_{\text{Lopp}} = 0 \quad \text{wenn } k_{\text{DAuf}}/T_B < (P_{\text{VE}} \cdot z_L + 2f_{\text{LO}} \cdot k_{\text{LP}}/C_{\text{LE}}) \cdot m_{\text{sich}}. \qquad (11.66)$$

Aus der Lageropportunität folgt der *Lageropportunitätssatz*:

▶ Ein Artikel ist solange wirtschaftlicher auf Lager zu beschaffen und aus dem Bestand auszuliefern als ihn nach T_B Tagen Auftragsbündelung direkt zu beschaffen, wie der Periodenabsatz kleiner ist als der lageropportune Absatz (11.65).

Die *Abb. 11.22* zeigt die Abhängigkeit des lageropportunen Absatzes vom Bündelungszeitraum T_B [AT] für 3 verschiedene Sicherheitsbestände, die sich aus unterschiedlichen Anforderungen an die Lieferfähigkeit ergeben.

Aus dem Lageropportunitätssatz und der Opportunitätsgrenze (11.65) ist ablesbar:

▶ Mit einer Zunahme von Artikelwert und Zinsen sowie mit einem Anstieg von Platzbedarf und Lagerplatzkosten sinkt der lageropportune Absatz.

▶ Mit einem Anstieg der Direktauftragskosten, einer Senkung der Nachschubauftragskosten und geringerer Lieferfähigkeit erhöht sich der lageropportune Absatz.

Diese Zusammenhänge bestätigen die *Erfahrungsregel:*

▶ Billige und kleine Artikel und Artikel mit geringem Periodenabsatz sind eher Lagerartikel, große und wertvolle Artikel und Artikel mit hohem Absatz eher Auftragsartikel.

Anders als bisher lässt sich mit Beziehung (11.65) die Grenze zur Entscheidung zwischen Lagerartikeln und Auftragsartikeln für jeden Artikel bestimmen und der Lageropportunitätsgewinn quantifizieren.

Ein *Dispositionsprogramm* kann mit Hilfe der Formel (11.64) die Kostenopportunität der Lagerhaltigkeit eines Artikels jederzeit aus den hinterlegten statischen und dynamischen Artikel- und Logistikstammdaten berechnen: Wird die Opportunitätsgrenze (11.65) nachhaltig unterschritten und dadurch der Lageropportunitätsgewinn (11.64) positiv, schlägt das Programm die Umstufung eines Auftragsartikels zum Lagerartikel vor. Wenn der Absatz die Opportunitätsgrenze nachhaltig überschreitet und der Artikel bisher ein Lagerartikel war, weist das Programm die Höhe des *Lageropportunitätsgewinns* (11.64) aus. Ist der Lageropportunitätsgewinn in Relation zu den Auftragslogistikstückkosten (11.62) deutlich kleiner als Null, wird vom Programm eine Umstufung zum Auftragsartikel vorschlagen. Auf diese Weise melden sich die einzelnen Artikel gewissermaßen selbständig, wenn ihr Status als Lagerartikel oder als Auftragsartikel aufgrund eines veränderten Absatzes oder wegen anderer Einflussfaktoren verändert werden sollte.

11.14.4 Lageropportune Liefermenge

Wenn die Sicherheitsbestandskosten (11.40) im Vergleich zu den Auftragskosten vernachlässigbar sind, ist der Faktor in den eckigen Klammern von Beziehung (11.65) annähernd gleich k_{DAuf}/T_B. Der Ausdruck in den runden Klammern im Nenner ist bei Vernachlässigung der Anbruchmengenkosten gemäß Beziehung (11.27) gleich $2\lambda \cdot k_{NAuf}/m_{Nopt}^2$. Damit ergibt sich für die Opportunitätsgrenze (11.65) die Näherungsformel:

$$\lambda_{Lopp} \approx (k_{DAuf}/k_{NAuf}) \cdot m_{Nopt}/2T_B \quad [\text{VE/AT}] . \tag{11.67}$$

Für einen Bündelungszeitraum $T_B = 1$ Tag und bei gleichen Auftragskosten für Direktbeschaffung und Lagernachschub besagt diese Beziehung: Die Lagerbeschaffung ist kostengünstiger als die Auftragsbeschaffung, wenn der mittlere Tagesbedarf kleiner ist als die halbe optimale Lagernachschubmenge.

Dieses einfache Ergebnis ist auch ohne diesen Beweis verständlich, denn bei der Auftragslieferung fallen die Auftragskosten pro gebündelter Beschaffung nur einmal an, während bei der Lagerlieferung die Auftragskosten bei optimaler Disposition ohne Sicherheitsbestand pro Nachschub genau zweimal entstehen: einmal für die Nachschubbeschaffung und einmal als Lagerungskosten, die beim Kostenminimum gleich den Auftragskosten sind.

Das Opportunitätskriterium gilt auch für jeden einzelnen Auftrag eines Artikels, der wahlweise aus einem vorhandenen Lagerbestand geliefert oder nach Auftrag beschafft werden kann. Aus der Näherungsformel (11.67) folgt also für die Auftragsdisposition von Lagerartikeln die

▶ *Regel der lageropportunen Liefermenge:* Aufträge, deren Liefermenge größer ist als die halbe optimale Lagernachschubmenge, werden kostengünstiger direkt gefertigt oder beschafft und nicht ab Lager geliefert.

Ein Dispositionsprogramm kann nach diesem Kriterium jeden eingehenden Auftrag prüfen und danach die Großmengenaufträge zur Direktbeschaffung aussondern. Das Aussondern der Großmengenaufträge hat abgesehen von der Kosteneinsparung den Vorteil, dass sich dadurch die Absatzstreuung verringert und der erforderliche Sicherheitsbestand kleiner wird (s. *Abschn.* 11.8.4).

11.15 Dynamische Lagerdisposition

Ziel der *dynamischen Lagerdisposition* ist die Sicherung der Lieferfähigkeit der Lagerartikel zu minimalen Kosten. Für Lagerartikel mit einem prognostizierbaren Bedarf kann die Bestands- und Nachschubdisposition von einem leistungsfähigen Dispositionsprogramm weitgehend autark durchgeführt werden. Nur für kritische Lagerartikel muss der Disponent tätig werden. Die *Bestellpunktstrategie* für die Lagerartikel wird von der Beschaffungsstrategie bestimmt, die für die jeweilige Lieferstelle optimal ist.

Zur Lagerdisposition gehört auch die *Auswahl des Ladungsträgers*, der zur Unterbringung der Nachschub- und Lagermenge eines Artikels technisch geeignet und mit minimalen Kosten verbunden ist. Dieser Handlungsspielraum der Disposition wird nur selten systematisch genutzt.

11.15.1 Standardablauf der rechnergestützten Lagerdisposition

Zur rechnergestützten Bestands- und Nachschubdisposition der Lagerartikel werden nach jeder abgeschlossenen Dispositionsperiode $t-1$ bis zum Beginn der aktuellen Periode t vom Dispositionsprogramm die folgenden *Rechenschritte* durchgeführt:

1. *Prognoserechnung* von Mittelwert $\lambda_m(t)$ und Streuung $s_\lambda(t)$ des zukünftigen *Periodenbedarfs* aus den vorherigen Prognosewerten und dem Absatz der letzten Periode $t-1$ (s. *Abschn.* 9.13.1)
2. *Aktualisierung* von Mittelwert $T_{WBZm}(t)$ und Streuung $s_{WBZ}(t)$ der *Wiederbeschaffungszeit* für alle Artikel, für die in der letzten Periode $t-1$ eine Nachschublieferung eingetroffen ist (s. *Abschn.* 9.13.3)

3. Berechnung der aktuellen *Nachschubmenge* für alle Lagerartikel aus den Artikellogistikdaten und dem prognostizierten Bedarf

4. Berechnung der für die jeweils geforderte Lieferfähigkeit benötigten aktuellen *Sicherheitsbestände* aller Lagerartikel

5. Berechnung des aktuellen *Meldebestands*, bei dessen Erreichen spätestens ein Nachschub ausgelöst wird

6. Bestimmung der *Bestellpunkte* für Lagernachschubaufträge in Abhängigkeit von der *Bestellpunktstrategie*

7. Anzeige oder Ausdruck einer *Bestellliste* aller Artikel, deren Bestellpunkt erreicht ist, mit Bestellvorschlägen für die Lagernachschubaufträge

8. Anzeige oder Ausdruck einer *Warnliste* aller *kritischen Lagerartikel* mit anormalem Verhalten.

Wichtig ist, dass die Dispositionsschritte genau in dieser Reihenfolge ausgeführt werden. Nur so ist die dynamische Lagerdisposition *selbstregelnd*. Auf diese Weise lässt sich mit einer rechnergestützten dynamischen Lagerdisposition erreichen, dass mehr als 90 % aller Bestellvorschläge des Rechners ohne Änderung freigegeben und ausgeführt werden können.

Die resultierenden Nachschubvorschläge für *unkritische Lagerartikel* werden vom Disponenten unverzüglich geprüft und in der Regel sofort freigegeben. Sie werden zusammen mit den Auftragsbestellungen gleicher Artikel direkt bei der Produktions- oder Lieferstelle ausgelöst. *Kritische Lagerartikel* sind Artikel

1. deren Absatz die Lageropportunitätsgrenze (11.65) nachhaltig überschreitet,

2. deren Bestandsreichweite eine vorgegebene maximale Reichweite überschreitet oder nach der Nachschubbestellung überschreiten würde,

3. deren errechnete Nachschubmenge die Kapazität der kleinsten zulässigen Ladeeinheit unterschreitet,

4. deren Prognostizierbarkeit nicht mehr gegeben ist.

Nach Anzeige der kritischen Lagerartikel durch den Rechner entscheidet der Disponent, ob der Artikel vom Lagerartikel zum Auftragsartikel umgestuft werden soll.

11.15.2 Auswahl der Bestellpunktstrategie

Solange der Bedarf eines Artikels prognostizierbar ist und die Parameter zur Berechnung von Sicherheitsbestand und kostenoptimaler Nachschubmenge bekannt sind, ist das *Meldebestandsverfahren* oder das *Zykluszeitverfahren* für die Bestellpunktbestimmung geeignet. Nach der Analyse in *Abschn. 11.11* gelten für diese beiden Bestellpunktstrategien die *Auswahlregeln*:

▶ Das *Meldebestandsverfahren* ist optimal, wenn die Produktions- und Lieferstelle jederzeit Bestellungen annimmt und diese auch sofort ausführt.

Wenn bei einer Produktions- oder Lieferstelle innerhalb der Standardlieferzeit nur ein Artikel beschafft wird, ist die *bestellpunktkabhängige Einzeldisposition* zu wählen (s. *Abb. 11.23*). Können bei derselben Lieferstelle innerhalb der Standardlieferzeit auch andere Artikel beschafft werden, deren vorgezogene Bestellung und gebündelte Anlieferung eine größere Einsparung ergibt als die Mehrkosten aus der Bestandserhöhung, ist die *bestellpunktabhängige Sammeldisposition* wirtschaftlicher als die Einzeldisposition.

▶ Das *Zykluszeitverfahren* ist anzuwenden, wenn die Produktions- oder Lieferstelle nur in bestimmten Zeitabständen liefert.

Die *zyklische Einzeldisposition* ist zu wählen, wenn in der Zykluszeit bei der Lieferstelle nur ein Artikel beschafft wird. Die *zyklische Sammeldisposition* ist kostenoptimal, wenn bei derselben Lieferstelle innerhalb der Zykluszeit regelmäßig mehrere Artikel beschafft werden, deren Bündelung eine größere Kostenersparnis bringt als die Mehrkosten der Bestandserhöhung.

Für Artikel mit einem regelmäßigem Bedarf, der nicht vom Rechner erfasst wird oder deren Parameter zur Berechnung von Sicherheitsbestand und kostenoptimaler Nachschubmenge nicht bekannt sind, ist das Bereitstellverfahren geeignet. Der Preis für das einfache, da selbstregelnde und rechnerunabhängige Bereitstellverfahren ist jedoch die Gefahr zu hoher oder für die benötigte Verfügbarkeit unzureichender Bestände [178]. Daraus folgt die *Einsatzregel für das Bereitstellverfahren:*

▶ Das *Bereitstellverfahren* nach dem Kanban- oder dem Flip-Flop-Prinzip ist geeignet für Artikel mit einem anhaltend regelmäßigem Bedarf und so geringen Wert, dass der Verbrauch nicht einzeln erfasst zu werden braucht.

Da zur Kontrolle und Vergütung der Lieferstelle die Beschaffungen nach dem Bereitstellverfahren spätestens bei der Anlieferung erfasst und im Rechner gespeichert werden, kann der Rechner laufend überprüfen, ob die Voraussetzungen für das Bereitstellverfahren noch erfüllt sind (*Abschn.* 11.11.1).

11.15.3 Zuweisung optimaler Ladungsträger

Wenn zur Lagerung der Verbrauchseinheiten eines Artikels technisch mehrere Ladungsträger LE_j mit unterschiedlicher Kapazität C_{LEj} [VE/LE] geeignet sind, müssen alle zulässigen Ladungsträger, zum Beispiel alle für den Artikel technisch geeigneten KLT, Paletten, Gitterboxen oder Langgutkassetten, im Artikelstammdatensatz hinterlegt werden. Außerdem müssen die Ladungsträgerkapazitäten und die zugehörigen Lagerkostensätze im Logistikstammdatensatz gespeichert sein (s. *Abschn.* 12.6).

Aus diesen Kenndaten lässt sich für jeden zulässigen Ladungsträger die benötigte Anzahl Nachschubeinheiten errechnen und der optimale Ladungsträger bestimmen. Dieser ist gegeben durch das *Kriterium des optimalen Ladungsträgers:*

▶ Mit dem optimalen Ladungsträger wird für die kostenoptimale Nachschubmenge die kleinste Anzahl Ladeeinheiten benötigt und der höchste Füllungsgrad erreicht.

Wenn der Füllungsgrad der kleinsten zulässigen Ladeeinheit bei Befüllung mit der ungerundeten kostenoptimalen Nachschubmenge unter 50 % sinkt, muss der Disponent in Abstimmung mit dem Vertrieb überprüfen, ob der Artikel weiterhin Lagerartikel bleiben oder zu einem Auftragsartikel umgestuft werden soll.

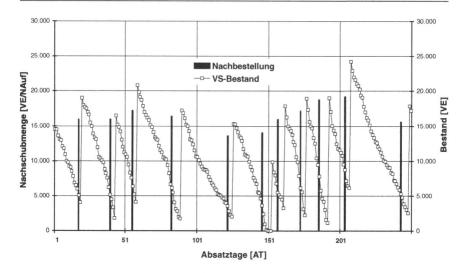

Abb. 11.23 Simulierter Nachschub und Bestandsverlauf für einen Lagerartikel mit dem Absatzverlauf Abb. 9.11

Nachschubstrategie (s,Q): Meldebestandsverfahren mit kostenoptimalem Nachschub

VS-Bestand: aktueller Bestand der Verbrauchs- oder Verkaufsstelle VS

11.15.4 Wirkungen der dynamischen Lagerdisposition

Die aus einer dynamischen Lagerdisposition resultierenden Nachschubmengen und der Bestandsverlauf eines Artikels mit dem in *Abb.* 9.10 dargestellten Absatz, der über das ganze Jahr anhält und von Tag zu Tag stochastisch um einen systematisch veränderlichen Verlauf schwankt, sind in *Abbildung* 11.23 gezeigt.

Gut zu erkennen ist, wie die Nachschubmengen, der Sicherheitsbestand und der maximale Bestand dem systematischen Absatzverlauf folgen. Der Einfluss der stochastischen Tagesschwankungen spiegelt sich in den ungleichmäßigen Treppenstufen des Bestandsabbaus.

Die *Abb.* 11.24 zeigt die Nachschubmengen und den Bestandsverlauf für denselben Artikel mit den gleichen Dispositionsparametern, jedoch mit dem Absatzverlauf *Abb.* 9.11, der erst ab dem 61. Tag beginnt. Kurz nach dem Einsetzen des Bedarfs steigt die Bedarfsprognose an und generiert eine erste Nachschubbestellung. Nach deren Eintreffen werden die eingehenden Aufträge ab Lager bedient. Das Programm berechnet die nächsten Nachschubmengen dynamisch, so dass die relevanten Kosten minimal werden.

Wenn in Vorbereitung auf den erwarteten Absatz eines neuen Artikels ein ausreichender *Anfangsbestand* im Voraus beschafft wurde, ist das Lager bereits vom ersten Tag an lieferfähig. Aber auch ohne Anfangsbestand, wie in dem Beispiel *Abb.* 11.24, schwingt sich die geforderte Lieferfähigkeit über den dynamischen Sicherheitsbestand sehr rasch ein.

Dieses Beispiel sowie weitere Testrechnungen machen deutlich, wie gut auch Artikel mit einem plötzlich ansteigenden oder aussetzenden Bedarf vom Rechner nach dem Verfahren der dynamischen Lagerdisposition disponiert werden können. Die Modellrechnungen zeigen auch, dass bei einer dynamischen Disposition die *Anfangseinstellung* der Dispositionsparameter weitgehend unkritisch ist. Absolut korrekt müssen hingegen die aktuellen Bestände eingegeben und weitergeführt werden.

Bei der Implementierung eines neuen Dispositionssystems oder bei einer Systemumstellung können daher ohne große Gefahr von Fehldispositionen bis auf die Bestände die alten Erfahrungswerte als *Anfangswerte* übernommen oder Planwerte und *Standardwerte* für gleichartige Artikelgruppen verwendet werden. Dadurch lässt sich die Implementierung oder Umstellung erheblich erleichtern und verkürzen [178, 191].

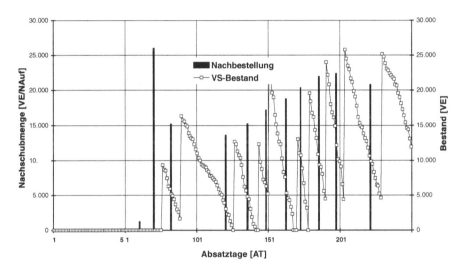

Abb. 11.24 Dynamische Nachschub- und Bestandsdisposition eines Artikels mit plötzlich einsetzendem Bedarf

(Absatzverlauf s. *Abb. 9.12*)

11.16 Disposition bei begrenzter Produktionsleistung

Die Lieferzeit einer produzierenden Lieferstelle ist die Summe einer *Vorlaufzeit* T_0 [AT] bis zum Produktionsbeginn, die für Auftragsübermittlung, Bearbeitung, Disposition und *Rüsten* benötigt wird, der reinen *Produktionszeit* T_P [AT] zur ununterbrochenen Erzeugung der *Bestellmenge* m, die bei einer *Produktionsgrenzleistung* μ [VE/AT] gleich m/μ [AT] ist, und einer *Nachlaufzeit*, die – abgesehen von Trocken-, Reife- oder Aushärtezeiten – gleich der *Transportzeit* T_{Tr} [AT] ist. Die *Gesamtlieferzeit* bis zum Eintreffen der letzten Einheit der Bestellmenge m am Bedarfs- oder

Lagerort ist

$$T_{GLZ} = T_0 + T_{Tr} + m/\mu \ . \tag{11.68}$$

Sie hängt also von der Bestellmenge ab. Die vorangehenden Strategien und Algorithmen der Bestands- und Nachschubdisposition gelten jedoch nur für Wiederbeschaffungszeiten, die unabhängig von der Bestellmenge sind, d. h. für $\mu \gg m$.

Die nachfolgenden Strategien und Algorithmen für die dynamische Disposition bei begrenzter Produktionsleistung sind sowohl in einstufigen wie auch in mehrstufigen Lieferketten anwendbar. Sie eröffnen weitere Potenziale zur Bestandssenkung, Kosteneinsparung und Verkürzung der Lieferzeiten. Zugleich lässt sich mit Hilfe dieser Strategien eine der gravierendsten Ursachen des sogenannten *Peitschenknalleffekts* beheben (s. *Abschn.* 20.19).

11.16.1 Auslieferstrategien und Bestandsverlauf

Wie bereits in *Abschn.* 10.5 ausgeführt, sind für die Beförderung der produzierten Menge vom Ausgang der Produktionsstelle bis zur Bedarfs- oder Lagerstelle folgende *Auslieferstrategien* möglich:

- *Geschlossene Auslieferung* (GA): Die gesamte Nachschubmenge wird erst ausgeliefert, wenn sie komplett fertiggestellt ist.
- *Kontinuierliche Auslieferung* (KA): Die Produktionsmenge wird kontinuierlich in einzelnen Verbrauchseinheiten [VE] oder vollen Ladeeinheiten [LE] ausgeliefert.

Die *Wiederbeschaffungszeit bei geschlossener Auslieferung* ist gleich der Gesamtlieferzeit (11.68) für die vollständige *Nachschubmenge* m_N:

$$T_{WBZ\ GA}(m_N) = T_{GLZ} = T_0 + T_{Tr} + m_N/\mu \quad [AT] \ . \tag{11.69}$$

Um die Lieferfähigkeit zu bewahren, muss ein Nachschubauftrag ausgelöst werden, wenn der Bestand unter den Verbrauch in der Wiederbeschaffungszeit plus einem *Sicherheitsbestand* m_{sich} sinkt, der eventuelle Verbrauchsschwankungen in der Wiederbeschaffungszeit ausgleicht. Der *Meldebestand bei geschlossener Auslieferung* ist daher:

$$m_{MB\ GA} = (T_0 + T_{Tr} + m_N/\mu) \cdot \lambda + m_{sich} \quad [VE] \ . \tag{11.70}$$

Wie in *Abb.* 11.25 *oben* gezeigt, baut sich in der Produktionsstelle nach Ablauf der Vorbereitungszeit T_0 ein Bestand auf, der nach Ablauf der gesamten Produktionszeit m_N/μ geschlossen an die Lagerstelle ausgeliefert wird. Dort trifft er nach der Transportzeit von T_{Tr} ein und führt zu einem sprunghaften Anstieg des Bestands. Bei stationärem Bedarf ergibt sich daraus ein sägezahnartiger Bestandsverlauf mit *senkrechten Anstiegsflanken* und schrägem Abfall bis auf den Sicherheitsbestand (s. *Abb.* 10.5 und 11.23).

Die *Wiederbeschaffungszeit bei kontinuierlicher Auslieferung* ist unabhängig von der Nachschubmenge gleich der *Startlieferzeit*:

$$T_{WBZ\ KA} = T_{SLZ} = T_0 + T_{Tr} \quad [AT] \ . \tag{11.71}$$

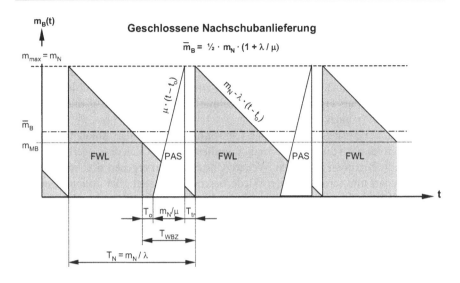

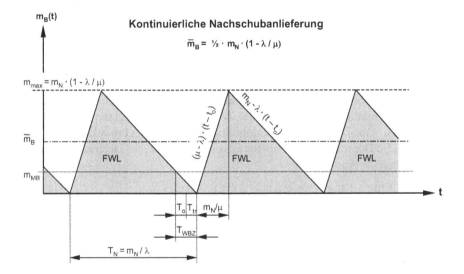

Abb. 11.25 Bestandsverlauf bei stationärem Bedarf ohne stochastische Streuung für geschlossene und für kontinuierliche Nachschubauslieferung

FWL: Fertigwarenlager PAS: Produktionsausgangsspeicher

Für große Nachschubmengen, deren komplette Fertigstellung mehrere Tage erfordert, ist sie wesentlich kleiner als die Wiederbeschaffungszeit bei geschlossener Auslieferung. Das gilt auch für den *Meldebestand bei kontinuierlicher Auslieferung*:

$$m_{MB\,KA} = (T_0 + T_{Tr}) \cdot \lambda + m_{sich} \quad [VE]. \tag{11.72}$$

Mit dem Eintreffen der ersten Teilmenge ist die Lagerstelle wieder lieferfähig. Wie in *Abb.* 11.25 *unten* gezeigt, baut sich der Lagerbestand proportional zur Differenz $\mu - \lambda$ zwischen Produktionsleistung μ und Verbrauch λ auf, bis nach der Produktionszeit m_N/μ die gesamte Nachschubmenge angeliefert ist. Dann fällt der Bestand wie bei der geschlossenen Auslieferung proportional zum Verbrauch λ bis auf den Sicherheitsbestand. Daraus ergibt sich ein sägezahnartiger Bestandsverlauf mit *schrägen Anstiegsflanken* (s. auch *Abb.* 10.6).

Bei täglicher Auslieferung in vollen Ladeeinheiten und einem Absatz von unterschiedlichen Mengen diskreter Verbrauchseinheiten ändert sich der Lagerbestand in unterschiedlich großen Sprüngen. Weitere Unstetigkeiten ergeben sich bei stochastischem Bedarf und schwankenden Wiederbeschaffungszeiten. Bei *stationärem Verbrauch* hat jedoch der über viele Nachschubzyklen gemittelte Bestandsverlauf immer noch die in *Abb.* 11.25 dargestellte Sägezahnform. Das zeigen die Simulationsergebnisse *Abb.* 11.28 für den Bedarfsverlauf der *Abb.* 9.10.

11.16.2 Mittlerer Bestand

Bei unbegrenzter Produktionsleistung ist der mittlere Bestand der Lagerstelle über viele Nachschubzyklen (s. Bez. (10.10)):

$$m_B = m_{sich} + m_N/2 \quad [\text{VE}] . \tag{11.73}$$

Bei begrenzter Produktionsleistung und geschlossener Auslieferung entsteht während der Produktionszeit zusätzlich zum Lagerbestand in der Lieferstelle ein *Produktionsausgangsbestand*. Dessen mittlere Höhe während der Produktionszeit ist $m_N/2$ Da dieser Produktionsbestand nur für den Zeitanteil m_N/μ der gesamten *Nachschubzykluszeit* $T_N = m_N/\lambda$ besteht, ist der langzeitige Mittelwert des Produktionsbestands $(m_N/2) \cdot \lambda/\mu$. Der mittlere *Gesamtbestand* von Lagerstelle *und* Lieferstelle ist daher bei geschlossener Auslieferung:

$$m_{B\,GA} = m_{sich} + m_N \cdot (1 + \lambda/\mu)/2 \quad [\text{VE}] . \tag{11.74}$$

Der mittlere Gesamtbestand ist für die Lagerlogistikkosten maßgebend, wenn das gleiche Unternehmen die Lagerlogistikkosten der Lieferstelle und der Lagerstelle zu tragen hat. Das gilt direkt für die Eigenproduktion, indirekt über den Preis aber auch für Fremdprodukte und Handelsware. Aus Beziehung (11.74) folgt:

- Bis auf den Sicherheitsbestand erhöht sich der mittlere Gesamtbestand bei geschlossener Auslieferung der Nachschubmenge und begrenzter Produktionsleistung mit steigendem Bedarf gegenüber dem mittleren Bestand bei unbegrenzter Produktionsleistung um den Faktor $(1 + \lambda/\mu)$.

Solange der Bedarf wesentlich kleiner ist als die Produktionsleistung, gilt für den mittleren Bestand die Beziehung (11.73) der unbegrenzten Produktionsleistung. Nähert sich der Bedarf der Produktionsleistung, steigt der mittlere Summenbestand (11.74) um den Faktor 2 gegenüber dem Bestand bei unbegrenzter Produktionsleistung.

Bei kontinuierlicher Nachschubauslieferung entsteht in der produzierenden Lieferstelle kein Lagerbestand. Wie in *Abb.* 11.25 *unten* dargestellt, reduziert der tägliche Bedarf λ der Lagerstelle laufend die mit der Produktionsleistung μ angelieferte Menge. Infolgedessen steigt der Lagerbestand bis zum Ende der Anlieferzeit nicht mehr um die gesamte Nachschubmenge m_N sondern nur um die reduzierte Menge $m_N \cdot (1 - \lambda/\mu)$. Der *mittlere Gesamtbestand* ist daher bei kontinuierlicher Auslieferung der Nachschubmenge:

$$m_{B\,KA} = m_{sich} + m_N \cdot (1 - \lambda/\mu)/2 \quad [VE]. \tag{11.75}$$

Hieraus folgt:

- Bis auf den Sicherheitsbestand reduziert sich der Lagerbestand bei kontinuierlicher Auslieferung der Nachschubmenge und begrenzter Produktionsleistung mit ansteigendem Bedarf gegenüber dem mittleren Bestand (11.73) bei unbegrenzter Produktionsleistung um den Faktor $(1 - \lambda/\mu)$.

Bei Annäherung des Bedarfs an die Produktionsgrenzleistung sinkt der mittlere Lagerbestand auf den Sicherheitsbestand. Nur wenn der Verbrauch wesentlich kleiner ist als die Produktionsgrenzleistung, gilt für den mittleren Bestand die Beziehung (11.73).

Der Vergleich des in *Abb.* 11.25 dargestellten Bestandsverlaufs für die beiden Auslieferstrategien und der in *Abb.* 11.27 gezeigte Unterschied der Sicherheitsbestände ergibt die *Dispositionsregel*:

- ▶ Bei begrenzter Produktionsleistung führt die kontinuierliche Nachschubauslieferung zu deutlich niedrigeren Gesamtbeständen als die geschlossene Nachschubauslieferung.

Der Unterschied nimmt mit Annäherung des Bedarfes an die Produktionsgrenzleistung immer weiter zu (s. auch Abb. 10.5 und 10.6).

Auch für Handelsware und Fremdprodukte, die nicht direkt mit den Lagerkosten der Lieferstelle belastet sind, führt die tägliche Auslieferung von Teilmengen bei großen Nachschubmengen, deren Gesamtfertigstellung mehrere Tage erfordert, zu Bestandssenkungen und Einsparungen der Lagerlogistikkosten. Dagegen sind die Mehrkosten für den täglichen Transport der Teilauslieferungen zu rechnen. Mehrkosten für den Teilmengentransport fallen jedoch nur an, wenn der Transport nicht im Verbund mit dem Nachschub für andere Artikel stattfinden kann und daher für den täglichen Nachschub zusätzliche Fahrten erforderlich sind.

11.16.3 Kostenoptimale Nachschubmenge

Die dispositionsrelevanten Lagerlogistikkosten sind die Summe der *Nachschubkosten*, die mit der Auftragsfrequenz λ/m_N bei jeder Nachschubanforderung anfallen, und der *Lagerhaltungskosten*, die laufend durch Wertverzinsung und Lagerplatzmiete für den mittleren Bestand m_B entstehen. Mit freier Lagerordnung und ohne Anbrucheinheiten sind die mittleren Lagerlogistikkosten pro Periode [PE] bei *Lagerplatzkosten* k_{LP} [€/LE·PE] für Ladeeinheiten LE der *Kapazität* C_{LE} [VE/LE], *Auftragskosten* k_{Auf}, [€/Auf], einen *Stückpreis* P [€/VE] und einen *Lagerzins* z_L [%/ZE]:

$$K_{NL}(m_N) = k_{Auf} \cdot \lambda/m_N + (P \cdot z_L + k_{LP}/C_{LE}) \cdot m_B \quad [\text{€/PE}].$$ (11.76)

Durch Einsetzen der Beziehungen (11.74) und (11.75) für den *mittleren Bestand* m_B ergeben sich hieraus die Lagerlogistikkosten für die beiden Auslieferstrategien in Abhängigkeit von der Nachschubmenge. Die *Abb.* 11.26 zeigt für ein typisches Beispiel die mit Beziehung (11.76) resultierende Nachschubabhängigkeit der mittleren Lagerlogistikkosten.

Aus Beziehung (11.76) in Verbindung mit (11.74) und (11.75) ebenso wie aus *Abb.* 11.26 ist ablesbar:

- Die Lagerlogistikkosten sind bei begrenzter Produktionsleistung für die geschlossene Auslieferung höher und für die kontinuierliche Auslieferung geringer als die Lagerlogistikkosten bei unbegrenzter Produktionsleistung.

- Bei begrenzter Produktionsleistung verschiebt sich die kostenoptimale Nachschubmenge für geschlossene Auslieferung zu kleineren und für kontinuierliche Auslieferung zu größeren Werten als die optimale Nachschubmenge bei unbegrenzter Produktionsleistung.

Für das in *Abb.* 11.26 dargestellte Beispiel, bei dem der Bedarf des betrachteten Artikels die Produktionsgrenzleistung zu 1/3 auslastet, sind die Lagerlogistikkosten bei jeweils optimaler Nachschubmenge für die kontinuierliche Auslieferung um 33 % geringer als für die geschlossene Auslieferung und um 24 % geringer als bei unbegrenzter Produktionsleistung. Die Einsparpotenziale durch richtige Nachschubdisposition können also beträchtlich sein.

Die *kostenoptimale Nachschubmenge bei unbegrenzter Produktionsleistung* ergibt sich nach Einsetzen von Beziehung (11.73) in (11.76) durch Nullsetzen der Ableitung der Kostenfunktion und Auflösung nach m_N. Das Ergebnis ist:

$$m_{Nopt} = \sqrt{2 \cdot \lambda \cdot k_{Auf}/(P \cdot z_L + k_{LP}/C_{LE})} \quad [\text{VE}].$$ (11.77)

Entsprechend resultiert bei begrenzter Produktionsleistung durch Einsetzen der Beziehung (11.74) bzw. (11.75) in (11.76) und Nullsetzen der Ableitung nach m_N:

- Für *geschlossene Auslieferung* ist die *kostenoptimale Nachschubmenge bei begrenzter Produktionsleistung* μ und *Bedarf* λ

$$m_{Nopt\,GA} = m_{Nopt}/\sqrt{1 + \lambda/\mu} \quad [\text{VE}].$$ (11.78)

- Für *kontinuierliche Auslieferung* ist die *kostenoptimale Nachschubmenge bei begrenzter Produktionsleistung* μ und *Bedarf* λ

$$m_{Nopt\,KA} = m_{Nopt}/\sqrt{1 - \lambda/\mu} \quad [\text{VE}].$$ (11.79)

Für das Beispiel der *Abb.* 11.26 zeigt *Abb.* 11.27 die mit den Beziehungen (11.77), (11.78) und (11.79) berechnete Abhängigkeit der kostenoptimalen Nachschubmenge vom Bedarf bei unbegrenzter und bei begrenzter Produktionsleistung. Hieraus sind folgende *Gesetzmäßigkeiten* ablesbar:

▶ Die kostenoptimale Nachschubmenge bei unbegrenzter Produktionsleistung steigt proportional mit der Wurzel des Bedarfs.

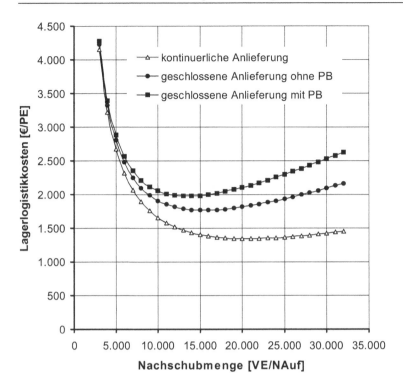

Abb. 11.26 Nachschubabhängigkeit der Lagerlogistikkosten für kontinuierliche und geschlossene Auslieferung mit und ohne Produktionsbegrenzung (PB)

Bedarf λ = 700 VE/AT	Produktionsleistung μ = 2.100 VE/AT;
Artikelpreis P = 0,75 €/VE	Lagerzins z_L = 9% p. a.
Auftragskosten (Rüstkosten)	k_{Auf} = 65 €/Auf
Behälter mit C_{LE} = 400 VE/Beh	Lagerplatzkosten k_{LP} = 7,80 €/Beh p. a.
mittlere Lieferfähigkeit	η_{lief} = 99 %

▶ Die kostenoptimale Nachschubmenge bei begrenzter Produktionsleistung und geschlossener Auslieferung ist kleiner als bei unbegrenzter Produktionsleistung. Sie steigt unterproportional zur Wurzel des Bedarfs und ist bei Annäherung an die Produktionsgrenzleistung um den Faktor $1/\sqrt{2}$ kleiner als bei unbegrenzter Produktionsleistung.

▶ Bei begrenzter Kapazität und kontinuierlicher Auslieferung ist die kostenoptimale Nachschubmenge größer als bei unbegrenzter Produktionsleistung. Nur bei geringem Bedarf steigt sie annähernd proportional zur Wurzel aus dem Bedarf. Bei Annäherung des Bedarfs an die Produktionsgrenzleistung steigt sie immer rascher an.

Wenn sich der Bedarf der Produktionsgrenzleistung nähert, also für $\lambda \to \mu$, steigt die optimale Nachschubmenge der kontinuierlichen Auslieferung gemäß Beziehung

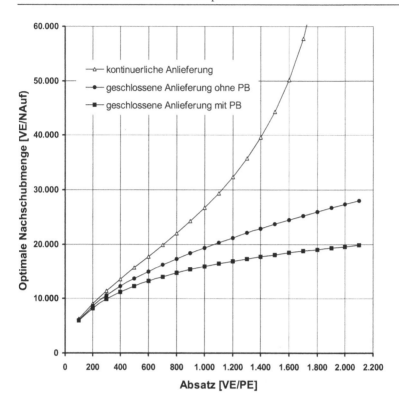

Abb. 11.27 Bedarfsabhängigkeit der kostenoptimalen Nachschubmenge für kontinuierliche und geschlossene Auslieferung mit und ohne Produktionsbegrenzung (PB)

Produktionsgrenzleistung: 2.100 VE/AT
übrige Parameter: s. *Abb.* 11.26

(11.79) über alle Grenzen. Die kontinuierlich ausgelieferte Produktionsmenge wird täglich vollständig verbraucht. Das heißt:

▶ Die *Losgrößenfertigung* geht bei Annäherung des Bedarfs an die Produktionsgrenzleistung in eine *kontinuierliche Fertigung* über.

In der Praxis ist die Produktionslosgröße in der Regel nach oben begrenzt, weil nach einer maximalen Laufzeit T_{Pmax}, in der die *maximale Produktionsmenge* m_{Pmax} = $T_{Pmax} \cdot \mu$ gefertigt werden kann, die Anlage zur Durchführung planmäßiger Wartungs- und Reinigungsarbeiten abgeschaltet werden muss. Wenn aus technologischen Gründen auch noch eine *minimale Produktionsmenge* m_{Pmin} vorgegeben ist, gilt für die Nachschubmengenrechnung die *Nebenbedingung* $m_{Pmin} \leq m_N \leq m_{Pmax}$.

Wenn bei der Auslieferung und Lagerung teilgefüllte Ladeeinheiten entstehen oder wegen fester Lagerordnung die Lagerplatzkosten für den maximalen Lagerbestand anfallen, erhöhen sich die Lagerlogistikkosten (11.76). Dadurch verändert sich auch die kostenoptimale Nachschubmenge (11.77) für die unbegrenzte Produktions-

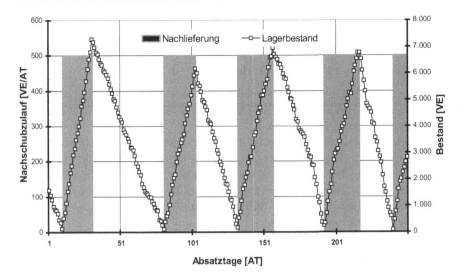

Abb. 11.28 Nachschubzulauf und Lagerbestand bei begrenzter Produktionsleistung und kontinuierlicher Auslieferung

> Simulierter Bedarfsverlauf: stochastisch ansteigend wie in *Abb. 9.1*
> Mittlerer Tagesbedarf: Start 133 VE/AT   Ende 267 VE/AT
> Maschinengrenzleistung: 500 VE/AT

leistung (s. Beziehung (11.27)). Die Beziehungen (11.78) und (11.79) gelten auch für diese Fälle, wobei jedoch die korrekte Nachschubmenge (11.27) einzusetzen ist.

Für ein Beispiel zeigt *Abb. 11.28* das Ergebnis einer *Simulation* des Nachschubzulaufs und des Lagerbestands, die sich für einen stetig ansteigenden *stochastischen Bedarf* aus der Strategie der kontinuierlichen Auslieferung bei optimaler Nachschublosgröße ergeben (s. *Abb. 11.23*).

11.16.4 Sicherheitsbestand

Der zur Sicherung einer *Lieferfähigkeit* η_{lief} erforderliche Sicherheitsbestand lässt sich mit der *Masterformel des dynamischen Sicherheitsbestands* (11.37) berechnen. Nach Einsetzen von Beziehung (11.69) für die Wiederbeschaffungszeit und von Beziehung (11.74) für die Nachschubmenge resultiert aus (11.37) für den Fall der geschlossenen Auslieferung:

▶ Bei *geschlossener Nachschubauslieferung steigt der Sicherheitsbestand* mit größerer Nachschubmenge wegen der zunehmenden Streuung in der immer länger werdenden Wiederbeschaffungszeit und wegen des zunehmenden Anteils der längeren Wiederbeschaffungszeit an der Nachschubzykluszeit.

Für den Fall der kontinuierlichen Auslieferung ergibt sich nach Einsetzen von Beziehung (11.70) für die Wiederbeschaffungszeit und Beziehung (11.79) für die Nachschubmenge in die Sicherheitsbestandsformel (11.37):

▶ Bei *kontinuierlicher Nachschubauslieferung sinkt der Sicherheitsbestand* mit zunehmender Nachschubmenge bei geringer Streuung in der gleichbleibend kurzen Wiederbeschaffungszeit wegen des abnehmenden Anteils der kurzen Wiederbeschaffungszeit an der Nachschubzykluszeit.

Die gegenläufige Abhängigkeit des Sicherheitsbestands von der Nachschubmenge bei geschlossener und bei kontinuierlicher Auslieferung zeigt *Abb.* 11.29 für ein Beispiel mit den Parametern der *Abb.* 11.26.

Bei kleinen Nachschubmengen ist der Sicherheitsbestand für die geschlossene Auslieferung gleich dem Sicherheitsbestand bei kontinuierlicher Auslieferung. Bei sehr großen Nachschubmengen und kontinuierlicher Auslieferung wird der Anteil der Nachschubzeit an der Zykluszeit immer kleiner. Im Grenzfall $\lambda \to \mu$ ist bei kontinuierlicher Auslieferung gar kein Sicherheitsbestand mehr erforderlich, da täglich eine neue Nachlieferung ankommt.

Wenn der Bedarf λ größer ist als die Produktionsgrenzleistung μ einer Maschine, d. h. für $\lambda > \mu$, kann er nicht mehr von einer Maschine gedeckt werden. Werden keine weiteren Maschinen hinzugenommen, wird der Absatz auf die Grenzleistung der einen Maschine gedrosselt und von dieser ununterbrochen produziert. Zugleich

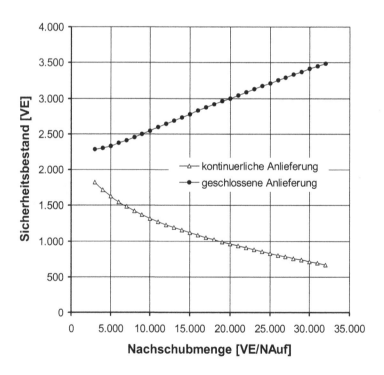

Abb. 11.29 Abhängigkeit des Sicherheitsbestands von der Nachschubmenge für kontinuierliche und geschlossene Auslieferung

Lieferfähigkeit: η_{lief} = 99%   *Übrige Parameter*: s. *Abb.* 11.26

wächst der Auftragsbestand immer weiter an. Für den Fall $\lambda > \mu$ gelten die vorangehenden Dispositionsstrategien und Formeln zur Berechnung der Losgröße und des Bestellpunktes bei kontinuierlicher Auslieferung nicht mehr, denn der Faktor $(1 - \lambda/\mu)$ ist in diesem Fall negativ und die Wurzel daraus unbestimmt.

11.16.5 Parallelproduktion bei großem Bedarf

Übersteigt der Bedarf λ die *Produktionsgrenzleistung* μ einer Anlage oder Maschine, kann er nur gedeckt werden, wenn mehrere Anlagen zur Verfügung stehen, auf denen der Artikel parallel gefertigt wird. Die zur Deckung eines anhaltenden Bedarfs $\lambda > \mu$ *erforderliche Anzahl Produktionsmaschinen* ist:

$$N_{PM} = \{\lambda/\mu\} = \text{AUFRUNDEN}\,(\lambda/\mu)\,. \tag{11.80}$$

Von diesen Maschinen sind $N_{PM} - 1$ stets zu 100 % ausgelastet. Eine Maschine ist nur teilweise ausgelastet. Sie arbeitet mit einem *Auslastungsgrad* $(\lambda - (N_{PM} - 1) \cdot \mu)/\mu$, der i. d. R. unter 100 % liegt. Wenn für die Produktion eines Artikels mehrere Maschinen zur Verfügung stehen, sind für den Lagernachschub folgende *Fertigungsstrategien* möglich:

* *Diskontinuierliche Losgrößenfertigung* auf allen verfügbaren Produktionsmaschinen
* *Kontinuierliche Nachschubfertigung* auf der minimalen Anzahl Produktionsmaschinen

Sobald $\lambda > \mu$ wird, ist für beide Strategien eine kontinuierliche Auslieferung an das Fertigwarenlager unerlässlich, da andernfalls in der Produktionsstelle unwirtschaftlich hohe Bestände auflaufen würden.

Bei *diskontinuierlicher Losgrößenfertigung* werden alle N_{PM} verfügbaren Maschinen wie eine Gesamtanlage mit der N_{PM}-fachen Grenzleistung $N_{PM} \cdot \mu$ und den N_{PM}-fachen Rüstkosten disponiert. Dann kann die Nachschubdisposition nach den vorangehenden Algorithmen und Berechnungsformeln durchgeführt werden, wobei jedoch die N_{PM}-fach höhere Grenzleistung $N_{PM} \cdot \mu$ einzusetzen und mit den N_{PM}-fachen Auftragskosten $N_{PM} \cdot k_{Auf}$ zu rechnen ist.

Bei *kontinuierlicher Nachschubfertigung* produziert die minimal erforderliche Anzahl Maschinen, die durch Beziehung (11.80) gegeben ist, den gleichen Artikel. Außer im Grenzfall $\lambda = N_{PM} \cdot \mu$ ist der Produktionsausstoß dieser Maschinen größer als der Bedarf. Eine permanente Produktion auf allen N_{PM} Maschinen würde zu einem kontinuierlichen Anstieg des Lagerbestands führen. Daher muss die Produktion auf einer der Maschinen immer wieder unterbrochen werden.

Die *kostenoptimale Menge*, nach deren Produktion eine Maschine abgeschaltet wird während die übrigen Maschinen weiter laufen, lässt sich ebenfalls mit Hilfe der Beziehungen (11.77) und (11.79) berechnen. Dazu ist jedoch anstelle des Bedarfs λ der *ungedeckte Restbedarf*

$$\lambda_{\text{rest}} = \lambda - (N_{PM} - 1) \cdot \mu \tag{11.81}$$

einzusetzen, der nach Abzug der Produktionsleistung der $(N_{PM}-1)$ voll ausgelasteten Maschinen übrig bleibt. Der Sicherheitsbestand und der Meldebestand, bei dessen Erreichen eine Maschine hinzu geschaltet wird, sind weiterhin mit dem vollen Absatz λ und dessen Streuung zu berechnen.

Anders als bei der diskontinuierlichen Losgrößenfertigung, bei der gleichzeitig N_{PM} Maschinen zu und abgeschaltet werden und daher die N_{PM}-fachen Auftragskosten anfallen, wird bei der kontinuierlichen Nachschubfertigung nur eine Maschine zu- und abgeschaltet. Daher ist bei der kontinuierlichen Losgrößenfertigung in der Nachschubmengenformel (11.77) mit der einfachen Auftragsrüstzeit zu rechnen. Aus den geringeren Auftragskosten folgt die allgemeine *Fertigungsregel*:

▶ Für Artikel mit einem anhaltend hohen Bedarf ist eine kontinuierliche Nachschubfertigung auf der minimal erforderlichen Anzahl Produktionsmaschinen kostengünstiger als eine diskontinuierliche Losgrößenfertigung auf allen verfügbaren Maschinen.

Bei einer *dynamischen Disposition* werden Nachschubmenge, Sicherheitsbestand, Meldebestand und die erforderliche Anzahl Produktionsmaschinen unter Verwendung der aktuellen Prognosewerte täglich neu berechnet. Daraus ergibt sich selbstregelnd eine Anpassung der Anzahl Produktionsmaschinen an einen sich ändernden Bedarf, wenn das Zu- und Abschalten nach folgenden *Dispositionsregeln für die kontinuierliche Parallelproduktion* erfolgt:

• Sinkt der Bestand unter den aktuellen Meldebestand (11.70), wird spätestens nach der Startlieferzeit (11.71) eine Maschine hinzu geschaltet. Wenn die von der zusätzlichen Maschine gefertigte Menge die aktuelle optimale Nachschubmenge erreicht hat, wird diese oder eine andere Maschine abgeschaltet.

Jeweils bis zur Umschaltentscheidung ist die Nachschubmenge mit der alten Maschinenanzahl (11.80) für den aktuellen Restbedarf (11.81) zu berechnen.

Die *Abb.* 11.30 zeigt den simulierten Nachschubzulauf und den Lagerbestandsverlauf für einen Artikel, der sich nach den Dispositionsregeln für die kontinuierliche Parallelproduktion ergibt. Eine Produktionsmaschine läuft permanent durch. Bei Unterschreiten des Meldebestands wird nach einer Vorlaufzeit von 5 Tagen eine Maschine hinzugeschaltet. Nach Fertigstellung der optimalen Nachschubmenge wird die zusätzliche Maschine wieder freigegeben. In diesem Fallbeispiel sind die relevanten Kosten bei einer kontinuierlichen Parallelproduktion um 50 % geringer als bei einer Losgrößenfertigung mit geschlossener Auslieferung.

11.16.6 Strategieanpassung

Solange nur eine Produktionsmaschine benötigt wird, also für den Fall $N_{PM} = 1$, bewirken die Dispositionsregeln für die kontinuierliche Parallelproduktion den gleichen Nachschub- und Bestandsverlauf wie die Disposition nach dem *Meldebestandsverfahren* mit kontinuierlicher Auslieferung (s. *Abb.* 11.28). Sie sind also eine Verallgemeinerung des in *Abschn.* 11.11.2 dargestellten Meldebestandsverfahrens.

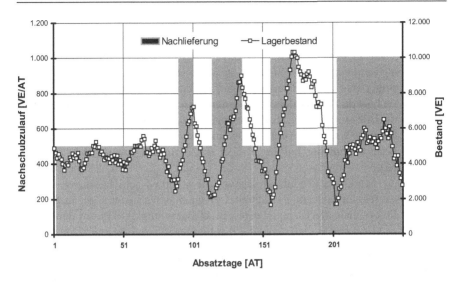

Abb. 11.30 Nachschubzulauf und Lagerbestand bei kontinuierlicher Nachschubfertigung auf Parallelanlagen

Bedarfsverlauf: stochastisch ansteigend wie in *Abb.* 9.10
Mittlerer Tagesbedarf: Start 467 VE/AT   Ende 933 VE/AT
Maschinengrenzleistung: 500 VE/AT
Startlieferzeit: 5 AT
Anzahl Produktionsmaschinen: minimal 1, maximal 2

Bei einer dynamischen Disposition wird die Nachschubmenge täglich aus dem aktuellen Prognosewert des Bedarfs neu berechnet. Wenn der Bedarf während der Produktionszeit ansteigt, erhöht sich die aktuelle Nachschubmenge, was zu einer längeren Laufzeit der zusätzlichen Produktionsmaschine führt. Fällt der Bedarf während der Produktionszeit, so sinkt die aktuelle Nachschubmenge, wodurch sich die Laufzeit der zusätzlichen Maschine verkürzt.

Auf diese Weise passen sich die Strategieparameter permanent dem veränderlichen Bedarf an und werden Abweichungen des Bedarfs von der kurzfristigen Prognose laufend korrigiert. Daher ist die kurzfristige Bedarfsprognose für die dynamische Disposition auch bei längerer Produktionszeit ausreichend.

Die dynamische Disposition bei begrenzter Produktionsleistung zeigt die enge Wechselwirkung zwischen Lagerdisposition und Fertigungsdisposition. Allgemein gilt der *Grundsatz*:

▶ Nur bei enger Abstimmung von Lagerdisposition und Fertigungsdisposition ist das Ziel minimaler Gesamtkosten bei kurzen Lieferzeiten und geringen Beständen erreichbar.

Das gilt auch für Fremdprodukte und Handelsware, bei denen die produzierende Lieferstelle zu einem anderen Unternehmen gehört als die Verbrauchs- oder Verkaufsstelle.

11.16.7 Opportunität der Auftragsfertigung

Wie in *Abschn.* 11.14 gezeigt, ist für Artikel, deren Bedarf anhaltend größer ist als die *Lageropportunitätsgrenze* (11.67) die Auftragsfertigung mit T_D Tagen Bündelung kostengünstiger als eine Lieferung ab Lager. Bei täglicher Auftragsbündelung, also für $T_D = 1$ AT, ist die Auftragsfertigung kostengünstiger, wenn der Tagesbedarf größer ist als die halbe optimale Nachschubmenge m_{Nopt}. Nach der *Regel der lageropportunen Liefermenge* sind auch *Großaufträge* mit Bestellmengen größer als die halbe optimale Nachschubmenge kostengünstiger direkt zu fertigen und nicht ab Lager auszuliefern.

Wenn bei begrenzter Produktionsleistung die gesamte Nachschubmenge von der Lieferstelle erst komplett fertiggestellt und dann geschlossen an das Lager ausgeliefert wird, ist die optimale Nachschubmenge gemäß Beziehung (11.78) um den Faktor $1/\sqrt{1 + \lambda/\mu}$ kleiner als bei unbegrenzter Produktionsleistung. Daraus folgt:

▶ Bei *geschlossener Auslieferung* und begrenzter Produktionsleistung verschiebt sich die Opportunitätsgrenze der Auftragsfertigung mit zunehmendem Bedarf zu *kleineren Werten*.

Bei einem Bedarf nahe der Produktionsgrenzleistung reduziert sich die Opportunitätsgrenze um den Faktor $1/\sqrt{2}$,

Wenn der Nachschub bei begrenzter Produktionsleistung kontinuierlich an das Lager geliefert wird, ist die optimale Nachschubmenge gemäß Beziehung (11.79) um den Faktor $1/\sqrt{1 - \lambda/\mu}$ größer als bei unbegrenzter Produktionsleistung. Das heißt:

▶ Bei *kontinuierlicher Auslieferung* und begrenzter Produktionsleistung verschiebt sich die Opportunitätsgrenze der Auftragsfertigung mit zunehmendem Bedarf zu *höheren Werten*.

Wenn der Gesamtbedarf die Grenzleistung einer Produktionsmaschine erreicht oder überschreitet und der Lagernachschub kontinuierlich auf einer minimalen Anzahl von Maschinen gefertigt wird, ist die Lagerfertigung für alle Aufträge kostenoptimal.

Großaufträge mit Bestellmengen, die größer sind als eine Tagesproduktion, können nicht geschlossen aus dem täglichen Nachschubzulauf erfüllt werden. Die Ausführung solcher Großaufträge erfordert daher eine längere Lieferzeit als die Lagerauslieferung kleinerer Aufträge. Das führt zu der Dispositionsregel für Großaufträge:

• *Großaufträge*, deren Bestellmenge größer ist als eine Tagesproduktion oder größer als die halbe optimale Lagernachschubmenge, werden aus der laufenden Produktion erfüllt.

Wenn zusätzlich zu den kontinuierlich produzierenden Maschinen keine weitere Maschine läuft, ist zur Produktion der Bestellmenge eines Großauftrags soweit verfügbar eine Zusatzmaschine hinzu zu schalten. Wenn bereits eine Zusatzmaschine läuft, ist die Bestellmenge eines Großauftrags zu der optimalen Nachschublosgröße für den Lagerbedarf zu addieren. Dadurch verlängert sich die Einsatzzeit der Zusatzmaschine.

11.16.8 Direktversorgung über Pufferplätze (Crossdocking)

Bei einer Lagerfertigung ebenso wie bei einer Auftragsfertigung sind folgende *Versorgungsstrategien* möglich (s. *Abb.* 11.31):

- *Indirekte Versorgung über Lager*: Alle erzeugten oder angelieferten Ladeeinheiten werden zunächst auf einen Lagerplatz eingelagert und bei aktuellem Bedarf ausgelagert und zur Verbrauchs- oder Versandstelle befördert.
- *Direktversorgung über Pufferplätze*: Wenn nach Fertigstellung oder Auslieferung einer vollen Ladeeinheit eine Verbrauchs- oder Versandstelle den Artikel sofort benötigt und in deren Eingangspuffer Platz ist, wird diese am Lager vorbei direkt zur Verbrauchs- oder Versandstelle befördert.

In den Logistikbetrieben des Handels und der Konsumgüterindustrie wird die Direktversorgung über Pufferplätze als *Crossdocking* bezeichnet. Dort werden die angelieferten Ladeeinheiten bei aktuellem Bedarf direkt aus dem Wareneingangspuffer zu den Versandbereitstellplätzen im Warenausgang befördert (s. *Abschn.* 20.1.3).

Mit der Strategie der Direktversorgung über Pufferplätze werden das Einlagern, die Belegung von Lagerplatz und das Auslagern eingespart. Die Einspareffekte sind umso größer je höher der Anteil der am Lager vorbeilaufenden Ladeeinheiten ist.

Bei einer Direktversorgung über dezentrale Pufferplätze ist eine analoge Disposition möglich wie bei der indirekten Versorgung über Lager. Daraus resultiert die in *Abschn.* 20.18 dargestellte *Strategie des virtuellen Zentrallagers*.

Für die *Strategie der indirekten Versorgung* über Lager sind nach Fertigstellung einer Ladeeinheit keine weiteren Entscheidungen erforderlich, da alle Ladeeinheiten ins Lager gehen. Für die *Strategie der Direktversorgung* müssen Dispositionsprogramm oder Disponent – wie in *Abb.* 11.31 dargestellt – laufend folgende Entscheidungen treffen:

- Wenn der Bestand des Ausgangspuffers der Produktionsstelle größer als dessen Kapazität wird und im Eingangspuffer mindestens einer Verbrauchs- oder Versandstelle mit aktuellem Bedarf Platz frei ist, wird die Ladeeinheit direkt zu der Verbrauchs- oder Versandstelle mit dem kleinsten Pufferbestand befördert.
- Wenn der Ausgangspuffer der Produktionsstelle überläuft und im Eingangspuffer keiner Verbrauchs- oder Versandstelle mit aktuellem Bedarf Platz frei ist, wird die Ladeeinheit zum Lager befördert und dort eingelagert.
- Wenn der Bestand im Eingangspuffer einer Verbrauchs- oder Versandstelle mit aktuellem Bedarf unter eine Ladeeinheit sinkt und sich keine volle Ladeeinheit im Ausgangspuffer der Produktionsstelle oder auf dem Weg befindet, wird eine volle Ladeeinheit aus dem Lager abgerufen und zu der betreffenden Verbrauchs- oder Versandstelle befördert.

Auf diese Weise wechseln selbstregelnd drei *Betriebszustände* einander ab:

Betriebszustand 1: Der Produktionsausstoß ist gleich dem Verbrauch; $\lambda_P = \lambda_V$. Der gesamte Produktionsausstoß läuft direkt zu den Verbrauchs- oder Versandstellen. Das Lager wird nicht in Anspruch genommen.

indirekte Versorgung über Lager

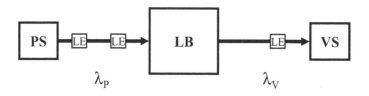

Direktversorgung über Pufferplätze

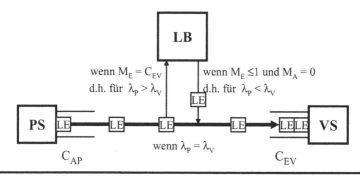

Abb. 11.31 Indirekte Versorgung über Lager und Direktversorgung über Pufferplätze

PS: Produktionsstelle LB: Lagerbereich VS: Verbrauchsstelle
C_{AP}: Kapazität Ausgangspuffer PS C_{EP}: Kapazität Eingangspuffer VS
λ_P : aktueller Produktionsausstoß λ_V : aktueller Verbrauch

Betriebszustand 2: Der Produktionsausstoß ist größer als der Verbrauch; $\lambda_P > \lambda_V$. Der sofort benötigte Anteil λ_V des Produktionsausstoßes läuft direkt zu den Verbrauchs- oder Versandstellen. Der nicht benötigte Anteil $\lambda_P - \lambda_V$ geht ins Lager.

Betriebszustand 3: Der Produktionsausstoß ist kleiner als der Verbrauch; $\lambda_P < \lambda_V$. Der gesamte Produktionsausstoß λ_P läuft direkt zu den Verbrauchs- oder Versandstellen. Der von der Produktion nicht gedeckte Bedarf $\lambda_V - \lambda_P$ kommt aus dem Lager.

Wenn der Nachschubbedarf der Verbrauchsstelle jeweils nach Leerung eines Behälters über *Karten* oder *elektronisch* ausgelöst wird, erscheint die Direktauslieferung über Pufferplätze aus Sicht der Verbrauchsstelle wie ein *Kanban-Nachschub*. Im Unterschied zum Kanban-Verfahren ist die Nachschubmenge der Fertigung jedoch nicht durch die Kapazität des einzelnen Behälters festgelegt. Sie wird vielmehr täglich für den aktuellen Gesamtbedarf aller Verbrauchsstellen neu berechnet.

11.16.9 Effiziente Versorgung (ECR) und kontinuierlicher Nachschub (CRP)

Die zuvor entwickelten Dispositionsstrategien sind grundlegend für das sogenannte ECR (*efficient consumer response*), d. h. für die *effiziente Versorgung von Verbrauchsstellen*. Für Produkte mit anhaltend hohem Verbrauch, wie täglich benötigte *Konsumgüter* (*fast running consumer goods*), führen diese Strategien selbstregelnd zu einem *kontinuierlicher Nachschub bei minimalen Kosten*. Sie sind daher für das sogenannte CRP (*continuous replenishment*) von zentraler Bedeutung (s. *Abschn. 20.17*).

Wenn alle Stationen einer mehrstufigen Lieferkette nach diesen Strategien arbeiten, entfallen auch die gravierendsten Ursachen des sogenannten *Peitschenknalleffekts* (s. *Abschn. 20.19*), denn:

1. Die *kontinuierliche Auslieferung* vermindert die großen Bestandssprünge, die bei geschlossener Auslieferung großer Nachschubmengen auftreten.
2. Die *kontinuierliche Parallelproduktion* führt auch bei großem Bedarf zu minimalen Ausliefermengen und reduziert damit die Schwankungen des Nachschubzulaufs.
3. Die *Direktversorgung über Pufferplätze* verhindert ebenso wie das *Crossdocking* den Aufbau großer Lagerbestände und reduziert die Ein- und Auslagerkosten.

Diese Dispositionsstrategien eröffnen daher erhebliche Potenziale für die Versorgungsketten innerhalb eines Unternehmens wie auch für das *unternehmensübergreifende Supply Chain Management* (s. *Abschn. 20.17*).

12 Logistikeinheiten und Logistikstammdaten

Logistikeinheiten sind materielle Objekte, die in unterschiedlicher Größe und Zusammensetzung die Stationen der Logistikketten durchlaufen. Die *Logistikstammdaten* der Objekte und Stationen werden zur Planung, Steuerung und Optimierung der Logistikketten benötigt.

Wie in *Abb.* 12.1 dargestellt, werden lose Waren, Produkte, Sendungen, Frachtstücke, Leergut oder andere *Fülleinheiten* zum Befördern, Heben, Lagern und Versand in *Ladungsträgern* zu *Ladeeinheiten* gebündelt. Für den außerbetrieblichen Transport werden Logistikeinheiten in *Transporthilfsmitteln* oder *Transportgefäßen* zu *Transporteinheiten* zusammengefasst.

Über kürzere Entfernungen führen Flurförderzeuge, Förderanlagen, Kräne oder Lagergeräte den Transport der Ladeeinheiten durch. Über größere Entfernungen befördern Transportmittel die Ladeeinheiten zwischen den Versandstellen, den Logistikstationen und den Empfangsstellen. In den Logistikstationen werden die Ladeeinheiten auf Stauflächen für kurze Zeit gepuffert und in Lagersystemen für längere Zeit gelagert.

Hieraus resultiert die *Aufgabe der Ladeeinheitenoptimierung* [98, 101]:

- Für ein gegebenes Spektrum von Fülleinheiten sind durch richtige Auswahl, Zuordnung, Befüllung und Kennzeichnung von Ladungsträgern *optimale Ladeeinheiten* zu bilden, in denen die Fülleinheiten eine Logistikkette mit geringstem Aufwand durchlaufen können.

In diesem Kapitel werden die Funktionen der Ladeeinheiten analysiert und die Logistikstammdaten von Fülleinheiten und Ladeeinheiten definiert.

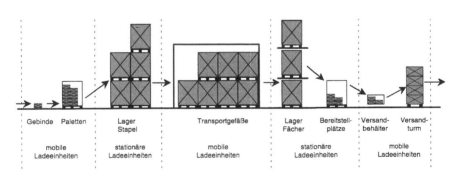

Abb. 12.1 Fülleinheiten und Ladeeinheiten in der Logistikkette

Zur Berechnung der Anzahl der Ladeeinheiten, die für eine bestimmte *Füllmenge* benötigt werden, ist die Kenntnis der *Ladeeinheitenkapazität* erforderlich. Schwerpunkt dieses Kapitels ist daher die Berechnung der Kapazität und des Füllungsgrads von Ladeeinheiten. Kapazität und Füllungsgrad der Ladeeinheiten sind abhängig von der *Menge* und *Beschaffenheit* der Fülleinheiten. Sie werden außerdem von der *Pack-* und *Füllstrategie* bestimmt.

Mit den resultierenden Berechnungsformeln lassen sich die Auswirkungen unterschiedlicher Pack- und Füllstrategien auf den Ladeeinheitenbedarf, den Füllungsgrad und die Volumennutzung quantifizieren. Sie sind grundlegend für die Dimensionierung und Optimierung von Lager-, Kommissionier- und Transportsystemen.

In den letzten beiden Abschnitten des Kapitels wird der Aufbau einer *Logistikdatenbank* beschrieben und der Datenbedarf für die dynamische Disposition spezifiziert.

12.1 Funktionen der Ladeeinheiten

Als *Fülleinheiten* [FE] werden die zusammengefassten Logistikeinheiten und als *Ladeeinheiten* [LE] die resultierenden Logistikeinheiten einer Stufe der *Verpackungshierarchie* bezeichnet. In *Abb.* 12.2 sind als Beispiel die *Verpackungsstufen* und *Ladeeinheiten* eines Unternehmens der Konsumgüterindustrie dargestellt.

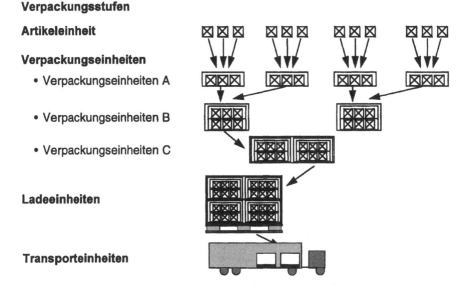

Verpackungsstufen

Artikeleinheit

Verpackungseinheiten

• Verpackungseinheiten A

• Verpackungseinheiten B

• Verpackungseinheiten C

Ladeeinheiten

Transporteinheiten

Abb. 12.2 Logistikeinheiten und Verpackungsstufen eines Unternehmens der Konsumgüterindustrie

Tabelle 12.1 enthält die Bezeichnungen der Logistikeinheiten in den *Verpackungs-stufen* einer *allgemeinen Verpackungshierarchie.*[1]
Logistikeinheiten können auch ohne Verpackung versandt oder ohne Ladungs-träger gelagert und transportiert werden. Dann ist die Logistikeinheit einer unteren Verpackungsstufe gleich der Ladeeinheit einer höheren Verpackungsstufe.
Das *Bündeln* von *Fülleinheiten* zu *Ladeeinheiten* bietet folgende *Vorteile* und *Op-timierungsmöglichkeiten* [98–100, 102–104]:

- Durch standardisierte *Verpackungen* und *Gebinde* lassen sich Güter und lose Wa-ren, die zur Handhabung, zum Stapeln oder für den Versand ungeeignet sind, *handhabbar, stapelbar* und *beförderungsfähig* machen.
- *Genormte Verpackungseinheiten* sind Voraussetzung für den Einsatz von *Hand-habungsrobotern* und automatischen *Kommissioniersystemen.*
- Durch *Ladungsträger* können Gebinde oder Güter, die wegen ihrer Beschaffen-heit zur Lagerung nur schlecht oder gar nicht geeignet sind, *lagerfähig* gemacht werden.
- *Genormte Lagereinheiten* sind die Voraussetzung für moderne *Lagertechnik* und *automatische Lagersysteme.*
- Das Zusammenfassen einer größeren Anzahl von Fülleinheiten zu wenigen La-deeinheiten führt zu einer Senkung der anteiligen Handling-, Lager- und Trans-portkosten.
- Durch normierte und aufeinander abgestimmte Ladeeinheiten lassen sich die *Übergänge* zwischen Lager-, Kommissionier- und Fördersystemen sowie der *Um-schlag* zwischen inner- und außerbetrieblichen Transportsystemen *beschleunigen* und *rationalisieren.*
- Durch das Bilden von *Transporteinheiten* lassen sich Frachtgut, Ladungen und andere Fülleinheiten, die wegen ihrer Beschaffenheit für den Transport schlecht oder ungeeignet sind, *transportfähig* machen und einer bestimmten *Transport-technik* anpassen.
- *Genormte* und aufeinander *abgestimmte* Fülleinheiten, Ladeeinheiten und Trans-porteinheiten ermöglichen *Befüllungsstrategien* und *Stapelschemata* mit *minima-lem Packungsverlust* und *optimaler Volumennutzung.*
- *Ladungsträger* und *Transporthilfsmittel* bieten Schutz gegen Beschädigung, Si-chern den Inhalt vor Diebstahl und Schwund und machen Umverpackungen ent-behrlich.

Diesen Vorteilen und Handlungsmöglichkeiten des Einsatzes von Lade- und Trans-porteinheiten stehen allerdings auch *Nachteile* gegenüber:

- Das *Befüllen, Sichern, Kennzeichnen* und *Entleeren* der Lade- und Transportein-heiten sind mit zusätzlichem *Aufwand* verbunden.
- Anschaffung, Abnutzung, Wartung und Reinigung der Ladungsträger und Trans-porthilfsmittel verursachen *Kosten.*

---

[1] Für die Bezeichnung von Logistikeinheiten und Ladungsträgern gibt es unterschiedliche Begriffe, die vielfach branchenabhängig sind [104, 105]. *Tabelle* 12.1 enthält einen Normierungsvorschlag für die Oberbegriffe. Die zur Erläuterung angegebenen Beispiele sind jedoch aufgrund der unterschiedlichen Begriffsverwendung in der Logistik teilweise mehrdeutig.

VS Bezeichnung	Verpackungsstufe und Logistikeinheit	Maßeinheit
Inhalt	Ladungsträger	Inhalt/Kapazität
0 Ware	**Mengeneinheit** (Maßeinheit)	**ME**
Lose Ware	Schüttgut, Feststoff, Flüssigkeit, Gas Meterware, Flächenware, Massenware	l, m³, kg, t m,m²,m³,Stück
1 Artikel [Art]	**Verkaufseinheit** (Artikeleinheit)	**VKE**
Verpackte Ware	Warenstück, Packung, Sack Faß, Flasche, Dose, Display, Tray	[WST/VKE] [ME/VKE]
2 Umverpackung [Uvp]	**Verpackungseinheit** (Gebinde)	**VPE**
Lieferauftrag Bestellung	Paket, Tray, Karton, Kasten, Kiste Palette, Kanister, Tank, Silobehälter	C_{VPE} [VKE/VPE]
3 Sendung [Snd]	**Versandeinheit** (Packstück, Colli)	**VSE**
Versandauftrag	Paket, Karton, Behälter, Klappbox Rollbehälter, Palette, Kiste, Container	C_{VE} [VPE/VE]
4 Ladung [Ldg]	**Ladungseinheit** (Frachtstück)	**LE**
Fracht Partie	Paket, Kiste, Palette, Container Unit Load Device (ULD Luftfracht) 20- und 40-Fuß-Container	C_{LE} [VE/LE]
5 Transport [Trp]	**Transporteinheit** (Transportgefäß)	**TE**
	Wechselbrücke, Sattelauflieger, Silofahrzeug LKW-, Schiffs., Flugzeug-Laderaum Waggon, Silowagen, Kesselwagen	C_{TE} [LE/TE]

Tab. 12.1 Verpackungsstufen und Logistikeinheiten

VS: Verpackungsstufe

- Lade- und Transporthilfsmittel müssen zur Befüllung bereitgestellt und nach der Verwendung entsorgt oder als *Leergut* zum nächsten Einsatzort gebracht werden.
- Wenn die Innenmaße der *Ladeeinheit* und die Außenmaße der *Fülleinheiten* maßlich nicht aufeinander abgestimmt sind, kommt es zu *Packungsverlusten*.

- Wenn die Füllmenge kein ganzzahliges Vielfaches der Kapazität einer Ladeeinheit ist, entstehen *Anbrucheinheiten* und *Füllungsverluste*.
- Das Eigenvolumen der Ladungsträger und Transporthilfsmittel hat *Laderaumverluste* und das Eigengewicht *Nutzlastverluste* zur Folge.
- Das *Ansammeln* ausreichender Mengen zur wirtschaftlichen Füllung sowie das Befüllen und Entleeren der Ladeeinheiten erfordern *Zeit*. Dadurch verlängern sich Durchlaufzeiten, Lieferzeiten und Transportzeiten.

Es ist Aufgabe der Logistik, diese Nachteile des Einsatzes von Ladungsträgern und Transporthilfsmitteln zu minimieren, damit die Vorteile aus der Bündelung und Normierung optimal zum tragen kommen [98–102].

12.2 Fülleinheiten und Füllaufträge

Fülleinheiten können elementare oder ebenfalls zusammengesetzte Logistikeinheiten sein:

- *Elementare Logistikeinheiten* sind die kleinsten Handlingeinheiten eines Logistiksystems. Sie durchlaufen eine betrachtete Logistikkette unverändert.
- *Zusammengesetzte Logistikeinheiten* werden in der Logistikkette unter Verwendung von Packmitteln, Ladungsträgern oder Transportmitteln aufgebaut und wieder aufgelöst.

Elementare Fülleinheiten der *Verpackungsstufe* 0 sind *lose Waren*, wie Schüttgut, Feststoffe, Flüssigkeiten oder Gase, *unverpackte Waren*, wie Meterware, Flächenware oder Massenware und *einzelne Verbrauchseinheiten* [VE] oder *Warenstücke* [WST], Maschinen oder Anlagenteile.

Fülleinheiten der ersten Verpackungsstufe sind die *Verkaufseinheiten* [VKE] oder *Artikeleinheiten* [AE], die lose oder unverpackte Ware enthalten. In der zweiten Verpackungsstufe werden hieraus mit Hilfe von *Packmitteln* artikelreine *Verpackungseinheiten* [VPE] oder *Gebinde* [Geb] gebildet. Diese werden in der dritten Verpackungsstufe durch *Versandverpackungen*, *Klappboxen*, *Behälter* oder *Paletten* zu sendungsbestimmten *Versandeinheiten* [VSE] oder *Packstücken* [PST] zusammengefasst.

Lagereinheiten [LE] entstehen durch Bündeln von Fülleinheiten in einem Behälter, auf einer Palette oder in einem anderen *Ladehilfsmittel* zum Zweck der *Lagerung*. Für die Beförderung werden Fülleinheiten unter Einsatz von *Ladungsträgern*, wie Paletten, Gitterboxpaletten oder ISO-Container, in *Ladungseinheiten* zusammengefasst. *Transporteinheiten* [TE] entstehen durch das Beladen von *Transporthilfsmitteln* oder *Transportgefäßen*, wie Container, Wechselbrücken, Sattelauflieger oder Waggons (s. *Kap.* 19).

Fülleinheiten besonderer Art sind *Lebewesen*, wie Vieh oder Pferde. Auch *Personen*, die von Automobilen, Eisenbahnen, Flugzeugen oder Schiffen befördert werden, sind logistisch betrachtet Fülleinheiten.

12.2.1 Füllaufträge

Die Anforderungen an das Befüllen von Ladeeinheiten werden durch Füllaufträge vorgegeben. Füllaufträge regeln das Verpacken, Palettieren, Lagern, Kommissionieren und Versenden ebenso wie das Beladen für den Transport. Die *Kenndaten eines Füllauftrags* [FA] sind:

- *Auftragsart*: Verpackungsauftrag, Palettierauftrag, Lagerauftrag, Kommissionierauftrag, Versandauftrag oder Beladeauftrag;
- *Fülleinheiten* [FE]: Beschaffenheit, Inhalt, Außenmaße und Gewicht der Fülleinheiten, wie der Artikeleinheiten eines Packauftrags, der Packstücke einer Sendung oder der Ladeeinheiten einer Ladung;
- *Positionsanzahl* n_{FA} [Pos/FA]: Anzahl Positionen eines Füllauftrags, wie die Artikelanzahl eines Kommissionier- oder Packauftrags, die Anzahl Aufträge eines Versandauftrags oder die Anzahl Sendungen eines Beladeauftrags;
- *Positionsmengen* $m_{FA\,i}$ [FE/Pos]: Anzahl Fülleinheiten der Auftragspositionen $i = 1, 2, \ldots, n_{FA}$.

Aus der Positionsanzahl n_{FA} und den Positionsmengen $m_{FA\,i}$ resultiert die *Füllmenge* eines Auftrags:

$$m_{FA} = \sum_{i=1}^{n_{FA}} m_{FA\,i} \quad [FE/FA]. \tag{12.1}$$

Abhängig von Anzahl und Inhalt der Auftragspositionen lassen sich *artikelreine, auftragsreine* und *sendungsreine* sowie *artikelgemischte, auftragsgemischte* und *sendungsgemischte Füllaufträge* unterscheiden.

Logistikketten, Logistiksysteme und Logistikzentren müssen meist für eine Vielzahl von Artikeln mit unterschiedlicher Beschaffenheit und zeitlich veränderlichen Bestandsmengen sowie für Aufträge mit unterschiedlichen Anzahlen von Positionen und Mengen ausgelegt und flexibel nutzbar sein. Zur Berechnung der Anzahl Ladeeinheiten, die in den Logistikketten bewegt, gelagert oder benötigt werden, ist es in manchen Fällen unvermeidlich und unter bestimmten Voraussetzungen zulässig, anstelle der Vielzahl im einzelnen meist unbekannter Füllaufträge *Cluster* hinreichend gleichartiger Füllaufträge zu betrachten und mit den *Mittelwerten der Auftragskenndaten* der *Auftragscluster* zu rechnen.

12.2.2 Kenndaten der Fülleinheiten

Maßgebend für das Befüllen der Ladeeinheiten sind folgende *Stammdaten* der Fülleinheiten:

- *Inhalt* m_{FE} [ME/FE]: Menge [ME] oder Anzahl [ST] der in einer Fülleinheit enthaltenen Artikeleinheiten, Warenstücke, Verkaufseinheiten oder anderer Logistikeinheiten.
- *Außenmaße*: *Länge* l_{FE} [mm], *Breite* b_{FE} [mm], *Höhe* h_{FE} [mm] quaderförmiger Fülleinheiten und *Durchmesser* d_{FE} [mm] zylindrischer oder kugelförmiger Fülleinheiten.
- *Gewicht* g_{FE} [kg/FE]: Gesamtgewicht von Inhalt und Verpackung der Fülleinheit.

Aus den Kennwerten der einzelnen Fülleinheiten lassen sich die *minimalen, mittleren* und *maximalen Werte* einer größeren Anzahl von Fülleinheiten errechnen. Für Fülleinheiten, die von der Quader-, Zylinder- oder Kugelform abweichen, kann für viele logistische Fragestellungen zur Mittelwertbestimmung mit den Maßen der *Hüllquader* gerechnet werden.

Das Befüllen von Ladeeinheiten wird durch folgende *Pack- und Füllrestriktionen* für die Fülleinheiten eingeschränkt:

- *Belastbarkeit* $g_{FE\,bel}$ [kg/FE]: maximal zulässige Gewichtsbelastung einer Fülleinheit;
- *Stapelfaktor* $C_{FE\,y}$: maximal zulässige Anzahl übereinander stapelbarer Fülleinheiten;
- *Stapelrichtung*: vorgeschriebene *Oberseite, Standfläche* oder *Außenfläche;*
- *Schachtelfaktor* und *Schachtelmaße*: Maximalzahl ineinander schachtelbarer *Hohlkörper* und Außenabmessungen der entstehenden *Verbundeinheit.*

Wie in *Abb. 12.3* dargestellt, ist durch *logistikgerechte Ladungsträger* ein platzsparendes Ineinanderschachteln möglich oder durch *logistikgerechte Formgebung,* etwa

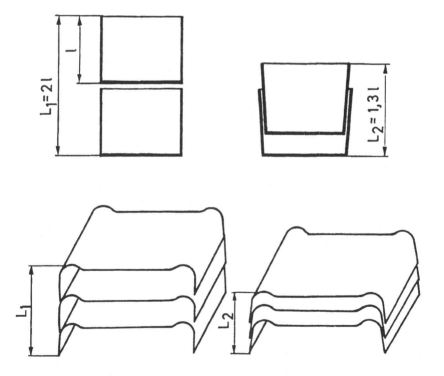

Abb. 12.3 Logistikgerechte Ladungsträger und Formgebung [9]

Oben: unverschachtelte und verschachtelte Behälter
Unten: unverschachtelte und verschachtelte Pressteile

von Pressteilen, eine raumsparendes Aufeinanderstapeln [9]. Der dadurch enstehende Stapel ineinander verschachtelter Fülleinheiten kann logistisch als *Verbundeinheit* betrachtet werden, deren Inhalt gleich dem *Schachtelfaktor* ist.

Wenn die Höhen nicht durch eine *Stapelvorschrift* vorgegeben sind, gilt für die Abmessungen einer Menge von Fülleinheiten, deren minimale Höhe $h_{FE\,min}$ ist:

$$l_{FE} \geq b_{FE} \geq h_{FE} \geq h_{FE\,min} \, . \tag{12.2}$$

Aus den Abmessungen einer quaderförmigen Fülleinheit ergibt sich das *Fülleinheitenvolumen*

$$v_{FE} = l_{FE} \cdot b_{FE} \cdot h_{FE} \, , \tag{12.3}$$

aus dem Gewicht und dem Volumen das *spezifische Gewicht* des Füllguts

$$\gamma_{FE} = g_{FE}/v_{FE} \quad [g/cm^3] \, . \tag{12.4}$$

Fülleinheiten, deren Volumen im Vergleich zum Innenvolumen der Ladeeinheit sehr klein ist, wie Muttern, Schrauben, Granulat oder Sand, sind *Schüttgut*. Im Extremfall ist das Füllgut ein homogener *Feststoff*, eine *Flüssigkeit* oder ein *Gas* mit Fülleinheiten molekularer Größe.

12.2.3 Mittlere Abmessungen von Fülleinheiten

Für die Berechnung der mittleren Kapazität von Ladeeinheiten für Fülleinheiten mit *unterschiedlichen Abmessungen* müssen die mittleren Abmessungen und das mittlere Gewicht der Fülleinheiten bekannt sein. Diese Mittelwerte lassen sich aus den Logistikstammdaten der Fülleinheiten errechnen, oder wenn diese nicht bekannt sind, durch *Ausmessen* oder *Auslitern* einer repräsentativen Stichprobe von Fülleinheiten ermitteln. Das Auslitern einer größeren Anzahl von Fülleinheiten oder Artikeleinheiten ist jedoch recht zeitaufwändig.

In vielen Fällen ist das mittlere Volumen der Fülleinheiten bekannt oder aus dem Durchschnittsgewicht und dem spezifischen Gewicht über die Beziehung (12.4) berechenbar. Dann lassen sich die mittleren Abmessungen der Fülleinheiten bei hinreichender Gleichverteilung aus dem mittleren Volumen berechnen. Wenn die minimale Höhe im Vergleich zu den vorkommenden Längen und Breiten klein ist, wenn also $h_{FE\,min} \ll l_{FE}, b_{FE}$ ist, gilt bei Gleichverteilung zwischen den Grenzen (12.2) für die mittleren Abmessungen:

$$b_{FE} = (l_{FE} + h_{FE})/2 \quad \text{und} \quad h_{FE} = b_{FE}/2 \, . \tag{12.5}$$

Durch Auflösen dieser Gleichungen ergibt sich $b_{FE} = 2/3 \cdot l_{FE}$ und $h_{FE} = 1/3 \cdot l_{FE}$ und damit für das *Verhältnis der mittleren Seitenlängen*:

$$l_{FE} : b_{FE} : h_{FE} = 3 : 2 : 1 \tag{12.6}$$

Wenn $h_{FE\,min} \ll l_{FE}, b_{FE}$ ist, ergibt eine Mittelwertrechnung unter Berücksichtigung der Restriktion (12.2) für das mittlere Volumen der Fülleinheiten:

$$v_{FE} = 4/3 \cdot l_{FE} \cdot b_{FE} \cdot h_{FE} \, . \tag{12.7}$$

Nach dieser Beziehung ist bei sehr unterschiedlichen Abmessungen das mittlere Volumen v_{FE} der Fülleinheiten um 1/3 größer als das Volumen einer Fülleinheit mit den mittleren Abmessungen. Durch Auflösen der Gleichungen (12.6) und (12.7) nach den mittleren Seitenlängen ergibt sich der *Satz*:

▶ Eine größere Anzahl von Fülleinheiten mit dem mittleren Volumen v_{FE} und Maßen, die in den Grenzen (12.1) mit $h_{FE\,min} \ll l_{FE}$, b_{FE} gleichverteilt sind, hat die *mittleren Abmessungen*

$$l_{FE} = 3/2 \cdot v_{FE}^{1/3}, \quad b_{FE} = v_{FE}^{1/3}, \quad h_{FE} = 1/2 \cdot v_{FE}^{1/3}. \tag{12.8}$$

In einer *Simulationsrechnung* für 1.000 Fülleinheiten wurden mehrmals von einem Zufallsgenerator Quaderabmessungen erzeugt, nach der Größe geordnet und über die Gesamtheit gemittelt. Die Simulation ergab für die mittleren Seitenlängen in Übereinstimmung mit der theoretischen Vorhersage (12.6) die Verhältnisse l_{FE} : $b_{FE} = 1,50 \pm 0,01$ und $b_{FE} : h_{FE} = 2,00 \pm 0,02$.

Das Ausmessen der Längen, Breiten und Höhen einer *Stichprobe* von mehr als 3.000 Artikeleinheiten eines Kaufhaussortiments ergab ein Verhältnis der mittleren Länge zur mittleren Breite von 1,7 und der mittleren Breite zur mittleren Höhe von 2,4. Die im Vergleich zu den theoretischen Werten größeren experimentellen Werte erklären sich aus der Ungleichverteilung der Abmessungen und der endlichen minimalen Höhe der Artikel des Kaufhaussortiments [105]. Die relativ geringe Abweichung des experimentellen Seitenverhältnisses vom theoretischen Wert zeigt aber auch, dass es ohne allzu große Fehler zulässig ist, näherungsweise mit den Werten der Beziehungen (12.6) und (12.8) zu rechnen.

12.3 Ladeeinheiten und Ladungsträger

Ladeeinheiten werden durch Zusammenfassen von Fülleinheiten mittels eines Ladungsträgers gebildet. Die *Ladungsträger* können genormte oder spezielle Lade- oder Transporthilfsmittel sein, sich aber auch auf das Verpacken, Umwickeln oder Umreifen eines Stapels oder Blocks von Fülleinheiten beschränken oder vollständig entfallen [99, 102, 104, 105].

Zur Herleitung von Formeln für die Berechnung von Kapazität und Füllungsgrad ist folgende abstrakte *Definition der Ladeeinheit* geeignet:

• Eine Ladeeinheit ist ein Raum mit bestimmten Abmessungen, der zur Aufnahme von Fülleinheiten geeignet ist.

Diese Definition, die *Abb.* 12.4 veranschaulicht, umfasst *mobile Ladeeinheiten*, die sich bewegen lassen, wie auch *stationäre Ladeeinheiten*, die sich an festen Plätzen befinden.

Die mobilen Ladeeinheiten haben – auch wenn sie über Straßen und Schienen rollen – bezüglich Kapazität und Füllungsgrad die gleichen Eigenschaften wie die stationären Ladeeinheiten. Sie werden daher auch als *rollendes Lager* bezeichnet.

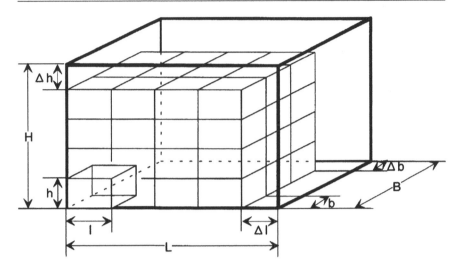

Abb. 12.4 Ladeeinheiten und Fülleinheiten

l, b, h: Außenmaße der Fülleinheiten
L, B, H: Innenmaße der Ladeeinheit
Δl, Δb, Δh: Restlängen bei Parallelpackung

12.3.1 Stationäre Ladeeinheiten

Stationäre Ladeeinheiten sind Teilräume, die an festen Orten zum Lagern, Puffern und Bereitstellen von Lagereinheiten voneinander abgegrenzt sind. Sie werden entsprechend ihrer Funktion als *Lagerplatz, Pufferplatz* oder *Bereitstellplatz* bezeichnet (s. *Kap.* 16).

Beispiele für stationäre Ladeeinheiten sind:

- *Abstellflächen* in Wareneingang, Warenausgang, Umschlaganlagen und Produktion
- *Bereitstell- und Pufferplätze* vor und hinter Arbeitsplätzen und Maschinen
- *Bodenflächen* einer Halle oder eines Freigeländes zur *Block-* oder *Flächenlagerung*
- *Fachbodenplätze* eines *Fachregallagers*
- *Lagerfächer* in Ein- und Mehrplatzlagern
- *Lagerkanäle* von Einfahrregalen, Durchlauflagern oder Kanallagern
- *Staubahnen* von Sortierspeichern oder in Stetigfördersystemen
- *Park- und Abstellflächen* für PKW, LKW, Wechselbrücken oder Container
- *Pufferstrecken* in spurgeführten Fahrzeugsystemen
- *Abstellgleise* in Eisenbahnanlagen.

Semistationäre Ladeeinheiten sind begrenzt bewegliche Logistikeinheiten, wie Schubladen oder Plätze in Umlauflagern, Verschieberegalen und Paternosterlagern.

12.3.2 Mobile Ladeeinheiten

Mobile Ladeeinheiten lassen sich bewegen, befördern, stapeln und transportieren. Sie können auch einen eigenen Antrieb haben. Abhängig von Einsatz und Funktion lassen sich die mobilen Ladeeinheiten einteilen in Verpackungs- und Versandeinheiten, in Lager- und Ladungseinheiten sowie in passive und aktive Transporteinheiten:

- *Verpackungseinheiten* [VPE] sind mit Warenstücken oder Artikeleinheiten gefüllte *Packmittel* und *Gebinde*, wie Pakete, Trays oder Kartons.
- *Versandeinheiten* [VSE] sind zum Zweck des *Versands* mit Logistikeinheiten befüllte *Versandhilfsmittel*, wie Ein- und Mehrwegbehälter, Paletten oder Frachtcontainer.
- *Lagereinheiten* [LE] sind für die *Lagerung* in einem *Lagerhilfsmittel*, wie *Behälter*, *Tablar*, *Palette*, *Kassette* oder *Lagergestell*, zusammengefasste Logistikeinheiten.

Ladeeinheit	Abkürz.	Außenmaße				Innenmaße				Volumeneffizienz
		Länge	Breite	Höhe	Volumen	Länge	Breite	Höhe	Volumen	
Ladungsträger	Größe	LE	l [mm]	b [mm]	h [mm]	v [l]	L [mm]	B [mm]	H [mm]	V [l]	neff
Karton	**Kart**										
Normkarton	klein	400	300	400	48	380	280	380	40	84,2%
	normal	600	300	400	72	580	280	380	62	85,7%
	groß	650	450	450	132	630	430	430	116	88,5%
Behälter	**Beh**										
Industrieklappbox	klein	INDU-Box	400	300	235	28	365	280	215	22	77,9%
	groß	INDU-Box	600	400	335	80	558	350	315	62	78,5%
EURO-Faltbox	klein	EURO-Box	400	300	207	25	370	270	198	20	79,6%
	groß	EURO-Box	600	400	307	74	570	370	298	63	85,3%
Tablar	standard **Tab**	1.260	320	460	185	1.260	320	420	169	91,3%
Palette	**Pal**										
Halbpalette	hoch	HalbPal	800	600	1.950	936	800	600	1.800	864	92,3%
EURO-Palette	flach	FlachPal	1.200	800	600	576	1.200	800	450	432	75,0%
	mittel	CCG1	1.200	800	1.050	1.008	1.200	800	900	864	85,7%
	hoch	CCG2	1.200	800	1.950	1.872	1.200	800	1.800	1.728	92,3%
Industrie-Palette	hoch	INDU-Pal	1.200	1.200	1.950	2.808	1.200	1.200	1.800	2.592	92,3%
Container	**CONT**										
ISO-Container	20-Fuß	20"-CONT	6.058	2.438	2.438	36.008	5.867	2.330	2.197	30.033	83,4%
	40-Fuß	40"-CONT	12.192	2.438	2.438	72.467	11.998	2.330	2.197	61.418	84,8%
Transportmittel	**TM**										
Wechselbrücke	Koffer	WB	7.150	2.500	2.600	46.475	7.050	2.460	2.400	41.623	89,6%
Sattelauflieger	Koffer	SAL	14.150	2.550	2.600	93.815	14.000	2.435	2.450	83.521	89,0%

Tab. 12.2 Standardisierte Ladungsträger und Ladeeinheiten

Mittlere Volumeneffizienz: 85 %

- *Ladungseinheiten* [LE] sind für den *Transport* auf einem *Lade-* oder *Transporthilfsmittel*, wie einer Palette oder in einem Luftfrachtcontainer, verladene Logistikeinheiten.
- *Passive Transporteinheiten* [TE] sind beladene *Transportgefäße* ohne eigenen Antrieb, wie ISO-Container, Wechselbrücken, Sattelauflieger oder Waggons.
- *Aktive Transporteinheiten* [TE] sind beladene *Transportmittel* mit eigenem Antrieb.

Wie bei der bekannten *Puppe in der Puppe* kann eine größere Ladeeinheit kleinere Ladeeinheiten enthalten, in denen sich wiederum noch kleinere Ladeeinheiten befinden. Diese in *Abb.* 12.2 dargestellte *Selbstähnlichkeit* ist typisch für die Ladeeinheiten in der Logistikkette.

Tabelle 12.2 enthält die *Kenndaten* häufig eingesetzter Ladungsträger und Ladeeinheiten. Die *Abb.* 12.5 und 12.6 zeigen die Abmessungen von *Sattelaufliegern* und *Wechselbrücken*. Diese normierten *Transportgefäße* setzen sich im europäischen Straßenverkehr immer weiter durch, da ihre Innenmaße auf die *Standardpalettengrößen* CCG1 und CCG2 abgestimmt sind [106].

Die verschiedenen Typen, die technische Ausführung, die Abmessungen und weitere Kenndaten von Standardverpackungen, Normbehältern, Mehrwegverpackungen, Ladungsträgern, Paletten, Ladehilfsmitteln und Transportmitteln sind in einschlägigen *VDI-*, *DIN-* und *ISO-Richtlinien* beschrieben und spezifiziert [103, 104, 106, 107, 109].

Die Organisation von *Behälter-* oder *Palettenpools* sowie des Kreislaufs von *Mehrwegverpackungen*, ISO-Containern und leeren Transportgefäßen sind Gegenstand der *Leergutlogistik*. Auch für die Leergutlogistik sind die in diesem Buch dargestellten Strategien und Verfahren grundlegend [106, 109–111]. Dabei haben die *ökologischen*

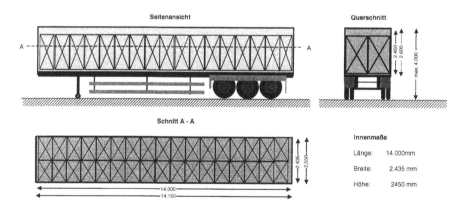

Abb. 12.5 Sattelaufliegerbrücke mit CCG2-Paletten

Querladekapazität 2 · 17 = 34 CCG2-Paletten/SA
Längsladekapazität 3 · 11 + 2 = 35 CCG2-Paletten/SA

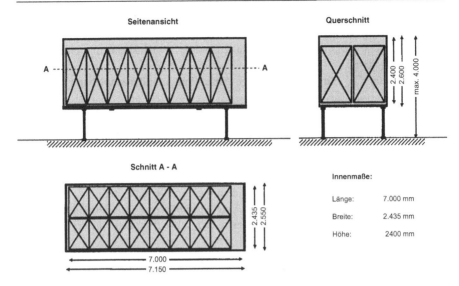

Abb. 12.6 Wechselbrücke mit CCG2-Paletten

Querladekapazität 2 · 8 = 16 CCG2-Paletten/WB
Längsladekapazität 3 · 5 + 2 = 17 CCG2-Paletten/WB

Ziele, die sich u. a. in der *Verpackungsordnung* [112] niederschlagen, ein besonderes Gewicht (s. *Abschn.* 3.4).

12.3.3 Kenndaten der Ladeeinheiten

Der Platzbedarf, die Lagerung und der Transport einer Ladeeinheit hängen von folgenden *Stammdaten* ab:

- *Inhalt, Füllmenge* oder *Beladung* m_{LE} [FE/LE]: Anzahl der in einer Ladeeinheit enthaltenen Fülleinheiten [FE];
- *Außenmaße: Ladeeinheitenlänge* l_{LE} [mm], *Ladeeinheitenbreite* b_{LE} [mm] und *Ladeeinheitenhöhe* h_{LE} [mm] bei Quaderform und *Durchmesser* d_{LE} [mm] bei zylindrischer Form;
- *Gesamtgewicht* g_{LEges} [kg/LE]: Gewicht der vollen Ladeeinheit mit Ladungsträger.

Für die Kapazität und den Packungsgrad der Ladeeinheiten sind folgende *Stammdaten* maßgebend:

- *Innenmaße* oder *Laderaummaße: Beladelänge* L_{LE} [mm], *Beladebreite* B_{LE} [mm] und *Beladehöhe* H_{LE} [mm] quaderförmiger Laderäume sowie weitere Maße irregulärer Laderäume.
- *Nutzlast, Füllgewicht, Tragfähigkeit* oder *Lastgewicht* G_{LE} [kg/LE]: maximal zulässiges Gewicht der Beladung einer Ladeeinheit.

Weitere wichtige Eigenschaften der Ladeeinheiten sind

- *Belastbarkeit* $g_{LE\,bel}$ [kg/LE]: maximal zulässige Gewichtsbelastung einer vollen Ladeeinheit;
- *Stapelfaktor* $C_{LE\,y}$: maximal zulässige Anzahl aufeinander stapelbarer Ladeeinheiten;
- *Befüllbarkeit*: Anzahl und Lage der Seiten, von denen aus die Ladeeinheit befüllt und geleert werden kann.

Abhängig von der Befüllbarkeit lassen sich unterscheiden:

- Ladeeinheiten mit *einseitiger Befüllung und Entleerung*, wie Behälter, Sattelauflieger, ISO-Container oder Lagerkanäle mit einer offenen Seite;
- Ladeeinheiten mit *gegenseitiger Befüllung und Entleerung*, wie Durchlaufkanäle, Füllschächte, Staubahnen oder Pufferstrecken mit Öffnungen an zwei entgegengesetzten Seiten
- Ladeeinheiten mit *mehrseitiger* Befüllung und Entleerung, wie Paletten oder andere Ladungsträger mit mehr als zwei zugänglichen Seiten.

In *Abb.* 12.7 sind für einseitig und gegenseitig befüllbare Ladeeinheiten mögliche *Packstrategien* dargestellt. *Abb.* 12.8 zeigt eine von fünf Seiten befüllbare EURO-Palette, die nach einem optimalen *Packschema* mit Kartons beladen ist.

Für quaderförmige Ladeeinheiten folgt aus den Außenabmessungen das *Außenvolumen* oder *Bruttovolumen* der Ladeeinheit

$$v_{LE} = l_{LE} \cdot b_{LE} \cdot h_{LE} \tag{12.9}$$

und aus den Innenabmessungen das *Innenvolumen* oder *Nettovolumen*, auch *Laderaum* oder *Nutztraum* genannt

$$V_{LE} = L_{LE} \cdot B_{LE} \cdot H_{LE}\,. \tag{12.10}$$

Das Verhältnis von Nettovolumen zum Bruttovolumen ist die *Volumeneffizienz* der Ladeeinheit:

$$\eta_{Veff} = V_{LE}/v_{LE} \quad [\%]\,. \tag{12.11}$$

Das Verhältnis von Nutzlast zum zulässigen Gesamtgewicht ist die *Gewichtseffizienz*

$$\eta_{Geff} = G_{LE}/g_{LEges} \quad [\%]\,. \tag{12.12}$$

Aus *Tabelle* 12.2 ist ablesbar, dass die Volumeneffizienz der gebräuchlichsten Ladeeinheiten zwischen 75 und 93 % liegt und im Mittel 85 % beträgt. Sie ist relativ unabhängig von der Größe der Ladeeinheiten. Die Gewichtseffizienz liegt für Ladehilfsmittel im Bereich 94 bis 96 % und für Transporthilfsmittel im Bereich von 80 bis 95 %.

Das *Eigengewicht* des Ladungsträgers verursacht einen *technischen Gewichtsverlust* $\eta_{Gver} = 1 - \eta_{Geff}$. Die *Eigenabmessungen* des Ladungsträgers bewirken den *technischen Volumenverlust* $\eta_{Vver} = 1 - \eta_{Veff}$. Technischer Gewichtsverlust und Volumenverlust werden von der *Konstruktion* und vom *Material* des Ladungsträgers bestimmt.

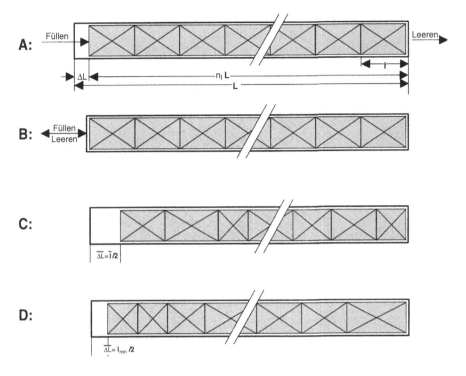

Abb. 12.7 Eindimensional befüllte Ladeeinheiten

A: Längspackung ohne Längenanpassung bei gleichen Fülleinheiten
  Kapazität $C = [L/l]$, Restlänge $\Delta L = L - [L/l] \cdot l$

B: Längspackung mit Längenanpassung bei gleichen Fülleinheiten
  Kapazität $C = [L/l] = N_l$, Restlänge $\Delta L = 0$

C: ungeordnete Längspackung von ungleichen Fülleinheiten
  Mittlere Kapazität $C = L/l + 1/2$, Mittlere Restlänge $\Delta L = l/2$

D: geordnete Längspackung von ungleichen Fülleinheiten
  Mittlere Kapazität $C = L/l + l_{min}/2$, Mittlere Restlänge $\Delta L = l_{min}/2$

Aus den Stammdaten der einzelnen Ladeeinheiten lassen sich die *minimalen,* *mittleren* und *maximalen Werte* einer größeren Anzahl von Ladeeinheiten errechnen.

12.3.4 *Kapazität und Packungsgrad*

Die *Kapazität* der Ladeeinheiten ist maßgebend für die Anzahl der Ladeeinheiten, die zur Unterbringung einer bestimmten *Verlademenge* oder *Füllmenge* benötigt wird:

- Die *Kapazität* oder das *Fassungsvermögen* einer Ladeeinheit C_{LE} [FE/LE] ist die maximale Anzahl Fülleinheiten, die sich mit einer bestimmten *Packstrategie* unter Beachtung der *Packrestriktionen* in eine Ladeeinheit einfüllen lässt.

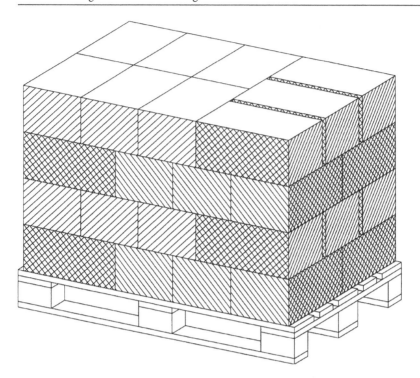

Abb. 12.8 Optimales Packschema von Kartons auf einer CCG1-Palette

Bei *gewichtsbestimmter Ladung*, das heißt für $[G/g] < [V/v]$, wird die *maximale Kapazität* einer Ladeeinheit durch die zulässige Nutzlast und bei *volumenbestimmter Ladung*, das heißt für $[V/v] < [G/g]$, vom Laderaum begrenzt. Daher ist die *maximale Ladeeinheitenkapazität*

$$C_{max} = MIN([G/g]; [V/v]) \quad [FE/LE].$$ (12.13)

Hier wie in den folgenden Formeln bedeuten die eckigen Klammern [...] ein *Abrunden* des Klammerinhalts auf die nächst kleinere ganze Zahl.

Weiterhin wird auf die Indizes FE und LE verzichtet, wenn die Bedeutung der Größen ohne Indizierung aus dem Zusammenhang klar ist. Die kleinen Buchstaben l, b, h, v und g bezeichnen Außenmaße, Volumen und Gewicht der Fülleinheiten. Die großen Buchstaben L, B, H, V und G sind die Innenabmessungen, das Laderaumvolumen und die zulässige Nutzlast der Ladeeinheiten. Wenn das Befüllen mit ungleichen Fülleinheiten betrachtet wird, sind mit den gleichen Buchstaben die entsprechenden *Mittelwerte* einer ausreichend großen Gesamtheit gemeint.

Wenn die Beladung allein vom Gewicht bestimmt wird, ist zur Optimierung der Laderaumnutzung keine Packstrategie erforderlich. Wird für einen Teil einer größeren Lademenge die Kapazität vom Volumen und für einen Teil vom Gewicht bestimmt, kann der Ladeeinheitenbedarf durch eine *Ladungsverteilungsstrategie* minimiert werden (*s. Abschn.* 12.5.5).

Bei volumenbestimmter Kapazität hängt die Volumennutzung und damit die Kapazität der Ladeeinheiten von der *Packstrategie* ab. Deren *Wirksamkeit* wird gemessen durch den *Packungsgrad*:

- Der *Packungsgrad* ist der Anteil des Innenvolumens V_{LE} der Ladeeinheit, der bei voller Nutzung der Kapazität C_{LE} vom Volumen $C_{LE} \cdot v$ der Fülleinheiten ausgefüllt wird:

$$\eta_{pack} = C_{LE} \cdot v/V \quad [\%] \,. \tag{12.14}$$

Der *Packverlust* ist der bei voller Nutzung der Kapazität unausgefüllte Anteil des Innenvolumens und ergibt sich aus dem Packungsgrad:

$$\eta_{pverl} = 1 - \eta_{pack} \quad [\%] \,. \tag{12.15}$$

Durch Umkehrung von Beziehung (12.14) folgt für einen bekannten Packungsgrad η_{pack} die *effektive Ladeeinheitenkapazität*

$$C_{eff} = \eta_{pack} \cdot V/v \,. \tag{12.16}$$

Ziel jeder Packstrategie ist eine Maximierung der effektiven Ladeeinheitenkapazität. Da eine komplizierte Packstrategie meist mit einem höheren Aufwand verbunden ist, muss sie zu einer besseren effektiven Kapazität führen als eine einfachere Packstrategie.

12.3.5 Ladeeinheitenbedarf und Füllungsgrad

Der *Ladeeinheitenbedarf* ist die *minimale Anzahl Ladeeinheiten*, die zur Unterbringung einer bestimmten *Füllmenge* benötigt wird. Der *Ladeeinheitenbedarf* für eine *Füllmenge* m_{FA} [FE], die in gleichartigen Ladeeinheiten mit der *Kapazität* C verladen wird, ist daher:

$$M_{FA} = \{m_{FA}/C\} \quad [LE] \,. \tag{12.17}$$

Die geschweiften Klammern $\{\ldots\}$ bezeichnen in den Formeln ein *Aufrunden* des Klammerinhalts auf die nächst höhere ganze Zahl.

Ein Maß für die Wirksamkeit einer Füllstrategie ist der Füllungsgrad der Ladeeinheiten:

- Der *mittlere Füllungsgrad* ist das Verhältnis des tatsächlichen Inhalts zum maximal möglichen Inhalt aller Ladeeinheiten eines Füllauftrags

$$\eta_{füll} = m_{FA}/(M_{FA} \cdot C) \quad [\%] \,. \tag{12.18}$$

Bei optimaler Füllung ist $\eta_{füll} = 100\%$. Wenn die Füllmenge kein ganzzahliges Vielfaches der Kapazität ist, entsteht pro Füllauftrag mindestens eine *Anbrucheinheit*, deren Inhalt kleiner als die Kapazität ist. Infolge der Anbrucheinheiten ist $\eta_{füll} < 100\%$.

Umgekehrt ist bei einem mittleren Füllungsgrad $\eta_{füll}$ von Ladeeinheiten mit der Kapazität C der Ladeeinheitenbedarf

$$M_{FA} = m_{FA}/(\eta_{füll} \cdot C) \,. \tag{12.19}$$

Bei vorgegebener Füllmenge und Ladeeinheitenkapazität wird der Füllungsgrad von der *Füllstrategie* bestimmt. Ziel jeder Füllstrategie ist eine Minimierung des Ladeeinheitenbedarfs durch Maximierung des Füllungsgrads.

12.4 Packstrategien

Fülleinheiten mit Abmessungen, die wesentlich kleiner als die Innenmaße der Ladeeinheit sind, können wie Schüttgut *ungeordnet* in Ladeeinheiten abgefüllt werden. Aus den Lücken zwischen den einzelnen Fülleinheiten und den Innenwänden der Ladeeinheit resultiert ein *Packverlust*, der umso größer ist, je ungeordneter, sperriger und größer die Fülleinheiten in Relation zur Ladeeinheit sind.

Durch *Anordnen* der Fülleinheiten nach geeigneten *Packstrategien* lassen sich die Packverluste minimieren und das Innenvolumen einer Ladeeinheit maximal nutzen.

- Eine *Packstrategie, Beladestrategie* oder *Staustrategie* ist ein Verfahren zum Stapeln von Fülleinheiten in oder auf einem Ladungsträger mit dem Ziel einer maximalen Nutzung des verfügbaren Laderaums unter Beachtung vorgegebener *Packrestriktionen*.

Packstrategien sind typische *Ordnungsstrategien*, deren Strategievariablen die Anordnungsmöglichkeiten der Fülleinheiten in einer Ladeeinheit sind.

Eine *Packstrategie* ist entweder eine allgemeine *Packvorschrift* mit bestimmten *Regeln* für das Anordnen, Stapeln und Stauen der Fülleinheiten oder ein individuelles *Packschema*, das heißt, eine bestimmte räumliche Anordnung der Fülleinheiten in der Ladeeinheit, wie das in Abb. 12.8 gezeigte *Palettierschema* für Kartons. Im Unterschied zu einem Packschema ist eine Packvorschrift ein *Algorithmus*, aus dem sich allgemeingültige Formeln zur Berechnung der Kapazität herleiten lassen.

12.4.1 Packrestriktionen

Beim Befüllen einer Ladeeinheit mit unteilbaren Fülleinheiten sind folgende *allgemeine Packrestriktionen* zu beachten:

- *Ganzzahligkeitsbedingung*: Eine Ladeeinheit kann nur ein *ganze Anzahl* von Fülleinheiten enthalten.
- *Gewichtsbeschränkung*: Das Füllgewicht muss kleiner sein als die *Nutzlast* der Ladeeinheit.
- *Maßbegrenzung der Fülleinheiten*: Die größte Abmessung der Fülleinheiten muss kleiner sein als das größte Innenmaß, die zweitgrößte Abmessung kleiner als das zweitgrößte Innenmaß und die kleinste Abmessung kleiner als das kleinste Innenmaß der Ladeeinheit.

Bei seitlich oder nach oben offenen Ladungsträgern, wie Paletten, besteht zusätzlich eine *Maßbegrenzung der Ladeeinheiten*: Die Außenmaße der beladenen Ladeeinheit dürfen bestimmte Maximalmaße nicht überschreiten.

Die maximale Beladehöhe von Ladeeinheiten, die durch das Befüllen *geschlossener Ladungsträger*, wie Behälter, Gitterboxen und Container, gebildet werden, ist konstruktiv festgelegt. Für *flache Ladungsträger*, wie Paletten oder Bodenlagerplätze, ist hingegen die *Beladehöhe* in Grenzen frei wählbar [98, 106]. Sie wird entweder durch eine *maximale Beladehöhe* H_{max}, durch die zulässige *Nutzlast* oder die *Stapelbarkeit der Fülleinheiten* begrenzt. Die Beladehöhe ist daher eine zur Optimierung nutzbare Variable [98]. Für einige Ladeeinheiten, beispielsweise für Paletten mit zulässigem Lastüberstand oder für die Bodenlagerplätze eines Blocklagers, sind außer der Höhe auch die Länge und die Breite der Ladeeinheit begrenzt veränderliche Optimierungsparameter.

Wenn verschiedene Ladungsträger mit unterschiedlicher Konstruktion oder Abmessung verfügbar sind, besteht eine weitere *Optimierungsmöglichkeit* in der *Auswahl* der Ladeeinheiten und in der *Zuordnung* des Füllguts zu den im Einsatz befindlichen Ladungsträgern. Hierfür werden geeignete *Auswahl- und Zuweisungsstrategien* benötigt (s. *Kap. 16, Abschn. 11.15.3* und *Kap. 19*).

Spezielle Packrestriktionen, die sich nur auf einzelne Fülleinheiten oder bestimmte Ladeeinheiten beziehen, sind:

- *Stapelrestriktionen:* Die Fülleinheiten dürfen wegen begrenzter *Belastbarkeit* oder *Kippgefahr* nur in beschränkter Anzahl übereinander gestellt werden.
- *Höhenvorgaben:* Eine Seite der Fülleinheiten ist als Oberseite vorgegeben und dadurch eine Kante als Höhenrichtung ausgezeichnet.
- *Anordnungsrestriktionen:* Eine Seite der Fülleinheiten muss, z. B. zum Lesen einer Kodierung, in einer bestimmten Richtung oder an einer zugänglichen Außenseite angeordnet sein.
- *Sicherheitsanforderungen:* Die Fülleinheiten müssen, beispielsweise, um ein Umkippen, ein Verrutschen oder eine Schieflage zu vermeiden, in der Ladeeinheit gleichmäßig verteilt sein, oder, um eine bessere Ladungssicherheit zu erreichen, in zueinander verdrehten oder miteinander verschränkten Lagen gestapelt werden.

Hinzu kommen fallweise *technische Restriktionen*, wie spezielle Stapel- oder Lagervorschriften für Langgut, Flachgut oder Sperrigteile.

12.4.2 Packoptimierung

Die Aufgabe der Packoptimierung ist die Lösung eines *mehrdimensionalen Verschnittproblems* [113]. Zur Durchführung der Packoptimierung gibt es heute leistungsfähige *Packoptimierungsprogramme*, die nach unterschiedlichen OR-Verfahren arbeiten [114, 115]:

Beispielsweise werden nach dem Verfahren der *Vollenumeration* durch systematische Permutation für vorgegebene Fülleinheiten und Ladeeinheiten alle möglichen Packungsschemata erzeugt. Aus den zulässigen Lösungen, die alle Packrestriktionen erfüllen, wird durch Vergleich der Packungsgrade das *optimale Packungsschema* ausgewählt. Die zur Packoptimierung durch Vollenumeration benötigte Rechenzeit nimmt mit der Kapazität C der Ladeeinheiten rasch zu, denn die Anzahl N_{PS}

aller möglichen Packungsschemata liegt bei dreidimensionaler Befüllung zwischen $3! \leq N_{PS} \leq 3! \cdot C!$. Der hohe Rechenaufwand für eine exakte Packoptimierung ist allerdings heute für einen leistungsfähigen Rechner von untergeordneter Bedeutung.

Packoptimierungsprogramme sind einsetzbar zur Ermittlung des optimalen *Packschemas* für *gleiche Fülleinheiten* und zur Ermittlung eines optimalen *Stauschemas* für *unterschiedliche Fülleinheiten*. Wenn mehrere Pack- und Füllrestriktionen zu beachten sind, kann in vielen Fällen das optimale Pack- oder Stauschema nur mit Hilfe eines Packoptimierungsprogramms generiert werden.

Ein Pack- oder Stauschema, das nach einem OR-Verfahren generiert wird, ist jeweils nur für den betrachteten Einzelfall optimal. Daher ist die Anwendbarkeit der Packoptimierungsprogramme beschränkt auf die operative Ermittlung von optimalen Pack- und Stauschemata für definierte Füllaufträge.

Allgemeingültige Berechnungsformeln für die *mittlere Kapazität* und den *durchschnittlichen Ladeeinheitenbedarf* bei unterschiedlichen Fülleinheiten und Füllmengen lassen sich hingegen mit Hilfe von Packoptimierungsprogrammen nicht herleiten. Die Abhängigkeit der Kapazität und des Ladeeinheitenbedarfs von den Fülleinheiten und der Füllmenge aber muss für die Gestaltung und Optimierung von Lieferketten und Logistiksystemen bekannt und quantifizierbar sein. Hierfür werden nachfolgend allgemeine Packstrategien mit Packvorschriften entwickelt und für diese Formeln zur Berechnung von Kapazität und Packungsgrad bei gleichen und unterschiedlichen Fülleinheiten hergeleitet.

12.4.3 Packstrategien für gleiche Fülleinheiten

Die einfachste Strategie zur Packoptimierung gleicher quaderförmiger Fülleinheiten in einem ebenfalls quaderförmigen Laderaum ist die in *Abb.* 12.4 dargestellte *Packstrategie 1*:

*   *Parallelpackung mit fester Seitenausrichtung:* Beginnend in einer unteren Ecke der Ladeeinheit werden die Fülleinheiten mit ihren Seitenflächen in einer vorgegebenen Ausrichtung parallel zu den Innenflächen der Ladeeinheit lückenlos nebeneinander, hintereinander und übereinander angeordnet.

Bei Seitenausrichtung der Fülleinheiten mit l parallel zu L, b parallel zu B und h parallel zu H ist die *Kapazität* der Ladeeinheit mit der *Packstrategie 1*:

$$C(l, b, h) = [L/l] \cdot [B/b] \cdot [H/h] \quad [FE/LE] . \tag{12.20}$$

Der *Packungsgrad* folgt durch Einsetzen von (12.20) in Beziehung (12.14). Für Parallelpackungen mit anderer Seitenausrichtung ergeben sich die Kapazität und der Packungsgrad aus den Beziehungen (12.20) und (12.14) durch entsprechende Vertauschung von l, b und h bei festgehaltenem L, B und H.

Wenn nur die Höhenrichtung fest vorgegeben und die Anordnung in Längsund Breitenrichtung frei ist, lässt sich die Packstrategie 1 verbessern zur *Packstrategie 2A*:

*   *Parallelpackung mit höhenbeschränkter Seitenpermutation:* Von den Packschemata, die mit der Parallelpackung für die zwei möglichen Anordnungen resultieren, wird das Packschema mit dem besseren Packungsgrad gewählt.

Die *Kapazität* der Ladeeinheiten mit der *Packstrategie* 2A ist

$$C_{2A} = MAX(C(l, b, h); \; C(b, l, h)) \,. \tag{12.21}$$

Hierin sind $C(l, b, h)$ und $C(b, l, h)$ die durch Beziehung (12.20) gegebenen Kapazitäten bei fester Seitenausrichtung.

Wenn die Seitenausrichtung durch keine Höhen- oder Seitenrestriktion beschränkt wird, ist ein weiterer Schritt zur Optimierung die *Packstrategie* 2B:

• *Parallelpackung mit vollständiger Seitenpermutation*: Von den maximal 6 möglichen Ausrichtungen der Seitenflächen der Fülleinheiten in Relation zu den Seitenflächen der Ladeeinheit wird die Seitenausrichtung mit dem besten Packungsgrad ausgewählt.

Mit der *Packstrategie* 2B ist die *Kapazität* der Ladeeinheit

$$C_{2B} = MAX(PERM(C(l, b, h))) \,. \tag{12.22}$$

Hierin sind

$$PERM(C(l, b, h)) = (C(l, b, h); C(l, h, b); C(b, l, h); C(b, h, l); C(h, b, l); C(h, l, b))$$
$$\tag{12.23}$$

alle *Permutationen* der Maße l, b, h in der Kapazität $C(l, b, h)$, die durch (12.20) gegeben ist.

Wie in *Abb.* 12.7 für die Längsrichtung dargestellt, ergibt sich bei der Parallelpackung in jeder Raumrichtung eine *Restlänge*, die minimal 0 und maximal gleich den Fülleinheitsmaßen l, b und h ist, im Mittel also l/2, b/2 und h/2 beträgt. Wenn die Maße der Ladeeinheiten und/oder der Fülleinheiten nicht festgelegt sind, lassen sich die Restlängen der Fülleinheiten, die bei gleicher Ausrichtung nicht nutzbar sind, vermeiden durch die

• *Strategie der Maßanpassung*: Die Innenmaße der Ladeeinheit und die Außenmaße der Fülleinheiten werden im Verhältnis ganzer Zahlen n_l, n_b und n_h festgelegt, so dass

$$L = n_l \cdot l, \quad B = n_b \cdot b, \quad H = n_h \cdot h \,. \tag{12.24}$$

Die Kapazität der Ladeeinheiten ist bei optimaler Maßanpassung

$$C = n_l \cdot n_b \cdot n_h \,. \tag{12.25}$$

Die Strategie der Maßanpassung führt zu einem Packungsgrad η_{pack} = 100%. Sie lässt sich in der Praxis entweder nutzen zur *Optimierung der Fülleinheitenabmessungen* bei vorgegebener Ladeeinheit oder zur *Optimierung der Ladeeinheitenabmessungen* bei vorgegebenen Abmessungen der Fülleinheiten. Die wechselseitige Abstimmung der Innen- und Außenabmessungen von Ladeeinheiten und Fülleinheiten hat zur Entwicklung der genormten *Standardeinheiten* geführt, die in *Tabelle* 12.2 zusammengestellt sind.

Wenn die Abmessungen der Fülleinheiten und Ladeeinheiten fest vorgegeben sind und die Relation (12.24) nicht erfüllt ist, kann versucht werden, den Restraum durch die Packstrategien 3A und 3B zu nutzen. Die *Packstrategie* 3A ist die

- *Parallelpackung mit Restraumnutzung bei fester Höhenrichtung:* Wenn die Restlänge $L/l - l \cdot [L/l] > b$ ist, wird nach Durchführung der Parallelpackstrategie in *Längsrichtung* ein weiterer Stapel errichtet, in dem Länge l und Breite b der Fülleinheiten vertauscht sind.

Für $l > b$ ist die *Kapazität* der Ladeeinheit mit Packstrategie 3A:

$$C(l, b, h) = [L/l] \cdot [B/b] \cdot [H/h] + [(L - l \cdot [L/l])/b] \cdot [B/l] \cdot [H/h] . \qquad (12.26)$$

Die *Packstrategie 3B* ist die

- *Parallelpackung mit Restraumnutzung bei freier Höhenrichtung* mit

Schritt 1: Wenn die *Restlänge* $L/l - l \cdot [L/l] > b$ oder h ist, wird nach Durchführung der Parallelpackstrategie in *Längsrichtung* ein weiterer Stapel errichtet, in dem Länge und Breite oder Länge und Höhe der Fülleinheiten vertauscht sind.
Schritt 2: Wenn die *Restbreite* $B/b - b \cdot [B/b] > l$ oder h ist, wird nach Durchführung der Parallelpackstrategie in *Querrichtung* ein weiterer Stapel errichtet, in dem Breite und Höhe oder Breite und Länge der Fülleinheiten vertauscht sind.
Schritt 3: Wenn die *Resthöhe* $H/h - h \cdot [H/h] > l$ oder b ist, wird nach Durchführung der Parallelpackstrategie in *Höhenrichtung* eine weitere Lage aufgestapelt, in der Höhe und Breite oder Höhe oder Länge der Fülleinheiten vertauscht sind.

Für $l > b > h$ ist die *Kapazität* der Ladeeinheit mit *Packstrategie 3B:*

$$C(l, b, h) = [L/l] \cdot [B/b] \cdot [H/h] + (L - l \cdot [L/l]/b) \cdot [B/l] \cdot [H/h] \qquad (12.27)$$
$$+ (B - b \cdot [B/b]/h) \cdot [L/l] \cdot [H/b] .$$

Die Packstrategien der Parallelpackung mit Restraumnutzung lassen sich kombinieren mit der Strategie der Seitenpermutation zur *Packstrategie 4A:*

- *Parallelpackung mit Restraumnutzung und höheneingeschränkter Seitenpermutation.*

und zur *Packstrategie 4B:*

- *Parallelpackung mit Restraumnutzung und uneingeschränkter Seitenpermutation.*

Die Kapazität der Ladeeinheiten ergibt sich für die *Kombinationsstrategien* 4A und 4B mit Hilfe der Beziehung (12.22), wobei für die Kapazität $C(l, b, h)$ die Beziehung (12.26) bzw. (12.27) einzusetzen ist.

Die Packoptimierung lässt sich systematisch weiter fortsetzen durch *sukzessives Drehen* von zwei, drei und mehr kompletten *Längs-, Quer-* oder *Höhenschichten* um 90°, durch *Drehen einzelner Längs-, Quer- oder Hochstapel* und durch Kombination der Ergebnisse dieser Strategien mit den Strategien der Seitenpermutation und der Restraumnutzung. Für die *kombinierten Packstrategien* lassen sich ebenfalls Berechnungsformeln angeben, die mit der Anzahl der Drehungen und Permutationen immer länger werden. Wegen des dafür erforderlichen Platzbedarfs wird hier auf die Angabe dieser Berechnungsformeln verzichtet, die sich der interessierte Leser analog zu den obigen Beziehungen selbst herleiten kann.

Die Formeln lassen sich verwenden für ein Programm zur Berechnung von Kapazität und Packungsgrad bei unterschiedlichen Packstrategien in Abhängigkeit von

Rang	Nr.	Packstrategie	Restriktionen	Packungsgrad Mittelwert	Abweichung vom Optimum
1.	OPT	Optimale Packung	keine	92,8%	0,0%
2.	4B	Parallelpackung + Restraumnutzung + Seitenpermutation	keine	90,4%	2,7%
3.	2B	Parallelpackung + Seitenpermutation	keine	88,5%	4,9%
4.	4A	Parallelpackung + Restraumnutzung + Seitenpermutation	Höhe	86,2%	7,7%
5.	2A	Parallelpackung + Seitenpermutation	Höhe	83,6%	11,0%
6.	3B	Parallelpackung + Restraumnutzung	keine	81,6%	13,7%
7.	3A	Parallelpackung + Restraumnutzung	Höhe	77,5%	19,8%
8.	1	Parallelpackung	Höhe	75,7%	22,7%

Tab. 12.3 Packungsgrade für unterschiedliche Packstrategien

Berechnungsergebnisse für je 50 unterschiedliche Füllaufträge zum Beladen
von Paletten unterschiedlicher Abmessungen mit quaderförmigen Paketen
mittleres Packstückvolumen   18 l/Gebinde
mittleres Ladeeinheitenvolumen   1.323 l/Palette
Füllstücke mit Seitenausrichtung   l > b
mittlere Seitenrelation   l : b = 1,46

den Abmessungen der Fülleinheiten und der Ladeeinheiten. Mit Hilfe eines solchen *Packoptimierungsprogramms* wurden die in *Tabelle* 12.3 angegebenen mittleren Packungsgrade mit den beschriebenen Packstrategien für 50 verschiedene Ver-
sandkartons errechnet. Zum Vergleich ist in der Tabelle außerdem die Abweichung
des mittleren Packungsgrads einer bestimmten Packstrategie vom Packungsgrad des
jeweils optimalen Stapelschemas angegeben, das durch Vollenumeration ermittelt
wurde [113, 114, 116].

Die *Tabelle* 12.4 enthält die Ergebnisse einer Zufallssimulation der Abmessungen
von 50 quaderförmigen Fülleinheiten, die nach den beschriebenen Packstrategien in
Ladeeinheiten mit einem Volumen, das 100 mal so groß ist wie das mittlere Volumen
der Fülleinheiten, verladen wurden.

Aus den beiden Tabellen und weiteren Simulationsrechnungen, bei denen alle re-
levanten Parameter, wie das Volumenverhältnis V/v, die Seitenausrichtung und das
Innenseitenverhältnis $L : B : H$, systematisch variiert wurden, ergeben sich folgende
Gesetzmäßigkeiten und *Regeln*:

▶ Mit zunehmendem Volumenverhältnis V/v, also mit abnehmender Fülleinhei-
tengröße und zunehmender Ladeeinheitengröße, nehmen die Packungsgrade zu
und die Unterschiede zwischen den Packstrategien ab.

▶ Die Packstrategie 4B der Parallelpackung mit Restraumnutzung und Seitenpermutation führt für Volumenverhältnisse $V/v > 100$, d. h. für Fülleinheiten, deren Abmessungen im Mittel mindestens um den Faktor 5 kleiner sind als die Innenmaße der Ladeeinheit, zu mittleren Packungsgraden, die mit maximal 0,5 %

Rang	Nr.	Packstrategie	Restriktion	Packungsgrad Simulation	Verschnittfaktor	Packungsgrad Theorie
1.	OPT	Optimale Packung	keine	87,7%	0,20	87,6%
1.	4B	Parallelpackung + Restraumnutzung + Seitenpermutation	keine	87,3%	0,20	87,6%
2.	4A	Parallelpackung + Restraumnutzung + Seitenpermutation	Höhe	84,3%	0,25	84,7%
3.	3B	Parallelpackung + Restraumnutzung	keine	81,6%	0,30	81,8%
3.	2B	Parallelpackung + Seitenpermutation	keine	82,8%	0,30	81,8%
4.	3A	Parallelpackung + Restraumnutzung	Höhe	75,9%	0,40	76,3%
4.	2A	Parallelpackung + Seitenpermutation	Höhe	77,2%	0,40	76,3%
5.	1	Parallelpackung	Höhe	72,8%	0,50	71,0%

Tab. 12.4 Mittlerer Packungsgrad und Verschnittfaktoren von Packstrategien zum Befüllen von Ladeeinheiten

> Simulation: mittlerer Packungsgrad für 50 verschiedene Füllaufträge mit quaderförmigen Füllstücken
> Theorie: mittlerer Packungsgrad nach Beziehung (12.36)
> Relativer Laderaum: $V/v = 100$
> Mittlere Seitenrelation: $l : b = 1,6$; $b : h = 2,2$

nur unwesentlich vom mittleren Packungsgrad der optimalen Packstrategie abweichen.

▶ Die optimale Packstrategie kann im Vergleich zur Packstrategie 4B, abhängig vom Einzelfall, für relativ große Fülleinheiten mit $V/v < 10$, d. h. für Fülleinheitenabmessungen größer als 1/3 der Ladeeinheitenmaße, im Mittel zu Verbesserungen des Packungsgrads um mehr als 10 % führen.

▶ Eine Höhenrestriktion verschlechtert den erreichbaren Packungsgrad für Volumenrelationen $V/v > 100$ um weniger als 5 % und für $V/v < 10$ im Mittel um 5 bis 10 %.

▶ Die einfache Packstrategie 2B der Parallelpackung mit Seitenpermutation ergibt im Mittel nahezu die gleichen Packungsgrade wie die Strategie 3B der Parallelpackung mit Restraumnutzung. Beide Packstrategien sind also nahezu gleichwertig.

▶ Für Volumenrelationen $V/v > 100$ führen die einfachen Packstrategien 2B und 3B zu Packungsgraden, die im Mittel bis zu 5 % geringer sind als der Packungsgrad des optimalen Packschemas.

▶ Für Volumenrelationen $V/v < 10$ sind die Packungsgrade der einfachen Strategien 2B und 3B im Mittel bis zu 10 % schlechter als der Packungsgrad des optimalen Packschemas.

▶ Die einfache Packstrategie 1 der reinen Parallelpackung ist für Volumenrelationen V/v bis 1.000 um 10 bis 20 % schlechter als die optimale Packstrategie. Sie ist nur ausreichend für relativ kleine Fülleinheiten mit einem Volumenverhältnis V/v deutlich über 1.000.

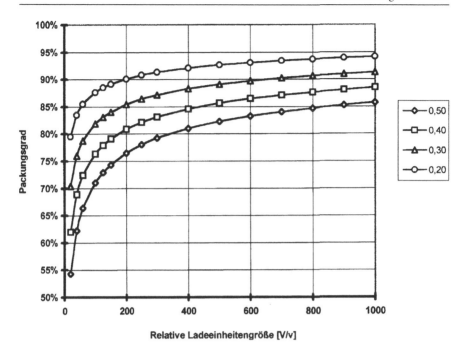

Abb. 12.9 **Abb. 12.9 Packungsgrad als Funktion der relativen Ladeeinheitengröße**

Parameter: Verschnittfaktoren verschiedener Packstrategien

Für die erreichbare Volumennutzung ist vor allen anderen Einflussfaktoren das Verhältnis V/v der Größe des Laderaums zur Größe der Fülleinheiten, also die *relative Laderaumgröße* maßgebend (s. *Abb. 12.9*).

12.4.4 Mittlere Kapazität und Packungsgrad

Zur Auswahl, Dimensionierung und Optimierung von Ladeeinheiten in Logistiksystemen mit Fülleinheiten unterschiedlicher Abmessungen werden Berechnungsformeln für die *Mittelwerte* von Kapazität und Packungsgrad der Ladeeinheiten benötigt. Dafür wird zunächst eine Vielzahl von Füllaufträgen, mit in sich gleichen Fülleinheiten betrachtet, die aber von Auftrag zu Auftrag unterschiedlich sind.

Die nachfolgenden Berechnungsformeln beziehen sich jeweils auf eine *hinreichend homogene Gesamtheit von Fülleinheiten*, deren Einzelabmessungen um die Mittelwerte l, b und h so weit streuen, dass die unstetige *Ganzzahligkeitsfunktion* [...] mit ausreichender Genauigkeit durch eine *Mittelwertsfunktion* ersetzt werden kann. Das ist der Fall, solange die Streuung der Einzelabmessungen größer ist als ein Viertel der Mittelwerte. Andererseits sind die maximalen Fülleinheitenabmessungen durch die Innenmaße der Ladeeinheit begrenzt.

Wenn die Abmessungen der Fülleinheiten um weniger als ein Viertel der Mittelwerte schwanken, kann näherungsweise mit den Ganzzahligkeitsfunktionen gerechnet werden, in die für diesen Fall jeweils die Mittelwerte einzusetzen sind. Die Ganzzahligkeitsfunktion hat allerdings den Nachteil, dass sie nicht differenzierbar und daher für analytische Optimierungsrechnungen ungeeignet ist.

Für unterschiedliche Längen l der Fülleinheit liegen die durch das Abrunden entstehenden ganzen Zahlen $[L/l]$ zufallsverteilt in dem Intervall

$$L/l - 1 \leq [L/l] \leq L/l. \tag{12.28}$$

Daher ist im Mittel

$$[L/l] \cong L/l - 1/2. \tag{12.29}$$

Die Beziehung (12.29) besagt, dass durch das ganzzahlige Abrunden im Mittel der Betrag 1/2 verloren geht. Der mittlere *Verschnittverlust*, das heißt die mittlere *Restlänge* beträgt also bei eindimensionaler Beladung $0,5 \cdot l$. Analog gilt für die Mittelwerte der Breiten- und Höhenverhältnisse:

$$[B/b] \cong B/b - 1/2 \quad \text{und} \quad [H/h] \cong H/h - 1/2. \tag{12.30}$$

Wie in den *Abb.* 12.4 und 12.7 dargestellt, besagen diese Formeln, dass aus der Unterteilbarkeit der Fülleinheiten *Restlängen* resultieren, die im Mittel gleich den halben Kantenlängen der Fülleinheiten in der betreffenden Richtung sind.

Durch Einsetzen der Beziehungen (12.29) und (12.30) anstelle der Ausdrücke mit den eckigen Klammern in die Formel (12.20) ergibt sich für die *mittlere Kapazität* der Ladeeinheit bei dreidimensionaler Befüllung nach der einfachen Parallelpackungsstrategie mit Fülleinheiten unterschiedlicher Abmessungen:

$$C(l, b, h) = (1 - 0,5 \cdot l/L)(1 - 0,5 \cdot b/B)(1 - 0,5 \cdot h/H) \cdot V/v. \tag{12.31}$$

Nach Beziehung (12.7) ist im Mittel $b = 3/4 \cdot v/(l \cdot h)$. Wird dieser Ausdruck für die mittlere Breite einer Fülleinheit in Beziehung (12.31) eingesetzt, folgt durch Nullsetzen der partiellen Ableitung nach l bei festgehaltenem h und v, dass die Kapazität ein Maximum erreicht, wenn $l/b = L/B$ ist. Ebenso folgt durch Variieren von l bei festem b und v, dass die Kapazität für $l/h = L/H$ maximal ist. Analoge Berechnungen lassen sich auch für die übrigen Packstrategien durchführen. Hieraus folgt der Satz:

▶ Die mittlere Kapazität ist bei einer Befüllung ohne Packrestriktionen am größten, wenn das Seitenverhältnis der Fülleinheiten gleich dem Seitenverhältnis der Ladeeinheiten ist

$$l : b : h = L : B : H. \tag{12.32}$$

Wenn nicht grade eine Innenlänge der Ladeeinheit ein ganzzahliges Vielfaches einer Kante der Fülleinheit ist, ergibt sich ein optimaler Packungsgrad mit der

▶ *Seitenausrichtungsstrategie*: Beginnend an einer unteren Ecke der Ladeeinheit werden die Fülleinheiten mit der längsten Kante parallel zur längsten Innenseite der Ladeeinheit und mit der zweitlängsten Kante parallel zur zweitlängsten Innenseite der Ladeeinheit aufgestapelt.

Unter Berücksichtigung der Relation (12.6) für das mittlere Seitenverhältnis der Fülleinheiten folgt aus (12.32) die *Regel*:

▶ Das *optimale Seitenverhältnis* uneingeschränkt befüllbarer Ladeeinheiten mit dem geringsten mittleren Packungsverlust für eine Vielzahl unterschiedlicher Fülleinheiten ist

$$L : B : H = 3 : 2 : 1. \tag{12.33}$$

Aus *Tabelle* 12.2 ist zu entnehmen, dass die Grundmaße L und B vieler Standardbehälter und Normpaletten dieser Regel entsprechen [99, 104].

Aus den Beziehungen (12.8) und (12.32) folgen für unkorrelierte Längen, Breiten und Höhen der Fülleinheiten und der Ladeeinheiten bei optimalem Seitenverhältnis, im Mittel die Beziehungen

$$L/l = B/b = H/h = (V/v)^{1/3}. \tag{12.34}$$

Durch Einsetzen dieser Beziehungen in die Formel (12.31) und in die entsprechenden Formeln für die Kapazität der übrigen Packstrategien ergibt sich:

▶ Die *mittlere Kapazität* einer uneingeschränkt befüllbaren Ladeeinheit mit dem Innenvolumen V ist für unterschiedliche Fülleinheiten mit dem mittleren Volumen v

$$C = \left(1 - f_{str} \cdot (v/V)^{1/3}\right)^3 \cdot V/v. \tag{12.35}$$

Gemäß Definition (12.14) ist damit der *mittlere Packungsgrad*:

$$\eta_{pack} = \left(1 - f_{str} \cdot (v/V)^{1/3}\right)^3. \tag{12.36}$$

Der *Verschnittfaktor* f_{str} hängt von der Packstrategie ab. Bei Befüllung einer Ladeeinheit nach der einfachsten Parallelpackstrategie liegt der Verschnittfaktor zwischen 0 und 1 und ist im Mittel 0,5. Für die übrigen Packstrategien ergeben sich aus Analysen und Simulationsrechnungen die *Verschnittfaktoren*:

Nr.	*Packstrategie*	*Restriktion*	*Verschnittfaktor* f_{str}
1	Parallelpack	keine	0,50
2A	Parallelpack + Seitenpermutation	Höhe	0,40
3A	Parallelpack + Restraumnutzung	Höhe	0,40
2B	Parallelpack + Seitenpermutation	keine	0,30
3B	Parallelpack + Restraumnutzung	keine	0,30
4A	Parallelpack + Restraumn. + Seitenperm.	Höhe	0,25
4B	Parallelpack + Restraumn. + Seitenperm.	keine	0,20
OPT	Optimale Packung	keine	0,20.

Mit diesen Verschnittfaktoren errechnen sich aus Beziehung (12.36) mittlere Packungsgrade, die für größeren Ladeeinheiten mit V/v > 20 weitgehend unabhängig von der relativen Laderaumgröße V/v mit einer Genauigkeit von besser als 2 % mit den simulierten mittleren Packungsgraden übereinstimmen.

So zeigt *Tabelle* 12.4 für die relative Laderaumgröße V/v = 100 den Vergleich der mittleren Packungsgrade, die sich aus einer Simulationsrechnung ergeben, mit den theoretischen Werten aus Beziehung (12.36). In *Abb.* 12.9 ist die mit Hilfe der Beziehung (12.36) berechnete Abhängigkeit des durchschnittlichen Packungsgrads vom relativen Laderaum V/v für unterschiedliche Verschnittfaktoren dargestellt.

12.4.5 Beladestrategie für gemischte Befüllung

Wenn die Fülleinheiten eines Füllauftrags unterschiedliche Abmessungen haben und in den Ladeeinheiten gemischt werden dürfen, lässt sich die mittlere Restlänge in den drei Raumrichtungen durch Befüllen der Ladeeinheiten mit Fülleinheiten in absteigender Größe reduzieren. Wie in *Abb.* 12.7C und D dargestellt, ergibt sich dadurch in Längsrichtung eine von $l/2$ auf $l_{min}/2$ verminderte mittlere Restlänge, wenn l die mittlere und l_{min} die kürzeste Länge der Fülleinheiten sind.

Aus dieser Überlegung resultiert die *Beladestrategie für gemischte Befüllung ohne Reihenfolgerestriktion* mit

Schritt 1: Die Fülleinheiten des Auftrags werden nach absteigender Größe geordnet.

Schritt 2: Die Fülleinheiten mit dem größten Volumen werden nach der Parallelpackstrategie mit Seitenpermutation in die hierfür benötigte Anzahl Ladeeinheiten eingefüllt.

Schritt 3: Aus der verbleibenden Menge werden die Fülleinheiten mit dem nächstgrößten Volumen ausgewählt, die grade noch in die Resträume der teilbefüllten Ladeeinheiten hineinpassen und in die Resträume nach der Parallelpackstrategie mit Restraumnutzung gepackt.

Schritt 4: Der Schritt 3 wird mit den nächst kleineren Fülleinheiten fortgesetzt, bis sich keine der verbleibenden Fülleinheiten mehr in den Resträumen unterbringen lässt.

Schritt 5: Mit den übrigen Fülleinheiten werden die Schritte 1 bis 4 solange durchlaufen bis alle Fülleinheiten in Ladeeinheiten eingefüllt sind.

Mit dieser Mehrschrittstrategie werden die Resträume mindestens so gut genutzt, wie beim Befüllen der Ladeeinheiten mit gleichen Fülleinheiten, deren Abmessungen gleich den mittleren Abmessungen der ungleichen Fülleinheiten sind. Wegen der kleinen Fülleinheiten sind die Restlängen im Mittel kleiner als bei einer Befüllung mit gleichen Fülleinheiten. Hieraus folgt die *Regel*:

▶ Die mittlere Kapazität und der durchschnittliche Packungsgrad einer Ladeeinheit sind bei *gemischter Befüllung mit ungleichen Fülleinheiten* nach der Mehrschrittstrategie ohne Reihenfolgerestriktion ebenfalls mit den Beziehungen (12.35) und (12.36) berechenbar.

Bei gemischter Befüllung mit ungleichen Fülleinheiten nach der Parallelpackstrategie mit Seitenpermutation liegt der Verschnittfaktor im Bereich

$$0,10 \leq f_{str} \leq 0,20. \tag{12.37}$$

Wird für das Befüllen der Ladeeinheiten mit unterschiedlichen Fülleinheiten eine bestimmte Reihenfolge vorgegeben, die die möglichen Packstrategien einschränkt, vermindert sich der erreichbare Packungsgrad.

Wenn sich die Abmessungen der vorkommenden Fülleinheiten um mehr als einen Faktor 10 voneinander unterscheiden, ist es notwendig, durch geeignete *Clusterung* die Gesamtheit der Fülleinheiten in Gruppen hinreichend homogener Fülleinheiten aufzuteilen und die Gestaltung, Dimensionierung und Optimierung für jede dieser Gruppen gesondert durchzuführen. Eine derartige Clusterung der Artikel- oder Fülleinheiten und die Zuordnung optimaler Ladeeinheiten sind weitere *Bündelungs- und Ordnungsstrategien* zur Planung und Optimierung von Logistiksystemen.

12.5 Füllstrategien und Ladeeinheitenbedarf

Ziel der Packstrategien ist eine optimale Nutzung des Laderaums einer Ladeeinheit, um die Kapazität zu maximieren. Das Ziel der Füllstrategien ist die Minimierung des Anbruchverlusts eines Füllauftrags, um den Ladeeinheitenbedarf zu minimieren:

- Eine *Füllstrategie* ist ein Verfahren zum Verteilen der Fülleinheiten eines Auftrags auf eine minimale Anzahl von Ladungsträgern unter Beachtung vorgegebener *Füllrestriktionen*.

Füllstrategien sind ebenfalls *Ordnungsstrategien*. *Strategievariablen* sind die Verteilungsmöglichkeiten der Fülleinheiten eines Auftrags auf die Ladeeinheiten.

12.5.1 Füllrestriktionen

Beim Befüllen von Ladeeinheiten sind zusätzlich zu den Packrestriktionen bestimmte Füllrestriktionen zu beachten. Eine häufig vorkommende *Füllrestriktion* ist die

- *Positionsreine Befüllung*: Die einzelnen Ladeeinheiten dürfen nur Fülleinheiten der gleichen Position des Füllauftrags enthalten.

Wenn die Positionen eines Füllauftrags einzelne Artikel betreffen, bedeutet die positionsreine Befüllung *Artikelreinheit*: Die einzelnen Ladeeinheiten dürfen jeweils nur die Fülleinheiten eines Artikels enthalten. Artikelgemischte Ladeeinheiten sind unzulässig.

Enthalten die Positionen des Füllauftrags jeweils den Inhalt nur eines Auftrags, ist Positionsreinheit gleichbedeutend mit *Auftragsreinheit*: Der Inhalt eines Auftrags darf nicht zusammen mit dem Inhalt anderer Aufträge in eine Ladeeinheit gefüllt werden. Auftragsgemischte Ladeeinheiten sind unzulässig, artikelgemischte Ladeeinheiten erlaubt.

Wenn die Füllauftragspositionen einzelne Sendungsinhalte betreffen, heißt Positionsreinheit *Sendungsreinheit* der Ladeeinheiten: Die Frachtstücke einer Sendung dürfen nicht zusammen mit den Frachtstücken anderer Sendungen in eine Ladeeinheit gefüllt werden. Sendungsgemischte Ladeeinheiten sind unzulässig, auftragsgemischte und artikelgemischte Ladeeinheiten erlaubt. Eine weitere *Füllrestriktion* ist die

- *Reihenfolgerestriktion*: Die Fülleinheiten müssen in einer vorgegebenen Reihenfolge zugänglich sein und entsprechend eingefüllt werden.

Eine Reihenfolgerestriktion ist zum Beispiel die Beladefolge eines Transportmittels in der Reihenfolge der Zielorte, um ein Umstapeln der Ladung beim Entladen zu vermeiden. Ein anderes Beispiel ist die Befüllung von Versandeinheiten zur Nachschubversorgung von Filialen in der Reihenfolge der Verkaufstheken, um die Entnahme zu erleichtern. Eine Reihenfolgerestriktion für das Befüllen von Lagerfächern ergibt sich aus dem FIFO-Prinzip (s. *Abschn.* 16.4).

12.5.2 Füllstrategie für gewichtsbestimmte Ladung

Bei gewichtsbestimmter Ladung mit $G/g > V/v$ folgt aus der Unteilbarkeit und der begrenzten Belastbarkeit der Fülleinheiten sowie aus der Gewichtsbeschränkung der Ladeeinheiten die

▶ *Füllstrategie für gewichtsbestimmte Ladung*: Bis zum Erreichen der Nutzlast sind die schweren, großen, kompakten und belastbaren Fülleinheiten zuerst und die leichten, sperrigen, kleinen und belastungsempfindlichen Fülleinheiten weiter oben zu stapeln.

Die Füllstrategie für gewichtsbestimmte Ladung ist in analogen Schritten durchzuführen, wie die im letzten Abschnitt unter Punkt 5 beschriebene Beladestrategie für gemischte Befüllung. Dabei werden die Fülleinheiten im ersten Schritt nach absteigendem Gewicht geordnet.

Aus den Beziehungen (12.13) und (12.17) folgt für den *Ladeeinheitenbedarf* zur Unterbringung der Füllmenge m_{FA} [FE] bei gewichtsbestimmter Ladung

$$M_{FA} = \{m_{FA}/[G/g]\} \quad [\text{LE}]. \tag{12.38}$$

Hierin ist G die zulässige Nutzlast und g das mittlere Fülleinheitengewicht. Die *eckigen Klammern* bedeuten wie zuvor ein *Abrunden* auf die nächst kleinere ganze Zahl, die *geschweiften Klammern* ein *Aufrunden* auf die nächst größere ganze Zahl.

12.5.3 Mengenanpassung und Kapazitätsanpassung

Ein optimaler Füllungsgrad von 100 % wird erreicht, wenn beim Verladen einer Füllmenge keine Anbrucheinheiten entstehen. Wenn die Füllmengen verändert werden dürfen, lassen sich Anbrucheinheiten verhindern durch die

▶ *Mengenanpassungsstrategie*: Die Füllmenge oder Liefermenge m_{FA} wird auf ein ganzzahliges Vielfaches $M_{FA} \cdot C$ der Ladeeinheitenkapazität C auf- oder abgerundet.

Die *Mengenanpassungsstrategie* wird in der Praxis vielfach genutzt: Die *Losgrößen* der Produktion werden auf ein ganzzahliges Vielfaches einer Palettenkapazität festgelegt, die *Nachschubmengen* auf den Inhalt ganzer Ladeeinheiten gerundet oder die *Versandmengen* für das gleiche Ziel angesammelt, bis die Kapazität einer Transporteinheit gefüllt ist.

Wenn die Füllmenge nicht veränderbar ist, aber die Kapazität der Ladeeinheiten angepasst, ausgewählt oder verändert werden kann, besteht eine andere Möglichkeit zur Vermeidung oder Reduzierung der Anbruchverluste durch die

▶ *Kapazitätsanpassungsstrategie:* Die Kapazität der eingesetzten Ladeeinheiten wird so ausgewählt oder festgelegt, dass ein ganzzahliges Vielfaches $M_{FA} \cdot C$ der Ladeeinheitenkapazität möglichst gleich der Füllmenge m_{FA} ist.

Für Packaufträge bedeutet die Kapazitätsanpassung die mengenabhängige Auswahl der Packmittel. Für Palettieraufträge besteht die Möglichkeit zum Einsatz von Paletten unterschiedlicher Abmessungen und Beladehöhen. Bei Transportaufträgen werden entsprechend der Ladungsgröße Transportmittel mit passender Kapazität ausgewählt.

Wenn alle Ladeeinheiten der Kapazität C mit einer Gesamtfüllmenge m_{FA} gefüllt sind, ist der Ladeeinheitenbedarf eine ganze Zahl M_{FA} im Intervall

$$m_{FA}/C \le M_{FA} \le (m_{FA} - 1)/C + 1 . \tag{12.39}$$

Mit der Kapazitätsanpassung gelingt es in der Regel nicht immer, Anbrucheinheiten vollständig zu vermeiden, sondern nur, den Füllungsgrad der Anbrucheinheiten im Vergleich zum Füllungsgrad ohne Kapazitätsanpassung deutlich zu verbessern. Eine weitere Verbesserung des Füllungsgrads ist durch Kombination der Kapazitätsanpassung mit der Mengenanpassung möglich.

12.5.4 Ladeeinheitenbedarf ohne Mengen- und Kapazitätsanpassung

Wenn keine Mengen- oder Kapazitätsanpassung möglich und die Streuung der Füllmengen eines betrachteten Auftragsclusters größer ist als die halbe der Ladeeinheitenkapazität, liegt der gemäß Beziehung (12.17) durch Aufrunden errechnete Ladeeinheitenbedarf M_{FA} *zufallsverteilt* im Intervall

$$m_{FA}/C \le M_{FA} \le (m_{FA} - 1)/C + 1 . \tag{12.40}$$

Durch Mittelung über die Intervallgrenzen (12.40) folgt hieraus unter Berücksichtigung der Tatsache, dass pro Füllauftrag mindestens eine Ladeeinheit benötigt wird, die *Masterformel des Ladeeinheitenbedarfs:*

▶ Ohne Gewichtsbegrenzung, Mengenanpassung und Kapazitätsanpassung ist der *mittlere Ladeeinheitenbedarf* für eine Füllmenge m_{FA} bei einer Kapazität C

$$M_{FA} = MAX(1; m_{FA}/C + (C - 1)/2C) \quad [LE] . \tag{12.41}$$

Für Füllaufträge mit mehreren Positionen folgt:

▶ Ohne Gewichtsbegrenzung, Mengenanpassung und Kapazitätsanpassung ist der *mittlere Ladeeinheitenbedarf* für Füllaufträge mit der Füllmenge m_{FA} und N Positionen, die *positionsrein* in Ladeeinheiten der Kapazität C zu befüllen sind,

$$M_{FA} = MAX(N; m_{FA}/C + N \cdot (C - 1)/2C) \quad [LE] . \tag{12.42}$$

Die Formeln (12.41) und (12.42) resultieren aus dem anschaulich einsichtigen Sachverhalt, dass bei positionsreiner Befüllung ohne Mengenanpassung pro Position eine *Anbrucheinheit* entsteht, deren Inhalt zwischen 1 und C liegt und im Mittel $(C - 1)/2$ beträgt. Der *Anbruchverlust* ist pro getrennt zu beladender Füllauftragsposition im Mittel $(C - 1)/2C$ einer Ladeeinheit.

Für C = 1 entsteht kein Anbruchverlust. Für C = 2 ist der mittlere Anbruchverlust pro Position 1/4 einer Ladeeinheit. Für große Kapazität C $\gg$ 1 ist $(C - 1)/2C \approx 0,5$ und der mittlere Anbruchverlust pro Position eine halbe Ladeeinheit. *Abb.* 12.10 zeigt für eine Ladeeinheitenkapazität C = 5 FE/LE die mit Formel (12.17) für konstante Füllmengen und mit Formel (12.41) für veränderliche Füllmengen errechneten Abhängigkeiten des Ladeeinheitenbedarfs von der Füllmenge. Die Funktion (12.41) ist im Bereich $m_{FA} > (C - 1)/2$ eine mittlere Gerade durch die Treppenfunktion (12.17) und im Bereich $m_{FA} \leq (C - 1)/2$ identisch mit der Treppenfunktion.

Wenn die Füllstücke mehrerer Artikel oder Aufträge *gemischt* in die Ladeeinheiten gefüllt werden dürfen, ist die Summe der zusammen einfüllbaren Artikel oder Aufträge eine Füllauftragsposition, für die Berechnungsformel (12.41) anwendbar ist. Enthält eine Füllauftragsposition N_A Artikel, dann verteilt sich der Anbruchverlust der Füllposition auf die N_A Artikel. Der mittlere Anbruchverlust pro Artikel ist dann $((C - 1)/2C)/N_A$.

Durch Einsetzen der Beziehung (12.42) in die Definitionsgleichung (12.18) des mittleren Füllungsgrads folgt:

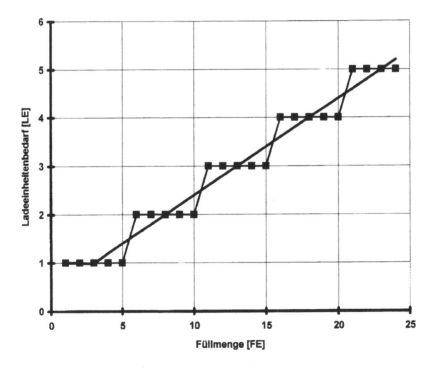

Abb. 12.10 Ladeeinheitenbedarf als Funktion der Füllmenge

Ladeeinheitenkapazität: C = 5 FE/LE
Treppenfunktion: LE-Bedarf bei definierter Füllmenge nach Bez. (12.17)
Gradenverlauf: mittlerer LE-Bedarf bei variabler Füllmenge nach Bez. (12.41)

- Ohne Gewichtsbegrenzung, Mengenanpassung und Kapazitätsanpassung ist der *mittlere Füllungsgrad* für Füllaufträge mit der Füllmenge m_{FA} und N Positionen, die *positionsrein* in Ladeeinheiten der Kapazität C zu befüllen sind,

$$\eta_{\text{füll}} = m_{FA}/\text{MAX}\,(N \cdot C; m_{FA} + N \cdot (C - 1)/2) \quad [\text{LE}]. \tag{12.43}$$

Aus dieser Funktion sind folgende *Gesetzmäßigkeiten* ablesbar, die in den *Abb.* 12.11 und 12.12 für unterschiedliche Ladeeinheitenkapazitäten dargestellt sind:

- Der Füllungsgrad nimmt mit zunehmender *Kapazität* der Ladeeinheiten ab, da der Anbruchverlust pro Füllauftrag immer größer wird.
- Der Füllungsgrad verbessert sich mit zunehmender *Füllmenge*, da der Anbruchverlust pro Füllauftrag mit der Füllmenge abnimmt.

Diese Abhängigkeiten lassen sich durch die Berechnungsformel (12.43) quantifizieren. Sie sind für die Auswahl und Dimensionierung von Ladeeinheiten von grundlegender Bedeutung.

12.5.5 Optimale Ladungsverteilung

In der Luftfracht, in der Seefracht und in Speditionen besteht eine Ladung häufig aus einer *Teilmenge* m_A [FE], für die das Fassungsvermögen der Ladeeinheiten gewichts-

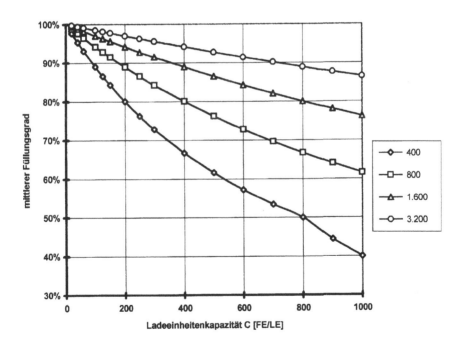

Abb. 12.11 Kapazitätsabhängigkeit des Füllungsgrads von Ladeeinheiten

Parameter: mittlere Füllmenge pro Füllauftrag [FE/FA]

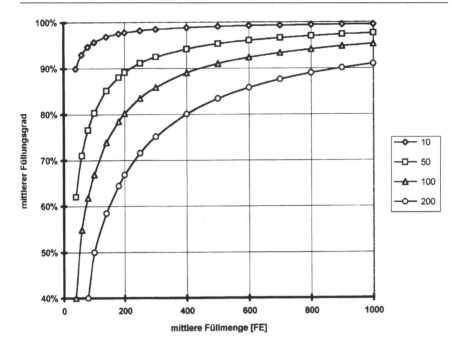

Abb. 12.12 Füllmengenabhängigkeit des Füllungsgrads von Ladeeinheiten

Parameter: Kapazität der Ladeeinheiten [FE/LE]

bestimmt ist, und einer *Teilmenge* m_B [FE], für die das Fassungsvermögen volumenbestimmt ist.

Für das Befüllen von Ladeeinheiten mit dem Laderaum V_{LE}, der Nutzlast G_{LE} und der *spezifischen Nutzlast* γ_{LE} = G_{LE}/V_{LE} mit Fülleinheiten, deren mittleres Volumen v_A, Gewicht g_A und *spezifisches Gewicht* γ_A = $g_A/v_A > \gamma_{LE}$ ist, ist die *gewichtsbestimmte Kapazität*:

$$C_A = \lceil G_{LE}/g_A \rceil = \text{ABRUNDEN}(G_{LE}/g_A) . \qquad (12.44)$$

Für das Befüllen mit den Fülleinheiten der Teilladung B, deren mittleres Volumen v_B, Gewicht g_B und *spezifisches Gewicht* γ_B = $g_B/v_B < \gamma_{LE}$ ist, ist bei einem Packungsgrad η_{pack} die *volumenbestimmte Kapazität*:

$$C_B = \eta_{pack} \cdot V_{LE}/v_B . \qquad (12.45)$$

Der gesamte *Ladeeinheitenbedarf* ist *bei separater Beladung*:

$$M_{sep} = \{m_A/C_A\} + \{m_B/C_B\} . \qquad (12.46)$$

Von den $\{m_A/C_A\}$ = AUFRUNDEN(m_A/C_A) gewichtsbestimmten Ladeeinheiten ist bei separater Beladung die Nutzlast voll ausgelastet aber ein Teil des Laderaums nicht gefüllt. Von den $\{m_B/C_B\}$ = AUFRUNDEN(m_B/C_B) volumenbestimmten Ladeeinheiten ist der Laderaum voll genutzt aber ein Teil der Nutzlast unausgelastet [186].

Bei *gemischter Beladung* mit C_{Aopt} Fülleinheiten der Teilladung A und mit C_{Bopt} Fülleinheiten der Teilladung B werden sowohl die Nutzlast G_{LE} wie auch der effektive Laderaum $\eta_{pack} \cdot V_{LE}$ der Ladeeinheiten vollständig genutzt, wenn gleichzeitig folgende Bedingungen erfüllt sind:

$$C_{Aopt} \cdot g_A + C_{Bopt} \cdot g_B = G_{LE} \,, \tag{12.47}$$

$$C_{Aopt} \cdot v_A + C_{Bopt} \cdot v_B = \eta_{pack} \cdot V_{LE} \,.$$

Durch Auflösen dieses Gleichungssystems nach C_{Aopt} und C_{Bopt} folgt:

▶ Die Nutzlast G_{LE} und der effektive Laderaum $\eta_{pack} \cdot V_{LE}$ einer Ladeeinheit werden maximal genutzt mit den *optimalen Teilladungskapazitäten*

$$C_{Aopt} = \eta_{pack} \cdot ((\gamma_{LE} - \gamma_B)/(\gamma_A - \gamma_B)) \cdot (V_{LE}/v_A) \,, \tag{12.48}$$

$$C_{Bopt} = \eta_{pack} \cdot ((\gamma_A - \gamma_{LE})/(\gamma_B - \gamma_A)) \cdot (V_{LE}/v_B) \,. \tag{12.49}$$

Wenn eine gemischte Beladung der Ladeeinheiten mit den Fülleinheiten der Teilladungen A und B zulässig ist und für die spezifischen Gewichte der beiden Teilladungen und die spezifische Nutzlast des Laderaums die Relation

$$\gamma_A > \gamma_{LE} > \gamma_B \tag{12.50}$$

gilt, lässt sich der Ladeeinheitenbedarf durch optimale Ladungsverteilung minimieren. Die *Ladungsverteilungsstrategie* besteht aus

Schritt 1: Die Ladeeinheiten werden mit den optimalen Teilladungskapazitäten (12.48) beladen bis entweder die Teilmenge m_A aller schweren oder die Teilmenge m_B aller leichten Fülleinheiten verladen ist. Die dadurch enstehende Anzahl gemischt befüllter Ladeeinheiten ist

$$M_{AB} = MIN \left(\{ m_A/C_{Aopt} \}; \{ m_B/C_{Bopt} \} \right) \,. \tag{12.51}$$

Schritt 2: Wenn die verbleibende Restmenge $(m_A - M_{AB} \cdot C_{ABopt})$ der Teilladung A größer 0 ist, wird diese in zusätzliche Ladeeinheiten verladen. Die dadurch entstehende Anzahl nur mit A-Fracht beladener Ladeeinheiten ist

$$M_A = MAX \left(0; \{ (m_A - M_{AB} \cdot C_{Aopt})/C_A \} \right) \,. \tag{12.52}$$

Schritt 3: Wenn die verbleibende Restmenge $(m_B - M_{AB} \cdot C_{ABopt})$ der Teilladung B größer 0 ist, wird diese in zusätzliche Ladeeinheiten verladen. Die dadurch entstehende Anzahl nur mit B-Fracht beladener Ladeeinheiten ist

$$M_B = MAX \left(0; \{ (m_B - M_{AB} \cdot C_{Bopt})/C_B \} \right) \,. \tag{12.53}$$

Die insgesamt bei *optimaler Ladungsverteilung* entstehende Anzahl Ladeeinheiten ist also:

$$M_{opt} = M_{AB} + M_A + M_B \,. \tag{12.54}$$

Für ein Beispiel zeigt *Abb.* 12.13 den mit Hilfe der Beziehungen (12.44) bis (12.54) berechneten Ladeeinheitenbedarf bei separater und bei optimaler Beladung in Abhängigkeit vom Mengenverhältnis der gewichtsbestimmten zur volumenbestimmten Teilladung. Hieraus sind folgende *Dispositionsregeln* ablesbar:

▶ Bei einem *optimalen Mengenverhältnis*

$$(m_A/m_B)_{opt} = C_{Aopt}/C_{Bopt} = (\gamma_{LE} - \gamma_B)/(\gamma_A - \gamma_{LE}) \qquad (12.55)$$

der Teilladungen A und B mit den spezifischen Gewichten $\gamma_A > \gamma_{LE} > \gamma_B$ lässt sich durch Ladungsverteilung der Ladeeinheitenbedarf um 20 % und mehr reduzieren.

▶ Die durch optimale Ladungsverteilung erreichbare Reduzierung des Ladeeinheitenbedarfs nimmt mit dem Unterschied der spezifischen Gewichte der Teilladungen zu.

Diese Zusammenhänge sind erfahrenen Spediteuren bekannt. Sie versuchen daher bei einer Übermenge volumenbestimmter Ladung zusätzlich gewichtsbestimmte Ladung zu akquirieren und bei einer Übermenge gewichtsbestimmter Ladung zusätzliche volumenbestimmte Ladung zu bekommen, um die verfügbare Ladekapazität maximal zu nutzen. Die vorangehenden Formeln ermöglichen eine Berechnung des

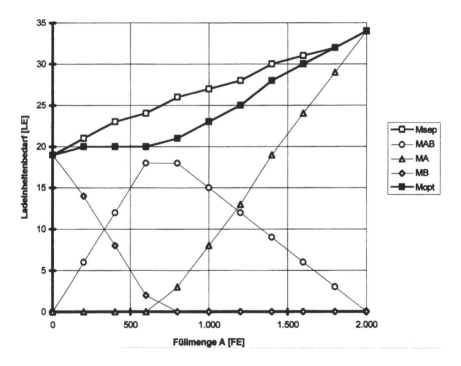

Abb. 12.13 Ladeeinheitenbedarf bei separater und optimaler Ladungsverteilung als Funktion der Füllmenge

Füllmenge: $m_{AB} = m_A + m_B = 2.000$ Fülleinheiten

M_{sep}:   LE-Bedarf bei separater Befüllung der leichten und schweren FE

M_{opt}:   LE-Bedarf bei optimaler Ladungsverteilung

M_{AB}:   LE-Anzahl mit gemischter Befüllung

M_A: LE-Anzahl nur mit schweren A-Frachtstücken

M_B: LE-Anzahl nur mit leichten B-Frachtstücken

optimalen Mengenverhältnisses (12.55) und eine optimale Beladung mit den Teilladungskapazitäten (12.48) [186].

12.6 Logistikstammdaten

Trotz der grundlegenden Bedeutung der Logistikstammdaten werden diese nicht in allen Unternehmen erfasst, in den Stammdateien nicht vollständig hinterlegt oder nicht laufend aktualisiert. Hieraus kann die Verwendung falscher Versandverpackungen, der Einsatz ungünstiger Ladungsträger, die Fehlbelegung der Lagerbereiche und die Nutzung kostenungünstiger Logistikketten resultieren [30, 31].

Korrekte und vollständige Logistikstammdaten werden benötigt für die Kalkulation:

- der nutzungsgemäßen Leistungskosten und Leistungspreise
- der Logistikkosten von Artikeln, Warengruppen und Aufträgen
- der Logistikkosten einzelner Lieferanten und der gesamten Beschaffung
- der Logistikkosten einzelner Kunden und der gesamten Distribution.

Sie sind außerdem Voraussetzung für:

- Auswahl und Zuordnung optimaler Ladungsträger und Transportmittel
- Pack- und Füllstrategien zur Bildung optimaler Ladeeinheiten
- kostenoptimale Auftrags- und Bestandsdisposition
- Bestimmung optimaler Beschaffungs-, Belieferungs- und Transportketten
- Kalkulation des Ladungsträger- und Transportmittelbedarfs
- Berechnung von Leistungen und Personalbedarf des Kommissionierens
- leistungsgemäße Vergütung von Logistikleistungen
- Zuweisung optimaler Lager- und Kommissionierbereiche
- Gestaltung, Dimensionierung und Optimierung von Logistiksystemen.

Um für alle diese Verwendungszwecke die Logistikdaten im Rechner verfügbar zu halten, ist eine *Logistikdatenbank* erforderlich [31]. Eine Logistikdatenbank ist eine *relationale Datenbank* mit *Referenztabellen* und *Verzeichnissen*, die jeweils zusammengehörige Stammdaten enthalten. Ein bestimmter Stammdatensatz ist in nur einer Referenztabelle hinterlegt, auf die alle Programme zugreifen.

Die Logistikdatenbank eines Industrie- oder Handelsunternehmens umfasst z. B. folgende Haupt- und Unterverzeichnisse:

- *Auftrags- und Artikellogistikdaten*

$$\begin{array}{ll} \text{Auftragslogistikdaten} \\ \text{Artikellogistikdaten} \end{array} \tag{12.56}$$

- *Standortlogistikdaten*

$$\begin{array}{ll} \text{Lieferantenlogistikdaten} \\ \text{Betriebslogistikdaten} \\ \text{Verkaufsstellenlogistikdaten} \end{array} \tag{12.57}$$

- *Logistikeinheitenverzeichnisse*

  Ladeeinheitenverzeichnis
  Verpackungsverzeichnis
  Ladehilfsmittelverzeichnis
  Transportmittelverzeichnis   (12.58)
  Verkaufsplatzverzeichnis
  Lagerplatzverzeichnis

- *Leistungskostenverzeichnis*

  Handlingkosten
  Lagerleistungskosten
  Transportleistungskosten   (12.59)
  Frachtkosten
  Administrative Leistungskosten.

Nachfolgend werden die Inhalte dieser Verzeichnisse näher erläutert. Die angegebenen Logistikkenndaten müssen unternehmensspezifisch ergänzt und angepasst werden [29–31]. *Abb.* 12.14 zeigt die Stammdatensätze und Verzeichnisse der Logistikdatenbank eines Handelsunternehmens.

Außer den spezifischen Logistikdaten werden für die Planung und Disposition auch technische, kommerzielle und andere Daten benötigt, die hier nicht behandelt werden. Auch die Verzeichnisse und Stammdatensätze der Logistik beziehen sich teilweise auf kommerzielle Stammdaten und technische Datenverzeichnisse, wie *Preisverzeichnisse, Materialstammdatensätze* und *Etikettenverzeichnisse*.

12.6.1 Auftrags- und Artikellogistikdaten

Die Auftragslogistikdaten spezifizieren die mit einem Auftrag verbundenen logistischen Leistungsanforderungen. Die Aufträge lösen die Prozesse in den Logistikketten vom Herstell- oder Versandort bis zum Empfangsort aus (s. *Abschn. 2.1*). Dementsprechend umfassen die *Auftragslogistikdaten*:

- *Adressen* der Lieferstelle und der Empfangsstelle
- *Artikelnummern* der zu liefernden Artikel oder zu fertigenden Produkte
- *Liefermengen* Anzahl zu liefernder Artikel- oder Produkteinheiten
- *Zeitanforderungen* Abholtermin, Lieferzeit oder Zustelltermin.

Für reine Leistungsaufträge tritt an die Stelle der Artikelnummer eine *Leistungsspezifikation* oder eine *Leistungsnummer*, die sich auf ein *Leistungsverzeichnis* bezieht. Die geforderten Leistungsmengen sind in *Leistungseinheiten* angegeben.

Die Artikellogistikdaten umfassen alle Informationen und Daten eines Artikels, die zur Durchführung der Logistikprozesse benötigt werden. *Artikellogistikdaten* sind daher die erforderlichen Daten und Angaben über:

- *Artikelnummer*: EAN-Nummer oder interne Artikelnummer
- *Hersteller*: Adresse des Produzenten

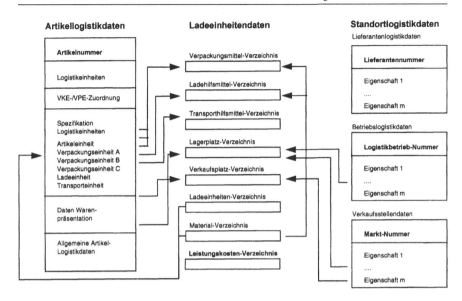

Abb. 12.14 Stammdatensätze und Verzeichnisse der Logistikdatenbank eines Handelsunternehmens

- *Bezeichnung*: Name oder übliche Bezeichnung
- *Beschaffenheit*: Aggregatzustand, Materialart, Gefahrgutklasse, Brandklasse
- *Artikeleinheiten*: Maßeinheit für lose Ware (m, m², m³, Liter, kg, t) Mengeneinheit für verpackte Ware (VKE, VPE...)
- *Liefereinheiten*: in denen der Artikel angeliefert und ausgeliefert wird; Beschaffenheit, Verpackung, Inhalt, Maße, Gewicht und Packrestriktionen
- *Versandeinheiten*: in denen die Liefereinheiten versandt werden; Ladungsträger, Inhalt, Maße, Gewicht, Pack- und Füllrestriktionen
- *Vorschriften*: Artikelspezifische Vorgaben für Handling, Lager, Transport und andere Logistikprozesse
- *Beschaffungsquellen*: Adressen der Lieferstellen oder Lieferanten
- *Lagerhaltigkeit*: Auftragsartikel, Lagerartikel mit eigenem Bestand oder aus fremdem Bestand
- *Lieferfähigkeit*: für lagerhaltige Artikel
- *Beschaffungszeit*: Erstbeschaffungszeit, Wiederbeschaffungszeit
- *Wert*: Einkaufspreis oder Erzeugungskosten (EK), Verkaufspreis oder Verrechnungspreis (VP).

Alle Informationen, für die ein gesondertes Verzeichnis existiert, beschränken sich auf die Angabe eines entsprechenden *Kennworts* oder einer *Kennummer*.

Zusätzlich zu den *quantifizierbaren Daten* und den *standardisierten Informationen*, die durch *Kennworte* und *Kennzahlen* angegeben werden, gibt es auftrags- und artikelspezifische Abgaben, die fallweise in Form beschreibender Hinweise einzugeben sind.

12.6.2 Standortlogistikdaten

Die Logistikdaten eines Standorts umfassen alle Daten und Informationen, die Auswirkungen haben auf die logistische Leistungserfüllung. Zu den *Lieferantenlogistikdaten* gehören:

- *Auslieferadressen* des oder der Versandstandorte
- *Warenausgang*: Anzahl Tore, Fläche und Pufferkapazitäten, Ausgangskontrolle
- *Belieferungsketten*: zur Auswahl stehende Belieferungswege und Belieferungsformen
- *Logistikkondition*: Preisstellung für die verschiedenen Belieferungsketten
- *Logistikeinheiten*: von der Lieferstelle eingesetzte Ladungsträger und Transporthilfsmittel
- *Zeitangaben* Betriebszeiten, Lieferzeiten, Abholzeiten, Zustellzeiten.

Die *Betriebslogistikdaten* betreffen die logistischen Gegebenheiten in den eigenen Betrieben, Lagern und Logistikstandorten des Unternehmens außer den Verkaufsstellen. Sie umfassen Angaben über:

- *Wareneingang*: Anzahl Tore, Fläche und Pufferkapazitäten, Erfassung und Kontrolle
- *Lagerbereiche*: Lagertypen, Kapazitäten und Grenzleistungen der vorhandenen Lager
- *Kommissionierung*: Arten, Kapazitäten und Grenzleistungen der Kommissionierung
- *Warenausgang*: Anzahl Tore, Fläche und Pufferkapazitäten, Ausgangskontrollen
- *Logistikeinheiten*: im Betrieb einsetzbare Ladungsträger und Logistikeinheiten
- *Zeitangaben*: Betriebszeiten, Standardlieferzeiten, Abholzeiten.

Die Verkaufsstellen eines Unternehmens, wie die Verkaufsniederlassungen, Läden, Filialen oder Märkte, sind Logistikstandorte, die speziell auf den *Kunden* und für den *Verkaufserfolg* ausgelegt sind. Die *Logistikdaten der Verkaufsstellen* spezifizieren die logistischen Gegebenheiten in diesen Leistungsbereichen und umfassen Angaben über:

- *Wareneingang*: Anzahl Tore, Fläche und Pufferkapazitäten, Erfassung und Kontrolle
- *Reservelager*: Lagertypen, Kapazitäten und Grenzleistungen der Reservelager
- *Verkaufsplätze*: Arten und Kapazität der Verkaufsplätze zur Warenbereitstellung
- *Logistikeinheiten*: in der Verkaufsstelle einsetzbare Ladungsträger und Logistikeinheiten
- *Zeitangaben*: Betriebszeiten, Verkaufszeiten, Anlieferzeiten.

Auch bei den Standortlogistikdaten beschränken sich alle Informationen, für die ein gesondertes Verzeichnis existiert, auf die Angabe eines entsprechenden *Kennworts* oder einer *Kennummer*.

12.6.3 Logistikeinheitendaten

Die Verzeichnisse der Logistikeinheitendaten werden zweckmäßig aufgeteilt in

- Verzeichnisse *elementarer Logistikeinheiten*:
  Artikeleinheiten
  Verpackungseinheiten
- Verzeichnisse *zusammengesetzter Logistikeinheiten*:
  Verkaufseinheiten, Verbrauchseinheiten oder Abgabeeinheiten
  Einkaufseinheiten, Bestelleinheiten oder Nachschubeinheiten
  Bereitstelleinheiten und Lagereinheiten
  Handlingeinheiten und Entnahmeeinheiten
  Verpackungseinheiten und Versandeinheiten
  Frachteinheiten, Ladungseinheiten und Transporteinheiten
- Verzeichnisse der *Ladungsträger*:
  Packmittel: Flaschen, Fässer, Säcke, Beutel, Rollen, Dosen, Fässer Trays, Kartons, Pakete
  Ladehilfsmittel: Schubladen, Behälter, Kassetten, Tablare und Paletten
  Transporthilfsmittel: Container, Wechselbrücken, Sattelauflieger, Waggons
  Transportmittel: Flurförderzeuge, Lastzüge, Lastwagen, Schienenfahrzeuge, Binnenschiffe, Seeschiffe, Flugzeuge
- Verzeichnisse der *Lagerplätze*:
  Lagerplätze Boden-, Block-, Regal-, Behälter-, Palettenlagerplätze
  Verkaufsplätze Schubfächer, Fachböden, Haken, Theken, Bodenplätze u. a.

Unabhängig vom Inhalt werden zur Spezifikation der in den Betrieben und Lieferketten vorkommenden Logistikeinheiten folgende *Logistikeinheitendaten* benötigt:

- *Ident-Nummer*: Kennummer der Logistikeinheit
- *Bezeichnung*: technisch-funktionaler Name
- *Einsatzorte*: Angabe der betreffenden Standorte und Logistikketten
- *Form*: Würfel, Quader, Zylinder, Kugel, Hüllkörper u. a.
- *Ladungsträger*: Ladungsträger gemäß *Ladungsträgerverzeichnis*
- *Vorschriften*: spezifische Vorschriften wie Lastaufnahmepunkte und Vorgaben für Logistikprozesse
- *Außenmaße*: Länge, Breite, Höhe, Durchmesser und Volumen des maximalen Außenkörpers gefüllter Ladeeinheiten
- *Gewichte*: Maximalgewicht, Minimalgewicht, Durchschnittsgewicht gefüllter Ladeeinheiten einschließlich Ladungsträger
- *Kapazität*: Innenmaße, Laderaum, Nutzlast Maximalzahl definierter Fülleinheiten
- *Restriktionen*: Belastbarkeit, Stapelfaktor, Stapelrichtung und Befüllbarkeit
- *Kodierung*: Art und Größe der Kodierung gemäß *Kodierungsverzeichnis*, Inhalt und Anbringungsort der Kodierung.

Diese allgemeinen Kenndaten der Logistikeinheiten sind für spezielle Einheiten, wie z. B. die Ladungsträger, zu ergänzen um technische Daten, wie Material, Wiederverwendbarkeit, Entsorgungsvorschriften, Beschaffungspreis, Eigentümer usw.

12.6.4 Leistungskostensätze

In den Verzeichnissen der logistischen Leistungskosten sind alle *Leistungskostensätze* und *Leistungspreise* gespeichert, die zur Kalkulation von Artikel- und Auftragslogistikkosten sowie von optimalen Nachschubmengen und Losgrößen benötigt werden. Die Anwendungsmöglichkeiten, die Struktur und die Herkunft der Kostensätze und Preise der Unterverzeichnisse (12.59) sind in *Kap. 7 Logistikkosten* und *Kap. 8 Leistungsvergütung* sowie in den nachfolgenden Kapiteln dargestellt und erläutert.

12.7 Datenbedarf zur dynamischen Disposition

Eine wichtige Voraussetzung für die dynamische Auftrags- und Lagerdisposition durch ein Dispositionsprogramm sind vollständige, korrekte und aktuelle Artikel- und Logistikstammdaten. Hierzu müssen die Herkunft, die Verantwortung für die Richtigkeit und Aktualität sowie die Eingabe und laufende Pflege der Artikeldaten und Logistikstammdaten im Unternehmen genau geregelt sein.

Die dispositionsrelevanten Daten umfassen allgemeine *Logistikstammdaten*, statische *Artikelstammdaten*, dynamische *Artikeldaten* und die *Dispositionsparameter*. Die größten Lücken und die meisten Fehler finden sich erfahrungsgemäß in den Artikelstammdaten. Das wird oft erst kurz vor dem Start einer neuen, veränderten oder verbesserten Dispositionssoftware erkannt. Dann reicht meist die Zeit nicht mehr, um alle Artikeldaten zu beschaffen und Lücken zu füllen. Daraus folgt die *Planungsregel*:

▶ Die genaue Kenntnis des dispositionsrelevanten Datenbedarfs und ein planvolles Vorgehen zur Ermittlung der fehlenden Daten sind unerlässliche Voraussetzungen für eine erfolgreiche Disposition.

Es ist verhängnisvoll und hat schon zu erheblichen Belastungen bis hin zum Ruin des Unternehmens geführt, ein Dispositionsprogramm mit unvollständigen oder falschen Stammdaten und Dispositionsparametern zu betreiben [178, 191].

12.7.1 Logistikstammdaten und Dispositionsparameter

Die allgemeinen Logistikstammdaten umfassen alle für die dynamische Disposition benötigten Daten und Eingabewerte, die für das gesamte Sortiment, einzelne Artikelgruppen oder bestimmte Serviceklassen gelten.

Für das gesamte Sortiment sind zur dynamischen Disposition folgende *Logistikstammdaten* erforderlich:

- *Tageslagerzinssatz* z_L [%/AT]
- *Zulässige Bestandsreichweite* RW_{zul} [AT].

Der Tageslagerzinssatz ergibt sich aus dem Kapitalzinssatz und einem Risikozinssatz, der von der Verkäuflichkeit und Verderblichkeit des Sortiments abhängt.

Außerdem wird ein Ladungsträgerverzeichnis benötigt, das für alle eingesetzten Verpackungseinheiten und Ladeeinheiten folgende Kostensätze für das Einlagern und die Lagerung enthält:

- *Einlagerkostensatz* k_{LEein} [€/LE] pro eingelagerte Ladeeinheit
- *Lagerplatzkostensatz* k_{LE} [€/LE-AT] pro Lagereinheit und Arbeitstag.

Pro Warengruppe oder für bestimmte Artikelklassen sind zusätzlich folgende Logistikstammdaten zu hinterlegen:

- geforderte *Lieferfähigkeit* η_{lief} [%]
- zugesicherte *Termintreue* η_{treu} [%]

Fest zu programmieren sind für alle Artikel die allgemeinen *Dispositionsparameter:*

- *maximaler Variationskoeffizient* $v_{\lambda\,max}$ = 5 % des Periodenbedarfs
- *minimaler Absatzglättungsfaktor* α_{min} (z. B. = 0,033)
- *maximaler Absatzglättungsfaktor* α_{max} (z. B. = 0,333)
- *WBZ-Glättungsfaktor* α_{WBZ} = 0,333.

Die Verantwortung für die Eingabe und Richtigkeit der Logistikstammdaten und Dispositionsparameter liegt bei den Disponenten, die sich dafür mit dem Vertrieb und dem Controlling abstimmen müssen.

Bei der Neuinstallation eines Dispositionsprogramms oder bei einem Systemwechsel bereiten die allgemeinen Logistikstammdaten in der Regel die geringsten Probleme. Wegen ihrer großen Tragweite aber müssen sie besonders sorgfältig festgelegt werden.

12.7.2 Statische Artikelstammdaten

Die zur Disposition benötigten statischen *Artikelstammdaten* sind unabhängig von Auftragseingang und Absatz des Artikels. Sie werden bei der Neuaufnahme eines Artikels von den hierfür verantwortlichen Stellen ermittelt und in den Artikeldatensatz eingegeben. Die statischen Artikelstammdaten sollen und dürfen nur aus begründetem Anlass von der dazu autorisierten Stelle verändert werden.

Zur dynamischen Disposition eines *Erzeugnisses* aus einer eigenen Fertigungsstelle sind folgende *Artikelstammdaten* erforderlich:

- *Fertigungsstellen*
- *Verbrauchs- oder Verkaufseinheiten* [VE = kg, l, m^3, m^2, m bzw. = Stück, WST…]
- *Herstellkosten* P_{VE} [€/VE] der Verbrauchs- bzw. Verkaufseinheit
- *Kapazität* C_{VPE} [VE/VPE] *der zulässigen Verpackungseinheiten*
- *Kapazitäten* C_{LE} [VE/LE und VPE/LE] *der zu verwendenden Ladeeinheit*
- *Plandurchlaufzeit* der Fertigung $T_{WBZ\,plan}$ [AT]
- *Produktionsauftragskosten* k_{Auf} [€/PAuf] für Direktlieferung und Lagernachschub
- *Mindestlosgröße* m_{Nmin} und Maximalgröße m_{Nmax} [VE/NAuf]
- *Produktionsgrenzleistung* m_{PMmax} [VE/PE]
- *Erzeugnisstückliste* mit dem Einsatzmaterialbedarf m_m [VE$_m$ pro VE].

Wenn der Artikel ein Vorerzeugnis ist, das in der eigenen Produktion zu unterschiedlichen Erzeugnissen weiterverarbeitet wird, benötigt die Fertigungsdisposition zusätzlich eine

- *Materialverwendungsliste* mit den *Materialdurchlaufzeiten*

Die Verantwortung für die Ersteingabe der statischen Stammdaten eines neuen oder technisch veränderten Artikels aus der eigenen Produktion liegt bei der *Produktentwicklung* in Abstimmung mit den Verantwortlichen für die Produktion. Für einen eingeführten Artikel geht die Verantwortung für die Richtigkeit der Artikelstammdaten auf die Produktion über, die bei Veränderungen des Fertigungsprozesses die Stammdaten überprüfen und gegebenenfalls korrigieren muss.

Für einen *fremdbeschafften* Artikel werden folgende *Artikelstammdaten* benötigt:

- *Beschaffungsquellen*
- *Verbrauchs- oder Verkaufseinheiten* [VE = kg, l, m^3, m^2, m bzw. = Stück, WST...]
- *Einkaufs- oder Beschaffungseinheit* C_{BE} [VE/BE]
- *Beschaffungspreis* P_{VE} [€/VE] der Verbrauchseinheit
- *Kapazität* C_{VPE} [VE/VPE] *der zulässigen Verpackungseinheiten*
- *Kapazitäten* C_{LE} [VE/LE und VPE/LE] *der zu verwendenden Ladeeinheit*
- *Planwiederbeschaffungszeit* $T_{WBZplan}$ [AT]
- *Beschaffungsauftragskosten* k_{Auf} [€/BAuf] für Direktlieferung und Lagernachschub
- *Mindestbestellmenge* m_{Nmin} und *Maximalbestellmenge* m_{Nmax} [VE/NAuf].

Die Einkaufs- oder Beschaffungseinheit ist in der Regel eine Verpackungseinheit oder eine Ladeeinheit. Sie kann aber auch davon abweichen.

Für Fremderzeugnisse wird keine Materialstückliste benötigt. Wenn der fremd beschaffte Artikel in der eigenen Produktion zu unterschiedlichen Erzeugnissen weiterverarbeitet wird, muss jedoch auch für das Fremderzeugnis eine *Materialverwendungsliste* mit den *Materialdurchlaufzeiten* im Rechner gespeichert werden.

Verantwortlich für die Ersteingabe, die Aktualisierung und die Richtigkeit der Stammdaten der fremd beschafften Artikel ist in der Regel der *Einkauf* in Abstimmung mit dem Lieferanten.

Wenn bis zum Start eines neuen Dispositionssystems nicht alle statischen Artikelstammdaten bekannt und zutreffend sind, ist es unter Umständen möglich, zunächst für eine überschaubare Anzahl von Artikelgruppen mit ähnlichen Logistikeigenschaften *Standardwerte* oder *Durchschnittswerte* zu ermitteln und diese als Startwerte zu verwenden. Anschließend aber müssen die Stammdaten jedes einzelnen Artikels überprüft und gegebenenfalls korrigiert werden.

12.7.3 Dynamische Artikeldaten

Die *dynamischen Artikeldaten* sind vom aktuellen Absatz abhängig. Sie werden nach jeder Dispositionsperiode – d. h. bei einer Tagesdisposition täglich – aktuell berechnet und im Artikeldatensatz neu abgespeichert.

Für die automatische Disposition sind vom Programm folgende *dynamische Artikeldaten* täglich neu zu errechnen und zu speichern:

- aktueller *Prognosewert für den Tagesbedarf* $\lambda_m(t)$ [VE/AT]
- aktueller *Prognosewert für die Streuung des Tagesbedarfs* $s_\lambda(t)$ [VE/AT]

- aus der aktuellen Wiederbeschaffungszeit nach Eingang eines Nachschubs berechneter *Prognosewert für die Wiederbeschaffungszeit* $T_{WBZm}(t)$ [AT]
- aus der aktuellen Wiederbeschaffungszeit berechneter *Prognosewert für die Streuung* $s_{Tm}(t)$ der *Wiederbeschaffungszeit* $T_{WBZm}(t)$ [AT]
- optimale *Nachschubmenge* $m_{Nopt}(t)$ [VE]
- aktueller *Sicherheitsbestand* $m_{sich}(t)$ [VE]
- aktueller *Meldebestand* $m_{MB}(t)$ [VE]
- aktueller *Lagerbestand* in VE, KLT und LE eines Lagerartikels
- die *Lageropportunitätsgrenze*
- der *Lageropportunitätsgewinn*.

Die Speicher- und Anzeigefelder der dynamischen Artikeldaten müssen vom Programm gesperrt sein, damit sie nicht von außen verändert werden.

Da die dynamische Disposition weitgehend selbstregelnd ist und die aktuellen Werte nach kurzer Zeit aus den Ist-Daten errechnet, genügt es bei den dynamischen Artikeldaten zum Start des Dispositionssystems die alten Absatzwerte, Planlieferzeiten, Nachschubmengen und Sicherheitsbestände als Anfangswerte zu übernehmen. Dabei ist jedoch eine *Ausnahme* zu beachten:

▶ Die aktuellen *Bestandswerte* der einzelnen Artikel müssen absolut korrekt sein.

Sie müssen daher möglichst durch eine *permanente Inventur* immer wieder überprüft und bei Differenzen korrigiert werden.

12.7.4 Anzeigebedarf

Für die Eingabe und Anzeige der zur Disposition benötigten Artikel- und Logistikstammdaten sind gut gestaltete *Eingabe-* und *Anzeigemasken* erforderlich. Ein benutzerfreundliches Dispositionsprogramm muss den für die Eingabe und Pflege Verantwortlichen sowie den Disponenten auf Anforderung alle benötigten Artikel- und Logistikstammdaten und die vom Programm berechneten aktuellen Dispositionswerte in übersichtlicher Form anzeigen.

Zur *Anzeige kritischer Artikel* werden zusätzlich Felder für das zweimalige Überschreiten des Streuwertes und für den Nullperiodenanteil benötigt. Außerdem sind alle Lagerartikel anzuzeigen, deren Auftragslogistikstückkosten soweit gefallen sind, dass sie deutlich geringer sind als die Lagerlogistikstückkosten. Für eine *Engpasswarnung* sind Anzeigefelder für die Engpasszeit, den Engpassbedarf und die Überschusskapazität erforderlich [178].

12.8 Elektronisches Kanban

Das *Kanban-Verfahren* regelt den Nachschub einer Verbrauchsstelle in *vollen Behältern*, die durch *Karten* (japanisch: *Kanban*) gekennzeichnet sind [171,179,220]. Beim *Zweibehälter-Kanban* wird der Nachschub nach Leeren des Zugriffsbehälters ausgelöst, indem der Leerbehälter herausgestellt oder eine Begleitkarte an ein Brett gehängt wird. Beim *Einbehälter-Kanban* von *Lagerteilen* wird die Karte des Zugriffsbehälters ans Brett gehängt, wenn der Inhalt einen *Bestellbestand* erreicht hat, der auf der Karte vermerkt ist (s. *Abschn. 11.11.1*). Beim *JIT-Kanban* von *Auftragsteilen* wird rechtzeitig ein voller Ladungsträger mit den Auftragsteilen durch einen JIT-Beleg bei der Lieferstelle angefordert.

Das bestechend einfache, weil selbstregelnde Kanban-Verfahren ist in der Industrie, insbesondere im Fahrzeugbau, weit verbreitet. Dabei werden jedoch die Nachteile übersehen: Gefahr von Fehlbeständen; unwirtschaftliche Behältergröße; Aufwand und Zeitbedarf für Erstellen, Rücklauf und Erfassen der Karten. Diese Nachteile lassen sich vermeiden durch das *elektronische Kanban*. Beim elektronischen *Kanban ohne Kartenrücklauf* wird der Nachschub nach Leeren des Zugriffsbehälters oder Erreichen des Bestellbestands von der Verbrauchsstelle durch *Scannen der Behälterkodierung* ausgelöst. Über EDI läuft die Anforderung an das Vorratslager oder die Lieferstelle und veranlasst diese unverzüglich einen Nachschubbehälter auszulagern oder zu befüllen. Der volle Behälter, dessen Inhalt auf einem *Etikett* oder einem *Transponder* [221] kodiert ist, wird sofort an die Bedarfsstelle abgeschickt und von dieser nach der Ankunft gescannt, um so den Empfang zu quittieren.

Leere *Container*, Boxpaletten und *Großladungsträger* (GLT), die nicht zusammenklappbar sind, bringt das Anlieferfahrzeug der Vollbehälter zurück zur Lieferstelle. Flachpaletten, Klappboxen und *Kleinbehälter* (KLT) werden gesammelt und gebündelt zur Lieferstelle gebracht oder in einen allgemeinen *Leergutpool* zurückgegeben.

Beim elektronischen Kanban entfällt die gesamte Zettelwirtschaft des herkömmlichen Kanbans. Der Leergutrücklauf ist vom Vollbehälternachschub entkoppelt und daher rationeller. Außerdem verkürzen sich die *Wiederbeschaffungszeiten*, die jetzt laufend kontrolliert werden, um die Rücklauf- und Bearbeitungszeiten der Begleitkarten. Darüber hinaus erfolgt eine aktuelle Verbuchung des Verbrauchs im Rechner. Das eröffnet die Möglichkeit zur Überprüfung der *wirtschaftlichen Behältergröße* und zur *Anpassung des Bestellbestands mit dynamischem Sicherheitsbestand* an einen sich ändernden Verbrauch (s. *Abschn. 11.11.1* und *11.15*).

13 Grenzleistungen und Staueffekte

Produktions-, Leistungs- und Logistiksysteme sind Netzwerke von *Stationen*, die durch *Transportverbindungen* miteinander verknüpft sind. Durch die Netzwerke laufen Logistikobjekte und Informationsobjekte (s. *Abb. 1.3*). *Logistikobjekte* sind Material, Produkte, Waren, Sendungen, Ladeeinheiten, Personen oder Transporteinheiten. *Informationsobjekte* sind Aufträge, Belege, Informationen und Daten. In den Abfertigungs-, Produktions- und Leistungsstellen des Systems werden die Objekte verbraucht, bearbeitet, abgefertigt oder erzeugt.

Die *Leistungs- und Durchsatzfähigkeit* der einzelnen Stationen und Verbindungen bestimmt das *Leistungs- und Durchsatzvermögen* des Gesamtsystems. *Warteschlangen* in den Stationen und auf den Verbindungen verlängern die Durchlaufzeiten der Objekte von den Eingängen und Quellen zu den Ausgängen und Senken. Für die optimale Gestaltung und Dimensionierung eines neuen Systems sowie für die Bewertung, den Vergleich und die Verbesserung vorhandener Systeme ist daher die Kenntnis der *Grenzleistungen* und *Staueffekte* der Stationen und Verbindungen erforderlich, aus denen sich die Systeme zusammensetzen [27, 73, 74, 117].

Hierfür werden in diesem Kapitel das *Durchsatzverhalten* der Stationen von Produktions-, Leistungs- und Logistiksystemen analysiert, Formeln zur Berechnung der *technischen Grenzleistungen* hergeleitet und die möglichen *Abfertigungsstrategien* beschrieben. Für die verschiedenen Stationstypen und Abfertigungsstrategien werden *Grenzleistungsgesetze* entwickelt und anhand ausgewählter Beispiele erläutert.

Wenn der Zulauf die Grenzleistung einer Station erreicht oder überschreitet, kommt es zu *Warteschlangen, Rückstaus* und *Blockierungen*. Die Auswirkungen und die Quantifizierung dieser *Staueffekte* sind Gegenstand eines weiteren Abschnitts.

Durch Störungen und Ausfälle wird die *technische Grenzleistung* der Systemelemente auf eine *verfügbare Grenzleistung* reduziert. In einem weiteren Abschnitt werden daher die *Zuverlässigkeit* und *Verfügbarkeit* von Elementen, Leistungsketten und Systemen behandelt. Die angegebenen Definitionen und Berechnungsformeln sind grundlegend für den *Funktionstest* und die *Abnahme* von Anlagen und Systemen mit diskontinuierlicher Belastung [118]. Hierfür werden *Funktions- und Leistungsanalysen* entwickelt und Tests zur *Abnahme von Systemen* dargestellt.

Zur Demonstration des Nutzens der in diesem Kapitel entwickelten Verfahren werden abschließend Handlungsmöglichkeiten und Strategien zur *Leistungsoptimierung in der Produktion* hergeleitet.

T. Gudehus, *Logistik 1*, VDI-Buch,   451
DOI 10.1007/978-3-642-29359-7_13, © Springer-Verlag Berlin Heidelberg 2012

13.1 Leistungsdurchsatz

Wie die *Abb. 1.3* zeigt, laufen in die $i = 1, 2 \ldots N_E$ *Eingangsstationen* ES_i eines *Leistungssystems* N_E *Einlaufströme* λ_{Ei} [LO_i/ZE] hinein und aus den $j = 1, 2 \ldots N_A$ *Ausgangsstationen* λ_{Sj} insgesamt N_A *Auslaufströme* λ_{Ej} [LO_j/ZE] heraus, die aus gleichartigen oder unterschiedlichen Logistikobjekten [LO] bestehen. Hinter den Einlaufstationen verteilen sich die Ströme $\lambda_n(t)$, die in der Regel zeitabhängig sind, auf die verschiedenen Leistungs- und Logistikstationen, in denen sie zusammenlaufen, verzweigt werden, enden oder andere Ströme erzeugt werden.

Produktions-, Logistik- und Transportsysteme sind Subsysteme der Leistungssysteme eines Unternehmens, einer Branche oder einer Volkswirtschaft. Sie unterscheiden sich voneinander durch das Ausmaß der Veränderung, die im System mit oder an den Logistikobjekten stattfindet (s. *Kap. 1* und 15):

- Wenn die einlaufenden materiellen Objekte im System technisch verändert oder aus ihnen andere Objekte erzeugt werden, wenn also anders beschaffene Objekte das System verlassen, ist das Leistungssystem ein *Produktionssystem*.
- Wenn die einlaufenden materiellen Objekte das System nach gewisser Zeit in gleicher oder anderer Zusammensetzung technisch unverändert verlassen, handelt es sich um ein *Logistiksystem*.
- Wenn die Einlaufströme aus Lade- oder Transporteinheiten bestehen, die das System nach einer bestimmten Laufzeit an einem anderen Ort inhaltlich unverändert verlassen, ist das Logistiksystem ein *Transportsystem* (s. *Kap. 18*).

Das Durchsatz- und Leistungsvermögen eines Produktions-, Logistik- oder Transportsystems wird durch die Durchsatz- oder Leistungsfähigkeit eines oder weniger Engpasselemente begrenzt.

▶ *Engpasselemente* sind die Stationen einer Leistungskette, die bei dem geforderten Durchsatz am höchsten ausgelastet sind.

Das Durchsatz- und Leistungsvermögen eines Systems oder einer Station bezieht sich stets auf eine bestimmte *Zeiteinheit* [ZE] oder *Bemessungszeit*, deren Länge von den gestellten Anforderungen abhängt. Maßgebend für die Auslegung und Dimensionierung eines Leistungs- und Logistiksystems sind in der Regel der Durchsatz und Leistungsbedarf in der *Spitzenstunde* des *Spitzentages* des Planungszeitraums (s. *Abschn. 9.11*). Hieraus folgt die *Bemessungsregel*:

- Die *Strombelastungen* und *Leistungsdurchsätze* λ [LO/h], mit denen die Leistungsberechnungen, Auslastungsanalysen und Stauuntersuchungen durchgeführt werden, beziehen sich in der Regel auf die Zeiteinheit einer *Stunde* [h].

Außerdem ist zu berücksichtigen, ob die Leistungs- und Durchsatzströme *stationär* oder *zeitabhängig*, *getaktet* oder *stochastisch* sind. Dabei ist zu unterscheiden zwischen *rekurrenten Strömen*, in denen die Objekte *einzeln* und *unabhängig* voneinander eintreffen, und *schubweisen Strömen*, in denen die Objekte in *Schüben* oder *Pulks* gleicher oder unterschiedlicher Größe ankommen (s. *Abschn. 9.1*).

13.2 Elementarstationen und Transportelemente

Die Stationen und Verbindungen, aus denen ein Leistungs- und Logistiksystem aufgebaut ist, lassen sich nach unterschiedlichen Gesichtspunkten klassifizieren (s. *Abschn. 1.4.3*). Grundlegend für die Berechnung der Grenzleistungen und Staueffekte ist die Unterscheidung zwischen elementaren und zusammengesetzten Stationen (s. *Abb. 1.3* und *1.5*):

- Eine *Elementarstation* hat *eine* zentrale *Abfertigungszone*, in die alle ankommenden Ströme hineinlaufen und aus der alle ausgehenden Ströme herauskommen. Sie lässt sich ohne Verlust ihrer Funktion nicht in einfachere Stationen zerlegen.
- Eine *zusammengesetzte Station* hat *mehrere* parallele oder nacheinander geschaltete *Abfertigungszonen*. Sie lässt sich zerlegen in aneinandergrenzende Elementarstationen.

In ausgedehnten Leistungs- und Logistiknetzen sind die einzelnen Stationen weiter voneinander entfernt und durch Transportverbindungen miteinander verknüpft, die die Entfernungen überbrücken. Die Leistungs- und Durchsatzfähigkeit für zusammengesetzte Stationen ergibt sich ebenso wie für größere Systeme aus den Grenzleistungen der konstituierenden Elementarstationen. Daher beschränken sich die weiteren Ausführungen zunächst auf die unterschiedlichen *Typen von Elementarstationen*:

- Eine *Elementarstation* vom *Typ* (n, m) mit der *Ordnung* $o = n + m$ erzeugt in einer *Abfertigungszone* aus n *Einlaufströmen* $\lambda_{\mathrm{E}i}\,[\mathrm{LO}_i/\mathrm{h}]$, $i = 1, 2, \ldots n$, die an den Eingangsstellen E_i in die Station einlaufen, m *Auslaufströme* $\lambda_{\mathrm{A}j}\,[\mathrm{LO}_j/\mathrm{h}]$, $j = 1, 2, \ldots m$, die an den Ausgangsstellen A_j das Element verlassen.

Die einfachsten Elementarstationen sind die Quellen, die Senken und die Bedienungsstationen. Elementarstationen eines Transportsystems sind die *irreduziblen Transportknoten* oder *Transportelemente* [73, 117]:

- Ein *Transportelement* vom *Typ* (n, m) mit der *Ordnung* $o = n + m$ überführt in einer *Umschaltzone* die Transporteinheiten [TE] von n *Einlaufströmen* $\lambda_{\mathrm{E}i}\,[\mathrm{TE}/\mathrm{h}]$, $i = 1, 2, \ldots n$, die über die *Eingangspunkte* E_i einlaufen, in m *Auslaufströme* $\lambda_{\mathrm{A}j}\,[\mathrm{TE}/\mathrm{h}]$, $j = 1, 2, \ldots m$, die an den *Ausgangspunkten* A_j das Element verlassen.

Die einfachsten Transportelemente sind die *Verbindungen*:

- Eine *Transportverbindung* ist ein Element der Ordnung 2 vom Typ (1;1), das einen Strom von Lade- oder Transporteinheiten über eine *Transportweglänge* s [m] von einem Einlaufpunkt E zu einem Ausgangspunkt A befördert.

Die *Abb. 13.1* zeigt in aufsteigender Ordnung die *Struktur* einiger einfacher Elementarstationen. In *Abb. 13.9* ist die Struktur einer Elementarstation, eines Transportelements oder eines Transportknotens der Ordnung $n + m$ vom Typ (n, m) dargestellt. Beispiele für die *technische Ausführung* von Stationen und Transportelementen zeigen die weiteren Abbildungen.

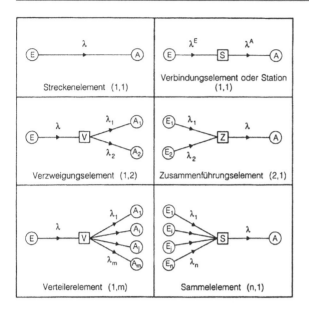

Abb. 13.1 Einfache Systemelemente in aufsteigender Ordnung

E_i: Eingangspunkte A_j: Ausgangspunkte

13.2.1 Quellen

Quellen sind Elementarstationen vom Typ $(0, m)$, aus denen m Auslaufströme λ_{Aj} herauskommen. Eventuell vorhandene Einlaufströme einer Quelle werden zunächst nicht näher betrachtet. Beispiele für Quellstationen erster Ordnung sind:

Rohstofflagerstellen
Eingangsstationen
Produktionsstellen
Montagestellen   (13.1)
Abfüllstationen
Lagerstellen
Entladestellen.

Haben die Quellstationen (13.1) zwei oder mehr Ausgänge, die gleichartige oder unterschiedliche Logistikeinheiten abgeben, handelt es sich um Quellen höherer Ordnung.

Quellen geben die auslaufenden Objekte in einem oder mehreren *Quellströmen* λ_{Aj} [LO/h] ab. Der Quellstrom oder die Erzeugungsrate λ wird von der *Taktzeit* τ [s] des Erzeugungsprozesses und der *Pulklänge* c [LO], das heißt von der Anzahl Objekte bestimmt, die in einem Schub erzeugt wird. Zwischen Stromintensität, Taktzeit und Pulklänge besteht der Zusammenhang:

▶ Bei einer *mittleren Taktzeit* τ [s] und einer mittleren *Pulklänge c* ist die auf eine Stunde bezogene *Stromintensität*

$$\lambda(c) = 3600 \cdot c/\tau \quad [\text{LO}/\text{h}].$$ (13.2)

Da alle Ströme, die ein betrachtetes System durchlaufen, über eine Eingangsstation aus einer *externen Quelle* oder aus einer *internen Quelle* kommen, müssen für die Leistungsberechnung und die Stauanalyse die Größe und die Eigenschaften aller einlaufenden und aller im System erzeugten Ströme bekannt sein.

Die Quellströme können zeitlich konstant sein oder sich mit der Zeit verändern. Abhängig davon, ob die Taktzeiten konstant oder stochastisch veränderlich sind, und davon, ob die Objekte die Quelle einzeln oder in Pulks verlassen, ist ein Quellstrom ein *rekurrenter*, ein *stochastischer* oder ein *schubweiser Strom* (s. *Abb. 9.2 in Abschn. 9.1*).

Die maximal mögliche Erzeugungsrate einer Quelle, die sich nach Beziehung (13.2) aus der *minimalen Taktzeit* $\tau_{\min}$ ergibt, ist die *Grenzleistung* der Quelle:

$$\mu(c) = \lambda_{\max}(c) = 3600 \cdot c/\tau_{\min} \quad [\text{LO}/\text{h}].$$ (13.3)

Für die Auslegung und Dimensionierung von Leistungs- und Logistiksystemen, die wie viele Produktionssysteme und die meisten Transport- und Verkehrssysteme nach dem Push-Prinzip arbeiten, gelten die *Dimensionierungsregeln* (s. *Abschn. 8.9*):

▶ *Leistungsanforderungen bei Push-Betrieb:* Wenn die Abläufe vom *Push-Prinzip* bestimmt werden, ergeben sich die maximalen Leistungsanforderungen an die Stationen des Systems aus den Grenzleistungen der Quellen.

▶ *Systemauslegung bei Push-Betrieb:* Für den Push-Betrieb ist das System mit seinen einzelnen Stationen beginnend bei den Eingängen und internen Quellen *den durchlaufenden Strömen folgend* bis zu den Ausgängen und Senken auszulegen und zu dimensionieren.

Da materielle Objekte nicht aus dem Nichts entstehen, haben alle Quellen bis auf die Rohstofflagerstellen einen oder mehrere Eingänge, in die das benötigte Material oder Transporteinheiten einlaufen, die wie in *Abb. 13.2 B* dargestellt zu entladen sind. Ob die Eingangsströme einer Quellstation berücksichtigt werden, hängt von der Problemstellung und von der Systemabgrenzung ab:

• Eine *Quellstation* vom Typ (n, m) der Ordnung $o = n + m$ ist eine Quelle mit m Ausgangsströmen, bei der n Eingangsströme berücksichtigt werden.

So ist beispielsweise eine Abfüllstation für Getränke in Flaschen, die als Leergut zugeführt, abgefüllt und zu je 24 Stück in Kästen abgepackt werden, eine Quellstation der Ordnung 4 vom Typ (3,1). Die drei Einlaufströme sind das Füllgut, die leeren Flaschen und die leeren Kästen. Der Auslaufstrom besteht aus den vollen Getränkekästen mit je 24 Flaschen.

13.2.2 Senken

Senken sind Elementarstationen vom Typ $(n; 0)$, in denen n Einlaufströme $\lambda_{\text{E}i}$ [LO_i/h] enden und deren eventuell vorhandene Auslaufströme zunächst unberücksichtigt bleiben.

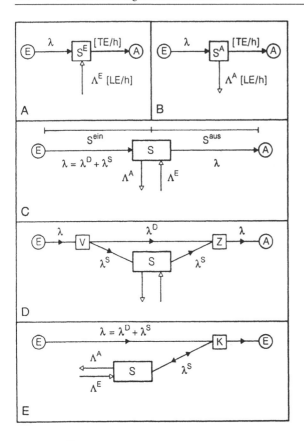

Abb. 13.2 Übergangsstationen zwischen Transportsystemen

A: Beladestation auf der Fahrstrecke (*online-station*)
B: Entladestation auf der Fahrstrecke (*online-station*)
C: Be- und Entladestation auf der Fahrstrecke (*online-station*)
D: Seitliche Be- und Entladestation neben der Strecke (*offline-station*)
E: Rückseitige Be- und Entladestation neben der Strecke (*offline-station*)
Λ: Ladeeinheitenströme [LE/h]
λ: Transporteinheitenströme [TE/h]

Beispiele für Senken sind:

Lagerstationen
Verbrauchsstellen
Beladestellen
Verpackungsstationen   (13.4)
Produktionsstellen
Depalettierstationen
Demontagestellen

Ausgangsstationen

Deponien   (noch 13.4)

Endlager.

Als Beispiel zeigt *Abb. 13.2* unter A eine Beladestation, in der die einlaufenden Ladeeinheiten in Transporteinheiten verladen werden und auf diese Weise das System verlassen.

Senken absorbieren oder verbrauchen die einlaufenden Objekte einzeln oder schubweise mit einer *Verbrauchsrate* oder einem *Abnahmestrom* λ. Der Abnahmestrom wird gemäß Beziehung (13.2) von der *Taktzeit* τ [s] und der *Pulklängec* [LO] des Verbrauchs- oder Abnahmeprozesses bestimmt.

Für die Auslegung und Dimensionierung von Leistungs- und Logistiksystemen, die nach dem Pull-Prinzip betrieben werden, wie Beschaffungssysteme und Kommissioniersysteme, gelten die *Dimensionierungsregeln* (s. *Abschn. 8.9*):

▶ *Leistungsanforderungen bei Pull-Betrieb*: Wenn die Abläufe vom *Pull-Prinzip* bestimmt werden, ergeben sich die Leistungsanforderungen an die übrigen Stationen des Systems aus den maximalen Verbrauchsraten, Abnahmeströmen und Bedarf der Senken.

▶ *Systemauslegung bei Pull-Betrieb*: Für den Pull-Betrieb ist das gesamte System mit seinen Stationen von den Ausgängen und den Senken her *entgegen den Strömen* bis hin zu den Eingängen und Quellen auszulegen und zu dimensionieren.

Da bei einem Betrieb nach dem Pull-Prinzip alle Ströme, die in das System einlaufen oder in einer internen Quelle erzeugt werden, am Ende in einer internen oder externen Senke verschwinden, müssen die Größe und Eigenschaften der maximalen Aufnahmeströme aller Senken bekannt sein.

Materielle Objekte können nicht rückstandslos verschwinden. Daher haben alle Senken mit Ausnahme der Endlager und Deponien einen oder mehrere Ausgänge, aus denen mit einem bestimmten Zeitverzug erzeugte Güter, Abfall, Leergut oder zuvor eingelagerte Ladeeinheiten herauskommen. Analog wie bei den Quellen ist die Berücksichtigung der Ausgangsströme einer Senkenstation abhängig von der Problemstellung und von der Systemabgrenzung:

• Eine *Senkenstation* vom Typ (n, m) der Ordnung $o = n + m$ ist eine Senke mit n Eingangsströmen, bei der m Ausgangsströme berücksichtigt werden.

Eine Senkenstation ist von der Auslaufseite her gesehen eine Quellstation. Umgekehrt ist eine Quellstation von der Einlaufseite her gesehen eine Senkenstation. Die in *Abb. 13.2* unter A, B und C gezeigten Be- und Entladestationen ebenso wie Palettier- und Depalettierstationen sind Beispiele für derartige kombinierte Quell- oder Senkenstationen.

13.2.3 Bedienungsstationen

Bedienungsstationen sind Elementarstationen zweiter Ordnung vom Typ (1,1), in die ein Einlaufstrom einläuft und aus denen ein Auslaufstrom herauskommt.

Wie in der Prinzipdarstellung *Abb. 13.3* gezeigt, wird in einer *Bedienungsstation* an oder mit den einlaufenden Objekten mit einer *Taktzeit*, die gleich der *Bearbeitungszeit* oder *Vorgangszeit* des Bedienungsprozesses ist, einzeln oder schubweise eine Veränderung durchgeführt, eine Serviceleistung erbracht oder eine Erfassung vorgenommen (s. *Abschn. 8.5*).

In einer *unstetigen Bedienungsstation* kommt jedes Objekt mindestens einmal zum Stillstand. In einer *stetigen Bedienungsstation* bewegen sich die Objekte während des Bedienungsvorgangs, solange kein Stau eintritt.

Beispiele für *Bedienungsstationen* sind:

Servicestationen
Abfertigungsstationen
Mautstationen
Arbeitsplätze
Etikettierstationen   (13.5)
Kontrollpunkte
Erfassungsstationen
Mess- und Prüfstellen
Lesestationen.

Die maximale Strombelastbarkeit einer Bedienungsstation ist gleich der *Abfertigungsgrenzleistung*. Für die Berechnung der Grenzleistung gilt:

▶ Die Grenzleistung einer Elementarstation mit einer mittleren *Abfertigungszeit* τ_{ab} [s] ist bei Abfertigung mit einer mittleren *Pulklänge c* [LO]

$$\mu(c) = \lambda_{max}(c) = 3600 \cdot c/\tau_{ab}(c) \quad [LO/h] \, . \tag{13.6}$$

Bei *Einzelabfertigung* ist $c = 1$ und bei *paarweiser Abfertigung* $c = 2$. Bei konstanter *schubweiser Abfertigung* hat c einen festen Wert.

Bei *getakteter Abfertigung* sind die Abfertigungs- oder Taktzeiten gleichbleibend. Bei *stochastischer Abfertigung* schwanken die Taktzeiten zufallsabhängig um einen Mittelwert. Im allgemeinsten Fall schwanken Abfertigungszeiten *und* Pulklänge um bestimmte Mittelwerte (s. *Abb. 9.2*).

13.2.4 Stetige Verbindungen

In einer stetigen Verbindung – auch *Streckenelement* genannt – können die Lade- oder Transporteinheiten den Transportweg vom Eingang bis zum Ausgang ohne Anhalten durchlaufen. Sie kommen nur zum Halt bei Begegnung mit einer *vorfahrtberechtigten Einheit*, *bei* einem *Rückstau* aus einem der nachfolgenden Elemente oder bei einer *Störung*.

Stetige Verbindungen in *Fördersystemen* zum Befördern von *Ladeeinheiten* oder *passiven Transporteinheiten* sind (s. *Abb. 18.7*) [27, 117, 120]:

Röllchenbahnen
Rutschen   (13.7)
Rollenbahnen

Gurtbänder
S-Förderer
Kreisförderer.

Zur Illustration zeigt *Abb. 13.4* einen *S-Förderer*, der häufig als leistungsstarke Vertikalverbindung in Stetigfördersystemen für Paletten oder leichtes Stückgut eingesetzt wird.

Stetige Verbindungen in *Fahrzeugsystemen*, in denen *aktive Transporteinheiten* verkehren, wie Stapler, Schleppzüge, Hängebahnen, Kraftfahrzeuge oder Eisenbahnzüge, sind [108, 119]:

Fahrspuren
Fahrtrassen   (13.8)
Schienen.

Ist a_{min} [m] der *minimale Endpunktabstand* von zwei aufeinander folgenden Lade- oder Transporteinheiten [TE] und v_S [m/s] die *aktuelle Fahrgeschwindigkeit* auf der Verbindungsstrecke, dann ist die minimale Taktzeit auf der freien Strecke

$$\tau_S = a_{min}/v_S \quad [s] .$$ (13.9)

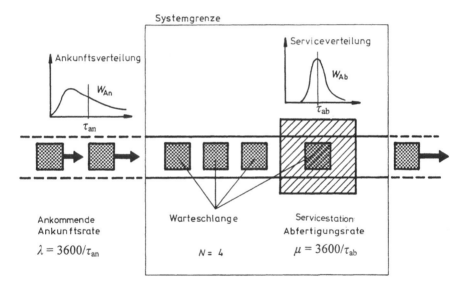

Abb. 13.3 Bedienungsstation oder Wartesystem vom Typ $W_{an}/W_{ab}/1$

W_{an} : Ankunftsverteilung
W_{ab} : Abfertigungs- oder Serviceverteilung
λ : Ankunftsrate oder Einlaufstrom
τ_{an} : Ankunftstaktzeit
μ : maximale Abfertigungsrate oder Grenzleistung
τ_{ab} : Abfertigungs- oder Servicezeit

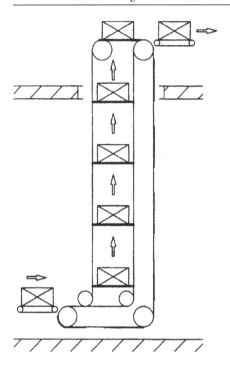

Abb. 13.4 Beispiel eines vertikalen Stetigförderers

S-Förderer für Pakete, Behälter oder Paletten

Durch Einsetzen von Beziehung (13.9) in Beziehung (13.6) folgt die *Grenzleistungsformel für stetige Verbindungen:*

▶ Die *Grenzleistung einer stetigen Verbindung* mit der Fahrgeschwindigkeit v_S [m/s] und einem minimalen Endpunktabstand a_{min} [m] ist bei Einzeldurchfahrt

$$\mu = 3600 \cdot v_S / a_{min} \quad [\text{TE/h}] . \tag{13.10}$$

Wenn die Verbindung von Pulks mit je c Transporteinheiten durchfahren wird, ist die rechte Seite von (13.10) mit c zu multiplizieren und für $a_{min}(c)$ der minimale Endpunktabstand der Pulks einzusetzen.

In *Fördersystemen* ist der minimale Endpunktabstand zweier aufeinander folgender Einheiten gleich der *Länge der Transporteinheiten* l_{TE} [m] plus einem geometrisch oder technisch bedingten *Konstruktionsabstand* l_{konstr} [m], der im günstigsten Fall gleich 0 ist [73]:

$$a_{min} = l_{LE} + l_{konstr} \quad [\text{m}] . \tag{13.11}$$

Tabelle 13.1 enthält die mit Hilfe der Beziehungen (13.10) und (13.11) aus den technischen Kenndaten errechneten Grenzleistungen der wichtigsten stetigen Verbindungselemente von *Fördersystemen* für Paletten und Behälter.

Streckenelement	Ladeeinheit	Endpunkt-abstand	Geschwin-digkeit	Grenzleistung
	LE	[m]	[m/s]	[LE/h]
Rollenbahn	EURO-Palette	1,4	0,30	771
	Normbehälter	0,7	0,50	2.571
Tragkettenförderer	EURO-Palette	1,5	0,20	480
	Normbehälter	1,5	0,50	1.200
Bandförderer	EURO-Palette	1,5	0,30	720
	Normbehälter	0,7	0,80	4.114
Kreisförder	EURO-Palette	2,5	0,20	288
	Normbehälter	1,0	0,40	1.440
S-Förderer	EURO-Palette	2,0	0,20	360
	Normbehälter	0,6	0,40	2.400

Tab. 13.1 Grenzleistungen stetiger Verbindungselemente in Fördersystemen

Tabellenkalkulationsprogramm mit Formel (13.10)
EURO-Palette: $l \times b \times h = 1.200 \times 800 \times 1.800$ mm
Normbehälter: $l \times b \times h = 600 \times 400 \times 300$ mm

In *Fahrzeugsystemen* ist der minimale Endpunktabstand der Transporteinheiten abhängig von der Art der *Abstandsregelung*, der *Länge der Transporteinheiten* l_{TE} [m] und vom *Sicherheitsabstand* l_{sich} [m] zwischen den Transporteinheiten.

Um bei einem plötzlichen Halt oder Unfall eines voranfahrenden Fahrzeugs einen Aufprall zu verhindern, muss der Sicherheitsabstand mindestens so groß sein wie die Länge des *Bremswegs* l_{br} [m]:

$$l_{sich} \geq l_{br} \quad [m] . \tag{13.12}$$

Bei einer *Fahrzeuggeschwindigkeit* v_S [m/s], einer *Reaktionszeit* t_0 [s] und einer maximal zulässigen *Notbremskonstanten* b_n [m/s^2] ist der *Bremsweg* oder sogenannte *Bremsschatten*, der jedem Fahrzeug vorauseilt:

$$l_{br} = v_S \cdot t_0 + v_S^2/2b_n^- \quad [m] . \tag{13.13}$$

Bei *aktiver Abstandsregelung* verhindert die Fahrzeugsteuerung oder der Fahrer durch rechtzeitiges Abbremsen, dass der Abstand zum voranfahrenden Fahrzeug, der durch Abstandsmessung permanent kontrolliert wird, den Sicherheitsabstand unterschreitet. Daher ist in diesem Fall der *minimale Endpunktabstand* einzeln aufeinander folgender Transporteinheiten:

$$a_{min} = l_{TE} + v_S \cdot t_0 + v_S^2/2b_n^- \quad [m] \,. \tag{13.14}$$

Bei *passiver Abstandsregelung* oder *Blockstreckensteuerung* ist der Fahrweg in *Blockstrecken* der Länge d unterteilt. Die Blockstreckensteuerung hindert eine Transporteinheit mit ihrem Bremsschatten solange an der Einfahrt in die nächste Blockstrecke, wie sich in dieser noch eine andere Transporteinheit befindet. Daher ist in diesem Fall der *minimale Endpunktabstand* aufeinander folgender Transporteinheiten

$$a_{min} = d \cdot \text{AUFRUNDEN}((l_{TE} + v_S \cdot t_0 + v_s^2/2b_n^-)/d) \quad [m] \,. \tag{13.15}$$

Der Vergleich der Beziehungen (13.14) und (13.15) zeigt, dass der Mindestabstand bei passiver Abstandsregelung größer ist als bei aktiver Abstandsregelung, wenn d kein ganzzahliger Bruchteil von (13.14) ist. Daher ist die maximale Durchsatzleistung bei aktiver Abstandsregelung i. d. R. größer als mit einer Blockstreckensteuerung. Durch Einsetzen der Beziehung (13.14) für den minimalen Endpunktabstand in die allgemeine Grenzleistungsformel (13.10) folgt die *Grenzleistungsformel für Streckenelemente* in Fahrzeugsystemen:

▶ Die *Grenzleistung eines Streckenelements*, das von Transporteinheiten der *Länge* l_{TE} [m], die eine *Notbremskonstante* b_n^- [m/s²] und eine *Reaktionszeit* t_0 [s] haben, mit einer *Fahrgeschwindigkeit* v_S [m/s] *einzeln* durchfahren wird, ist

$$\mu_S(v_S) = 3600/(t_0 + l_{TE}/v_S + v_S/2b_n^-) \quad [TE/h] \,. \tag{13.16}$$

In *Abb. 13.5* ist die mit Hilfe dieser Beziehung errechnete Geschwindigkeitsabhängigkeit der *Streckengrenzleistung* einer Fahrspur für Straßenfahrzeuge unterschiedlicher Länge dargestellt.[1] Hieraus geht hervor, dass die Streckengrenzleistung mit zunehmender Fahrgeschwindigkeit zunächst rasch ansteigt und nach Erreichen eines Maximums langsam wieder abfällt. Für kurze Fahrzeuge ist die optimale Grenzleistung deutlich größer als für lange Fahrzeuge. Allgemein folgt aus der Beziehung (13.16) der *Zusammenhang:*

▶ Die Grenzleistung eines Streckenelements ist von der Fahrgeschwindigkeit abhängig und hat ein Maximum bei der *durchsatzoptimalen Geschwindigkeit*

$$v_{Sopt} = \sqrt{2 \cdot l_{TE} \cdot b_n^-} \quad [m/s] \,. \tag{13.17}$$

Die durchsatzoptimale Geschwindigkeit steigt hiernach mit der Fahrzeuglänge und der Notbremskonstanten an. Sie liegt im Straßenverkehr – abhängig von den Anteilen der verschiedenen Fahrzeugtypen – bei ca. 30 km/h. Die durchsatzoptimale

---

[1] Aus der Fahrschulregel, dass der Abstand zum vorherfahrenden Fahrzeug mindestens gleich der halben Tachoanzeige in Meter sein soll, ergibt sich – ohne Berücksichtigung der Fahrzeuglänge – mit Beziehung (13.10) eine geschwindigkeitsunabhängige Durchsatzleistung pro Fahrspur von 2000 Fz/h. Messungen der Verkehrsleistung stark befahrener Straßen ergeben deutlich geringere Werte [121,122].

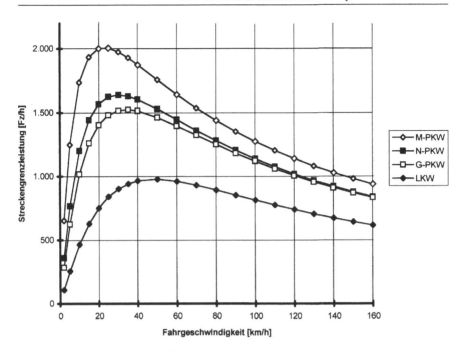

Abb. 13.5 Geschwindigkeitsabhängigkeit der Streckengrenzleistung einer Fahrspur für Straßenfahrzeuge

M-PKW: Mini-PKW
N-PKW: Normal-PKW
G-PKW: Groß-PKW
LKW: Lastzug
Technische Kenndaten s. *Tab. 13.2*

Geschwindigkeit ist jedoch in der Regel nicht gleich der kostenoptimalen Geschwindigkeit, die für Schiffe in *Abschn. 18.13* berechnet wird.

Aus der Abhängigkeit (13.16) ergibt sich die Möglichkeit einer *bedarfsabhängigen Leistungsregelung* durch Anpassung der Fahrgeschwindigkeit an den aktuellen Durchsatz. Diese *Optimierungsmöglichkeit* wird zum Beispiel im Straßenverkehr genutzt, indem auf viel befahrenen Strecken die Grenzleistung durch eine belastungsabhängige Geschwindigkeitsregelung der aktuellen Verkehrsbelastung angepasst wird.

Die *Tab. 13.2* enthält die Grenzleistungen der Streckenelemente verschiedener Fahrzeugsysteme, die sich mit Beziehung (13.16) bei der jeweils leistungsoptimalen Geschwindigkeit (13.17) aus den angegebenen technischen Kenndaten ergeben.

13.2.5 Unstetige Verbindungen

Unstetige Verbindungen oder *Verbindungselemente* sind Stationen, in denen die Ladeeinheiten von einem intermittierend arbeitenden *Umsetzelement* mit einer *Kapazität*

Streckenelement	Fahrzeug-Typ	Fahrzeug-länge	Tot-zeit	Optimale Geschwind.	Notbrems-konstante	Grenzleistung
	TE	[m]	[s]	[m/s]	[m/s²]	[TE/h]
Hängebahnschiene	Elektrofahrzeug	1,5	0,5	1,2	0,5	**1.221**
FTS-Fahrtrasse	FTS-Fahrzeug	2,5	0,7	1,9	0,7	**1.067**
Fahrbahn	Schleppzug	8,0	1,0	4,0	1,0	**720**
Straßenfahrspur	Mini-PKW	2,5	1,0	6,3	8,0	**2.011**
	Normal-PKW	5,0	1,0	8,4	7,0	**1.640**
	Groß-PKW	6,5	1,0	8,8	6,0	**1.456**
	Lastzug	18,0	1,0	13,4	5,0	**977**

Tab. 13.2 Grenzleistungen von Streckenelementen in Fahrzeugsystemen

Tabellenkalkulationsprogramm mit Formeln (13.16) und (13.17)
1 m/s = 3,6 km/h; 1 km/h = 0,28 m/s

c_U [LE] über einen Verbindungsweg der *Länge s* [m] befördert werden. Beispiele für *Verbindungselemente* sind:

Verschiebewagen
Drehscheiben
Schwenktische
Umsetzer   (13.18)
Hub- und Senkstationen
Aufzüge
Fahrzeuge.

Auch *Transportfahrzeuge* mit einer Kapazität c_{TE} [LE/TE], die an einem Beladeort starten, nach einem Fahrweg s den Entladeort erreichen und nach dem Entladen zum Ausgangsort zurückkehren, können zur Berechnung der maximalen Beförderungsleistung als Umsetzelement betrachtet werden.

Die minimale Taktzeit, mit der $c \leqq c_U$ Einheiten von einem Verbindungselement abgefertigt werden können, ist gleich der Summe der *Einlaufzeit* oder *Beladezeit* $t_{bel}(c)$, der doppelten *Wegzeit* $t_{weg}(s)$ des Umsetzelements für die Hin- und Rückfahrt und der *Auslaufzeit* oder *Entladezeit* $t_{ent}(c)$:

$$\tau_v(c;s) = t_{bel}(c) + 2 \cdot t_{weg}(s) + t_{ent}(c) \quad [s] . \tag{13.19}$$

Die *Wegzeit* für die Fortbewegung über eine Strecke der Länge s [m] mit einer *Maximalgeschwindigkeit* v_m [m/s] und der mittleren *Bremsbeschleunigungskonstanten* $b_m = 2b^+b^-/(b^+ + b^-)$ [m/s²] ist (s. Bez. (16.59), *Abschn. 16.10*):

$$t_{weg}(s) = \text{WENN} \left(s < v_m^2/b_m ; 2\sqrt{s/b_m} ; s/v_m + v_m/b_m \right) \quad [s] . \tag{13.20}$$

Wegen des Zeitbedarfs für die Rückfahrt geht die Wegzeit (13.20) in die Taktzeit (13.19) doppelt ein.

Wenn s_{ein} der *Einlaufweg*, s_{aus} der *Auslaufweg* und die t_0 die *Totzeit* für Schalt- und Reaktionsvorgänge ist, folgt mit Beziehung (13.20) für die *Einlaufzeit* $t_{ein}(c) = t_0 + t_{weg}(s_{ein})$ und für die *Auslaufzeit* $t_{aus}(c) = t_0 + t_{weg}(s_{aus})$, die für das Einlaufen bzw. Auslaufen der $c \le c_U$ Einheiten benötigt wird. Bei schubweiser Abfertigung sind der Einlaufweg und der Auslaufweg mindestens gleich der Länge $c \cdot l_{TE}$ eines Pulks. Wenn die c Ladeeinheiten nicht in einem Schub ver- und entladen werden, sind die Beladezeit und die Entladezeit größer als die Einlaufzeit und die Auslaufzeit eines Pulks.

Durch Einsetzen von (13.19) in Beziehung (13.6) folgt:

▶ Die *Grenzleistung* einer *unstetigen Verbindung*, eines *Verbindungselements* oder eines *Transportmittels*, das die *Ladekapazität* c_U, die *Beladezeit* $t_{bel}(c)$ und die *Entladezeit* $t_{ent}(c)$ hat und für einen *Verfahrweg* s die *Wegzeit* $t_{weg}(s)$ benötigt, ist bei Abfertigung von Schüben der mittleren Pulklänge $c \le c_U$

$$\mu_v(c;s) = 3600 \cdot c/(t_{bel}(c) + 2t_{weg}(s) + t_{ent}(c)) \quad [\text{LE/h}] . \tag{13.21}$$

Die Abhängigkeit der Grenzleistung von der Länge des Verfahrwegs ist für das Beispiel eines Verteilerwagens für Paletten mit unterschiedlicher Kapazität in *Abb. 13.6* dargestellt. Die *Tab. 13.3* enthält die Grenzleistungen weiterer unstetiger Verbindungen von Fördersystemen für Paletten und leichtes Stückgut, die mit Hilfe der Beziehung (13.21) aus den technischen Kenndaten berechnet wurden. Aus Beziehung (13.21), der *Abb. 13.6* und den tabellierten Grenzleistungen ist ablesbar (s. auch *Abb. 16.20*):

▶ Den stärksten Einfluss auf die Grenzleistung eines Verbindungselements oder Transportfahrzeugs haben die Ladekapazität und die Länge des Transportwegs.

Hieraus folgt, dass sich das Leistungsvermögen unstetiger Verbindungselemente und intermittierend arbeitender Förderelemente vor allem durch eine vergrößerte Ladekapazität c_U und eine Verkürzung des Transportwegs steigern lässt. Weitere Verbesserungsmöglichkeiten sind die Verkürzung der Be- und Entladezeiten, größere Brems- und Beschleunigungswerte und bei größeren Entfernungen eine höhere Fahrgeschwindigkeit.

13.2.6 Verzweigungs- und Zusammenführungselemente

Wie das Beispiel der in *Abb. 13.7* dargestellten Absenkstation einer Hängebahn zeigt, haben die unstetigen Verbindungen (13.18) in vielen Fällen mehrere Eingänge oder mehrere Ausgänge. Dann sind sie *Verzweigungselemente*, *Zusammenführungselemente* oder *Transportelemente höherer Ordnung*.

Verzweigungselemente sind Transportelemente der Ordnung 3 vom Typ (1;2) mit einem Eingang und zwei Ausgängen, die einen *Einlaufstrom* $\lambda_E = \lambda_{A1} + \lambda_{A2}$ in zwei *partielle Auslaufströme* λ_{A1} und λ_{A2} aufteilen. Beispiele für Verzweigungselemente sind (s. auch *Abb. 18.8*):

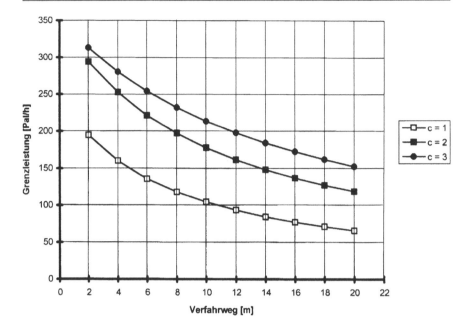

Abb. 13.6 Abhängigkeit der Grenzleistung eines Verteilerwagens von der Länge des Verfahrwegs

c: Kapazität des Verteilerwagens [Pal]
Technische Kenndaten: s. *Tab. 13.3*

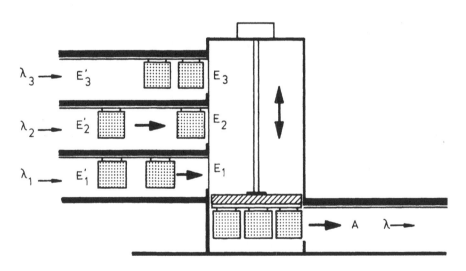

Abb. 13.7 Absenkstation einer Einschienenhängebahn mit einer Abfertigungskapazität für c_A = 3 Fahrzeuge

Verbindungselement	Ladeeinheit	Abfertigungs-kapazität	Ein- und Auslaufzeit	Geschwin-digkeit	Bremsbe-schleunigung	Verfahrweg	Grenzleistung
Lastaufnahme	LE	[LE/Fahrt]	[s]	[m/s]	[m/s²]	[m]	[LE/h]
Verschiebewagen	EURO-Pal	1	12,0	0,20	0,3	4,0	**68**
mit Rollenbahn oder Tragketten	EURO-Pal	2	20,0	0,20	0,3	4,0	**117**
	Behälter	2	6,0	0,50	0,5	4,0	**300**
mit Teleskopgabel	EURO-Pal	1	22,0	0,50	0,5	4,0	**90**
	EURO-Pal	1	22,0	0,50	0,5	8,0	**64**
Verteilerwagen	EURO-Pal	1	12,0	1,00	0,8	4,0	**160**
mit Rollenbahn oder Tragketten	EURO-Pal	1	12,0	1,00	0,8	8,0	**118**
	EURO-Pal	2	20,0	1,00	0,8	4,0	**236**
Hubstation	EURO-Pal	1	12,0	0,20	0,3	3,0	**83**
mit Rollenbahn oder Tragketten	EURO-Pal	1	12,0	0,20	0,3	6,0	**49**
	EURO-Pal	2	20,0	0,20	0,3	3,0	**140**
	Behälter	2	6,0	0,50	0,5	3,0	**360**

Tab. 13.3 Grenzleistungen unstetiger Verbindungselemente in Fördersystemen

Tabellenkalkulationsprogramm mit Formel (13.21)
EURO-Palette: $l \times b \times h = 1.200 \times 800 \times 1.800$ mm
Normbehälter: $l \times b \times h = 600 \times 400 \times 300$ mm

Weichen
Schwenktische
Drehscheiben   (13.22)
Fahrbahnverzweigungen
Umsetzer.

sowie alle Verbindungselemente (13.18) mit zwei Ausgängen.

Zusammenführungselemente sind Transportelemente der Ordnung 3 vom Typ (2;1) mit zwei Eingängen und einem Ausgang, die zwei *partielle Einlaufströme* λ_{E1} und λ_{E2} zu einem *Auslaufstrom* $\lambda_A = \lambda_{E1} + \lambda_{E2}$ vereinigen. Beispiele für Zusammenführungselemente sind die in umgekehrter Richtung arbeitenden Verzweigungselemente (13.18) und (13.22) (s. auch *Abb. 18.9*).

Die *Abb. 13.8* zeigt die Verzweigungs- und Zusammenführungselemente einer *Hängebahn*. Hieraus ist ersichtlich, dass es *stetige, halbstetige* und *unstetige* Verzweigungselemente und Zusammenführungselemente gibt, abhängig davon ob die Verbindungen in die Verzweigungs- und Zusammenführungsrichtungen *stetig* oder *unstetig* sind.

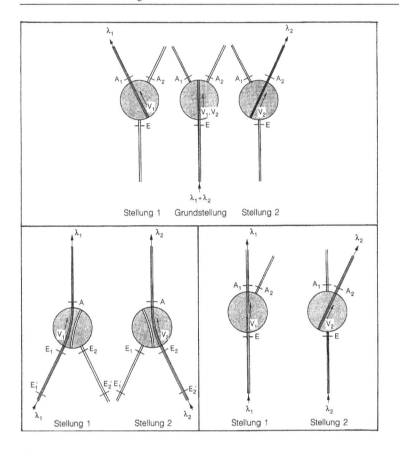

Abb. 13.8 Unstetige, halbstetige und stetige Verzweigungs-
und Zusammenführungselemente einer Hängebahn

Bei den unstetigen Verbindungsrichtungen ist die Umschaltzone ein intermittierend arbeitendes *Umschaltelement*, das – wie in *Abb. 13.7* dargestellt – eine bestimmte
Kapazität $c_U \geqq 1$ hat und $c \leqq c_U$ gleichzeitig einlaufende Einheiten zu einem Auslaufpunkt umsetzt.

Die technisch maximal durchsetzbaren partiellen Ströme sind die *partiellen
Grenzleistungen* μ_1 und μ_2, die bei schubweiser Abfertigung von der mittleren Pulklänge $c \leqq c_U$ abhängen. Für stetige Verbindungsrichtungen lässt sich die partielle
Grenzleistung mit Hilfe der Beziehungen (13.10) und (13.16) und für unstetige Verbindungsrichtungen mit Hilfe von Beziehung (13.21) aus den technischen Kenndaten berechnen.

Bei mehr als zwei Ausgängen wird aus einem Verzweigungselement ein *Verteile-
relement*. Mit mehr als zwei Eingängen ist ein Zusammenführungselement ein *Sam-
melelement*. Diese speziellen Transportelemente höherer Ordnung sind in *Abb. 13.1*
dargestellt.

13.2.7 Transportelemente höherer Ordnung

Beispiele für Transportelemente höherer Ordnung mit $n > 2$ Eingängen und/oder $m > 2$ Ausgängen sind (s. *Abb. 13.7* und *18.10*):

Verteilerwagen
Drehscheiben
Aufzüge
Hub- und Senkstationen
Regalbediengeräte   (13.23)
Krane
Kreuzungen
Kreuzungsweichen
Mehrfachweichen.

Zwischen den n Eingängen E_i und den m Ausgängen A_j eines Transportelements höherer Ordnung fließen durch stetige oder unstetige Verbindungen $n \cdot m$ partielle Ströme λ_{ij}.

Die *Partialströme* λ_{ij} laufen, wie in *Abb. 13.9* dargestellt, als Bestandteile der n Einlaufströme

$$\lambda_{Ei} = \sum_j \lambda_{ij} \tag{13.24}$$

in die Umschaltzone ein und werden dort umgewandelt in die m Auslaufströme

$$\lambda_{Aj} = \sum_i \lambda_{ij} . \tag{13.25}$$

Die *Gesamtstrombelastung* des Transportelements ist also

$$\lambda = \sum_{ij} \lambda_{ij} = \sum_i \lambda_{Ei} = \sum_j \lambda_{Aj} . \tag{13.26}$$

Für die maximalen Durchsatzleistungen in den verschiedenen Verbindungen des Transportelements gilt *das partielle Grenzleistungsgesetz*:

▶ Jeder *Partialstrom* λ_{ij} ist nach oben begrenzt durch die *partielle Grenzleistung* μ_{ij} der entsprechenden Verbindung $E_i \rightarrow A_j$

$$\lambda_{ij} \leqq \mu_{ij} . \tag{13.27}$$

Das partielle Grenzleistungsgesetz besagt, dass alle *partiellen Stromauslastungen* kleiner als 100 % sein müssen, dass also

$$\rho_{ij} = \lambda_{ij}/\mu_{ij} \leqq 1 \quad \text{für alle } i \text{ und } j . \tag{13.28}$$

Wie bei den Verzweigungen und Zusammenführungen lassen sich die Transportelemente entsprechend den vorkommenden Verbindungsarten einteilen in *stetige*, *teilstetige* und *unstetige Transportelemente*. Die partiellen Grenzleistungen sind für die stetigen Verbindungsrichtungen mit Hilfe der Beziehungen (13.10) oder (13.16) und für die unstetigen Verbindungsrichtungen mit Hilfe von Beziehung (13.21) zu berechnen.

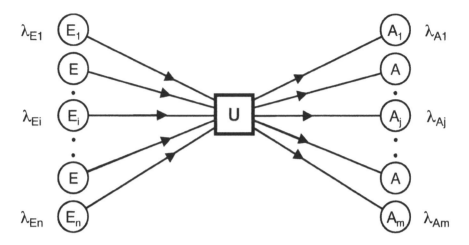

Abb. 13.9 Irreduzibler Transportknoten (Transportelement) der Ordnung $o = n + m$ vom Typ (n, m)

Ein Transportelement wird nicht nur durch die Partialströme ausgelastet, sondern auch durch die *Wechselzeiten*, die beim Funktionswechsel von einer Verbindung zu einer anderen Verbindung auftreten:

- Die *Wechselzeit* oder *Zwischenzeit* z_{ijkl} [s] ist die Zeit, die bei Funktionswechsel eines Transportelements von einer Verbindung $E_i \rightarrow A_j$ zu einer anderen Verbindung $E_k \rightarrow A_l$ zwischen dem Einlauf der letzten Einheit des Stroms λ_{ij} und dem frühestmöglichen Auslauf der ersten Einheit des Stroms λ_{kl} verlorengeht.

Die Wechselzeit der Transportelemente entspricht der *Rüstzeit*, die bei einem Produktwechsel in einer Produktionsstelle auftritt (s. *Abschn. 13.9*).

Die Wechselzeit zwischen zwei stetigen Verbindungsrichtungen ist gleich der *Räum- und Schaltzeit*, die zwischen dem Einlauf der letzten Einheit einer Richtung und dem Auslauf der ersten Einheit der nächsten Richtung benötigt wird.

Bei einer Drehweiche, wie sie *Abb. 13.8* zeigt, ist die Wechselzeit gleich der Drehzeit des Weichentellers in die neue Durchlassrichtung plus der Fahrzeit für den Weg vom Einlaufpunkt zum Auslaufpunkt. Bei einer einspurigen Fahrstrecke mit Gegenverkehr, wie sie an Baustellen häufig vorkommt, ist die Wechselzeit gleich der Zeit zwischen der Einfahrt des letzten Fahrzeugs in der einen Richtung und der Ausfahrt des ersten Fahrzeugs der Gegenrichtung.

Die Wechselzeit zwischen zwei unstetigen Verbindungsrichtungen ist 0, wenn sie in den Schatten der Taktzeit (13.19) fällt.

In *Tab. 13.4* sind die Grenzleistungen und Wechselzeiten einiger Transportelemente von Paletten- und Behälterfördersystemen angegeben.

Wenn v_{ijkl} [1/h] die *Umschaltfrequenz* zwischen den Verbindungen $E_i \rightarrow A_j$ und $E_k \rightarrow A_l$ ist, geht pro Stunde, also pro 3.600 s, insgesamt die Zeit $v_{ijkl} \cdot z_{ijkl}$ [s] für das Wechseln verloren. Hieraus folgt:

Verteilerelement	Ladeeinheiten-Typ	Abfertigungs-Kapazität	Verfahr-weg	Umschalt-zeit	Grenzleistungen Durchlauf	Abzweig
Sammelelement	LE	[LE]	[m]	[s]	[LE/h]	[LE/h]
Rollenbahn-Drehtisch-Rollenbahn	EURO-Paletten	1	2,0	0,0	600	140
	EURO-Paletten	2	2,0	0,0	600	210
	Normbehälter	1	1,0	0,0	3.000	300
	Normbehälter	2	1,0	0,0	3.000	450
Rollenbahn-Hubtisch-Tragkette	EURO-Paletten	1	0,0	0,0	650	180
	Normbehälter	1	0,0	0,0	3.000	450
Rollenbahn-Verschiebewagen	EURO-Paletten	1	4,0	0,0	700	70
	Normbehälter	1	1,5	0,0	3.000	220
	Normbehälter	2	1,5	0,0	3.000	400
Rollenbahn-Weiche-Rollenbahn	Normbehälter	1	0,0	9,0	1.800	1.800
Rollenbahn-Gurttransfer-Rollenbahn	Normbehälter	45 Grad	0,0	1,7	3.000	2.700
Rollenbahn-Bandabweiser-Rollenbahn	Normbehälter	45 Grad	0,0	1,8	3.000	2.320
Rollenbahn-Kettenausschleuser	Normbehälter	90 Grad	0,0	0,0	3.000	1.360
	Normbehälter	45 Grad	0,0	0,0	3.000	2.700
Rollenbahn-Puscher-Rollenbahn	Normbehälter	1	0,0	0,0	2.400	600

Tab. 13.4 Grenzleistungen von Verteiler- und Sammelelementen in Paletten- und Behälterfördersystemen

EURO-Palette : $l \times b \times h = 1.200 \times 800 \times 1.800$ mm
Normbehälter : $l \times b \times h = 600 \times 400 \times 300$ mm

▶ Die *Wechselzeitbelastung* eines Transportelements mit den *Wechselzeiten* z_{ijkl} [s] und den *Umschaltfrequenzen* v_{ijkl} [1/h] ist

$$\rho_{w} = \sum_{ij} \sum_{kl} v_{ijkl} \cdot z_{ijkl}/3600 . \qquad (13.29)$$

Während der unproduktiven Wechselzeitbelastung (13.29) kann eine Station nicht für die eigentlich benötigte Durchsatzfunktion genutzt werden.

13.3 Abfertigungsstrategien

Im Gegensatz zu den Grenzleistungen und Wechselzeiten, die konstruktionsabhängig und daher nur schwer veränderbar sind, lassen sich die Umschaltfrequenzen während des Betriebs durch geeignete *Abfertigungsstrategien* verändern und dem Bedarf anpassen:

- Eine *Abfertigungsstrategie* regelt, in welcher *Anzahl* und *Priorität* die einlaufenden Einheiten abgefertigt und auf die verschiedenen Ausgangsrichtungen verteilt werden.

Wie fast alle Strategien in der Logistik ergeben sich die Abfertigungsstrategien aus den drei Grundstrategien *Bündeln, Ordnen* und *Sichern* und ihren *Gegenstrategien* (s. *Abschn. 5.2*). Mit einer Abfertigungsstrategie lassen sich unterschiedliche *Ziele* verfolgen, wie:

- *Auslastungsziele*

  maximale Auslastung der Station   (13.30)

- *Leistungsziele*

  maximaler Durchsatz in allen Verbindungsrichtungen
  maximaler Durchsatz für bestimmte Verbindungsrichtungen   (13.31)

- *Zeitziele*

  minimale Abfertigungszeiten für alle Verbindungsrichtungen
  minimale Abfertigungszeiten für bestimmte Verbindungsrichtungen

                                                                          (13.32)

- *Stauziele*

  minimale Warteschlangen und Wartezeiten
  kein Blockieren vorangehender Stationen   (13.33)

- *Sicherheitsziele*

  größtmögliche Störungs- und Ausfallsicherheit
  maximale Verkehrssicherheit   (13.34)
  minimale Unfallgefahr für personenbesetzte Fahrzeuge.

Diese Ziele sind in der Regel nicht kompatibel und lassen sich nicht durch die gleichen Strategien erreichen. Daher müssen die angestrebten Ziele vor der Auswahl der Abfertigungsstrategien klar definiert und in ihrer Rangfolge festgelegt werden (s. *Kap. 5.1*).

Die Auswirkung der verschiedenen Abfertigungsstrategien auf die maximal möglichen Durchsatzleistungen einer Elementarstation oder eines Transportelements lassen sich mit Hilfe der *Grenzleistungsgesetze* quantifizieren.

13.3.1 Bündelungsstrategien

Wenn die *Abfertigungskapazität* eines Transportelements $c_U > 1$ ist, können bis zu c_U Einheiten gleichzeitig abgefertigt werden. Für Stationen mit $c_U > 1$ muss daher die Anzahl der Einheiten, die in einem Pulk in die Abfertigungs- oder Umschaltzone einlaufen, durch eine *Bündelungsstrategie* geregelt werden. Mögliche Bündelstrategien sind:

- *Einzelabfertigung:* Die ankommenden Einheiten laufen nacheinander einzeln in die Abfertigungs- oder Umschaltzone, werden dort *einzeln* abgefertigt und in die geforderte Auslaufrichtung umgesetzt.

- *Konstante Pulkabfertigung:* Die ankommenden Einheiten laufen in Schüben *gleicher Pulklänge* $c_K \leqq c_U$ in die Abfertigungs- oder Umschaltzone, werden dort *gemeinsam* abgefertigt und in die geforderte Auslaufrichtung umgesetzt.

- *Variable Pulkabfertigung:* Die ankommenden Einheiten laufen in Schüben *wechselnder Pulklänge* $c \leqq c_U$ in die Abfertigungs- oder Umschaltzone, werden dort *gemeinsam* abgefertigt und in die geforderte Auslaufrichtung umgesetzt.

- *Zyklische Abfertigung:* Das Transportelement oder die Abfertigungsstation arbeitet in einem konstanten oder belastungsabhängigen Zyklus. Die Auslastung der Abfertigungskapazität hängt von der Zykluszeit und von der Strombelastung ab.

Eine *Einzelabfertigung* ist unvermeidlich, wenn die Abfertigungs- oder Umschaltzone zu einer Zeit nur eine Einheit aufnehmen und abfertigen kann. Sie hat den Vorteil minimaler Abfertigungszeit aber den Nachteil einer geringeren Grenzleistung.

Die maximale Auslastung einer Station mit einer Aufnahmekapazität $c_U > 1$ wird mit der *konstanten Pulkabfertigung* erreicht, wenn $c_K = c_U$ ist. Bei geringer Strombelastung führt diese Strategie jedoch dazu, dass die ersten eintreffenden Einheiten länger warten müssen, bevor die zur Vollauslastung geforderten c_U Einheiten aufgelaufen sind. Die Folge sind also lange effektive Durchlaufzeiten. Wenn jede Abfertigung mit Kosten verbunden ist, wird jedoch mit der Abfertigung maximaler Pulklängen Geld gespart.[2]

Um längere Wartezeiten zu vermeiden und die effektiven Durchlaufzeiten gering zu halten, wird eine Station mit einer Kapazität $c_U > 1$ besser nach der Strategie der *variablen Pulkabfertigung betrieben.* Nach jeder Abfertigung werden aus der nächsten vorgegeben Einlaufrichtung die inzwischen eingetroffenen $c \leq c_U$ Einheiten abgefertigt. Mit dieser Regelung wird die Station mit zunehmender Belastung immer höher ausgelastet.

Bei niedriger Belastung ist allerdings mit dieser Strategie die Auslastung gering. Dafür aber sind die effektiven Durchlaufzeiten erheblich kürzer als bei der konstanten Pulkabfertigung. Im Vergleich zur Einzelabfertigung aber sind die Durchlaufzeiten auch bei der variablen Pulkabfertigung länger, da für den Ein- und Auslauf und meist auch für die Bearbeitung und das Umsetzen von mehr als einer Einheit mehr Zeit benötigt wird als für eine einzelne Einheit.

13.3.2 Vorfahrtstrategien

Bei Stationen mit mehr als einem Eingang muss zusätzlich zur Pulklänge die *Priorität* der Abfertigung geregelt sein. Zur Prioritätsregelung von Elementarstationen und Transportelementen sind folgende *Ordnungsstrategien* oder *Vorfahrtsregelungen* geeignet:

---

[2] Das Dilemma ist jedem Reisenden bekannt, der schon einmal auf eine Fähre oder ein Fahrzeug getroffen ist, das erst abfährt, wenn genügend Passagiere da sind.

- *Gleichberechtigte Abfertigung* (*First-Come-First-Served FCFS*): Die ankommenden Einheiten werden in der Reihenfolge ihres Eintreffens abgefertigt.
- *Einfache Vorfahrt* (z. B. *Vorfahrtsstraße*): Die Einheiten aus einer nachberechtigten Einlaufrichtung dürfen nur in die Abfertigungszone einlaufen, wenn zwischen zwei aufeinander folgenden Einheiten aus den bevorrechtigten Richtungen eine ausreichend große *Grenzzeitlücke* (13.37) vorkommt.
- *Absolute Vorfahrt* (z. B. *Stoppstraße*): Alle Einheiten aus einer nachberechtigten Einlaufrichtung müssen an einem Einlaufpunkt anhalten und warten, bis zwischen zwei aufeinander folgenden Einheiten aus den bevorrechtigten Richtungen eine ausreichend große *Grenzzeitlücke* vorkommt.

Beide Vorfahrtsstrategien setzen eine Priorisierung der Einlaufrichtungen in einer *Vorfahrtsrangfolge* voraus:

$$\lambda_{E1} \text{ vor } \lambda_{E2} \text{ vor } \lambda_{E3} \text{ vor } \lambda_{E4} \text{ vor } \ldots \text{ vor } \lambda_{En} \, . \tag{13.35}$$

Bei der Zusammenführung von zwei Strömen wird der vorfahrtsberechtigte Strom als *Hauptstrom* λ_H und der benachteiligte Strom als *Nebenstrom* λ_N bezeichnet. Dann gilt:

$$\lambda_H \text{ vor } \lambda_N \, . \tag{13.36}$$

Das heißt jedoch nicht, dass der Nebenstrom kleiner als der Hauptstrom ist.

Damit mindestens eine Nebenstromeinheit ohne Behinderung des Hauptstroms einlaufen kann, muss der Zeitabstand zwischen zwei Einheiten des Hauptstroms größer sein als die Summe der minimalen Taktzeiten von Hauptstrom und Nebenstrom und der Wechselzeiten vom Hauptstrom zum Nebenstrom und wieder zurück. Die benötigte *Grenzzeitlücke* ist daher:

$$t_{grenz} = \tau_H + \tau_N + z_{HN} + z_{NH} = \tau_H + \tau_N + z \, . \tag{13.37}$$

Bei absoluter Vorfahrt ist die *Gesamtwechselzeit* $z = z_{HN} + z_{NH}$ um die *Brems-* und *Anfahrzeit* der haltenden Nebenstromeinheit größer als die Gesamtwechselzeit der einfachen Vorfahrt.

Mit der einfachen und der absoluten Vorfahrt wird zu Lasten der Gesamtdurchsatzleistung und auf Kosten der effektiven Durchlaufzeiten der nachberechtigten Richtungen für die bevorrechtigten Richtungen eine kürzere Durchlaufzeit erreicht. Die absolute Vorfahrt bietet gegenüber den beiden anderen Vorfahrtsregelungen eine größere Funktionssicherheit und gewährleistet im Straßenverkehr eine geringere Unfallgefahr.

Von den drei Vorfahrtsstrategien ist die einfache Vorfahrt mit dem geringsten Aufwand zu realisieren. Wegen der erforderlichen Messung der Grenzzeitlücke ist die steuerungstechnische Realisierung der absoluten Vorfahrt in der Regel aufwendiger und mit höheren Kosten verbunden. Für die gleichberechtigte Abfertigung besteht bei hoher Strombelastung das Problem, die Anzahl und die Ankunftszeiten der wartenden Einheiten zu erfassen.

13.3.3 Steuerungsstrategien

Die größtmögliche Sicherheit gegen Störungen und Unfälle bieten die *Steuerungsstrategien:*

- *Konstante zyklische Abfertigung (Feste Ampelregelung):* Jede Einlaufrichtung E_i wird mit der *Bedienungsfrequenz* v_i [1/h] für eine *gleichbleibend lange Zykluszeit* T_{Zi} [s] geöffnet, in der nur die Einheiten aus dieser Richtung abgefertigt werden.
- *Flexible zyklische Abfertigung (Flexible Ampelregelung):* Jede Einlaufrichtung E_i wird mit der *Bedienungsfrequenz* v_i [1/h] für eine *bedarfsabhängige Zykluszeit* $T_{Zi}(\lambda_i)$ [s] geöffnet, in der nur die Einheiten aus dieser Richtung abgefertigt werden.

Strategieparameter der zyklischen Abfertigung sind die *Bedienungsfrequenzen,* die *Zykluszeiten* und die *Reihenfolge* der Einlaufrichtungen innerhalb eines Gesamtzyklus. Wenn jede Einlaufrichtung E_i pro Zyklus n_i mal bedient wird, ist die *Gesamtzykluszeit*

$$T_Z = \sum_i n_i \cdot T_{zi} \quad [\text{s}] \, . \tag{13.38}$$

Damit ist die *Gesamtbedienungsfrequenz*

$$v_Z = 3600/T_Z \quad [1/\text{h}] \tag{13.39}$$

und die Bedienungsfrequenz der Einlaufrichtung E_i

$$v_i = n_i \cdot v_z \quad [1/\text{h}] \, . \tag{13.40}$$

Die zyklische Abfertigung gewährleistet im Vergleich zu den Vorfahrtsstrategien die größte Störungssicherheit und die geringste Unfallgefahr. Sie ist jedoch mit einer Leistungseinbuße verbunden, die von den *Umschaltfrequenzen* und den *Wechselzeiten* abhängt.

Aus den Beziehungen (13.29), (13.38) und (13.39) ist ablesbar:

▶ Mit kurzen Zykluszeiten lassen sich hohe Bedienungsfrequenzen und kurze Wartezeiten erreichen, dafür aber ist der Leistungsverlust hoch.

▶ Mit längeren Zykluszeiten vermindert sich der Leistungsverlust, zugleich aber sinken die Bedienungsfrequenzen und steigen die Wartezeiten an.

Die steuerungstechnische Realisierung der zyklischen Abfertigung ist aufwendiger und teurer als für die Vorfahrtsstrategien. Wegen der erforderlichen Messung der Strombelastungen und der Regelung der Frequenzen ist die flexible Ampelregelung noch aufwendiger als die feste Ampelregelung.

Ein wesentlicher Nachteil der zyklischen Abfertigung sind die systematischen *Warteschlangen,* die sich während der *Sperrzeiten* auf den Zulaufstrecken bilden. In der Sperrzeit können die Warteschlangen bis in voranliegende Stationen anwachsen und diese blockieren, wenn die Zykluszeiten aufeinander folgender Stationen nicht richtig synchronisiert sind (s. Abschn. *13.5.4*).

13.3.4 Systemstrategien

Außer durch geeignete Abfertigungsstrategien für die einzelnen Stationen lassen sich Leistungsvermögen, Durchlaufzeiten und Betriebskosten eines Systems, das aus parallelen und nacheinander geschalteten Stationen besteht, durch übergreifende *Systemstrategien* optimieren. Eine Systemstrategie regelt die Belastung und den Funktionsablauf *mehrerer Stationen*.

Für die unterschiedlichen Logistiksysteme, wie die Umschlag-, Transport-, Lager- und Kommissioniersysteme, gibt es eine Vielzahl *spezieller Systemstrategien*, die in den nachfolgenden Kapiteln behandelt werden. In fast allen Produktions-, Leistungs- und Logistiksystemen aber kommen die folgenden Parallel- und Reihenbetriebsstrategien zum Einsatz.

Wenn in einem System, wie in *Abb. 13.10* dargestellt, nach einer Verzweigungsstelle mehrere Abfertigungsstationen oder Leistungsketten zur Auswahl stehen, die alle die gleiche Funktion bieten, das gleiche Ergebnis erzeugen oder zum selben Ziel führen, sind – abgesehen vom reinen Zufallsbetrieb ohne Strategie – folgende *Parallelbetriebsstrategien* möglich:

- *Zyklische Einzelzuweisung*: Die ankommenden Einheiten werden in zyklischer Folge einzeln auf die parallelen Stationen oder Leistungsketten verteilt.

- *Zyklische Pulkzuweisung*: Die ankommenden Einheiten werden in zyklischer Folge pulkweise auf die parallelen Stationen oder Leistungsketten verteilt, wobei die Pulklänge konstant oder auslastungsabhängig sein kann.

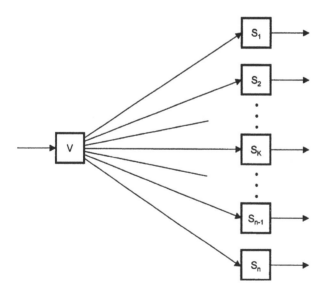

Abb. 13.10 Parallele Abfertigungsstationen oder Leistungsketten

V: Verzweigungs- und Zuteilungsstelle
S_k: Abfertigungsstation oder Prozessketteneingang

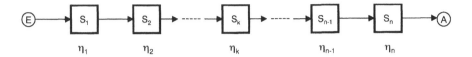

Abb. 13.11 Einfache Leistungskette, Logistikkette oder Transportkette

S_k: Stationen (Leistungsstellen, Abfertigungsstationen, Transportelemente)

η_k: Funktionssicherheiten (Zuverlässigkeit oder Verfügbarkeit)

- *Auslastungsabhängige Einzelzuweisung*: Die ankommenden Einheiten werden jeweils der Station oder Leistungskette zugewiesen, die zum Zeitpunkt des Eintreffens am geringsten ausgelastet ist.
- *Dynamisches Auffüllen*: Die ankommenden Einheiten werden der ersten Station mit freier Staukapazität zugewiesen. Bei ansteigendem Zustrom werden nacheinander weitere Stationen geöffnet. Bei abnehmendem Strom werden Stationen geschlossen [178].

Für die Steuerung des Durchlaufs der Einheiten durch eine Leistungskette, Logistikkette oder Transportkette, die – wie in *Abb. 13.11* dargestellt – aus einer Reihe aufeinander folgender Stationen besteht, gibt es die *Reihenbetriebsstrategien*:

- *Freier Durchlauf*: Die ankommenden Einheiten laufen unabhängig voneinander auf die einzelnen Stationen zu und werden dort nach den zuvor beschriebenen Abfertigungsstrategien abgefertigt.
- *Gedrosselter Einzeldurchlauf*: Stochastisch verteilt ankommende Einheiten, deren zeitlicher Abstand τ_E kleiner ist als die längste Abfertigungszeit τ_{max} der Stationen in der Leistungskette, werden von einer *Einlassdrossel* erst durchgelassen, wenn $\tau_E = \tau_{max}$ ist.
- *Gedrosselter Pulkdurchlauf (Engpassbelegung)*: Die ankommenden Einheiten werden von einer *Einlassstelle* in Pulks gruppiert, deren Länge c_E gleich der maximalen Abfertigungskapazität c_{max} und deren zeitlicher Abstand τ_E gleich der längsten Abfertigungszeit τ_{max} in der Prozesskette ist.
- *Geregelter Durchlauf („Grüne Welle")*: Die Zykluszeiten der aufeinander folgenden Stationen der Prozesskette sind so aufeinander abgestimmt, dass ein längerer Pulk von Einheiten die gesamte Kette ohne Halt durchlaufen kann [121, 123].

Die Parallel- und Reihenbetriebsstrategien haben unterschiedliche Auswirkungen auf die Leistung, die Durchlaufzeiten, die Funktionssicherheit und die Prozesskosten. Die Auswahl unter den möglichen Strategien hängt von der Zielsetzung und den Prioritäten ab und erfordert eine sorgfältige Analyse und Quantifizierung der *Strategieeffekte*. Hierfür werden die nachfolgenden Grenzleistungs- und Staugesetze benötigt [70, 74].

13.4 Grenzleistungsgesetze

Damit eine Elementarstation oder ein Transportelement die benötigten Abfertigungs-
und Durchsatzleistungen erbringen kann und vor keinem der Einlaufpunkte ein end-
loser Stau anwächst, muss die *Gesamtauslastung* ρ, die gleich der Summe der partiellen *Stromauslastungen* und der *Wechselzeitbelastung* ist, zu allen Betriebszeiten
kleiner als 1 sein:

$$\rho = \sum_{ij} \rho_{ij} + \rho_W < 1 \, . \tag{13.41}$$

Durch Einsetzen von Beziehung (13.28) für ρ_{ij} und von Beziehung (13.29) für
ρ_W folgt hieraus das *allgemeine Grenzleistungsgesetz*:

▶ Notwendige Bedingung für die Leistungsfähigkeit einer Elementarstation oder
eines Transportelements mit den partiellen *Grenzleistungen* μ_{ij} [LO/h] und den
Umschaltzeiten z_{ijkl} [s], das von den Partialströmen λ_{ij} [LO/h] durchflossen und
mit den Umschaltfrequenzen ν_{ijkl} [1/h] umgeschaltet wird, ist

$$\sum_{i=1}^{n}\sum_{j=1}^{m} \lambda_{ij}/\mu_{ij} + \sum_{i,k=1}^{n}\sum_{j,l=1}^{m} \nu_{ijkl} \cdot z_{ijkl}/3600 < 1 \, . \tag{13.42}$$

Das Grenzleistungsgesetz (13.42) ist eine notwendige Funktionsbedingung für alle
Stationen und Transportelemente, in deren Abfertigungs- und Umschaltzone sich zu
gleicher Zeit nur die Einheiten *einer* Verbindungsrichtung befinden dürfen. Wenn
die Abfertigungs- und Umschaltzone den gleichzeitigen Durchlauf der Ströme aus
mehr als einer Einlaufrichtung zulässt, erstrecken sich die Summen in Beziehung
(13.42) nur über die Einlaufrichtungen, deren Ströme nicht gleichzeitig fließen können.

Für Abfertigungsstationen und Transportelemente, deren Abfertigungs- und Umschaltzone eine *Kapazität* $c_U > 1$ hat, setzen sich die Partialströme λ_α zusammen aus
Stromanteilen $\lambda_\alpha(c)$ mit *richtungsreinen Schüben* der Länge $c = 1, 2, \ldots, c_U$. Die partielle Auslastung $\rho_\alpha = \lambda_\alpha/\mu_\alpha$ in der Grenzleistungsbeziehung (13.42) ist in diesem
Fall gleich der Summe

$$\lambda_\alpha/\mu_\alpha = \sum_{c=1}^{c_U} \lambda_\alpha(c)/\mu_\alpha(c) \quad \text{mit } \alpha = i, j \, . \tag{13.43}$$

Die von der Pulklänge abhängigen partiellen Grenzleistungen $\mu_\alpha(c)$ lassen sich mit
Hilfe der vorangehenden Beziehungen berechnen.

Bei zufälliger Durchmischung ist die Wahrscheinlichkeit, dass c Einheiten des
Partialstroms λ_α aufeinander folgen, $(\lambda_\alpha/\lambda)^c$. Die Wahrscheinlichkeit, dass die
nächst folgende Einheit nicht zum Partialstrom λ_α gehört, ist $(\lambda - \lambda_\alpha)/\lambda$. Das Produkt dieser beiden Wahrscheinlichkeiten ist die Folgewahrscheinlichkeit:

▶ Die *Folgewahrscheinlichkeit*, dass in einem stochastisch durchmischten Gesamt-
strom λ, der sich aus den Partialströmen λ_α zusammensetzt, genau c Einheiten
eines Partialstroms aufeinander folgen, ist

$$w_\alpha(c) = (\lambda_\alpha/\lambda)^c \cdot (\lambda - \lambda_\alpha)/\lambda \ . \tag{13.44}$$

Die *Folgewahrscheinlichkeit* (13.44) ist allgemein nutzbar zur Berechnung der relativen Häufigkeit der Folgen von c Lade- oder Transporteinheiten gleicher Art in einem zufallsgemischten Strom, beispielsweise von Fahrzeugen gleicher Farbe in einem Verkehrsstrom [73, /2].

Mit der Folgewahrscheinlichkeit folgt für die Stromanteile $\lambda_a(c)$ in der Grenzleistungsformel (13.43):

$$\lambda_\alpha(c) = \begin{cases} w_\alpha(c) \cdot \lambda & \text{für } c < c_U \\ (\lambda_\alpha/\lambda)^c \cdot \lambda & \text{für } c = c_U \end{cases} \tag{13.45}$$

Für die verschiedenen Elementarstationen, Transportelemente und Abfertigungsstrategien ergeben sich aus den allgemeinen Grenzleistungsgesetzen (13.42) und (13.43) *spezielle Grenzleistungsgesetze*.

Nachfolgend werden die Grenzleistungsgesetze für Verzweigungs- und Zusammenführungselemente bei unterschiedlichen Abfertigungsstrategien behandelt. Die hieraus resultierenden Aussagen und Zusammenhänge gelten grundsätzlich auch für Elementarstationen und Transportelemente höherer Ordnung [73, 117].

Für einige Transportelemente wurde zum Test der analytischen Grenzleistungskurven eine *digitale Simulation* durchgeführt [56]. Die Simulationsergebnisse, die in den nachfolgenden Diagrammen eingetragen sind, bestätigen die analytischen Berechnungen mit Hilfe der Grenzleistungsgesetze.

13.4.1 Grenzleistungsgesetz für Zusammenführungen und Verzweigungen

Bei Einzelabfertigung reduziert sich das allgemeine Grenzleistungsgesetz (13.42) für Verzweigungselemente mit einem Eingang und zwei Ausgängen sowie für Zusammenführungselemente mit zwei Eingängen und einem Ausgang auf die Forderung:

$$\lambda_1/\mu_1 + \lambda_2/\mu_2 + \nu \cdot z/3600 < 1 \ . \tag{13.46}$$

Dabei sind die Partialströme λ_i für ein Zusammenführungselement die Anteile des *Einlaufstroms*

$$\lambda_E = \lambda = \lambda_1 + \lambda_2 \tag{13.47}$$

und für ein Verzweigungselement die Anteile des *Auslaufstroms*

$$\lambda_A = \lambda = \lambda_1 + \lambda_2 \ . \tag{13.48}$$

Da bei nur zwei Betriebsstellungen die Hinschaltfrequenz gleich der Rückschaltfrequenz ist, sind für die Grenzbelastbarkeit des Elements nur die *Umschaltfrequenz*

$$\nu = \nu_{12} = \nu_{12} \tag{13.49}$$

und die *Summe der Wechselzeiten*

$$z = z_{12} + z_{12} \tag{13.50}$$

maßgebend. Bei Pulkabfertigung sind die partiellen Auslastungen λ_i/μ_i gemäß Beziehung (13.43) zu zerlegen in Stromanteile mit richtungsreinen Schüben gleicher Länge.

13.4.2 Belastungsgrenzen bei zyklischer Abfertigung

Bei zyklischer Abfertigung der Einlaufströme eines Zusammenführungselements ist die Umschaltfrequenz durch Beziehung (13.39) gegeben. Damit folgt aus dem Grenzleistungsgesetz (13.46) der Satz:

▶ Bei *zyklischer Abfertigung* mit der *Zykluszeit* T_Z [s], der *Wechselfrequenz* ν = $3600/T_Z$ [1/h] und der *Wechselzeit z* [s] sind die Partialströme eines Zusammenführungselements begrenzt durch die Bedingung

$$\lambda_1/\mu_1 + \lambda_2/\mu_2 + z/T_Z < 1 . \tag{13.51}$$

Für das in *Abb. 13.8* dargestellte Beispiel einer beidseitig stetig arbeitenden Hängebahndrehweiche zeigt *Abb. 13.12* die aus dem Grenzleistungsgesetz (13.51) mit den angegebenen partiellen Grenzleistungen resultierenden *Grenzleistungskurven*.

Die *Grenzleistungskurve* (13.51) für die maximal zulässigen *Belastungszustände* $(\lambda_1; \lambda_2)$ ist eine Grade. Im Grenzfall sehr großer Zykluszeiten verläuft die Grade zwischen den beiden Achsenschnittpunkten $(\mu_1; 0)$ und $(0; \mu_2)$. Mit abnehmender Zykluszeit und zunehmender Zyklusfrequenz verschiebt sich die Grenzleistungsgrade in Richtung auf den Nullpunkt. Die Leistungseinbuße infolge der Wechselzeitbelastung wird immer größer [73].

13.4.3 Belastungsgrenzen bei gleichberechtigter Abfertigung

Bei *Einzelabfertigung* gleichberechtigter Ströme ist die Wahrscheinlichkeit w_{ij} einer Umschaltung von Partialstrom λ_i auf Partialstrom λ_j gleich der bedingten Wahrscheinlichkeit, dass die nächste nach einer Einheit des Partialstroms λ_i ankommende Einheit dem Partialstrom λ_j angehört. Die Wahrscheinlichkeit, dass eine Einheit eines stochastisch durchmischten Gesamtstroms $\lambda = \sum \lambda_i$ dem Partialstrom λ_i angehört, ist λ_i/λ. Die Wahrscheinlichkeit, dass die nächstfolgende Einheit dem Partialstrom λ_j angehört, ist λ_j/λ. Die *Umschaltwahrscheinlichkeit* ist gleich dem Produkt dieser beiden Wahrscheinlichkeiten:

$$w_{ij} = (\lambda_i/\lambda) \cdot (\lambda_j/\lambda) . \tag{13.52}$$

Die Umschaltfrequenz, das heißt die Anzahl Umschaltungen von Partialstrom λ_i auf Partialstrom λ_j und umgekehrt, wird damit:

$$v_{ij} = w_{ij} \cdot \lambda = \lambda_i \cdot \lambda/\lambda . \tag{13.53}$$

Für nur zwei Einlaufströme oder zwei Auslaufströme ist $\lambda = \lambda_1 + \lambda_2$. Durch Einsetzen von (13.53) in (13.49) und (13.46) folgt damit:

▶ Bei *gleichberechtigter Abfertigung* stochastischer Ströme λ_i [LO/h] in einem Zusammenführungs- oder Verzweigungselement mit der Wechselzeit z [s] sind die Partialströme begrenzt durch die Bedingung

$$\lambda_1/\mu_1 + \lambda_2/\mu_2 + (\lambda_1 \cdot \lambda_2/(\lambda_1 + \lambda_2)) \cdot z/3600 < 1 . \tag{13.54}$$

Für das in *Abb. 13.8* dargestellte Beispiel unterschiedlicher Drehweichen einer Hängebahn zeigt *Abb. 13.13* die aus dem Grenzleistungsgesetz (13.54) mit den angegebenen partiellen Grenzleistungen resultierenden *Grenzleistungskurven*.

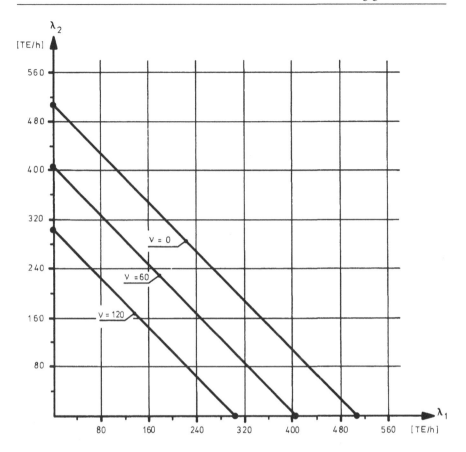

Abb. 13.12 Grenzleistungsgraden eines stetigen Zusammenführungs- oder Verzweigungselements bei zyklischer Abfertigung

ν [1/h]: Umschaltfrequenz   übrige Parameter s. *Abb. 13.13*

Für die stetigen Zusammenführungs- und Verzweigungselemente ist die Grenzleistungskurve eine um 45 Grad gedrehte Hyperbel, deren Durchbiegung von der Größe der Wechselzeit bestimmt wird. Die Abweichung der Hyperbel von der Verbindungsgraden der Punkte $(\mu_1; 0)$ und $(0; \mu_2)$ ist der Leistungsverlust infolge der Umschaltbelastung.

Bei den halbstetigen und bei den unstetigen Elementen sind die Grenzleistungskurven Verbindungsgraden zwischen den beiden Achsenschnittpunkten $(\mu_1; 0)$ und $(0; \mu_2)$, da hier die Wechselzeit Null ist. Da jedoch die Grenzleistung in der unstetigen Verbindungsrichtung deutlich geringer ist als in der stetigen Verbindungsrichtung, liegen beide Grenzleistungsgraden weit unter der Grenzleistungskurve der stetigen Elemente.

Für das Beispiel einer halbstetigen Rollenbahndrehweiche mit Kapazität für c_U Paletten ergeben sich mit der Zerlegung (13.45) der Partialströme in Anteile glei-

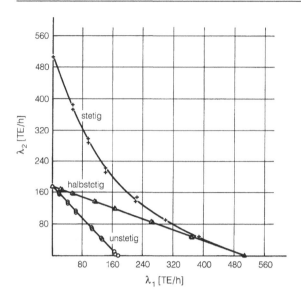

Abb. 13.13 Grenzleistungskurven für Zusammenführung und Verzweigung bei gleichberechtigter Abfertigung

Stetige Verbindung: μ_{stet} = 507 TE/h; z = 12 s
Unstetige Verbindung: μ_{unst} = 173 TE/h; z = 0 s
Kreuze, Kreise, Dreiecke: Simulationsergebnisse

cher Schublänge aus dem Grenzleistungsgesetz (13.54) die in *Abb. 13.14* dargestellten Grenzleistungskurven [73]. Hieraus ist ablesbar, dass ein größeres Fassungsvermögen des Drehtisches nicht für alle Belastungszustände (λ_1; λ_2) zu einer Verbesserung der Durchsatzleistung führt. Im Bereich gleicher Partialströme ist die Wahrscheinlichkeit längerer richtungsreiner Schübe gering und die Drehzeit größer als für einen Drehtisch mit der Kapazität c_U = 1.

13.4.4 Belastungsgrenzen bei Vorfahrt

Bei einer Zusammenführung mit Vorfahrt sind nicht alle Zeitlücken zwischen den vorfahrtberechtigten Einheiten des Hauptstroms ausreichend für ein behinderungsfreies Einschleusen der nachberechtigten Einheiten des Nebenstroms. Alle Zeitlücken im Hauptstrom, die kleiner sind als die benötigte Grenzzeitlücke (13.37), gehen für die Leistungsnutzung verloren. Daher ist das Grenzleistungsgesetz (13.54) in diesem Fall nur eine notwendige aber keine hinreichende Bedingung für die Leistungsfähigkeit einer Zusammenführung.

Aus einer Analyse der Zeitlückenverteilung resultiert für Hauptströme, deren Taktzeiten annähernd eine *modifizierte Exponentialverteilung* haben (s. *Abschn. 9.2* und *Abb. 9.2*), das *Grenzleistungsgesetz für Vorfahrt* [78/3]:

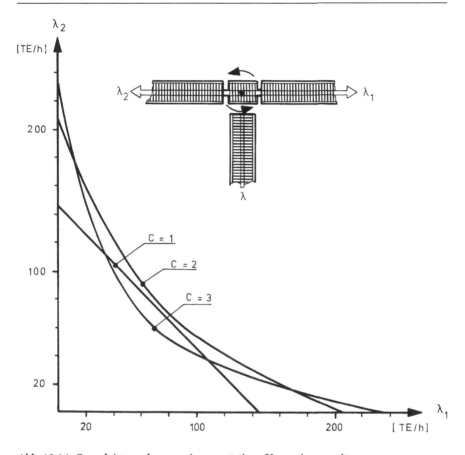

Abb. 13.14 Grenzleistungskurven einer unstetigen Verzweigung mit Abfertigungskapazität $c = 1, 2$ und 3 LE

Rollenbahn- Drehtisch- Rollenbahn für Paletten mit den Grenzleistungen für

$c = 1$: $\mu_1(1) = \mu_2(1) = 144\,\text{Pal/h}$

$c = 2$: $\mu_1(1) = \mu_2(1) = 118\,\text{Pal/h}$; $\mu_1(2) = \mu_2(2) = 207\,\text{Pal/h}$

$c = 3$: $\mu_1(1) = \mu_2(1) = 100\,\text{Pal/h}$; $\mu_1(2) = \mu_2(2) = 178\,\text{Pal/h}$

$\quad\quad\mu_1(3) = \mu_2(3) = 231\,\text{Pal/h}$

▶ Der *maximal mögliche Nebenstrom* λ_N einer Zusammenführung mit den *partiellen Grenzleistungen* μ_N und μ_H und der *Wechselzeit* z ist *bei* einem *vorfahrtsberechtigten Hauptstrom* λ_H mit Poisson-verteilten Zeitlücken

$$\lambda_N < \lambda_H \cdot \exp(-(\lambda_H\mu_H z/3600)/(\mu_H - \lambda_H)))/(\exp((\lambda_H\mu_H/\mu_N)/(\mu_H - \lambda_H)) - 1)\,.$$
(13.55)

Für die in *Abb. 13.8* dargestellten stetigen, halbstetigen und unstetigen Hängebahnweichen zeigt *Abb. 13.15* die aus dem Grenzleistungsgesetz (13.55) resultierenden

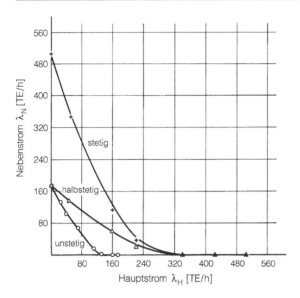

Abb. 13.15 Grenzleistungskurven stetiger, halbstetiger und unstetiger Zusammenführungen bei absoluter Vorfahrt

Parameter: s. *Abb. 13.13*
Kreuze, Kreise, Dreiecke: Simulationsergebnisse

Grenzleistungskurven bei Vorfahrt. Aus dem Diagramm und aus der Grenzleistungsformel (13.55) sind folgende *Regeln* ablesbar:

▶ Die Durchlassfähigkeit für den Nebenstrom wird durch eine Vorfahrtsregelung im Vergleich zur gleichberechtigten stochastischen Abfertigung erheblich reduziert.

▶ Die Durchlassfähigkeit nimmt mit ansteigendem Hauptstrom rasch ab und sinkt nahezu auf Null, lange bevor der Hauptstrom die Grenzleistung erreicht hat.

Dieser Effekt ist jedem Autofahrer bekannt, der einmal an einer hochbelasteten Vorfahrtsstraße auf eine ausreichende Lücke zum Einschleusen gewartet hat. Ein anderes Beispiel sind Sekretärinnen, die ihren Chef stets absolut vorrangig bedienen und daher fast nie ausreichend Zeit für Aufträge anderer Mitarbeiter haben. Die Leistungsminderung durch eine Vorfahrtsregelung wird in der *Verkehrsplanung* nicht ausreichend beachtet, wenn wie üblich mit der bekannten Formel von *Harders* gerechnet wird. Diese vernachlässigt die Mindestabstände der Fahrzeuge und ergibt daher bei hoher Hauptstrombelastung eine weitaus zu große Durchlassfähigkeit für den Nebenstrom [121, 123].

Eine Konsequenz aus dem Grenzleistungsgesetz (13.55) ist das *Vorfahrtprinzip:*

▶ Der stärkere Strom sollte Vorfahrt haben vor dem schwächeren Strom.

Je gleichmäßiger die Lücken im Hauptstrom verteilt sind, umso mehr weicht das Durchlassverhalten einer Zusammenführung von der stetigen Grenzleistungskurve

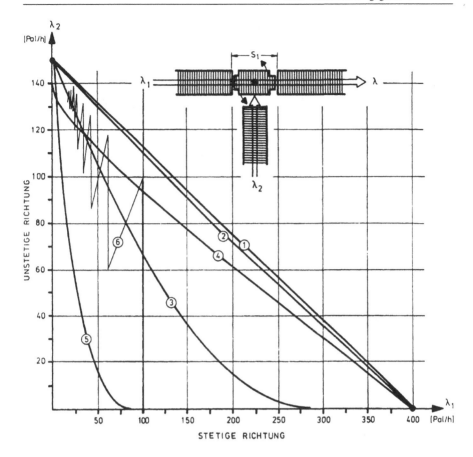

Abb. 13.16 Grenzleistungskurven für verschiedene Abfertigungsstrategien
Rollenbahn- Drehtisch- Rollenbahn für Paletten

Parameter: $\mu_1 = 400\,\text{TE/h}$; $\mu_2 = 150\,\text{TE/h}$; $z = 1{,}25\,\text{s}$
Kurve 1: zyklische Abfertigung mit Umschaltfrequenz $n \ll 60\,1/\text{h}$
Kurve 2: gleichberechtigte Einzelabfertigung
Kurve 3: absolute Vorfahrt rekurrenter Ströme mit λ_1 vor λ_2
Kurve 4: absolute Vorfahrt rekurrenter Ströme mit λ_2 vor λ_1
Kurve 5: absolute Vorfahrt rekurrenter Ströme mit λ_2 vor λ_1 und $\tau_1 = 20\,\text{s}$
Kurve 6: absolute Vorfahrt mit getaktetem Hauptstrom λ_1

(13.55) ab. Bei *getaktetem Hauptstrom* hat die Grenzleistungskurve einen *sprunghaf-*
ten Verlauf wie er für das Beispiel einer halbstetigen Zusammenführung einer Rollenbahn als *Kurve 6* in *Abb. 13.16* gezeigt ist. Dieses Diagramm enthält außerdem
einen Vergleich der Grenzleistungskurven für die unterschiedlichen Abfertigungsstrategien.

13.5 Staueffekte und Staugesetze

Wenn die Gesamtbelastung einer Station die Belastungsgrenze erreicht oder überschreitet, kommt es vor den Einlaufpunkten zu *Wartezeiten, Warteschlangen* und
Rückstaus, die voranliegende Stationen blockieren können. Diese Staueffekte können
durch einen *stochastischen* oder einen *systematischen Stau* verursacht werden:

- Ein *stochastischer Stau* entsteht *unterhalb* der zulässigen Belastungsgrenze, wenn
  der Zulauf und/oder die Abfertigung stochastisch schwanken.

- Ein *systematischer Stau* entsteht *oberhalb* der zulässigen Belastungsgrenze unabhängig davon, ob der Zulauf oder die Abfertigung getaktet oder stochastisch sind.

Die Analyse der Einflussfaktoren und die Berechnung von Größe und Auswirkungen
stochastischer Staus sind Gegenstand der *Warteschlangentheorie* [70, 125–127]. Die
Theorie der Warteschlangen liefert Formeln zur Berechnung der Staueffekte, die in
der Regel recht kompliziert sind und deren Voraussetzungen in der Praxis häufig
nicht erfüllt sind oder sich kaum überprüfen lassen.

Wegen der generellen Ungenauigkeit der Leistungsanforderungen und der Unkenntnis der genauen Taktzeitverteilungen genügen in der Logistik zur Berechnung
und Abschätzung der zu erwartenden Staueffekte für viele Anwendungsfälle einfache *Näherungsformeln*, die sich unter relativ allgemeinen Voraussetzungen aus den
exakten Formeln der Warteschlangentheorie herleiten lassen [27, 74].

Bei richtiger Dimensionierung und korrektem Betrieb eines Logistiksystems sind
die stochastischen Staus bei *Einzelabfertigung* von relativ untergeordneter Bedeutung. Ein systematischer Stau, der auch bei schubweiser Ankunft und gebündelter
Abfertigung entsteht, kann hingegen wesentlich größere Auswirkungen haben. Die
systematischen Staus aber werden in der Warteschlangentheorie, wenn überhaupt,
nur am Rande behandelt.

13.5.1 Klassifizierung der Wartesysteme

In der Warteschlangentheorie ist zur Kurzbezeichnung eines allgemeinen Wartesys-
tems, wie es in *Abb. 13.10* dargestellt ist, mit einer *Ankunftsverteilung* W_{an}, mit n parallelen Abfertigungsstationen und mit der *Abfertigungsverteilung* W_{ab} die *Kendall-
Notation* gebräuchlich [70]:

$$W_{an}/W_{ab}/n \ . \tag{13.56}$$

Ein Wartesystem mit nur einer Bedienungsstation zeigt *Abb. 13.3*. Das einfachste und
daher am häufigsten betrachtete Wartesystem M/M/1 ist eine einzelne Bedienungsstation mit exponentialverteilten Ankunfts- und Abfertigungszeiten, die als *Poisson-
Ströme* oder als *Markov-Prozess* bezeichnet werden.

Das System M/D/1 hat eine exponentialverteilte Ankunftsverteilung und eine getaktete Abfertigung, die auch als *Dirac-Verteilung bezeichnet* wird (s. *Abb. 9.4*). Das
System D/M/1 hat einen getakteten Zulauf und eine exponentialverteilte Abfertigung. Die Zulaufverteilung und die Abfertigungsverteilung des Systems $E_k/E_l/1$ sind
Erlangverteilungen. Das System G/G/1 hat im Zulauf und Auslauf allgemeine Zufalls-
verteilungen (s. *Abschn. 9.3 u. 9.4*) [70].

Für Wartesysteme vom Typ $E_k/E_l/1$ gibt es explizite Formeln zur Berechnung der Staueffekte [70]. Aus diesen Formeln ist ableitbar, dass die Staueffekte vor einer Abfertigungsstation in erster Näherung nur von der *Systemauslastung* und der *Systemvariabilität* abhängen [74].

- Die *Systemvariabilität* ist der Mittelwert der *Einlaufvariabilität* $V_E = (s_E/\tau_E)^2$ und der *Abfertigungsvariabilität* $V_A = (s_A/\tau_A)^2$:

$$V = (V_E + V_A)/2 \ . \tag{13.57}$$

Allgemein gilt:

▶ Stochastisch bedingte Staueffekte treten nur auf, wenn die *Systemvariabilität* größer 0 ist.

Um die Staueffekte für Wartesysteme vom Typ G/G/n mit $n > 1$ Parallelstationen berechnen zu können, muss zusätzlich zu den Mittelwerten und den Variabilitäten des Zulaufs und der Abfertigung die *Abfertigungsstrategie* bekannt sein.

Aus den nachfolgend angegebenen Näherungsformeln zur Berechnung der Staueffekte für Systeme vom Typ G/G/1 und G/G/n ergeben sich grundlegende *Auslegungsregeln* für stochastisch belastete Produktions-, Logistik- und Transportsysteme. Außerdem lassen sich mit Hilfe der Näherungsformeln die Auswirkungen verschiedener Abfertigungsstrategien abschätzen.

Wenn diese Auslegungsregeln berücksichtigt und die Abfertigungsstrategien richtig genutzt werden, sind die einzelnen Stationen eines logistischen Netzwerks ausreichend voneinander entkoppelt. Eine aufwendige stochastische Netzwerkanalyse oder Simulation ist unnötig, solange die Strombelastung *stationär* ist.

13.5.2 Berechnung der Systemvariabilität

In *bestehenden Systemen* lässt sich die *Variabilität* oder *relative Varianz* $V_E = (s_E/\tau_E)^2$ eines stationären Einlaufstroms $\lambda_E = 3600/\tau_E$ grundsätzlich durch eine Messung der Zeitabstände τ zwischen den Endpunkten aufeinander folgender Einheiten ermitteln (s. *Abschn. 9.2*). Solche Messungen sind jedoch in der Praxis sehr aufwendig, aus betrieblichen Gründen häufig kaum durchführbar oder, weil der Strom instationär ist, nur begrenzt brauchbar [122]. Für *neue Systeme* ist die Verteilung der Einlauftaktzeiten unbekannt und nur unter bestimmten Annahmen prognostizierbar.

Im *Straßenverkehr* wurde in zahlreichen Messungen der Taktzeiten zwischen Personenwagen, die auf einer Fahrspur einander folgen, eine *modifizierte Exponentialverteilung* beobachtet [121–123]. Auch in vielen anderen Fällen gibt eine modifizierte Exponentialverteilung die Zufallsverteilung der Zeitabstände ausreichend genau wieder (s. *Abb. 9.2*).

Wenn die Taktzeiten eines Einlaufstroms eine modifizierte Exponentialverteilung mit der *minimalen Taktzeit* τ_{E0} haben, ist die *Zulaufgrenzleistung* $\mu_E = 3600/\tau_{E0}$. Für die *Einlaufvariabilität gilt* dann (s. *Abschn. 9.3*):

$$V_E = (s_E/\tau_E)^2 = ((\tau_E - \tau_{E0})/\tau_E)^2 = (1 - \lambda_E/\mu_E)^2 \ . \tag{13.58}$$

Im Grenzfall $\lambda_E \rightarrow 0$ folgt aus Beziehung (13.58) die Einlaufvariabilität $V_E = 1$, das heißt eine maximale Zulaufstreuung, und für den Grenzfall $\lambda_E \rightarrow \mu_E$ die Einlaufvariabilität $V_E = 0$, das heißt ein getakteter Zulauf mit minimaler Taktzeit.

Für mehrere Einlaufströme λ_{Ei} mit den Zulaufgrenzleistungen λ_{Ei}, die in einer Station gleichberechtigt abgefertigt werden, ist die *Variabilität* der Einlaufströme näherungsweise gleich dem gewichteten Mittel der Variabilität (13.58) für die partiellen Ströme:

$$V_E \approx \sum_i (\lambda_{Ei}/\lambda) \cdot V_{Ei} \ . \tag{13.59}$$

Die Variabilität der Grenzleistung einer Abfertigungsstation lässt sich bei bekannter Verteilung der Abfertigungszeiten mit Hilfe der Beziehungen (9.7) und (9.8) aus *Abschn. 9.2* berechnen. Bei einer *Rechecksverteilung* der Abfertigungszeiten, wie sie in *Abb. 9.2* dargestellt ist, sind die Taktzeiten τ_a zwischen einer minimalen Taktzeit τ_{min} und einer *maximalen Taktzeit* τ_{max} gleichverteilt. In diesem Fall ergibt sich für die *Abfertigungsvariabilität*:

$$V_A = 1/3 \cdot ((\tau_{max} - \tau_{min})/(\tau_{max} + \tau_{min}))^2 \ . \tag{13.60}$$

Im Grenzfall $\tau_{min} = 0$ ist die Streuung der Abfertigungszeiten maximal und die Variabilität der Rechecksverteilung $V_A = 1/3$. Im Grenzfall $\tau_{max} = \tau_{min}$ ist die Abfertigung getaktet und die Variabilität $V_A = 0$.

Ein Transportelement, das in jeder Funktion F_α eine konstante Taktzeit τ_α hat und mit der partiellen Grenzleistung $\lambda_\alpha = 3600/\tau_\alpha$ arbeitet, hat eine diskrete Abfertigungsverteilung, deren Streuung sich mit Hilfe von Beziehung (9.12) berechnen lässt. Bei einer partiellen Strombelastung λ_α der Funktionen F_α ist die *mittlere Grenzleistung* einer solchen Abfertigungsstation:

$$\mu = \left(\sum_\alpha (\lambda_\alpha/\lambda) \cdot (1/\mu_\alpha) \right)^{-1} \ [AE/h] \ . \tag{13.61}$$

Für die *Abfertigungsvariabilität eines Transportelements* folgt damit:

$$V_A = \sum_\alpha (\lambda_\alpha/\lambda) \cdot (1 - \mu/\mu_\alpha)^2 \ . \tag{13.62}$$

Sind die partiellen Grenzleistungen für alle Funktionen gleich, ist die Abfertigungsvariabilität 0 und die Abfertigung durch das Transportelement getaktet.

Wenn sich die Systemvariabilität weder messen noch mit den angegebenen Formeln berechnen lässt, genügt es in vielen Fällen, die Systemvariabilität nach folgenden *Regeln* abzuschätzen:

▶ Im *günstigsten Fall* eines getakteten Zulaufs mit getakteter Abfertigung ist die Systemvariabilität 0.

▶ Im *ungünstigsten Fall* eines Poisson-verteilten Zulaufs mit Poisson-verteilter Abfertigung ist die Systemvariabilität 1.

▶ Im *mittleren Fall*, der bei stochastischem Zulauf und getakteter Abfertigung, bei getaktetem Zulauf und stochastischer Abfertigung oder bei einer Zulauf- und Abfertigungsvariabilität 1/2 eintritt, ist die Systemvariabilität 1/2.

Wenn die Variabilität des Zulaufs und der Abfertigung unbekannt sind, kann überschlägig mit der *mittleren Systemvariabilität* $V \simeq 1/2$ gerechnet werden. Da die Zulaufströme bei Annäherung an die Grenzbelastbarkeit in den meisten Fällen zunehmend getaktet sind und die Abfertigungsvariabilität in der Praxis meist deutlich kleiner als 1 ist, liegt der Ansatz einer mittleren Systemvariabilität $1/2$ in der Regel auf der sicheren Seite.

13.5.3 Staugesetze für stochastische Staus

Die Gesamtanzahl aller Einheiten, die vor dem Einlaufpunkt warten und sich in der Abfertigung befinden, hat zu einem Zeitpunkt t einen *ganzzahligen Wert* $N(t)$, der allgemein als *Warteschlangenlänge* oder kurz als *Warteschlange* bezeichnet wird. Die *momentane Warteschlange* $N(t)$ ist eine stochastisch schwankende Zufallsgröße, deren exakter Wert für einen bestimmten Zeitpunkt t nicht vorausberechenbar ist.

Für den Fall der gleichberechtigten Einzelabfertigung stationärer Ströme lassen sich aus den Ergebnissen der Warteschlangentheorie folgende *Staugesetze* ableiten, deren Genauigkeit für die Planungspraxis meist ausreichend ist [74]:

▶ Die *mittleren partiellen Warteschlangen* auf den Zuführungsstrecken *vor* den Einlaufpunkten E_i haben bei gleichberechtigter Abfertigung die Länge

$$N_{Wi} = (\lambda_{Ei}/\lambda) \cdot (1 - \rho + V\rho) \cdot \rho^2/(1 - \rho) = (\lambda_{Ei}/\lambda) \cdot N_W \quad [AE] . \qquad (13.63)$$

▶ Die *Summe der Warteschlangen*, die im Mittel insgesamt auf den Zuführungsstrecken *vor* den Einlaufpunkten warten, ist im eingeschwungenen Zustand bei gleichberechtigter Abfertigung

$$N_W = \sum_i N_{Wi} = (1 - \rho + V\rho) \cdot \rho^2/(1 - \rho) \quad [AE] . \qquad (13.64)$$

▶ Die *mittlere Gesamtwarteschlange aller Einheiten*, die sich im Mittel insgesamt *vor und in* der Station befinden, ist bei gleichberechtigter Abfertigung

$$N = (1 - \rho + V\rho) \cdot \rho/(1 - \rho) \quad [AE] . \qquad (13.65)$$

▶ Die momentane Gesamtwarteschlange schwankt im Verlauf der Zeit um den Mittelwert (13.65) mit der *Streubreite* (*Standardabweichung*)

$$s_N \approx \sqrt{V \cdot \rho \cdot N} \quad [AE] . \qquad (13.66)$$

▶ Die *mittlere Wartezeit* der Einheiten, die auf der Zuführungsstrecke *vor* einem Einlaufpunkt Ei auf den Eintritt in die Abfertigungszone warten, ist bei gleichberechtigter Abfertigung für alle Richtungen gleich[3]

$$T_{Wi} = T_W = 3600 \cdot N_W/\lambda \quad [s] . \qquad (13.67)$$

Hierin ist λ [AE/h] die *Gesamtstrombelastung* (13.26), ρ die *Gesamtauslastung*, die bei stochastischer Einzelabfertigung durch Beziehung (13.42) gegeben ist, und V die *Systemvariabilität* (13.57).

---

[3] Der Zusammenhang (13.67) zwischen Wartezeit und Warteschlangenlänge wird auch *LITTLE's Gesetz* genannt.

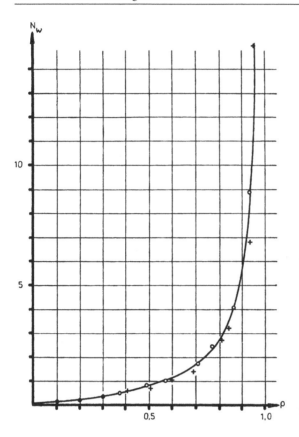

Abb. 13.17 Auslastungsabhängigkeit der mittleren Warteschlange

Systemvariabilität: $V = (V_E + V_A)/2 = 0,6$
Kreuze: Simulationsergebnisse für $V_E = 0,2$ und $V_A = 1,0$
Kreise: Simulationsergebnisse für $V_E = 1,0$ und $V_A = 0,2$

Bei einer Zusammenführung mit Vorfahrt entsteht nur auf der nachberechtig-ten Nebenstrecke eine Warteschlange. In diesem Fall ist in den Beziehungen (13.63) bis (13.66) anstelle der Gesamtbelastung ρ die Belastung $\rho_N = \lambda_N/\lambda_{Nmax}$ des Ne-benstromzulaufs und für die Variabilität $V = 1$ einzusetzen. Die vom Hauptstrom λ_H abhängige maximale Nebenstromleistung λ_{Nmax} ist durch den Ausdruck auf der rechten Seite der Grenzleistungsformel (13.55) gegeben [74].

Für die in *Abb. 13.3* dargestellte Bedienungsstation zeigt *Abb. 13.17* die mit Hil-fe der Beziehung (13.65) errechnete Abhängigkeit der mittleren Warteschlange von der Auslastung bei einer Systemvariabilität 0,60. Die eingetragenen Punkte und Krei-se sind das Ergebnis einer digitalen Simulation für zwei unterschiedliche Zulauf- und Abfertigungsvariabilitäten [56]. In *Abb. 13.18* ist die aus Beziehung (13.65) resultie-

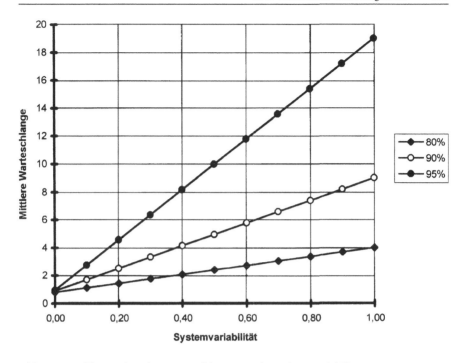

Abb. 13.18 Abhängigkeit der Warteschlange von der Systemvariabilität

Parameter: Auslastungsgrad $\rho = 80\,\%/90\,\%/95\,\%$

rende funktionale Abhängigkeit der mittleren Warteschlange von der Systemvariabilität dargestellt.

Die auch für andere Verteilungen und Variabilitäten durchgeführten Simulationsrechnungen ergeben in guter Übereinstimmung mit den Ergebnissen der analytischen Näherungsrechnung folgende *Staugesetze* [55, 56, 128]:

▶ Bei Auslastungen unter 50 % sind die Warteschlangen im Mittel kleiner als 1 und
die Staueffekte auch bei maximaler Systemvarianz vernachlässigbar.

▶ Mit Annäherung an die Belastungsgrenze nehmen die Warteschlangen und damit
auch die übrigen Staueffekte immer rascher zu.

▶ Die Staueffekte steigen *überproportional mit der Auslastung* und *linear mit der Systemvariabilität* an.

▶ Bei maximaler Systemvariabilität beginnt der steile Anstieg der Warteschlangen
ab einer Auslastung von etwa 85 % und bei mittlerer Systemvariabilität ab einer
Auslastung von 90 %.

▶ Die Streuung der momentanen Warteschlange um den stationären Mittelwert
nimmt mit der Auslastung und der Variabilität zu. Die momentane Warteschlange
kann sich kurzzeitig auf hohe Werte aufschaukeln, aber auch bis auf 0 zurückge-
hen.

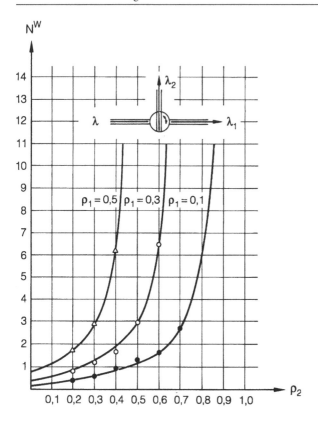

Abb. 13.19 Mittlere Warteschlange vor einer halbstetigen Verzweigung als Funktion
der partiellen Auslastung in Abzweigrichtung

Parameter: partielle Auslastung in Durchlaufrichtung
Punkte, Dreiecke, Kreise: Simulationsergebnisse

▶ Bei gleicher Systemvariabilität hat die spezielle Verteilung der Einlauf- und Abfertigungszeiten keinen praktisch bedeutsamen Einfluss auf die Staueffekte.

Zur Illustration der Zusammenhänge und als Beispiel für die Anwendbarkeit
zeigt *Abb. 13.19* die mittlere Länge der Warteschlange vor einem halbstetigen Verzweigungselement mit Drehweiche als Funktion der partiellen Stromauslastung in
Abzweigrichtung. Die Kurven wurden für unterschiedliche Auslastungen in Durchlaufrichtung mit Formel (13.63) berechnet. Die eingetragenen Punkte sind Ergebnisse einer digitalen Simulation [56]. Die Simulationsergebnisse stimmen gut mit dem
Ergebnis der analytischen Näherungsrechnung überein.

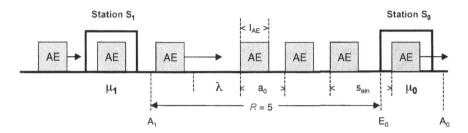

Abb. 13.20 Abfertigungsstationen in Reihenschaltung mit Zwischenpuffer für 5 Abfertigungseinheiten

> R: Staukapazität
> AE: Abfertigungseinheiten
> l_{AE}: Länge der Abfertigungseinheiten
> a_0: Stauplatzlänge
> s_{ein}: Einlaufweg

13.5.4 Rückstau und Blockierwahrscheinlichkeit

Auf dem Verbindungselement zwischen dem Eingangspunkt einer Station S_0 und dem Ausgangspunkt einer voranliegenden Station S_1 können, wie in *Abb. 13.20* dargestellt, maximal R Einheiten gestaut werden. Wenn die Warteschlangenlänge die *Rückstaukapazität R* übersteigt, wird die voranliegende Station blockiert. Daraus resultiert eine reduzierte *Auslastbarkeit* dieser Station.

Die Auslastungsreduzierung ist gleich der Blockierwahrscheinlichkeit der voranliegenden Station durch die folgende Station. Die *Blockierwahrscheinlichkeit* B_R ist die Wahrscheinlichkeit, dass die Warteschlange vor einer Station länger ist als die Rückstaukapazität R auf der Verbindung bis zur voranliegenden Station.

Die Blockierwahrscheinlichkeit ergibt sich aus der *Rückstauwahrscheinlichkeit* P_N. Diese ist gleich der Wahrscheinlichkeit, dass sich vor und in dem Wartesystem genau N Einheiten befinden.

Bei Einzelabfertigung eines stationären rekurrenten Stroms ist die *Rückstauwahrscheinlichkeit* für eine Systemvariabilität V und eine Gesamtauslastung ρ näherungsweise [46]:

$$P_N = \left((1-\rho)/V\right) \cdot \left(\rho V/(1-\rho+\rho V)\right)^N \quad \text{wenn } N \geqq 1 \, . \tag{13.68}$$

Die Wahrscheinlichkeit, die Abfertigungszone besetzt vorzufinden, ist gleich der Gesamtauslastung ρ der Abfertigungsstation. Die Wahrscheinlichkeit, die Station unbesetzt vorzufinden, ist daher:

$$P_N = 1 - \rho \quad \text{wenn } N = 0 \, . \tag{13.69}$$

Abb. 13.21 zeigt für eine Systemvariabilität V = 0,75 die mit Hilfe der Beziehungen (13.68) und (13.69) errechnete Rückstauwahrscheinlichkeit als Funktion der Warteschlangenlänge.

Die Rückstauwahrscheinlichkeit ist zugleich die Wahrscheinlichkeit, dass sich eine Einheit für eine Wartezeit $Z_W(N) = 3600N/\lambda$ vor dem Einlasspunkt befindet, bis sie in die Abfertigungszone eingelassen wird.

Aus Beziehung (13.68) folgt:

▶ Die *Blockierwahrscheinlichkeit* oder *Überlaufwahrscheinlichkeit* für eine Rückstaukapazität R ist bei Einzelabfertigung eines rekurrenten stationären Einlaufstroms, einer Gesamtauslastung ρ und einer Systemvariabilität V

$$B_R = \sum_{N=R+1}^{\infty} P_N = \rho \cdot (\rho V/(1 - \rho + V \cdot \rho))^R \, . \tag{13.70}$$

Die Näherungsformeln (13.68) und (13.70) für die Rückstauwahrscheinlichkeit und für die Blockierwahrscheinlichkeit werden durch entsprechende Simulationen ebenfalls sehr gut bestätigt [56, 74].

Die *Abb. 13.22* zeigt für eine Systemvariabilität $V = 0,75$ die mit Beziehung (13.70) berechnete Blockierwahrscheinlichkeit als Funktion der Staukapazität. Hieraus ist ablesbar, dass die Warteschlange eine Staukapazität von 7 AE-Plätzen mit einer Wahrscheinlichkeit von 30 % und eine Staukapazität von 11 Plätzen immer noch

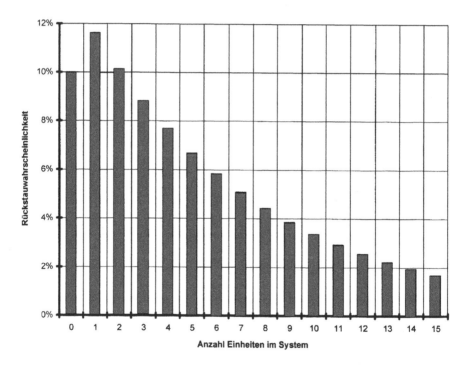

Abb. 13.21 Wahrscheinlichkeitsverteilung der momentanen Warteschlange (Rückstauwahrscheinlichkeit)

Systemvariabilität: $V = 0,75$ Auslastung: $\rho = 90\,\%$
Mittlere Warteschlange: $N_W = 7\,\mathrm{AE}$

mit einer Wahrscheinlichkeit von 20 % überschreitet. Die Beziehung (13.70) bedeutet:

▶ Die Blockierungswahrscheinlichkeit nimmt exponentiell mit der Anzahl der Stauplätze zwischen zwei aufeinander folgenden Stationen ab.

Hieraus ergeben sich die *Auslegungsregeln:*

▶ Wenn technisch möglich und wirtschaftlich vertretbar, sind aufeinanderfolgende Stationen oder Abschnitte einer Prozesskette, die hoch ausgelastet sind und eine große Variabilität haben, durch einen Puffer voneinander zu entkoppeln, dessen Staukapazität deutlich größer ist als die mittlere Warteschlange.

▶ Staueffekte in einer Kette von Stationen lassen sich durch Vorschalten einer *Drosselstelle* senken, die den stochastisch zulaufenden Strom taktet und die Einlaufvarianz reduziert.

In der *Tab. 13.5* ist ein *Programm zur Berechnung der Staueffekte* für Abfertigungsstationen abgedruckt, das die vorangehenden Formeln in einem EXCEL-Tabellenkalkulationsprogramm enthält. Nach Eingabe des Zulaufstroms, der Abfertigungsgrenzleistung sowie der minimalen und maximalen Taktzeiten für den Zulauf und

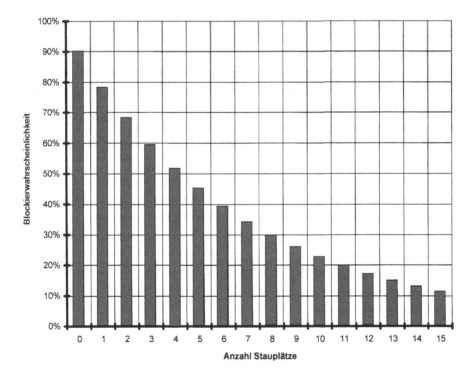

Abb. 13.22 Blockierwahrscheinlichkeit als Funktion der Staukapazität

Systemvariabilität: $V = 0{,}75$ Auslastung: $\rho = 90\,\%$
Mittlere Warteschlange: $N_W = 7$ AE

die Abfertigung berechnet das Programm die Auslastung und die Systemvariabilität und hieraus die mittlere Warteschlange, die mittlere Wartezeit und die Rückstauwahrscheinlichkeit für die eingegebene Staukapazität. Dieses Programm hat sich bei der Stauanalyse von Fördersystemen und anderen Abfertigungsstellen in der Praxis sehr gut bewährt.

Als Beispiel enthält die *Tab. 13.5* die Eingangsdaten eines *Palettierautomaten*, auf den Einzelkartons aus einer Zigarettenproduktion zulaufen. Der Palettierautomat benötigt minimal 40, im Mittel 90 und maximal 150 s für das Aufstapeln der Kartons zu einer vollen Palette nach unterschiedlichen Packschemata. Ein Palettierauftrag umfasst 24 bis 72 Kartons, die vor dem Palettierautomaten in den Staubahnen eines *Sortierspeichers* sortenrein angesammelt werden.

Die Taktzeit, mit der der Inhalt einer Palette von den 24 parallel arbeitenden Zigarettenmaschinen fertiggestellt wird, ist minimal 0, im Mittel 120 und maximal 3000 s. Die zulaufenden *Logistikobjekte* LO sind in diesem Fall die im Sortierspeicher gesammelten *Pulks* mit den Kartons für eine Palette, denen *Palettieraufträge* entsprechen, die nach dem Ansammeln eines Paletteninhalts von der Prozesssteuerung generiert werden.

Aus der Stauanalyse resultiert, dass bei einer Auslastung von 90 % im Mittel 6,3 Palettieraufträge durchschnittlich 9,7 min auf den Zulauf in den Palettierautomat warten. Die installierte Staukapazität des Sortierspeichers für $R = 24$ Palettieraufträge wird mit einer Wahrscheinlichkeit von 3,3 % überschritten. Mit der gleichen Wahrscheinlichkeit wartet ein Palettierauftrag, also ein fertiger Pulk mit Kartons, im Sortierspeicher länger als die maximal zulässige Wartezeit von 36 min.

Infolge der Rückstaus kam es während des Betriebs mit einer unzulässigen Häufigkeit von über 3 % zum Stillstand einzelner Zigarettenmaschinen. Aufgrund der durchgeführten Stauanalyse wurde beschlossen, einen zusätzlichen Palettierautomaten zu installieren. Dadurch sinkt die Rückstauwahrscheinlichkeit auf unter $3 \cdot 10^{-7}$.

13.5.5 Staueffekte bei Parallelabfertigung

Wartesysteme vom Typ G/G/n mit Abfertigung eines stochastischen Stroms durch n Parallelstationen kommen in der Praxis recht häufig vor. Beispiele für derartige *Parallelabfertigungssysteme*, deren Struktur in *Abb. 13.10* dargestellt ist, sind [11, 70]:

Callcenter
Schalter von Banken, Post und Bahn
Mautstellen auf Autobahnen
Pass- und Zollkontrollstellen   (13.71)
Schreibdienste
Wareneingangstore
Fahrzeugpools.

Wenn der ankommende Strom λ nach der Strategie der *zyklischen Einzelzuweisung* auf n Stationen, die alle die *gleiche Grenzleistung* μ haben, verteilt wird, ist jede einzelne Station mit dem Strom $\lambda_n = \lambda/n$ belastet. Die mittlere Auslastung der einzelnen Stationen ist dann $\rho_n = \lambda/(n\mu)$. Wenn der Einlaufstrom ein Poisson-Strom mit

WARTESYSTEM

		Zulauf		Abfertigung	
		Palettieraufträge [AE]		**Palettierautomat**	
Durchsatz bzw. Grenzleistung		36	AE//h	40	AE//h
Auslastung			90,0%		
Taktzeit	mittel	100	s/AE	90	s/AE
	minimal	0	s/AE	40	s/AE
	maximal	3.000	s/AE	150	s/AE
Variabilität	Einlauf	1,00	Abfertigung	0,50	
		Systemvariabilität	**0,75**		
Staukapazität		maximal	**24**	AE	
Wartezeit		maximal	**36,0**	Minuten	

STAUEFFEKTE

		Abfertigungseinheiten vor Abfertigung		Abfertigungseinheiten im System	
Warteschlange	mittel	**6,3**	AE	**7,0**	AE
Wartezeit	mittel	**607**	s	**697**	s
		10,1	min	**11,6**	min
Überlaufwahrscheinlichkeit		mit	**3,3%**	Wahrscheinlichkeit	
	wird die Staukapazität von		**24**	AE überschritten	
warten Abfertigungseinheiten länger als			**36,0**	min	

Tab. 13.5 Tabellenkalkulationsprogramm für Staueffekte

Abfertigungseinheit (AE): Palettierauftrag = Paletteninhalt
Eingabefelder: unterstrichen

$V_E = 1$ ist, sind die Einlaufströme für die n Einzelstationen nach der zyklischen Aufteilung n-Erlangströme mit der Variabilität $V_{En} = 1/n$ (s. *Bez.* (9.15) [70, 129]).[4] Die

---

[4] Der Verfasser dankt *Prof. D. Arnold* für den Hinweis auf diesen Zusammenhang und das Problem der Staueffekte vor parallelen Abfertigungsstationen.

mittlere Gesamtwarteschlange vor den n Stationen ist daher bei *zyklischer Einzelzuweisung*:

$$N_W(n) = n \cdot N_{Wn} = n \cdot (1 - \rho_n + V_n \cdot \rho_n) \cdot \rho_n^2 / (1 - \rho_n) . \qquad (13.72)$$

Für das Wartesystem M/M/n mit maximaler Zulauf- und Auslaufvariabilität ist die Systemvariabilität $V_n = (1 + 1/n)/2$.

Mit einem Gesamtzulaufstrom $\lambda = 220\,\text{AE/h}$, der auf $n = 4$ Stationen mit den gleichen Grenzleistungen $\lambda_n = 60\,\text{AE/h}$ zyklisch aufgeteilt wird, ist die Stationsauslastung $\rho_n = 91{,}7\,\%$. Für die mittlere Gesamtwarteschlange vor den 4 Stationen resultiert in diesem Fall aus Beziehung (13.72) $N_W(4) = 26{,}5\,\text{AE}$.

Mit der Strategie des *dynamischen Auffüllens* wird dafür gesorgt, dass bei einer Stationsgrenzleistung λ die ersten $n(\lambda) = \text{ABRUNDEN}(\lambda/\mu)$ Stationen zu 100 % ausgelastet sind und eine weitere Station die Auslastung $\rho_n = (\lambda - n(\lambda) \cdot \mu)/\mu$ hat. Vor den voll ausgelasteten Stationen warten stets so viele Einheiten, wie dort Warteplätze installiert sind. Vor der letzten, teilausgelasteten Station warten insgesamt so viele Einheiten, wie sich mit Hilfe von Beziehung (13.64) für die Auslastung ρ_n dieser Station ergeben.

Bei der Auffüllstrategie genügt es, dass vor den einzelnen Stationen jeweils ein Warteplatz angeordnet ist, der nachgefüllt wird, sobald eine Einheit in die Abfertigungszone eingelassen wird. Alle ankommenden Einheiten, die keinen freien Warteplatz vorfinden, werden vor dem Verteilpunkt zurückgehalten, bis ein Warteplatz frei wird. Damit folgt für die mittlere *Gesamtwarteschlange bei auslastungsabhängigem Auffüllen* die Näherungsbeziehung:

$$N_W(n) \approx \begin{cases} \text{MIN}\left(n(\lambda) + 1; (1 - \rho_n + V \cdot \rho_n) \cdot \rho_n^2 / (1 - \rho_n)\right) & \text{wenn } n(\lambda) < n - 1 \\ n(\lambda) + (1 - \rho_n + V \cdot \rho_n) \cdot \rho_n^2 / (1 - \rho_n) & \text{wenn } n(\lambda) \geq n - 1 \end{cases} .$$

$$(13.73)$$

Hierin ist $n(\lambda) = \text{ABRUNDEN}(\lambda/\mu)$ und $\rho_n = (1 - n(\lambda) \cdot \mu)/\mu$. In dem betrachteten Beispiel mit der Belastung $\lambda = 220\,\text{AE/h}$ ist die Anzahl der voll ausgelasteten Stationen $n(220) = \text{ABRUNDEN}(220/60) = 3$ und die Auslastung der bei dieser Belastung benötigten vierten Station $\rho_n = (220 - 3 \cdot 60)/60 = 0{,}67$. Damit ergibt sich bei maximaler Systemvariabilität $V = 1$ für die mittlere Gesamtwarteschlange $N_W(n = 4) = 3 + 1{,}3 = 4{,}3\,\text{AE}$.

Der Vergleich der Ergebnisse zeigt, dass die Auffüllstrategie im Vergleich zur zyklischen Einzelzuweisung im Mittel 3,7 statt dauernd alle 4 Stationen belastet und dabei die mittlere Warteschlange nur 4,3 statt 26,5 Abfertigungseinheiten beträgt. Das setzt allerdings voraus, dass bei ansteigendem Zulaufstrom die Zahl der besetzten Abfertigungsstationen erhöht und bei abnehmendem Zulaufstrom die Zahl der besetzten Stationen reduziert wird.

Mit diesem Beispiel sollen die grundsätzlichen Möglichkeiten unterschiedlicher Abfertigungsstrategien für Parallelabfertigungssysteme gezeigt werden. Die Vielzahl der Strategien und die unterschiedlichen Abfertigungssituationen erfordern jedoch eine tiefer gehende Analyse, die den Rahmen dieses Buches sprengen würde [27, 70].

13.5.6 Staugesetze für systematische Staus

Bei einem zeitlich veränderlichen Zulaufstrom $\lambda_Z(t)$ und einer zeitabhängigen Abfertigungsleistung von $\mu_Z(t)$ baut sich nach Ablauf einer Zeit T vor dem Einlaufpunkt eine Warteschlange auf mit einer Länge

$$N_W(T) = N_{W0} + \int_0^T (\lambda_Z(t) - \mu_A(t))\,dt\,. \qquad (13.74)$$

Hierin ist N_{W0} die Länge der Warteschlange zum Anfangszeitpunkt 0. Das Integral (13.74) ist nicht für alle möglichen Zeitverläufe des Zustroms und der Abfertigung lösbar.

Für den Fall, dass im Mittel $\lambda_Z < \mu_A$ ist, dass also im zeitlichen Mittel der Zustrom kleiner ist als die Abfertigungsleistung, kann infolge der stochastischen Schwankungen von Zulauf oder Abfertigung die Zulauffrequenz immer wieder kurzzeitig die Abfertigungsfrequenz überschreiten. Dadurch entsteht eine Warteschlange mit schwankender Länge. Die Verteilung und die mittlere Länge dieser stochastischen Warteschlange, die sich nach länger anhaltendem *stationären Zulauf und stationärer Abfertigung* ergibt, lassen sich mit den vorangehenden Beziehungen berechnen.

Ist im Mittel $\lambda_Z > \mu_A$, übersteigt also der Zustrom permanent die Grenzleistung, ist das Integral (13.74) explizit lösbar, wenn $\lambda_Z(t)$ und $\mu_A(t)$ integrierbare Funktionen der Zeit sind. Für die einfachsten, aber praktisch besonders wichtigen Fälle ergeben sich aus (13.74) die *Staugesetze für systematische Staus:*

▶ Bei einem konstant anhaltenden Zulauf λ_Z und einer unzureichenden konstanten Abfertigung mit einer Grenzleistung $\mu_A < \lambda_Z$ wächst die Warteschlange nach einer Zeit T von einem Anfangswert 0 im Mittel an auf den Wert

$$N_W(T) = (\lambda_Z - \mu_A) \cdot T\,. \qquad (13.75)$$

▶ Bei *unterbrochener Abfertigung*, also für $\mu_A = 0$, und konstantem rekurrenten Zulaufstrom λ_Z erreicht die Warteschlange nach einer Zeit T die mittlere Länge

$$N_W(T) = \lambda_Z \cdot T\,. \qquad (13.76)$$

▶ Bei einem *rekurrenten Zulaufstrom* λ_Z mit der Variabilität V_Z ist die Streuung der nach der Zeit T aufgelaufenen Warteschlange um den Mittelwert (13.76)

$$s_N = \sqrt{V_Z \cdot \lambda_Z \cdot T} = \sqrt{V_Z \cdot N_W(T)}\,. \qquad (13.77)$$

Für einen allgemeinen stochastischen Zulaufstrom mit Pulks, deren Länge und Zeitabstände zufallsabhängig schwanken, ist die Streuung der systematischen Warteschlange durch Beziehung (9.38) in *Abschn. 9.7* gegeben.

Bei Poisson-verteilten Zulauftaktzeiten mit maximaler Einlaufvariabilität $V_Z = 1$ ist die Streuung der in ungleichmäßigen Sprüngen anwachsenden Warteschlange gleich der Wurzel aus der mittleren Warteschlangenlänge, also $s_N = \sqrt{N_W}$. Bei getaktetem Zulauf mit $V_Z = 0$ ist die Streuung der anwachsenden Warteschlange 0.

Als Beispiel zeigt *Abb. 13.23* den Anstieg einer Warteschlange von Fahrzeugen in Abhängigkeit von der Dauer der Rotphase einer Straßenverkehrsampel.

Die relativ einfachen Staugesetze für systematische Staus sind in der Logistik vielseitig anwendbar. So lässt sich bei *zyklischer Abfertigung* mit Hilfe von Beziehung (13.76) der während der Sperrzeit T entstehende mittlere Stau und mit Hilfe der Beziehung (13.77) dessen Streuung errechnen [128]. Wenn auf eine Station mit konstanter Abfertigungsrate ein schubweiser Strom mit Pulks konstanter Länge zuläuft, ist der dadurch entstehende Rückstau mit Hilfe der Beziehung (13.75) berechenbar.

Haben die Lade- oder Transporteinheiten im Stau den Endpunktabstand a_S, dann ist die Länge der Warteschlange nach einer Zeit T

$$L_S(T) = a_S \cdot N_W(T) = a_S \cdot (\lambda_Z - \mu_A) \cdot T \,. \tag{13.78}$$

Hieraus resultiert für die *Stauausbreitungsgeschwindigkeit*

$$v_S = \partial L_S(T)/\partial T = a_S \cdot (\lambda_Z - \mu_A) \,. \tag{13.79}$$

Wird beispielsweise die Durchlassfähigkeit einer Fahrspur, auf der 1.200 Fz/h fahren, an einem bestimmten Punkt – etwa durch eine Verkehrskontrolle – auf 100 Fz/h gedrosselt, dann wächst der Stau von diesem Punkt aus entgegen der Fahrtrichtung mit

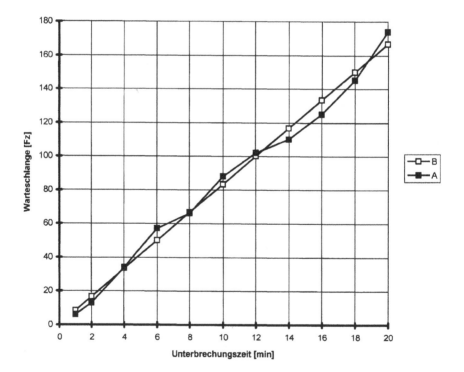

Abb. 13.23 Länge einer systematischen Warteschlange als Funktion der Unterbrechungszeit für rekurrenten und getakteten Zulauf

> Kurve A: Poisson-verteilter Zulauf mit $V_z = 1$
> Kurve B: getakteter Zulauf mit $V_z = 0$
> Zulauf: 500 Fz/h

einer Stauausbreitungsgeschwindigkeit von 6,6 km/h, wenn die Fahrzeuge im Stau einen mittleren Endpunktabstand von 6 m haben.

13.5.7 Auslastbarkeit

Die Auslastbarkeit einer Station, einer Produktionsstelle, eines Transportelements oder eines Teilsystems ist die maximal zulässige Auslastung, bei der noch alle Funktionen mit der benötigten Durchsatzleistung blockierungsfrei erbracht werden.

Wenn die Staukapazität auf den Zulaufstrecken begrenzt ist oder eine maximal zulässige Durchlaufzeit die Wartezeit begrenzt, ist die Auslastbarkeit aufgrund der Staueffekte kleiner als die maximale Auslastung, die aus den Grenzleistungsgesetzen resultiert.

Aus der vorangehenden Analyse der Staueffekte folgen die *Auslegungsgrundsätze* [74]:

▶ Die *Auslastbarkeit* eines Systemelements, einer Produktionsstelle oder eines Transportelements bestimmt sich einerseits aus der Blockierwahrscheinlichkeit, die eine nachfolgende Station bei begrenztem Stauraum bewirkt, und andererseits aus der maximal zulässigen Blockierung der vorangehenden Stationen.

▶ Die *Staukapazität* auf der Verbindung zwischen zwei aufeinander folgenden Stationen muss mindestens so groß sein wie die mittlere Warteschlange, die sich bei der geplanten Gesamtauslastung vor der zweiten Station ausbildet.

Die Auslastbarkeit folgt durch Auflösung von Beziehung (13.65) für die zulässige mittlere Warteschlange $N(\rho) = N_{zul}$ nach der Auslastung ρ. Für $V = 1$ ergibt sich auf diese Weise:

▶ Bei einer zulässigen Warteschlange N_{zul} vor und in der Station und maximaler Systemvariabilität ist die *Auslastbarkeit* der Abfertigungsstation

$$\rho_{aus}(N) = N_{zul}/(1 + N_{zul}) \, . \tag{13.80}$$

Wenn beispielsweise eine mittlere Warteschlange von 5 Abfertigungseinheiten zulässig ist, folgt bei maximaler Systemvariabilität, das heißt für $V = 1$, eine Auslastbarkeit von 83 %. Das Beispiel zeigt, dass infolge der Staueffekte die Auslastbarkeit einer Station nicht unerheblich reduziert werden kann. Mit abnehmender Systemvariabilität nimmt jedoch die Auslastbarkeit zu.

Wenn eine bestimmte Staukapazität R nur mit einer Wahrscheinlichkeit p überschritten werden darf, beispielsweise weil die Grenzleistung einer vorangehende Station maximal um $p = 2 \%$ reduziert werden darf, dann muss die zulässige Auslastbarkeit $\rho_{aus}(R)$ durch numerische Auflösung der Gleichung (13.70) mit $B_R(\rho) = p$ nach ρ bestimmt werden.

Wenn eine bestimmte Wartezeit Z mit einer Wahrscheinlichkeit q eingehalten werden soll, muss zunächst die für diese Zeitbegrenzung maximal zulässige Warteschlange N errechnet und für diese durch Auflösung der Beziehung (13.68) mit $P_N(\rho) = p = (1 - q)$ nach ρ die Auslastbarkeit bestimmt werden.

Derartige Berechnungen zur Abschätzung der Auslastbarkeit sind unerlässlich für Systeme mit hoher Auslastung und geringer Staukapazität. Ein Beispiel sind konventionelle Kommissioniersysteme, wo in einer Gasse zu Spitzenzeiten mehrere Kommissionierer arbeiten, die sich bei Anfahrt des gleichen Fachs gegenseitig behindern können (s. *Abschn. 17.11* und *Abb. 17.32*).

13.6 Zuverlässigkeit und Verfügbarkeit

Zuverlässigkeit und Verfügbarkeit sind Kenngrößen der *Funktionssicherheit* eines Systemelements, einer Leistungskette oder eines Systems. Die *Zuverlässigkeit* ist die Wahrscheinlichkeit, *dass* eine Funktion zu einem beliebigen Bedarfszeitpunkt ausgeführt wird. Die *Verfügbarkeit* gibt an, in welchem *Anteil der Betriebszeit* die Funktion richtig ausgeführt wird.

Die Zuverlässigkeit und die Verfügbarkeit von Stationen, Leistungsketten und Systemen mit *diskontinuierlicher Belastung* sind wie folgt definiert [118, 130]:

- Die *Zuverlässigkeit* $\eta_{\alpha zuv}$ eines Systemelements, einer Leistungskette oder eines Systems für eine Funktion F_α ist die Wahrscheinlichkeit, dass die betreffende Funktion von dem Element, der Kette oder dem System während der planmäßigen *Betriebszeit* störungsfrei und korrekt ausgeführt wird.

- Die *Verfügbarkeit* $\eta_{\alpha ver}$ eines Systemelements, einer Leistungskette oder eines Systems für eine Funktion F_α ist die Wahrscheinlichkeit, das Element, die Kette oder das System während der planmäßigen *Betriebszeit* solange in betriebsfähigem Zustand anzutreffen, dass eine störungsfreie und korrekte Ausführung der betreffenden Funktion möglich ist.

Aus der Zuverlässigkeit folgt die *Unzuverlässigkeit* oder *Störungswahrscheinlichkeit*:

$$\eta_{\alpha unz} = 1 - \eta_{\alpha zuv} \,. \tag{13.81}$$

Aus der Verfügbarkeit ergibt sich die *Nichtverfügbarkeit* oder *Ausfallwahrscheinlichkeit*:

$$\eta_{\alpha nver} = 1 - \eta_{\alpha ver} \,. \tag{13.82}$$

Zur *Messung* von Zuverlässigkeit und Verfügbarkeit sind alle Funktionen F_α des Elements, der Prozesskette oder des Systems für eine statistisch ausreichend lange *Testzeit* T_{test} mit den geplanten *Belastungsströmen* λ_α zu betreiben (s. *Abschn. 9.14*). Die *Gesamtanzahl* der in dieser Zeit durchgeführten Tests der Funktion F_α ist dann

$$n_{\alpha\, gesamt} = \lambda_\alpha \cdot T_{test} \,. \tag{13.83}$$

Während der Testzeit werden für jede Funktion F_α gesondert alle auftretenden Störungen und Ausfälle erfasst und zusammen mit den gemessenen *Unterbrechungszeiten* oder *Ausfallzeiten* $\tau_{i\alpha\, aus}$, $i = 1, 2, \ldots, n_{\alpha\, falsch}$, in einem *Störungsprotokoll* dokumentiert [118]. Aus der gezählten *Anzahl aller Störungen* $n_{\alpha\, falsch}$ der Funktion F_α und der *Gesamtanzahl durchgeführter Funktionstests* $n_{\alpha\, gesamt}$ folgt die *Anzahl richtiger Funktionserfüllungen*

$$n_{\alpha\,\text{richtig}} = n_{\alpha\,\text{gesamt}} - n_{\alpha\,\text{falsch}} \qquad (13.84)$$

Damit ist die

- *gemessene partielle Zuverlässigkeit* des Elements, der Leistungskette oder des Systems

$$\eta_{\alpha\,\text{zuv}} = n_{\alpha\,\text{richtig}}/n_{\alpha\,\text{gesamt}} = n_{\alpha\,\text{richtig}}/\left(n_{\alpha\,\text{richtig}} + n_{\alpha\,\text{falsch}}\right) \qquad (13.85)$$

Durch Summation der gemessenen Ausfallzeiten $\tau_{\text{aus}\,\alpha i}$ ergibt sich die *Gesamtausfallzeit* für die Funktion F_α:

$$T_{\alpha\,\text{aus}} = \sum_i \tau_{i\alpha\,\text{aus}} . \qquad (13.86)$$

Die mittlere Ausfallzeit – auch *Mean Time To Restore* (MTTR) genannt – ist damit:

$$\tau_{\alpha\,\text{aus}} = \text{MTTR}_\alpha = T_{\alpha\,\text{aus}}/n_{\alpha\,\text{falsch}} \qquad (13.87)$$

Aus der Gesamtausfallzeit folgt die *Gesamteinschaltzeit* in der Funktion F_α:

$$T_{\alpha\,\text{ein}} = T_{\text{test}} - T_{\alpha\,\text{aus}} . \qquad (13.88)$$

Die *mittlere störungsfreie Einschaltzeit* zwischen zwei Ausfällen wird *Mean Time Between Failure* (*MTBF*) genannt. Sie ist

$$\tau_{\text{ein}\,\alpha} = \text{MTBF}_\alpha = T_{\alpha\,\text{ein}}/n_{\alpha\,\text{falsch}} . \qquad (13.89)$$

Aus der Gesamtausfallzeit und der Gesamteinschaltzeit errechnet sich die

- *gemessene partielle Verfügbarkeit* des Elements, der Leistungskette oder des Systems in der Funktion F_α

$$\eta_{\alpha\,\text{ver}} = T_{\alpha\,\text{ein}}/\left(T_{\alpha\,\text{ein}} + T_{\alpha\,\text{aus}}\right) = \text{MTBF}_\alpha/\left(\text{MTTR}_\alpha + \text{MTBF}_\alpha\right) . \qquad (13.90)$$

Für längere Leistungsketten und komplexe Systeme ist eine Messung der Zuverlässigkeit und Verfügbarkeit in der Praxis kaum durchführbar, da es in der Regel nicht möglich ist, die erforderlichen technischen, betrieblichen und belastungsmäßigen Voraussetzungen für eine statistisch ausreichend lange Testzeit zu schaffen. Die Störungen und Ausfallzeiten und damit die Zuverlässigkeit und Verfügbarkeit einzelner Systemelemente lassen sich hingegen während des laufenden Betriebs leichter erfassen. Aus diesen Messwerten können bei Kenntnis der Strombelastungen die Zuverlässigkeit und Verfügbarkeit für die Prozessketten und für das Gesamtsystem berechnet werden.

Die voranstehenden und nachfolgenden Definitionen und Berechnungsformeln sind grundlegend für *Funktionstests* und *Abnahmen* von Leistungsketten und Systemen mit diskontinuierlicher Belastung durch *diskrete Ströme* (s. *Abschn. 13.7* und *13.8*). Für die *Abnahme von förder- und lagertechnischen Systemen* gibt es spezielle *VDI- und FEM-Richtlinien*, die auf den 1976 vom Verfasser entwickelten Berechnungsformeln aufbauen. In diesen sind weitere Einzelheiten und die Voraussetzungen für die Messung der Zuverlässigkeit und Verfügbarkeit geregelt [118, 130].

13.6.1 Verfügbarkeit der Systemelemente

Da alle partiellen Funktionen von einem irreduziblen Systemelement in der gleichen Abfertigungszone und in einem Transportelement vom gleichen Umschaltelement erbracht werden, unterbrechen Störungen und Ausfälle einer Funktion für die Dauer der Ausfallzeit den Durchsatz für alle Funktionen. Hieraus folgt:

▶ Durch Störungen und Ausfälle der partiellen Funktionen eines irreduziblen Systemelements werden die technisch maximal möglichen partiellen Grenzleistungen μ_α um den Faktor *Gesamtverfügbarkeit* $\eta_{\mathrm{ver}}(\lambda)$ auf die *verfügbaren partiellen Grenzleistungen* reduziert

$$\mu_{\alpha\,\mathrm{ver}} = \eta_{\mathrm{ver}}(\lambda) \cdot \mu_\alpha \, . \tag{13.91}$$

Für ein Systemelement wird also nur die Gesamtverfügbarkeit benötigt. Diese lässt sich ohne die Funktionsunterscheidung α mit Hilfe der Beziehungen (13.86) und (13.90) aus der Gesamtausfallzeit T_{aus} und der Testzeit $T_{\mathrm{test}} = T_{\mathrm{aus}} + T_{\mathrm{ein}}$ errechnen. Eine nach den Funktionen getrennte Erfassung der Störungen und Ausfallzeiten ist für die Systemelemente also nicht erforderlich.

Aus den Definitionen und Beziehungen (13.81) bis (13.90) folgt die

▶ Abhängigkeit der Verfügbarkeit von der Strombelastung, der mittleren Ausfallzeit und der Zuverlässigkeit η_{zuv}

$$\eta_{\mathrm{ver}}(\lambda) = \mathrm{MAX}(0; 1 - \lambda \cdot \tau_{\mathrm{aus}} \cdot (1 - \eta_{\mathrm{zuv}})) \, . \tag{13.92}$$

Für das Beispiel eines Regalbediengeräts ist die Abhängigkeit der Verfügbarkeit von der Strombelastung, von der mittleren Ausfallzeit und von der Zuverlässigkeit in den *Abb. 13.24, 13.25* und *13.26* dargestellt. Aus dem Zusammenhang (13.92) und den *Abb. 13.24, 13.25* und *13.26* ist ablesbar:

▶ Mit abnehmender Zuverlässigkeit, zunehmender mittlerer Ausfallzeit und ansteigender Strombelastung sinkt die Verfügbarkeit.

Die Abhängigkeit der Verfügbarkeit von der Strombelastung resultiert daraus, dass bei hoher Belastung die Funktionsfähigkeit häufiger getestet wird. In dem Beispiel des Regalbediengeräts – s. *Abb. 13.24* – sinkt die Verfügbarkeit bei einer Zuverlässigkeit von 99,0 % und einer mittleren Ausfallzeit von 15 min mit zunehmender Strombelastung bis zum Erreichen der Grenzleistung, die hier 36 LE/h beträgt, auf 91,0 %. Der Einfluss der Strombelastung, die allein vom Betreiber und nicht vom Hersteller abhängt, auf die Verfügbarkeit ist vor allem bei der Dimensionierung von Hochleistungssystemen zu beachten, wird aber häufig übersehen.

Eine Konsequenz der Abhängigkeit (13.92) der Verfügbarkeit von der mittleren Ausfallzeit und von der Zuverlässigkeit ist der *Gestaltungsgrundsatz*:

▶ Durch Senkung der mittleren Ausfallzeiten und durch Verbesserung der Zuverlässigkeit lässt sich die Verfügbarkeit erhöhen.

Die *Ausfallzeit* setzt sich zusammen aus einer *Ausfallerkennungszeit*, der *Wartezeit auf Fachpersonal*, der *Fehlersuchzeit*, einer eventuellen *Ersatzteilbeschaffungszeit*, der eigentlichen *Reparaturzeit*, der *Testzeit* und der *Wiedereinschaltzeit*. Die Dauer der

einzelnen Anteile der Ausfallzeiten wird sowohl vom Betreiber wie auch vom Hersteller beeinflusst.
Herstellerabhängige Einflussfaktoren auf die Ausfallzeiten sind:

Konstruktion und Steuerung
Wartungs- und Reparaturfreundlichkeit
Vollständigkeit der Ersatzteilempfehlung   (13.93)
Qualität und Vollständigkeit der Dokumentation
Einweisung und Schulung des Betriebspersonals.

Betreiberabhängige Einflussfaktoren auf die Länge der Ausfallzeiten sind:

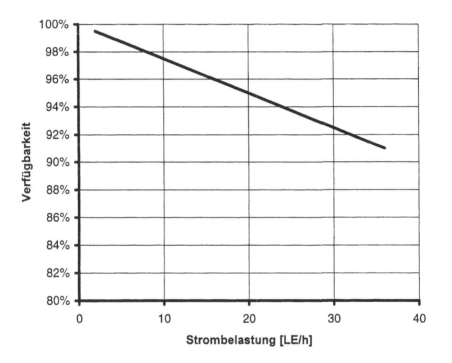

Abb. 13.24 Abhängigkeit der Verfügbarkeit eines Systemelements von der Strombelastung

Beispiel: Regalbediengerät
Grenzleistung: $\mu_{RBG} = 36\,\text{Pal/h}$
Zuverlässigkeit: $\eta_{zuv} = 99{,}0\,\%$
Mittlere Ausfallzeit: $\tau_{aus} = 15\,\text{min}$

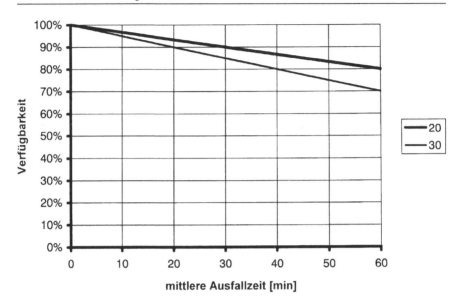

Abb. 13.25 Abhängigkeit der Verfügbarkeit eines Systemelements von der mittleren Ausfallzeit

> Parameter: Strombelastung 20 und 30 Pal/h
> Übrige Parameter: s. *Abb. 13.24*

Aufmerksamkeit des Betriebspersonals
Qualifikation und Verfügbarkeit des Wartungspersonals
Einhaltung der Wartungsvorschriften
Verfügbarkeit von Ersatzteilen   (13.94)
Art der Notfallorganisation
Schadensort.

Wegen der Vielzahl der Einflussfaktoren ist es oft schwierig, für die Abnahme von Systemen aber unabdingbar, die *Verantwortung* für die wichtigsten Einflussfaktoren auf die Ausfallzeit zwischen Hersteller und Betreiber eindeutig zu regeln [118].

13.6.2 Zuverlässigkeit der Systemelemente

Die Zuverlässigkeit eines diskontinuierlich belasteten Systemelements wird von seiner *Betriebszuverlässigkeit* bestimmt. In der *Zuverlässigkeitstheorie*, die sich vorwiegend mit kontinuierlich belasteten Elementen und Systemen befasst, wird die Betriebszuverlässigkeit auch als *Zuverlässigkeitsfunktion* oder einfach als Zuverlässigkeit bezeichnet [131–135, 137]. Wenn Verwechslungsgefahr besteht, wird nachfolgend die Zuverlässigkeit bei diskontinuierlicher Belastung als *Funktionszuverlässigkeit* bezeichnet und die Zuverlässigkeit bei kontinuierlicher Belastung als *Betriebszuverlässigkeit*.

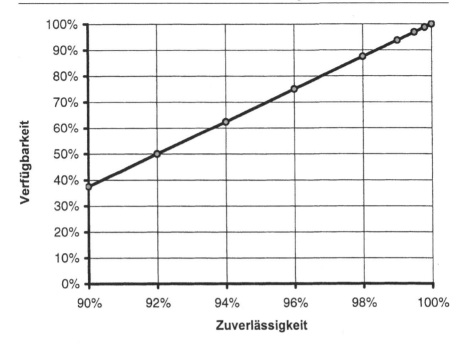

Abb. 13.26 Abhängigkeit der Verfügbarkeit eines Systemelements von der Zuverlässigkeit

Strombelastung: λ_{RBG} = 20 Pal/h
Mittlere Ausfallzeit: τ_{aus} = 15 min
Übrige Parameter: s. *Abb. 13.24*

Die *Betriebszuverlässigkeit* $R(t)$ ist die Wahrscheinlichkeit, dass ein Systemelement für eine Zeitdauer t der *kontinuierlichen Belastung* richtig und störungsfrei arbeitet. Sie nimmt bei stochastischem Störungsanfall mit der *Belastungszeit* t exponentiell ab:

$$R(t) = R_0 \cdot \exp(-t/\tau_{\mathrm{m}}) \ . \tag{13.95}$$

Hierin ist R_0 die *Einschaltwahrscheinlichkeit*, das heißt, die Wahrscheinlichkeit eines erfolgreichen Einschaltens. τ_{m} ist die *mittlere Laufzeit* bis zum Auftreten einer Störung.

Die mittlere Laufzeit zwischen zwei Störungen bei kontinuierlicher Belastung wird in der Zuverlässigkeitstheorie ebenfalls als *Mean Time Between Failure* (MTBF) bezeichnet. Sie ist kleiner als die mittlere störungsfreie Einschaltzeit (13.89) bei diskontinuierlicher Belastung und daher von dieser zu unterscheiden.

Für Elemente, die jeweils erst bei Bedarf eingeschaltet werden, ist die Einschaltwahrscheinlichkeit $R_0 < 1$. Für permanent eingeschaltete Elemente, wie ein Förderband oder die Prozesssteuerung, ist $R_0 = 1$.

Bei diskontinuierlichem Betrieb ist die Dauer der kontinuierlichen Belastung gleich der Zeit, die ein Systemelement zur Ausführung der Funktion benötigt, also gleich der *Durchlaufzeit* der in einem Schub einlaufenden Abfertigungseinheiten. Hieraus folgt:

- Die *Funktionszuverlässigkeit* diskontinuierlich belasteter Systemelemente, Elementarstationen und Transportelemente nimmt exponentiell mit der *Stationsdurchlaufzeit* ab.
- Die *Betriebszuverlässigkeit* permanent belasteter Systemelemente, wie der Prozesssteuerung, der Transportfahrzeuge und der Ladungsträger, nimmt exponentiell mit der *Einschalt-* oder *Einsatzdauer* ab.

Die Funktionszuverlässigkeit und die Betriebszuverlässigkeit der Systemelemente werden sowohl vom Hersteller wie auch vom Betreiber beeinflusst. *Herstellerabhängige Einflussfaktoren auf die Zuverlässigkeit* sind:

> Konstruktion und Steuerung
> Güte des Materials
> Sorgfalt und Kontrolle der Montage   (13.96)
> Dauer und Qualität der Inbetriebnahme
> Ausgereiftheit und Bewährtheit.

Betreiberabhängige Einflussfaktoren auf die Zuverlässigkeit sind:

> Dauer der Nutzung
> Qualität und Regelmäßigkeit der Wartung
> Sicherung gegen Beschädigungen
> Beachtung der Bedienungsanweisungen   (13.97)
> Intensität und Dauer der Belastung
> Beschaffenheit der Abfertigungseinheiten.

Die Anbieter von Lager-, Förder- und Transportsystemen sollten in ihren Produktspezifikationen die garantierten Funktionssicherheiten und Verfügbarkeitswerte von Standardelementen bei definierter Durchsatzleistung angeben, um die Berechnung der Verfügbarkeit von Transportketten und Transportsystemen und entsprechende Abnahmevereinbarungen zu ermöglichen. Das ist jedoch bisher noch immer nicht die Regel.

13.6.3 Funktionssicherheit von Leistungs- und Prozessketten

Leistungs-, Produktions-, Logistik- und Transportsysteme werden von den Eingängen und internen Quellen bis zu den Ausgängen und internen Senken von Auftrags- und Logistikketten durchzogen, die aus einer Reihe von elementaren Leistungsstellen, Abfertigungselementen und Transportelementen bestehen. Eine solche Leistungskette ohne Redundanz zeigt *Abb. 13.11*.

Aus der Multiplikationsregel der Wahrscheinlichkeitsrechnung folgt:

- Die *Funktionssicherheit*, also die *Prozesszuverlässigkeit* η_{zuv} bzw. die *Prozessverfügbarkeit* η_{ver} einer Prozesskette PK_α, die aus n hintereinander geschalteten Stationen und Systemelementen $SE_{k\alpha}$, $k = 1, 2 \ldots n$, mit den Funktionssicherheiten $\eta_{k\alpha}$ besteht, ist

$$\eta_\alpha = \eta_{1\alpha} \cdot \eta_{2\alpha} \cdot \eta_{3\alpha} \cdots \eta_{n\alpha} = \prod_{k=1}^{n} \eta_{k\alpha} \, . \tag{13.98}$$

Soweit es sich bei den Stationen der Prozesskette um Elementarstationen oder Transportelemente handelt, ist in das Wahrscheinlichkeitsprodukt (13.98) die Gesamtfunktionssicherheit einzusetzen und nicht die partielle Funktionssicherheit, da auch die übrigen, nicht von der Prozesskette PK_α genutzten Partialfunktionen die Elemente belasten. Hieraus folgt das *Wechselwirkungsprinzip:*

▶ Die Prozesszuverlässigkeit und die Prozessverfügbarkeit sind nicht nur vom Durchsatz der betrachteten Leistungskette sondern auch von der gleichzeitigen Belastung der Systemelemente durch andere Leistungsketten abhängig.

Aufgrund des Wechselwirkungsprinzips genügt es in der Regel nicht, nur die einzelnen Leistungsketten für sich zu betrachten. Zusätzlich muss auch das Zusammenwirken der verschiedenen Leistungsketten im System berücksichtigt werden (s. *Abschn. 1.3*).

Eine weitere Konsequenz der Abhängigkeit (13.98) ist das *Komplexitätsprinzip:*

▶ Mit zunehmender Länge einer Leistungskette, also mit steigender Anzahl beteiligter Systemelemente, nehmen Prozesszuverlässigkeit und Prozessverfügbarkeit ab.

So ist beispielsweise die Prozessverfügbarkeit einer Leistungskette mit 10 Elementen, deren Einzelverfügbarkeit jeweils 99,0 % beträgt, nur $(0,99)^{10} = 90,4\%$.

Außer den einzelnen Leistungsstellen, Abfertigungsstationen und Transportelementen trägt in der Regel auch die übergeordnete *Prozesssteuerung* zur Erfüllung der Gesamtfunktion einer Leistungskette bei. Daher ist die *Funktionssicherheit der Prozesssteuerung* η_{PS} ein gesonderter Faktor des Wahrscheinlichkeitsprodukts (13.98).

Die *Prozesszuverlässigkeit einer Transportkette* ist die *Missionswahrscheinlichkeit* [131]:

• Die *Missionswahrscheinlichkeit* ist die Wahrscheinlichkeit, dass eine rechtzeitig abgehende Sendung oder Transporteinheit den Bestimmungsort zur vereinbarten Zeit mit vollständigem Inhalt unbeschädigt erreicht.

Wenn bei einem Transportprozess primär die Einhaltung der geforderten Laufzeit gesehen wird und die korrekte und schadensfreie Zustellung gesichert ist, d. h. wenn die Sendungsqualität 100 % ist, wird die Prozesszuverlässigkeit einer Transportkette als *Termintreue* bezeichnet.

In einem Fahrzeugsystem führt der Ausfall eines Fahrzeugs ebenso zu einer Störung des Transportprozesses wie der Ausfall der Transportelemente oder der Transportsteuerung. Bei einer Transportkette TK_{AB} von A über die Transportelemente TE_k, $k = 1, 2, \ldots, n$, nach B, die von einzelnen Fahrzeugen [Fz] durchlaufen wird, ist daher die *Betriebszuverlässigkeit des Fahrzeugs* η_{Fz} für die Durchlaufzeit von A nach B ein weiterer Faktor in dem Produkt (13.98). Entsprechend ist in Fördersystemen zum Transport von Ladeeinheiten die *Betriebszuverlässigkeit der Ladeeinheiten* η_{LE} ein zusätzlicher Faktor im Produkt (13.98).

Wegen des Komplexitätsprinzips ist es ratsam, die Leistungsketten möglichst kurz zu machen. Hierfür gibt es folgende *Gestaltungsmöglichkeiten:*

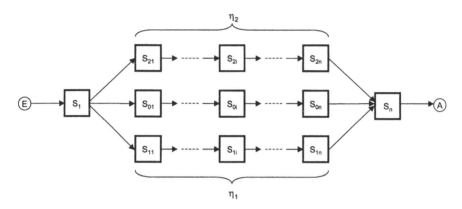

Abb. 13.27 Prozesskette mit zweifacher Redundanz

PK_0:   Hauptkette
PK_1 und PK_2: Ausweichketten
S_{rk}:   k-te Station der Parallelkette PK_r

▶ *Auftrennen in Teilleistungsketten* durch Einbau einer *Entkopplungsstelle*, wie eine Lagerstation oder eine Produktionsstelle mit frei verfügbarem Bestand, die den Vorprozess vom zeitkritischen Auftragsprozess abkoppelt (s. *Abschn. 8.6* und *8.10*).

▶ *Entkoppeln von Leistungsketten* durch einen *Zwischenpuffer*, dessen *Staukapazität* groß genug ist, um die zulaufenden Einheiten für die Dauer einer Störung in der nachfolgenden Kette aufzunehmen, und dessen *Inhalt* ausreicht, um den Folgeprozess bei Störung des vorangehenden Teilprozesses weiter zu versorgen.

▶ *Nutzung oder Aufbau von Redundanzketten* gleicher Funktion, die parallel zu einem hochbelasteten oder besonders störanfälligen Abschnitt einer Leistungskette verlaufen.

Das Entkoppeln von Teilleistungsketten durch einen *Zwischenpuffer* ist ein übliches Verfahren in der Fertigungstechnik, das bei der Verkettung von Maschinen angewandt wird, um bei einem kurzzeitigen Ausfall einer vorgeschalteten oder nachfolgenden Maschine eine Produktionsunterbrechung zu vermeiden.

Wenn bei einer Produktionsleistung $\lambda\,[\mathrm{PE/h}]$ der Maschine M_2 maximal eine Unterbrechungszeit $\tau_{1aus}\,[\mathrm{h}]$ der vorgeschalteten Maschine M_1 überbrückt werden soll, muss der Inhalt des Zwischenpuffers $\lambda \cdot \tau_{1aus}$ betragen. Um den Produktionsausstoß λ der Maschine M_1 für eine maximale Unterbrechungszeit $\tau_{2aus}\,[\mathrm{h}]$ der Maschine M_2 aufnehmen zu können, muss der Puffer zwischen M_1 und M_2 die Kapazität $\lambda \cdot \tau_{2aus}$ haben. Bei stochastischer Schwankung des Zulaufs λ oder der Abfertigung μ_2 muss der Zwischenpuffer auch die mittlere Warteschlange aufnehmen können, die sich vor der zweiten Maschine bildet und durch Beziehung (13.64) gegeben ist. Hieraus folgt die *Auslegungsregel*:

▶ Ein *Zwischenpuffer* zur Entkopplung einer Station S_1 mit der maximalen Ausfallzeit τ_{1aus} von einer Station S_2 mit der maximalen Ausfallzeit τ_{2aus} muss bei einer Durchsatzleistung λ und der Auslastung $\rho_2 = \lambda/\mu_2$ die *Staukapazität* haben

$$C_{ZP} = \mathrm{MAX}(\lambda \cdot \tau_{1aus}; \lambda \cdot \tau_{2aus}; (1 - \rho_2 + V\rho_2) \cdot \rho_2^2/(1 - \rho_2)). \tag{13.99}$$

Wie in *Abb. 13.27* für $n = 2$ dargestellt, hat eine Prozesskette PK_0 mit *n-facher Redundanz* für einen bestimmten Teil der Gesamtkette n Ausweichmöglichkeiten auf parallele Prozessketten PK_r, $r = 1, 2, \ldots n$, mit gleicher Funktion und ausreichender Leistungsreserve. Wenn eine Parallelkette PK_r einen Anteil $p_r < 1$ des Durchsatzes einer Prozesskette aufnehmen kann, bietet diese Kette eine *Teilredundanz*. Wenn $p_r = 1$ ist und die Parallelkette im Störungsfall den gesamten Durchsatz der Hauptkette PK_0 übernehmen kann, bietet die Kette eine *Vollredundanz*.

Die Wahrscheinlichkeit, dass eine parallele Kette mit der Funktionssicherheit η_r und der Aufnahmefähigkeit p_r die Objekte des Stroms im Störungsfall übernehmen kann, ist gleich $p_r \cdot \eta_r$. Die Wahrscheinlichkeit, dass sie diese nicht übernehmen kann ist daher $(1 - p_r \cdot \eta_r)$. Die Wahrscheinlichkeit, dass keine der parallelen Ketten die Objekte des Stroms im Störungsfall übernehmen kann, ist gleich dem Produkt aller Nichtübernahmewahrscheinlichkeiten $(1 - p_r \cdot \eta_r)$. Daraus folgt:

▶ Die *Funktionssicherheit einer redundanten Prozesskette* PK_α mit n *Parallelketten* AK_r, die die Funktionssicherheiten η_r und die *Aufnahmefähigkeiten* p_r haben, ist

$$\eta_\alpha = \left(1 - \prod_{r=0}^{n} (1 - p_r \cdot \eta_r)\right) \cdot \eta_{0\alpha}. \tag{13.100}$$

Hierin ist $\eta_{0\alpha}$ die Funktionssicherheit des nicht redundanten Abschnitts PK_0 der Prozesskette PK_α. Diese lässt sich nach Beziehung (13.98) aus dem Produkt der Funktionssicherheiten der Stationen der nichtredundanten Restkette errechnen.

Wenn die Verfügbarkeit der nichtredundanten Restkette $\eta_{0ver} = 100\,\%$ ist, folgt beispielsweise aus (13.100) für die in *Abb. 13.27* gezeigte Prozesskette, in der alle Parallelketten die Verfügbarkeit $\eta_r = 90\,\%$ haben, bei *Volredundanz*, dass heißt für $p_0 = p_1 = p_2 = 1$, die Prozessverfügbarkeit $\eta_{ver} = (1 - (1 - 0,90)^3) = 0,999 = 99,9\,\%$.

Bei einer Hauptkette mit $p_0 = 1$ und einer *Teilredundanz* der Parallelketten mit $p_1 = p_2 = 0,5$ ist die Prozessverfügbarkeit $\eta_{ver} = (1 - (1 - 0,90)(1 - 0,5 \cdot 0,90)^2) = 0,970 = 97,0\,\%$. Die Prozessverfügbarkeit bei Teilredundanz ist damit geringer als bei Vollredundanz, aber immer noch deutlich besser als die Prozessverfügbarkeit ohne Redundanz, die nur $90,0\,\%$ beträgt.

13.6.4 Funktionssicherheit von Systemen

Jeder Funktion F_α eines Teil- oder Gesamtsystems entspricht eine Prozesskette PK_α, die n_α der N_S Stationen des Systems mit der Strombelastung λ_α durchläuft. Wenn die *Gesamtstrombelastung* des Systems

$$\lambda = \sum_\alpha \lambda_\alpha \tag{13.101}$$

ist, wird die Funktion F_α mit der *Nutzungswahrscheinlichkeit* $p_\alpha = \lambda_\alpha/\lambda$ beansprucht. Die Funktionssicherheit des Gesamtsystems ist gleich dem mit den *Nutzungswahrscheinlichkeiten* p_α gewichteten Mittelwert der Funktionssicherheiten η_α der Prozessketten, die sich mit Hilfe der Beziehungen (13.98) und (13.100) aus den Funktionssicherheiten der Systemelemente berechnen lassen. Hieraus folgt:

▶ Die *Systemzuverlässigkeit* eines Systems mit den Prozessketten PK_α, den partiellen Strombelastungen λ_α und den Prozesszuverlässigkeiten $\eta_{\alpha\,zuv}$ ist

$$\eta_{Sys\,zuv} = \sum_\alpha (\lambda_\alpha/\lambda)\cdot\eta_{\alpha\,zuv} \,. \tag{13.102}$$

▶ Die *Systemverfügbarkeit* eines Systems mit den Prozessketten PK_α, den partiellen Strombelastungen λ_α und den Prozessverfügbarkeiten $\eta_{\alpha\,ver}$ ist

$$\eta_{Sys\,ver} = \sum_\alpha (\lambda_\alpha/\lambda)\cdot\eta_{\alpha\,ver} \,. \tag{13.103}$$

Zur Demonstration der Berechnung einer Gesamtverfügbarkeit aus den Verfügbarkeiten der Systemelemente mit Hilfe der Beziehung (13.103) zeigt *Abb. 13.28* eine *Verfügbarkeitsanalyse* für zwei verschiedene Ausführungsformen des Zu- und Abfördersystems eines Hochregallagers. Die Verfügbarkeitsanalyse ergibt, dass bei gleicher Belastung die Systemverfügbarkeit eines getrennten Zu- und Abfördersystems mit 92,5 % um 1,1 % besser ist als die Systemverfügbarkeit von 91,4 % eines kombinierten Zu- und Abfördersystems [130].

Aus der Beziehung (13.102) ergibt sich nach Einsetzen von Beziehung (13.98) für die Prozesszuverlässigkeiten mit den durch Beziehung (13.85) gegebenen Zuverlässigkeiten $\eta_{\alpha\,zuv}$ der betroffenen Systemelemente nach einigen Umrechnungen der Satz [130]:

▶ Werden von einem Leistungs-, Produktions-, Logistik- oder Transportsystem während einer längeren Betriebszeit die angeforderten Funktionen $n_{richtig}$ mal richtig und n_{falsch} mal falsch oder gestört ausgeführt, dann ist die *Systemzuverlässigkeit*

$$\eta_{Sys\,zuv} = n_{richtig}/(n_{richtig} + n_{falsch}) \,. \tag{13.104}$$

Analog folgt aus Beziehung (13.103) nach Einsetzen von Beziehung (13.98) für die Prozessverfügbarkeiten mit den durch Beziehung (13.90) gegebenen Verfügbarkeiten η_{kver} der betroffenen Systemelemente [118, 130]:

▶ Haben die N Systemelemente SE_k eines Leistungs-, Produktions-, Logistik- oder Transportsystems, die jeweils von einem Anteil λ_k des Gesamtdurchsatzes λ belastet sind, während einer Gesamtbetriebszeit T die Gesamtausfallzeiten $T_{k\,aus}$, dann ist die *Systemverfügbarkeit*

$$\eta_{Sysver} = \left(T - \sum_{k=1}^{N} (\lambda_k/\lambda)\cdot T_{kaus}\right)/T \,. \tag{13.105}$$

Die Gewichte $g_k = \lambda_k/\lambda$ sind die *Strombelastungsfaktoren* der Systemelemente SE_k. Mit den Beziehungen (13.104) und (13.105) lassen sich die Systemzuverlässigkeit

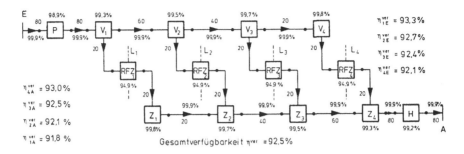

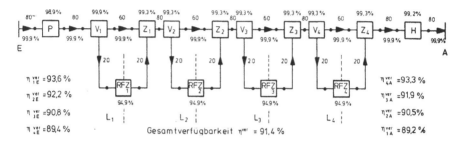

Abb. 13.28 Verfügbarkeitsanalyse des Zu- und Abfördersystem eines automatischen Hochregallagers

Oben:	getrenntes Zu- und Abfördersystem
Unten:	kombiniertes Zu- und Abfördersystem
Systemelemente:	
	P: Profilkontrolle
	V_i: Verzweigungselemente
	Z_i: Zusammenführungselemente
	RFZ_i: Regalförderzeuge
	L_i: Lagergassen
	H: Hubstation

und die Systemverfügbarkeit eines Gesamtsystems direkt aus den gemessenen Störungen und Ausfallzeiten errechnen. Die damit gewonnenen pauschalen Kennzahlen für die Funktionssicherheit des Systems besagen jedoch nichts darüber, welche der Prozessketten und Systemelemente wie gut oder schlecht arbeiten. Die Systemzuverlässigkeit und die Systemverfügbarkeit sind daher nur bedingt brauchbare Kennzahlen für die Funktionssicherheit eines Systems und zur vertraglichen Regelung einer Systemabnahme allein nicht ausreichend. Zusätzlich müssen zwischen Auftraggeber und Auftragnehmer *Mindestwerte* für die Zuverlässigkeit und Verfügbarkeit aller funktionskritischen Systemelemente und Leistungsketten vertraglich festgelegt werden.

13.7 Funktions- und Leistungsanalyse

Um bei der Inbetriebnahme böse Überraschungen und kostspielige Änderungen zu vermeiden, ist vor der Realisierung eines Logistik-, Produktions- oder Transportsystems eine sorgfältige Funktions- und Leistungsanalyse durchzuführen.

Wenn ein bestehendes System seine Leistungsgrenzen erreicht hat oder stärker genutzt werden soll, hilft eine solche Analyse, *Engpässe* zu erkennen, *Schwachstellen* auszuweisen und Maßnahmen zur *Steigerung der Leistungsfähigkeit* zu planen.

Die *Arbeitsschritte* einer *Funktions- und Leistungsanalyse* sind:

1. Erstellen des *Strukturdiagramms* des Logistik-, Produktions- oder Transportsystems mit allen Elementarstationen und Transportelementen und den zwischen diesen bestehenden Verbindungen.
2. Aufstellen des *Strombelastungsdiagramms* durch Eintragen aller in die Stationen einlaufenden und auslaufenden Leistungs- und Durchsatzströme in das Strukturdiagramm.
3. Aufstellen des *Grenzleistungsdiagramms* durch Eintragen der partiellen Grenzleistungen für alle Elementarstationen, Verbindungen und Transportelemente in das Strukturdiagramm.
4. Erfassung und Überprüfung der *Abfertigungsstrategien* an den Stationen und Transportknoten sowie der *Systemstrategien* für Teilsysteme und Gesamtsystem.
5. Berechnung der *Auslastungen* von Stationen, Verbindungen und Transportknoten aus den Strombelastungen und den Grenzleistungen unter Anwendung der Grenzleistungsgesetze und Eintragung der Auslastungswerte in ein *Auslastungsdiagramm*.
6. Berechnung oder Abschätzung der *Staueffekte* vor den Stationen und Transportknoten mit Hilfe der Staugesetze und Eintragung der errechneten Warteschlangen und Blockierungswahrscheinlichkeiten in ein *Staudiagramm*.
7. *Überprüfung der Funktions- und Leistungsfähigkeit* des Systems anhand des Auslastungsdiagramms und des Staudiagramms.
8. Erstellen eines *Verfügbarkeitsdiagramms* durch Eintragung der Verfügbarkeit der einzelnen Stationen, Verbindungen und Transportelemente.
9. *Verfügbarkeitsanalyse* durch Berechnung der *Prozessverfügbarkeit* für die Auftrags- und Logistikketten und der *Systemverfügbarkeit* für das Gesamtsystem sowie Ermittlung der *funktionskritischen Elemente*.

Ein Logistik-, Produktions- oder Transportsystem kann die geforderten Durchsatzleistungen nur erbringen, wenn folgende *Funktionskriterien* erfüllt sind:

▶ Keine Station und kein Transportelement darf bei Normalbetrieb eine Auslastung über 85 % und in der Spitzenzeit von über 95 % haben.

▶ Die mittleren Warteschlangen vor den Stationen und Transportelementen müssen auch in der Spitzenzeit kleiner sein als die Staukapazität der zuführenden Verbindungen.

Wenn vor einzelnen Stationen die mittlere Warteschlange größer als die Staukapazität ist, muss die Blockierwahrscheinlichkeit für die vorangehende Station berechnet werden, um zu prüfen, ob deren Auslastung die Blockierung verkraftet. Die Überprüfung der Funktions- und Leistungsfähigkeit nach diesen Kriterien zeigt rasch und lückenlos alle Engpassstellen des Systems:

▶ *Engpassstellen* sind Stationen, Verbindungen und Transportelemente, die zu Spitzenzeiten zu mehr als 95 % ausgelastet sind oder deren Warteschlangen die Leistung voranliegender Stationen unzulässig beeinträchtigen.

Engpassstellen sind die leistungsschwächsten Glieder der Produktions-, Leistungs- und Transportketten. Sie begrenzen das Leistungs- und Durchsatzvermögen des gesamten Systems. Die Analyse hochbelasteter Systeme ergibt, dass ihre Leistungsfähigkeit in der Regel nur durch ein oder wenige Engpasselemente begrenzt wird [136, 210]. Bei diesen Engpasselementen müssen die ersten Maßnahmen zur Steigerung der Leistungsfähigkeit des Gesamtsystems ansetzen. Zur Engpassbeseitigung bestehen folgende *Handlungsmöglichkeiten*:

▶ *Aufbohren des Engpasses*: Steigerung der Grenzleistungswerte durch erhöhte Abfertigungskapazität, Senkung der Rüst- und Stillstandszeiten, verkürzte Ein- und Auslaufzeiten oder reduzierte Abfertigungszeiten.

▶ *Umgehung des Engpasses*: Ausweichen auf redundante Leistungs- und Transportketten, die die gleiche Funktion bieten und nicht so hoch ausgelastet sind.

▶ *Doppelung der Engpassstation*: Einbau einer Parallelstation oder einer *Ausweichkette* (*bypass*) mit gleichen Funktionen.

▶ *Veränderung der Abfertigungsstrategie*: Gleichberechtigte Abfertigung anstelle von Vorfahrt oder Austausch von Haupt- und Nebenstrom.

In *Abb. 13.29* ist das Strukturdiagramm einer *Behälterförderanlage* in einem realisierten Kommissioniersystem mit statischer Bereitstellung dargestellt, das für eine Funktions- und Leistungsanalyse erstellt wurde. Die gepickte Ware wird in die vom Fördersystem zugeführten Auftragsbehälter abgelegt, die nach Ablage der letzten Auftragsposition in die Packerei befördert werden. Engpasselemente dieses Systems sind die Zusammenführungselemente Z auf dem Sammelkreisel, der entlang den Regalstirnseiten verläuft, sowie die Pickstationen S in den Regalgassen, die zu Rückstau in eine voranliegende Pickstation führen können.

Funktionskritische Elemente eines Logistiksystems sind alle Stationen, deren Ausfall zum Erliegen von mehr als 20 % der regulär geforderten Funktionen oder zu einer Leistungseinbuße von über 20 % führt. Die funktionskritischen Elemente ergeben sich aus dem Leistungs- und Verfügbarkeitsdiagramm des Systems durch schrittweises Nullsetzen der Verfügbarkeit der einzelnen Systemelemente und Berechnung der daraus resultierenden Funktions- und Leistungseinbußen.

Ausfallstellen sind Stationen und Transportelemente mit einer Verfügbarkeit unter 90 %. Sie blockieren vorangehende Stationen durch häufige oder länger dauernde Unterbrechungen, führen zur Unterauslastung nachfolgender Leistungsstellen und verursachen Lieferzeitverzögerungen und Terminüberschreitungen.

Die *Abb. 13.28* zeigt das Ergebnis einer *Leistungs- und Verfügbarkeitsanalyse* für zwei verschiedene *Zu- und Abfördersysteme* eines *automatischen Hochregalla-*

gers [117,118]. Für das System mit getrenntem Zu- und Abfördersystem sind die *Engpasselemente* das erste Verzweigungselement des Zufördersystems und das letzte Zusammenführungselement des Abfördersystems. Engpasselemente des kombinierten Zu- und Abfördersystems sind alle Verzweigungs- und alle Zusammenführungselemente. *Funktionskritische Elemente* sind in beiden Fällen die Regalbediengeräte, deren Verfügbarkeit bei voller Belastung hier wie in vielen anderen Fällen 95 % beträgt, bei guter Gerätekonstruktion und regelmäßiger Wartung aber über 98 % liegen sollte.

Wenn die *Durchlaufzeiten* zwischen den Eingangsstationen ES_i und den Ausgangsstationen AS_j eines Systems bestimmte Werte nicht überschreiten dürfen, sind zusätzlich zum Auslastungs- und Staudiagramm *Durchlaufzeitdiagramme* des Systems zu erarbeiten. Hierzu sind alle Leistungs-, Transport- und Auftragsketten gesondert darzustellen (s. *Kap. 19*).

Für jede dieser Prozessketten sind die Transportzeiten der Verbindungen, die Wartezeiten vor den Stationen und die Abfertigungs- oder Durchlaufzeiten der Elementarstationen und Transportelemente zu errechnen und aufzusummieren zur Gesamtdurchlaufzeit. Die errechneten *Gesamtdurchlaufzeiten* T_{ij} der verschiedenen Prozessketten von den Eingängen zu den Ausgängen sind dann mit den Vorgabewerten zu vergleichen (s. *Abschn. 8.6*).

Aus der vorangehenden Analyse von Grenzleistungen, Staueffekten und Verfügbarkeit ergibt sich, dass für die Planung und Auslegung von Logistiksystemen und Leistungsketten ein Vorgehen in folgenden *Auslegungsschritten* zweckmäßig ist:

1. Im *ersten Schritt* werden die Leistungs- und Durchsatzanforderungen als stationär, die Prozesse als getaktet, die Durchlaufzeiten als konstant und alle Stationen als funktionssicher betrachtet. Die Grenzleistungen der Leistungsstellen, Prozessketten und Systeme werden so ausgelegt, dass sie mit einer *Schwankungsreserve* von 10 % für die Mittelwerte der Belastung zur Spitzenstunde ausreichen.
2. Im *zweiten Schritt* wird für das geplante System unter Berücksichtigung der technischen Zuverlässigkeit der Elemente eine *Funktions- und Leistungsanalyse* bei *stationärer Belastung* durchgeführt, um die Engpassstellen, Schwachstellen und funktionskritischen Elemente zu erkennen.
3. Im *dritten Schritt* werden die Grenzleistungen der Engpasselemente dem Bedarf bei *stochastischer Belastung* angepasst. Die resultierenden Staueffekte werden durch ausreichend dimensionierte Lager oder Pufferstrecken entschärft. Die Prozesse werden durch Verbesserung der Verfügbarkeit der funktionskritischen Elemente oder durch Redundanzketten funktionssicher gemacht.

Soll das System mit unterschiedlichen Belastungen betrieben werden, ist die Funktions- und Leistungsanalyse für verschiedene *Belastungsszenarien* durchzuführen. Wenn sich die Belastungsszenarien in weniger als einer Stunde ändern und die stochastischen Schwankungen der Leistungs- und Durchsatzanforderungen hoch sind, sollte nach der analytischen Auslegung und Optimierung eine *digitale Simulation* des Systems durchgeführt werden.

Eine digitale Simulation eines Systems, das nach analytischen Verfahren dimensioniert und optimiert wurde, macht die Wechselwirkungen und Folgen der kurzzeitigen dynamischen und stochastischen Veränderungen deutlich. Soweit die dabei

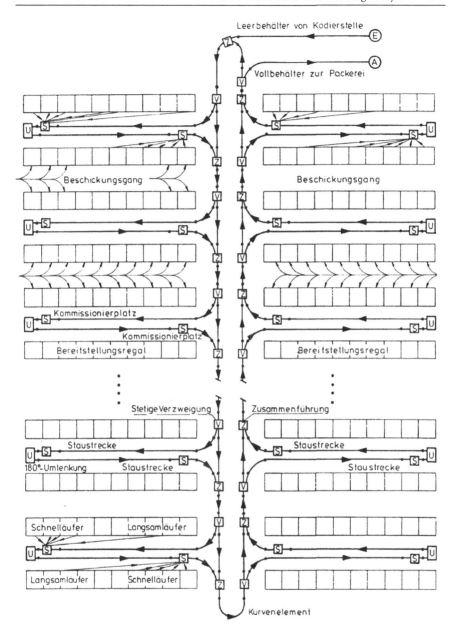

Abb. 13.29 Strukturdiagramm einer Behälterförderanlage in einem Kommissioniersystem

Systemelemente: V_i: Verzweigungselemente
Z_i: Zusammenführungselemente
U: Umlenkscheibe
S: Pickstation

erkennbaren Staueffekte funktionskritisch sind, müssen sie durch erhöhte Grenzleistungen, weitere Staustrecken und veränderte Betriebsstrategien behoben werden [54–56].

13.8 Abnahme von Anlagen und Systemen

Analog zum Vorgehen der Funktions- und Leistungsanalyse wird auch die *Abnahme*
einer gelieferten Produktionsanlage, eines förder- und lagertechnischen Gesamtsystems oder eines anderen Logistiksystems durchgeführt [118].

Nachdem der *Auftragnehmer* die Fertigstellung gemeldet und der *Auftraggeber*
die erforderlichen Betriebsmittel, Stapler, Paletten und Mitarbeiter bereitgestellt hat,
wird ein *Funktions- und Leistungstest* durchgeführt:

- Im *Funktionstest* werden die zugesicherten Eigenschaften und Funktionen der
  einzelnen Systemelemente, der Anlagenteile und des Gesamtsystems geprüft und
  getestet.
- Im anschließenden *Leistungstest* wird das System mit den vertraglich vereinbarten Durchsatzleistungen belastet.

Nachdem der Funktions- und Leistungstest mit einer *Mindestverfügbarkeit* von 80 %
erfolgreich abgeschlossen ist, wird die Anlage dem Auftraggeber zur Nutzung über-
geben. Andernfalls hat der Lieferant die Pflicht zur Nachbesserung binnen angemessener Zeit, in der Regel innerhalb von wenigen Wochen. Nach Behebung der festge-
stellten Mängel wird der Funktions- und Leistungstest wiederholt.

Nach erfolgreichem Funktions- und Leistungstest beginnt die *Probezeit*, die maximal gleich der *Gewährleistungszeit* ist. In der Probezeit werden laufend alle auftretenden Störungen, Störungsursachen und Unterbrechungszeiten vom Betreiber
erfasst und daraus nach den in *Abschn. 13.6* angegebenen Beziehungen die Verfügbarkeit aller kritischen Einzelelemente, der wichtigsten partiellen Funktionen und
der Gesamtanlage errechnet.

Wenn die vertraglich vereinbarten Verfügbarkeitswerte nachhaltig erreicht sind,
wird ein Verfügbarkeitstest durchgeführt [130]:

▶ Für den *Verfügbarkeitstest wird* die Anlage für eine statistisch ausreichend lange
  Zeit, die in der Regel 1 bis 10 Tage beträgt, mit mindestens 70 % der Soll-Leistung
  belastet (s. *Abschn. 9.15*).

Während des Verfügbarkeitstests werden von Vertretern des Auftraggebers und
des Auftragnehmers gemeinsam alle Störungen, Ursachen und Unterbrechungszeiten erfasst und ausgewertet. Werden am Ende der Testzeit mit den vom Auftragnehmer zu vertretenden Störungen und Unterbrechungszeiten die vertraglich zugesicherten Verfügbarkeitswerte erreicht oder überschritten, ist die Anlage endgültig
abgenommen.

Andernfalls ist die Lieferfirma zur *Nachbesserung* verpflichtet. Wenn diese nicht
in angemessener Zeit – maximal in 6 Monaten – gelingt, hat der Auftraggeber das
Recht zur *Minderung* oder zur *Wandlung*, wenn eine Mängelbeseitigung nicht möglich ist.

Die vertraglich vereinbarten Kapazitäten, Leistungen und Termine lassen sich am wirksamsten durch *Vertragsstrafen* oder *Pönalen* absichern, wie *Terminpönalen*, *Leistungspönalen* und *Verfügbarkeitspönalen*. Jede Pönale erhöht jedoch das Kostenrisiko des Anbieters und wird durch einen *Risikozuschlag* bei der Preiskalkulation berücksichtigt (s. *Abschn. 7.2.2*). Mit der Höhe der Pönale, die dem Auftragnehmer bei Nichteinhaltung der vertraglichen Leistungen und Vereinbarungen droht, steigt daher auch der Anlagenpreis für den Auftraggeber.

Eine pragmatische Lösung des Zielkonflikts zwischen Absicherung der Vertragseinhaltung und Begrenzung der hieraus resultierenden Mehrkosten ist eine *Pönalebegrenzung*:

▶ Die Summe aller Pönalen und Vertragsstrafen ist auf 10 % des Gesamtpreises beschränkt. Zusätzlich wird jede Einzelpönale auf einen geringeren Wert begrenzt.

Üblich für die Einzelpönalen sind 5 % des Preises für das betroffene Gewerk oder Teilsystem.

Bis zum Ablauf aller Fristen zur Einhaltung von Leistungs- und Verfügbarkeitswerten darf eine Anlage oder ein System nur mit dem Vorbehalt der Erfüllung noch ausstehender Vertragswerte abgenommen werden, auch wenn der *Gefahrenübergang* auf den Auftraggeber mit dem Nutzungsbeginn eintritt.

13.8.1 Terminpönale

Zur Absicherung der Einhaltung eines *Fertigstellungstermins* und von wichtigen *Eckterminen* ist folgende *Terminpönaleregelung* geeignet:

▶ Wird der vereinbarte Termin für die Fertigstellung aus Gründen, die der Auftragnehmer zu vertreten hat, nicht eingehalten, kann der Auftraggeber den Preis des betroffenen Teilsystems oder des Gesamtsystems um 0,5 % je angefangene Verzugswoche mindern.

Wenn es auf eine tagesgenaue Termineinhaltung ankommt, ist statt der *Wochenpönale* von 0,5 eine *Tagespönale* von 0,1 % des Preises pro Verzugstag sinnvoll. Hat der Auftraggeber Interesse an einer vorfristigen Fertigstellung, kann zusätzlich zur Terminpönale eine analog formulierte *Terminbonusregelung* vereinbart werden.

13.8.2 Leistungspönale

Zur Absicherung der Einhaltung der vereinbarten Leistungs- und Kapazitätswerte einer Anlage oder eines Systems ist folgende *Leistungspönaleregelung geeignet*:

▶ Werden die garantierten Werte für Leistung und Kapazität eines Teil- oder Gesamtsystems aus Gründen, die der Auftragnehmer zu vertreten hat, nicht erreicht, hat der Auftraggeber Anspruch auf eine Minderung des Preises des betreffenden Teil- oder Gesamtsystems um 0,5 % je Prozentpunkt der Abweichung vom Vertragswert.

Wenn der Auftraggeber daran Interesse und dadurch einen Nutzen hat, ist auch eine *Leistungsbonusregelung* für das Übertreffen bestimmter Leistungs- oder Kapazitätswerte möglich.

13.8.3 Zuverlässigkeits- und Verfügbarkeitspönale

Ein System oder eine Anlage ist für den Betreiber im praktischen Betrieb nur dann wirtschaftlich nutzbar, wenn die vereinbarten Funktionen und Leistungswerte mit ausreichender Verfügbarkeit erfüllt werden. Daher ist zusätzlich zur Termin- und Leistungspönale folgende *Pönaleregelung für die Zuverlässigkeit und Verfügbarkeit* sinnvoll:

▶ Werden die vereinbarten Werte der maximal zulässigen *Störquote* und der *Mindestverfügbarkeit* aus Gründen, die der Auftragnehmer zu vertreten hat, nicht innerhalb einer angemessenen Frist erreicht, kann der Auftraggeber den Preis des betreffenden Teil- oder Gesamtsystems je Prozentpunkt der Abweichung vom Garantiewert um 0,5 % mindern.

Beträgt beispielsweise die garantierte Mindestverfügbarkeit einer Anlage, deren Lieferwert 5,5 Mio. € ist, 98,0 % und wird auch nach mehrfacher Nachbesserung nur eine Verfügbarkeit von 95,0 % erreicht, so reduziert sich der Preis um 3 · 0,5 % · 5.500.000 € = 82.500 €.

Die Verfügbarkeit einer Anlage oder eines Systems erreicht meist nicht sofort nach Fertigstellung den angestrebten Wert, da viele Fehler und Störungen erst nach längerem Betrieb auftreten und behoben werden können. Daher muss die Frist für die Verfügbarkeitspönale abhängig von der Intensität der Anlagennutzung ab Betriebsbeginn ausreichend lang bemessen sein. Für Logistiksysteme wird die *Verfügbarkeitsfrist* in der Regel auf 6 Monate festgelegt.

Bei der Verfügbarkeitsmessung zur Überprüfung der Einhaltung von garantierten Zuverlässigkeits- oder Verfügbarkeitswerten sind unbedingt die in *Abschn. 9.6* behandelten Regeln der Qualitätsmessung zu beachten. Andernfalls kommt es wegen zu großer Messfehler nach dem Test zu unnötigen Streitigkeiten. Vor Beginn des Tests ist nach Beziehung (9.35) für die zugesicherte Zuverlässigkeit und Verfügbarkeit die Anzahl der Gesamtereignisse zu berechnen, die erforderlich ist, um eine Messgenauigkeit von mindestens ±1 % zu erreichen. Mit der für den Test geplanten Anlagenbelastung ergibt sich hieraus die statistisch benötigte *Testdauer* (s. *Abschn. 9.15*).

Nach Durchführung des Tests sind außer den Mittelwerten auch die statistischen Messfehler zu errechnen. Diese müssen kleiner als ±1 % sein, damit fair entschieden werden kann, ob ein Garantiewert erfüllt ist oder nicht (s. *Abschn. 9.15*).

13.8.4 Nachweis der Vollastverfügbarkeit

Die Erfassung der Störungen und Ausfallzeiten sowie die Berechnung der Zuverlässigkeit und Verfügbarkeit sind in den Richtlinien VDI 3580, VDI 3581 und FEM 9.222 geregelt [118]. Keine dieser Richtlinien legt jedoch fest, für welche Belastungswerte die garantierten Verfügbarkeitswerte gelten und wie sich eine vertraglich garantierte Verfügbarkeit in der Praxis nachweisen lässt.

Die Verfügbarkeit von diskontinuierlich belasteten Elementen und Systemen hängt aber gemäß Beziehung (13.92) von der Strombelastung ab (s. *Abb. 13.24*).

Wenn die Bemessungsleistung für eine garantierte Verfügbarkeit nicht eindeutig geregelt ist, können sich bei der Abnahme Differenzen ergeben. Da der Betreiber eine maximale Nutzbarkeit bei der garantierten Systemleistung benötigt, sind die einschlägigen Richtlinien zur Abnahme der Verfügbarkeit von Transport- und Lageranlagen um folgenden Passus zu ergänzen:

▶ Die garantierten Verfügbarkeitswerte sind *Vorlastverfügbarkeiten* bei Nutzung der Anlage mit den garantierten Leistungs- und Durchsatzwerten.

Die Garantie einer Mindestverfügbarkeit für ein Systemelement oder eine Gesamtanlage gilt also für eine bestimmte Soll-Leistung.

Eine längere Belastung der Anlage genau mit der vereinbarten Soll-Leistung zur Messung der Vollastverfügbarkeit im Rahmen eines Abnahmetests ist mit einem erheblichen Aufwand an Zeit und Kosten verbunden. Ein Verfügbarkeitstest, der statistisch ausreichend abgesicherte Messwerte liefern soll, dauert mehrere Tage und erfordert eine sorgfältige Vorbereitung. Während der gesamten Testzeit ist eine größere Anzahl von gewerblichen Mitarbeitern für die Aufgabe und Abnahme des Transport- und Lagerguts erforderlich, beispielsweise zur Aufgabe der einzulagernden und zur Abnahme der ausgelagerten Paletten beim Test eines automatischen Hochregallagers. Weiteres Fachpersonal wird benötigt für das Erfassen der Anzahl, Ursachen und Dauer auftretender Störungen und zum Beheben der Fehler.

Hinzu kommt, dass ein Verfügbarkeitstest zur Endabnahme einer Gesamtanlage erst sinnvoll ist, nachdem die Anlage eine ausreichend lange Zeit unter Betriebsbedingungen genutzt wurde und die typischen Anfangsstörungen bereits behoben wurden. Wenn eine Anlage jedoch erst einmal vom Auftraggeber produktiv genutzt wird, ist eine mehrtägige Unterbrechung des Betriebs zur Durchführung eines längeren Verfügbarkeitstests in der Regel nicht mehr möglich.

Ein Verfügbarkeitstest bei Soll-Belastung ist jedoch nicht erforderlich, um ein Erreichen der garantierten Vollastverfügbarkeit nachzuweisen. Die Vollastverfügbarkeit lässt sich nämlich aus der Ist-Verfügbarkeit hochrechnen, da aus Beziehung (13.92) folgt:

▶ Ein Systemelement, für das bei einer Ist-Belastung λ_{Ist} eine *Ist-Verfügbarkeit* $\eta_{ver}(\lambda_{Ist})$ gemessen wurde, hat bei der Soll-Belastung λ_{Soll} die *Sollastverfügbarkeit*:

$$\eta_{ver}(\lambda_{Soll}) = 1 - (\lambda_{Soll}/\lambda_{Ist}) \cdot (1 - \eta_{ver}(\lambda_{Ist})) \,. \qquad (13.106)$$

Die *Nichtverfügbarkeit* $\eta_{nver}(\lambda_{Soll}) = 1 - \eta_{ver}(\lambda_{Soll})$ für die Soll-Belastung λ_{Soll} resultiert aus der gemessenen *Nichtverfügbarkeit* $\eta_{nver}(\lambda_{Ist}) = 1 - \eta_{ver}(\lambda_{Ist})$ bei Ist-Belastung λ_{Ist} durch Multiplikation mit dem Belastungsverhältnis $\lambda_{Soll}/\lambda_{Ist}$, da die Wahrscheinlichkeit ausfallbedingter Unterbrechungen proportional mit der Belastung ansteigt.

Wenn beispielsweise für ein Regalbediengerät bei einer Ist-Belastung von 15 Ein- und Auslagerungen pro Stunde die Verfügbarkeit $\eta_{ver}(15) = 98,6\,\%$ gemessen wurde, errechnet sich nach Beziehung (13.106) für eine Garantieleistung von 30 Ein- und Auslagerungen die Verfügbarkeit $\eta_{ver}(30) = 1 - (30/15) \cdot (1 - 0,986) = 0,972 = 97,2\,\%$. Falls eine Mindestverfügbarkeit bei Garantiebelastung von 98,0 % vertraglich vereinbart wurde, ist diese trotz des recht gut erscheinenden Messwerts von 98,6 % in diesem Fall nicht erreicht.

Da sich die *Ist-Belastungsstruktur*, die durch die *Strombelastungsfaktoren* g_k = λ_k/λ_{ges} der einzelnen Systemelemente SE_k gegeben ist, bei der betrieblichen Ist-Belastung in der Regel von der *Soll-Belastungsstruktur* unterscheidet, ist eine direkte Berechnung der Systemverfügbarkeit für die Soll-Belastung mit Hilfe von Beziehung (13.106) nicht zulässig. Die Systemverfügbarkeit für die vereinbarte Soll-Belastung lässt sich jedoch mit Hilfe der Beziehungen (13.103) und (13.98) aus den Soll-Verfügbarkeiten der einzelnen Systemelemente errechnen, die mit Beziehung (13.106) aus den gemessenen Ist-Verfügbarkeiten ermittelt wurden.

Auf diese Weise ist es möglich, anstelle eines längeren Verfügbarkeitstests, der sich in der Betriebspraxis kaum durchführen lässt und daher in vielen Fällen unterlassen wird, aus den laufenden Störprotokollen bis zum Ende der Verfügbarkeitsfrist die Verfügbarkeitswerte bei Soll-Leistung zu bestimmen. Damit sind die garantierten Verfügbarkeitswerte für funktionskritische Systemelemente und für das Gesamtsystem mit relativ geringem Aufwand ohne Betriebsunterbrechungen über einen statistisch ausreichend langen Zeitraum nachweisbar (s. auch *Abschn. 9.15*).

13.9 Leistungsoptimierung von Produktionsstellen

Für eine kostenoptimale *Produktionsplanung* und termintreue *Fertigungsdisposition* muss das Leistungsvermögen aller Produktionsstellen bekannt sein, die an der Ausführung der Fertigwarenaufträge beteiligt sind. Eine einzelne Produktionsstelle $PS(n, m)$, die aus n *Einsatzmaterialien* EM_q, $q = 1, 2, \ldots, n$, mit den Verbrauchseinheiten VE_q bis zu m unterschiedliche *Ausgangserzeugnisse* AE_r, $r = 1, 2, \ldots, m$, mit den Erzeugniseinheiten VE_r produzieren kann, ist eine Elementarstation vom Typ (n, m) der Ordnung $n + m$. Daher gelten die zuvor entwickelten Grenzleistungsgesetze, Staugesetze und übrigen Verfahren zur Analyse und Berechnung der Funktions- und Leistungsfähigkeit auch für Produktionsstellen.

Aus einer Analyse der Einflüsse von Produktwechsel und Leistungszeiten auf die Auslastbarkeit und die Durchlaufzeiten werden nachfolgend *Optimierungsregeln* und aus diesen eine *Standardfertigungsstrategie* für Produktionsstellen hergeleitet. In Verbindung mit weiteren Regeln und Systemstrategien ist die Standardstrategie auch für die Produktionsplanung und Fertigungsdisposition von Fertigungsketten und Versorgungsnetzen einsetzbar [178].

13.9.1 Leistungskennzahlen einer Produktionsstelle

Maßgebend für den *Materialeinsatz* und für die *Materialbedarfsplanung* (MRP: *Material Requirement Planning*) eines Produktionssystems sind die Stücklisten der Erzeugnisse:

- Eine *Stückliste* m_{qr} [VE_q pro VE_r] gibt an, wie viele Verbrauchseinheiten VE des Einsatzmaterials EM_q zur Herstellung einer Einheit VE_r des Ausgangserzeugnisses AE_r benötigt werden.

Wenn die Stückliste bekannt ist, lassen sich aus den partiellen Auslaufströmen λ_r die partiellen Einlaufströme λ_q einer Produktionsstelle berechnen:

$$\lambda_q = \sum_r m_{qr} \cdot \lambda_r \quad [\text{VE}_s/\text{PE}] .\qquad (13.107)$$

Die Auslaufströme λ_r der Produktionsstelle sind das Ergebnis der aktuellen Produktionsleistung oder einer Planbelegung zur Erfüllung zukünftiger Leistungsanforderungen. Sie resultieren über entsprechende Stücklistenauflösungen aus den Liefer- oder Produktionsaufträgen der Nachfolgestellen, die von der betrachteten Produktionsstelle versorgt oder beliefert werden.

Die maßgebenden *Kennzahlen für die Leistungsfähigkeit* einer elementaren Produktionsstelle sind die:

- *Produktionsgrenzleistungen* μ_r $[\text{VE}_r/\text{PE}]$ der Erzeugnisse E_r; Sie sind die maximalen Produktionsleistungen bei ununterbrochener Fertigung jeweils nur eines Erzeugnisses;

und die

- *Produktwechselzeiten* T_{PWZrs} $[\text{PE}]$, die für das Umrüsten und den Wechsel von einem Erzeugnis E_r zu einem Erzeugnis E_s erforderlich sind.

Die einzelnen Produktwechselzeiten der *Wechselzeitmatrix* T_{PWZrs} werden auch als *Umrüstzeiten* oder *Rüstzeiten* bezeichnet. Sie können jedoch im Einzelfall länger sein als die rein technischen Rüst- oder Umrüstzeiten (s. *Vorgänge (8.12)* in *Abschn. 8.5*).

Die Zeit, die zur Vorbereitung der Fertigungsstelle bis zum Start des *ersten* Auftrags für das Erzeugnis E_r benötigt wird, ist die *Erstrüstzeit* T_{ERZr}. Die Summe von Erstrüstzeit und *Unterbrechungszeiten*, die jeweils nach einer bestimmten Ausstoßmenge m_R für planmäßige Wartungs- oder Reinigungsarbeiten anfallen, kann in der Wechselzeitmatrix als *Zwischenrüstzeit* T_{PWZrr} berücksichtigt werden.

Die Multiplikation der Wechselzeiten mit dem *Kostensatz* der Produktionsstelle plus den Kosten des Anlaufmaterialverlustes (*Makulatur*) ergibt die *Produktwechselkosten* oder *Rüstkosten*. Deren Höhe bestimmt maßgebend die dispositionsabhängigen Logistikkosten eines Fertigungsbetriebs und ist entscheidend für die *dynamische Disposition* der Aufträge und Bestände in Versorgungsnetzen [178].

Ebenso wie bei anderen Quellstationen für diskrete Ströme resultiert die Grenzleistung $\mu_r = \mu_r(c) = c/\tau_r(c)$ einer *Taktfertigung* aus der *Taktzeit* $\tau_r(c)$ $[\text{PE/VE}]$, mit der die Erzeugniseinheiten einzeln ($c = 1$) oder im Pulk ($c > 1$) die Station verlassen (s. *Beziehung (13.3)*).

Ein pulkweiser Produktionsausstoß ist typisch für die *Chargenproduktion*, bei der eine feste Menge gleichartiger Objekte gemeinsam in einer Produktionsstelle erzeugt, bearbeitet und geschlossen fertiggestellt wird. Die *Chargengröße* c wird bestimmt durch das Fassungsvermögen der Produktionsstelle, z. B. eines Schmelzofens, eines Brennofens oder einer Galvanisationsanlage. Sie hängt außerdem von der Kapazität der Ladeeinheiten ab, mit denen die Produktionsstelle beschickt wird.

13.9.2 Auslastbarkeit und Auftragsdurchlaufzeiten

Die Auslastbarkeit begrenzt das effektive Leistungsvermögen der Produktionsstelle. Sie ist die maximal mögliche Auslastung der Produktionsgrenzleistung:

$$\eta_{aus} = \rho_{prod\,max} \cdot \qquad\qquad\qquad (13.108)$$

Die Gesamtauslastung der Produktionsstelle ist die Summe der *produktiven Auslastung* ρ_{prod}, die sich aus der Summation der partiellen Auslastungen $\rho_r = \lambda_r/\mu_r$ der Produktionsgrenzleistungen ergibt, und einer *Umschaltauslastung* ρ_{umsch}, die mit den *Umschalt-* oder *Wechselfrequenzen* ν_{rs} aus den *Produktwechselzeiten* T_{PWZrs} resultiert. Bei einem partiellen Produktionsausstoß λ_r [VE$_r$/PE] und einem Produktwechsel mit den *Wechselfrequenzen* ν_{rs} [1/PE] ist also die

- *Gesamtauslastung der Produktions- oder Leistungsstelle*

$$\rho_{ges} = \rho_{prod} + \rho_{umsch} = \sum_r \lambda_r/\mu_r + \sum_{r,s} \nu_{rs} \cdot T_{PWZrs} \,. \qquad (13.109)$$

Hierin sind die Zwischenrüstzeiten T_{PWZrr}, die mit einer festen Wartungs- und Reinigungsfrequenz $\nu_{rr} = \lambda_\rho/m_R$ wiederkehren, als Unterbrechungszeiten zu berücksichtigen.

Wenn der Auftragszulauf und die Abfertigungszeit stochastisch schwanken, bildet sich vor einer Produktionsstelle eine *Auftragswarteschlange*, die mit zunehmender Auslastung länger wird und zu ansteigenden Auftragswartezeiten führt. Die Produktions- oder Leistungsstelle einer Fertigungskette oder eines Auftragsnetzwerks mit der höchsten Auslastung ist eine *potentielle Engpassstelle* (s. *Abb. 8.1*). Bei Erreichen oder Überschreiten der 100 %-Grenze steigen die Warteschlange und die Wartezeiten immer weiter, bis die Auslastung wieder deutlich unter 100 % absinkt. Für die Dauer der Überauslastung ist die betreffende Produktionsstelle eine *aktuelle Engpassstelle*.

Unter Berücksichtigung der *Verfügbarkeit* η_{ver}, die die Produktionsgrenzleistung auf die *effektive Grenzleistung* (13.91) reduziert, muss die Gesamtauslastung nach dem allgemeinen Grenzleistungsgesetz in allen Dispositionsperioden kleiner sein als η_{ver}. Für die *Auslastbarkeit einer Produktionsstelle* gilt daher

$$\eta_{aus} = \eta_{ver} - \rho_{ums} = \eta_{ver} - \sum_{r,s} \nu_{rs} \cdot T_{PWZrs} \,. \qquad (13.110)$$

Hieraus ist ablesbar:

▶ Das *effektive Leistungsvermögen* einer Produktionsstelle reduziert sich mit zunehmender Länge der Produktwechselzeiten, mit der Häufigkeit des Produktwechsels und bei unterschiedlichen Produktwechselzeiten auch mit der Reihenfolge des Produktwechsels.

Abgesehen von einer eventuellen *Verfahrenszeit*, die eine Trockenzeit, Reifezeit oder Aushärtungszeit oder 0 sein kann (s. *Vorgänge* (8.15)), ist die Durchlaufzeit eines Produktionsauftrags für das Erzeugnis AE$_r$ mit der Auftragsmenge m_r die Summe von:

- *Produktwechselzeit* $T_{PWZ\,r-1r}$, die abhängig vom vorangehenden Auftrag die Erstrüstzeit oder die Umrüstzeit ist,

- *Leistungszeit* $T_{\mathrm{LZr}} = m_r/\mu_r$, die sich aus dem Quotienten von Auftragsmenge und Grenzleistung errechnen lässt, und
- *Auftragswartezeit* T_{WZ}, die gleich der Summe der Durchlaufzeiten aller vorangehenden Aufträge ist.

Die Durchlaufzeit für ein Erzeugnis AE_r, das mit der Auftragsmenge oder *Fertigungslosgröße* m_r produziert wird, ist also die Summe aller Produktwechselzeiten und Leistungszeiten der vorangehenden Aufträge und des aktuellen Auftrags:

$$T_{\mathrm{DLZr}} = \sum_{s=1}^{r} \left(T_{\mathrm{PWZs}-1,s} + m_s/\mu_s \right) . \tag{13.111}$$

Die Summe erstreckt sich über alle Produktionsaufträge der Erzeugnisse AE_s, die vor dem Erzeugnis AE_r auszuführen sind, und den Auftrag für das Erzeugnis AE_r. Der erste Teil der Summe ist die *Rüstzeitsumme*, der zweite Teil die *Leistungszeitsumme*. Hieraus ist ablesbar:

▶ Die *Auftragsdurchlaufzeiten* einer Produktionsstelle steigen mit zunehmender Länge der Produktwechselzeiten, mit der Häufigkeit und der Reihenfolge des Produktwechsels sowie mit der Anzahl und Größe der vorrangig abzufertigenden übrigen Fertigungsaufträge.

Die Auftragsdurchlaufzeiten sinken also mit abnehmenden Fertigungslosgrößen, während sich das Leistungsvermögen mit abnehmenden Losgrößen verschlechtert, da diese zu einem häufigeren Produktwechsel führen. Die gegenläufige Abhängigkeit des Leistungsvermögens und der Auftragsdurchlaufzeiten von den Auftragsgrößen führt zu einem grundlegenden *Zielkonflikt* der Fertigungsplanung und der Auftragsdisposition.

13.9.3 Optimierungsregeln

Das oberste Ziel der Produktionsplanung und Fertigungsdisposition ist eine Minimierung der Kosten bei einer termintreuen Einhaltung der geforderten Lieferzeiten. Die Betriebskosten einer Produktionsstelle sind minimal, wenn die produktive Auslastung maximal ist. Aus den Beziehungen (13.109) und (13.111) ist ablesbar, dass lange Wechselzeiten und häufige Produktwechsel sowohl die Auslastbarkeit einer Produktionsstelle reduzieren als auch die Durchlaufzeiten verlängern.

Daraus folgen die grundlegenden *Optimierungsstrategien der Produktionsplanung und Fertigungsdisposition*:

▶ *Rüstzeitsenkung:* Durch Reduzierung der Produktwechselzeiten werden sowohl die Kosten gesenkt als auch die Durchlaufzeiten verkürzt.

▶ *Variantenminimierung:* Durch eine Minimierung der Anzahl der in einer Dispositionsperiode herzustellenden Erzeugnisse oder *Produktvarianten* lassen sich die Auslastbarkeit, die Kosten und die Durchlaufzeiten optimieren.

▶ *Auftragsbündelung:* Alle Aufträge einer Dispositionsperiode, die das gleiche Erzeugnis betreffen, werden zu einem Sammelauftrag zusammengefasst und ohne Wechselzeitverlust nacheinander ausgeführt.

▶ *Rüstfolgeoptimierung:* Die Reihenfolge der unterschiedlichen Sammelaufträge wird so festgelegt, dass die Rüstzeitsumme über alle Aufträge einer Periode minimal ist.

Eine Rüstfolgeoptimierung ist beispielsweise die Auftragsausführung in einem Abfüllbetrieb, einer Druckerei oder einer Färberei in *Hell-Dunkel-Folge* (s. *Abschn. 10.4.4*). Durch die Optimierungsregeln wird neben den Kosten auch die durchschnittliche Auftragsdurchlaufzeit minimiert.

13.9.4 Standardfertigungsstrategie

Die zentrale Forderung nach termintreuer Einhaltung der geforderten Lieferzeiten bei minimalen Kosten wird erfüllt, wenn die Belegung jeder Produktionsstelle nach folgender *Standardfertigungsstrategie* disponiert wird:

1. Für die nächste Dispositionsperiode werden zunächst nur die *fälligen Aufträge* eingelastet, deren Lieferzeit einer *Rückwärtsterminierung* einen Start spätestens in dieser Periode erfordert (s. *Abschn. 8.8*).
2. Alle Aufträge, die in einer Dispositionsperiode das gleiche Erzeugnis anfordern, werden zu einem *Sammelauftrag* zusammengefasst.
3. Die Sammelaufträge mit den fälligen Aufträgen werden in der *optimalen Rüstzeitfolge* geordnet.
4. Mit der so erreichten Auftragsfolge wird für die betrachtete Periode die Gesamtauslastung (13.109) der Produktionsstelle berechnet.
5. Wenn die Gesamtauslastung kleiner ist als die Verfügbarkeit η_{ver}, werden in absteigender *Dringlichkeitsfolge* nacheinander weitere Aufträge hinzugenommen und die Schritte 1 bis 4 solange durchlaufen, bis die Auslastung die Verfügbarkeit erreicht hat oder bis alle aktuellen Aufträge eingelastet sind.
6. Liegt die Auslastung einer Produktionsstelle über der Verfügbarkeit, ist also der *Engpasszustand* erreicht, werden nach vorgegebenen *Engpassprioritätsregeln* nacheinander einzelne Aufträge auf die nächste Dispositionsperiode verschoben, bis die Auslastung nach den Schritten 1 bis 4 unter der Verfügbarkeit liegt.

Mit diesem Standardablauf der Fertigungsdisposition lassen sich für viele Fertigungsbereiche minimale Kosten bei Einhaltung der Standardlieferzeiten erreichen, solange die Auslastung der Engpassstelle nicht für länger als eine Periode über die Verfügbarkeit ansteigt.

Sobald erkennbar ist, dass die Auslastung der Engpassstelle für mehrere Perioden größer als die Verfügbarkeit ist, müssen kurzfristig die Betriebszeiten verlängert, und wenn das nicht mehr möglich ist, die Aufträge vor Beginn des Standardablaufs der Fertigungsdisposition nach geeigneten Engpassprioritätsregeln ausgewählt werden.

13.9.5 Zusatzregeln und Zuweisungsstrategien

Für die praktische Anwendung der Standardfertigungsstrategie und der Optimierungsstrategien sind zusätzlich folgende Punkte zu beachten:

- Die *Länge der Dispositionsperiode* eines Fertigungsbereichs darf maximal so lang sein wie die Periodenlänge der Auftragsdisposition. Diese ergibt sich aus der geforderten *Termintreue* (s. *Abschn. 8.2*). So ist die Dispositionsperiode ein Arbeitstag, wenn eine tagesgenaue Lieferung angestrebt wird [178].

- Wenn als *Bemessungszeit für die Produktionsgrenzleistungen* die Stunde und für die Produktwechselzeiten die Sekunde oder Minute gewählt werden, sind diese zur Berechnung der *Periodenauslastung* nach Beziehung (13.109) mit der Periodenlänge zu multiplizieren, die in den entsprechenden Zeiteinheiten gemessen ist.

- Bei *festen Betriebszeiten* ist in Schritt 5 und 6 der Standardstrategie darauf zu achten, dass durch die Hinzunahme und Herausnahme einzelner Aufträge am Tagesende keine Teilaufträge entstehen, die am nächsten Tag eine zusätzliche Erstrüstzeit erfordern. Das kann durch eine *Mengenanpassungsstrategie* vermieden werden, die unter Umständen Vorrang vor der Dringlichkeitsfolge hat (s. *Abschn. 12.5.3*).

- In einem Produktionsbetrieb mit *planmäßig veränderlichen Betriebszeiten*, etwa durch Werksferien, Personalausfall, Wartungsarbeiten, Kontrollen oder Kurzarbeit, ändert sich die Periodenlänge von Tag zu Tag.

- In einer *atmenden Fabrik* mit flexiblen Arbeitszeiten ist eine *dynamische Anpassung* der Produktionsgrenzleistungen an den aktuellen Leistungsbedarf über die Betriebszeiten möglich (s. *Abschn. 10.5*).

- In einer *Fertigungskette*, einem *Auftragsnetzwerk* oder einem *Versorgungsnetz* ist die Standardfertigungsstrategie nur auf die potentiellen Engpassstellen anzuwenden. Die einer Engpassstelle nachfolgenden Produktions- und Leistungsstellen werden nach dem *Push-Verfahren*, die vorangehenden nach dem *Pull-Verfahren* disponiert (s. *Abschn. 8.9*).

- Zur *dynamischen Fertigungsdisposition* werden nach jeder abgeschlossenen Dispositionsperiode bis zum Beginn der nächsten Periode die Schritte der Standardfertigungsdisposition für alle aktuell eingegangenen Aufträge zusammen mit den noch nicht begonnenen Aufträgen erneut durchgeführt.

Sind in einem Produktions- oder Auftragsnetzwerk für das gleiche Erzeugnis mehrere Produktionsstellen verfügbar, sind außerdem folgende *Zuweisungsstrategien* zu beachten:

- ▶ *Kostenoptimale Zuordnung:* Die Einzel- oder Sammelaufträge werden jeweils der Produktionsstelle zugewiesen, die den Auftrag zu den geringsten Kosten ausführen kann. Die *Auftragskosten* sind die Summe der mengenunabhängigen Rüstkosten und der mengenabhängigen Leistungskosten.

- ▶ *Dynamische Gleichverteilung:* Die Aufträge oder Auftragspulks werden jeweils derjenigen der N gleichartigen Parallelstationen zugewiesen, die am geringsten ausgelastet ist. Wenn die mittlere Auslastung der Parallelstationen für längere Zeit über 0,9 ansteigt, wird eine weitere Station zugeschaltet. Sinkt sie unter $0,8 \cdot (N-1)/N$, wird eine Station abgeschaltet.

Durch das dynamische Zu- und Abschalten wird die mittlere Stationsauslastung zwischen 80 und 90 % gehalten. In Verbindung mit der kostenoptimalen Zuordnung werden durch die dynamische Gleichverteilung minimale Kosten bei einer akzeptablen Länge der Warteschlangen und Wartezeiten erreicht.

13.9.6 Engpassstrategien

Aus dem prognostizierten mittelfristigen Bedarfsverlauf lassen sich kommende *Bedarfsspitzen* ablesen und eventuelle Engpässe erkennen. Das gilt für den Bedarf der Fertigerzeugnisse ebenso wie für den aus dem Primärbedarf über Stücklistenauflösung abgeleiteten Sekundärbedarf.

Die Summe des für die Periode t prognostizierten Bedarfs $\lambda_A(t)$ aller Artikel A, die auf den gleichen Anlagen oder Maschinen gefertigt werden, ergibt den *Produktionsleistungsbedarf* in der Periode t:

$$\lambda_P(t) = \sum_A \lambda_A(t) \quad [\text{VE/PE}] . \tag{13.112}$$

Solange der Leistungsbedarf $\lambda_P(t)$ kleiner ist als die reguläre *Produktionsgrenzleistung* μ_P, d. h. wenn $\lambda_P(t) < \mu_P$ ist, können alle Fertigungsaufträge innerhalb der Plandurchlaufzeit ausgeführt werden. Wenn jedoch der Leistungsbedarf die Produktionsgrenzleistung für mehrere Perioden überschreitet, entsteht ein ansteigender Auftragsbestand, der zu Wartezeiten und längeren Durchlaufzeiten führt.

In den Perioden einer Engpasszeit T_{eng}, für die $\lambda_P(t) > \mu_{Pmax}$ ist, baut sich ein *Auftragsbestand* auf. Dieser erreicht zum Zeitpunkt t den Wert:

$$AB(T_{eng}) = \sum_{t \in T_{eng}} (\lambda_P(t) - \mu_{P\,max}) \quad [\text{VE}] . \tag{13.113}$$

Wenn der prognostizierte Spitzenbedarf für eine *Engpasszeit* T_{eng} über die Produktionsgrenzleistung ansteigt und sich in dieser Zeit der Auftragsbestand (13.113) aufbaut, kann dieser durch eine *Vorabfertigung* der betreffenden Artikel vermindert oder sogar ganz vermieden werden. Voraussetzung einer solchen Vorabfertigung ist allerdings, dass der Bedarf in der vorangehenden Zeit deutlich unter der Grenzleistung der Produktion liegt und damit eine Mehrproduktion überhaupt möglich ist.

Der Preis einer vorgezogenen Produktion von *Engpassartikeln* für einen absehbaren Spitzenbedarf ist ein zusätzlicher Lagerbestand, der mit entsprechenden Kosten und Risiken verbunden ist. Daraus folgt der Grundsatz:

▶ Die Entscheidung zur *Vorabfertigung* oder *Vorausbeschaffung* muss der Disponent in Abstimmung mit dem Vertrieb und der Unternehmensleitung treffen. Sie darf nicht allein einem Dispositionsprogramm überlassen werden.

Ein leistungsfähiges Dispositionsprogramm kann einen Engpass rechtzeitig erkennen, indem es aus dem prognostizierten mittelfristigen Bedarf und der hinterlegten Produktionsgrenzleistung mit Hilfe von Beziehung (13.113) bestimmt, für welchen Zeitraum eine Engpasssituation zu erwarten ist. Ebenfalls mit Hilfe von Beziehung (13.113) kann das Programm auch den in der Engpasszeit auflaufenden Auftragsbestand und die bis zum Beginn der Engpasszeit verfügbare Überschussleistung berechnen.

Wenn ein Engpass von mehreren Artikeln verursacht wird, die konkurrierend von der gleichen Engpassstelle produziert werden, gilt die *Auswahlregel zur Vorabfertigung von Engpassartikeln:*

▶ Vorzufertigen sind die Artikel mit dem höchsten gesicherten Absatz.

Mit dieser Auswahl wird verhindert, dass bei einem Absatz, der gegenüber der Engpassprognose unerwartet absinkt, die vorproduzierten Mengen zu lange oder unverkäuflich auf Lager liegen. Außerdem können für diese Artikel in den Phasen geringerer Auslastung besonders *wirtschaftliche Losgrößen* gefertigt werden.

Wenn der Leistungsbedarf jedoch die maximal verfügbare Produktionsgrenzleistung für mehrere Perioden übersteigt, wird die betreffende Produktionsstelle zum akuten *Engpass*. Dann sind ein ansteigender Auftragsbestand und immer längere Durchlaufzeiten unvermeidlich. Ist dieser Zustand erreicht, müssen die knappen Ressourcen von der Disposition den einzelnen Aufträgen nach geeigneten Prioritätsregeln zugeteilt werden. Mögliche *Engpassprioritätsregeln* sind die Auswahl der sofort auszuführenden Aufträge nach:

$$
\left.
\begin{array}{l}
\text{First-Come-First-Served} \\
\text{Deckungsbeitrag} \\
\text{Gewinn} \\
\text{Dringlichkeit} \\
\text{Kundenbedeutung} \\
\text{Fehlmengenkosten.}
\end{array}
\right. \tag{13.114}
$$

Die fairste Regelung ist eine Zuteilung des begrenzten Produktionsausstoßes im Verhältnis des regulären Bedarfs der Abnehmer außerhalb der Engpasszeit.

Wenn aus einer Engpassstelle mehrere Bedarfsstellen eines größeren Versorgungsnetzes zu beliefern sind, ist in Engpasszeiten eine *Zentraldisposition* notwendig, um die geplanten Zuteilungsregeln einhalten zu können. Allgemein gelten die Dispositionsregeln:

▶ Bei ausreichender Produktionsleistung und Verteilung über *ein* Zentrallager genügt die dezentrale Disposition.

▶ Bei mehreren Produktionsauslieferlagern ist eine Zentraldisposition nach der *Strategie des virtuellen Zentrallagers* vorteilhafter als die dezentrale Disposition (s. *Abschn. 20.18*).

▶ Nur Knappheit und Engpässe erfordern eine zentrale Planung und Disposition.

Hält der Engpasszustand länger an, ist keine Vorabfertigung möglich. Abgesehen von einer *Preiserhöhung* ist die Lösung eine *Investition* in zusätzliche Produktionsanlagen. Bis zu deren Inbetriebnahme können nicht alle eingehenden Lieferaufträge ausgeführt werden.

14 Vertrieb, Einkauf und Logistik

Einkauf und Verkauf vereinbaren die *Lieferbedingungen* und die *Preise*. Sie bahnen damit die Beschaffungs- und Versorgungsketten zwischen den Unternehmen, den Logistikdienstleistern und den Endverbrauchern an. Daher umfasst die *Logistik im weitesten Sinn* auch Einkauf und Vertrieb (s. *Kap. 1*).

Nach herkömmlicher Auffassung der Betriebswirtschaft gehört die physische *Distribution* der Produkte eines Unternehmens zu den Aufgaben des *Vertriebs* [14, 18]. Die *Beschaffung* von Rohstoffen, Material, Vorprodukten und Handelsware wird als zentrale Aufgabe des *Einkaufs* angesehen. Das *Supply Chain Management*, also die Organisation, Disposition und Steuerung durchgängiger Liefer- und Versorgungs-prozesse von den Lieferanten bis zu den Kunden aber eröffnet neue Potentiale zur Kostensenkung und zur Steigerung der Wettbewerbsfähigkeit [88, 89, 91, 153, 164, 218]. Das erfordert besondere Fachkompetenz und das Herauslösen der Logistik aus Einkauf und Vertrieb.

Befreit von der Verantwortung für die physische Distribution und von der Dispo-sition der Fertigwarenbestände kann sich der Vertrieb auf seine Kernkompetenzen *Marketing* und *Verkauf* konzentrieren (s. *Abschn. 7.7.7*). Ohne die Verantwortung für die physische Beschaffung und die aktuelle Disposition beschränkt sich der Einkauf auf das strategische *Beschaffungsmarketing* und die Erkundung konkreter Beschaf-fungsquellen, auf das Aushandeln der *Einkaufspreise* und *Lieferbedingungen* sowie auf den Abschluss von *Lieferverträgen* und *Rahmenvereinbarungen* (s. *Abschn. 7.7.6*).

Aus einer Trennung von Vertrieb, Einkauf und Logistik ohne klare Abgrenzung der Aufgaben und Regelung der Zusammenarbeit können jedoch Konflikte, Unver-ständnis und Widerstände resultieren, die den angestrebten Wettbewerbsvorteil ver-hindern. Voraussetzung für den gemeinsamen Erfolg ist daher, dass sich Vertrieb, Einkauf und Logistik an folgende *Grundsätze der Zusammenarbeit* halten:

- Kenntnis der gemeinsamen Ziele und Rahmenbedingungen
- Beachtung der spezifischen Handlungsmöglichkeiten
- Respekt vor den Aufgaben und Leistungsbeiträgen der anderen Bereiche
- ausreichende Freiheit und Entscheidungskompetenzen
- gleichberechtigte Partnerschaft ohne Über- oder Unterstellung
- kritische Offenheit im Innenverhältnis, Einvernehmen nach außen
- gegenseitige Unterstützung zum Nutzen von Kunden und Unternehmen.

Diese Grundsätze gelten über Einkauf, Vertrieb und Logistik hinaus auch für die Zusammenarbeit anderer Unternehmensbereiche.

Ausgehend von den Kernkompetenzen von Vertrieb und Einkauf wird in die-sem Kapitel dargestellt, welche Nahtstellen zwischen Vertrieb, Einkauf und Logistik bestehen, wie die Logistik den Einkauf und den Vertrieb wirkungsvoll unterstützen kann und wo Einkauf und Vertrieb die Anforderungen und Möglichkeiten der Logistik berücksichtigen und nutzen sollten.

14.1 Kernkompetenzen des Vertriebs

Kernkompetenzen und zentrale *Aufgaben des Vertriebs* sind [14]:

- Erkundung des Marktbedarfs
- Analyse der Wettbewerbssituation
- Planung des Liefer- und Leistungsprogramms
- Festlegung des Servicegrads
- Organisation der Vertriebswege
- Führung der Verkaufsorganisation
- Absatz- und Verkaufsplanung
- Werbung und Verkaufsförderung
- Preiskalkulation und Angebotskalkulation
- Gewinnung, Betreuung und Beratung von Kunden
- Anfragebearbeitung und Angebotsausarbeitung
- Auftragsverhandlung und Vertragsabschluss.

Um diese Aufgaben, deren Ziel das *Schaffen von Nachfrage* und das *Verkaufen des Liefer- und Leistungsprogramms* ist, zu erfüllen, verfügt der Vertrieb über *Außendienstmitarbeiter*, eine *Verkaufsorganisation*, einen *Vertriebsinnendienst* und einen *Marketingbereich*.

Das *Marketing* umfasst die Planung, Auslösung und Überwachung aller Maßnahmen, die auf das Verkaufen der Güter und Leistungen eines Unternehmens gerichtet sind [157]. Wird auch das Erfüllen der Nachfrage, also die Ausführung der Aufträge, dem Marketing zugerechnet, umfasst das Marketing das gesamte Unternehmen. Das aber ist ein zu weit gehender Anspruch.[1] Auch eine Einbeziehung der Distribution als *Marketing-Logistik* in das Marketing ist unzweckmäßig, denn damit wird am Ausgang der Produktion die Durchgängigkeit der *Logistikketten* von den Lieferanten und der *Auftragsketten* von den Kunden durch das Unternehmen bis zu den Kunden unterbrochen [18].

Die *Verkaufsorganisation* ist abhängig von der Art des Geschäfts und besteht in der Regel aus einem Netz von *Filialen, Verkaufsstellen, Niederlassungen, Geschäftsstellen, Vertretungen, Händlern* oder *Franchisepartnern*.

Zu den Aufgaben des *Vertriebsinnendienstes* gehören die kommerzielle *Anfragebearbeitung* und die *Auftragsannahme* mit Auftragsprüfung, Auftragserfassung und Eingabe der Auftragsdaten in das DV-System. Nach Abstimmung und Bestätigung

---

[1] Nach einer ausklingenden Zeit, in der Marketingfachleute alle Unternehmensaktivitäten dem Marketing unterordnen wollten, versuchen heute manche Logistiker, die Logistik über alles zu stellen [218]. Beides ist ein Zeichen von mangelndem Verständnis und fehlender Kenntnis der Leistungsbeiträge anderer Unternehmensbereiche.

von Leistungsumfang, Preis und Lieferbedingungen wird ein Kundenauftrag zu einem verbindlichen externen Auftrag, der an die *Auftragsdisposition* weitergeleitet wird.

14.2 Kernkompetenzen des Einkaufs

Die Kernkompetenzen und zentralen *Aufgaben des Einkaufs* sind:

- Erkundung der Beschaffungsmärkte (Mengenverfügbarkeit und Marktpreise)
- Ermittlung der Lieferanten für die benötigten Güter und Leistungen
- Festlegung allgemeiner Einkaufsbedingungen
- Prüfung der Referenzen, Bonität und Liefer- und Leistungsqualität der Lieferanten
- Anfrage der geplanten Bedarfsmengen für einen bestimmten Zeitraum
- Anfrage des Bedarfs für einzelne Projekte
- Verhandlung von Einkaufspreisen und speziellen Lieferbedingungen
- Abschluss von Lieferverträgen und Rahmenvereinbarungen
- Kontrolle der Leistungserfüllung durch die beauftragten Lieferanten
- Verfolgung der allgemeinen Preisentwicklung.

Das Ziel dieser strategischen und operativen Aufgaben des Einkaufs ist die kostenoptimale und anforderungsgerechte Erfüllung des Unternehmensbedarfs (s. *Abschn. 7.7*).

Nicht notwendig zu den Aufgaben des Einkaufs gehören die *Bestands- und Nachschubdisposition* der Lager und der Abruf des *Direktbedarfs* von Produktion oder Kunden bei den Lieferstellen. Diese Aufgaben der *Materialwirtschaft* werden kompetenter und rationeller von einer eigenständigen *Auftragsdisposition* ausgeführt.

14.3 Auftragsdisposition und Supply Chain Management

Die *Auftragsdisposition* zur Ausführung der Kundenaufträge und die Disposition der Beschaffung gehören nicht zu den Kernkompetenzen von Einkauf und Vertrieb. Die *Auftragsabwicklung* sollte daher auch nicht, wie in vielen Unternehmen üblich, zusammen mit dem Angebotswesen und der Auftragsannahme dem *Vertriebsinnendienst* oder dem Einkauf unterstellt sein.

Die *Auftragsdisposition*, deren Aufgaben in den *Kap.n 2, 8* und *10* beschrieben sind, ist der Dreh- und Angelpunkt zwischen Einkauf, Produktion und Vertrieb. Sie erzeugt aus den externen Aufträgen nach geeigneten Dispositionsstrategien interne Aufträge für alle Leistungsbereiche der Beschaffung, der Lieferanten, der Produktion, der Lager und des Versands, die am Auftragsprozess beteiligt sind.

Nach Regeln und Prioritäten, die von der Unternehmensleitung in Abstimmung mit Vertrieb, Einkauf und Fertigung vorgegeben werden, entscheidet die Auftragsdisposition über:

Eigenfertigung oder Fremdbeschaffung
Lagerfertigung oder Auftragsfertigung
Lagerbeschaffung oder Direktbeschaffung
Einsatz begrenzter Ressourcen
Nachschubmengen und Bestandshöhen
Beschaffungs- und Belieferungswege.

Diese Entscheidungen können zu Konflikten zwischen Vertrieb, Einkauf und Fertigung führen, die sich am besten lösen lassen, wenn die Auftragsdisposition der Unternehmenslogistik zugeordnet wird und keinem Bereich direkt unterstellt ist, der unmittelbar an der Auftragsdurchführung beteiligt ist (s. *Abschn. 2.8*).

Wie auch die anderen Unternehmensbereiche, die Lieferanten- oder Kundenkontakt haben, muss sich die Auftragsdisposition an folgende *Abstimmungsgrundsätze* halten:

▶ Der Einkauf ist umgehend über alle wichtigen Lieferantenkontakte zu informieren, die über die reine Disposition von Lagernachschub und Direktbeschaffungen hinausgehen, und vor einer Änderung der Liefervereinbarungen einzuschalten.

▶ Der Vertrieb ist umgehend über alle wichtigen Kundenkontakte zu informieren und vor einer Änderung der kommerziellen Verkaufsvereinbarungen einzuschalten.

Wird von dem letzten Grundsatz abgewichen, nimmt der Kunde den Repräsentanten des Vertriebs nicht mehr ernst. Dadurch verringern sich die Chancen für Anschlussaufträge, die der Vertrieb mit jedem Kundenkontakt verfolgt.

Wenn sich alle Akteure an diese Abstimmungsgrundsätze halten, können die *Auftragszentren* aller Unternehmen, die an einer bestimmten Lieferkette beteiligt sind, unmittelbar kooperieren, ohne für jeden einzelnen Auftrag oder Abruf den Einkauf und Vertrieb einzuschalten. Nach dem Aufbau einer direkten datentechnischen Verbindung über *EDI* oder *Internet* ist auf diese Weise ein *Supply Chain Management* (*SCM*) im weitesten Sinne möglich (s. *Abschn. 20.17* und *20.18*). Gegenstand eines umfassenden SCM sind außer der eigenen Unternehmenslogistik die *unternehmensübergreifenden Beschaffungs- und Versorgungsketten* [153, 190, 218]. Die durchgängigen Lieferketten werden einerseits bestimmt von den

• *Beschaffungsstrategien* (s. *Abschn. 7.7.7*) für Rohstoffe, Material, Vorprodukte und Handelsware sowie für Logistikleistungen (s. *Kap. 20*) und andere Dienstleistungen.

Sie hängen andererseits ab von den

• *Vermarktungsstrategien* (s. *Abschn. 7.7.6*) für das Liefer- und Leistungsprogramm der Produktions- oder Handelsunternehmen wie auch für die Leistungen der Logistikdienstleister.

Die Entwicklung von Vermarktungsstrategien für Logistikleistungen ist Aufgabe des *Logistikmarketing*.

14.4 Liefer- und Leistungsprogramm

Der Vertrieb hat in der Regel die *Sortimentsverantwortung*. Dazu gehören nicht nur der Sortimentsaufbau und die Aufnahme neuer Artikel, sondern auch die Prüfung, welche Artikel aus dem Sortiment genommen werden können und wo Sonderaktionen zum Abverkauf von Überbeständen notwendig sind. Ohne regelmäßige Bereinigung ufert das Sortiment aus. Der Anteil unverkäuflicher Ladenhüter und langsam drehender C-Artikel nimmt zu. Die Bestände wachsen an.

Dem Vertrieb fällt es schwer, von sich aus Artikel auslaufen zu lassen und Bestände von unverkäuflicher Ware abzuwerten. Daher muss die Unternehmenslogistik den Vertrieb bei der *Sortimentsanalyse* und *Sortimentsbereinigung* unterstützen. Hierfür muss sie dem Vertrieb *ABC-Analysen* von Aufträgen und Beständen liefern, die ausweisen, wo das Sortiment ausufert, mit welchen Artikeln die wesentlichen Umsätze erzielt werden, welche Bestände in Relation zum Absatz zu hoch sind und welche Artikel kaum noch verkauft werden (s. *Abschn. 5.7* und *5.8*).

Die ABC-Analyse der verkauften Varianten eines Produkts aus vielen Komponenten gibt Hinweise, ob die Produktvarianten vom Markt angenommen werden und welche Einschränkungen der *Variantenvielfalt* möglich sind. Das *Variantenmanagement*, das mit diesen Informationen arbeitet, kann erhebliche Kosteneinsparungen bewirken [153].

Die Logistik berät Vertrieb, Einkauf und Produktion bei der Entscheidung, welche Artikel günstiger auf Lager gefertigt und welche besser nach Kundenaufträgen ausgeführt werden. Auch zur Planung und Markteinführung neuer *Produkte* kann die Logistik wirkungsvoll beitragen.

14.4.1 Verpackungslogistik

Die *Verpackungslogistik* [101] hat dafür zu sorgen, dass:

- das *Material*, das für Produkte und Verpackungen eingesetzt wird, kostengünstig zu entsorgen, wiederverwendbar oder recycelbar ist [112],
- die *Form* des Produkts und die *Abmessungen* der Verpackung aufeinander und auf die eingesetzten Lade- und Transporthilfsmittel abgestimmt sind, so dass Volumenverluste minimiert werden, Lagerung und Transport gesichert sind und der Verpackungsrücklauf gering ist,
- die *Handlingkosten* beim Kommissionieren, beim Verladen und bei der Regalbefüllung in den Verkaufsstellen möglichst gering sind.

Durch die Vorgabe logistisch optimaler *Verkaufs-* und *Nachschubmengen*, die ein *ganzzahliges Vielfaches* des Inhalts einer Umverpackung, einer Ladeeinheit, einer Palette oder einer Transporteinheit sind, lassen sich Mischpaletten, Anbrucheinheiten und die Feinkommissionierung vermeiden und damit die Distributionskosten reduzieren (s. *Kap. 12*).

14.4.2 Trays und Displays

Trays und Displays sind spezielle Logistikeinheiten zur rationellen Verkaufsbereitstellung von abgepackter Ware in den Filialen, Märkten und Verkaufsgeschäften des Lebensmittel- und Konsumgütereinzelhandels [232]. Mit artikelreinen oder artikelgemischten Logistikeinheiten zur direkten Verkaufsbereitstellung entfällt das zeitraubende und aufwendige Handling einzelner Verkaufseinheiten. Warenvereinnahmung und Warenbereitstellung in den Verkaufsfilialen finden mit größeren Ladeeinheiten statt. Die Vereinzelung wird dem Kunden überlassen.

Ein *Tray* ist eine *artikelreine Umverpackung* mehrerer Verkaufseinheiten zur *Bereitstellung im Regal*. Es besteht aus einem flachen Untersatz, wie einem Kartonboden, auf dem die Pakete, Tüten oder Blisterpackungen nebeneinander stehen. Das Tray kann für den Transport mit einer Schutzhaube gesichert sein, die vor dem Einräumen in das Regal abgenommen wird. Die Grundmaße der Trays sind auf die Standardmaße der Fachböden in den Verkaufsregalen und auf die Maße der EURO-Palette abgestimmt. Länge mal Breite sind zum Beispiel 200×200, 200×400, 400×400 oder 400×600 mm.

Ein *Display* ist eine *Ladeeinheit*, in der Verkaufseinheiten unterschiedlicher Artikel auf einem Ladungsträger zur *Verkaufspräsentation* zusammengepackt sind. Als Ladungsträger werden meist halbe EURO-Paletten, sogenannte *Chep-* oder *Düsseldorfer-Paletten*, mit den Grundmaßen 600×800 mm eingesetzt. Der Aufbau besteht aus Kartonteilen, die die Artikeleinheiten zusammenhalten und werbewirksam bedruckt sind.

Ein Vorteil des Displays besteht darin, dass der Lieferant die werbewirksame Aufmachung seiner Waren für alle Verkaufsstellen einheitlich vorgeben kann. Ein Nachteil sind die Kosten, die mit der Disposition und Herstellung der Displays verbunden sind. Displays werden vorwiegend für *Aktionsware* eingesetzt.

14.4.3 Artikelreine Ganzpaletten

Die größten *Logistikeinheiten* zur Bereitstellung sind *artikelreine Ganzpaletten*, die im Verkaufsraum auf dem Boden stehen und von denen der Kunde die Verkaufsverpackungen direkt entnimmt. Artikelreine Ganzpaletten werden für schnelldrehende Artikel und für Aktionsware wie auch in der Produktionsversorgung eingesetzt (s. *Kap. 12*).

14.5 Lieferservice und Logistikqualität

Der Lieferservice ist ein wichtiger, auf manchen Märkten sogar der entscheidende Wettbewerbsfaktor [18]. Es gehört zu den größten Fehlern in einem Unternehmen, wenn eine Ware, für die aufwendig geworben wurde, nicht lieferbar ist. Der *Lieferservice* umfasst:

- angemessene *Lieferfähigkeit* lagerhaltiger Ware
- rechtzeitige *Verfügbarkeit* kundenspezifisch gefertigter Ware

- wettbewerbsfähige *Lieferzeiten*
- Erfüllung spezieller *Kundentermine*.

Der Vertrieb legt unter Berücksichtigung der Kundenwünsche, der Marktgegebenheiten und der Wettbewerbssituation *Standards* für *Lieferservice* und *Logistikqualität* fest. Maßstab für die Logistikqualität eines Unternehmens sind die zwischen Logistik, Einkauf und Vertrieb vereinbarten *Qualitätsstandards*. Abweichungen von den Standards sind *Qualitätsmängel*. Diese werden in *Mängelstatistiken* erfasst und vom Logistikcontrolling dem Einkauf bzw. dem Vertrieb gemeldet (s. *Abschn. 5.2*).

Darüber hinaus kann die Logistik dem Vertrieb kostenneutrale Serviceverbesserungen vorschlagen und die Mehrkosten für zusätzlich geforderte Serviceleistungen angeben. Die Logistik muss jedoch darauf achten, dass vom Vertrieb kein *logistischer Overkill* betrieben wird, wie die flächendeckende oder pauschale Zusage eines 24-Stunden-Auslieferservice, der nur von wenigen Kunden benötigt und auch honoriert wird.

14.6 Vertriebswege und Distributionsstruktur

Der *Vertriebsweg* bestimmt, über welche *Verkaufsmittler* das Liefer- und Leistungsprogramm des Unternehmens an welche *Kundengruppen* verkauft wird. Mögliche Vertriebswege sind der Verkauf über:

- eigene Filialen und Verkaufsstellen an den Endverbraucher
- den Großhandel an den Einzelhandel
- Großkundenbetreuer an Handelsketten und Versandhandel
- Direktverkauf an Maschinenfabriken und Erstausstatter (OEM-Kunden)
- Regionalvertretungen an örtliche Wiederverkäufer und Verbraucher
- eine Organisation selbstständiger Händler oder Franchisepartner
- Katalogverkauf und Internethandel [218].

Die physische Distribution umfasst die *Lagerung*, die *Kommissionierung* und den *Transport* der *Fertigwaren* aus der Eigenproduktion und des fremdbeschafften *Handelssortiments* bis zum Ort der Übernahme durch den Kunden. Dafür gibt es unterschiedliche *Lieferketten*, deren Gestaltung in *Kap. 20* behandelt wird. Die *Distributionsstruktur* mit der *Gebietseinteilung* und den *Standorten* von *Fertigwarenlagern*, *Logistikzentren* und *Umschlagstationen* und die *Lieferketten* werden bestimmt von den *Lieferbedingungen*, wie *Frei Haus* oder *Ab Werk*, von der Beschaffenheit der Ware, den Liefermengen, den Entfernungen und von den Lieferzeiten. In vielen Unternehmen orientieren sich die Distributionsstruktur und die Belieferungswege traditionell an den Vertriebswegen. Die Distributionsgebiete und Zustellregionen sind deckungsgleich mit den historisch gewachsenen Vertretungsgebieten und Verkaufsregionen. Die Auslieferlager befinden sich häufig an den Standorten der Vertriebsniederlassungen.

Die Aufgaben und Ziele von Vertrieb und Logistik sind jedoch unterschiedlich. Hieraus folgt:

- Vertriebswege und Belieferungswege müssen nicht übereinstimmen oder parallel verlaufen.
- Optimale Distributionsgebiete sind nicht deckungsgleich mit optimalen Vertriebsregionen.
- Die optimalen Standorte von Fertigwarenlagern, Logistikzentren und regionalen Auslieferlagern sind nicht gleich den optimalen Standorten der Vertriebsstützpunkte.

Ebenso wenig, wie sich der Einkauf oder die Dispositionsstelle des Kunden am Bedarfsort der Ware befinden müssen, ist es erforderlich, dass sich Vertriebsniederlassungen, Vertreterstandorte und Verkaufsstellen am gleichen Ort befinden wie die Lager- und Versandstellen. So ist eine optimale europaweite Vertriebsorganisation nach Ländern und Sprachregionen organisiert, während ein optimiertes europaweites Distributionssystem aus grenzüberschreitenden *EURO-Regionen* besteht, die an den *Ballungsgebieten* von Bevölkerung und Industrie sowie an den *Hauptverkehrswegen* ausgerichtet sind (s. *Abb. 20.20*).

14.7 Preiskalkulation und Logistikkosten

Zur Kalkulation der Listenpreise von Standardartikeln und der Verkaufspreise für Einzelangebote müssen neben den Herstell- und Beschaffungskosten die Auftrags- und Artikellogistikkosten bekannt sein. Außerdem sollten Einkauf und Vertrieb für Verhandlungen mit Lieferanten und Kunden über die *Lieferbedingungen* die Kostendifferenz zwischen Lieferung *Frei Haus* und Lieferung *ab Werk* kennen.

Hierfür wird eine *Logistikkostenrechnung* benötigt, die die *Leistungskosten* für selbst erbrachte Logistikleistungen kalkuliert und die *Leistungspreise* für fremdbeschaffte Logistikleistungen kennt. Für eine nutzungsgemäße Verteilung angefallener oder geplanter Logistikkosten auf die einzelnen Artikel oder Aufträge werden die *Logistikstammdaten* der Artikel und der Aufträge benötigt. Nur wenn die Logistikstammdaten vollständig verfügbar sind, ist eine Kalkulation korrekter *Logistikstückkosten* und *Auftragslogistikkosten* möglich (s. *Kap. 7*).

Logistikstammdaten und korrekte Logistikkosten sind heute erst in wenigen Unternehmen vollständig verfügbar. Vielfach wird für Kommissionierung, Lagerung und Transport noch mit pauschalen Zuschlagsätzen in Prozent vom Warenwert kalkuliert. Das kann zu Auftragsverlusten infolge überhöhter Logistikkosten, verlustbringenden Preisen und falschen Vertriebsentscheidungen führen. Korrekte Logistikkosten tragen dazu bei, eine Fehlleitung von Ressourcen zu verhindern.

Weitere Beiträge kann die Unternehmenslogistik zur Preiskalkulation leisten, wenn sie über eine *Leistungskostenrechnung* verfügt, die die Material-, Produktions- und Leistungskosten der gesamten Leistungskette von der Beschaffung bis zur Auslieferung erfasst und den Produkten oder verkauften Leistungen nutzungsgemäß zuordnet (s. *Kap. 6* und *7*).

14.8 Servicebereiche der Logistik

Zur Unterstützung von Einkauf und Vertrieb sowie zur Förderung des Geschäfts ist die Logistik verantwortlich für alle Servicebereiche, die logistische Dienstleistungen erbringen oder die mit der Warendistribution verbunden sind. Hierzu gehören die Werbemittel- und Druckschriftenlogistik, die Service- und Ersatzteillogistik, die Logistik in den Verkaufsstellen und die logistische Beratung des Verkaufs, des Einkaufs und der Kunden.

14.8.1 Werbemittel- und Druckschriftenlogistik

Um Waren kaufen und verkaufen zu können, müssen Kunden und Verkaufsvermittler durch Muster und Werbemittel gewonnen sowie durch Druckschriften, Kataloge und Preislisten über das Liefer- und Leistungsprogramm des Unternehmens informiert werden. Nach dem Verkauf sind Kunden, Aktionäre und Geschäftspartner mit Geschäftsberichten, Unternehmensmitteilungen und Dokumentationen über Anlagen, Produkte und Ersatzteile zu versorgen.

Die Distribution der Werbemittel und Druckschriften ist keine Kernkompetenz des Vertriebs und in der Regel auch nicht der Unternehmenslogistik. Sie kann daher von der Logistik zusammen mit der Fertigwarendistribution organisiert oder unabhängig davon an einen hierauf spezialisierten Logistikdienstleister vergeben werden.

Die optimale unternehmensspezifische Lösung der Werbemittel- und Druckschriftenlogistik wird vom Umfang, vom zeitlichen Anfall und von der Art der Werbemittel und Druckschriften bestimmt.

14.8.2 Ersatzteil- und Servicelogistik

Ein Industrieunternehmen, das anspruchsvolle technische Produkte, wie Fahrzeuge, elektronische Geräte oder hochwertige Maschinen herstellt, muss eine leistungsfähige *Serviceorganisation* haben. Bei der Kaufentscheidung für die Primärprodukte wird die *Ersatzteilversorgung* immer wichtiger. In einigen Branchen, wie der Aufzugindustrie, werden gewinnbringende Deckungsbeiträge nur noch im Service- und Ersatzteilgeschäft erwirtschaftet.

Wenn der *After-Sales-Service* eng mit der Verkaufstätigkeit verbunden ist und die Chancen für Anschlussaufträge fördert, sind Aufbau und Führung der *Serviceorganisation* Aufgaben des Vertriebs. Die *Ersatzteildistribution* und die *Werkstattlogistik* haben jedoch meist besondere logistische Anforderungen zu erfüllen, wie hohe *Teileverfügbarkeit* und extrem kurze *Wiederbeschaffungszeiten*. Sie gehören daher zum Aufgabenbereich der Logistik [151, 168].

14.8.3 Verkaufsstellenlogistik

Die werbliche Gestaltung, das Angebot, die Warenpräsentation und die eigentliche Verkaufstätigkeit in den Verkaufsstellen und Filialen liegen in der Verantwortung des Vertriebs. Aber auch die Logistik fängt beim Kunden an. Voraussetzung für den erfolgreichen Verkauf ist daher eine leistungsfähige Logistik in den Verkaufsstellen. *Aufgaben der Verkaufsstellenlogistik* sind:

- Disposition von Reservebeständen und Nachschub für die Verkaufsbestände
- Organisation und Technik der Warenanlieferung
- Warenannahme und Eingangskontrolle
- wegoptimale und griffgünstige Aufstellung der Verkaufsregale
- platzsparende Unterbringung der Zugriffsreserven
- Nachfüllen der Verkaufsregale durch eigene Mitarbeiter oder externe Regalpfleger (*Rack Jobber*)
- Organisation von Waren- und Datenfluss im Kassenbereich
- Erfassung der Verkäufe und Aufträge am *Point of Sales* (POS)
- Entsorgung von Leergut, Ladungsträgern, Verpackungsmaterial und zurückgegebenen Waren
- Organisation eines Zustelldienstes für die Kunden.

Zeitaufnahmen und Analysen des Mitarbeitereinsatzes in Kaufhäusern und Handelsmärkten zeigen, dass hier oft 30 bis 40 % der Zeit auf logistische Tätigkeiten entfällt. Zusätzliche Zeit wird für administrative Tätigkeiten und das Kassieren benötigt. Der eigentliche Verkauf und die Kundenberatung erscheinen dagegen mit einem Zeitanteil von weniger als 35 % nachrangig. Diese typischen Kennzahlen zeigen die Potentiale, die in der Logistik der Verkaufsstellen bestehen. Darüber hinaus steht die Verkaufsstellenlogistik in enger Wechselwirkung mit der gesamten Unternehmenslogistik (s. *Abschn. 20.12*).

14.8.4 Logistikberatung

Als typische Querschnittsfunktion muss die Unternehmenslogistik die Durchgängigkeit der Logistikprozesse von den Vorlieferanten bis zu den Endkunden organisieren, kontrollieren und sichern. Sie kann und soll jedoch nicht in allen Abschnitten der Liefer- und Produktionsketten operativ tätig und auch nicht in allen Bereichen, in denen logistische Aufgaben anfallen und Fragen zu lösen sind, verantwortlich sein (s. *Abschn. 2.9*).

In den Bereichen, die außerhalb der Verantwortung der Unternehmenslogistik liegen, muss die Unternehmenslogistik jedoch *logistische Fachberatung* und Unterstützung anbieten. Diese umfassen:

- Beratung des Verkaufs und der Kunden in allen Fragen der Belieferung, wie Lieferzeiten, Lieferfrequenzen, Anliefertermine und Disposition von Nachschub und Beständen (ECR und CRP)
- Unterstützung des Vertriebs bei Verhandlungen mit Kunden über *Logistikkonditionen* und *Logistikrabatte*
- Logistische Beratung des Vertriebs bei der Festlegung von *Verkaufsstandorten* und *Vertretungsgebieten* und bei der Organisation der *Vertretertouren*
- Beratung des Einkaufs bei Verhandlung und Festlegung der Beschaffungsketten

- Beratung der Lieferanten bei Aufbau und Optimierung der Belieferungsketten, insbesondere bei Aufbau einer neuen Lieferbeziehung und bei Einführung neuer Produkte
- Entwicklung von logistischen Standardbedingungen für Einkauf und Verkauf
- Kalkulation von Logistikkosten und Unterstützung der Preiskalkulation
- Logistische Beratung der Unternehmensleitung bei der Vorbereitung und Durchführung von Kooperationen und Akquisitionen.

Der eigene Logistikbereich eines Unternehmens kann nicht für alle diese Aufgaben und Fragen permanent besetzt sein und muss daher bei Bedarf logistisch kompetente Unternehmensberatungen hinzuziehen.

Abbildungsverzeichnis

Tabellenverzeichnis

Literatur

Wegen der rasch wachsenden Anzahl Bücher, Fachzeitschriften, Berichte, Veröffentlichungen und wissenschaftlichen Arbeiten über Logistik ist eine vollständige Angabe der Literatur zu den in diesem Buch behandelten Themen nicht möglich. In den einzelnen Kapiteln werden alle Publikationen und Werke zitiert, aus denen Anregungen, Strategien, Methoden, Verfahren, Algorithmen, Daten, Darstellungen oder Beispiele in den Text eingeflossen sind. Zusätzlich ist eine Auswahl einschlägiger Fachbücher und weiterführender Arbeiten zum jeweiligen Thema angegeben.

Hinzugekommen sind in den Neuauflagen ausgewählte Artikel, Fachbücher und Lexika der Logistik, die inzwischen erschienen sind, ergänzende Veröffentlichungen zu aktuellen Fragen sowie weitere Literatur zur *Disposition, Betriebswirtschaft, Preisbildung* und *rechtlichen Aspekten* der Logistik.

[1] von Kleist H., (1810); Über die allmähliche Verfertigung der Gedanken beim Reden, in Heinrich von Kleist Sämtliche Werke, Knauer Klassiker, München/Zürich

[2] Feldmann G. D., (1998); Hugo Stinnes, Biographie eines Industriellen, 1870–1924, C. H. Beck, München

[3] Hoffmann G., (1998); Das Haus an der Elbchaussee, Die Godeffroys – Aufstieg und Niedergang einer Dynastie, Kabel-Verlag, Deutsches Schiffahrtsmuseum, Hamburg

[4] Leithäuser G. L., (1975); Weltweite Seefahrt, Safari-Verlag, Berlin

[5] Jomini A. H., (1881); Abriß der Kriegskunst (Originaltitel: Précis d' art de la guerre), Berlin

[6] Kant E., (1793); Über den Gemeinspruch: Das mag in der Theorie richtig sein, taugt aber nicht für die Praxis. Berl. Monatschrift, Neu: J. Ebbinghaus, Vittorio Klostermann, Frankfurt a. M. (1968)

[7] Gudehus T., (1975); Transporttheorie, Programm einer neuen Forschungsrichtung, Industrie-Anzeiger Nr. 64, S. 1379 ff.

[8] Weise H., (1998); Logistik – ein neuer interdisziplinärer Forschungszweig entsteht, Internationales Verkehrswesen (48) 6/98, S. 49 ff.

[9] Hubka V., (1973); Theorie der Maschinensysteme, Grundlagen einer wissenschaftlichen Konstruktionslehre, Springer, Berlin-Heidelberg-New York

[10] Popper K., (1973); Logik der Forschung, J. C. B. Mohr (Paul Siebeck), Tübingen, 5. Aufl.

[11] Churchman C. W., Ackhoff L. A., Arnoff E. L., (1961); Operations Research, R. Oldenbourg, Wien-München

[12] Domschke W., Drexl A., (1990); Logistik: Standorte, Oldenbourg, München-Wien

[13] Müller-Merbach H., (1970); Optimale Reihenfolgen, Springer, Berlin-Heidelberg-New York

[14] Wöhe G., (2000); Allgemeine Betriebswirtschaftslehre, Franz Vahlen, München, 20. Aufl.

[15] Baumgarten H. u. a., (1981–1999); RKW-Handbuch Logistik, Erich Schmidt Verlag, Berlin

[16] Toporowski W., (1996); Logistik im Handel, Optimale Lagerstruktur und Bestellpolitik einer Filialhandelsunternehmung, Physica-Verlag, Heidelberg

[17] Kapoun J., (1981); Logistik, ein moderner Begriff mit langer Geschichte, Zeitschrift für Logistik, Jg. 2,, Heft 3, S. 124 ff.

[18] Pfohl H.-Chr., (1990); Logistiksysteme, Betriebswirtschaftliche Grundlagen, 4. Aufl., Springer, Berlin-Heidelberg-New York

[19] Krampe H., (1998); Territoriale Logistik, in Grundlagen der Logistik, hussverlag, München, 2. Aufl., S. 277 ff.

[20] Gudehus T., (1973); Grundlagen der Kommissioniertechnik, Dynamik der Warenverteil- und Lagersysteme, Girardet, Essen

[21] Straube F., Gudehus T., (1994); Auch die Logistik gehört auf den Prüfstand, HARVARD BUSINESS manager, 4/1994, S. 42 ff.

[22] Laurent M., (1996); Vertikale Kooperation zwischen Industrie und Handel: neue Typen und Strategien zur Effizienzsteigerung im Absatzkanal, Dt. Fachverlag, Frankfurt a. M.

[23] Baumgarten H. u. a., (1998); Zukunftspotentiale in der euoropäischen Logistikforschung, 15. Internationaler Logistikkongress, Europa vernetzen, Berichtsband 2, S. 839 ff.

[24] Heymann K., (1997); Vernetzte Systeme beherrschen, Jahrbuch der Logistik 98, Verlagsgruppe Handelsblatt, S. 35 ff.

[25] Darr W., (1992); Integrierte Marketing Logistik, Auftragsabwicklung als Element der marketinglogistischen Strukturplanung

[26] Baumgarten H., (1992); Make-or-Buy entscheidet der Manager; Jahrbuch der Logistik '92, Verlagsgruppe Handelsblatt, Düsseldorf

[27] Arnold D., (1995); Materialflußlehre, Viehweg, Braunschweig-Wiesbaden

[28] SAP, (1994); R/3-System MM, Verbrauchsgesteuerte Disposition, Software Handbuch, SAP AG, Walldorf

[29] Centrale für Coorganisation GmbH (CCG), (1994); EAN 128-Standard, Internationale Codierung zur Übermittlung logistischer Dateninhalte, Coorganisation 1/94

[30] Centrale für Coorganisation GmbH (CCG), (1995); Das EAN-Nummernsystem: Grundlage aller Coorganisation

[31] Centrale für Coorganisation GmbH (CCG), (1993); Der SINFOS-Datenpool

[32] Förster H., (1995); EDI in Europa, Rollt der EDI-Zug?, Coorganisation 2/95, S. 14 ff.

[33] Schmidt H., (1998); Das Diktat der Netzwerke, Frankfurter Allgemeine Zeitung, 7.6.1998, N. 46, S. 13

[34] Baumgarten H., Wolff S., (1993); Perspektiven der Logistik, Trend-Analysen und Unternehmensstrategien, hussverlag, München

[35] Baumgarten H., (1996); Trends und Strategien der Logistik 2000, Analysen-PotentialePerspektiven, Technische Universität Berlin, Bereich Logistik

[36] Gudehus T., (1972); Ermittlung der Planungsgrundlagen für Warenverteil- und Lagersysteme, dhf deutsche hebe und fördertechnik, Nr. 3/72

[37] Kleiber W., (1992); HOAI Honorarordnung für Architekten und Ingenieure, Rehm, München

[38] Gudehus T., (1973); Planung von Warenverteil- und Lagersystemen, Betriebs-Management Service

[39] DIN 66001, (1993); Sinnbilder und ihre Anwendung, Standardsymbole zur Darstellung von Programm-, Prozeß- und Funktionsabläufen, Beuth, Berlin-Wien-Zürich, 12/93

[40] Gudehus T., (1979); Mechanisierung und Automatisierung in Transportsystemen, in Lagerlogistik, Verlag Industrielle Organisation, Zürich, S. 104 ff.

[41] Mehldau M., (1991); Beitrag zur Teilautomatisierung des Materialfluß als Instrument logistischer Systemgestaltung, in Schriftenreihe BVL, Hrsg. Baumgarten H. und Ihde G. B., Band 25, hussverlag, München, Dissertation TU Berlin, Bereich Logistik

[42] Ritter S., (1997); Warenwirtschaft, ECR und CCG, Dynamik im Handel 7-97, S. 18 ff.

[43] Breiter P. M., (1996); ECR – Efficient Consumer Response, Wer hat was davon?, Distribution 7-98, S. 12 ff.

[44] Zangemeister C., (1972); Nutzwertanalyse in der Systemtechnik, Wittemannsche Buchhandlung, München

[45] Borries R., Fürwentsches W., (1975); Kommissioniersysteme im Leistungsvergleich, moderne industrie, München

[46] Schuh G., (1996); Logistik in der virtuellen Fabrik, in Logistik Management, Springer, Berlin-Heidelberg-New York

[47] Warnecke H. J., (1993); Revolution der Unternehmenskultur – Fraktale Unternehmen, Springer, Berlin-Heidelberg-New York

[48] DIN EN ISO 9000 ff., (1994); Qualitätsmanagement und Qualitätssicherung, Beuth, Berlin-Wien-Zürich

[49] Baumgarten H., (1993); Prozeßanalyse logistischer Abläufe, Fabrik 43. Jg. 6, S. 14–17

[50] Leibfried K. H. J., McNair C. J., (1992); Benchmarking, Von der Konkurrenz lernen, die Konkurrenz überholen, Haufe, Freiburg i. Br.

[51] Röder A., Friehmuth U., (1998); Standards für den Logistikvergleich, Logistik Heute, 10-98, S. 48 ff.

[52] Gudehus T., (1992); Strategien in der Logistik, Fördertechnik 9/92, S. 5 ff.

[53] Horváth, P., (1992); Controlling, Verlag Franz Vahlen, München, 4. Aufl., S. 500 ff.

[54] Kuhn A., Reinhardt A., Wiendahl H.-P., (1993); Handbuch der Simulationsanwendungen in Produktion und Logistik, Vieweg, Braunschweig Wiesbaden

[55] Lanzendörfer R., (1975); Simulationsmodelle von Transport-, Lager- und Verteilsystemen, Materialflußsysteme II, S. 135 ff., Krausskopf, Mainz

[56] Volling K., Utter H., (1972); Digitale Simulation diskreter Zufallsprozesse, fördern und heben 4 (Herr H. Utter hat auf dem Rechner der Demag-Fördertechnik AG die Simulationsrechnungen zum Test der analytischen Näherungsformeln durchgeführt)

[57] Gudehus T., (1992); Analytische Verfahren zur Dimensionierung und Optimierung von Kommissioniersystemen, dhf 7/8-92

[58] Gabler-Wirtschafts-Lexikon, (1992); Bd. 5, Th. Gabler, Wiesbaden

[59] Berry L. L., Yadav M. S., (1997); Oft falsch berechnet und verwirrend – die Preise für Dienstleistungen, HARVARD BUSINESS manager 1/1997, S. 57 ff.

[60] Simon H., (1996); Können wir uns Dienstleistungen noch leisten?, Frankfurter Allgemeine Zeitung, 1.4.1996

[61] Mayer R., (1991); Prozeßkostenrechnung und Prozeßkostenmanagement, Verlag Franz Vahlen, München, S. 74 ff.

[62] Weber J., (Hrsg.), (1993); Praxis des Logistik-Controlling, Schäffer-Poeschel Verlag, Stuttgart

[63] Gudehus T., (1996); Systemdienstleister in der Logistik, Chancen, Risiken, Auswahlkriterien, TECHNICA 4/96, S.14–19

[64] Gudehus T., (1995); Beschaffungsstrategien, Wettstreit der Konditionen, LOGISTIK HEUTE, 11/95, S.36–95

[65] Gudehus H., (1959); Bewertung und Abschreibung von Anlagen, Th. Gabler, Wiebaden

[66] Landes D. S., (1983); Revolution in Time, Harvard University Press, Cambridge, Massachusetts, and London, England

[67] Zibell R. M., (1990); Just-in-Time-Philosophie, Grundlagen, Wirtschaftlichkeit, in Schriftenreihe BVL, Hrsg. Baumgarten H. und Ihde G. B., Band 22, hussverlag, München, Dissertation TU Berlin, Bereich Logistik

[68] Wolff S., (1994); Zeitoptimierung der logistischen Ketten, in Schriftenreihe BVL, Hrsg. Baumgarten H. und Ihde G. B., Band 35, hussverlag, München, Dissertation TU Berlin, Bereich Logistik

[69] Witt P., (1998); Netzplantechnik, Handbuch Logistik, Hrsg. Weber J. und Baumgarten H., Schäffer-Poeschel, Stuttgart, S.412 ff.

[70] Ferschl F., (1964); Zufallsabhängige Wirtschaftsprozesse, Physica-Verlag, Wien-Würzburg

[71] Lewandowski R., (1974); Prognose- und Informationssysteme und ihre Anwendungen, de Gruyter, Berlin-New York

[72] Nullau B. u. a., (1969); Das Berliner Verfahren, Ein Beitrag zur Zeitreihenanalyse, DIW-Beiträge zur Strukturforschung, Heft 7, Duncker&Humblot, Berlin

[73] Gudehus T., (1975); Grenzleistungsgesetze für Verzweigungs- und Zusammenführungselemente, Zeitschrift für Operations Research, Physica Verlag Würzburg, Band 20, 1976 B37-B61
      Gudehus T., (1975); Grenzleistungsgesetze für Verzweigungs- und Sammelemente, fördern und heben, Krausskopf-Verlag, Mainz, Nr. 16
      Gudehus T., (1976); Grenzleistungen bei absoluter Vorfahrt, Zeitschrift für Operations Research, Physica Verlag Würzburg, Band 20, 1976 B127–B160

[74] Gudehus T., (1976); Staueffekte vor Transportknoten, Zeitschrift für Operations Research, Würzburg, B207–B252

[75] Soom E., (1979); So senken Sie die Lagerkosten, in Lagerlogistik, Hrsg. Rupper P. und Scheuchzer R. H., Verlag Industrielle Organisation, Zürich, S. 17 ff.

[76] Krampe H., Lucke H.-J. (Hrsg.), (1993); Grundlagen der Logistik, Einführung in Theorie und Praxis logistischer Systeme, hussverlag, München

[77] Kreyszig E., (1975); Statische Methoden und ihre Anwendungen, Vandenhoek & Ruprecht, Göttingen

[78] Glaser H., Petersen L., (1998); Verfahren der Produktionsplanung und -kontrolle, Handbuch Logistik, Hrsg. Weber J. und Baumgarten H., Schäffer-Poeschel, Stuttgart, S. 425 ff.

[79] Wiendahl H. P., (1998); Belastungsorientierte Auftragsfreigabe (BOA), Handbuch Logistik, Hrsg. Weber J. und Baumgarten H., Schäffer-Poeschel, Stuttgart, S. 436 ff.

[80] Scheer A.-W., (1998); Informations- und Kommunikationssysteme in der Logistik, Handbuch Logistik, Hrsg. Weber J. und Baumgarten H., Schäffer-Poeschel, Stuttgart, S. 495 ff.

[81] Schneeweiß Chr., (1981); Modellierung industrieller Lagerhaltungssysteme; Springer, Berlin-Heidelberg-New York

[82] Popp W., (1979); Lagerhaltungsplanung, in Handwörterbuch der Produktionswirtschaft, Band VII, S. 1046 ff., C. E. Poeschel, Stuttgart

[83] von Zwehl W., (1979); Wirtschaftliche Losgrößen, in Handwörterbuch der Produktionswirtschaft 1. Aufl., Band VII, S. 1166 ff., C. E. Poeschel, Stuttgart

[84] Jünemann R., (1989); Materialfluß und Logistik, Springer, Berlin-Heidelberg-New York

[85] Bogaschewski, R., (1996); Losgröße, Handwörterbuch der Produktionswirtschaft, 2. Aufl., Band 7, S. 1163 ff. C.E. Poeschel, Stuttgart

[86] Harris F., (1913); How Many Parts to Make at Once, Factory – The Magazine of Management, S. 135–136 und S.152

[87] Bellmann R., Glücksberg I., Gross O., (1995); On the Optimal Inventory Equation, Management Science 2, S. 83 ff.

[88] Bucklin L. P., (1966); A Theory of Distribution Channel Structure; CA:IBER Special Publications

[89] Cooper M. C., Lambert M. L., Pagh J. D., (1997); Supply Chain Management: More Than a New Name for Logistics, The International Logistics Management, Vol. 8, No. 1

[90] Cavonato J. I., (1992); A Total Cost/Value Model for Supply Chain Competitiveness, Journal of Buisiness Logistics, Vol. 13, No. 2

[91] Christofer M., (1992); Logistics and Supply Chain Management; Pitman Publishing, London

[92] Scott Ch., Westbrook R., (1991); New Strategic Tools for Supply Chain Management, Internat. Journal of Physical Distribution and Logistics Management, Vol. 21, No. 1

[93] Singer P., (1995); Losgrößenverfahren, Neues Verfahren versus Andler, LOGISTIK HEUTE 10–95

[94] Andler K., (1929); Rationalisierung der Fabrikation und optimale Losgröße, R. Oldenbourg, München

[95] Taft E. W., (1918); Beitrag in „The Iron Age", Band 101, S. 1410, USA

[96] Maister D. H., (1976); Centralisation of Inventories and the „Square Root Law", International Journal of Physical Distribution, Vol. 6, No. 3, S. 126 ff.

[97] Schulte C., (1995); Logistik, Wege zur Optimierung des Material- und Informationsflusses, Franz Vahlen, München

[98] Gudehus T., Kunder R., (1977); Optimierung von Ladeeinheiten, Betriebswirtschaftliche Forschung und Praxis, Heft 1/1977

[99] Grundke G., (1995); Fortschritte bei Verpackungen, Jahrbuch der Logistik 1995, Verlagsgruppe Handelsblatt, S. 118 ff.

[100] Baumgarten H., (1972); Über technische und organisatorische Möglichkeiten zur Anpassung der Industriebetriebe an das Containersystem, Dissertation, TU Berlin

[101] DIN 55510, (1982); Verpackung, Modulare Koordination im Verpackungswesen, Modulare Teilflächen des Flächenmoduls 600 mm × 400 mm, Beuth, Berlin-Wien-Zürich

[102] Michaletz T., (1994); Wirtschaftliche Transportketten mit modularen Containern; in Schriftenreihe BVL, Baumgarten H. und Ihde G. B., hussverlag, München

[103] Centrale für Coorganisation GmbH (CCG), (1985); CCG1 und CCG2, Einheitliche Ladehöhen für EURO-Paletten

[104] Richtlinien zur Standardisierung von Ladeeinheiten:
DIN 55405, Packstücke
DIN 30820, Kleinladungsträger
DIN 15146, Paletten
DIN 15155, Gitterbox
DIN 70013 und DIN/EN 284, Wechselbehälter
ISO R 668 und 830, Überseecontainer

[105] Lange K., Reinhardt M., (1992); Ermittlung von Außenmaßen und Volumen der Warenstücke im Regionalverteilzentrum Norderstedt der HERTIE AG, Projektbericht ZLU, Zentrum für Logistik und Unternehmensplanung GmbH, Berlin

[106] Centrale für Coorganisation GmbH (CCG), (1995); Logistik-Verbund für Mehrwegtransportverpackungen

[107] Wollboldt F., Frerich-Sagurna R., (1990); Logistikgerechte Palette, Mit weniger mehr erreichen, Jahrbuch der Logistik 1990, Verlagsgruppe Handelsblatt, S. 241 ff.

[108] DIN 30 781, (1989); Transportkette, Teil 1: Grundbegriffe, Teil 2: Systematik der Transportmittel und Transportwege, Beuth, Berlin-Wien-Zürich

[109] Paulsmeyer J., (1997); Mehrwegtransportverpackung, Der Boom ist ausgeblieben, Logistik Heute, 9-97, S. 50 ff.

[110] Wehking K. H., (1994); Mehrwegtransportverpackung, Jahrbuch der Logistik 1994, Verlagsgruppe Handelsblatt, S. 115 ff.

[111] Stölzle W., Queisser J., (1994); Gestaltung von Mehrwegtransportsystemen, Jahrbuch der Logistik 1994, Verlagsgruppe Handelsblatt, S. 183 ff.

[112] Verpackungsverordnung, (1991); Bundesgesetzblatt Teil 1, Nr. 36, S. 1234 ff.

[113] Gilmore P., Gomory R. E., (1965); Multistage Cutting Stock Problems of Two and More Dimensions, Operations Research, Jg. 13, Heft 1

[114] MULTISCIENCE GmbH, (1995); MULTIPACK, Optimierungs-Software für Logistik und Verpackungs-Entwicklung, Heilbronn, Firmendruckschrift

[115] MULTISCIENCE GmbH, (1995); Randvolle Laster dank richtiger Software, EUROCAR-GO 6/95

[116] o. Verfasser, (1995); Gebindeabmessungen und optimale Packungsschemata, NORD-MILCH e. G., PHILIP MORRIS u. a. [ZLU]

[117] Gudehus T., (1977); Transportsysteme für leichtes Stückgut, VDI-Verlag, Düsseldorf

[118] VDI- und FEM-Richtlinien zu Zuverlässigkeit und Verfügbarkeit, Beuth, Berlin-Wien-Zürich
(1983) Zuverlässigkeit und Verfügbarkeit von Transport- und Lageranlagen, VDI 3581
(1980) Grundlagen zur Erfassung von Störungen an Hochregalanlagen, VDI 3580
(1992) Anwendung der Verfügbarkeitsrechnung für Förder- und Lagersysteme, VDI 3649
(1989) Regeln über die Abnahme und Verfügbarkeit von Regalbediengeräten und anderen Gewerken, FEM 9.222

[119] Gudehus T., (1993); Analytische Verfahren zur Dimensionierung von Fahrzeugsystemen, OR Spektrum 15, 147–166

[120] Martin H., (1995); Transport- und Lagerlogistik, Vieweg, Braunschweig-Wiesbaden

[121] Wehner B., (1970); Abwicklung und Sicherung des Verkehrsablaufs, Hütte, Band II, S. 364 ff., Wilhelm Ernst & Sohn, Berlin München Düsseldorf

[122] Leutzbach W., (1956); Ein Beitrag zur Zeitlückenverteilung gestörter Verkehrsströme, Dissertation, TH Aachen

[123] Harders J., (1968); Die Leistungsfähigkeit nicht signalgeregelter Verkehrsknoten. Forschungsbericht Heft 7, Forschungsgesellschaft e. V. des Bundesverkehrsministeriums, Bonn

[124] Dorfwirth R., (1961); Wartezeiten und Rückstau von Kraftfahrzeugen an nicht signalgesteuerten Verkehrsknoten. Forschungsarbeiten aus dem Straßenverkehrswesen, Neue Folge, Heft 43, Bad Godesberg

[125] Gnedenko B. W., (1984); Handbuch der Bedienungstheorie, Akademieverlag, Berlin

[126] Krampe H., Kubat J., Runge W., (1973); Bedienungsmodelle, München Wien

[127] Schaßberger R., (1973); Warteschlangen, New York Wien

[128] Schütze P., (1974); Überlastwahrscheinlichkeiten und Wartezeiten an Lichtsignalanlagen, Straßenbau und Verkehrstechnik, Heft 160

[129] Ren G., (1998); Verhalten der Zwischenzeit der Fördereinheiten bei Verteiler- und Sammelelementen, S. 65 ff., deutsche hebe- und fördertechnik, 3/98

[130] Gudehus T., Zuverlässigkeit und Verfügbarkeit von Transportsystemen, Teil I (1976); Kenngrößen der Systemelemente, fördern+heben 26, Nr. 10, S 1021 ff., Teil II (1976); Kenngröße von Systemen, fördern+heben 26, Nr. 13, S 1343 ff., Teil III (1979); Grundformeln für Systeme ohne Redundanz, fördern+heben 29, Nr. 1, S. 23 ff.

[131] Seifert W., Simon H.-J., (1975); Systemzuverlässigkeit der Gepäckförderanlage im Flughafen Frankfurt, Technische Mitteilung AEG-Telefunken, 65. Jg., Heft 8, S. 320 ff.

[132] VDI Handbuch, (1992); Technische Zuverlässigkeit, VDI Verlag Düsseldorf

[133] Schwanda V., (1974); Technische Zuverlässigkeit, in Materialflußsystem I, Krausskopf, Mainz, S. 235 ff.

[134] Kaufmann A., (1970); Zuverlässigkeit in der Technik, R. Oldenbourg, München

[135] Hummitz P., (1965); Zuverlässigkeit von Systemen, VEB-Verlag Technik, Berlin

[136] Gudehus T., (1975); Engpässe in Fördersystemen, fördern & heben 25, Nr. 3/4, S. 206 ff.

[137] Gudehus T., Kunder R., (1974); Kapazität und Füllungsgrad von Stückgutlagern, Industrie-Anzeiger, Nr. 93/74 und Nr. 104

[138] Domschke W., (1995); Logistik: Transport; Oldenbourg, München-Wien

[139] Kern A., (1994); Transportsteuerungssysteme – Konzeption, Realisierung und Systembeurteilung für den wirtschaftlichen logistischen Einsatz, in Schriftenreihe BVL, Baumgarten H. und Ihde G. B., hussverlag, München, Dissertation TU Berlin

[140] Ihde G. B., (1991); Transport, Verkehr, Logistik, Vahlen, München

[141] Domschke W., (1985); Logistik, Rundreisen und Touren, R. Oldenbourg, München-Wien

[142] Kuhn A. (Hrsg.), (1995); Prozeßketten in der Logistik: Entwicklungstrends und Umsetzungsstrategien, Dortmund

[143] Bock D., Hildebrand H., Krampe K., (1996); Handelslogistik, in Grundlagen der Logistik, hussverlag, München, 2. Aufl., S. 233 ff.

[144] Diruf G., (1998); Modelle und Methoden der Tourenplanung, Handbuch Logistik, Schäffer-Poeschel, Stuttgart, S. 376 ff.

[145] Gudehus H., (1955); Das optimale Seitenverhältnis von Stückguthallen, Interne Stellungnahme zu einer Untersuchung von G. Kienbaum für die Hamburger Hafen- und Lagerhaus AG über Probleme des Stückgutumschlags
Gudehus H., (1958/59); Stadtautobahnnetz Hamburg, Interne Studie, Behörde für Wirtschaft und Verkehr der Hansestadt Hamburg
Gudehus H., (1967); Wirtschaftlichkeit von Containerschiffen, Interne Studie, Behörde für Wirtschaft und Verkehr der Hansestadt Hamburg
Gudehus H., (1971); Optimierung von Handelsschiffen, Interne Studie, Behörde für Wirtschaft und Verkehr der Hansestadt Hamburg
Gudehus H., (1971); Zur Besteuerung des Straßenverkehrs, Interne Studie, Behörde für Wirtschaft und Verkehr der Hansestadt Hamburg

[146] Ewers H.-J., (1973); Systemorientierte Integration von Transportabläufen im Güterverkehr, Beiträge aus dem Institut für Verkehrswissenschaften an der Universität Münster, Heft 72, Göttingen

[147] Feuchtinger, (1954); Die Berechnung signalgesteuerter Knotenpunkte des Straßenverkehrs, Kirschbaum, Bielefeld

[148] Ford L. R., Fulkerson D. R., (1962); Flows in Networks, Princeton University Press, Princeton, New York

[149] Pawellek G., (1997); Verkehrssysteme und Logistik, Innovative Methoden und Konzepte der Transportsystemplanung, Zeitschrift Mensch und Technik, VDI/VDE S. 23 ff.

[150] Brockhaus Lexikon, (1984); Deutscher Taschenbuch Verlag, München, Band 17

[151] Ihde B., Lukas G., Merkel H., Neubauer H., (1988); Ersatzteillogistik, hussverlag, München

[152] Gudehus H., (1967); Über den Einfluß der Frachtraten auf die optimale Schiffsgeschwindigkeit, Schiff und Hafen, Heft 3/67, 19. Jg., S. 173 ff.

[153] Schönsleben P., (1998); Integrales Logistikmanagement, Planung und Steuerung von umfassenden Geschäftsprozessen, Springer, Berlin-Heidelberg-New York

[154] Boutellier R., Corsten D., (1997); Bessere Prognosen in der Logistik, Datenqualität und Modellgenauigkeit, Jahrbuch der Logistik 1997, Verlagsgruppe Handelsblatt, S. 115 ff.

[155] Andersen H. Chr., (1835 ff.); Des Kaisers neue Kleider, in Das große Märchenbuch, Diogenes, Zürich

[156] Churchman, C. W., (1970); Einführung in die Systemanalyse, München

[157] Hammel W., (1963); Das System des Marketing, Freiburg

[158] Rall B., (1998); Analyse und Dimensionierung von Materialflußsystemen mittels geschlossener Warteschlangengesetze, Dissertation, TH Karlsruhe

[159] Greiling M., (1997); Verbesserung der Produktionslogistik durch Losgrößenharmonisierung, Ein bedientheoretischer Ansatz, Dissertation, TH Karlsruhe

[160] Lenk, H., Ropohl G. (Hrsg.), (1978); Systemtheorie als Wissenschaftsprogramm, Athenäum, Königstein/Taunus

[161] Fritsche B., (1999); Advanced Planning and Scheduling (APS), Die Zukunft von PPS und Supply Chain, LOGISTIK HEUTE, Heft 5-99, S. 50 ff.

[162] LOGISTIK HEUTE, (1992); Umfrage, Was bieten PPS-Systeme, LOGISTIK HEUTE, Heft 9-92, S. 81 ff.

[163] Scheutwinkel W., (1999); SCM-Marktübersicht, Anspruch und Wirklichkeit, LOGISTIK HEUTE, Heft 5-99, S. 60 ff.

[164] Axmann, N., (1993); Handbuch für Materialflußtechnik, Stückgutförderer, expert-Verlag, Ehningen bei Böblingen

[165] Arnold D., Rall B., (1998); Analyse des Lkw-Ankunftsverhaltens in Terminals des Kombinierten Verkehrs, Internationales Verkehrswesen 6/98

[166] Wolff S., Buscher R., (1999); Prozeßbeschleunigung mit Logistik und IT, Branchenreport 1999 Automobilzulieferer, Verband der Automobilindustrie e. V. (VDA)

[167] Baumgarten H., (1999); Prozeßkettenmanagement, in Handbuch Logistik, Schäffer-Poeschel, Stuttgart, S. 226 ff.

[168] Straube F., (1988); Kriterien zur Planung und Realisierung von Instandhaltungskosten in logistikorientierten Unternehmen, in Schriftenreihe BVL, Hrsg. Baumgarten H. u. Ihde G. B., hussverlag, München, Dissertation, TU Berlin

[169] ZLU, Zentrum für Logistik und Unternehmensplanung GmbH, Berlin-Sao-Paulo-Boston

[170] Krause B., Metzler P. , (1988); Angewandte Statistik, VEB Deutscher Verlag der Wissenschaften, S. 343 ff.

[171] Gabler Lexikon Logistik, (1998); Management logistischer Netzwerke und Flüsse, Hrsg. Klaus P. und Krieger W., Gabler, Wiesbaden

[172] Schneider E., (1969); Einführung in die Wirtschaftstheorie I. und II. Teil, J. C. B. Mohr, Tübingen

[173] Ritzer S., (2000); Logistik für mehr Markterfolg, Forecasting- und Optimierungssoftware für den Handel, TECHNICA, 11/2000

[174] Kulick R., (1981); Logistische Aufgaben bei der Vorbereitung und Abwicklung von Auslandsbaustellen, Bauingenieur 56, S. 93 ff., Springer, Berlin-Heidelberg-New York

[175] Hill R., (1837); Post Office Reform, Its Importance and Practicability, s. Schwanitz D. (1999), Bildung, Alles, was man wissen muß, Eschborn, Frankfurt a. M., S. 505

[176] Daganzo C. F., (1991/96/99); Logistic Systems Analysis, Springer, Berlin-Heidelberg-New York

[177] Biggs N. L., (1999); Discrete Mathematics, Oxford Science Publications, Revised Edition

[178] Gudehus T., (2002); Dynamische Disposition, Strategien und Algorithmen zur optimalen Auftrags- und Bestandsdisposition, Springer, Berlin-Heidelberg-New York

[179] Arnold D., Isermann H., Kuhn A., Tempelmeier H., (2002); Handbuch Logistik, Springer, Berlin-Heidelberg-New York

[180] Bahke E., (1973); Materialflußsysteme, Krauskopf-Verlag, Mainz

[181] Jünemann R., (1963); Systemplanung für Stückgutläger, Krauskopf-Verlag, Mainz

[182] Weber J., Baumgarten H. (Hrsg.), (1998); Handbuch der Logistik, Management von Material- und Warenflußprozessen, Schäffer-Poeschel, Stuttgart

[183] Soom E., (1976); Optimale Lagerbewirtschaftung in Gewerbe, Industrie und Handel, Bern/Stuttgart

[184] Hartmann H., (1997); Materialwirtschaft, Organisation, Planung, Durchführung, Kontrolle, 7. Aufl., Deutscher Betriebswirte-Verlag, Gernsbach

[185] Gudehus T., (2001); Optimaler Nachschub in Versorgungsnetzen, Logistik Spektrum 13/01 Nr. 4, 5 ,6, sowie in Logistik Management 3. Jg. 2001, Ausgabe 2/3

[186] Behrentzen Chr., Reinhardt M., (2002); Kooperation in der Distributionslogistik von Strothmann Spirituosen und Melitta Haushaltswaren, in Integriertes Supply Chain Management, Hrsg. A. Busch/W.Dangelmaier, Gabler, Wiesbaden

[187] Göpfert I., (1999); Industrielle Entsorgungslogistik, in Handbuch Logistik, Management von Material- und Warenflußprozessen, Schäffer-Poeschel, Stuttgart, S. 202 ff.

[188] Fleischmann M., Bloemhof-Ruwaard J. M. et al., (1997); Quantitative models for reverse logistics: a review EJOR 103, S. 1–17

[189] Weber J., (2002); Logistikkostenrechnung, Kosten-, Leistungs- und Erlösinformationen zur erfolgsorientierten Steuerung der Logistik, Springer, Berlin-Heidelberg-New York

[190] Kuhn A., Hellinrath H., (2002); Supply Chain Management, Optimierte Zusammenarbeit in der Wertschöpfungskette, Springer, Berlin-Heidelberg-New York

[191] Dittrich J., Mertens P., Hau M., (2000); Dispositionsparameter von SAP R/3-PP, Einstellhinweise, Wirkungen, Nebenwirkungen, Vieweg

[192] Darkow I., (2001); Logistik-Controlling in der Versorgung, Dissertation TU Berlin

[193] Dangelmaier W., Lessing H., Holthöfer N., (2002); Prognosebasierte Ressourcenplanung in einem Logistiknetzwerk, Jahrbuch der Logistik 2002, Handelsblatt Fachverlag, Düsseldorf, S.27 ff.

[194] Neumann G., Krzyzaniak S., Lassen C. C., (2001); The Logistics Knowledge Portal: Gateway to more individualized learning in logistics, Educational Multimedia and Hypermedia, Proceedings of ED-MEDIA 2001, Tampere, Finland

[195] VDI-Richtlinie VDI 3564, (1999); Empfehlungen zum Brandschutz in Hochregalanlagen (Entwurf), *3.8 Rettungswege*, Beuth, Berlin-Wien-Zürich

[196] Benz M., (2000); Umweltverträglichkeit von Transportketten, Logistik Jahrbuch 2000, S. 170 ff., Handelsblatt Fachverlag

[197] Baumgarten H. et al., (1998); Qualitäts- und Umweltmanagement logistischer Prozeßketten, Verlag Paul Haupt, Bern-Stuttgart-Wien

[198] Krampe H., (2000); Ist Logistik eine Wissenschaft? Gegenstand und Instrumentarien der Logistik, Logistik Jahrbuch 2000, S. 199 ff., Handelsblatt Fachverlag

[199] Klaus P., (1999); Die TOP 100 der Logistik, Eine Studie zu Marktgrößen, Marktsegmenten und den Marktführern in der Logistik-Dienstleistungswirtschaft, Deutscher Verkehrs-Verlag

[200] Müller Steinfahrt U., (1998); Logistik in Deutschland, Gabler Lexikon Logistik, S. 283 ff., Dr. Th. Gabler, Wiesbaden

[201] Klaus P., (1998); Logistik in Nordamerika, Gabler Lexikon Logistik, S. 290 ff., Dr. Th. Gabler, Wiesbaden

[202] Mack J., (2001); Softwareentwicklung als Expedition, Entwicklung eines Leitbilds und einer Vorgehensweise für die professionelle Softwareentwicklung, Dissertation, Fachbereich Informatik, Universität Hamburg, Logos Verlag, Berlin

[203] Hefermehl W., (1966); Einführung in das Wettbewerbsrecht und Kartellrecht, *Gesetz gegen den unlauteren Wettbewerb* (UWG), *Zugabeverordnung, Rabattgesetz, Kartellgesetz*, Beck-Texte im dtv

[204] Cassel G., (1900); Grundsätze für die Bildung der Personentarife auf Eisenbahnen, Archiv für Eisenbahnwesen, 23. Jg., S. 116–146 und 402–424

[205] Schmidt W.-A., Senze C., (2002); Nicht jede Preisaktion ist dem Handel jetzt erlaubt, Auch nach dem Wegfall des Rabattgesetzes setzen Gerichte Grenzen, FAZ Nr. 294 vom 18. 12. 2002, S. 19

[206] Europäische Kommission, (1999); Faire Preise für Infrastrukturbenutzung, Weißbuch der Europäischen Kommission, Internationales Verkehrswesen (51), 10/1999, S. 436 ff.

[207] Wissenschaftliches Kolloquium, (2000); Grenzkosten als Grundlage für die Preisbildung im Verkehrsbereich, Schriftenreihe der Verkehrswissenschaftlichen Gesellschaft e. V.

[208] Preiser E., (1959/1975); Nationalökonomie heute, Eine Einführung in die Volkswirtschaftslehre, C. H. Beck, München

[209] Tempelmeier H., (1999); Material-Logistik, Modelle und Algorithmen für die Produktionsplanung und Steuerung und das Supply Chain Management, 4. Aufl., Springer, S. 366

[210] Goldratt E., Coy J., (1984 USA/2001 Deutschland); Das Ziel, Ein Roman über Prozeßoptimierung, Campus Verlag, Frankfurt/New York

[211] Nowitzky I., (2003); Economies of Scale in der Distributionslogistik, Dissertation Universität Karlsruhe; IFL

[212] Eckey N.-F., Stock W., (2000); Verkehrsökonomie, Eine empirisch orientierte Einführung in die Verkehrswissenschaften, Gabler, Wiesbaden

[213] Aberle G., (1996); Transportwirtschaft, München

[214] von Neumann J., Morgenstern O., (1946); Theory of Games and Economical Behaviour, Princeton

[215] Morgenstern O., (1955); Note on the Formulation of the Theory of Logistics, in Naval Research Logistics Quarterly 5, S. 129 ff.

[216] Witte H., (2001); Logistik, Ouldenbourg, München-Wien, S. 4

[217] Böseler U., (1995); Die Ahnen der logistischen Dienstleister, in Jahrbuch Logistik 1995, S. 20 ff.

[218] Straube F., (2004); e-Logistik, Springer, Berlin-Heidelberg-New York

[219] Hayek F. A., (1988); The Fatal Conceit, The Errors of Socialism, Routledge, New York

[220] Geiger G., (2003); Kanban, Hanser, München

[221] Finkenzeller K., (2002); RFID-Handbuch, Hanser, München

[222] Shephard S. S., (2004); Rfid, McGraw-Hill

[223] Sellmann K.-A., (2002); Personenbeförderungsrecht, Kommentar, Beck C. H.

[224] Müglich A., (2002); Transport- und Logistikrecht, Vahlen

[225] Afheldt H., (2003/2005); Wirtschaft, die arm macht, Vom Sozialstaat zur gespaltenen Gesellschaft, 2. Aufl., Kunstmann, München

[226] Bretzke W.-R., (2008); Logistische Netzwerke, Springer, Berlin-Heidelberg-New York

[227] Gudehus T., (2007); Dynamische Märkte, Praxis, Strategien und Nutzen für Wirtschaft und Gesellschaft, Springer, Berlin-Heidelberg-New York

[228] Gatschke U. P., Guggenbühl H., (2004); Das Geschwätz vom Wachstum, Orell Füssli, Zürich

[229] Bretzke W.-R., (2005); Supply Chain Management, Wege aus einer logistischen Utopie, Logistik Management, 7, 2, 21–30

[230] Christopher M., (2005); Logistics and Supply Chain Management, 3rd edn., Pitman Publishing, Person education, Edinborough

[231] Simchi-Levi D., Kaminsky P., Simchi-Levi E., (2008); Designing and managing the supply chain. Concepts, strategies and case studies, 2nd edn., Mc-GrawHill, Boston

[232] Budimir M., Gomber P., (1999); Dynamische Marktmodelle im elektronischen Wertpapierhandel, in 4. Internationale Tagung Wirtschaftsinformatik, Physica-Verlag, Heidelberg

[233] Kotzab H., (2000); Zum Wesen des Supply Chain Management vor dem Hintergrund der betriebswirtschaftlichen Logistikkonzeption, in Supply Chain Management, Hrg. H. Wildemann TCW, S. 21 ff.

[234] Christofer M., (1998); Logistics and Supply Chain Management, Strategies for Reducing Cost and Improving Service, Prentice Hall

[235] Simon H. A., (1962); The Architecture of Complexity, Proceedings of the American Philosophical Society, 106 (1962), pp. 62–76, Nachdruck in logistic management, 4. Jg. Ausgabe 4/2002, S. 90 ff.

[236] Wolff S., Nieters Chr., (2002); Supply Chain Design – Gestaltung und Planung von Logistiknetzwerken, Praxishandbuch Logistik

[237] Wolff S., Groß W., (2009); Dynamische Gestaltung von Logistiknetzwerken, Firmenbericht, 4 flow AG, Berlin

[238] Gudehus H., (1963); Über die optimale Geschwindigkeit von Handelsschiffen, Hansa, Hamburg, 23/1963, S. 2387 ff.

[239] Gudehus H., (1967); Über den Einfluss der Frachtraten auf die optimale Schiffsgeschwindigkeit, Schiff & Hafen, Hamburg, 3/12967, S. 173 ff.

[240] Ronen D., (1982); The Effect of Oil Price on the Optimal Speed of Ships, Journal of Operations Research Society, London, Vol. 33, pp. 21034–1040

[241] Gast O., (2008); Verantwortung für unsere Umwelt, Umweltbroschüre der HAMBURG SÜD, Hamburg, s. Diagramm auf S. 27

[242] Mewis F., (2007); Optimierung der Schiffsgeschwindigkeit unter Umweltgesichtspunkten und Kostenaspekten, Schiff & Hafen, Hamburg, Nr.12/2007 S. 82 ff.

[243] Marston C., (2008); Limits to Slow Steaming Very Real, GLG News, Gerson Lehman Group, www.glgroup.com

[244] Bond P., (2008); Improving Fuel Efficiency through Supply Chain? And the Ship Management Plan, INTERORIENT Cyprus Shipping Chamber, p. 12

[245] Hassellöv I.-M., (2009); Die Umweltauswirkungen des Schiffsverkehrs, Studie im Auftrag von Michael Cramer, Mitglied des Europäischen Parlaments, www.michael-cramer.eu

[246] Bretzke W.-R., Barkawi K., (2010); Nachhaltige Logistik: Antworten auf eine globale Herausforderung, Springer, Berlin-Heidelberg-New York

[247] Gudehus T., (2010); Logik des Marktes, Marktordnung, Marktverhalten und Marktergebnisse; Jahrbücher für Nationalökonomie und Statistik, Heft 5/2010

[248] Baumgarten H., Schwarz J., Kessler M. (Hrg.)(2011); Humanitäre Logistik, Herausforderungen und Potentiale in der humanitären Hilfe, BVL, BVZ-Verlag.

Weiterführende Literatur

Ahrens J., Straube F., (1999); The Pull Principle, Logistics Europe, September 99, S. 64 ff.

Baumgarten H., (1996); Wertschöpfungspartner Lieferant, in Jahrbuch Logistik 1996, Verlagsgruppe Handelsblatt, Düsseldorf, S. 10–13

Berentzen Chr., (1999); 3. Logistik-Restrukturierung nach Firmenübernahmen in der Spirituosenindustrie, 16. Deutscher Logistik-Kongress, Tagungsbericht I, S. 751 ff.

Berndt T., Krampe H., Lochmann G., Lucke H. J., (1983); Algorithmen für die Dispositive Steuerung des innerbetrieblichen Transportwesens, Hochschule für Verkehrswesen, 30, Nr. 3

Brandes T., (1997); Betriebsstrategien für Materialflußsysteme unter besonderer Berücksichtigung automatisierter Lagersysteme, Dissertation, TU Berlin, Bereich Logistik

Großeschallau W., (1984); Materialflußrechnungen, Logistik in Industrie, Handel und Dienstleistungen, Springer, Berlin-Heidelberg-New York

Gudehus T., (1994); Gestaltung und Optimierung außerbetrieblicher Logistikstrukturen, Fördertechnik 3/94

Gudehus T., Lukas G., (2002); System zum dynamischen Bereitstellen und Kommissionieren von Paletten, Anmelde-Nr. 10250964.6 vom 1. 11. 2002

Heymann K., (1997); Vernetzte Systeme beherrschen, Logistik Jahrbuch 1997, S. 166 ff., handelsblatt fachverlag

Hochregallagerstatistik, (2001); Zeitschrift Materialfluß, Verlag Moderne Industrie, München

Krallmann H., (1996); Systemanalyse, R. Oldenbourg, München

Messerschmitt-Bölkow-Blohm, (1971); Technische Zuverlässigkeit, Springer, Berlin-Heidelberg-New York

Rödig W., Degenhard W., (2001); Weltrangliste Flurförderzeuge 2000/2001, Von der Expansion zur Konsolidierung, dhf 12/2001, S. 11 ff.

Scheer A.-W., (1995); Architektur integrierter Informationssysteme – Grundlagen der Unternehmensmodellierung, 2. Aufl., Springer, Berlin–Heidelberg–New York

Schlitgen R., Streitber H. J., (1995); Zeitreihenanalyse, R. Oldenbourg, Wien

Stommel H. J., (1976); Betriebliche Terminplanung, de Gruyter, Berlin-New York

VDI-Richtlinie, (1982); Zeitrichtwerte für Arbeitsspiele und Grundbewegungen von Flurförderzeugen, VDI 2391

Wiendahl H. P., (1997); Betriebsorganisation für Ingenieure, Hanser Verlag, MünchenWien, 4. Aufl.

Sachwortverzeichnis

Das Sachwortverzeichnis mit über 6.600 Begriffen macht das vorliegende Buch zu einem *Nachschlagewerk und Lexikon der Logistik*. Die fett gedruckten Seitenzahlen geben die Hauptfundstellen an. Dort wird der betreffende Begriff definiert und im Zusammenhang ausführlich erklärt. Die übrigen Seitenzahlen geben Hinweise auf weitere Einsatzbereiche des Begriffs.

Als *Nachschlagewerk* erleichtert das Sachwortverzeichnis das Auffinden der Textstellen zu einer gesuchten Fragestellung. Als *Lexikon* ist es ein Beitrag zum Verständnis, zur Klärung und zur Vereinheitlichung der verwirrenden Begriffsvielfalt der Logistik. Vielleicht ist es möglich, damit einige der Mißverständnisse und Fehler zu vermeiden, die so oft aus der unkritischen Verwendung unklarer Begriffe resultieren.